**TS** 한국교통안전공단 주관 시험 시행

운전면허증이 있어도 화물운송종사 자격증이 없으면 화물차를 운전할 수 없습니다.

# 완전합격
# 화물운송종사
## 자격시험총정리문제

| 대한민국 대표브랜드 | 국가자격 시험문제 전문출판 | 에듀크라운 국가자격시험문제 전문출판 www.educrown.co.kr | 최고의 적중률!! 최고의 합격률!! 크라운출판사 화물운송종사 자격시험 서적사업부 http://www.crownbook.com |

# 화물운송종사 자격시험 및 교육계획 안내

화물자동차운수사업법 제8조 및 같은 법 시행규칙 제18조의3 규정에 따라 2025년도 화물운송종사 자격시험 시행계획을 다음과 같이 안내하여 드립니다.

## 화물운송종사 자격시험

### 2025년도 화물운송종사 자격시험 시행일정

**컴퓨터(CBT) 방식 자격시험(공휴일·토요일 제외)**

○ 자격시험 접수
- 인터넷 : TS국가자격시험 홈페이지(https://lic.kotsa.or.kr/tsportal/main.do)
- 방문 : 전국 19개 시험장
- 운전경력(시험일 기준 운전면허 보유기간이며, 취소·정지기간제외)
  (*다만, 현장 방문접수 시에는 응시 인원마감 등으로 시험 접수가 불가할 수도 있으니 가급적 인터넷으로 시험 접수 현황을 확인하고 방문해야 한다.)
- 인터넷·방문 접수 시작일 : 연간 시험일정 확인

○ 자격시험 장소(주차시설 없으므로 대중교통 이용 필수)
- 시험당일 준비물 : 운전면허증(모바일 운전면허증 제외) 6개월 이내 촬영한 3.5 x 4.5cm 컬러사진 (미제출자에 한함)
- CBT(컴퓨터를 활용한 필기시험)운영

| 자격<br>시험 종목 | 시험<br>등록 | 시험<br>시간 | 상시 CBT 필기시험일(공휴일·토요일 제외) | |
|---|---|---|---|---|
| | | | CBT 전용 상설 시험장<br>(서울 구로, 수원, 인천, 대전,<br>대구, 부산, 광주, 전주,<br>울산, 창원, 춘천, 화성) | 정밀 검사장 활용 CBT<br>비상설 시험장<br>(서울 성산, 서울 노원,<br>서울 송파, 의정부, 청주,<br>제주, 상주, 홍성) |
| 화물 운송<br>종사 자격 | 시작<br>20분전 | 80분 | 매일 4회<br>(오전 2회·오후 2회),<br>*대전, 부산, 광주는 수요일<br>오후 항공 CBT 시행 | 매주 화요일, 목요일<br>오후 각 2회 |

### 응시자격안내

○ 연령 : 만 20세 이상일 것
○ 아래의 응시요건 2가지 중 하나만 해당되면 시험 응시(운전경력)
- 운전면허 1종 또는 2종 면허(소형 제외) 이상 소지자로
  • 운전면허 보유(소유) 기간이 만 2년(일, 면허취득일 기준, 운전면허 정지 기간과 취소 기간은 제외)이 경과한 사람
  • 운전면허 2종 보통 취득 기간 1년 → 운전경력 1년으로 시험 응시 불가
  • 원동기 면허 1년 + 운전면허 1종 보통 1년 → 운전경력 1년으로 시험 응시 불가(원동기 면허는 제외)
  • 운전면허 1종 보통 3년 취득(음주운전으로 취소) + 운전면허 1종 보통 5년 → 운전경력이 1년 이상인 사람
- 운전면허 1종 또는 2종 면허(소형 제외) 이상 소지자로 사업용(영업용 노란색 번호)운전 경력이 1년 이상인 사람

### 자격을 취득할 수 없는 자(시험자격 결격사유자)

○ 화물자동차운수사업법 제9조의 결격사유에 해당되는 사람
1. 화물자동차운수사업법을 위반하여 징역 이상의 실형을 선고받고 그 집행이 끝나거나(집행이 끝난 것으로 보는 경우를 포함한다) 집행이 면제된 날부터 2년이 지나지 아니한 자
2. 화물자동차운수사업법을 위반하여 징역 이상의 형의 집행유예를 선고받고 그 유예기간 중에 있는 자
3. 화물자동차운수사업법제23조제1항(제7호는 제외한다)의 규정에 따라 화물운송종사 자격이 취소된 날부터 2년이 지나지 아니한 자
4. 자격시험일 전 또는 교통안전체험교육일 전 5년 간 다음 각 목의 어느 하나에 해당하는 사람(2017.7.18. 이후 발생한 건만 해당됨)
   • 도로교통법 제93조제1항제1호부터 제4호까지에 해당하여 운전면허가 취소된 사람
   • 도로교통법 제43조를 위반하여 운전면허를 받지 아니하거나 운전면허의 효력이 정지된 상태로 같은 법 제2조제21호에 따른 자동차 등을 운전하여 벌금형 이상의 형을 선고받거나 같은 법 제93조제1항제19호에 따라 운전면허가 취소된 사람이다. 운전 중 고의 또는 과실로 3명 이상이 사망(사고발생일부터 30일 이내에 사망한 경우를 포함한다)하거나 20명 이상의 사상자가 발생한 교통사고를 일으켜 도로교통법 제93조제1항제10호에 따라 운전면허가 취소된 사람
   • 운전 중 고의 또는 과실로 3명 이상이 사망(사고발생일부터 30일 이내에 사망한 경우를 포함한다)하거나 20명 이상의 사상자가 발생한 교통사고를 일으켜 도로교통법 제93조제1항제10호에 따라 운전면허가 취소된 사람
5. 도로교통법 제93조제1항제5호의 2에 해당하여 운전면허가 취소된 사람(2017.7.18 이후 발생한 건만 해당됨)

### 자격시험응시절차 및 수수료

신규 운전적성 정밀검사 수검 ⇨ 응시원서 접수 11,500원 ⇨ 합격자교육 1일(8시간) 11,500원 ⇨ 자격증 발급 10,000원

### 시험과목

| 교시<br>(시험시간) | 시험 과목명 | 출제문항수<br>(총 80문항) | 비 고 |
|---|---|---|---|
| 1교시 | 교통 및 화물자동차 운수사업 관련 법규 | 25 | 출제문제의<br>수는<br>상이할 수<br>있음 |
| 1교시 | 화물취급요령 | 15 | |
| 2교시 | 안전운행 | 25 | |
| 2교시 | 운송서비스 | 15 | |

※ 100점을 기준으로 60점 이상을 얻어야 함(4과목 총 80문제, 문항당 1.25점)

### 합격자 결정 및 발표

○ 합격자 결정 : 총점의 60% 이상(총 80문항 중 48문항 이상)을 얻은 자
○ 합격자 발표 : 시험 종료 후 시험 시행 장소에서 합격자 발표

### 필기시험 합격자 법정교육(필기시험에 합격한 사람)

○ 교육방법 : 합격자(총점 60%이상)에 한해 별도 안내, 안내 후 TS국가자격시험 홈페이지(https://lic.kotsa.or.kr/tsportal/main.do)에서 온라인 교육 신청·조회 > 화물운송 > 교육신청 > 합격자교육(온라인))
○ 교육시간 및 과목(1일 8시간) : 교통안전에 관한 사항 등 8개 과목
- 8시간(화물자동차 운수사업법 시행규칙 제18조의7제1항)
- 수강 기간 내 주말, 공휴일 상관없이 24시간 분할하여 수강 가능
○ 준비물 : 교육 수수료 11,500
원본인인증 수단(휴대폰 본인인증 불가 시 아이핀 또는 선불유심칩 이용)

### 자격증 발급 신청 및 교부
○ 발급신청(교육신청일 기준)
  - 필기시험 합격자 교육 8시간 이수 후 발급신청
○ 신청 방법 : 인터넷·방문신청
○ 수수료 : 10,000원(인터넷의 경우 우편료 포함하여 온라인 결제)
○ 인터넷 신청 : 신청일로부터 5~10일 이내 수령가능(토·일요일, 공휴일 제외)
○ 방문 발급 : 한국교통안전공단 전국 19개 시험장 및 7개 검사소 방문·교부장소
○ 준비물 : 운전면허증, 전체기간 운전경력증명서(시험합격 후 7일 경과 시), 6개월 이내 촬영한 3.5×4.5cm 컬러사진(미제출자에 한함)

### 문제제출방법안내
○ 문제제출 방법 : 문제은행방식
  - 문제은행방식 : 다량의 문항분석카드를 체계적으로 분류·정리·보관해 놓은 뒤 랜덤하게 문제를 출제하는 방식
  - 시험문제 공개 여부(비공개) : 문제은행방식으로 운영되기 때문에 시험문제를 공개할 경우, 반복 출제되는 문제들을 선택하여 단순암기위주의 시험준비로 변할 우려가 있으므로 공개하지 않음.
○ 채점방법 : 수험생이 작성한 정답안을 토대로 컴퓨터 프로그램에서 자동으로 공정하고 정확하게 채점

### 응시자격미달 및 결격사유 해당자처리
*참고사항
• 운전면허 보유(소유)기간이 만 2년(일, 면허취득일 기준, 운전면허 정지기간과 취소 기간은 제외)이 경과한 사람
• 운전면허 경력 인정은 2종 보통 이상만 인정(2종 소형, 원동기 면허 보유기간은 면허 보유기간이 아닙니다)
• 운전경력은 운전면허 취득일이 2년 이상 보유(소유)또는 사업용 운전경력이 1년 이상 경우에  한함
• 사업용 운전경력 중 화물종사자의 경우, '05.1.21부터 자격증 없이는 운행이 불가하여 '05.1.21 이후 자격증 없이 운전한 불법 사업용 운전경력은 경력 인정 불가
○ 국토교통부령이 정하는 운전적성 정밀검사 기준에 적합한 분(시험 접수일 기준)
  - 운전적성정밀검사는 공단 15개 지역에서 시행하며 사전예약으로 날짜와 장소를 예약 후 해당일에 지역의 검사장을 방문하여 검사를 받으시면 됩니다.
  - 검사예약 방법
    ① TS국가자격시험 홈페이지 내에서 신청,조회 메뉴>예약/접수>운전적성정밀검사예약 이용
    ② 화물운송조사 자격시험 원서접수를 하기 위해서는 공단이 시행하는 운전적성정밀신규 검사를 받은 경우에만 원서접수 가능(운전적성정밀 신규검사를 받지 않은 경우 원서 접수 불가) ※운전적성정밀검사의 유효기간은 3년이며, 3년이 경과된 분은 운전적성 정밀검사(신규검사)를 다시 수검하여야 합니다.
    ③ 운전적성정밀검사 대상자 유형은 아래와 같습니다.
      • 운전적성정밀검사를 받지 않은 사람 → 운전적성정밀검사(신규검사)를 받고 원서접수 실시
      • 운전적성정밀검사(신규검사)를 받고 3년이 경과되지 않은 사람 → 원서접수 실시
      • 운전적성정밀검사(신규검사)를 받은 후 3년이 경과한 경우 → 운전적성정밀검사 신규검사를 다시 받고 원서접수 실시
    ④ 기타사항
      • 사업용 운전경력은 버스, 택시, 화물종사자로 노란색 번호 차량 운전자에 한합니다.
      • 다만, 화물종사자의 경우 '05.1.21부터 화물운송종사 자격증 없이는 운행이 불가하여 '05.1.21부터 화물운송종사자 자격증 없이 운전한 불법 사업용 운전경력은 인정되지 않습니다.
      • 운전적성정밀검사는 전국 15개 지역에서 시행하며, 한국교통안전공단 TS국가자격시험 홈페이지에서 사전예약을 하여야만 검사가 가능합니다.
      • 운전적성정밀검사는 오전(09:00)과 오후(13:30)로 구분되어 운영이 되며, 예약일에 해당 검사장을 방문하여 검사를 받으시면 됩니다 (예약자에 한해 시행)

### 수험생유의사항
○ 운전면허증 지참 : 시험 당일 응시자는 반드시 운전면허증(필수지참)을 지참하여야 하며, 시험 시간 중에는 운전면허증(필수지참)을 책상 위에 놓아야 함(응시자격 요건 확인을 위함)
○ 답안지 작성요령
  - 답안은 반드시 80문제 모두 풀어 정답을 체크해야 합니다.
  - 수험번호, 성명, 교시 명등 작성된 기록은 반드시 확인해야 합니다.
  - 80분이 경과하면 문제를 다 풀지 못해도 자동으로 제출되고, 응시자는 더 이상 답안을 작성할 수 없습니다.
○ 부정행위안내 : 부정행위를 한 수험자에 대하여는 당해 시험을 무효로 하고 한국교통안전 공단에서 시행되는 국가자격시험 응시자격을 2년 제한 등의 조치를 하게 됩니다.
  *부정행위 유형
    - 시험 중 다른 사람의 답안을 엿보거나 자신의 답안을 타인에게 보여주는 행위
    - 시험 관련 서적이나 미리 준비한 메모를 참조하는 행위
    - 핸드폰, MP3, 무전기, 전자사전, 웨어러블 기기 등 전자기기를 소지하거나 이를 사용하는 행위
    - 신분증이나 응시표 등의 서류를 위·변조하여 시험을 치르는 행위
    - 대리시험을 치르거나 치르도록 하는 행위·시험 문제를 메모 또는 녹음하여 유출하거나 타인에게 전달하는 행위
    - 시험 진행에 방해되는 행위를 하거나 감독관의 정당한 지시에 불응하는 경우
    - 기타(사후 적발에 의해 부정행위로 판명된 경우 포함)

### 체험교육
○ 화물운송종사자격 취득방법
  ① 화물운송종사 자격시험에 합격 후 8시간 교육 이수
  ② 교통안전체험교육센터에서 16시간(2일) 이론 및 실기교육 이수 후 총점의 6할 이상을 얻어 합격
  ※ 위 2가지 중 선택가능하나, 화물운송종사 자격시험(CBT)과 교통안전체험교육의 중복 접수 불가능합니다.
○ 체험교육 신청방법
  인터넷 접수 : TS국가자격 홈페이지 신청·조회 메뉴에서 체험교육 신청/접수
○ 교육 입교(등록)시 지참 및 제출서류
  - 운전면허증 지참
  - 사진 2매(최근 3개월 이내 촬영한 3.5x4.5cm 컬러사진)
  - 필기도구 및 세면도구
  *교육 수수료 192,000원
○ 교육신청자격(교육 접수 마감일 기준)
  - 운전면허 : 화물자동차를 운전하기에 적합한 「도로교통법」 제80조에 따른 운전면허 소지자(소형운전면허는 해당 안됨)
  - 연령 : 만 20세 이상일 것(생년월일기준)
  - 운전경력 : 운전경력 2년 이상일 것(운전면허 보유기간 기준)
  다만, 여객자동차 운수사업용 자동차 또는 화물자동차 운수사업용 자동차를 운전한 경력으로 신청하는 경우에는 그 운전경력이 1년 이상이어야 함
  *취소 및 정지기간은 운전경력에서 제외됨
  - 운전적성정밀검사 : 화물자동차 운수사업법 시행규칙 제18조의 2 제2항 제1호의 규정에 따른 운전적성정밀검사(신규검사)적합판정을 받은 사람 (교육시작일 기준 3년 이내 이력만 유효)
○ 교육신청결격자
  ① 화물자동차 운수사업법 제9조(결격사유)의 규정에 따라 다음의 어느 하나에 해당하는 사람
    ㉠ 화물자동차 운수사업법을 위반하여 징역 이상의 실형을 선고받고 그 집행이 끝나거나(집행이 끝난 것으로 보는 경우를 포함한다)집행이 면제된 날로부터 2년이 지나지 아니한 사람

ⓛ 화물자동차 운수사업법을 위반하여 징역 이상의 형의 집행유예를 선고받고 그 유예기간 중에 있는 사람
  ⓒ 화물자동차 운수사업법 제23조제1항의 규정에 따라 다음의 어느 하나에 해당하여 화물 운송 종사자격이 취소된 날부터 2년이 지나지 아니한 사람
    - 위 1항에서 3항의 어느 하나에 해당하게 된 경우
    - 거짓이나 그 밖의 부정한 방법으로 화물운송 종사자격을 취득한 경우
    - 화물자동차 운수사업법 제14조제4항을 위반한 경우(정당한 사유 없이 국토교통부장관의 업무개시 명령을 거부한 운송사업자 또는 운수종사자) 화물운송 중에 고의나 과실로 교통사고를 일으켜 사람을 사망하게 하거나 다치게 한 경우
    - 화물운송 종사자격증을 다른 사람에게 빌려준 경우
    - 화물운송 종사자격 정지 기간 중에 화물자동차 운수사업의 운전 업무에 종사한 경우
  ⓔ 제2항에 따른 자격시험일 전 5년 간 다음 각 목의 어느 하나에 해당하는 사람(2017.7.18. 이후 발생 건만 해당됨)
    - 도로교통법 제93조 제1항 제1호부터 제4호까지에 해당하여 운전면허가 취소된 사람
    - 도로교통법 제43조를 위반하여 운전면허를 받지 아니하거나 운전면허의 효력이 정지된 상태로 같은 법 제2조 제21호에 따른 자동차 등을 운전하여 벌금형 이상의 형을 선고받거나 같은 법 제93조 제1항 제19호에 따라 운전면허가 취소된 사람
    - 운전 중 고의 또는 과실로 3명 이상 사망(사고 발생일부터 30일 이내에 사망한 경우를 포함한다)하거나 20명 이상의 사상자가 발생한 교통사고를 일으켜 도로교통법 제93조 제1항 제10호에 따라 운전면허가 취소된 사람
  ⓜ 제2항에 따른 자격시험일 전 3년 간 「도로교통법」 제93조 제1항 제5호 및 제5호이 2에 해당하여 운전면허가 취소된 사람(2017.7.18 이후 발생 건만 해당됨)
○ 교육기간 : 총 16시간(2일 과정)
○ 교육이수기준 : 필기 40점, 실기(주행시험) 60점의 총점 100점 만점에 6할 이상을 얻은 사람을 합격처리

# 차례

완전합격 화물운송종사 자격시험 총정리문제

## 제1편 교통 및 화물자동차 운수사업관련 법규
- 제1장 도로교통법령 ········· 9
- 제2장 교통사고처리특례법 ········· 26
- 제3장 화물자동차운수사업법령 ········· 35
- 제4장 자동차관리법령 ········· 53
- 제5장 도로법령 ········· 60
- 제6장 대기환경보전법령 ········· 64

## 제2편 화물취급 요령
- 제1장 개요 ········· 69
- 제2장 운송장 작성과 화물포장 ········· 70
- 제3장 화물의 상·하차 ········· 76
- 제4장 적재물 결박·덮개설치 ········· 81
- 제5장 운행요령 ········· 84
- 제6장 화물의 인수·인계요령 ········· 88
- 제7장 화물자동차의 종류 ········· 92
- 제8장 화물운송의 책임한계 ········· 97

## 제3편 안전운행
- 제1장 교통사고의 요인 ········· 105
- 제2장 운전자 요인과 안전운행 ········· 106
- 제3장 자동차 요인과 안전운행 ········· 116
- 제4장 도로 요인과 안전운행 ········· 124
- 제5장 안전운전 ········· 128

## 제4편 운송 서비스
- 제1장 직업 운전자의 기본자세 ········· 147
- 제2장 물류의 이해 ········· 155
- 제3장 화물 운송서비스의 이해 ········· 169
- 제4장 화물 운송서비스와 문제점 ········· 176

## 제1회 실전 모의고사 ········· 183

# 제1편

완전합격 화물운송종사 자격시험 총정리문제

# 교통 및 화물자동차 운수사업 관련 법규

| 제1장 | 도로교통법령 | 9 |
| 제2장 | 교통사고처리특례법 | 26 |
| 제3장 | 화물자동차운수사업법령 | 35 |
| 제4장 | 자동차관리법령 | 53 |
| 제5장 | 도로법령 | 60 |
| 제6장 | 대기환경보전법령 | 64 |

# 제1장 도로교통법령 요약정리

## 1 총칙

### 1 용어의 정의(법 제2조)

(1) **도로** : 「도로법」에 따른 도로, 「유료도로법」에 따른 유료도로, 「농어촌도로정비법」에 따른 농어촌 도로 그 밖에 현실적으로 불특정 다수의 사람 또는 차마가 통행할 수 있도록 공개된 장소로서 안전하고 원활한 교통을 확보할 필요가 있는 장소

> **해설** 도로는 현실적으로 교통에 이용되고 있어야 하며, 일반국도, 시도, 지방도, 고속도로, 고가도로, 유료도로, 임도, 농도, 광산도로, 공원도로 등 모두가 도로에 해당된다.
> - **도로에 해당되는 곳** : 산림도로, 깊은 산 속 비포장 도로, 아파트 단지 내 도로, 공원 휴양지 도로, 차로, 교차로, 차도 등 교통에 이용되고 있는 도로
> - **도로가 아닌 곳** : 출입이 제한된 학교운동장 및 유료주차장 내, 자동차운전학원 실습장, 해수욕장 모랫길 등

(2) **자동차 전용도로** : 자동차만 다닐 수 있도록 설치된 도로를 말한다.

> **해설** 자동차 전용도로 : 자동차만 통행(다닐 수)할 수 있는 도로로서 예 고속도로, 고가도로 등과 같이 자동차만 통행할 수 있는 자동차 전용의 도로이다(서울 올림픽대로, 서울시 외곽순환도로, 한강강변도로 등).
> - 자동차 전용도로에서는 보행자 및 이륜차 등은 절대 통행이 금지된다(단, 경찰의 특수업무 수행중일 경우에는 제외한다).

(3) **고속도로** : 자동차의 고속운행에만 사용하기 위하여 지정된 도로

> **해설** 고속도로는 경인(제2경인), 경부, 중부(제2중부), 영동, 중앙, 남해, 구마, 88올림픽, 서해안, 호남고속도로, 논산~천안간, 대전~통영간, 중부내륙(마산, 여주), 대구~부산, 청원~상주간, 고속도로 등이 있다.
> - 이륜자동차(긴급차는 제외), 원동기장치자전거, 소형 특수차(경운기) 등과 보행자는 통행이 금지된다.

(4) **차도** : 연석선, 안전표지 또는 그와 비슷한 인공구조물을 이용하여 경계(境界)를 표시하여 모든 차가 통행할 수 있도록 설치된 도로의 부분을 말한다.

> **해설 연석선**
> 차도와 보도를 구분하는 돌 등으로 이어진 선을 말한다.

(5) **중앙선** : 차마의 통행을 방향별로 명확하게 구분하기 위하여 도로에 황색 실선이나 점선 등의 안전표지로 표시한 선 또는 중앙분리대·울타리 등으로 설치된 시설물을 말하며, 가변차로(可變車路)가 설치된 경우에는 신호기가 지시하는 진행 방향의 가장 왼쪽에 있는 황색 점선을 말한다.

> **해설** 중앙선 표시는 편도 1차로인 경우 황색 실선 또는 황색 점선으로 표시하고, 편도 2차로 이상의 경우에는 황색 복선으로 설치한다. 고속도로의 경우는 황색 복선 또는 황색 실선과 점선을 복선으로 설치한다

(6) **차로** : 차마가 한 줄로 도로의 정하여진 부분을 통행하도록 차선(車線)으로 구분한 차도의 부분을 말한다.

(7) **차선** : 차로와 차로를 구분하기 위하여 그 경계지점을 안전표지로 표시한 선을 말한다.

> **해설** 차선은 백색점선(떨어져 있는 선)으로 표시하는 것이 원칙이나, 교차로, 횡단보도, 철길 건널목 등은 표시하지 않는다.
> - **백색점선(파선)** : 백색 선으로 끊어져 있는 선으로서 자동차 등이 침범할 수 있는 선으로 차선을 변경 할 수 있다.
> - **백색실선(이어져 있는 선)** : 백색으로 계속 이어져 있는 선으로서 자동차가 침범할 수 없는 선, 침범하면 차선위반이 된다.

(8) **보도(步道)** : 연석선, 안전표지나 그와 비슷한 인공구조물로 경계를 표시하여 보행자(유모차 및 보행보조용 의자차, 노약자용 보행기 등 행정안전부령으로 정하는 기구·장치를 이용하여 통행하는 사람 및 실외이동로봇을 포함)가 통행할 수 있도록 한 도로의 부분을 말한다.

> **해설** 보행보조용 의자차 : 수동 휠체어, 전동 휠체어 및 의료용 스쿠터의 기준에 적합한 것
> - 유모차, 보행보조용 의자차를 밀고 가거나 이륜차, 자전거 등을 끌고 가는 사람은 보도로 통행하여야 한다.

(9) **횡단보도** : 보행자가 도로를 횡단할 수 있도록 안전표지로 표시한 도로의 부분을 말한다.

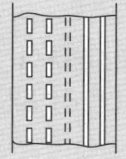
횡단보도 표지

> **해설** 횡단보도는 도로에서 보행자의 도로횡단을 위하여 설치된다.
> - 횡단보도 설치 : 육교, 지하도 및 다른 횡단보도로부터 200m 이내에는 설치할 수 없다.

(10) **교차로** : 십자로, T자로나 그 밖에 둘 이상의 도로(보도와 차도가 구분되어 있는 도로에서는 차도)가 교차하는 부분을 말한다.

> **해설** 교차로는 보도와 차도가 구분되어 있는 도로에서 차도가 교차하는 도로의 부분이다.

(10-2) **회전교차로** : 교차로 중 차마가 원형의 교통섬(차마의 안전하고 원활한 교통처리나 보행자 도로횡단의 안전을 확보하기 위하여 교차로 또는 차도의 분기점 등에 설치하는 섬 모양의 시설)을 중심으로 반시계방향으로 통행하도록 한 원형의 도로를 말한다.

(11) **안전지대** : 도로를 횡단하는 보행자나 통행하는 차마의 안전을 위하여 안전표지나 그와 비슷한 인공구조물로 표시한 도로의 부분을 말한다.

안전지대 표시

> **해설** 안전지대에는 보행자용 안전지대와 차마용 안전지대 두 종류가 있다.
> - **보행자용 안전지대** : 노폭이 비교적 넓은 도로의 횡단보도 중간에 '교통섬'을 설치하여 횡단하는 보행자의 안전을 기한다. 이 시설에 안전지대 표지를 같이 설치한다.
> - **차마용 안전지대** : 광장, 교차로 지점, 노폭이 넓은 중앙지대등 안전지대를 설치할 필요가 있는 장소에 설치(표지일련번호 531번)

(12) **신호기** : 도로교통에서 문자·기호 또는 등화(燈火)를 사용하여 진행·정지·방향전환·주의 등의 신호를 표시하기 위하여 사람이나 전기의 힘으로 조작되는 장치를 말한다.

> **해설** 신호기는 도로에 설치되어 차마의 교통에 사용된다. 철길 건널목에 설치된 경보등과 차단기 또는 도로바닥에 표시된 문자, 기호 등은 신호기 등에 해당되지 않는다.

(13) **안전표지** : 교통안전에 필요한 주의·규제·지시 등을 표시하는 표지판이나 도로의 바닥에 표시하는 기호·문자 또는 선 등을 말한다.

(14) **주차** : 운전자가 승객을 기다리거나 화물을 싣거나 차가 고장나거나 그 밖의 사유로 인하여 차를 계속하여 정지상태에 두는 것 또는 운전자가 차에서 떠나서 즉시 그 차를 운전할 수 없는 상태에 두는 것

> **해설** 자동차가 사람의 승강 등으로 계속 정지하여 기다리고 있거나 화물을 싣고 내리거나 또는 고장 등으로 5분 이내에 즉시 출발할 수 없는 상태의 경우 등이 주차에 해당한다.

(15) **정차** : 운전자가 5분을 초과하지 아니하고 차를 정지시키는 것으로서 주차 외의 정지 상태를 말한다.

> **해설** 사람의 승강 또는 잠시 차 유리를 닦고 출발하거나 백미러를 맞추고 출발하는 경우 등 5분 이내에 출발하는 운전행위는 정차에 해당하며, 차가 정차할 경우 차도의 우측 가장자리에 정차해야 한다.

(16) **운전** : 도로('보행자의 보호' 조항 그리고 '주취 운전 금지·과로 운전 금지·사고 발생 시의 조치' 및 이 조항들의 위반 시 받는 '벌칙' 조항들의 경우에는 도로 외의 곳 포함)에서 차마 또는 노면전차를 그 본래의 사용 방법에 따라 사용하는 것(조종 또는 자율주행시스템을 사용하는 것을 포함)을 말한다.

> **해설** ※ 자율주행시스템 : 「자율주행자동차 상용화 촉진 및 지원에 관한 법률」에 따른 자율주행시스템을 말한다. 이 경우 그 종류는 완전 자율주행시스템, 부분 자율주행시스템 등 행정안전부령으로 정하는 바에 따라 세분할 수 있다.

(17) **서행(徐行)** : 운전자가 차 또는 노면전차를 즉시 정지할 수 있는 정도의 느린 속도로 진행하는 것을 말한다.

(18) **앞지르기** : 차의 운전자가 앞서가는 다른 차의 옆을 지나서 그 차의 앞(좌측)으로 나가는 것을 말한다.

> **해설** 다른 교통에 주의하면서 앞차의 좌측으로 앞지르기하여야 한다. 우측으로 앞지르기하면 앞지르기 위반에 해당된다.

(19) **일시정지** : 차 또는 노면전차의 운전자가 그 차 또는 노면전차의 바퀴를 일시적으로 완전히 정지시키는 것을 말한다.

> **해설** 자동차가 위험방지와 경찰공무원의 지시 등 또는 즉시 출발할 수 있는 경우로서 정차나 주차 이외의 정지하는 경우를 말한다.

(20) **보행자 전용도로** : 보행자만 다닐 수 있도록 안전표지나 그와 비슷한 인공구조물로 표시한 도로를 말한다.

(20-2) **보행자우선도로** : 차도와 보도가 분리되지 아니한 도로로서 보행자의 안전과 편의를 보장하기 위하여 보행자 통행이 차마 통행에 우선하도록 지정한 도로를 말한다.

(21) **길가장자리구역** : 보도와 차도가 구분되지 아니한 도로에서 보행자의 안전을 확보하기 위하여 안전표지 등으로 경계를 표시한 도로의 가장자리 부분을 말한다.

(22) **긴급자동차** : 소방차, 구급차, 혈액공급차량, 그 밖에 대통령령으로 정하는 자동차를 말한다.

(23) **모범운전자** : 무사고운전자 또는 유공운전자의 표시장을 받거나 2년 이상 사업용 자동차 운전에 종사하면서 교통사고를 일으킨 전력이 없는 사람으로서 경찰청장이 정하는 바에 따라 선발되어 교통안전 봉사활동에 종사하는 사람을 말한다.

(24) **음주운전 방지** : 술에 취한 상태에서 자동차 등을 운전하려는 경우 시동이 걸리지 아니하도록 하는 것으로서 행정안전부령으로 정하는 것을 말한다.

## 2 도로의 개념(법 제2조 제1호)

(1) **「도로법」에 의한 도로** : 일반의 교통에 공용되는 도로로서 고속국도, 일반국도, 특별시도·광역시도, 지방도, 시도, 군도, 구도로 그 노선이 지정 또는 인정된 도로를 말하는 바, 이러한 요건을 갖추지 못한 것은 도로법상의 도로가 아니다. (도로법 제10조)

(2) **「유료도로법」에 의한 유료도로** : 「도로법」에 의한 도로로서 통행료 또는 사용료를 받는 도로를 말한다.

(3) **「농어촌도로 정비법」에 따른 농어촌도로** : 농어촌지역 주민의 교통편익과 생산, 유통활동 등에 공용(共用)되는 공로(公路)중 고시된 도로

① **면도** : 군도(郡道) 및 그 상위 등급의 도로(군도 이상의 도로)와 연결되는 읍·면지역의 기간(基幹)도로
② **이도** : 군도 이상의 도로 및 면도와 갈라져 마을 간이나 주요 산업단지 등과 연결되는 도로
③ **농도** : 경작지 등과 연결되어 농어민의 생산활동에 직접 공용되는 도로

(4) 그 밖의 현실적으로 불특정 다수의 사람 또는 차마의 통행을 위하여 공개된 장소로서 안전하고 원활한 교통을 확보할 필요가 있는 장소

## 3 차와 자동차의 구분

(1) **자동차와 차의 구분 사유** : 「도로교통법」은 차와 자동차의 개념을 달리 규정하고 있으며, 이는 도로상에서의 운전과 이에 따른 단속, 행정처분, 사고처리 등의 범위와 한계를 구분하기 위해서이다.

(2) **차** : 자동차·건설기계·원동기장치자전거·자전거, 사람 또는 가축의 힘이나 그 밖의 동력(動力)으로 도로에서 운전되는 것, 다만 철길이나 가설(架設)된 선을 이용하여 운전되는 것, 유모차와 보행보조용 의자차, 노약자용 보행기 등 행정안전부령으로 정하는 기구·장치는 제외한다.
① 전동차·기차 등 궤도차, 항공기, 선박, 케이블카, 소아용의 자전거(예 세발자전거), 유모차 그리고 장애인용 휠체어 등은 차에 해당되지 않는다.
② 사람이 끌고 가는 손수레는 사람의 힘으로 운전되는 것으로서 차에 해당한다. ⓐ 사람이 끌고 가는 손수레가 보행자를 충격하였을 때에는 차에 해당한다. ⓑ 손수레 운전자를 다른 차량이 충격하였을 때에는 보행자로 본다.

(3) **우마** : 교통이나 운수에 사용되는 가축

(4) **자동차** : 철길이나 가설된 선을 이용하지 아니하고 원동기를 사용하여 운전되는 차(견인되는 자동차도 자동차의 일부로 본다)로서 「자동차관리법」 제3조에 따른 승용·승합·화물·특수·이륜자동차(원동기장치자전거 제외) 및 「건설기계관리법」 제26조 제1항 단서에 따른 건설기계를 말한다.

> **해설** 자동차 종류 : 승용자동차, 승합자동차, 화물자동차, 특수자동차, 이륜자동차(125cc 초과), 건설기계(자동차에 해당되는 건설기계 : 덤프트럭, 아스팔트 살포기, 노상안정기, 콘크리트 믹서트럭, 콘크리트 펌프, 트럭 적재식천공기가 있다.
> • 위의 건설기계는 제1종 대형면허로 운전할 수 있다.
> • 원동기장치자전거는 자동차 종류에는 해당되지 않는다.
> • 자동차에 해당되지 않는 것 : 원동기장치자전거, 유모차, 보행보조용 의자차, 지하철 열차, 농업용 콤바인, 경운기 등

(4-2) **자율주행시스템** : 「자율주행자동차 상용화 촉진 및 지원에 관한 법률」에 따른 자율주행시스템을 말한다. 이 경우 그 종류는 완전 자율주행시스템, 부분 자율주행시스템 등 행정안전부령으로 정하는 바에 따라 세분할 수 있다.

(4-3) **자율주행자동차** : 운전자 또는 승객의 조작 없이 자동차 스스로 운행이 가능한 자동차로서 자율주행시스템을 갖추고 있는 자동차를 말한다.

(5) **원동기장치자전거**
① 「자동차관리법」 제3조에 따른 이륜자동차 가운데 배기량 125시시 이하(전기를 동력으로 하는 경우에는 최고정격출력 11킬로와트 이하)의 이륜자동차
② 그 밖에 배기량 125시시 이하(전기를 동력으로 하는 경우에는 최고정격출력 11킬로와트 이하)의 원동기를 단 차(전기자전거 및 실외이동로봇은 제외)

(6) **개인형 이동장치**
원동기장치자전거 중 시속 25킬로미터 이상으로 운행할 경우 전동기가 작동하지 아니하고 차체 중량이 30킬로그램 미만인 것으로서 행정안전부령으로 정하는 것을 말한다.
※ **자동차 등** : 자동차와 원동기장치자전거를 말한다.
※ **자전거 등** : 자전거와 개인형 이동장치를 말한다.

(7) 노면전차 : 「도시철도법」 제2조제2호에 따른 노면전차로서 도로에서 궤도를 이용하여 운행되는 차를 말한다.

## 2 신호기 및 교통 안전표지

### 1 신호등의 등화 배열순서 및 신호순서(규칙 별표5)

| 신호등의 종류 | | 등화의 배열 순서 | 신호(표시)순서 |
|---|---|---|---|
| 차량등 | 4색등화 | 적색, 황색, 녹색화살표, 녹색 | 녹색 → 황색 →적색 및 녹색화살표→적색 및 황색→적색 |
| | 3색등화 | 적색, 황색, 녹색(녹색화살표) | 녹색 → 황색→적색 |
| 보행등 | 2색등화 | – | 녹색→녹색 점멸→적색 |

### 2 신호기가 표시하는 신호의 종류 및 신호의 뜻(규칙 별표2)

(1) 차량 신호등

| 구분 | | 신호의 종류 | 신호의 뜻 |
|---|---|---|---|
| 차량신호등 | 원형등화 | 녹색의 등화 | 1. 차마는 직진 또는 우회전할 수 있다.<br>2. 비보호좌전표지 또는 비보호좌회전표시가 있는 곳에서는 좌회전할 수 있다. |
| | | 황색의 등화 | 1. 차마는 정지선이 있거나 횡단보도가 있을 때에는 그 직전이나 교차로의 직전에 정지하여야 하며, 이미 교차로에 차마의 일부라도 진입한 경우에는 신속히 교차로 밖으로 진행하여야 한다.<br>2. 차마는 우회전을 할 수 있고 우회전하는 경우에는 보행자의 횡단을 방해하지 못한다. |
| | | 적색의 등화 | 1. 차마는 정지선, 횡단보도 및 교차로의 직전에서 정지해야 한다.<br>2. 차마는 우회전하려는 경우 정지선, 횡단보도 및 교차로의 직전에서 정지한 후 신호에 따라 진행하는 다른 차마의 교통을 방해하지 않고 우회전할 수 있다.<br>3. 2에도 불구하고 차마는 우회전 삼색등이 적색의 등화인 경우 우회전할 수 없다. |
| | | 황색 등화의 점멸 | 차마는 다른 교통 또는 안전표지의 표시에 주의하면서 진행할 수 있다. |
| | | 적색 등화의 점멸 | 차마는 정지선이나 횡단보도가 있을 때에는 그 직전이나 교차로의 직전에 일시정지한 후 다른 교통에 주의하면서 진행할 수 있다. |
| | 화살표등화 | 녹색 화살표의 등화 | 차마는 화살표 방향으로 진행할 수 있다. |
| | | 황색화살표의 등화 | 화살표시 방향으로 진행하려는 차마는 정지선이 있거나 횡단보도가 있을 때에는 그 직전이나 교차로의 직전에 정지하여야 하며, 이미 교차로에 차마의 일부라도 진입한 경우에는 신속히 교차로 밖으로 진행하여야 한다. |
| | | 적색화살표의 등화 | 화살표시 방향으로 진행하려는 차마는 정지선, 횡단보도 및 교차로의 직전에서 정지하여야 한다. |
| | | 황색화살표 등화의 점멸 | 차마는 다른 교통 또는 안전표지의 표시에 주의하면서 화살표시 방향으로 진행할 수 있다. |
| | | 적색화살표 등화의 점멸 | 차마는 정지선이나 횡단보도가 있을 때에는 그 직전이나 교차로의 직전에 일시정지한 후 다른 교통에 주의하면서 화살표시 방향으로 진행할 수 있다. |
| | 사각형등화 | 녹색화살표시의 등화(하향) | 차마는 화살표로 지정한 차로로 진행할 수 있다. |
| | | 적색×표표시 등화 | 차마는 ×표가 있는 차로로 진행할 수 없다. |
| | | 적색×표 표시 등화의 점멸 | 차마는 ×표가 있는 차로로 진입할 수 없고 이미 차로의 일부라도 진입한 경우에는 신속히 그 차로 밖으로 진로를 변경하여야 한다. |
| 보행신호등 | | 녹색의 등화 | 보행자는 횡단보도를 횡단할 수 있다. |
| | | 녹색 등화의 점멸 | 보행자는 횡단을 시작하여서는 아니 되고, 횡단하고 있는 보행자는 신속하게 횡단을 완료하거나 그 횡단을 중지하고 보도로 되돌아와야 한다. |
| | | 적색의 등화 | 보행자는 횡단보도를 횡단하여서는 아니된다. |

| 구분 | | 신호의 종류 | 신호의 뜻 |
|---|---|---|---|
| 자전거신호등 | 자전거주행신호등 | 녹색의 등화 | 자전거는 직진 또는 우회전할 수 있다. |
| | | 황색의 등화 | 1. 자전거는 정지선이 있거나 횡단보도가 있을 때에는 그 직전이나 교차로의 직전에 정지하여야 하며, 이미 교차로에 차마의 일부라도 진입한 경우에는 신속히 교차로 밖으로 진행하여야 한다.<br>2. 자전거는 우회전을 할 수 있고, 우회전하는 경우에는 보행자의 횡단을 방해하지 못한다. |
| | | 적색의 등화 | 1. 자전거 등은 정지선, 횡단보도 및 교차로의 직전에서 정지해야 한다.<br>2. 자전거 등은 우회전하려는 경우 정지선, 횡단보도 및 교차로의 직전에서 정지한 후 신호에 따라 진행하는 다른 차마의 교통을 방해하지 않고 우회전할 수 있다.<br>3. 2에도 불구하고 자전거 등은 우회전 삼색등이 적색의 등화인 경우 우회전할 수 없다. |
| | | 황색 등화의 점멸 | 자전거는 다른 교통 또는 안전표지의 표시에 주의하면서 진행할 수 있다. |
| | | 적색 등화의 점멸 | 자전거는 정지선이나 횡단보도가 있는 때에는 그 직전이나 교차로의 직전에 일시정지한 후 다른 교통에 주의하면서 진행할 수 있다. |
| | 자전거횡단신호등 | 녹색의 등화 | 자전거는 자전거횡단도를 횡단할 수 있다. |
| | | 녹색등화의 점멸 | 자전거는 횡단을 시작하여서는 아니 되고, 횡단하고 있는 자전거는 신속하게 횡단을 종료하거나 그 횡단을 중지하고 진행하던 차도 또는 자전거도로로 되돌아와야 한다. |
| | | 적색의 등화 | 자전거는 자전거횡단도를 횡단하여서는 아니 된다. |
| 버스신호등 | | 녹색의 등화 | 버스전용차로에 차마는 직진할 수 있다. |
| | | 황색의 등화 | 버스전용차로에 있는 차마는 정지선이 있거나 횡단보도가 있을 때에는 그 직전이나 교차로의 직전에 정지하여야 하며, 이미 교차로에 차마의 일부라도 진입한 경우에는 신속히 교차로 밖으로 진행하여야 한다. |
| | | 적색의 등화 | 버스전용차로에 있는 차마는 정지선, 횡단보도 및 교차로의 직전에서 정지하여야 한다. |
| | | 황색 등화의 점멸 | 버스전용차로에 있는 차마는 다른 교통 또는 안전표지의 표시에 주의하면서 진행할 수 있다. |
| | | 적색 등화의 점멸 | 버스전용차로에 있는 차마는 정지선이나 횡단보도가 있을 때에는 그 직전이나 교차로의 직전에 일시정지한 후 다른 교통에 주의하면서 진행할 수 있다. |
| 노면전차신호등 | | 황색 T자형의 등화 | 노면전차가 직진 또는 좌회전·우회전할 수 있는 등화가 점등될 예정이다. |
| | | 황색 T자형 등화의 점멸 | 노면전차가 직진 또는 좌회전·우회전할 수 있는 등화의 점등이 임박하였다. |
| | | 백색 가로 막대형의 등화 | 노면전차는 정지선, 횡단보도 및 교차로의 직전에서 정지해야 한다. |
| | | 백색 가로 막대형 등화의 점멸 | 노면전차는 정지선이나 횡단보도가 있는 경우에는 그 직전이나 교차로의 직전에 일시정지한 후 다른 교통에 주의하면서 진행할 수 있다. |
| | | 백색 점형의 등화 | 노면전차는 정지선이 있거나 횡단보도가 있는 경우에는 그 직전이나 교차로의 직전에 정지해야 하며, 이미 교차로에 노면전차의 일부가 진입한 경우에는 신속하게 교차로 밖으로 진행해야 한다. |
| | | 백색 점형 등화의 점멸 | 노면전차는 다른 교통 또는 안전표지의 표시에 주의하면서 진행할 수 있다. |
| | | 백색 세로 막대형의 등화 | 노면전차는 직진할 수 있다. |
| | | 백색 사선 막대형의 등화 | 노면전차는 백색사선막대의 기울어진 방향으로 좌회전 또는 우회전할 수 있다. |

비고  1. 자전거를 주행하는 경우 자전거주행신호등이 설치되지 않은 장소에서는 차량신호등의 지시에 따른다.
2. 자전거횡단도에 자전거횡단신호등이 설치되지 않은 경우 자전거는 보행신호등의 지시에 따른다. 이 경우 보행신호등란의 "보행자"는 "자전거"로 본다.
3. 우회전하려는 차마는 우회전삼색등이 있는 경우 다른 신호에도 불구하고 이에 따라야 한다.

## 3 교통안전표지의 종류(규칙 제8조)
(표지 안쪽 교통안전표지 일람표 참조)

교통안전표지란 주의·규제·지시 등을 표시하는 표지판이나 도로바닥에 표시하는 문자·기호·선 등의 노면표시를 말한다.

(1) **주의표지** : 도로 상태가 위험하거나 도로 또는 그 부근에 위험물이 있는 경우에 안전조치를 할 수 있도록 이를 도로 사용자에게 알리는 표지

철길 건널목

(2) **규제표지** : 도로 교통의 안전을 위하여 각종 제한·금지 등의 규제를 하는 경우에 이를 도로 사용자에게 알리는 표지

화물자동차 통행금지

(3) **지시표지** : 도로의 통행방법·통행구분 등 도로교통의 안전을 위하여 필요한 지시를 하는 경우에 도로 사용자가 이를 따르도록 알리는 표지

자동차 전용도로

(4) **보조표지** : 주의표지·규제표지·지시표지의 주기능을 보충하여 도로 사용자에게 알리는 표지

안전속도

(5) **노면표시** : 도로교통의 안전을 위하여 각종 주의·규제·지시 등의 내용을 노면에 기호·문자·선 등으로 도로 사용자에게 알리는 표지

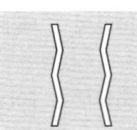
서행

※ 노면표시에 사용되는 각종 선에서 점선은 허용, 실선은 제한, 복선은 의미의 강조를 나타낸다.
※ 노면표시의 3가지 기본색상 중 백색은 동일방향의 교통류 분리 및 경계 표시, 황색은 반대방향의 교통류 분리 또는 도로이용의 제한 및 지시(중앙선, 도로중앙장애물, 주차금지, 정차·주차금지, 안전지대표시), 청색은 지정방향의 교통류 분리표시(버스전용차로 및 다인승차량전용차선표시)에 사용된다. 적색은 어린이보호구역 또는 주거지역 안에 설치하는 속도제한표시의 테두리선 및 소방시설 주변 정차·주차금지표시에 사용된다.

# 3 차마의 통행

## 1 차로에 따른 통행차의 기준(규칙 제16조 별표9)

(1) 고속도로 외의 도로에서 차로에 따른 통행 차의 기준

| 도로 | 차로구분 | 통행할 수 있는 차종 |
|---|---|---|
| 고속도로 외의 도로 | 왼쪽 차로 | 승용자동차 및 경형·소형·중형 승합자동차 |
| | 오른쪽 차로 | 대형승합자동차, 화물자동차, 특수자동차, 법 제2조제18호나목에 따른 건설기계, 이륜자동차, 원동기장치자전거 |

(2) 고속도로에서 차로에 따른 통행 차의 기준

| 도로 | 차로구분 | | 통행할 수 있는 차종 |
|---|---|---|---|
| 고속도로 | 편도 2차로 | 1차로 | 앞지르기를 하려는 모든 자동차. 다만, 차량통행량 증가 등 도로상황으로 인하여 부득이하게 시속 80킬로미터 미만으로 통행할 수밖에 없는 경우에는 앞지르기를 하는 경우가 아니라도 통행할 수 있다. |
| | | 2차로 | 모든 자동차 |
| 고속도로 | 편도 3차로 이상 | 1차로 | 앞지르기를 하려는 승용자동차 및 앞지르기를 하려는 경형·소형·중형 승합자동차. 다만, 차량통행량 증가 등 도로상황으로 인하여 부득이하게 시속 80킬로미터 미만으로 통행할 수밖에 없는 경우에는 앞지르기를 하는 경우가 아니라도 통행할 수 있다. |
| | | 왼쪽 차로 | 승용자동차 및 경형·소형·중형 승합자동차 |
| | | 오른쪽 차로 | 대형 승합자동차, 화물자동차, 특수자동차, 법 제2조 제18호나목에 따른 건설기계 |

※ 비고
1. 위 표에서 사용하는 용어의 뜻은 다음 각 목과 같다.
 가. "왼쪽 차로"란 다음에 해당하는 차로를 말한다.
  1) 고속도로 외의 도로의 경우: 차로를 반으로 나누어 1차로에 가까운 부분의 차로. 다만, 차로수가 홀수인 경우 가운데 차로는 제외한다.
  2) 고속도로의 경우: 1차로를 제외한 차로를 반으로 나누어 그 중 1차로에 가까운 부분의 차로. 다만, 1차로를 제외한 차로의 수가 홀수인 경우 그 중 가운데 차로는 제외한다.
 나. "오른쪽 차로"란 다음에 해당하는 차로를 말한다.
  1) 고속도로 외의 도로의 경우: 왼쪽 차로를 제외한 나머지 차로
  2) 고속도로의 경우: 1차로와 왼쪽 차로를 제외한 나머지 차로
2. 모든 차는 위 표에서 지정된 차로보다 오른쪽에 있는 차로로 통행할 수 있다.

## 2 차로에 따른 통행차의 기준에 의한 통행방법(법 제13조)

(1) 차도의 통행
 ① 원칙 : 차마의 운전자는 보도와 차도가 구분된 도로에서는 차도를 통행하여야 한다.(법 제13조 제1항)
 ② 예외 : 도로 외의 곳으로 출입할 때에는 보도를 횡단하여 통행할 수 있다. 이 경우 차마의 운전자는 보도를 횡단하기 직전에 일시정지하여 좌측과 우측 부분을 살핀 후 보행자의 통행을 방해하지 아니하도록 하여야 한다.(법 제13조 제2항)
 ③ 차마의 운전자는 도로(보도와 차도가 구분된 도로에서는 차도)의 중앙(중앙선이 설치되어 있는 경우에는 그 중앙선을 말한다) 우측 부분을 통행하여야 한다.(법 제13조 제3항)

(2) 차마의 운전자가 도로의 중앙이나 좌측 부분을 통행할 수 있는 경우(법 제13조 제4항)
 ① 도로가 일방통행인 경우
 ② 도로의 파손, 도로공사, 그 밖의 장애 등으로 도로의 우측 부분을 통행할 수 없는 경우
 ③ 도로 우측 부분의 폭이 6m가 되지 아니하는 도로에서 다른 차를 앞지르려는 경우(다만, 도로의 좌측 부분을 확인할 수 없는 경우, 반대방향의 교통을 방해할 우려가 있는 경우, 안전표지 등으로 앞지르기를 금지하거나 제한하고 있는 경우에는 통행할 수 없음)
 ④ 도로 우측 부분의 폭이 차마의 통행에 충분하지 아니한 경우
 ⑤ 가파른 비탈길의 구부러진 곳에서 교통의 위험을 방지하기 위하여 시·도경찰청장이 필요하다고 인정하여 구간 및 통행방법을 지정하고 있는 경우에 그 지정에 따라 통행하는 경우

(3) 차마의 운전자는 안전지대등 안전표지에 의하여 진입이 금지된 장소에 들어가서는 아니되고, 차마(자전거 등은 제외)의 운전자는 안전표지로 통행이 허용된 장소를 제외하고는 자전거도로 또는 길가장자리구역으로 통행하여서는 아니된다. 다만 자전거우선도로의 경우에는 그러하지 아니하다.(법 제13조제5항, 제6항)

(4) 앞지르기를 할 때에는 통행기준에 지정된 차로의 바로 옆 왼쪽 차로로 통행할 수 있다.(규칙 별표9)

(5) 다음 각목의 위험물 등을 운반하는 자동차는 "도로의 가장 오른쪽에 있는 차로로 통행"하여야 한다.(규칙 별표9)
 ① 지정수량 이상의 위험물 운반차
 ② 총포, 도검, 화약류 운반차
 ③ 의료폐기물 운반차
 ④ 액화석유(고압)가스 운반차
 ⑤ 방사성물질(또는 그에 따라 오염된 물질) 운반차
 ⑥ 허가대상 유해물질 운반차
 ⑦ 유독성원제운반자동차
 ⑧ 유독물 운반차

(6) 좌회전 차로가 2개 이상 설치된 교차로 통행방법(규칙 별표9)
  ① 1차로에서 좌회전 차 : 승용자동차, 경형·소형·중형승합자동차
  ② 2차로에서 좌회전 차 : 대형승합자동차, 화물자동차, 특수자동차, 법 제2조제18호 나목에 따른 건설기계, 이륜자동차, 원동기장치자전거

(7) 안전거리확보 등(법 제19조)
  ① 모든 차의 운전자는 같은 방향으로 가고 있는 앞차의 뒤를 따르는 경우에는 앞차가 갑자기 정지하게 되는 경우 그 앞차와의 충돌을 피할 수 있는 필요한 거리를 확보해야 한다(안전거리 확보).
  ② 자동차 등의 운전자는 같은 방향으로 가고 있는 자전거 등의 운전자에 주의하여야 하며, 그 옆을 지날 때에는 그 자전거와의 충돌을 피할 수 있도록 거리를 확보해야 한다.
  ③ 모든 차의 운전자는 진로를 변경하려는 경우에 그 변경하려는 방향으로 오고 있는 다른 차의 정상적인 통행에 장애를 줄 우려가 있을 때에는 진로를 변경해서는 안 된다(진로변경 금지).
  ④ 모든 차의 운전자는 위험방지를 위한 경우와 그 밖의 부득이한 경우가 아니면 운전하는 차를 갑자기 정지시키거나 속도를 줄이는 등의 급제동을 해서는 안 된다(급제동 금지).

(8) 진로양보의무(법 제20조)
  ① 긴급자동차를 제외한 모든 차의 운전자는 뒤에서 따라오는 차보다 느린 속도로 가려는 경우에는 도로의 우측 가장자리로 피하여 진로를 양보해야 한다. 다만 통행구분이 설치된 도로의 경우에는 그러하지 아니하다.
  ② 좁은 도로에서 긴급자동차 외의 자동차가 서로 마주보고 진행하는 때에는 다음 각 호의 구분에 따른 자동차가 도로의 우측 가장자리로 피하여 진로를 양보해야 한다.
    ㉠ 비탈진 좁은 도로에서 자동차가 서로 마주보고 진행하는 경우에는 올라가는 자동차(내려오는 자동차가 우선통행)
    ㉡ 비탈진 좁은 도로 외의 좁은 도로에서 사람을 태웠거나 물건을 실은 자동차와 동승자가 없고 물건을 싣지 않은 자동차가 서로 마주보고 진행하는 경우에는 동승자가 없고 물건을 싣지 않은 자동차(승차 또는 화물적재차가 우선통행)

### 3 운행상의 안전기준(영 제22조제4호)
  ① 화물자동차의 적재중량은 구조 및 성능에 따르는 적재중량의 110% 이내
  ② 화물자동차의 적재용량은 다음 각목의 기준을 넘지 아니할 것
    ㉠ 길이 : 자동차 길이의 10분의 1을 더한 길이(이륜자동차는 그 승차장치의 길이 또는 적재장치의 길이에 30cm를 더한 길이)
    ㉡ 너비 : 자동차의 후사경으로 뒤쪽을 확인할 수 있는 범위(후사경의 높이보다 화물을 낮게 적재한 경우에는 그 화물을, 후사경의 높이보다 화물을 높게 적재한 경우에는 뒤쪽을 확인할 수 있는 범위)의 너비
    ㉢ 높이 : 화물자동차는 지상으로부터 4m(도로구조의 보전과 통행의 안전에 지장이 없다고 인정하여 고시한 도로 노선의 경우에는 4.2m, 소형 3륜자동차는 지상으로부터 2.5m, 이륜자동차에 있어서는 지상으로부터 2m)의 높이

### 4 승차 또는 적재의 방법과 제한(영 제23조, 법 제39조)
  ① 모든 차의 운전자는 승차인원, 적재중량 및 적재용량에 관하여 대통령령으로 정하는 운행상의 안전기준을 넘어서 승차시키거나 적재한 상태로 운전해서는 안 된다. 다만, 출발지를 관할하는 경찰서장의 허가를 받은 경우에는 제외한다.
  ② 모든 차 또는 노면전차의 운전자는 운전 중 타고 있는 사람 또는 타고 내리는 사람이 떨어지지 않도록 하기 위하여 문을 정확히 여닫는 등 필요한 조치를 해야 한다.
  ③ 모든 차의 운전자는 운전 중 실은 화물이 떨어지지 아니하도록 덮개를 씌우거나 묶는 등 확실하게 고정될 수 있도록 필요한 조치를 해야 한다.
  ④ 모든 차의 운전자는 영유아나 동물을 안고 운전장치를 조작하거나 운전석 주위에 물건을 싣는 등 안전에 지장을 줄 우려가 있는 상태로 운전해서는 안 된다.
  ⑤ 경찰서장이 초과 적재를 허가할 수 있는 경우(영 제23조)
    ㉠ 전신, 전화 전기공사, 수도공사, 제설작업 그 밖에 공익을 위한 공사 또는 작업을 위하여 부득이 화물자동차의 승차정원을 넘어서 운행하려는 경우
    ㉡ 분할할 수 없어 화물자동차의 적재중량 및 적재용량에 따른 기준을 적용할 수 없는 화물을 수송하는 경우
  ⑥ 안전기준을 넘는 화물적재허가를 받은 사람은 그 길이 또는 폭의 양 끝에 너비 30cm, 길이 50cm 이상의 빨간 헝겊으로 된 표지(위험 표지)를 달아야 한다(밤에 운행하는 경우에는 반사체로 된 표지 부착)(규칙 제26조제3항).

## ④ 자동차 등의 속도

### 1 속도의 준수
안전표지로써 제한되고 있는 도로에서는 **규제속도**를 초과 운행하여서는 아니 되며, 그 밖의 도로에서도 **법정속도**를 준수해야 한다.
  ※ 차마의 운전자는 최고속도와 최저속도를 준수해야 한다.
  ※ 가변형 속도제한표지로 최고속도를 정한 경우에는 이에 따라야 하며, 가변형 속도제한표지로 정한 최고속도와 그 밖의 안전표지로 정한 최고속도가 다를 때에는 가변형 속도제한표지에 따라야 한다.

### 2 법정속도(규칙 제19조)
(1) 일반도로에서의 속도

| 주거·상업·공업 지역의 일반도로 | 매시 50km/h 이내 (시·도 경찰청장이 인정한 경우 매시 60km/h 이내) |
|---|---|
| 주거·상업·공업 지역 이외의 일반도로 | 매시 60km/h 이내 |
| 편도 2차로 이상 | 매시 80km/h 이내 |

※ 일반도로에서는 편도 2차로 이상이면 최고속도는 다 같이 매시 80km이다.

(2) 자동차 전용도로에서의 속도

| 최고속도 : 매시 90km | 최저속도 : 매시 30km |
|---|---|

※ ① 차로수가 많고 적음에 관계없이 속도는 같다.
　② 이륜자동차(원동기장치자전거 포함)는 통행을 금지(특수업무수행 중은 예외)한다.

(3) 고속도로에서의 속도

| | | |
|---|---|---|
| 편도 2차로 이상 모든 고속도로 | 승용자동차, 승합자동차, 화물자동차(적재중량 1.5톤 이하) | 최고 매시 100km 최저 매시 50km |
| | 화물자동차(적재중량 1.5톤 초과), 위험물 운반자동차 및 건설기계, 특수자동차 | 최고 매시 80km 최저 매시 50km |
| 편도 2차로 이상 경찰청장이 원활한 소통을 위하여 필요하다고 인정하여 지정·고시한 구간의 고속도로 | 승용자동차, 승합자동차, 화물차(적재중량 1.5톤 이하) | 최고 매시 120km 최저 매시 50km |
| | 화물자동차(적재중량 1.5톤 초과), 위험물 운반자동차 및 건설기계, 특수자동차 | 최고 매시 90km 최저 매시 50km |
| 편도 1차로 고속도로 | 모든 자동차 | 최고 매시 80km 최저 매시 50km |

## 3 이상 기후 시의 감속운행(비, 안개, 눈 등)

| 이상 기후 상태 | 감속운행 속도 |
|---|---|
| 1. 비가 내려 노면이 젖어있는 경우<br>2. 눈이 20mm 미만 쌓인 경우 | 최고속도의 $\frac{20}{100}$을 줄인 속도 |
| 1. 폭우, 폭설, 안개 등으로 가시거리가 100m 이내인 경우<br>2. 노면이 얼어붙은 경우<br>3. 눈이 20mm 이상 쌓인 경우 | 최고속도의 $\frac{50}{100}$을 줄인 속도 |

**해설** 편도 1차로 일반도로에서 눈·비가 오고 있을 때 감속속도 계산방법
편도 1차로 일반도로의 법정운행속도가 60km이므로, 눈·비가 내릴 때에는 법정속도의 100분의 20을 감속 운행하여야 하므로
- $60 \times \frac{20}{100} = 12km$, 즉 60km-12km=48km    • 48km/h로 운행

① 가변형 속도제한표지로 최고속도를 정한 경우에는 이에 따라야 한다.
② 가변형 속도제한표지로 정한 최고속도와 그 밖의 안전표지로 정한 최고속도가 다를 때에는 가변형 속도제한표지에 따라야 한다.

**참고**
고장차를 견인하는 때의 속도(고속도로 제외)와 중량
① 총중량 2,000kg에 미달하는 자동차를 그의 3배 이상의 총중량 자동차로 견인하는 경우는 30km/h 이내
② 대형차가 대형차, 승용차가 승용차 등의 견인시는 25km/h 이내
③ 2륜차가 2륜차를 견인하지 못함
④ 고속도로에서는 견인차(레커차)차가 아니면 견인하지 못함

## 5 서행 및 일시정지 등(법 제31조)

| 구분 | 내 용 | 이행해야 할 장소 |
|---|---|---|
| 서행 | 차 또는 노면전차가 즉시 정지할 수 있는 느린 속도로 진행하는 것을 의미(위험을 예상한 상황적 대비) | 〈서행하여야 하는 경우〉<br>① 교차로에서 좌·우회전할 때 각각 서행<br>② 교통정리를 하고 있지 아니하는 교차로에 들어가려고 하는 차의 운전자는 그 차가 통행하고 있는 도로의 폭보다 교차하는 도로의 폭이 넓은 경우<br>③ 모든 차의 운전자는 도로에 설치된 안전지대에 보행자가 있는 경우와 차로가 설치되지 아니한 좁은 도로에서 보행자의 옆을 지나는 경우에는 안전거리를 두고 서행<br>〈서행하여야 하는 장소〉<br>④ 교통정리를 하고 있지 아니하는 교차로<br>⑤ 도로가 구부러진 부근<br>⑥ 비탈길의 고갯마루 부근<br>⑦ 가파른 비탈길의 내리막<br>⑧ 시·도경찰청장이 안전표지로 지정한 곳 |
| 정지 | 자동차가 완전히 멈추는 상태, 즉 당시의 속도가 0km/h인 상태로서 완전한 정지상태의 이행 | ① 차량신호등이 황색의 등화인 경우 차마는 정지선이 있거나 횡단보도가 있을 때에는 그 직전이나 교차로의 직전에 정지<br>② 차량신호등이 적색의 등화인 경우 차마는 정지선 횡단보도 및 교차로의 직전에 일시정지 |
| 일시정지 | 반드시 차가 멈추어야 하되 얼마간의 시간동안 정지상태를 유지해야 하는 교통 상황의 의미(정지상황의 일시적 전개) | ① 보도와 차도가 구분된 도로에서 도로 외의 곳을 출입하는 때는 보도를 횡단하기 직전에 일시정지<br>② 철길 건널목을 통과하려는 경우에는 철길 건널목 앞에서 일시정지<br>③ 보행자(자전거에서 내려 자전거를 끌고 통행하는 자전거 운전자를 포함)가 횡단보도를 통행하고 있거나 통행하려고 하는 때에는 보행자의 횡단을 방해하거나 위험을 주지 아니하도록 그 횡단보도 앞(정지선이 설치되어 있는 곳에서는 그 정지선)에서 일시정지<br>④ 어린이가 보호자 없이 도로를 횡단할 때, 어린이가 도로에서 앉아 있거나 서 있는 때 또는 어린이가 도로에서 놀이를 할 때 등 어린이에 대한 교통사고의 위험이 있는 것을 발견한 경우 일시정지<br>⑤ 앞을 보지 못하는 사람이 흰색지팡이를 가지거나, 장애인보조견을 동반하는 등의 조치를 하고 도로를 횡단하고 있는 경우 일시정지 |
| 일시정지 | 반드시 차가 멈추어야 하되 얼마간의 시간동안 정지상태를 유지해야 하는 교통 상황의 의미(정지상황의 일시적 전개) | ⑥ 지하도·육교 등 도로횡단시설을 이용할 수 없는 지체장애인이나 노인 등이 도로를 횡단하고 있는 경우 일시정지<br>⑦ 차량신호등이 적색의 등화의 점멸인 경우 차마는 정지선이나 횡단보도가 있을 때에는 그 직전이나 교차로의 직전에 일시정지<br>⑧ 교차로나 그 부근에서 긴급자동차가 접근하는 경우에는 교차로를 피하여 도로의 우측 가장자리에 일시정지<br>⑨ 모든 차의 운전자는 교통정리를 하고 있지 않고, 좌우를 확인할 수 없거나 교통이 빈번한 교차로에서는 일시정지<br>⑩ 시·도경찰청장이 필요하다고 인정하여 안전 표지로 지정한 곳 |

## 6 교차로 통행방법

### 1 교차로에서 좌·우회전하는 방법(법 제25조)

(1) 좌회전 : 미리 도로 중앙선을 따라 서행하면서 교차로의 중심 안쪽을 이용하여 좌회전하여야 한다. 다만 시·도 경찰청장이 교차로의 상황에 따라 특히 필요하다고 인정하여 지정한 곳에서는 교차로의 중심 바깥쪽을 통과할 수 있다.

(2) 우회전 : 미리 도로의 우측 가장자리를 서행하면서 우회전하여야 한다. 이 경우 우회전하는 차의 운전자는 신호에 따라 정지하거나 진행하는 보행자 또는 자전거 등에 주의하여야 한다.

(3) 좌·우회전하기 위하여 손이나 방향지시기 또는 등화로서 신호를 하는 경우에 그 뒤차의 운전자는 신호를 한 앞차의 진행을 방해해서는 안 된다.

(4) 모든 차 또는 노면전차의 운전자는 신호기로 교통정리를 하고 있는 교차로에 들어가려는 경우에는 진행하려는 진로의 앞쪽에 있는 차 또는 노면전차의 상황에 따라 교차로(정지선이 설치되어 있는 경우에는 그 정지선을 넘은 부분)에 정지하게 되어 다른 차 또는 노면전차의 통행에 방해가 될 우려가 있는 경우에는 그 교차로에 들어가서는 아니된다.

(5) 모든 차의 운전자는 교통정리를 하고 있지 아니하고 일시정지나 양보를 표시하는 안전표지가 설치되어 있는 교차로에 들어가려고 할 때에는 다른 차의 진행을 방해하지 아니하도록 일시정지하거나 양보하여야 한다.

※ 회전 교차로 통행 방법(법 제25조의2)
① 모든 차의 운전자는 회전교차로에서는 반시계방향으로 통행하여야 한다.
② 모든 차의 운전자는 회전교차로에 진입하려는 경우에는 서행하거나 일시정지하여야 하며, 이미 진행하고 있는 다른 차가 있는 때에는 그 차에 진로를 양보하여야 한다.
③ ① 및 ②에 따라 회전교차로 통행을 위하여 손이나 방향지시기 또는 등화로써 신호를 하는 차가 있는 경우 그 뒤차의 운전자는 신호를 한 앞차의 진행을 방해하여서는 아니 된다.

### 2 교통정리가 없는 교차로에서의 양보운전(법 제26조)

(1) 교통정리를 하고 있지 아니하는 교차로에 들어가려고 하는 차의 운전자는 이미 교차로에 들어가 있는 다른 차가 있을 때에는 그 차에 진로를 양보하여야 한다.

(2) 동시에 교차로에 진입할 때의 양보운전
① 도로의 폭이 좁은 도로에서 진입하려는 경우에는 도로의 폭이 넓은 도로로부터 진입하는 차에 진로를 양보
② 동시에 진입하려고 하는 경우에는 우측도로에서 진입하는 차에 진로를 양보
③ 좌회전하려고 하는 경우에는 직진하거나 우회전하려는 차에 진로를 양보

## 7 통행의 우선순위

### 1 긴급자동차의 우선과 특례(법 제29조, 제30조)
(1) 긴급하고 부득이한 경우에는 도로의 중앙이나 좌측부분을 통행할 수 있다.
(2) 긴급하고 부득이한 경우에는 정지하여야 하는 경우에도 정지하지 않을 수 있다.
(3) 자동차 등의 속도(법정 운행속도 및 제한속도)에 관한 규정을 적용하지 않는다.
(4) 앞지르기 금지의 시기 및 장소 또는 끼어들기 금지에 관한 규정을 적용을 하지 않는다.
(5) 긴급자동차 운전자는 해당 자동차를 그 본래의 긴급한 용도로 운행하지 않는 경우에는 경광등이나 사이렌을 작동해서는 안 된다. 다만, 범죄 및 화재 예방 등을 위한 순찰·훈련 등을 실시하는 경우에는 예외로 한다.

> 참고
> 긴급자동차 본래의 사용용도로 운행되고 있는 경우에 한하여 특례가 인정되며 "앞지르기 방법"은 제외된다.
> ※ 긴급자동차의 등광색
> - 소방자동차, 범죄수사자동차 : 적색, 청색
> - 경찰 교통단속 자동차 : 적색, 청색
> - 구급자동차 : 녹색
> - 시·도경찰청장이 지정하는 긴급자동차 : 황색

### 2 긴급자동차 접근 시의 피양(법 제29조 제4항·제5항)
교차로나 그 부근에서 긴급자동차가 접근하는 경우, 차마와 노면전차의 운전자는 교차로를 피하여 일시정지하여야 한다. 그 외의 곳인 경우에는, 긴급자동차가 우선통행할 수 있도록 진로를 양보하여야 한다.

## 8 자동차의 정비 및 점검

### 1 정비불량차의 정의
「자동차관리법」, 「건설기계관리법」이나 그 법에 의한 명령에 따른 장치가 정비되어 있지 않은 차이다.
※ 에어컨이나 히터 등의 고장은 정비불량으로 보지 않는다.

### 2 자동차의 정비 및 정비불량차 운전금지(법 제40조)
(1) 모든 차의 사용자, 정비책임자 또는 운전자는 「자동차관리법」, 「건설기계관리법」이나 그 법에 의한 명령에 따른 장치가 정비되지 아니한 정비불량차를 운전하도록 시키거나 운전하여서는 아니된다.
(2) 운송사업용 자동차 또는 화물자동차 등으로서 행정안전부령이 정하는 자동차의 운전자는 다음 각 호의 어느 하나에 해당하는 행위를 하여서는 아니된다.(법 제50조 제5항)
  ① 운행기록계가 설치되어 있지 아니하거나 고장 등으로 사용할 수 없는 운행기록계가 설치된 자동차를 운전하는 행위
  ② 운행기록계를 원래의 목적대로 사용하지 아니하고 자동차를 운전하는 행위
  ③ 승차를 거부하는 행위

### 3 자동차의 점검(법 제41조)
(1) 정비불량차에 해당되는 차가 운전되고 있는 때에 경찰공무원의 조치
우선 그 차를 정지시킨 후, 운전자에게 그 차의 자동차 등록증 또는 자동차운전자의 운전면허증의 제시를 요구하고 그 차의 장치를 점검할 수 있다.
(2) 경찰공무원은 (1)항에 따라 점검 결과 정비불량사항이 발견된 경우에는 정비불량상태(경미한 때)의 정도에 따라
  ① 그 차의 운전자로 하여금 응급조치를 하게 한 후에 운전을 하도록 한다.
  ② 도로 또는 교통상황을 고려하여 구간, 통행로와 위험방지를 위한 필요한 조건을 정한 후 그에 따라 운전을 계속하게 할 수 있다.
  ③ 시·도경찰청장은 정비상태가 매우 불량하여 위험발생의 우려가 있는 경우에는 그 차의 자동차 등록증을 보관하고 운전의 일시정지를 명할 수 있다.
(3) 시·도경찰청장은 (2)항 ③호의 경우에 필요하면 10일의 범위에서 정비기간을 정하여 그 차의 사용을 정지시킬 수 있다.
(4) 정비불량차의 표지부착 또는 정비확인(영 제24조, 제25조)
  ① 정비불량표지는 자동차 등의 앞면 창유리에 붙인다.
  ② 운전자(관리자)는 필요한 정비를 행한 후 정비 명령서를 제출하여 시·도경찰청장(필요한 때에는 경찰서장)의 정비확인을 받는다. 정비를 확인한 때에는 보관한 자동차 등록증을 지체없이 반환한다.
  ③ 자동차 등에 붙인 정비불량표지를 찢거나 훼손하여 못쓰게 하여서는 안되며, 정비확인을 받지 아니하고는 이를 떼어내지 못한다.

## 9 운전면허

### 1 운전면허 구분
(1) 제1종(사업용) 면허 : 대형면허, 보통면허, 소형면허, 특수면허
(2) 제2종(비사업용) 면허 : 보통면허, 소형면허, 원동기장치자전거 면허
(3) 연습운전면허 : 제1종 보통연습면허, 제2종 보통연습면허
(4) 응시연령
  ① 1종대형면허 : 만19세 이상, 운전경력 1년(이륜차 경력은 제외)
  ② 1종보통, 2종보통면허 : 만18세 이상
  ③ 원동기장치자전거면허 : 만16세 이상

### 2 운전할 수 있는 차의 종류(규칙 제53조·별표18)

| 운전면허 | | 운전할 수 있는 차량 |
|---|---|---|
| 종별 | 구분 | |
| 제1종 | 대형면허 | • 승용자동차  • 승합자동차  • 화물자동차<br>• 건설기계<br> - 덤프트럭, 아스팔트 살포기, 노상안정기, 콘크리트 믹서트럭, 콘크리트 펌프, 천공기(트럭 적재식), 콘크리트 믹서트레일러, 아스팔트 콘크리트 재생기<br> - 도로보수트럭, 3톤 미만의 지게차<br>• 특수자동차[대형견인차, 소형견인차 및 구난차(구난차등)는 제외]<br>• 원동기장치자전거 |
| 제1종 | 보통면허 | • 승용자동차<br>• 승차정원 15인 이하의 승합자동차<br>• 적재중량 12톤 미만의 화물자동차<br>• 건설기계(도로를 운행하는 3톤 미만의 지게차에 한정)<br>• 총중량 10톤 미만의 특수자동차(구난차등은 제외)<br>• 원동기장치자전거 |
| 제1종 | 소형면허 | • 3륜 화물자동차  • 3륜 승용자동차<br>• 원동기장치자전거 |
| 제1종 특수면허 | 대형견인차 | • 견인형 특수자동차<br>• 제2종 보통면허로 운전할 수 있는 차량 |
| 제1종 특수면허 | 소형견인차 | • 총중량 3.5톤 이하의 견인형 특수자동차<br>• 제2종 보통면허로 운전할 수 있는 차량 |
| 제1종 특수면허 | 구난차 | • 구난형 특수자동차<br>• 제2종 보통면허로 운전할 수 있는 차량 |
| 제2종 | 보통면허 | • 승용자동차(승차정원 10인 이하의 승합자동차)<br>• 적재중량 4톤 이하의 화물자동차<br>• 총중량 3.5톤 이하의 특수자동차(구난차등은 제외)<br>• 원동기장치자전거 |
| 제2종 | 소형면허 | • 이륜자동차(운반차를 포함)  • 원동기장치자전거 |
| 제2종 | 원동기장치자전거면허 | • 원동기장치자전거 |

(주) ① 위험물 등을 운반하는 화물자동차의 운전(도로교통법 시행규칙)
　　가. 적재중량 3톤 이하, 적재용량 3,000ℓ 이하 화물자동차 : 제1종 보통면허소지자가 운전할 수 있다.
　　나. 적재중량 3톤 초과, 적재용량 3,000ℓ 초과 화물자동차 : 제1종 대형면허소지자만이 운전할 수 있다.
② 피견인자동차는 제1종 대형면허, 제1종 보통면허 또는 제2종 보통면허를 가지고 있는 사람이 그 면허로 운전할 수 있는 자동차(「자동차관리법」 제3조에 따른 이륜차는 제외한다)로 견인할 수 있다. 이 경우, 총중량 750킬로그램을 초과하는 3톤 이하의 피견인 자동차를 견인하기 위해서는 견인하는 자동차를 운전할 수 있는 면허와 소형견인차면허 또는 대형견인차면허를 가지고 있어야 하고, 3톤을 초과하는 피견인 자동차를 견인하기 위해서는 견인하는 자동차를 운전할 수 있는 면허와 대형견인차면허를 가지고 있어야 한다.

## 3 운전면허 취득 응시 기간의 제한(법 제82조)

### (1) 일정기간이 지나지 아니하면 운전면허를 받을 수 없는 사람
(법 제82조 제2항) – 벌금 이상의 형이 확정된 경우

| 응시 제한 사유 | 응시 제한 기간 |
| --- | --- |
| 1. 무면허 운전 금지 또는 결격 기간중 운전 금지를 위반하여 자동차 등을 운전한 뒤 취소된 경우 | 위반한 날부터 1년 |
| 2. 운전면허 효력 정지 기간 중 운전금지를 위반하여 취소된 경우 | 취소된 날부터 1년 |
| 3. 위의 1, 2항을 위반한 후 원동기 장치 자전거 면허를 받으려는 경우 | 각 6개월 |
| 4. 위의 1, 2항을 위반하고 공동 위험 행위를 위반한 경우 | 위반한 날부터 1년 |
| 5. 위의 1, 2, 3, 4항을 위반하여 교통사고로 사람을 사상한 후 사고 조치 또는 신고를 하지 아니한 경우 | 위반한 날부터 5년 |
| 6. 무면허 운전 또는 결격 사유 시 운전을 3회 이상 위반하여 자동차 등을 운전한 경우 | 위반한 날부터 2년 |
| 7. 다음 각 목의 경우에는 운전면허가 취소된 날(무면허 운전 또는 결격 사유 시 운전이 포함되는 경우 : 위반한 날)<br>① 음주, 과로, 공동 위험 행위(무면허 운전, 결격 사유 시 운전을 함께 위반한 경우 포함)로 사람을 사상한 후 또는 교통사고 야기 후 사고 조치 및 신고를 하지 아니한 경우<br>② 음주운전(무면허 운전 또는 결격 기간 중 운전한 경우 포함)을 위반하여 운전을 하다가 사람을 사망에 이르게 한 경우 | 취소된 날부터 5년<br>(무면허 운전 또는 결격 사유 시 운전이 포함되는 경우 : 위반한 날부터 5년) |
| 8. 무면허 운전, 음주운전, 과로운전, 공동 위험 행위 운전 외 규정에 따른 사유가 아닌 다른 사유로 사람을 사상한 후 사고 조치 및 신고를 하지 아니한 경우 | 취소된 날부터 4년 |
| 9. 음주운전, 경찰 공무원의 음주측정을 위반(무면허 운전 또는 결격 기간 중 운전을 함께 위반한 경우 포함)하여 운전하다가 2회 이상 교통사고를 일으킨 경우 | 취소된 날부터 3년<br>(무면허 운전 또는 결격 사유 시 운전이 포함되는 경우 : 위반한 날부터 3년) |
| 10. 자동차를 이용하여 범죄 행위를 하거나, 다른 사람의 자동차를 훔치거나 빼앗은 사람이 무면허 운전 금지를 위반하여 그 자동차를 운전한 경우 | 위반한 날부터 3년 |
| 11. 다음 각 목의 경우에는 운전면허가 취소된 날(무면허 운전 또는 결격 기간 중 운전을 함께 위반한 경우 : 위반한 날)부터 계산한다.<br>① 음주운전·음주측정을 2회 이상(무면허 운전 또는 결격 기간 중 운전한 경우도 포함) 위반한 경우<br>② 음주운전·음주측정(무면허 운전 또는 결격 기간 중 운전한 경우도 포함) 위반하여 운전을 하다가 교통사고를 일으킨 경우<br>③ 공동 위험 행위 금지를 2회 이상 위반(무면허 운전 또는 결격 기간 중 운전한 경우도 포함)한 경우<br>④ 운전면허를 받을 수 없는 사람이 운전면허 효력 정지 기간 중 운전면허증 또는 운전면허증을 갈음하는 증명서를 발급받은 사실이 드러난 경우<br>⑤ 다른 사람의 자동차 등을 훔치거나 빼앗은 경우<br>⑥ 다른 사람이 부정하게 운전면허를 받도록 하기 위하여 운전면허 시험에 대신 응시한 경우 | 취소된 날부터 2년<br>(무면허 운전 또는 결격 사유 시 운전이 포함되는 경우 : 위반한 날부터 2년) |
| 12.<br>① 1에서 11항까지의 규정에 따른 경우가 아닌 다른 사유로 운전면허가 취소된 경우 | 취소된 날부터 1년<br>(원동기 자동차 면허를 받으려는 경우: 6개월) |
| ② 공동 위험 행위 금지 위반으로 취소된 경우 | 취소된 날부터 1년 |
| ③ 다만, 적성검사를 받지 아니하여 운전면허가 취소된 사람 또는 제1종 운전면허를 받은 사람이 불합격되어 다시 제2종 운전면허를 받으려는 경우는 제외한다. | 기간 제한 없음 |
| 13. 운전면허효력 정지 처분을 받고 있는 경우 | 그 정지 기간 |
| 14. 국제운전면허증 또는 상호인정외국면허증으로 운전하는 운전자가 운전금지 처분을 받은 경우 | 그 금지 기간 |

## 4 운전면허 행정처분기준의 감경

### (1) 감경사유
① 음주운전으로 운전면허 취소처분 또는 정지처분을 받은 경우
　운전이 가족의 생계를 유지할 중요한 수단이 되거나, 모범운전자로서 처분당시 3년 이상 교통봉사활동에 종사하고 있거나, 교통사고를 일으키고 도주한 운전자를 검거하여 경찰서장 이상의 표창을 받은 사람으로서 다음의 어느 하나에 해당되는 경우가 없어야 한다.
　㉠ 혈중알코올농도가 0.1퍼센트를 초과하여 운전한 경우
　㉡ 음주운전 중 인적피해 교통사고를 일으킨 경우
　㉢ 경찰관의 음주측정요구에 불응하거나 도주한 때 또는 단속경찰관을 폭행한 경우
　㉣ 과거 5년 이내에 3회 이상의 인적피해 교통사고의 전력이 있는 경우
　㉤ 과거 5년 이내에 음주운전의 전력이 있는 경우
② 벌점·누산점수 초과로 인하여 운전면허 취소처분을 받은 경우
　운전이 가족의 생계를 유지할 중요한 수단이 되거나, 모범운전자로서 처분당시 3년 이상 교통봉사활동에 종사하고 있거나, 교통사고를 일으키고 도주한 운전자를 검거하여 경찰서장 이상의 표창을 받은 사람으로서 다음의 어느 하나에 해당되는 경우가 없어야 한다.
　㉠ 과거 5년 이내에 운전면허 취소처분을 받은 전력이 있는 경우
　㉡ 과거 5년 이내에 3회 이상 인적피해 교통사고를 일으킨 경우
　㉢ 과거 5년 이내에 3회 이상 운전면허 정지처분을 받은 전력이 있는 경우
　㉣ 과거 5년 이내에 운전면허행정처분 이의심의위원회의 심의를 거치거나 행정심판 또는 행정소송을 통하여 행정처분이 감경된 경우

### (2) 감경기준
위반행위에 대한 처분기준이 운전면허의 취소처분에 해당하는 경우에는 해당 위반행위에 대한 처분별점을 110점으로 하고, 운전면허의 정지처분에 해당하는 경우에는 그 처분집행일수의 2분의 1로 감경한다. 다만, 벌점·누산점수 초과로 인한 면허취소에 해당하는 경우에는 면허가 취소되기 전의 누산점수 및 처분별점을 모두 합산하여 처분별점을 110점으로 한다.

### (3) 취소처분 개별기준(규칙 별표28)

| 위반사항 | 내용 |
| --- | --- |
| 교통사고를 일으키고 구호조치를 하지 아니한 때 | 교통사고로 사람을 죽게 하거나 다치게 하고, 구호조치를 하지 아니한 때 |
| 술에 취한 상태에서 운전한 때 | • 술에 취한 상태의 기준(혈중알코올농도 0.03퍼센트 이상)을 넘어서 운전을 하다가 교통사고로 사람을 죽게 하거나 다치게 한 때<br>• 술에 만취한 상태(혈중알코올농도 0.08퍼센트 이상)에서 운전한 때<br>• 술에 취한 상태의 기준을 넘어 운전하거나 술에 취한 상태의 측정에 불응한 사람이 다시 술에 취한 상태(혈중알코올농도 0.03퍼센트 이상)에서 운전한 때 |

| 위반사항 | 내용 |
|---|---|
| 술에 취한 상태의 측정에 불응한 때 | 술에 취한 상태에서 운전하거나 술에 취한 상태에서 운전하였다고 인정할 만한 상당한 이유가 있음에도 불구하고 경찰공무원의 측정요구에 불응한 때 |
| 다른 사람에게 운전면허증 대여(도난, 분실 제외) | • 면허증 소지자가 다른 사람에게 면허증을 대여하여 운전하게 한 때<br>• 면허 취득자가 다른 사람의 면허증을 대여받거나 그 밖에 부정한 방법으로 입수한 면허증으로 운전한 때 |
| 결격사유에 해당 | • 교통상의 위험과 장해를 일으킬 수 있는 정신질환자 또는 뇌전증환자로서 영 제42조제1항에 해당하는 사람<br>• 앞을 보지 못하는 사람(한쪽 눈만 보지 못하는 사람의 경우에는 제1종 면허 중 대형 · 특수면허로 한정), 듣지 못하는 사람(제1종 면허 중 대형 · 특수면허로 한정)<br>• 양 팔의 팔꿈치 관절 이상을 잃은 사람, 또는 양팔을 전혀 쓸 수 없는 사람. 다만, 본인의 신체장애 정도에 적합하게 제작된 자동차를 이용하여 정상적으로 운전할 수 있는 경우에는 그러하지 아니하다.<br>• 다리, 머리, 척추 그 밖의 신체장애로 인하여 앉아 있을 수 없는 사람<br>• 교통상의 위험과 장해를 일으킬 수 있는 마약, 대마, 향정신성 의약품 또는 알코올 중독자로서 전문의가 인정하는 사람 |
| 약물을 사용한 상태에서 자동차 등을 운전한 때 | • 약물(마약 · 대마 · 향정신성 의약품 및 「화학물질 관리법 시행령」 제25조에 따른 환각물질)의 투약 · 흡연 · 섭취 · 주사 등으로 정상적인 운전을 하지 못할 염려가 있는 상태에서 자동차 등을 운전한 때 |
| 공동위험행위 | 법 제46조제1항을 위반하여 공동위험행위로 구속된 때 |
| 난폭운전 | 법 제46조의3을 위반하여 난폭운전으로 구속된 때 |
| 속도위반 | 법 제17조제3항을 위반하여 최고속도 보다 100km/h를 초과한 속도로 3회 이상 운전한 때 |
| 정기적성검사 불합격 또는 정기적성검사 기간 1년 경과 | 정기적성검사에 불합격하거나 적성검사기간 만료일 다음 날부터 적성검사를 받지 아니하고 1년을 초과한 때 |
| 수시적성검사 불합격 또는 수시적성검사 기간 경과 | 수시적성검사에 불합격하거나 수시적성검사 기간을 초과한 때 |
| 운전면허 행정처분 기간중 운전행위 | 운전면허 행정처분 기간 중에 운전한 때 |
| 허위 또는 부정한 수단으로 운전면허를 받은 경우 | • 허위 · 부정한 수단으로 운전면허를 받은 때<br>• 법 제82조에 따른 결격사유에 해당하여 운전면허를 받을 자격이 없는 사람이 운전면허를 받은 때<br>• 운전면허 효력의 정지기간중에 면허증 또는 운전면허증에 갈음하는 증명서를 교부받은 사실이 드러난 때 |
| 등록 또는 임시운행허가를 받지 아니한 자동차를 운전한 때 | 「자동차관리법」에 따라 등록되지 아니하거나 임시운행 허가를 받지 아니한 자동차(이륜자동차를 제외한다)를 운전한 때 |
| 자동차등을 이용하여 형법상 특수상해 등을 행한 때(보복운전) | 자동차등을 이용하여 형법상 특수상해, 특수협박, 특수폭행, 특수손괴를 행하여 구속된 때 |
| 다른 사람을 위하여 운전면허시험에 응시한 때 | 운전면허를 가진 사람이 다른 사람을 부정하게 합격시키기 위하여 운전면허시험에 응시한 때 |
| 운전자가 단속 경찰공무원 등에 대한 폭행 | 단속하는 경찰공무원 등 및 시 · 군 · 구 공무원을 폭행하여 형사입건된 때 |
| 연습면허 취소사유가 있었던 경우 | 제1종 보통 및 제2종 보통면허를 받기 이전에 연습면허의 취소사유가 있었던 때(연습면허에 대한 취소절차 진행중 제1종 보통 및 제2종 보통면허를 받은 경우를 포함한다) |

### (4) 벌점기준
① 사고결과에 따른 벌점기준

| 구분 | | 벌점 | 내용 |
|---|---|---|---|
| 인적피해교통사고 | 사망 1명마다 | 90 | 사고발생 시로부터 72시간 내에 사망한 때 |
| | 중상 1명마다 | 15 | 3주 이상의 치료를 요하는 의사의 진단이 있는 사고 |
| | 경상 1명마다 | 5 | 3주 미만 5일 이상의 치료를 요하는 의사의 진단이 있는 사고 |
| | 부상신고 1명마다 | 2 | 5일 미만의 치료를 요하는 의사의 진단이 있는 사고 |

비고) 1. 교통사고 발생원인이 불가항력이거나 피해자의 명백한 과실인 때에는 행정처분을 하지 아니한다.
2. 자동차등 대 사람 교통사고의 경우 쌍방과실인 때에는 그 벌점을 2분의 1로 감경한다.
3. 자동차등 대 자동차등 교통사고의 경우에는 그 사고원인 중 중한 위반행위를 한 운전자만 적용한다.
4. 교통사고로 인한 벌점 산정에 있어서 처분 받을 운전자 본인의 피해에 대하여는 벌점을 산정하지 아니한다.

② 조치 등 불이행에 따른 벌점기준

| 불이행사항 | 적용법조(도로교통법) | 벌점 | 내용 |
|---|---|---|---|
| 교통사고 야기 시 조치 불이행 | 제54조 제1항 | 15 | ① 물적피해 교통사고를 야기한 후 도주한 때<br>② 교통사고를 일으킨 즉시(그때, 그 자리에서 곧) 사상자를 구호하는 등의 조치를 하지 아니하였으나 그 후 자진신고를 한 때 |
| | | 30 | 가. 고속도로, 특별시 · 광역시 및 시의 관할구역과 군(광역시의 군을 제외한다)의 관할구역 중 경찰관서가 위치하는 리 또는 동 지역에서 3시간(그 밖의 지역에서는 12시간) 이내에 자진신고를 한 때 |
| | | 60 | 나. 가목에 따른 사고 후 48시간 이내에 자진신고를 한 때 |

③ 교통법규 위반 시 벌점

| 범칙행위 | 벌점 |
|---|---|
| • 속도위반(100km/h 초과)<br>• 술에 취한 상태의 기준을 넘어서 운전한 때(혈중알코올농도 0.03%~0.08% 미만)<br>• 자동차 등을 이용하여 형법상 특수상해 등(보복운전)을 하여 입건된 때 | 100 |
| • 속도 위반(80km/h 초과 100km/h 이하) | 80 |
| • 속도위반(60km/h 초과 80km/h 이하) | 60 |
| • 출석기간 또는 범칙금 납부기간 60일 경과까지 즉결심판 받지 아니한 때<br>• 정차, 주차위반에 대한 조치불응(단체에 소속되거나 다수인에 포함되어 경찰공무원의 3회 이상의 이동명령에 따르지 아니하고 교통을 방해한 경우)<br>• 안전운전의무위반(단체 소속, 다수인에 포함되어 경찰공무원의 3회 이상 안전운전지시에 따르지 아니하고 타인에게 위험과 장애를 주는 속도나 방법으로 운전한 경우)<br>• 승객의 차내 소란 행위 방치운전<br>• 공동위험행위로 형사 입건된 때<br>• 난폭운전으로 형사 입건된 때 | 40 |
| • 통행구분 위반(중앙선 침범) · 운전면허증 제시의무 위반 또는 운전자 신원확인을 위한 경찰공무원의 질문에 불응 · 속도위반(40km/h 초과 60km/h 이하) · 철길 건널목 통과방법위반 · 회전교차로 통행방법 위반(통행 방향 위반에 한정) · 고속도로버스전용 · 다인승 전용차로 통행위반 · 고속도로 · 자동차 전용도로 갓길 통행위반 · 어린이통학버스 특별보호위반 · 어린이통학버스 운전자의 의무위반(좌석 안전띠를 매도록 하지 아니한 운전자는 제외) | 30 |

| 범칙행위 | 벌점 |
|---|---|
| • 앞지르기금지 시기·장소위반 · 속도위반(20km/h 초과 40km/h 이하) · 신호·지시 위반 · 운행기록계 미설치 자동차운전금지 등의 위반 · 운전 중 휴대용전화 사용 · 속도위반(어린이보호구역 안에서 오전 8시~오후 8시간에 제한 속도를 20km/h 이내에서 초과한 경우) · 운전 중 운전자가 볼 수 있는 위치에 영상 표시, 운전 중 영상표시장치 조작 · 적재제한 위반 또는 적재물 추락방지 위반 | 15 |
| • 통행구분위반(보도 침범, 보도 횡단방법 위반) · 차로통행 준수의무 위반, 지정차로 통행 위반(진로변경 금지장소에서의 진로변경 포함) · 안전거리 미확보(진로변경 방법 위반포함) · 앞지르기 방법 위반 · 보행자 보호불이행(정지선위반 포함) · 안전운전 의무위반 · 일반도로 전용차로 통행위반 · 노상시비·다툼 등으로 차마의 통행 방해행위 · 승객 또는 승·하차자 추락방지 조치위반 · 돌·유리병·쇳조각이나 그 밖에 도로에 있는 사람이나 차마를 손상시킬 우려가 있는 물건을 던지거나 발사하는 행위 · 도로를 통행하고 있는 차마에서 밖으로 물건을 던지는 행위 · 자율주행자동차 운전자의 준수사항 위반 | 10 |

※ 위 표에도 불구하고 어린이보호구역 및 노인·장애인보호구역 안에서 오전 8시부터 오후 8시까지 사이에 다음 각 목을 위반한 경우 해당 목에서 정하는 벌점 부과
가. 속도위반(100km/h 초과 또는 80km/h 초과~100km/h 이하)에 해당하는 위반행위 : 120점
나. 속도위반(60km/h 초과~80km/h 이하, 40km/h 초과~60km/h 이하 또는 20km/h 초과~40km/h 이하), 신호·지시위반 또는 보행자 보호 불이행(정지선위반 포함. 단, 어린이 보호구역 내 신호기 없는 횡단보도 앞 일시정지 조항은 제외) 중 어느 하나에 해당하는 위반행위 : 부과하는 벌점의 2배

④ 범칙행위 및 범칙금액표(운전자)(영 별표8)

| 범칙행위 | 차종별 범칙금액(만 원) | |
|---|---|---|
| | 승합 자동차등 | 승용 자동차등 |
| • 속도위반(60km/h 초과)<br>• 어린이통학버스 운전자의 의무위반(좌석안전띠를 매도록 하지 않은 경우는 제외)<br>• 인적사항 제공의무 위반(주·정차된 차만 손괴된 것이 분명한 경우에 한정) | 13 | 12 |
| • 속도위반(40km/h 초과 60km/h 이하)<br>• 승객의 차 안 소란행위 방치 운전<br>• 어린이통학버스 특별보호 위반 | 10 | 9 |
| • 신호·지시 위반 · 중앙선 침범 · 통행구분 위반<br>• 속도위반(20km/h 초과 40km/h 이하) · 횡단·유턴·후진 위반 · 앞지르기 방법 위반 · 앞지르기 금지시기, 장소 위반 · 철길 건널목 통과방법 위반 · 회전 교차로 통행 방법 위반 · 횡단보도 보행자 횡단 방해(신호 또는 지시에 따라 도로를 횡단하는 보행자의 통행 방해와 어린이 보호 구역에서의 일시 정지 위반을 포함) · 보행자전용도로 통행(통행방법 위반 포함) · 어린이 앞을 보지 못하는 사람 등의 보호 위반 · 운전 중 휴대용 전화사용 · 운행기록계 미설치 자동차 운전 금지 등의 위반 · 고속도로·자동차 전용도로 갓길 통행 · 고속도로 버스전용차로, 다인승전용차로 통행 위반 · 운전 중 운전자가 볼 수 있는 위치에 영상 표시 · 운전 중 영상표시장치 조작 · 긴급자동차에 대한 양보, 일시정지 위반 · 긴급한 용도나 그 밖에 허용된 사항 외에 경광등이나 사이렌 사용 · 승차인원 초과, 승객 또는 승하차자 추락방지조치 위반 | 7 | 6 |
| • 통행금지·제한 위반 · 일반 도로 전용 차로 통행 위반 · 노면전차 전용로 통행 위반 · 고속 도로·자동차 전용 도로 안전거리 미확보 · 앞지르기의 방해 금지 위반 · 교차로 통행 방법 위반 · 회전 교차로 진입·진행 방법 위반 · 교차로에서의 양보 운전 위반 · 보행자의 통행 방해 또는 보호 불이행 · 정차·주차 금지 위반(안전표지가 설치된 곳에서의 정차·주차 위반은 제외) · 주차 금지 위반 · 정차·주차 방법 위반 · 경사진 곳에서의 정차·주차 방법 위반 · 정차·주차 위반에 대한 조치 불응 · 적재 제한 위반, 적재물 추락 방지 위반 또는 영유아나 동물을 안고 운전하는 행위 · 안전 운전 의무 위반 · 도로에서의 시비·다툼 등으로 인한 차마의 통행 방해 행위 | 5 | 4 |

| 범칙행위 | 차종별 범칙금액(만 원) | |
|---|---|---|
| | 승합 자동차등 | 승용 자동차등 |
| • 급발진, 급가속, 엔진 공회전 또는 반복적·연속적인 경음기 울림으로 인한 소음 발생 행위 · 화물 적재함에의 승객 탑승 운행 행위 · 개인형 이동 장치 인명 보호 장구 미착용 · 자율주행자동차 운전자의 준수 사항 위반 · 고속 도로 지정 차로 통행 위반 · 고속 도로·자동차 전용 도로 횡단·유턴·후진 위반 · 고속 도로·자동차 전용 도로 정차·주차 금지 위반 · 고속 도로 진입 위반 · 고속 도로·자동차 전용 도로에서의 고장 등의 경우 조치 불이행 | 5 | 4 |
| • 차로통행 준수의무 위반, 지정차로 통행위반, 차로 너비보다 넓은 차 통행금지 위반(진로변경 금지장소에서의 진로변경을 포함) · 진로변경방법 위반 · 속도위반(20km/h 이하) · 혼잡완화조치 위반 · 급제동금지위반 · 끼어들기 금지 위반 · 동승자 등의 안전을 위한 조치위반 · 일시정지 위반, 서행의무 위반 · 방향전환, 진로변경 및 회전 교차로 진입·진출 시 신호불이행 · 좌석 안전띠 미착용 · 운전석 이탈시 안전확보 불이행 · 시·도경찰청장 지정·공고사항 위반 · 이륜자동차, 원동기장치자전거(개인형 이동장치는 제외) 인명보호장구 미착용 · 어린이통학버스와 비슷한 도색, 표시 금지 위반 · 경찰관의 실효된 면허증 회수에 대한 거부 또는 방해 · 돌화점등 불이행 · 발광장치 미착용(자전거 운전자는제외) | 3 (승합자동차 등 및 승용자동차 등) | |
| • 최저속도위반 · 일반도로 안전거리 미확보 · 등화점등·조작불이행(안개가 끼거나 비 또는 눈이 올 때는 제외) · 불법 부착 장치차 운전(교통단속용장비의 기능을 방해하는 장치를 한 차의 운전은 제외) · 사업용 승합자동차 또는 노면전차의 승차 거부 · 택시의 합승(장기 주차·정차하여 승객을 유치하는 경우로 한정)·승차거부·부당요금 징수 행위 | 2 (승합자동차 등 및 승용자동차 등) | |
| • 돌·유리병·쇳조각이나 그 밖에 도로에 있는 사람이나 차마를 손상시킬 우려가 있는 물건을 던지거나 발사하는 행위 · 도로를 통행하고 있는 차마에서 밖으로 물건을 던지는 행위 | 5 (모든 차) | |
| • 특별한 교통안전 교육 미이수<br>가. 과거 5년 이내에 음주운전 금지규정을 1회 이상 위반하였던 사람으로서 다시 음주운전 금지규정을 위반하여 운전면허 효력 정지처분을 받게 되거나 받은 사람이 그 처분기간이 끝나기 전에 특별 교통안전교육을 받지 아니한 경우<br>나. 가목 외의 경우 | 15(차종 구분 없음)<br>10(차종 구분 없음) | |
| • 경찰관의 실효된 면허증 회수에 대한 거부 또는 방해 | 3(차종 구분 없음) | |

비고
1. 위 표에서 "승합자동차등"이란 승합자동차, 4톤 초과 화물자동차, 특수자동차, 건설기계 및 노면전차를 말한다.
2. 위 표에서 "승용자동차등"이란 승용자동차 및 4톤 이하 화물자동차를 말한다.

(5) 자동차 등 이용 범죄 및 자동차 등 강도·절도 시의 운전면허 행정처분 기준

① 취소처분 기준

| 일련 번호 | 위반사항 | 적용법조 (도로교통법) | 내용 |
|---|---|---|---|
| 1 | 자동차 등을 다음 범죄의 도구나 장소로 이용한 경우<br>○「국가보안법」중 제4조부터 제9조까지의 죄 및 같은 법 제12조 중 증거를 날조·인멸·은닉한 죄<br>○「형법」중 다음 어느 하나의 범죄<br>• 살인, 사체유기, 방화<br>• 강도, 강간, 강제추행<br>• 약취·유인·감금<br>• 상습절도(절취한 물건을 운반한 경우에 한정한다)<br>• 교통방해(단체 또는 다중의 위력으로써 위반한 경우에 한정한다) | 제93조 제1항 제11호 | ○ 자동차 등을 법정형 상한이 유기징역 10년을 초과하는 범죄의 도구나 장소로 이용한 경우<br>○ 자동차 등을 범죄의 도구나 장소로 이용하여 운전면허 취소·정지 처분을 받은 사실이 있는 사람이 다시 자동차 등을 범죄의 도구나 장소로 이용한 경우. 다만, 일반교통방해죄의 경우는 제외한다. |

| 일련번호 | 위반사항 | 적용법조(도로교통법) | 내용 |
|---|---|---|---|
| 2 | 다른 사람의 자동차 등을 훔치거나 빼앗은 경우 | 제93조 제1항 제12호 | ○ 다른 사람의 자동차 등을 빼앗아 이를 운전한 경우<br>○ 다른 사람의 자동차 등을 훔치거나 빼앗아 이를 운전하여 운전면허 취소 · 정지 처분을 받은 사실이 있는 사람이 다시 자동차 등을 훔치고 이를 운전한 경우 |

② 정지처분 기준

| 일련번호 | 위반사항 | 적용법조(도로교통법) | 내용 | 벌점 |
|---|---|---|---|---|
| 1 | 자동차 등을 다음 범죄의 도구나 장소로 이용한 경우<br>○「국가보안법」중 제5조, 제6조, 제8조, 제9조 및 같은 법 제12조 중 증거를 날조 · 인멸 · 은닉한 죄<br>○「형법」중 다음 어느 하나의 범죄<br>• 살인, 사체유기, 방화<br>• 강간 · 강제추행<br>• 약취 · 유인 · 감금<br>• 상습절도(절취한 물건을 운반한 경우에 한정한다)<br>• 교통방해(단체 또는 다중의 위력으로써 위반한 경우에 한정한다) | 제93조 제1항 제11호 | ○ 자동차 등을 법정형 상한이 유기징역 10년 이하인 범죄의 도구나 장소로 이용한 경우 | 100 |
| 2 | 다른 사람의 자동차 등을 훔친 경우 | 제93조 제1항 제12호 | ○ 다른 사람의 자동차 등을 훔치고 이를 운전한 경우 | 100 |

비고
1. 행정처분의 대상이 되는 범죄행위가 2개 이상의 죄에 해당하는 경우, 실체적 경합관계에 있으면 각각의 범죄행위의 법정형 상한을 기준으로 행정처분을 하고, 상상적 경합관계에 있으면 가장 중한 죄에서 정한 법정형 상한을 기준으로 행정처분을 한다.
2. 범죄행위가 예비 · 음모에 그치거나 과실로 인한 경우에는 행정처분을 하지 아니한다.
3. 범죄행위가 미수에 그친 경우 위반행위에 대한 처분기준이 운전면허의 취소처분에 해당하면 해당 위반행위에 대한 처분벌점을 110점으로 하고, 운전면허의 정지처분에 해당하면 처분 집행일수의 2분의 1로 감경한다.

③ 다른 법률에 따라 관계 행정기관의 장이 행정처분 요청 시의 운전면허 행정처분 기준

| 일련번호 | 내용 | 정지 기간 |
|---|---|---|
| 1 | 양육비 이행확보 및 지원에 관한 법률에 따라 여성가족부장관이 운전면허 정지처분을 요청하는 경우 | 100일 |

**참고**

**음주 운전 · 음주 측정 거부 금지 위반 벌칙(법 제148조의2)**
1. 10년 내 재위반
   ① 음주 측정 거부 : 1년 이상 6년 이하의 징역이나 500만 원 이상 3천만 원 이하의 벌금
   ② 음주 운전(% : 혈중 알코올 농도)
      ㉠ 0.2% 이상 : 2년 이상 6년 이하의 징역이나 1천만 원 이상 3천만 원 이하의 벌금
      ㉡ 0.03% 이상 0.2% 미만 : 1년 이상 5년 이하의 징역이나 5백만 원 이상 2천만 원 이하의 벌금
2. 음주 측정 거부 금지 위반 : 1년 이상 5년 이하의 징역이나 500만원 이상 2천만원 이하의 벌금
3. 음주 운전 금지 위반(% : 혈중 알코올 농도)
   ① 0.2% 이상 : 2년 이상 5년 이하의 징역이나 1천만 원 이상 2천만 원 이하의 벌금
   ② 0.08% 이상 0.2% 미만 : 1년 이상 2년 이하의 징역이나 5백만 원 이상 1천만 원 이하의 벌금
   ③ 0.03% 이상 0.08% 미만 : 1년 이하의 징역이나 5백만 원 이하의 벌금

(6) 어린이보호구역 및 노인 · 장애인보호구역에서의 과태료 부과기준(시행령 별표 7)

| 위반행위 및 행위자 | 차종별 과태료금액(만 원) | |
|---|---|---|
| | 승합자동차등 | 승용자동차등 |
| • 신호 또는 지시를 따르지 않은 차 또는 노면전차의 고용주등 | 14 | 13 |
| • 제한속도를 준수하지 않은 차 또는 노면전차의 고용주등<br>- 60km/h 초과<br>- 40km/h 초과 60km/h 이하<br>- 20km/h 초과 40km/h 이하<br>- 20km/h 이하 | 17<br>14<br>11<br>7 | 16<br>13<br>10<br>7 |
| • 정차 또는 주차를 위반한 차의 고용주등<br>- 어린이보호구역에서 위반한 경우<br>- 노인 · 장애인보호구역에서 위반한 경우 | 13(14)<br>9(10) | 12(13)<br>8(9) |

비고
1. 승합자동차 등 : 승합자동차, 4톤 초과 화물자동차, 특수자동차, 건설기계 및 노면전차
2. 승용자동차 등 : 승용자동차 및 4톤 이하 화물자동차
※ 과태료 금액에서 괄호 안의 것은 같은 장소에서 2시간 이상 정차 또는 주차 위반을 하는 경우에 적용한다.

(7) 어린이보호구역 및 노인 · 장애인보호구역 범칙행위와 범칙금액(영 별표10)

| 범칙행위 | 차종별 범칙금액(만 원) | |
|---|---|---|
| | 승합자동차등 | 승용자동차등 |
| • 신호 · 지시 위반<br>• 횡단보도 보행자 횡단방해 | 13 | 12 |
| 속도위반<br>• 60km/h 초과<br>• 40km/h 초과 60km/h 이하<br>• 20km/h 초과 40km/h 이하<br>• 20km/h 이하 | 16<br>13<br>10<br>6 | 15<br>12<br>9<br>6 |
| • 통행금지 · 제한위반<br>• 보행자 통행방해 또는 보호 불이행 | 9 | 8 |
| • 정차 · 주차금지 위반<br>• 주차금지 위반<br>• 정차 · 주차방법 위반<br>• 정차 · 주차위반에 대한 조치 불응 | 9(13) | 8(12) |

비고
1. 승합자동차 등 : 승합자동차, 4톤 초과 화물자동차, 특수자동차, 건설기계 및 노면전차
2. 승용자동차 등 : 승용자동차 및 4톤 이하 화물자동차
3. 범칙 금액에서 괄호 안의 것은 어린이보호구역일 경우에 적용한다.
※ 속도위반 60km/h을 초과한 운전자가 통고처분을 불이행(범칙금 미납한 자)하여 가산금을 더할 경우 범칙금의 최대 부과액은 20만 원으로 한다.

# 제1편 교통 및 화물자동차 운수사업관련법규

## 제1장 도로교통법령 출제 예상 문제

**1** 본래의 긴급한 용도로 사용되고 있는 긴급자동차가 아닌 것은?
① 소방차
② 구난차
③ 구급차
④ 혈액공급차량
**해설** 구난차는 긴급자동차에 해당하지 않으므로, 정답은 ②이다.

**2** 다음 중 자동차만 다닐 수 있도록 설치된 도로를 무엇이라 하는가?
① 자동차 전용도로  ② 사도
③ 일반도로  ④ 유료도로

**3** "연석선, 안전표지 또는 그와 비슷한 인공구조물을 이용하여 경계(境界)를 표시하여 모든 차가 통행 할 수 있도록 설치된 부분"을 뜻하는 용어는?
① 차도(車道)  ② 차로(車路)
③ 차선(車線)  ④ 연석선(連石線)

**4** "차도와 보도를 구분하는 돌 등으로 이어진 선"을 뜻하는 용어는?
① 차선(車線)  ② 차로(車路)
③ 차도(車道)  ④ 연석선(連石線)

**5** "차마가 한 줄로 도로의 정하여진 부분을 통행하도록 차선(車線)으로 구분한 차도의 부분"을 뜻하는 용어는?
① 차선(車線)  ② 차로(車路)
③ 차도(車道)  ④ 보도(步道)

**6** "보도와 차도가 구분되지 아니한 도로에서 보행자의 안전을 확보하기 위하여 안전표지 등으로 경계를 표시한 도로의 가장자리 부분"을 뜻하는 용어는?
① 길가장자리구역  ② 교차로
③ 횡단보도  ④ 중앙선

**7** "십자로, T자로"나 그 밖에 둘 이상의 도로가 교차하는 부분을 뜻하는 용어는?
① 차로(車路)  ② 도로(道路)
③ 연석선(連石線)  ④ 교차로(交叉路)

**8** "자동차, 건설기계, 원동기장치자전거, 자전거, 사람 또는 가축의 힘이나 그 밖의 동력으로 도로에서 운전되는 것"을 뜻하는 용어는? (단, 철길이나 가설된 선을 이용하여 운전되는 것과 유모차와 보행보조용 의자차는 제외한다)
① 차(車)  ② 자동차(自動車)
③ 우마차(牛馬車)  ④ 건설기계(建設機械)

**9** 「자동차관리법」에 따른 자동차의 종류가 아닌 것은?
① 승용자동차
② 승합자동차
③ 특수자동차
④ 원동기장치자전거
**해설** "원동기장치자전거"는 "자동차"가 아닌 "차"에 해당하므로 정답은 ④이다. ①, ②, ③ 이외에 화물자동차, 이륜자동차가 있다.

**10** 「도로교통법」상의 '도로' 외의 곳에서 술에 취한 상태로 자동차 등을 운전한 경우에 대한 설명으로 틀린 것은?
① 음주운전이 아니다
② 혈중알코올농도가 0.03% 이상이면 술에 취한 상태에 해당한다
③ 음주운전으로 형사처벌된다
④ 운전면허에 대한 행정처분은 받지 않는다
**해설** '도로' 외의 곳(회사정문 안, 주차장 내 등)에서의 운전도 음주운전에 해당 되므로 정답은 ①이다.

**11** 「도로교통법」상의 도로에 해당하지 않는 것은?
① 고속국도와 일반국도
② 사용료를 받는 유료도로
③ 아파트 단지 내에 주민이 설치한 도로
④ 농어촌의 면도, 이도, 농도
**해설** ③은 아파트 단지 내 주민이 설치한 것으로 「도로교통법」상의 도로에 해당되지 않는다. 그러므로 정답은 ③이다.

**12** 농어촌지역 주민의 교통 편익과 생산, 유통활동 등에 공용(共用)되는 공로(公路) 중 고시된 도로의 명칭이 아닌 것은?
① 면도(面道)  ② 이도(里道)
③ 농도(農道)  ④ 사도(私道)
**해설** ④는 "농어촌도로 정비법」에 따른 농어촌도로"가 아니므로 정답은 ④이다.

**13** 다음 중 사람이 끌고가는 손수레에 대한 설명으로 틀린 것은?
① 사람의 힘으로 운전되는 것이므로 차이다
② 사람이 끌고가는 손수레가 보행자를 충격하였을 때에는 차에 해당한다
③ 손수레 운전자를 다른 차량이 충격하였을 때에는 보행자로 본다
④ 손수레 운전자를 승용자동차가 충격하였을 때에는 차의 운전자에 해당한다
**해설** 손수레 운전자를 승용자동차가 충격했을 때, 손수레 운전자는 "보행자"에 해당한다. 그러므로 정답은 ④이다.

**정답** 1② 2① 3① 4④ 5② 6① 7④ 8① 9④ 10① 11③ 12④ 13④

**14** 차량신호등(원형 등화)에 대한 설명으로 틀린 것은?
① 녹색의 등화 : 차마는 직진 또는 우회전할 수 있다.
② 적색의 등화 : 차마는 정지선, 횡단보도 및 교차로의 직전에서 정지해야 한다.
③ 적색의 등화 : 차마는 우회전하려는 경우 정지선, 횡단보도 및 교차로의 직전에서 정지한 후 신호에 따라 진행하는 다른 차마의 교통을 방해하지 않고 우회전할 수 있다.
④ 적색의 등화 : 차마는 우회전 삼색등이 적색의 등화인 경우 우회전할 수 있다.
⊙ 해설 적색의 등화일 때, 차마는 우회전 삼색등이 적색의 등화인 경우 우회전할 수 없으므로 정답은 ④이다.

**15** 다음 차량신호등(원형 등화)중 "황색의 등화"에 대한 설명으로 잘못된 것은?
① 차마는 정지선이 있을 때에는 그 직전에 정지하여야 한다
② 차마는 횡단보도가 있을 때에는 그 직전이나 교차로의 직전에 정지하여야 한다
③ 이미 교차로에 차마의 일부라도 진입한 경우에는 그 곳에서 정지하여야 한다
④ 차마는 우회전할 수 있고 우회전하는 경우에는 보행자의 횡단을 방해하지 못한다
⊙ 해설 교차로에 일부 진입한 경우에는 정지하지 말고 신속히 교차로 밖으로 진행해야 한다. 그러므로 정답은 ③이다.

**16** 차마가 다른 교통 또는 안전표지의 표시에 주의하면서 진행할 수 있는 차량신호등(원형 등화)에 해당하는 것은?
① 황색 등화의 점멸   ② 황색화살표 등화의 점멸
③ 적색 등화의 점멸   ④ 적색화살표 등화의 점멸

**17** 차량신호등에서 "화살표 등화"에 대한 설명으로 틀린 것은?
① 녹색화살표의 등화 : 차마는 화살표시 방향으로 진행할 수 있다
② 황색화살표의 등화 : 진행하려는 차마는 정지선이 있거나 횡단보도가 있을 때에는 그 직전이나 교차로의 직전에 정지하여야 한다
③ 적색화살표의 등화 : 진행하려는 차마는 정지선, 횡단보도 및 교차로의 직전에 정지하여야 한다
④ 적색화살표 등화의 점멸 : 차마는 다른 교통 또는 안전표지의 표시에 주의하면서 화살표시 방향으로 진행할 수 있다
⊙ 해설 ④는 "황색화살표 등화의 점멸"에 대한 설명이다.

**18** 차량신호등에서 "사각형 등화"의 설명으로 틀린 것은?
① 녹색화살표의 등화(하향) : 차마는 화살표로 지정한 차로로 진행할 수 있다
② 적색×표 표시의 등화 : 차마는 ×표가 있는 차로로 진행할 수 없다
③ 황색화살표 등화의 점멸 : 차마는 다른 교통 안전표지의 표시에 주의하면서 화살표시 방향으로 진행할 수 있다
④ 적색×표 표시 등화의 점멸 : 차마는 ×표가 있는 차로로 진입할 수 없고, 이미 차마의 일부라도 진입한 경우에는 신속히 그 차로 밖으로 진로를 변경하여야 한다
⊙ 해설 "황색화살표 등화"는 "사각형 등화"에 아예 해당되지 않으므로 정답은 ③이다.

**19** 교통안전표지 종류에 해당하지 않는 것은?
① 주의표지
② 규제표지
③ 지시표지
④ 도로안내표지
⊙ 해설 ④는 "도로안내표지"이며, "교통안전표지"는 아니므로 정답은 ④이다. ①, ②, ③ 이외에 "노면표시"와 "보조표지"가 있다.

**20** 도로상태가 위험하거나 도로 또는 그 부근에 위험물이 있는 경우에 필요한 안전조치를 할 수 있도록 도로사용자에게 알리는 표지는?
① 규제표지   ② 지시표지
③ 주의표지   ④ 노면표시

**21** 다음의 안전표지 중 "주의표지"가 아닌 것은?
① 철길 건널목       ② 도로폭이 좁아짐

③ 중앙분리대 시작    ④ 서행

⊙ 해설 정답 ④의 "서행표지"는 "규제표지"의 하나이다.

**22** 다음의 안전표지 중 "규제표지"가 아닌 것은?
① 화물차통행금지    ② 앞지르기 금지

③ 우회로 차         ④ 높이제한

⊙ 해설 ③의 표지는 "규제표지"가 아니라, "지시표지"이다.

**23** 다음의 안전표지 중 "지시표지"가 아닌 것은?
① 자동차 전용도로    ② 차량중량제한

③ 좌우회전          ④ 통행우선

⊙ 해설 ②는 "지시표지"가 아니고, "규제표지" 중의 하나이다.

**24** 다음의 안전표지 중 "보조표지"가 아닌 것은?
① 안전속도          ② 해제

③ 견인지역          ④ 서행
 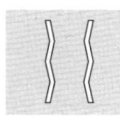
⊙ 해설 ④는 "노면표시"로서 정답은 ④이다.

정답 14 ④  15 ③  16 ①  17 ④  18 ③  19 ④  20 ③  21 ④  22 ③  23 ②  24 ④

**25** 다음의 안전표지 중 "노면표시"가 아닌 것은?

① 속도제한

② 양보

③ 노면상태

④ 오르막경사면

> 해설 ③는 "보조표지"로써 정답은 ③이다.

**26** 노면표시에 사용되는 각종 "선"의 의미를 나타내는 설명으로 틀린 것은?
① 점선 : 허용
② 실선 : 제한
③ 삼선 : 허용
④ 복선 : 의미의 강조

**27** 노면표시의 기본색상에 대한 설명으로 틀린 것은?
① 백색 : 동일방향의 교통류 분리 및 경계표시
② 황색 : 반대방향의 교통류 분리 또는 도로이용의 제한 및 지시
③ 청색 : 동일방향의 교통류 분리표시
④ 적색은 어린이보호구역 또는 주거지역 안에 설치하는 속도제한 표시의 테두리선에 사용

> 해설 청색은 "동일방향"이 아닌 "지정방향"의 교통류 분리표시이다. 그러므로 정답은 ③이다.

**28** 고속도로 외의 도로에서 차로에 따른 통행차의 기준이 잘못된 것은?
① 왼쪽 차로 : 승용자동차 및 경형, 소형, 중형승합자동차
② 왼쪽 차로 : 적재중량이 1.5톤 이하인 화물차
③ 오른쪽 차로 : 대형승합자동차, 화물자동차
④ 오른쪽 차로 : 특수자동차, 「건설기계관리법」 제26조 제11항 단서에 따른 건설기계, 이륜자동차, 원동기장치자전거

> 해설 ②의 왼쪽 차로는 "승용자동차 및 경형, 소형, 중형승합자동차"의 통행차로 기준이므로 정답은 ②이다.

**29** 고속도로 "편도 4차로"에서 차로에 따른 통행차의 기준이 잘못된 것은?
① 1차로 : 앞지르기를 하려는 승용자동차 및 경형, 소형, 중형 승합자동차
② 1차로 : 차량통행량 증가 등 부득이하게 시속 80km 미만으로 통행해야 하는 경우, 앞지르기가 아니라도 통행 가능
③ 왼쪽 차로 : 승용자동차 및 적재중량이 1.5톤 이하인 화물자동차
④ 오른쪽 차로 : 화물자동차, 「건설기계관리법」 제26조 제11항 단서에 따른 건설기계

**30** 다음 중 차마의 운전자가 도로의 중앙이나 좌측 부분을 통행할 수 있는 경우가 아닌 것은?
① 도로가 일방통행인 경우
② 도로의 파손, 도로공사 등으로 도로 우측부분을 통행할 수 없는 경우
③ 도로 우측 부분의 폭이 6미터가 되지 아니한 도로에서 다른 차를 앞지르려는 경우
④ 도로 우측 부분의 폭이 차마의 통행에 충분한 경우

**31** 앞지르기를 할 때의 통행기준으로 옳은 것은?
① 통행기준에 지정된 차로의 바로 옆 왼쪽 차로로 통행할 수 있다
② 통행기준에 지정된 차로의 바로 옆 오른쪽 차로로 통행할 수 있다
③ 도로의 길가장자리구역으로 앞지르기 한다
④ 도로의 갓길로 앞지르기를 한다

**32** 차로에 따른 통행차 기준에서 열거한 것 외의 차마와 위험물 등을 운반하는 자동차가 통행할 수 있는 차로로 맞는 것은?
① 통행하고 있는 도로의 오른쪽 가장자리 차로
② 통행하고 있는 도로의 1차로
③ 통행하고 있는 도로의 2차로
④ 통행하고 있는 도로의 3차로

**33** 긴급자동차를 제외한 모든 차의 운전자는 뒤에서 따라오는 차보다 느린 속도로 가려는 경우의 운전방법으로 옳은 것은?
① 도로 우측가장자리로 피하여 진로를 양보
② 도로 좌측가장자리로 피하여 진로를 양보
③ 현재 운행 속도보다 느린 속도로 계속 주행
④ 규정속도보다 빠른 속도로 주행

**34** 비탈진 좁은 도로에서 자동차가 서로 마주보고 진행하는 경우의 진로양보의무로 옳은 것은?
① 내려가는 자동차가 진로 양보
② 올라가는 자동차가 진로 양보
③ 내려가는 자동차가 우측 가장자리로 양보
④ 교행할 수 있는 도로까지 후진

**35** 화물자동차 적재중량은 안전기준에 따라 구조 및 성능에 따르는 적재중량의 몇 % 이내여야 하는가?
① 100% 이내
② 110% 이내
③ 115% 이내
④ 120% 이내

**36** 일반도로 "편도 2차로 이상"의 최고속도에 대한 설명으로 맞는 것은?
① 매시 60km 이내
② 매시 70km 이내
③ 매시 80km 이내
④ 매시 90km 이내

정답 25 ③ 26 ③ 27 ③ 28 ② 29 ③ 30 ④ 31 ① 32 ① 33 ① 34 ② 35 ② 36 ③

**37** 편도 2차로 이상의 모든 고속도로에서 승용자동차, 적재중량 1.5톤 이하 화물자동차의 최고속도와 최저속도에 대한 설명으로 옳은 것은?

① 최고속도: 매시 100km, 최저속도: 매시 50km
② 최고속도: 매시 90km, 최저속도: 매시 40km
③ 최고속도: 매시 80km, 최저속도: 매시 30km
④ 최고속도: 매시 70km, 최저속도: 매시 30km

**38** 편도 2차로 이상 모든 고속도로에서 "적재중량 1.5톤 초과 화물자동차, 특수자동차, 위험물 운반자동차, 건설기계"의 속도로 맞는 것은?

① 최고속도: 매시 100km, 최저속도: 매시 50km
② 최고속도: 매시 90km, 최저속도: 매시 50km
③ 최고속도: 매시 80km, 최저속도: 매시 50km
④ 최고속도: 매시 60km, 최저속도: 매시 50km

**39** 고속도로 편도 2차로 이상 도로 중 경찰청장이 지정·고시한 노선 또는 구간에서 "승용자동차, 적재중량 1.5톤 이하 화물자동차"의 속도로 맞는 것은?

① 최고속도: 매시 120km, 최저속도: 매시 50km
② 최고속도: 매시 110km, 최저속도: 매시 50km
③ 최고속도: 매시 100km, 최저속도: 매시 50km
④ 최고속도: 매시 90km, 최저속도: 매시 50km

**40** 고속도로 편도 2차로 이상 도로 중 경찰청장이 지정·고시한 노선 또는 구간에서 "적재중량 1.5톤 초과 화물자동차, 특수자동차, 위험물운반자동차, 건설기계"의 속도로 맞는 것은?

① 최고속도: 매시 110km, 최저속도: 매시 50km
② 최고속도: 매시 100km, 최저속도: 매시 50km
③ 최고속도: 매시 90km, 최저속도: 매시 50km
④ 최고속도: 매시 80km, 최저속도: 매시 50km

**41** 고속도로 편도 1차로에서 적재중량 1.5톤 초과 화물자동차의 속도로 옳은 것은?

① 최고속도: 매시 100km, 최저속도: 매시 50km
② 최고속도: 매시 90km, 최저속도: 매시 50km
③ 최고속도: 매시 80km, 최저속도: 매시 50km
④ 최고속도: 매시 70km, 최저속도: 매시 50km

**42** 자동차 전용도로의 속도로 옳은 것은?

① 최고속도: 매시 100km, 최저속도: 매시 30km
② 최고속도: 매시 90km, 최저속도: 매시 30km
③ 최고속도: 매시 80km, 최저속도: 매시 30km
④ 최고속도: 매시 70km, 최저속도: 매시 30km

**43** 다음 중 서행할 장소가 아닌 곳은?

① 가파른 비탈길의 내리막
② 교통정리를 하고 있지 아니하고 교통이 빈번한 교차로
③ 비탈길의 고갯마루 부근
④ 도로가 구부러진 부근

**44** 긴급자동차의 우선통행 및 특례(긴급하고 부득이한 경우)에 대한 설명으로 틀린 것은?

① 도로 중앙이나 좌측 부분을 통행할 수 있다
② 정지하여야 하는 경우에도 정지하지 아니할 수 있다
③ 앞지르기 방법의 규정도 특례에 적용된다
④ 자동차의 속도제한, 앞지르기 금지, 끼어들기의 금지에 관한 규정을 적용하지 아니한다

**45** "교차로 또는 그 부근"에서 긴급자동차가 접근하는 경우에 피양하는 방법에 대한 설명 중 옳은 것은?

① 교차로를 피하여 일시정지하여야 한다
② 부득이한 경우에만 피양하도록 한다
③ 진행하고 있는 차로로 계속 주행한다
④ 긴급자동차와의 접촉사고가 우려되므로 서행한다

**46** 운송사업용 자동차 또는 화물자동차 등 운전자가 그 자동차를 운전할 때 금지행위에 대한 설명으로 틀린 것은?

① 운행기록계가 설치되어 있지 아니한 자동차를 운전하는 행위
② 고장이 없는 운행기록계를 설치한 자동차를 운전하는 행위
③ 고장 등으로 운행기록계를 사용할 수 없는 자동차를 운전하는 행위
④ 운행기록계를 원래의 목적대로 사용하지 아니하고 자동차를 운전하는 행위

◉해설 고장이 없는 운행기록계를 설치한 자동차를 운행하는 것은 금지행위가 될 수 없다. 정답은 ②이다.

**47** 정비불량차에 해당한다고 인정하는 차가 운행되고 있는 경우 그 차를 정지시켜 점검할 수 있는 공무원에 해당하는 사람은?

① 경찰공무원  ② 구청 단속공무원
③ 정비책임자  ④ 정비사 자격증소지자

**48** 시·도경찰청장이 차의 정비상태가 매우 불량하여 위험발생의 우려가 있는 경우 명할 수 있는 사항들 중 옳지 않은 것은?

① 그 차의 자동차등록증을 보관한다
② 운전의 일시정지를 명할 수 있다
③ 10일의 범위에서 정비기간을 정할 수 있다
④ 그 차의 운전자 운전면허증도 보관한다

◉해설 운전자의 운전면허증은 회수해 보관할 수 없다. 그러므로 정답은 ④이다.

**49** 정비상태가 매우 불량하여 운전의 일시정지를 명할 때 정비기간을 정하여 그 차의 사용을 정지시키는데 그 기간으로 옳은 것은?

① 5일의 범위에서  ② 7일의 범위에서
③ 10일의 범위에서  ④ 15일의 범위에서

정답 37 ①  38 ③  39 ①  40 ③  41 ③  42 ②  43 ②  44 ③  45 ①  46 ②  47 ①  48 ④  49 ③

**50** 운전면허 종별에 해당하지 않는 것은?
① 제1종 면허
② 제2종 면허
③ 연습 면허
④ 특별 면허

**51** 제1종 대형 운전면허 시험에 응시할 수 있는 연령과 경력으로 맞는 것은?
① 만16세 이상, 경력 2년 이하
② 만19세 이상, 경력 1년 이상
③ 만18세 이상, 경력 2년 이하
④ 만20세 이상, 경력 1년 이상

**52** 제1종 대형면허를 가지고 있을 때 운전할 수 있는 차량이 아닌 것은?
① 승용자동차, 승합자동차
② 대형견인차, 소형견인차 및 구난차 등의 특수자동차
③ 화물자동차, 덤프트럭, 콘크리트믹서트럭
④ 구난차 등을 제외한 총중량 10톤 미만의 특수자동차

🔍해설 대형견인차, 소형견인차 및 구난차는 1종 특수 면허가 있어야 운전할 수 있으므로 정답은 ②이다.

**53** 제1종 보통면허로 운전할 수 있는 차량이 아닌 것은?
① 승차정원 15인 이하의 승합자동차
② 3톤 미만의 지게차
③ 적재중량 12톤 이상의 화물자동차
④ 구난차 등은 제외한 총중량 3.5톤 이하의 특수자동차

🔍해설 적재중량 12톤 "미만"의 화물자동차를 운전할 수 있다. 정답은 ③이다.

**54** 제2종 보통면허 소지자가 운전을 할 수 있는 차량이 아닌 것은?
① 승용자동차
② 승차정원 10인 이하의 승합자동차
③ 총 배기량 125cc를 초과하는 이륜자동차
④ 총중량 3.5톤 이하의 특수자동차(구난차 등은 제외한다)

🔍해설 총 배기량 125cc를 초과하는 이륜자동차를 운전하려면 제2종 소형 운전면허를 취득해야 한다. 그러므로 정답은 ③이다.

**55** 위험물 등을 운반하는 적재중량 3톤 이하 또는 적재용량 3천리터 이하의 화물자동차 운전자가 반드시 소지하여야 하는 면허는?
① 제1종 소형면허
② 제1종 보통면허
③ 제2종 보통면허
④ 제1종 특수면허

**56** 무면허운전 금지규정에 위반하여 자동차 등을 운전하다가 사람을 사상한 후 구호조치 및 사고발생에 따른 신고를 하지 아니하여 벌금 이상의 형이 확정된 경우 운전면허취득 응시기간의 제한으로 옳은 것은?
① 위반한 날부터 5년
② 위반한 날부터 6년
③ 취소된 날부터 5년
④ 취소된 날부터 6년

**57** 음주운전 규정을 위반하여 운전을 하다가 교통사고를 일으켜 벌금 이상의 형이 확정된 경우에 운전면허취득 응시기간의 제한으로 옳은 것은?
① 위반한 날부터 1년
② 위반한 날부터 2년
③ 취소된 날부터 1년
④ 취소된 날부터 2년

**58** 음주운전을 하다가 사람을 사상한 후 구호조치 및 신고의무를 아니하여 취소된 경우, 운전면허취득 응시제한기간은?
① 운전면허가 취소된 날부터 3년
② 운전면허가 취소된 날부터 4년
③ 운전면허가 취소된 날부터 5년
④ 그 위반한 날로부터 5년

**59** 운전면허효력 정지기간 중 운전면허증 또는 운전면허증을 갈음하는 증명서를 발급 받아 취소된 경우, 운전면허취득 응시제한기간은?
① 운전면허가 취소된 날부터 1년
② 운전면허가 취소된 날부터 2년
③ 운전면허가 취소된 날부터 3년
④ 운전면허가 취소된 날부터 4년

**60** 술에 취한 상태에서 운전하다가 2회 이상 교통사고를 일으켜 면허가 취소된 경우, 운전면허취득 응시제한기간은?
① 운전면허가 취소된 날부터 1년
② 운전면허가 취소된 날부터 2년
③ 운전면허가 취소된 날부터 3년
④ 운전면허가 취소된 날부터 4년

**61** 자동차를 이용하여 범죄행위를 하거나, 다른 사람의 자동차를 훔치거나 빼앗은 사람이 무면허로 그 자동차를 운전한 경우 운전면허취득 응시제한기간은?
① 위반한 날부터 1년
② 위반한 날부터 2년
③ 위반한 날부터 3년
④ 위반한 날부터 4년

**62** 공동위험행위를 2회 이상 위반하여 면허가 취소된 경우, 운전면허취득 응시제한기간은?
① 운전면허가 취소된 날부터 1년
② 운전면허가 취소된 날부터 2년
③ 운전면허가 취소된 날부터 3년
④ 운전면허가 취소된 날부터 4년

**63** 다음은 운전면허 취소처분 개별 기준들에 대한 설명이다. 옳지 않은 것은?
① 교통사고로 사람을 죽게하거나 다치게 하고 구호조치를 아니한 때
② 자동차 등을 이용하여 형법상 특수상해, 특수협박, 특수손괴를 행하여 구속된 때
③ 술에 취한 상태에서 경찰공무원의 측정에 불응한 때
④ 혈중알코올농도 0.03% 이상 0.08% 미만인 상태에서 운전한 때

🔍해설 "혈중알코올농도 0.03% 이상 0.08% 미만"의 술에 취한 상태의 운전은 "벌점 100점"으로 취소 대상이 아닌 정지처분 대상이므로 정답은 ④이다.

**정답** 50 ④ 51 ② 52 ② 53 ③ 54 ③ 55 ② 56 ① 57 ④ 58 ② 59 ② 60 ③ 61 ③ 62 ② 63 ④

**64** 자동차 등을 이용하여 범죄행위를 한 때 운전면허가 취소되는 경우가 아닌 것은?
① 운전면허를 가지지 않은 사람이 자동차 등을 훔치거나 빼앗아 이를 운전한 때
② 국가보안법을 위반한 범죄에 이용된 때
③ 형법상 살인·사체유기, 방화, 강도·강간, 강제추행, 약취·유인, 감금의 범죄에 이용된 때
④ 상습절도(절취한 물건을 운반한 경우에 한정)와 교통방해(단체 또는 다중의 위력으로서 위반한 경우에 한정)

> 해설 "운전면허를 가진 사람이 자동차 등을 훔치거나 빼앗아 이를 운전한 때"에는 운전면허가 취소되지만 "운전면허를 가지지 않은 사람이 범죄 행위를 한 경우"에는 "차량절도죄와 무면허운전"으로 형사입건만 되므로 면허취소사유가 되지 않는다.

**65** 인적피해 교통사고 결과에 따른 벌점기준에 대한 설명으로 잘못된 것은?
① 사망 1명마다 : 90점
② 중상 1명마다 : 20점
③ 경상 1명마다 : 5점
④ 부상신고 1명마다 : 2점

> 해설 "중상 1명마다 : 15점"으로 정답은 ②이다.

**66** 교통사고 결과에 따른 사망시간의 기준과 벌점에 대한 설명으로 옳은 것은?
① 36시간(45점)
② 48시간(60점)
③ 72시간(90점)
④ 96시간(100점)

**67** 「도로교통법」상의 "술에 취한 상태의 기준"에 대한 설명으로 맞는 것은?
① 혈중알코올농도 0.03% 이상
② 혈중알코올농도 0.06% 이상
③ 혈중알코올농도 0.07% 이상
④ 혈중알코올농도 0.05%~0.1%

**68** 교통법규 위반 시 "벌점 60점"에 해당하는 것으로 옳은 것은?
① 규정속도 60km/h 초과 속도위반
② 공동 위험행위 또는 난폭운전으로 형사입건된 때
③ 승객의 차내 소란행위 방치 운전
④ 혈중알코올농도 0.08% 이상인 상태로 운전한 때

> 해설 "②, ③는 벌점 40점, ④는 면허 취소"로 정답은 ①이다.

**69** 교통법규 위반 시 "벌점 30점"의 위반사항이 아닌 것은?
① 통행구분 위반(중앙선 침범에 한함)
② 40km/h 초과 60km/h 이하 속도 위반
③ 고속도로. 자동차전용도로 갓길통행
④ 난폭운전으로 형사 입건된 때

> 해설 ④는 "벌점 40점"으로 정답은 ④이다.

**70** 교통법규 위반 시 "벌점 15점"에 해당한 위반사항이 아닌 것은?
① 적재제한 위반 또는 적재물 추락방지 위반
② 20km/h 초과 40km/h 이하 속도 위반
③ 운전 중 영상표시 장치 조작 또는 운전자가 볼 수 있는 위치에 영상 표시 위반
④ 앞지르기방법 위반, 안전운전의무 위반

> 해설 "앞지르기방법 위반, 안전운전의무 위반"은 "벌점 10점"으로 정답은 ④이다.

**71** 다음은 "4톤 초과 화물 및 특수자동차"가 교통 법규 위반을 한 때 5만 원의 범칙금이 부과되는 경우이다. 틀린 것은?
① 통행금지·제한위반, 교차로 통행방법 위반
② 일반도로 전용차로 통행위반, 주차금지위반
③ 횡단·유턴·후진 위반, 어린이·앞을 보지 못하는 사람 등의 보호위반
④ 긴급자동차에 대한 양보·일시정지 위반

> 해설 "횡단·유턴·후진, 어린이·앞을 보지 못하는 사람 등의 보호위반"은 범칙금액이 7만 원으로, 정답은 ③이다. 또한 4톤 이하의 화물자동차 운전자가 ①, ②, ④의 위반행위를 했을 때는 4만 원의 범칙금이 부과된다.

**72** 돌·유리병·쇳조각이나 그 밖에 도로에 있는 사람이나 차마를 손상시킬 우려가 있는 물건을 던지거나 발사 또는 도로를 통행하고 있는 차마에서 밖으로 물건을 던지는 행위를 한 모든 차의 운전자(승객 포함)에게 부과되는 범칙금액은?
① 범칙금액 3만 원
② 범칙금액 4만 원
③ 범칙금액 5만 원
④ 범칙금액 6만 원

**73** 어린이 보호구역 및 노인·장애인 보호구역에서 "4톤 초과 화물 또는 특수 자동차"가 신호 또는 지시를 따르지 않은 차의 경우 그 차의 고용주에게 부과하는 과태료는 얼마인가?
① 과태료 13만 원
② 과태료 14만 원
③ 과태료 16만 원
④ 과태료 17만 원

> 해설 "과태료 14만 원"으로 정답은 ②이다. "과태료 13만 원"은 4톤 이하 화물자동차가 위반시 고용주에게 부과되는 금액이다.

**74** 어린이보호구역 및 노인·장애인 보호구역에서의 4톤 초과 화물 및 특수 자동차가 위반 시 범칙금액으로 틀린 것은? ※ ( )안은 4톤 이하 화물자동차의 범칙금액임
① 신호·지시위반, 횡단보도 보행자 횡단방해 : 13만 원(12만 원)
② 속도위반 60km/h 초과 : 16만 원(15만 원)
③ 속도위반 20km/h 초과 40km/h 이하 : 10만 원(9만 원)
④ 통행금지·제한위반, 보행자 통행방해 또는 보호불이행, 정차·주차금지 : 8만 원(7만 원)

> 해설 ④의 범칙행위 범칙금액은 "9만 원(8만 원)"이 맞으므로 정답은 ④이다.

---

정답 64 ① 65 ② 66 ③ 67 ① 68 ① 69 ④ 70 ④ 71 ③ 72 ③ 73 ② 74 ④

# 제2장 교통사고처리특례법 요약정리

## 1 처벌의 특례

### 1 처벌의 특례 적용 및 배제

**(1) 특례의 적용(공소권 없는 교통사고)(법 제3조 제1항, 제2항)**
① 차의 운전자가 교통사고로 인하여 「형법」 제268조(업무상 과실, 중과실치사상) : 5년 이하의 금고 또는 2천만 원 이하의 벌금
② 「도로교통법」 제151조(벌칙)(다른 사람의 건조물이나 그 밖의 재물손괴) : 차의 운전자가 업무상 필요한 주의를 게을리 하거나 중대한 과실로 다른 사람의 건조물이나 그 밖의 재물을 손괴한 때 : 2년 이하의 금고나 500만 원 이하의 벌금
③ 차의 교통으로 ①항의 죄중 업무상 과실치상죄 또는 중과실치상죄와 「도로교통법」 제151조(다른 사람의 건조물이나 재물손괴)의 죄를 범한 운전자에 대하여는 피해자의 명시적인 의사에 반하여 공소를 제기할 수 없다(반의사불벌죄).

**(2) 특례의 배제(특례적용 제외자 : 공소권 있는 교통사고)**
① 차의 운전자가 업무상과실치상죄 또는 중과실치상죄를 범하고 피해자를 구호하는 등의 조치를 하지 않고 도주하거나 피해자를 사고장소로부터 옮겨 유기하고 도주한 경우, 음주측정요구에 따르지 않은 경우(운전자가 채혈측정을 요청하거나 동의한 경우는 제외) 다음의 어느 하나에 해당하는 행위로 인하여 같은 죄를 범한 때에는 특례의 적용을 배제한다.
② 다음의 12개 중요법규 위반으로 사람을 다치게 한 때
  ㉠ 신호, 지시(통행금지 또는 일시정지, 안전표지)위반사고
  ㉡ 중앙선 침범 또는 고속도로(자동차 전용도로)에서 횡단, 유턴, 후진위반 사고
  ㉢ 속도위반(20km/h 초과) 과속 사고
  ㉣ 앞지르기 방법, 금지시기, 금지장소 또는 끼어들기 금지 위반 사고
  ㉤ 철길 건널목 통과방법 위반 사고
  ㉥ 보행자 보호의무 위반 사고
  ㉦ 무면허 운전사고
  ㉧ 주취 운전, 약물복용 운전 사고
  ㉨ 보도 침범, 보도 횡단방법 위반 사고
  ㉩ 승객의 추락방지 의무 위반 사고
  ㉪ 어린이 보호구역 내 안전운전의무 위반으로 어린이의 신체를 상해에 이르게 한 사고
  ㉫ 적재화물의 추락방지 의무 위반 사고

> **참고**
> 공소권 : 검사가 특정 형사 사건에 대하여 법원에 그 심판을 요구하는 의사표시 및 행위

### 2 처벌의 가중

**(1) 사망사고**
① 「교통안전법 시행령」 별표 3의2에서 규정된 교통사고에 의한 사망은 교통사고가 주된 원인이 되어 교통사고 발생 시부터 30일 이내에 사람이 사망한 사고를 말한다.
② 사망사고는 그 피해의 중대성과 심각성으로 말미암아 사고차량이 보험이나 공제에 가입되어 있더라도 이를 반의사불벌죄의 예외로 규정하여 형법 제268조(업무상 과실, 중과실치사상)에 따라 처벌한다(벌칙 : 5년 이하 금고 또는 2천만 원 이하의 벌금).
③ 「도로교통법령」상 교통사고 발생 후 72시간내 사망하면 벌점 90점이 부과된다.

**(2) 도주 사고**
① 교통사고 야기 도주자는 특히 피해자의 생명, 신체에 중대한 위험을 초래하고, 민사적 손해배상의 현저한 곤란을 초래한다는 점에서 도로교통법만으로 규율하기에는 미흡하여 이에 대한 가중 처벌과 예방적 효과를 위하여 "**특정범죄가중처벌 등에 관한 법률**" **제5조의 3**" 가중처벌의 규정을 적용하여 처벌을 가중한다.
  가. 「도로교통법」 제2조에 규정된 자동차·원동기장치자전거의 교통으로 인하여 형법 제268조의 죄를 범한 해당 차량의 사고운전자가 피해자를 구호하는 등 도로교통법 제54조 제1항에 따른 조치를 취하지 아니하고 도주한 경우에는 다음 각 호의 구분에 따라 가중처벌한다.
    ㉠ 피해자를 사망에 이르게 하고 도주하거나, 도주 후에 피해자가 사망한 경우 : 무기 또는 5년 이상의 징역에 처한다.
    ㉡ 피해자를 상해에 이르게 한 경우 : 1년 이상의 유기징역 또는 500만 원 이상 3천만 원 이하의 벌금에 처한다.
  나. 사고운전자가 피해자를 사고장소로부터 옮겨 유기하고 도주한 경우에는 다음 각 호의 구분에 따라 가중처벌한다.
    ㉠ 피해자를 사망에 이르게하고 도주하거나 도주 후에 피해자가 사망한 경우 : 사형, 무기 또는 5년 이상의 징역에 처한다.
    ㉡ 피해자를 상해에 이르게 한 경우 : 3년 이상의 유기징역에 처한다.
  다. 도주(뺑소니)사고의 성립요건

| 피해자의 사·상 사실 인식(예견됨에도) | ⇨ | 병원후송 등 적절한 조치없이 | ⇨ | 피해자를 방치한 채 현장을 이탈한 경우 |

⇩

| 사고야기자로서 확정될 수 없는 상태를 초래한 경우 |

② 도주 사고 적용 사례
  ㉠ **사상 사실을 인식**하고도 가버린 경우
  ㉡ **피해자를 방치한 채 사고현장을 이탈** 도주한 경우
  ㉢ 사고현장에 있었어도 사고사실을 은폐하기 위해 **거짓진술·신고**한 경우
  ㉣ 부상피해자에 대한 **적극적인 구호조치 없이** 가버린 경우
  ㉤ 피해자가 이미 사망했다고 하더라도 사체 안치 후송 등 조치없이 가버린 경우
  ㉥ **피해자를 병원까지만 후송하고 계속 치료 받을 수 있는 조치 없이** 도주한 경우
  ㉦ 운전자를 바꿔치기하여 신고한 경우

③ 도주가 적용되지 않는 경우
  ㉠ 피해자가 부상 사실이 없거나 극히 경미하여 구호조치가 필요하지 않는 경우
  ㉡ 가해자 및 피해자 일행 또는 경찰관이 환자를 후송 조치하는 것을 보고 연락처를 주고 가버린 경우
  ㉢ 교통사고 가해운전자가 심한 부상을 입어 타인에게 의뢰하여 피해자를 후송 조치한 경우
  ㉣ 교통사고 장소가 혼잡하여 도저히 정지할 수 없어 일부 진행한 후 정지하고 되돌아와 조치한 경우

## 2 중대 법규위반 교통사고의 개요

### 1 신호 · 지시 위반사고

(1) 신호 및 지시위반 정의

「도로교통법」제5조(신호 또는 지시에 따를 의무)의 내용 중 신호기 또는 교통정리를 하는 경찰공무원 등의 신호나 통행의 금지 또는 일시정지를 내용으로 하는 안전표지가 표시하는 지시에 위반하여 운전한 경우(특례적용의 배제)

(2) 신호위반의 종류
  ① 사전출발 신호 위반
  ② 주의(황색)신호에 무리한 진입
  ③ 신호를 무시하고 진행한 경우

(3) 황색주의신호의 개념
  ① 황색주의신호 기본 시간 : 3초이다. 큰 교차로는 다소 연장하나 6초 이상의 황색신호가 필요한 경우에는 녹색신호가 나오기 전에 출발하는 경향이 있다.
  ② 선 · 후신호 진행차량간 사고를 예방하기 위한 제도적 장치(3초 여유)
  ③ 대부분 선신호 차량 신호위반. 단, 후신호는 논스톱 사전진입시는 예외
  ④ 초당거리 역산 신호위반 입증

(4) 신호기의 적용 범위
  ① 원칙 : 해당 교차로나 횡단보도에만 적용되지만 ②는 확대 적용됨
  ② 예외(확대 적용이 될 수 있는 경우)
    ㉠ 신호기의 직접 영향 지역
    ㉡ 신호기의 지주 위치 내의 지역
    ㉢ 대향차선에 유턴을 허용하는 지역에서는 신호기 적용 유턴허용지점으로까지 확대 적용
    ㉣ 대향차량이나 피해자가 신호기의 내용을 의식, 신호상황에 따라 진행 중인 경우

(5) 교통경찰공무원을 보조하는 사람의 수신호에 대한 법률 적용

「교통사고처리특례법」개정으로 교통경찰 공무원을 보조하는 사람의 수신호를 위반했을 때에도 신호위반을 적용한다.

(6) 좌회전 신호 없는 교차로에서 좌회전 중 사고

대형사고의 예방 측면에서 신호위반을 적용하여 처리

(7) 지시위반

규제표지 중 통행금지 표지, 진입금지표지, 일시정지표지, 통행금지표지, 자동차통행금지표지, 화물자동차통행금지표지, 승합자동차통행금지표지, 이륜자동차 및 원동기장치자전거통행금지표지, 자동차 · 이륜자동차 및 원동기장치자전거통행금지표지, 경운기 및 트랙터 통행금지표지, 자전거통행금지표지, 진입금지표지, 일시정지표지

(8) 신호 · 지시 위반사고의 성립요건

| 항목 | 내용 | 예외사항 |
|---|---|---|
| 장소적 요건 | • 신호기가 설치되어 있는 교차로나 횡단보도<br>• 경찰관 등의 수신호<br>• 지시표시판(규제표지중, 통행금지표지, 진입금지, 일시정지표지)이 설치된 구역 내 | • 진행방향에 신호기가 설치되지 않은 경우<br>• 신호기의 고장이나 황색 점멸신호등의 경우<br>• 기타 지시표시판(규제표지 중, 통행금지, 진입금지, 일시정지표지 제외)이 설치된 구역 |
| 피해자적 요건 | 신호, 지시 위반 차량에 충돌되어 인적피해를 입는 경우 | 대물피해만 입는 경우는 공소권 없음 처리 |
| 운전자의 과실 | • 고의적 과실<br>• 부주의에 의한 과실 | • 불가항력적(만부득이한) 과실<br>• 교통상 적절한 행위는 예외 |
| 시설물의 설치요건 | • 도로교통법 제3조에 의거 특별시장, 광역시장, 제주특별자치도지사 또는 시장, 군수가 설치한 신호기나 안전표지 | • 아파트 단지 등 특정구역 내부의 소통과 안전을 목적으로 자체적으로 설치된 경우는 제외 |

### 2 중앙선 침범, 횡단 · 유턴 또는 후진 위반사고

(1) 중앙선의 정의

차마의 통행을 방향별로 명확히 구별하기 위하여 도로에 황색실선이나 황색점선 등의 안전표지로 표시한 선 또는 중앙분리대 · 울타리 등으로 설치한 시설물을 말한다. 다만, 가변차로가 설치된 경우에는 신호기가 지시하는 진행방향의 제일 왼쪽 황색점선이 중앙선이 된다.

(2) 중앙선 침범의 한계

사고의 참혹성과 예방목적상 차체의 일부라도 걸치면 침범을 적용한다.

(3) 중앙선 침범이 적용되는 사례

| 고의(또는 의도)적인 사례 | 현저한 부주의로 침범 이전에 선행된 사례 | 고속(전용)도로에서 횡단 · 유턴 · 후진 시 |
|---|---|---|
| • 좌측도로(건물)등으로 가기 위해 회전중 침범<br>• 오던 길로 되돌아가기 위해 U턴하며 침범<br>• 중앙선 침범(걸친상태)상태로 계속 진행한 경우<br>• 황색점선의 중앙선 넘어 회전 중 발생사고 또는 추월 중 발생한 경우<br>• 앞지르기 위해(후진으로) 중앙선을 넘었다가 다시 진행차로로 돌아온 경우(대향차, 보행자) | • 커브길 과속운행으로 중앙선 침범사고<br>• 빗길 과속으로 운행중 미끄러져 중앙선 침범사고(단, 제한속력 내 운행중 미끄러져 발생하는 경우는 제외)<br>• 기타 현저한 부주의에 의한 중앙선을 침범한 사고(예:졸다가 뒤늦게 급제동, 차내잡담, 전방주시태만 등을 하여 중앙선 침범사고, 역주행 자전거 충돌사고시 자전거는 중앙선 침범) | • 고속(자동차전용)도로에서 횡단, U턴, 후진 중 발생한 사고<br>• 예외사항 : 긴급자동차, 도로 보수유지작업차, 사고 응급조치 작업차 |

💡 참고

중앙선을 침범했더라도 공소권 없는 사고로 처리되는 경우
• 불가항력적 또는 만부득이한 침범
• 사고를 미양하기 위해 급제동하다가 침범
• 위험을 회피하기 위해 침범
• 충격에 의해 침범
• 교차로에서 좌회전 중 중앙선을 일부 침범
• 빙판등 부득이한 중앙선 침범

### (4) 중앙선 침범사고의 성립요건

| 항목 | 내 용 | 예외사항 |
|---|---|---|
| 장소적 요건 | • 황색실선이나 점선의 중앙선이 설치되어 있는 도로<br>• 자동차 전용도로나 고속도로에서 횡단, 유턴, 후진 | • 중앙선이 설치 되어있지 않는 경우<br>• 아파트단지 내, 군부대내의 사설 중앙선<br>• 일반도로에서의 횡단, 유턴, 후진 |
| 피해자적 요건 | • 중앙선침범 차량에 충돌되어 또는 자동차전용도로나 고속도로에서 횡단, 유턴, 후진 차량에 충돌되어 인적피해를 입은 경우 | • 대물피해만 입은 경우는 공소권 없음 처리 |
| 운전자의 과실 | • 고의적 또는 의도적 과실<br>• 현저한 부주의에 의한 과실 | • 불가항력적 과실<br>• 만부득이한 과실 |
| 시설물의 설치요건 | • 도로교통법에 의거 시·도경찰청장이 설치한 중앙선 | • 아파트단지등 특정구역 내부 소통 목적으로 자체 설치된 경우는 제외 |

### (5) 중앙선 침범이 적용되지 않은 사례

| | |
|---|---|
| 불가항력적 중앙선 침범사고 | • 뒤차의 추돌로 앞차가 밀리면서 중앙선을 침범한 경우<br>• 횡단보도에서의 추돌사고(보행자 보호의무 위반 적용)<br>• 내리막길 주행 중 브레이크 파열 등 정비 불량으로 중앙선 침범사고 |
| 사고 피양 등 만부득이한 중앙선 침범사고(안전운전 불이행 적용) | • 앞차의 정지를 보고 추돌을 피하려다 중앙선을 침범한 사고<br>• 보행자를 피양하다가 중앙선을 침범한 사고<br>• 빙판길에서 미끄러지면서 중앙선을 침범한 사고 |
| 중앙선 침범이 성립되지 않는 사고 | • 중앙선이 없는 도로나 교차로의 중앙부분을 넘어서 난 사고<br>• 중앙선의 도색이 마모되어 식별이 곤란한 도로에서 중앙선을 넘어서 난 사고<br>• 눈 또는 흙더미에 덮여 중앙선이 보이지 않는 경우 중앙부분을 넘어서 발생한 사고<br>• 공사장 등에서 임시로 차선규제봉 또는 오뚝이 등 설치물을 넘어 사고 발생된 경우<br>• 운전부주의로 핸들을 과대 조작하여 반대편 도로의 갓길을 충돌한 자피사고<br>• 학교, 군부대, 아파트 등 단지 내 사설 중앙선 침범 사고<br>• 중앙분리대가 끊어진 곳에서 회전하다가 야기된 사고<br>• 중앙선이 없는 굽은 도로에서 중앙부분을 진행 중 발생한 사고<br>• 중앙선을 침범한 동일방향 앞차를 뒤따르다가 그 차를 추돌한 사고 |

## 3 속도위반(20km/h 초과) 과속사고

### (1) 과속의 개념
① 일반적으로 과속 : 「도로교통법」에서 규정된 법정속도와 지정속도를 초과한 경우를 말하고
② 「교통사고 처리특례법」상의 과속 : 「도로교통법」에 규정된 법정속도와 지정속도에서 20km/h 초과된 경우이다.

> 참고
> 경찰에서 사용 중인 속도추정방법
> ① 운전자의 진술  ② 스피드건  ③ 타코그래프(운행기록계)  ④ 제동흔적 등

### (2) 과속사고(20km/h 초과)의 성립요건

| 항목 | 내 용 | 예외사항 |
|---|---|---|
| 장소적 요건 | • 도로나 불특정다수의 사람 또는 차마의 통행을 위하여 공개된 장소로서 안전하고 원활한 교통을 확보할 필요가 있는 장소에서의 사고 | • 도로나 불특정다수의 사람 또는 차마의 통행을 위하여 공개된 장소로서 안전하고 원활한 교통을 확보할 필요가 있는 장소가 아닌 곳에서의 사고 |
| 피해자적 요건 | • 과속차량(20km/h 초과)에 충돌되어 인적피해를 입는 경우 | • 제한속도 20km/h 이하 과속차량에 충돌되어 인적피해를 입는 경우<br>• 제한속도 20km/h 초과차량에 충돌되어 대물피해만 입는 경우 |

| 항목 | 내 용 | 예외사항 |
|---|---|---|
| 운전자의 과실 | • 제한속도 20km/h 초과하여 과속운행중 사고야기한 경우<br>① 고속도로(일반도로 포함)나 자동차전용도로에서 제한속도 20km/h 초과 경우<br>② 비·안개·눈 등으로 인한 악천후 시 감속운행 기준에서 20km/h를 초과한 경우<br>③ 속도제한 표지판 설치구간에서 제한속도 20km/h를 초과한 경우<br>④ 총중량 2,000kg에 미달하는 자동차를 3배 이상의 자동차로 견인하는 때 30km/h에서 20km/h를 초과한 경우<br>⑤ 이륜자동차가 견인하는 때 25km/h에서 20km/h를 초과한 경우 | • 제한속도 20km/h 이하로 과속하여 운행중 사고야기한 경우<br>• 제한속도 20km/h 초과하여 운행중 대물피해만 입는 경우 |
| 시설물의 설치요건 | • 「도로교통법」에 따라 시·도경찰청장이 설치한 안전표지 중<br>① 규제표지 일련번호 224호(최고속도제한표지)<br>② 노면표시 일련번호 517호(속도제한표시)~518호(속도제한표시 : 어린이 보호구역안) | • 동 안전표지 중<br>① 규제표지 226호(서행표지)<br>② 보조표지 409호(안전속도표지)<br>③ 노면표시 519호(천천히)~520호(서행표시)의 위반사고에 대하여는 과속사고가 적용되지 않음 |

## 4 앞지르기의 방법·금지시기·금지장소 또는 끼어들기 금지 위반사고

### (1) 중앙선 침범, 차로변경과 앞지르기의 구분
① 중앙선 침범
  중앙선을 넘어서거나 걸친 행위
② 차로변경
  차로를 바꿔 곧바로 진행하는 행위
③ 앞지르기
  앞차의 좌측 차로로 바꿔 진행하여 앞차의 앞으로 나아가는 행위

### (2) 앞지르기 방법, 금지 위반사고의 성립요건

| 항목 | 내 용 | 예외사항 |
|---|---|---|
| 장소적 요건 | • 앞지르기 금지장소<br>① 교차로 ② 터널 안 ③ 다리 위<br>④ 도로의 구부러진 곳, 비탈길의 고갯마루 부근 또는 가파른 비탈길의 내리막 등 시·도경찰청장이 안전표지에 의하여 지정한 곳 | • 앞지르기 금지장소 외의 지역 |
| 피해자적 요건 | • 앞지르기 방법·금지 위반차량에 충돌되어 인적피해를 입는 경우 | • 앞지르기 방법·금지 위반차량에 충돌되어 대물피해만 입은 경우<br>• 불가항력적, 만부득이한 경우 앞지르기하던 차량에 충돌되어 인적피해를 입는 경우 |
| 운전자의 과실 | • 앞지르기 금지위반 행위<br>① 병진시 앞지르기<br>② 앞차의 좌회전시 앞지르기<br>③ 위험방지를 위한 정지, 서행 시 앞지르기<br>④ 앞지르기 금지장소에서의 앞지르기<br>⑤ 실선의 중앙선침범앞지르기<br>• 앞지르기 방법 위반행위<br>① 우측 앞지르기<br>② 2개 차로 사이로 앞지르기 | • 불가항력, 만부득이한 경우 앞지르기하던 중 사고 |

※ 병진 : 앞차의 좌측에 다른 차가 앞차와 나란히 가고 있는 경우

## 5 철길 건널목 통과방법 위반사고

### (1) 철길 건널목의 종류

| 종별 | 내용 |
|---|---|
| 1종 건널목 | 차단기, 건널목경보기 및 교통안전표지가 설치되어 있는 경우 |
| 2종 건널목 | 경보기와 철길 건널목 교통안전표지만 설치하는 건널목 |
| 3종 건널목 | 철길 건널목 교통안전 표지만 설치하는 건널목 |

### (2) 철길 건널목 통과방법 위반사고의 성립요건

| 항목 | 내용 | 예외사항 |
|---|---|---|
| 장소적 요건 | • 철길 건널목(1, 2, 3종 불문) | • 역 구내 철길 건널목의 경우 |
| 피해자적 요건 | • 철길 건널목 통과방법 위반사고로 인적피해를 입는 경우 | • 철길 건널목 통과방법 위반사고로 대물피해만을 입는 경우 |
| 운전자의 과실 | • 철길 건널목 통과방법을 위반한 과실<br>① 철길 건널목 직전 일시정지 불이행<br>② 안전 미확인 통행 중 사고<br>③ 고장 시 승객대피, 차량이동 조치 불이행 | • 철길 건널목 신호기, 경보기 등의 고장으로 일어난 사고<br>※ 신호기 등이 표시하는 신호에 따르는 때에는 일시정지 하지 아니하고 통과할 수 있다. |

## 6 보행자 보호의무 위반사고

### (1) 보행자의 보호
모든 차 또는 노면전차의 운전자는 보행자가 횡단보도를 통행하고 있는 때에는 그 횡단보도 앞(정지선이 설치되어 있는 곳에서는 그 정지선을 말한다)에서 일시정지하여 보행자의 횡단을 방해하거나 위험을 주어서는 안 된다(* 보행자가 적법하게 횡단하던 중 신호가 변경된 때 횡단하지 못한 보행자도 보호하여야 함).

### (2) 횡단보도에서 이륜차(자전거, 오토바이)와 사고발생 시 결과와 조치

| 형태 | 결과 | 조치 |
|---|---|---|
| 이륜차를 타고 횡단보도 통행 중 사고 | 이륜차를 보행자로 볼 수 없고, 제차로 간주하여 처리 | 안전운전 불이행 적용 |
| 이륜차를 끌고 횡단보도 보행 중 | 보행자로 간주 | 보행자 보호의무 위반 적용 |
| 이륜차를 타고 가다 멈추고 한발은 페달에, 한발은 노면에 딛고 서 있던 중 사고 | 보행자로 간주 | 보행자 보호의무 위반 적용 |

### (3) 횡단보도 보행자 보호의무 위반사고의 성립요건

| 항목 | 내용 | 예외사항 |
|---|---|---|
| 장소적 요건 | • 횡단보도 내 | • 보행자 신호가 정지신호(적색 등화) 때의 횡단보도 |
| 피해자적 요건 | • 횡단보도를 건너던 보행자가 자동차에 충돌되어 인적피해를 입은 경우 | • 보행자 신호가 정지신호(적색 등화) 때 횡단보도 건너던 중 사고<br>• 횡단보도를 건너는 것이 아니고 드러누워 있거나, 교통정리, 싸우던 중, 택시 잡던 중 등 보행의 경우가 아닌 때 |
| 운전자의 과실 | • 횡단보도를 건너는 보행자를 충돌한 경우<br>• 횡단보도 전에 정지한 차량을 추돌하여, 앞차가 밀려나가 보행자를 충돌한 경우<br>• 보행신호(녹색등화)에 횡단보도 진입, 건너던 중 주의신호(녹색등화의 점멸) 또는 정지신호(적색 등화)가 되어 마저 건너가고 있는 보행자를 충돌한 경우 | • 보행자가 횡단보도를 정지신호(적색 등화)에 건너가던 중 사고<br>• 보행자가 횡단보도를 건너가던 중 신호가 변경되어 중앙선에 서 있던 중 사고<br>• 보행자가 주의신호(녹색등화의 점멸) 뒤늦게 횡단보도에 진입하여 건너던 중 정지신호(적색 등화)로 변경된 후 사고 |
| 시설물의 설치요건 | • 횡단보도로 진입하는 차량에 의해 보행자가 놀라거나 충돌을 회피하기 위해 도망가다 넘어져 그 보행자를 다치게 한 경우(비접촉 사고)<br>• 도로교통법에 의거 시·도경찰청장이 설치한 횡단보도<br>※ 횡단보도에 노면표시가 있고, 표지판이 설치되지 아니한 경우에도 횡단보도로 간주한다. | • 아파트 단지나 학교, 군부대 등 특정구역 내부의 소통과 안전을 목적으로 자체 설치된 경우는 제외 |

## 7 무면허운전 사고

### (1) 무면허운전 사고의 정의
① 운전면허를 받지 아니하고 운전 중 발생한 교통사고
② 국제운전면허증(상호인정외국면허증 포함)을 소지하지 아니하고 운전 중 발생한 교통사고
③ 운전면허 효력이 정지 중에 있거나 국제운전면허증(상호인정외국면허증 포함)을 소지한 자가 운전이 금지된 경우에 운전하다가 일으킨 사고이다.

### (2) 무면허운전에 해당되는 경우
아래 (3)의 무면허운전 성립요건 중 "운전자 과실"란의 각 항을 참조

### (3) 무면허운전의 성립요건

| 항목 | 내용 | 예외사항 |
|---|---|---|
| 장소적 요건 | • 도로나 그 밖의 현실적으로 불특정다수의 사람 또는 차마의 통행을 위하여 공개된 장소로서 안전하고 원활한 교통을 확보할 필요가 있는 장소(교통경찰권이 미치는 장소) | • 현실적으로 불특정 다수의 사람 또는 차마의 통행을 위하여 공개된 장소가 아닌 곳에서의 운전(특정인만 출입하는 장소로 교통경찰권이 미치지 않는 장소) |
| 피해자적 요건 | • 무면허운전 자동차에 충돌되어 인적 사고를 입는 경우<br>• 대물피해만 입는 경우도 보험 면책으로 합의되지 않는 경우 | • 대물피해만 입은 경우로 보험 면책으로 합의되는 경우 |
| 운전자의 과실 | • 무면허상태에서 자동차를 운전하는 경우<br>① 면허를 취득치 않고 운전한 경우<br>② 유효기간이 지난 운전면허증으로 운전하는 경우<br>③ 면허취소처분을 받은 자가 운전하는 경우<br>④ 면허정지기간 중에 운전하는 경우<br>⑤ 시험합격 후 면허증교부 전에 운전하는 경우<br>⑥ 면허종별 외 차량을 운전한 경우<br>⑦ 외국인으로 국제운전면허(상호인정외국면허증)를 받지 않고 운전하는 경우<br>⑧ 외국인으로 입국 1년이 지난 국제운전면허증(상호인정외국면허증)을 소지하고 운전하는 경우 | |

| 항목 | 내 용 | 예외사항 |
|---|---|---|
| 운전자의 과 실 | ⑨ 위험물을 운반하는 화물자동차가 적재중량 3톤을 초과함에도 제1종 보통운전면허로 운전한 경우<br>⑩ 건설기계(덤프트럭, 아스팔트 살포기, 노상안정기, 콘크리트믹서트럭, 콘크리트 펌프, 트럭 적재식 천공기)를 제1종 보통운전면허로 운전한 경우<br>⑪ 면허 있는 자가 도로에서 무면허자에게 운전연습을 시키던 중 사고를 야기한 경우<br>⑫ 군인(군속인 자)이 군면허만 취득하여 소지하고 일반차량을 운전한 경우<br>⑬ 임시운전증명서 유효기간이 지나 운전 중 사고를 야기한 경우 | • 취소사유상태인 상태이나 취소처분(통지) 전 운전 |

## 8 음주운전, 약물복용운전 사고

### (1) 음주운전에 해당되는 사례
① 불특정 다수인이 이용하는 도로 및 공개되지 않는 통행로에서의 음주운전행위도 처벌 대상이 되며, 구체적인 장소는 다음과 같다.
  ㉠ 도로
  ㉡ 불특정 다수의 사람 또는 차마의 통행을 위하여 공개된 장소
  ㉢ 공개되지 않는 통행로(공장, 관공서, 학교, 사기업 등 정문 안쪽 통행로)와 같이 문, 차단기에 의해 도로와 차단되고 관리되는 장소의 통행로
② 술을 마시고 주차장 또는 주차선 안에서 운전하여도 처벌 대상이 된다.

### (2) 음주운전에 해당되지 않은 사례
술을 마시고 운전을 하였다 하더라도 도로교통법에서 정한 음주 기준(혈중 알코올 농도 0.03% 이상)에 해당되지 않으면 음주운전이 아니다.

### (3) 음주운전 사고의 성립요건

| 항목 | 내 용 | 예외사항 |
|---|---|---|
| 장소적 요 건 | • 도로나 그 밖에 현실적으로 불특정 다수의 사람 또는 차마의 통행을 위하여 공개된 장소로서 안전하고 원활한 교통을 확보할 필요가 있는 장소(교통경찰권이 미치는 장소)<br>• 공장, 관공서, 학교, 사기업 등의 정문 안쪽 통행로와 같이 문, 차단기에 의해 도로와 차단되고 별도로 관리되는 장소<br>• 주차장 또는 주차선 안 | • 도로교통법 개정으로 도로가 아닌 곳에서의 음주운전도 처벌 대상<br>• 도로가 아닌 곳에서의 음주운전은 형사처벌의 대상이나 운전면허에 대한 행정처분 대상은 아니다. |
| 피해자적 요 건 | • 음주운전 자동차에 충돌되어 인적사고를 입은 경우 | • 대물피해만 입은 경우(보험에 가입되어 있다면 공소권 없음으로 처리) |
| 운전자의 과 실 | • 음주한 상태로 자동차를 운전하여 일정거리 운행한 때<br>• 음주한계 수치가 0.03% 이상일 때 음주 측정에 불응한 경우 | • 음주한계 수치가 0.03% 미만일 때 음주측정에 불응한 경우 |

## 9 보도침범·보도횡단방법 위반사고

### (1) 보도침범에 해당하는 경우
보도가 설치된 도로를 차체의 일부분만이라도 보도에 침범하거나 또는 보도통행방법(보행자통행방해)에 위반하여 운전한 경우가 해당된다.

### (2) 일단정지와 일시정지의 개념
① 일단정지 : 반드시 차마가 멈추어야 하는 행위 자체에 대한 의미(운행의 순간적 정지)
  ㉠ 실예 : 길가의 건물이나 주차장 등에서 도로에 들어가고자 하는 때
② 일시정지 : 반드시 차마가 멈추어야 하되 얼마간의 시간 동안 정지 상태를 유지해야 하는 교통상황적 의미(정지상황의 일시적 전개)
  ㉠ 실예 : 철길 건널목을 통과할 때, 횡단보도상에 보행자가 통과할 때, 교통정리가 행하여지고 있지 아니한 교통이 빈번한 교차로를 통행할 때, 어린이 등 영유아와 앞을 보지 못하는 사람이 도로를 횡단하는 때

### (3) 보도침범 사고의 성립요건

| 항목 | 내 용 | 예외사항 |
|---|---|---|
| 장소적 요 건 | • 보·차도가 구분된 도로에서 보도 내의 사고<br>① 보도침범 사고 ② 통행방법 위반 | • 보·차도 구분이 없는 도로 |
| 피해자적 요 건 | • 보도상에서 보행 중 제차에 충돌되어 인적피해를 입는 경우 | • 자전거, 오토바이를 타고 가던 중 보도침범 통행 차량에 충돌된 경우 |
| 운전자의 과 실 | • 고의적 과실<br>• 현저한 부주의에 의한 과실 | • 불가항력적 과실<br>• 만부득이한 과실<br>• 단순 부주의에 의한 과실 |
| 시설물의 설치요건 | • 보도설치 권한이 있는 행정관서에서 설치 관리하는 보도 | • 학교, 아파트단지 등 특정구역내부의 소통과 안전을 목적으로 자체적으로 설치된 경우 |

## 10 승객추락 방지의무 위반사고(개문발차 사고)

### (1) 개문발차사고의 성립요건

| 항목 | 내 용 | 예외사항 |
|---|---|---|
| 자동차적 요 건 | • 승용, 승합, 화물, 건설기계 등 자동차에만 적용 | • 이륜, 자전거 등은 제외 |
| 피해자적 요 건 | • 탑승객이 승·하차 중 개문된 상태로 발차하여 승객이 추락하므로서 인적피해를 입은 경우 | • 적재되었던 화물이 추락하여 발생한 경우 |
| 운전자의 과 실 | • 차의 문이 열려있는 상태로 발차(출발)한 행위 | • 차량정차 중 피해자의 과실사고와 차량 뒤 적재함에서의 추락사고의 경우 |

### (2) 승객추락 방지의무 위반사고 사례
① 운전자가 출발하기 전 그 차의 문을 제대로 닫지 않고 출발함으로써 탑승객이 추락, 부상을 당하였을 경우
② 택시의 경우 승·하차 시 출입문 개폐는 승객자신이 하게 되어 있으므로 승객 탑승 후 출입문을 닫기 전에 출발하여 승객이 지면으로 추락한 경우
③ 개문발차로 인한 승객의 낙상사고의 경우

### (3) 적용 배제 사례
① 개문 당시, 승객의 손이나 발이 끼어 사고 난 경우
② 택시의 경우 목적지에 도착하여 승객 자신이 출입문을 개폐 도중 사고가 발생할 경우

## 11 어린이보호구역 내 보호의무 위반사고

### (1) 어린이 보호의무 위반사고의 성립요건

| 항목 | 내 용 | 예외사항 |
|---|---|---|
| 장소적 요건 | • 어린이 보호구역으로 지정된 장소 | • 어린이 보호구역이 아닌 장소 |
| 피해자적 요건 | • 어린이가 상해를 입은 경우 | • 성인이 상해를 입은 경우 |
| 운전자의 과실 | • 어린이에게 상해를 입힌 경우 | • 성인에게 상해를 입힌 경우 |

## 12 적재물 추락 방지의무 위반 사고

모든 차의 운전자는 운전 중 실은 화물이 떨어지지 아니하도록 덮개를 씌우거나 묶는 등 확실하게 고정될 수 있도록 필요한 조치를 하지 아니하고 운전한 경우

# 제1편
# 교통 및 화물자동차 운수사업관련법규

## 제2장 교통사고처리특례법(화물)

**1** "차의 교통으로 인하여 사람을 사상하거나 물건을 손괴하는 것"의 「교통사고처리특례법」상의 용어는?
① 안전사고　　② 교통사고
③ 전복사고　　④ 추락사고

**2** 차의 운전자가 업무상 과실 또는 중대한 과실로 인하여 사람을 사상에 이르게 한 경우의 벌칙은?
① 5년 이하의 금고 또는 2천만 원 이하의 벌금
② 5년 이하의 징역 또는 2천만 원 이하의 벌금
③ 2년 이하의 금고 또는 500만 원 이하의 벌금
④ 2년 이상의 징역 도는 500만 원 이상의 벌금

**3** 차의 운전자가 업무상 필요한 주의를 게을리 하거나 중대한 과실로 다른 사람의 건조물이나 그 밖의 재물을 손괴한 때의 벌칙은?
① 2년 이상의 금고나 500만 원 이상의 벌금
② 2년 이하의 금고나 500만 원 이하의 벌금
③ 1년 이하의 금고나 400만 원 이하의 벌금
④ 1년 이하의 금고나 300만 원 이하의 벌금

**4** 교통사고로 피해자를 사망에 이르게 하고 도주하거나, 도주 후에 피해자가 사망한 경우에 도주한 운전자에 대한 적용하는 법의 명칭은?
① 「교통사고처리특례법」 제3조 제2항
② 「특정범죄가중처벌 등에 관한 법률」 제5조의 3
③ 「도로교통법」 제 54조 제1항
④ 「형법」 제268조

**5** 다음 중 「교통사고처리특례법」에서 특례의 적용을 받는 사고는?
① 신호·지시위반 사고
② 보행자보호의무위반 사고
③ 20km/h 초과 속도위반 사고
④ 교차로 통행방법위반 사고

**6** 교통사고로 인한 "사망사고"에 대한 설명으로 잘못된 것은?
① 피해자가 교통사고 발생 후 72시간 내 사망하면 벌점 90점과 형사적책임이 부과된다
② 사고로부터 72시간이 경과된 이후 사망한 경우에는 사망사고가 아니다
③ 「교통안전법시행령」에서 규정된 교통사고에 의한 사망은 교통사고 발생 시부터 30일 이내에 사람이 사망한 사고를 말한다
④ 사망사고는 반의사불벌죄의 예외로 규정하여 처벌하고 있다

⊙ 해설　"사망시간 72시간은 행정상의 구분일 뿐 72 시간이 경과된 이후라도 사망의 원인이 교통사고인 경우에는 사고운전자에게는 형사적 책임이 부과되므로" 정답은 ②이다.

**7** 자동차·원동기장치자전거의 교통으로 인하여 사고운전자가 구호조치를 하지 않고 "피해자를 사망에 이르게 하고 도주하거나, 도주 후에 피해자가 사망한 경우" 가중처벌의 벌칙은?
① 무기 또는 5년 이상의 징역에 처한다
② 무기 또는 5년 이하의 징역에 처힌다
③ 1년 이상의 유기징역 또는 500만 원 이상 3천만 원 이하의 벌금에 처한다
④ 3년 이상의 유기징역에 처한다

⊙ 해설　문제의 가중처벌 벌칙은 "무기 또는 5년 이 상의 징역에 처한다"가 옳으므로 정답은 ①이다. 또한 ③의 벌칙은 "피해자를 상해에 이르게 하고 구호조치를 아니하고 도주한 경우"의 벌칙이다.

**8** 자동차·원동기장치자전거의 교통으로 인하여 "사고운전자가 구호조치를 하지 않고 피해자를 사고 장소로부터 옮겨 유기하고 사망에 이르게 하고 도주하거나, 도주 후에 피해자가 사망한 경우"의 가중처벌 벌칙은?
① 사형, 무기 또는 5년 이상의 징역에 처한다
② 무기 또는 5년 이상의 징역에 처한다
③ 무기 또는 5년 이하의 징역에 처한다
④ 3년 이상의 유기징역에 처한다

⊙ 해설　문제의 가중처벌 벌칙은 "사형, 무기 또는 5년 이상의 징역에 처한다"이므로 정답은 ①이다. 또한 ④의 벌칙은 "피해자를 상해에 이르게 하고, 사고 장소로부터 옮겨 유기하고 도주한 경우"의 가중처벌의 벌칙이다.

**9** 교통사고 발생 시 "도주사고 적용사례"가 아닌 것은?
① 사상 사실을 인식하고도 가버린 경우
② 피해자가 부상 사실이 없거나 극히 경미하여 구호조치가 필요치 않는 경우
③ 사고현장에 있었어도 사고사실을 은폐하기 위해 거짓진술·신고한 경우
④ 피해자를 병원까지만 후송하고 계속치료 받을 수 있는 조치없이 도주한 경우

⊙ 해설　"피해자가 부상 사실이 없거나 극히 경미하여 구호조치가 필요치 않는 경우"는 도주가 적용되지 않아 정답은 ②이다, 또한 ①,③,④ 외에 "피해자를 방치한 채 사고현장을 이탈 도주한 경우, 부상피해자에 대한 구호조치 없이 가버린 경우" 등이 있다.

**정답**　1 ②　2 ①　3 ②　4 ②　5 ④　6 ②　7 ①　8 ①　9 ②

**10** 다음 중 교통사고 발생 시 도주한 경우에 해당되는 것은?
① 피해자가 부상 사실이 없거나 극히 경미하여 구호조치가 필요치 않는 경우
② 가해자 및 피해자 일행 또는 경찰관이 환자를 후송 조치하는 것을 보고 연락처를 주고 가버린 경우
③ 운전자를 바꿔치기 하여 신고한 경우
④ 교통사고 가해운전자가 심한 부상을 입어 타인에게 의뢰하여 피해자를 후송 조치한 경우

> **해설** "운전자를 바꿔치기 하여 신고한 경우"는 도주사고 적용사례이므로 정답은 ③이며, ①,②,④ 외에 "교통사고 장소가 혼잡하여 도저히 정지할 수 없어 일부 진행 후 정지하고 돌아와 조치한 경우"가 있다.

**11** 다음은 신호 및 지시를 위반하여 운전한 경우에 대한 설명이다. 아닌 것은?
① 신호기의 신호에 따라 운전할 의무를 위반
② 교통정리를 하는 경찰공무원의 신호에 따라 운전할 의무를 위반한 경우
③ 통행의 금지 또는 일시정지를 내용으로 하는 안전표지가 표시하는 지시에 위반하여 운전한 경우
④ 녹색어머니 회원의 지시에 위반하여 운전한 경우

> **해설** "녹색어머니 회원은 교통정리 보조요원"에 불과하므로 정답은 ④이다.

**12** 신호위반의 종류에 대한 설명으로 틀리는 것은?
① 사전출발 신호위반
② 주의(황색)신호에 무리한 진입
③ 신호무시하고 진행한 경우
④ 황색신호 전에 교차로에 진입 후 황색신호에 교차로를 통과한 경우

> **해설** "황색신호에 이미 교차로에 진입하여 운행중인 경우"는 신호위반이 아니므로 정답은 ④이다.

**13** 다음 중 황색주의신호의 기본 시간으로 옳은 것은?
① 기본 3초   ② 기본 4초
③ 기본 5초   ④ 기본 6초

> **해설** 황색 주의 신호의 기본 시간은 3초다.

**14** 다음 중 신호기의 적용 범위를 확대할 수 있는 경우에 해당하지 않는 것은?
① 신호기의 직접 영향 지역
② 신호기의 지주 위치 내의 지역
③ 대향 차선에 유턴이 허용되지 않는 지역
④ 대향 차량이나 피해자가 신호기의 내용을 의식하여 신호 상황에 따라 진행 중인 경우

**15** 다음 신호기의 적용범위에 대한 설명 중 틀린 것은?
① 원칙 : 해당 교차로나 횡단보도에만 적용한다.
② 신호기의 간접영향 지역 및 신호기의 지주 위치 내의 지역
③ 대향차선에 유턴을 허용하는 지역에서는 신호기 적용 유턴 허용지점으로까지 확대 적용
④ 대향차량이나 피해자가 신호기의 내용을 의식, 신호상황에 따라 진행중인 경우

> **해설** "신호기의 간접영향 지역"은 틀리고 "신호기의 직접영향 지역"이 옳으므로 정답은 ②이다.

**16** 신호 지시위반사고의 성립요건에 대한 설명으로 잘못된 것은?
① 장소적 요건 : 신호기가 설치되어 있는 교차로나 횡단보도, 경찰관 등의 수신호
② 피해자적 요건 : 신호, 지시위반 차량에 충돌되어 인적피해를 입은 경우
③ 운전자 과실 : 고의적 과실, 부주의에 의한 과실, 만부득이한 과실
④ 시설물의 설치요건 : 특별시장, 광역시장, 또는 시장, 군수가 설치한 신호기나 안전표지

> **해설** "만부득이한 과실"은 운전자 과실의 예외사항이므로 정답은 ③이다.

**17** 중앙선의 정의에 대한 설명으로 틀린 것은?
① 차마의 통행을 방향별로 명확히 구별하기 위하여 도로에 황색실선이나 황색점선 등의 안전표지로 설치한 선
② 중앙분리대, 철책, 울타리 등으로 설치한 시설물은 중앙선이 아니다
③ 가변차로가 설치된 경우에는 신호기가 지시하는 진행방향의 제일 왼쪽 황색점선을 말한다
④ 사고의 참혹성과 예방목적상 차체의 일부라도 걸치면 중앙선 침범을 적용한다

> **해설** "중앙분리대, 철책, 울타리 등으로 설치한 시설물"도 중앙선에 해당하므로 정답은 ②이다.

**18** 중대 법규위반 사고 중 중앙선침범이 적용되는 사례에서 "고의 또는 의도적인 중앙선침범 사고 사례"가 아닌 것은?
① 좌측도로나 건물 등으로 가기 위해 회전하며 중앙선을 침범한 경우
② 오던 길로 되돌아가기 위해 유턴하며 중앙선을 침범한 경우
③ 앞지르기 위해 중앙선을 넘어 진행하다 다시 진행차로로 들어오는 경우
④ 제한속력 내 운행 중 미끄러지며 중앙선을 침범한 경우

> **해설** ④의 경우는 중앙선 침범을 적용할 수 없다.

**19** 다음 「교통사고처리특례법」상 "중앙선침범 적용사고"로 형사입건되는 요건" 중 공소권 없는 사고로 처리되는 것은?
① 고의적 유턴, 회전 중 중앙선침범사고
② 현저한 부주의로 인한 중앙선침범 사고
③ 사고피양 급제동으로 인한 중앙선침범
④ 커브길, 빗길, 과속으로, 졸다가 뒤늦게 급 제동으로, 차내 잡담등 부주의로 인한 중앙선침범

> **해설** 사고를 피양하기 위해 급제동을 하다가 중앙선을 침범한 경우는 공소권 없는 사고로 처리되므로 정답은 ③이다.

**20** 중대 법규위반 사고 중 중앙선침범 사고의 성립요건이다. 틀린 것은?
① 장소적 요건 : 자동차전용도로나 고속도로에서 횡단, 유턴, 후진
② 피해자적 요건 : 중앙선침범 차량에 충돌되어 대물피해만 입은 경우
③ 운전자 과실 : 고의적 과실, 현저한 부주의에 의한 과실
④ 시설물의 설치요건 : 시·도경찰청장이 설치한 중앙선

> **해설** "피해자적 요건에서 중앙선침범 차량에 충돌되어 대물피해만 입은 경우"는 공소권 없음으로 처리되므로 정답은 ②이다.

**정답**  10 ③   11 ④   12 ④   13 ①   14 ③   15 ②   16 ③   17 ②   18 ④   19 ③   20 ②

**21** 중대 법규위반 사고 중 중앙선침범이 적용되는 사례는?
① 뒤차의 추돌로 앞차가 밀리면서 중앙선을 침범한 경우
② 횡단보도에서의 추돌사고
③ 내리막길 주행 중 브레이크 파열 등 정비불량으로 중앙선을 침범한 사고
④ 중앙선침범 차량에 충돌되어 인적피해를 입는 경우

**22** 중대 법규위반 사고 중 중앙선침범이 성립되는 사고는?
① 황색실선이나 점선의 중앙선이 설치되어 있는 도로에서 중앙선을 침범한 사고
② 중앙선이 없는 도로나 교차로의 중앙부분을 넘어서 난 사고
③ 중앙선의 도색이 마모되었을 경우 중앙부분을 넘어서 난 사고
④ 중앙선을 침범한 동일방향 앞차를 뒤따르다가 그 차를 추돌한 사고의 경우

> 해설 ②, ③, ④는 중앙선 침범이 성립되지 않는다.

**23** 다음 중 「교통사고처리특례법」상 과속이란 규정된 법정속도와 지정속도를 몇 km/h 초과한 경우를 말하는가?
① 10km/h
② 20km/h
③ 30km/h
④ 40km/h

**24** 경찰에서 사용중인 속도추정방법이 아닌 것은?
① 운전자의 진술
② 스피드건
③ 목격자 진술
④ 제동흔적

> 해설 "목격자의 진술은 과학적인 조사방법이 될 수 없어" 정답은 ③이며, ①.②.④ 이외에 "타고그래프(운행기록계)"가 있다.

**25** 중대 법규위반 사고인 과속사고의 성립요건에 대한 다음 설명 중 예외사항에 해당되는 것은?
① 장소적요건 : 도로나 불특정 다수의 사람 또는 차마의 통행을 위하여 공개된 장소에서 사고
② 피해자적요건 : 제한속도 20km/h 이하 과속차량에 충돌되어 인적피해를 입은 경우
③ 운전자과실 : 고속도로·자동차전용도로에서 제한속도 20km/h 초과 및 일반도로 제한속도 60km/h에서 20km/h 초과한 경우
④ 시설물의 설치요건 : 시·도경찰청장이 설치한 최고속도 제한표지의 속도를 위반한 경우

> 해설 피해자적 요건이 성립하려면 제한속도를 20km/h 초과한 차량에 피해를 입어야 한다. 그러므로 정답은 ②이다.

**26** 앞지르기 방법, 금지 위반 사고의 성립요건에서 "장소적 요건"의 금지장소가 아닌 것은?
① 터널 안
② 다리 위, 교차로
③ 가파른 비탈길의 고개마루부근 등 시·도경찰청장이 안전표지로 지정한 곳
④ 2개 차로 사이로 앞지르기

> 해설 "2개 차로 사이로 앞지르기"는 운전자과실의 "앞지르기 방법 위반 행위"의 하나로 정답은 ④이다.

**27** 앞지르기 금지 위반 행위에서 "운전자 과실"에 대한 설명이 아닌 것은?
① 교차로, 터널 안, 다리 위에서 앞지르기
② 병진 시 및 앞차의 좌회전 시 앞지르기
③ 위험방지를 위한 정지, 서행 시 앞지르기
④ 실선의 중앙선침범 앞지르기

> 해설 ①은 "운전자 과실"이 아닌 "장소적 요건"에 해당하므로 정답은 ①이다.

**28** 다음 철길 건널목의 종류에 대한 설명 중 틀린 것은?
① 1종 건널목 : 차단기, 건널목경보기 및 교통안전표지가 설치되어 있는 건널목
② 2종 건널목 : 경보기와 건널목 교통안전표지만 설치하는 건널목
③ 3종 건널목 : 건널목 교통안전표지만 설치하는 건널목
④ 4종 건널목 : 역구내 철길 건널목이다

> 해설 "4종 건널목"은 철길 건널목의 종류에 없으므로 ④가 정답이다.

**29** 철길 건널목 통과방법 위반사고의 성립요건에서 "운전자의 과실"에 해당하지 않는 경우는?
① 철길 건널목 직전 일시정지 불이행
② 고장난 신호기의 신호를 따르던 중 사고
③ 안전 미확인 통행 중 사고
④ 고장 시 승객대피, 차량이동 조치 불이행

> 해설 철길 건널목의 신호기가 고장나 일어난 사고의 경우, 운전자의 과실이 될 수 없다.

**30** 다음 보행자 보호의무에 대한 설명으로 틀린 것은?
① 보행자가 횡단보도를 통행하고 있는 때에는 그 횡단보도 앞에서 일시정지 하여야 한다
② 모든 차의 운전자는 정지선이 설치되어 있는 곳에서는 그 정지선에서 일시정지 한다
③ 보행자의 횡단을 방해하거나 위험을 주어서는 아니 된다
④ 보행자가 적법하게 횡단 중 신호변경이 되어 미처 건너지 못한 보행자가 예상되므로 운전자는 즉시 출발한다

> 해설 ④에서 운전자는 즉시 출발해서는 안되고, 미처 건너지 못한 보행자가 없는지 일단 살펴야 하므로 정답은 ④다.

**31** 횡단보도에서 이륜차(자전거, 오토바이)와 사고 발생시 결과 조치에 대한 설명으로 틀린 것은?
① 이륜차를 타고 횡단보도 통행 중 사고 : 이륜차를 보행자로 볼 수 없고 제차로 간주하여 처리 - 안전운전 불이행 적용
② 이륜차를 끌고 횡단보도 보행 중 사고 : 보행자로 간주 - 보행자 보호의무 위반 적용
③ 이륜차를 끌고 횡단보도 보행 중 사고 : 제차로 간주 - 보행자 보호의무 위반 적용
④ 이륜차를 타고가다 멈추고 한 발을 페달에, 한 발을 노면에 딛고 서 있던 중 사고 : 보행자로 간주 - 보행자 보호의무 위반 적용

> 해설 ③에서 이륜차를 끌며 횡단보도를 보행하는 사람은 "제차"가 아닌 "보행자"로 간주된다. 그러므로 답은 ③이다.

---

**정답** 21 ④ 22 ① 23 ② 24 ③ 25 ② 26 ④ 27 ① 28 ④ 29 ② 30 ④ 31 ③

**32** 횡단보도 보행자 보호의무 위반 사고의 성립요건이 잘못된 것은?
① 장소적요건 : 횡단보도 내
② 피해자적요건 : 횡단보도를 건너던 보행자가 자동차에 충돌 후 인적피해를 입은 경우
③ 운전자의 과실 : 횡단보도 전에 정지한 차량을 추돌, 앞차가 밀려나가 보행자를 충돌한 경우
④ 시설물 설치요건 : 아파트 단지에서 내부의 소통과 안전을 목적으로 자체 설치한 횡단보도에서 사고가 난 경우

**해설** ④의 내용은 예외사항에 해당된다.

**33** 무면허 운전에 해당하는 경우가 아닌 것은?
① 운전면허를 받지 아니하고 운전한 경우
② 국제운전면허증을 소지한자가 운전한 경우
③ 운전면허의 효력이 정지 중에 운전한 경우
④ 유효기간이 지난 면허증으로 운전한 경우

**해설** 국제운전면허증을 소지하고 입국한 사람은 1년 이내의 기간 동안 운전을 할 수 있으며, 무면허 운전이 아니다. 그러므로 정답은 ②이다.

**34** 혈중알코올농도 0.03% 이상 0.08% 미만으로 운전을 한 경우에 해당되는 벌칙은?
① 2년 이상 5년 이하의 징역이나 1천만 원 이상 2천만 원 이하의 벌금
② 1년 이상 5년 이하의 징역이나 500만 원 이상 2천만 원 이하의 벌금
③ 1년 이상 2년 이하의 징역이나 500만 원 이상 1천만 원 이하의 벌금
④ 1년 이하의 징역이나 500만 원 이하의 벌금

**35** 무면허 운전 사고의 성립요건으로 틀린 것은?
① 장소적 요건 : 도로나 그 밖에 현실적으로 불특정 다수의 사람 또는 차마의 통행을 위하여 공개된 장소
② 피해자적 요건 : 무면허 운전 자동차에 충돌되어 인적피해를 입은 경우
③ 운전자 과실 : 외국인으로 국제운전면허를 받지 않고 운전하는 경우
④ 운전자 과실 : 취소사유 상태이나 취소처분 (통지) 전 운전

**해설** "취소사유 상태이나 취소처분(통지) 전 운전"은 운전자 과실이 아닌 운전자 과실의 "예외 사항"에 해당한다. 정답은 ④이다.

**36** 음주운전에 대한 설명 중 틀린 것은?
① 1 도로가 아닌 곳에서의 음주운전도 처벌될 수 있다
② 학교 정문 안쪽의 통행로와 같이 도로와는 별도로 관리되는 장소에서도 음주 후 자동차를 운전해선 안된다
③ 혈중알코올농도 0.03 이상인 경우 처벌 대상이 된다
④ 주차장 또는 주차선 안에서의 음주운전은 처벌 대상이 아니다

**해설** 음주 상태에서 주차장 또는 주차선 안에서 운전해도 처벌 대상이 된다. 그러므로 정답은 ④이다.

**37** 음주운전 사고의 성립요건에 대한 설명 중 틀린 것은?
① 장소적 요건 : 도로나 그 밖에 현실적으로 불특정다수의 사람 또는 차마의 통행을 위하여 공개된 장소, 공장 등 도로와 차단된 관리장소, 주차장 또는 주차선 안
② 장소적 요건 : 도로가 아닌 곳에서의 음주운전은 형사처벌과 행정처분을 동시에 받는다
③ 피해자적 요건 : 음주운전 자동차에 충돌되어 인적사고를 입은 경우
④ 운전자의 과실 : 음주한 상태로 자동차를 운전하여 일정거리 운행한 때

**해설** 도로가 아닌 곳에서 음주운전을 했을 때는 형사처벌만 받게 되므로 정답은 ②이다.

**38** 다음 중 일시정지해야 하는 때가 아닌 것은?
① 철길건널목을 통과하기 전에
② 보행자가 많은 이면도로를 운행할 때
③ 교통정리가 행하여지고 있지 아니한 교통이 빈번한 교차로를 통행할 때
④ 어린이나 영유아가 도로를 횡단하는 때

**39** 보도침범 사고의 성립요건에 대한 설명 중 잘못된 것은?
① 장소적 요건 : 보·차도가 구분된 도로에서 보도 내의 사고
② 피해자적 요건 : 자전거, 이륜차를 타고 가던 중 보도침범 통행 차량에 충돌된 경우
③ 운자의 과실 : 고의적 과실. 현저한 부주의에 의한 과실
④ 시설물의 설치요건 : 보도설치 권한이 있는 행정관서에서 설치 관리하는 보도

**해설** "자전거, 이륜차를 타고 가던 중 보도를 침범한 차량에 충돌된 경우"는 피해자적 요건의 "예외사항"에 해당된다. 그러므로 정답은 ②이다.

**40** 승객추락 방지의무 위반 사고의 성립요건에 대한 설명으로 잘못된 것은?
① 자동차적 요건 : 승용, 승합, 화물, 건설기계 등 자동차에 적용한다
② 자동차적 요건 : 이륜차, 자전거에도 적용된다
③ 피해자적 요건 : 탑승객이 승, 하차 중 개문된 상태로 발차하여 승객이 추락함으로서 인적 피해를 입은 경우
④ 운전자 과실 : 차의 문이 열려 있는 상태로 발차한 행위

**해설** "이륜차, 자전거"는 제외되므로 정답은 ②이다.

**41** 다음 중 승객추락 방지의무 위반 사고의 사례에 해당하지 않는 경우는?
① 운전자가 출발하기 전 그 차의 문을 제대로 닫지 않고 출발함으로써 탑승객이 추락, 부상을 당하였을 경우
② 택시에서 승객이 탑승한 후 출입문을 닫기 전에 출발해 승객이 지면으로 추락한 경우
③ 개문발차로 인한 승객의 낙상사고의 경우
④ 택시의 경우 목적지에 도착하여 승객 자신이 출입문을 개폐 도중 사고가 발생한 경우

**해설** 택시의 승객 자신이 목적지에 도착해 출입문을 열고 닫다가 사고가 난 경우는 승객추락 방지의무를 위반한 사례에 해당하지 않는다.

**42** 「교통사고처리특례법」상 노인보호구역에서 자동차에 싣고 가던 화물이 떨어져 노인을 다치게 하여 2주 진단의 상해를 입힌 경우 운전자의 처벌로 가장 맞는 것은?
① 피해자의 처벌의사에 따라 달라진다
② 피해자와 합의하면 처벌되지 않는다
③ 손해를 전액 보상받을 수 있는 보험에 가입되어 있으면 처벌되지 않는다
④ 피해자의 처벌의사에 관계없이 형사처벌 된다

**해설** 「교통사고처리특례법」 제3조(처벌의 특례) 제2항제12호(「도로교통법」 제39조제4항을 위반하여 자동차의 화물이 떨어지지 아니하도록 필요한 조치를 하지 아니하고 운전한 경우)에 해당되어 종합보험에 가입되어도 처벌의 특례를 받을 수 없어 처벌되므로 정답은 ④이다.

**정답** 32 ④　33 ②　34 ④　35 ④　36 ④　37 ②　38 ②　39 ②　40 ②　41 ④　42 ④

# 제3장 화물자동차운수사업법령 요약정리

## 1 총칙

### 1 목적(법 제1조)

이 법은 화물자동차운수사업을 효율적으로 관리하고 건전하게 육성하여 화물의 원활한 운송을 도모함으로써 공공복리의 증진에 기여함을 목적으로 한다.

### 2 용어의 정의(법 제2조)

#### (1) 화물자동차

「자동차관리법」 제3조에 따른 화물자동차 및 특수자동차로서 국토교통부령이 정하는 자동차를 말한다.

① 화물자동차의 규모별 종류 및 세부기준(자동차관리법 시행규칙 별표1)

| 구분 | 종류 | | 세부기준 |
|---|---|---|---|
| 화물자동차 | 경형 | 초소형 | 배기량이 250cc 이하이고, 길이 3.6m, 너비 1.5m, 높이 2.0m 이하인 것 |
| | | 일반형 | 배기량이 1,000cc 미만이고, 길이 3.6m, 너비 1.6m, 높이 2.0m 이하인 것 |
| | 소형 | | 최대 적재량이 1톤 이하이고, 총중량이 3.5톤 이하인 것 |
| | 중형 | | 최대 적재량이 1톤 초과 5톤 미만이거나, 총중량이 3.5톤 초과 10톤 미만인 것 |
| | 대형 | | 최대 적재량이 5톤 이상이거나, 총중량이 10톤 이상인 것 |
| 특수자동차 | 경형 | | 배기량이 1,000cc 미만이고, 길이 3.6미터, 너비 1.6미터, 높이 2.0미터 이하인 것 |
| | 소형 | | 총중량이 3.5톤 이하인 것 |
| | 중형 | | 총중량이 3.5톤 초과 10톤 미만인 것 |
| | 대형 | | 총중량이 10톤 이상인 것 |

② 화물자동차의 유형별 세부기준(자동차관리법 시행규칙 별표1)

| 구분 | 종류 | 세부기준 |
|---|---|---|
| 화물자동차 | 일반형 | 보통의 화물운송용인 것 |
| | 덤프형 | 적재함을 원동기의 힘으로 기울여 적재물을 중력에 의하여 쉽게 미끄러뜨리는 구조의 화물운송용인 것 |
| | 밴 형 | 지붕구조의 덮개가 있는 화물운송용인 것 |
| | 특수용도형 | 특정한 용도를 위하여 특수한 구조로 하거나, 기구를 장치한 것으로서 위 어느 형에도 속하지 아니하는 화물운송용인 것 |
| 특수자동차 | 견인형 | 피견인차의 견인을 전용으로 하는 구조인 것 |
| | 구난형 | 고장·사고 등으로 운행이 곤란한 자동차를 구난·견인할 수 있는 구조인 것 |
| | 특수용도형 | 위 어느 형에도 속하지 아니하는 특수용도용인 것 |

③ 화물자동차 중 밴형 화물자동차의 구조 충족요건(규칙 제3조)
  1. 물품적재장치의 바닥면적이 승차장치의 바닥면적보다 넓을 것
  2. 승차정원이 3인 이하일 것. 다만 다음 각 목의 어느 하나에 해당하는 경우에는 이를 적용하지 아니한다.
    가. 「경비업법」에 따라 호송경비업무 허가를 받은 경비업자의 호송용 차량
    나. 2001년 11월 30일 전에 화물자동차운송사업의 등록을 한 6인승 밴형 화물자동차

#### (2) 화물자동차운수사업의 구분

① **화물자동차운수사업** : 화물자동차 운송사업 및 화물자동차 운송주선사업 및 화물자동차 운송가맹사업을 말한다.
② **화물자동차운송사업** : 다른 사람의 요구에 응하여 화물자동차를 사용하여 화물을 유상으로 운송하는 사업을 말한다. 이 경우 화주(貨主)가 화물자동차에 함께 탈 때의 화물은 중량, 용적, 형상 등이 여객자동차 운송사업용 자동차에 싣기 부적합한 것으로서 그 기준과 대상 차량 등은 국토교통부령으로 정한다.
③ **화물자동차운송 주선사업** : 다른 사람의 요구에 응하여 유상으로 화물운송계약을 중개·대리하거나 화물자동차 운송사업 또는 화물자동차운송 가맹사업을 경영하는 자의 화물 운송수단을 이용하여 **자기의 명의(名義)와 계산(計算)**으로 화물을 운송하는 사업(화물이 이사화물인 경우에는 포장및 보관 등 부대서비스를 함께 제공하는 사업을 포함)을 말한다.
④ **화물자동차운송가맹사업** : 다른 사람의 요구에 응하여 자기의 화물자동차를 사용하여 유상으로 화물을 운송하거나 화물정보망(인터넷 홈페이지 및 이동통신단말장치에서 사용되는 응용프로그램을 포함)을 통하여 소속 화물자동차운송가맹점(운송사업자 및 화물자동차 운송사업의 경영의 일부를 위탁받은 사람인 운송가맹점)에 **의뢰**하여 화물을 운송하게 하는 사업
⑤ **화물자동차운송가맹사업자** : 국토교통부 장관으로부터 **화물자동차운송가맹사업의 허가를 받은 자**를 말한다.
⑥ **화물자동차운송가맹점** : 화물자동차운송가맹사업자의 운송가맹점으로 **가입한 자**로서 다음 각목의 어느 하나에 해당하는 자를 말한다.
  ㉠ 운송가맹사업자의 **화물정보망을 이용**하여 운송화물을 배정받아 화물을 운송하는 운송사업자
  ㉡ 운송가맹사업자의 **화물운송계약을 중개·대리**하는 운송주선사업자
  ㉢ 운송가맹사업자의 **화물정보망을 이용**하여 운송 화물을 배정받아 화물을 운송하는 자로서 화물자동차 운송사업의 **경영의 일부를 위탁받은 사람**. 다만, 경영의 일부를 위탁한 운송사업자가 화물자동차운송가맹점으로 가입한 경우는 제외한다.
⑦ **영업소** : 주사무소 외의 장소에서 ㉠ 화물자동차 운송사업의 허가를 받은 자 또는 화물자동차 운송 가맹사업자가 화물자동차를 배치하여 그 지역의 화물을 운송하는 사업 ㉡ 화물자동차 운송주선사업의 허가를 받은 자가 **화물 운송을 주선하는 사업**을 하는 곳
⑧ **운수종사자** : 화물자동차의 운전자, 화물의 운송 또는 운송주선에 관한 사무를 취급하는 **사무원** 및 이를 보조하는 **보조원** 그 밖에 화물자동차 운수사업에 종사하는 자를 말한다.
⑨ **공영차고지** : 화물자동차 운수사업에 제공되는 차고지로서 **특별시장·광역시장·특별자치시장·도지사·특별자치도지사(시·도지사) 또는 시장·군수·구청장**(자치구의 구청장), 대통령령으로 정하는 공공기관 또는 지방공사가 설치한 것을 말한다.
⑩ **화물자동차휴게소** : 화물자동차의 운전자가 **화물의 운송 중 휴식**을 취하거나 화물의 **하역(荷役)**을 위하여 대기할 수 있도록 「도로

법」에 따른 도로 등 화물의 운송경로나「물류시설의 개발 및 운영에 관한 법률」에 따른 물류시설 등 물류거점에 휴게시설과 차량의 주차, 정비, 주유(注油) 등 화물운송에 필요한 기능을 제공하기 위하여 건설하는 시설물을 말한다.

⑪ 화물차주 : 화물을 직접 운송하는 자로서 다음 각 목의 어느 하나에 해당하는 자를 말한다.
  ㉠ 개인화물자동차 운송사업의 허가를 받은 자(개인 운송사업자)
  ㉡ 운송사업자로부터 경영의 일부를 위탁받은 사람(위·수탁차주)

⑫ 화물자동차 안전운송원가 : 화물차주에 대한 적정한 운임의 보장을 통하여 과로, 과속, 과적 운행을 방지하는 등 교통안전을 확보하기 위하여 화주, 운송사업자, 운송주선사업자 등이 화물운송의 운임을 산정할 때에 참고할 수 있는 운송원가로서 화물자동차 안전운임위원회의 심의·의결을 거쳐 국토교통부장관이 공표한 원가를 말한다.

⑬ 화물자동차 안전운임 : 화물차주에 대한 적정한 운임의 보장을 통하여 과로, 과속, 과적운행을 방지하는 등 교통안전을 확보하기 위하여 필요한 최소한의 운임으로서 화물자동차 안전운송원가에 적정이윤을 더하여 화물자동차 안전운임위원회의 심의·의결을 거쳐 국토교통부장관이 공표한 운임을 말하며 다음 각 목으로 구분한다.
  ㉠ 화물자동차 안전운송운임 : 화주가 운송사업자, 운송주선사업자 및 운송가맹사업자 또는 화물차주에게 지급하여야 하는 최소한의 운임
  ㉡ 화물자동차 안전위탁운임 : 운수사업자가 화물차주에게 지급하여야 하는 최소한의 운임

## 2 화물자동차운송사업

### 1 화물자동차운송사업의 종류(법 제3조)

(1) 일반화물자동차 운송사업
  20대 이상의 범위에서 20대 이상의 화물자동차를 사용하여 화물을 운송하는 사업

(2) 개인화물자동차 운송사업
  화물자동차 1대를 사용하여 화물을 운송하는 사업

### 2 화물자동차 운송사업의 허가(법 제3조)

(1) 화물자동차 운송사업을 경영하려는 자는 국토교통부령으로 정하는 바에 따라 국토교통부 장관의 허가를 받아야 한다.

(2) 화물자동차운송 가맹사업의 허가를 받은 자는 (1)에 따른 허가를 받지 아니한다.(법 제3조 제2항)

(3) 운송사업자가 허가사항을 변경하려면 국토교통부 장관의 변경허가를 받아야 한다. 대통령령으로 정하는 경미한 사항을 변경할 때에도 국토교통부 장관에게 신고하여야 한다.

> **해설** 허가사항 변경신고의 대상(영 제3조)
> ① 상호의 변경
> ② 대표자의 변경(법인인 경우에만 해당한다)
> ③ 화물취급소의 설치 또는 폐지
> ④ 화물자동차의 대폐차(代廢車)
> ⑤ 주사무소·영업소 및 화물취급소의 이전. 다만, 주사무소 이전의 경우에는 관할관청의 행정구역 내에서의 이전만 해당한다.

(4) 운송사업자는 화물자동차 운송사업의 허가받은 날부터 5년마다 허가기준에 관한 사항을 국토교통부 장관에게 신고하여야 한다.(법 제3조 제9항, 영 제3조 제3항)

### 3 결격사유(법 제4조)

화물자동차운송사업의 허가를 받고자 하는 자(법인의 경우 임원 포함) 중 다음에 해당하는 자가 있는 경우에도 허가를 받을 수 없다.

(1) 피성년후견인 또는 피한정후견인

(2) 파산선고를 받고 복권되지 아니한 자

(3) 「화물자동차운수사업법」을 위반하여 징역 이상의 실형을 선고받고 그 집행이 끝나거나(집행이 끝난 것으로 보는 경우를 포함한다) 집행이 면제된 날부터 2년이 지나지 아니한 자

(4) 「화물자동차운수사업법」을 위반하여 징역 이상의 형의 집행유예를 선고받고 그 유예기간 중에 있는 자

(5) 다음의 사유로 허가가 취소된 후 2년이 지나지 아니한 자(법 제19조 제1항)
  ① 허가를 받은 후 6개월간의 운송실적이 국토교통부령으로 정하는 기준에 미달한 경우
  ② 허가기준을 충족하지 못하게 된 경우
  ③ 5년마다 허가기준에 관한 사항을 신고하지 않았거나 거짓으로 신고한 경우

(6) 다음의 사유로 허가가 취소된 후 5년이 지나지 아니한 자
  ① 부정한 방법으로 허가를 받은 경우
  ② 부정한 방법으로 변경허가를 받거나, 변경허가를 받지 아니하고 허가사항을 변경한 경우

### 4 운임 및 요금 등(법 제5조)

(1) 운송사업자는 운임 및 요금을 정하여 미리 국토교통부 장관에게 신고하여야 한다. 또한 이를 변경하려는 때에도 같다.

(2) 운임과 요금을 신고하여야 하는 운송사업자의 범위(영 제4조)
  ① 구난형(救難型) 특수자동차를 사용하여 고장차량·사고차량 등을 운송하는 운송사업자 또는 화물자동차를 직접 소유한 운송가맹사업자
  ② 밴형 화물자동차를 사용하여 화주와 화물을 함께 운송하는 운송사업자 및 화물자동차를 직접 소유한 운송가맹사업자
  ③ 운임 및 요금의 신고절차 등에 필요한 사항은 국토교통부령으로 정한다.

(3) 운임 및 요금의 신고에 대하여 필요한 사항(규칙 제15조 제1항, 제2항)
  ① 운임 및 요금신고서
  ② 원가계산서(행정기관에 등록한 원가계산기관 또는 공인회계사가 작성한 것)
  ③ 운임·요금표(구난형 특수자동차를 사용하여 고장차량·사고차량 등을 운송하는 운송사업의 경우에는 구난 작업에 사용하는 장비 등의 사용료를 포함한다)
  ③ 운임 및 요금의 신·구대비표(변경신고인 경우만 해당)

### 5 운송약관(법 제6조)

운송사업자는 운송약관을 정하여 국토교통부 장관에게 신고하여야 한다. 이를 변경하려는 때에도 또한 같다. 국토교통부장관은 신고 또는 변경신고를 받은 날부터 3일 이내에 신고수리여부를 통지하여야 한다.

(1) 국토교통부 장관은 「화물자동차운수사업법」에 따라 설립된 협회 또는 연합회가 작성한 것으로서 「약관의 규제에 관한 법률」에 따라 공정거래위원회의 심사를 거친 화물운송에 관한 표준이 되는 약관이 있으면 운송사업자에게 그 사용을 권장할 수 있다.

(2) 운송사업자가 화물자동차 운송사업의 허가(변경허가를 포함)를 받는 때에 표준약관의 사용에 동의하면 운송약관을 신고한 것으로 본다.

## 6 운송사업자 책임(법 제7조) 및 준수사항

(1) 화물의 멸실(滅失)·훼손(毁損) 또는 인도(引渡)의 지연(적재물사고)으로 발생한 운송사업자의 손해배상책임에 관하여는 「상법」 제135조를 준용한다.

(2) "(1)"의 규정을 적용할 때 화물이 인도기한을 경과한 후 3개월 이내에 인도되지 아니하면 그 화물은 멸실된 것으로 본다.

(3) 국토교통부 장관은 "(1)"의 손해배상 책임에 관하여 화주가 분쟁조정 신청서를 제출하면 이에 관한 분쟁을 조정(調停)할 수 있다.

(4) 국토교통부 장관은 "(3)"에 따라 화주가 분쟁조정을 요청하면 지체 없이 그 사실을 확인하고 손해내용을 조사한 후 조정안을 작성해야 한다.

(5) 당사자 쌍방이 "(4)"에 따른 조정안을 수락하면 당사자 간에 조정안과 동일한 합의가 성립된 것으로 본다.

(6) 국토교통부 장관은 위의 "(3)" 및 "(4)"에 따른 분쟁조정업무를 「소비자 기본법」에 따른 "한국소비자원" 또는 같은 법에 따라 등록된 "소비자단체"에 위탁할 수 있다.

## 7 적재물배상보험등의 의무가입

(1) **적재물배상보험등의 의무가입(법 제35조, 규칙 제41조의 13)**
다음 각 호의 어느 하나에 해당하는 자는 손해배상책임을 이행하기 위하여 대통령령으로 정하는 바에 따라 "적재물배상책임보험 또는 공제"에 가입하여야 한다.
① 최대적재량이 5톤 이상이거나 총중량이 10톤 이상인 화물자동차 중 일반형·밴형 및 특수용도형 화물자동차와 견인형 특수자동차를 소유하고 있는 운송사업자. 다만, 다음 각 호 해당 화물자동차는 제외한다. ㉠ 건축폐기물, 쓰레기 등 경제적 가치가 없는 화물을 운송하는 화물자동차 ㉡ 배출가스 저감장치를 부착함에 따라 총중량이 10톤 이상이 된 화물자동차 중 최대적재량이 5톤 미만인 화물자동차 ㉢ 특수용도형 화물자동차 중 따른 피견인자동차
② 이사화물을 취급하는 운송주선사업자
③ 운송가맹사업자

> **해설 적재물배상책임보험등의 가입범위(영 제9조의 7)**
> 제9조의 7(적재물배상책임보험등의 가입범위)
> "적재물배상책임보험 또는 공제"에 가입하려는 자는 다음 각 호의 구분에 따라 사고건당 각각 2천만 원(이사화물 운송주선사업자는 500만 원) 이상의 금액을 지급할 책임을 지는 적재물배상보험등에 가입하여야 한다.
> 1. 운송사업자 : 각 화물자동차별로 가입
> 2. 운송주선사업자 : 각 사업자별로 가입
> 3. 운송가맹사업자 : 최대적재량이 5톤 이상이거나, 총중량이 10톤 이상인 화물자동차 중 일반형, 밴형 및 특수용도형 화물자동차와 견인형 특수자동차를 직접 소유한 자는 각 화물자동차별 및 각 사업자별로, 그 외에는 각 사업자별로 가입

(2) **적재물배상책임보험 또는 공제 계약의 체결 의무(법제36조)**
① 「보험업법」에 따른 보험회사는 적재물배상책임보험 또는 공제에 가입하여야 하는 자가 적재물배상보험 등에 가입하려고 하면 대통령령으로 정하는 사유가 있는 경우 외에는 적재물배상보험 등의 계약 체결을 거부할 수 없다.
② 보험 등 의무가입자가 적재물사고를 일으킬 개연성이 높은 경우 등 국토교통부령으로 정하는 사유에 해당하면 ①의 내용에 불구하고 다수의 보험회사 등이 공동으로 책임보험 계약 등을 체결할 수 있다.

> **해설 국토교통부령이 정하는 사유에 해당하는 경우(규칙 제41조의 14)(책임보험계약 등을 공동으로 체결할 수 있는 경우)**
> 1. 운송사업자의 화물자동차운전자가 그 운송사업자의 사업용화물자동차를 운전하여 과거 2년 동안 다음 각 목의 어느 하나에 해당하는 사항을 2회 이상 위반한 경력이 있는 경우
>   가. 「도로교통법」상:무면허운전 등의 금지
>   나. 「도로교통법」상:술에 취한 상태에서의 운전금지(법정기준 0.03% 이상)
>   다. 「도로교통법」상:사고발생시 조치의무
> 2. 보험회사가 「보험업법」에 따라 허가를 받거나 신고한 적재물배상책임보험요율과 책임준비금 산출기준에 따라 손해배상책임을 담보하는 것이 현저히 곤란하다고 판단한 경우

(3) **책임보험계약등의 해제(법 제37조)**
※ 다음의 경우 외에는 전부 또는 일부를 해제하거나 해지하여서는 아니 된다.
① 화물자동차운송사업의 허가사항이 변경(감차만을 말한다)된 경우
② 화물자동차운송사업을 휴업하거나 폐업한 경우
③ 화물자동차운송사업의 허가가 취소되거나 감차조치 명령을 받은 경우
④ 화물자동차운송주선사업의 허가가 취소된 경우
⑤ 화물자동차운송가맹사업의 허가 사항이 변경(감차만을 말한다)된 경우 또는 허가가 취소되거나 감차조치명령을 받은 경우
⑥ 적재물배상보험등에 이중으로 가입되어 하나의 책임보험계약등을 해제하거나 해지하려는 경우
⑦ 보험회사 등이 파산 등의 사유로 영업을 계속할 수 없는 경우
⑧ 그 밖에 ①부터 ⑦까지의 규정에 준하는 경우로서 대통령령으로 정하는 경우(상법 제650조 제1·2항, 제651조, 제652조 제1항)
  ㉠ 보험계약자는 계약체결 후 지체 없이 보험료의 전부 또는 제1회 보험료를 지급하여야 하며, 보험계약자가 이를 지급하지 아니하는 경우에는 다른 약정이 없는 한 계약 성립 후 2월이 경과하면 그 계약은 해제된 것으로 본다.
  ㉡ 계속보험료가 약정한 시기에 지급되지 아니한 때에는 보험자는 상당한 기간을 정하여 보험계약자에게 최고하고 그 기간 내에 지급되지 아니한 때에는 그 계약을 해지할 수 있다.
  ㉢ 보험계약당시에 보험계약자 또는 피보험자가 고의 또는 중대한 과실로 인하여 중요한 사항을 고지하지 않거나 부실의 고지를 한 때에는 보험자는 그 사실을 안 날로부터 1월 내에, 계약을 체결한 날로부터 3년 내에 한하여 계약을 해지할 수 있다. 그러나 보험자가 계약당시에 그 사실을 알았거나 중대한 과실로 인하여 알지 못한 때에는 예외로 한다.
  ㉣ 보험기간 중에 보험계약자 또는 피보험자가 사고발생의 위험이 현저하게 변경 또는 증가된 사실을 안 때에는 지체 없이 보험자에게 통지하여야 한다. 이를 해태한 때에는 보험자는 그 사실을 안 날로부터 1월 내에 한하여 계약을 해지할 수 있다.

(4) **책임보험계약등의 계약 종료일 통지 등(법 제38조, 규칙 제41조의 15)**
① 보험회사 등은 자기와 책임보험 계약 등을 체결하고 있는 보험 등 의무가입자에게 그 계약 종료일 30일 전과 10일 전에 각각 그 계약이 끝난다는 사실을 알려야 한다.
② 통지할 때에는 계약기간의 종료 후 적재물배상보험 등에 가입하지 않는 경우에는 500만 원 이하의 과태료가 부과된다는 사실에 관한 안내가 포함되어야 한다(규칙 제41조의 15 제2항).
③ 보험회사 등은 자기와 책임보험 계약 등을 체결한 보험 등 의무가입자가 그 계약이 끝난 후 새로운 계약을 체결하지 않으면 그 사실을 지체 없이 국토교통부 장관에게 알려야 한다.

④ 보험회사 등이 관할관청에 알리는 내용에는 적재물배상보험 등에 가입하여야 하는 운송사업자의 상호·성명 및 주민등록번호(법인인 경우에는 법인명칭·대표자 및 법인등록번호를 말함)와 자동차등록번호가 포함되어야 한다.

**(5) 과태료의 부과 기준(제16조 관련) (시행령 별표 5)**

1. 일반기준

  가. 하나의 위반행위가 둘 이상의 과태료 부과기준에 해당하는 경우에는 그 중 금액이 큰 과태료 기준을 적용한다.

  나. 부과권자는 다음의 어느 하나에 해당하는 경우에는 제2호에 따른 과태료 금액의 2분의 1의 범위에서 그 금액을 줄일 수 있다, 다만 과태료를 체납하고 있는 위반자의 경우에는 그러하지 아니한다.

  1) 위반행위자가 질서위반행위규제법 시행령 제2조의2 제1항각 호의 어느 하나에 해당하는 경우
  2) 위반행위가 사소한 부주의나 오류로 인한 것으로 인정되는 경우
  3) 위반행위자의 법 위반상태를 시정하거나 해소하기 위한 노력이 인정되는 경우
  4) 그 밖에 위반행위의 정도, 위반행위의 동기와 결과 등을 고려하여 그 금액을 줄일 필요가 있다고 인정되는 경우

2. 개별기준

| 위반행위 | 과태료 금액 |
|---|---|
| 1. 허가사항 변경신고를 하지 않는 경우 | 50만원 |
| 2. 운임 및 요금에 관한 신고를 하지 않는 경우 | 50만원 |
| 3. 국토교통부장관이 공표한 화물자동차 안전운임보다 적은 운임을 지급한 경우 | 500만원 |
| 4. 약관의 신고를 하지 않은 경우 | 50만원 |
| 5. 화물운송 종사자격증을 받지 않고 화물자동차 운수사업의 운전업무에 종사한 경우 | 50만원 |
| 6. 거짓이나 그 밖의 부정한 방법으로 화물운송 종사자격을 취득한 경우 | 50만원 |
| 7. 화물자동차 운전자 교통안전 기록의 관리를 위반한 경우 | 50만원 |
| 8. 자료를 제공하지 않거나 거짓으로 제공한 경우 | 50만원 |
| 9. 운송사업자가 준수사항을 위반한 경우(적재된 화물이 떨어지지 아니하도록 덮개·포장·고정장치 등 필요한 조치를 하지 아니하여 사람을 상해(傷害)또는 사망에 이르게 하여 형벌을 받은 자는 제외) ① 적재된 화물이 떨어지지 아니하도록 덮개·포장·고정 장치 등 필요한 조치에 대한 준수사항을 위반한 경우 | 200만원 |
| ② ①외의 준수사항을 위반한 경우 | 50만원 |
| 10. 운수종사자가 준수사항을 위반한 경우(적재된 화물이 떨어지지 아니하도록 덮개·포장·고정장치 등 필요한 조치를 하지 아니하여 사람을 상해(傷害) 또는 사망에 이르게 하여 형벌을 받은 자는 제외) ① 적재된 화물이 떨어지지 아니하도록 덮개·포장·고정장치 등 필요한 조치 및 전기·전자장치(최고속도 제한장치에 한정)를 무단으로 해체하거나 조작하는 행위에 대한 준수사항을 위반한 경우 | 200만원 |
| ② ①외의 준수사항을 위반한 경우 | 50만원 |
| 11. 조사를 거부·방해 또는 기피한 경우 | 300만원 |
| 12. 개선명령(자동차등록번호판이 훼손 또는 분실된 경우와 사용번거지를 다른 시·도로 변경하는 경우에 따른 개선명령은 제외)을 이행하지 않은 경우 | 300만원 |
| 13. 양도·양수, 합병 또는 상속의 신고를 하지 않은 경우 | 100만원 |
| 14. 휴업·폐업신고를 하지 않은 경우 | 100만원 |
| 15. 자동차등록증 또는 자동차등록번호판을 반납하지 않은 경우 | 300만원 |
| 16. 운송주선사업자가 허가사항 변경신고를 하지 않은 경우 | 50만원 |
| 17. 다음 사항을 위반한 경우 ① 운송주선사업자가 자기의 명의로 운송계약을 체결한 화물에 대하여 그 계약금액 중 일부를 제외한 나머지 금액으로 다른 운송주선사업자와 재계약하여 이를 운송하도록 하여서는 아니 된다. (다른 운송주선사업자에게 중개 또는 대리를 의뢰하는 경우 제외) ② 운송주선사업자는 화주로부터 중개 또는 대리를 의뢰받은 화물에 대하여 다른 운송주선사업자에게 수수료나 그 밖의 대가를 받고 중개 또는 대리를 의뢰하여서는 아니 된다. ③ 운송주선사업자는 운송사업자에게 화물의 종류·무게 및 부피 등을 거짓으로 통보하거나 차량의 운행제한 및 운행 허가 또는 승차 또는 적재의 방법과 제한에 따른 기준을 위반하는 화물의 운송을 주선하여서는 아니 된다. ④ 운송주선사업자가 운송가맹사업자에게 화물의 운송을 주선하는 행위는 ① 및 ②에 따른 재계약·중개 또는 대리로 보지 아니한다. | 100만원 |
| 18. 국제물류주선업자가 운송주선사업자의 준수사항을 위반한 경우 | 100만원 |
| 19. 화물자동차 운송가맹사업의 허가사항 변경신고를 하지 않은 경우 | 50만원 |
| 20. 운송가맹사업자에게 명한 개선명령을 이행하지 않은 경우 | 300만원 |
| 21. 적재물 배상보험 등에 가입하지 않은 경우 ① 운송사업자 : 미가입 화물자동차 1대당 ㉠ 가입하지 않은 기간이 10일 이내인 경우 ㉡ 가입하지 않은 기간이 10일을 초과한 경우 | 1만5천원 (1만5천원에 11일째부터 기산하여 1일당 5천원을 가산한 금액. 다만, 과태료의 총액은 자동차 1대당 50만원을 초과하지 못함) |
| ② 운송주선사업자 ㉠ 가입하지 않은 기간이 10일 이내인 경우 ㉡ 가입하지 않은 기간이 10일을 초과한 경우 | 3만원 (3만원에 11일째부터 기산하여 1일당 1만원을 가산한 금액. 다만, 과태료의 총액은 100만원을 초과하지 못함) |
| ③ 운송가맹사업자 ㉠ 가입하지 않은 기간이 10일 이내인 경우 ㉡ 가입하지 않은 기간이 10일을 초과한 경우 | 15만원 (15만원에 11일째부터 기산하여 1일당 5만원을 가산한 금액. 다만, 과태료의 총액은 자동차 1대당 500만원을 초과하지 못함) |
| 22. 보험회사 등이 적재물배상보험등 계약의 체결 의무를 위반하여 책임보험계약 드으이 체결을 거부한 경우 | 50만원 |

| 위반행위 | 과태료 금액 |
|---|---|
| 23. 보험 등 의무가입자 또는 보험회사 등이 책임보험계약등의 해제에 관한 사항들을 위반하여 책임보험계약 등을 해제하거나 해지한 경우 | 50만원 |
| 24. 보험회사 등이 자기와 책임보험계약 등을 체결하고 있는 보험 등 의무가입자에게 그 계약종료일 30일 전까지 그 계약이 끝난다는 사실을 알리지 않거나, 혹은 자기와 책임보험계약 등을 체결한 보험 등 의무가입자와 그 계약이 끝난 후 새로운 계약을 체결하지 아니했을 때 그 사실을 지체 없이 국토교통부장관에게 알리지 않은 경우 | 30만원 |
| 25. 운송사업자가 경영의 위탁 사항에 따라 서명날인한 계약서를 위·수탁차주에게 교부하지 않은 경우 | 300만원 |
| 26. 운송사업자가 위·수탁계약의 체결을 명목으로 부당한 금전지급을 요구한 경우 | 300만원 |
| 27. 보조금 또는 융자금을 보조받거나 융자받은 목적 외의 용도로 사용한 경우 | 200만원 |
| 28. 화물운송서비스평가를 위한 자료제출 등의 요구 또는 실지조사를 거부하거나 거짓으로 자료제출 등을 한 경우 | 50만원 |
| 29. 공제조합업무의 개선명령을 따르지 않은 경우 | 100만원 |
| 30. 임직원에 대한 징계·해임의 요구에 따르지 않거나 시정명령을 따르지 않은 경우 | 300만원 |
| 31. 협회 및 연합회에 대해 필요한 조치명령을 이행하지 않거나 조사 또는 검사를 거부·방해 또는 기피한 경우 | 100만원 |
| 32. 자가용 화물자동차의 사용을 신고하지 않은 경우 | 50만원 |
| 33. 자가용 화물자동차의 사용 제한 또는 금징에 관한 명령을 위반한 경우 | 50만원 |
| 34. 운수종사자가 관련 교육을 받지 않은 경우 | 50만원 |
| 35. 운수사업자나 화물자동차의 소유자 또는 사용자에 대해 실시한 보고를 하지 않거나 거짓으로 보고한 경우 | 50만원 |
| 36. 운수사업자나 화물자동차의 소유자 또는 사용자에게 명한 서류를 제출하지 않거나 거짓 서류를 제출한 경우 | 50만원 |
| 37. 운수사업자나 화물자동차의 소유자 도는 사용자에 대해 실시한 검사를 거부·방해 또는 기피한 경우 | 100만원 |
| 38. 화물차주 등의 협조의무 등에 따른 화물자동차 안전운송원가의 산정을 위한 자료 제출 또는 의견 진수르이 요구를 거부하거나 거짓으로 자료 제출 또는 의견을 진술한 경우 | 250만원 |

## 8 운송사업자의 준수사항(법 제11조)

(1) 운송사업자는 허가 받은 사항 범위 내에서 사업을 성실하게 수행하여야 하며, 부당한 운송조건을 제시하거나 정당한 사유 없이 운송계약의 인수를 거부하거나 그 밖에 화물운송질서를 현저하게 해치는 행위를 하여서는 아니 된다.

(2) 운송사업자는 화물자동차 운전자의 과로를 방지하고 안전운행을 확보하기 위하여 운전자를 과도하게 승차근무하게 하면 아니 된다.

(3) 운송사업자는 제2조 제3호 후단에 따른 화물의 기준에 맞지 아니하는 화물을 운송하여서는 아니 된다.

> **해설** 법 제2조제3호 후단내용의 화물의 기준
> 화주(貨主)가 화물자동차에 함께 탈 때의 화물은 중량, 용적, 형상 등이 여객자동차 운송사업용 자동차에 싣기 부적합한 것으로서 그 기준 및 대상 차량 등은 국토교통부령으로 정한다.

> **해설** 화물의 기준 및 대상 차량(규칙 제3조의 2)
> ① 법 제2조 제3호 후단에 따른 화물은 다음 각 호의 어느 하나에 해당하는 것으로 한다.
>   1. 화주(貨主) 1명당 화물의 중량이 20킬로그램 이상일 것
>   2. 화주(貨主) 1명당 화물의 용적이 4만 세제곱센티미터 이상일 것
>   3. 해당 화물이 다음 각 목의 어느 하나에 해당하는 물품일 것
>     가. 불결하거나 악취가 나는 농산물·수산물 또는 축산물
>     나. 혐오감을 주는 동물 또는 식물
>     다. 기계·기구류 등 공산품
>     라. 합판·각목 등 건축기자재
>     마. 폭발성·인화성 또는 부식성 식품
> ② 법 제2조 제3호 후단의 규정에 의한 대상 차량은 밴형 화물자동차로 한다.

(4) 운송사업자는 고장 및 사고 차량 등 화물의 운송과 관련하여 자동차관리사업자와 부정한 금품을 주고받아서는 아니 된다.

(5) 운송사업자는 해당 화물자동차운송사업에 종사하는 운수종사자의 준수사항을 성실히 이행하도록 지도·감독을 하여야 한다.

(6) 운송사업자는 화물운송의 대가로 받은 운임 및 요금의 전부 또는 일부에 해당되는 금액을 부당하게 화주, 다른 운송사업자 또는 화물자동차 운송주선사업을 경영하는 자에게 되돌려주는 행위를 하여서는 아니 된다.

(7) 운송사업자는 택시요금미터기의 장착 등 국토교통부령으로 정하는 택시 유사표시행위를 하여서는 아니 된다.

(8) 운송사업자는 운임 및 요금과 운송약관을 영업소 또는 화물자동차에 갖추어두고 이용자가 요구하면 이를 내보여야 한다.

(9) 위·수탁차주나 개인 운송사업자에게 화물운송을 위탁한 운송사업자는 해당 위·수탁차주나 개인 운송사업자가 요구하면 화물적재요청자와 화물의 종류·중량 및 운임 등 국토교통부령으로 정하는 사항을 적은 화물위탁증을 내주어야 한다. 다만, 운송사업자가 최대 적재량 1.5톤 이상의 화물자동차를 소유한 위·수탁차주나 개인 운송사업자에게 화물운송을 위탁하는 경우 국토교통부령으로 정하는 화물을 제외하고는 화물위탁증을 발급하여야 하며, 위·수탁차주나 개인 운송사업자는 화물위탁증을 수령하여야 한다.

(10) 운송사업자는 화물자동차 운송사업을 양도·양수하는 경우에는 양도·양수에 소요되는 비용을 위·수탁차주에게 부담시켜서는 아니 된다.

(11) 운송사업자는 위·수탁차주가 현물출자한 차량을 위·수탁차주의 동의 없이 타인에게 매도하거나 저당권을 설정하여서는 아니 된다. 다만, 보험료 납부, 차량 할부금 상환 등 위·수탁차주가 이행하여야 하는 차량관리 의무의 해태로 인하여 운송사업자의 채무가 발생하였을 경우에는 위·수탁차주에게 저당권을 설정한다는 사실을 사전에 통지하고 그 채무액을 넘지 아니하는 범위에서 저당권을 설정할 수 있다.

(12) 운송사업자는 위·수탁계약으로 차량을 현물출자 받은 경우에는 위·수탁차주를 「자동차관리법」에 따른 자동차등록원부에 현물출자자로 기재하여야 한다.

(13) 운송사업자는 위·수탁차주가 다른 운송사업자와 동시에 1년 이상 운송계약을 체결하는 것을 제한하거나 이를 이유로 불이익을 주어서는 아니 된다.

(14) 운송사업자는 화물운송을 위탁하는 경우 「도로법」 제77조(차량의 운행제한 및 운행허가) 또는 「도로교통법」 제39조(승차 또는 적재의 방법과 제한)에 따른 기준을 위반하는 화물의 운송을 위탁하여서는 아니 된다.

(15) 운송사업자는 운송가맹사업자의 화물정보망이나 「물류정책기본법」에 따라 인증 받은 화물정보망을 통하여 위탁 받은 물량을 재위탁하는 등 화물운송질서를 문란하게 하는 행위를 하여서는 아니 된다.

(16) 운송사업자는 적재된 화물이 떨어지지 아니하도록 국토교통부령으로 정하는 기준 및 방법에 따라 덮개, 포장, 고정장치 등 필요한 조치를 하여야 한다.

> **해설 국토교통부령으로 정하는 기준(규칙 제21조의7)**
> 운송사업자는 법 제11조제20항에 따라 적재된 화물이 떨어지지 않도록 별표1 의3에 따른 적재화물 이탈방지 기준 및 방법에 따라 덮개, 포장, 고정장치 등 필요한 조치를 해야 한다.

(17) 변경허가를 받은 운송사업자는 허가 또는 변경허가의 조건을 위반하여 다른 사람에게 차량이나 그 경영을 위탁하여서는 아니 된다.

(18) 운송사업자는 화물자동차의 운전업무에 종사하는 운수종사자가 교육을 받는 데에 필요한 조치를 하여야 하며, 그 교육을 받지 아니한 화물자동차의 운전업무에 종사하는 운수종사자를 화물자동차 운수사업에 종사하게 하여서는 아니 된다.

(19) 운송사업자는 전기·전자장치(최고속도 제한장치)를 무단으로 해체하거나 조작해서는 아니 된다.

(20) 국토교통부 장관은 (1)부터 (19)까지의 준수사항 외에 다음 각 호의 사항을 국토교통부령으로 정할 수 있다.
① 화물자동차 운송사업의 차고지 이용과 운송시설에 관한 사항
② 그 밖에 수송의 안전과 화주의 편의를 도모하기 위하여 운송사업자가 지켜야 할 사항

> **해설 운송사업자의 준수사항(규칙 제21조)**
> 화물운송 질서 확립, 화물자동차운송사업의 차고지 이용 및 운송시설에 관한 사항과 그 밖에 수송의 안전 및 화주의 편의를 위하여 운송사업자가 준수하여야 할 사항은 다음 각 호와 같다.
> 1. 〈삭제, 2014. 9. 19〉
> 2. 개인 운송사업자의 경우 주사무소가 있는 특별시·광역시, 특별자치시 또는 도와 이와 맞닿는 특별시·광역시·특별자치시 또는 도 외의 지역에 상주하여 화물차운송사업을 경영하지 아니할 것
> 3. 밤샘주차(0시부터 4시까지 사이에 하는 1시간 이상의 주차를 말한다.)하는 경우에는 다음 각 목의 시설 및 장소에서만 할 것
>    가. 해당 운송사업자의 차고지   나. 다른 운송사업자의 차고지
>    다. 공영차고지              라. 화물자동차 휴게소   마. 화물터미널
>    바. 그 밖에 지방자치단체의 조례로 정하는 시설 또는 장소
> 4. 최대적재량 1.5톤 이하의 화물자동차의 경우에는 주차장, 차고지 또는 지방자치단체의 조례로 정하는 시설 및 장소에서만 밤샘 주차할 것
> 5. 신고한 운임 및 요금 또는 화주와 합의된 요금이 아닌 부당한 운임 및 요금을 받지 아니할 것
> 6. 화주로부터 부당한 운임 및 요금의 환급을 요구받았을 때에는 환급할 것
> 7. 신고한 운송약관을 준수할 것
> 8. 사업용 화물자동차의 바깥쪽에 일반인이 알아보기 쉽도록 해당 운송사업자의 명칭(개인화물자동차 운송사업자인 경우에는 그 화물자동차운송사업의 종류를 말한다)을 표시할 것, 이 경우 「자동차관리법 시행규칙」별표1에 따른 밴형 화물자동차를 사용해서 화주와 화물을 함께 운송하는 사업자는 "화물"이라는 표기를 한국어 및 외국어(영어, 중국어 및 일본어)로 표시할 것
> 9. 화물차 운전자의 취업현황 및 퇴직현황을 보고하지 아니하거나 거짓으로 보고하지 아니할 것
> 10. 교통사고로 인한 손해배상을 위한 대인보험이나 공제사업에 가입하지 아니한 상태로 화물자동차를 운행하거나 그 가입이 실효된 상태로 운행하지 아니할 것
> 11. 적재물배상책임보험 등에 가입하지 아니한 상태로 화물자동차를 운행하거나 그 가입이 실효된 상태로 화물자동차를 운행하지 아니할 것
> 12. 「자동차관리법」에 따른 정기 또는 종합 검사를 받지 아니하고 화물자동차를 운행하지 아니할 것
> 13. 〈삭제, 2018. 12. 31〉
> 14. 화물자동차 운전자에게 **차안에 화물운송종사자격증명을 게시**하고 운행하도록 할 것
> 15. 〈삭제, 2014. 11. 28〉
> 16. 화물자동차 운전자에게 운행기록계가 설치된 운송사업용 화물자동차를 그 장치 또는 기기가 정상적으로 작동되는 상태에서 운행하도록 할 것
> 17. 〈삭제, 2020.6.17〉
> 18. 개인화물자동차 운송사업자는 자기 명의로 운송계약을 체결한 화물에 대하여 다른 운송사업자에게 수수료나 그 밖의 대가를 받고 그 운송을 위탁하거나 대행하게 하는 등 화물운송 질서를 문란하게 하는 행위를 하지 말 것

19. 허가를 받은 자는 집화 등 외의 운송을 하지 말 것
20. 구난형 특수자동차를 사용하여 고장·사고차량을 운송하는 운송사업자의 경우 **고장·사고차량 소유자 또는 운전자의 의사에 반하여 구난을 지시하거나 구난하지 아니할 것**. 다만, 다음 각 목의 어느 하나에 해당하는 경우는 제외한다.
    가. 고장·사고차량 소유자 또는 운전자가 사망·중상 등으로 의사를 표현할 수 없는 경우
    나. 교통의 원활한 흐름 또는 안전 등을 위하여 경찰공무원이 차량의 이동을 명한 경우
21. 구난형 특수자동차를 사용하여 고장·사고차량을 운송하는 구난 작업 전에 차량의 소유자 또는 운전자에게 구두 또는 서면으로 총 운임·요금을 통지하거나 소속 운송종사자로 하여금 통지하도록 지시할 것. 다만, 고장·사고차량의 소유자 또는 운전자의 사망·중상 등 부득이한 사유로 통지할 수 없는 경우는 제외한다.
22. 밴형 화물자동차를 사용하여 화주와 화물을 함께 운송하는 운송사업자는 운송을 시작하기 전에 화주에게 구두 또는 서면으로 총 운임·요금을 통지하거나 소속 운송종사자로 하여금 통지하도록 지시할 것
23. **휴게시간 없이 4시간 연속운전한 운수종사자에게 30분 이상의 휴게시간을 보장할 것**. 다만, 다음의 경우에는 1시간까지 연장운행을 하게 할 수 있으며 운행 후 **45분 이상의 휴게시간을 보장**하여야 한다.
    가. 운송사업자 소유의 다른 화물자동차가 교통사고, 차량고장 등의 사유로 운행이 불가능하여 이를 일시적으로 대체하기 위하여 수송력 공급이 긴급히 필요한 경우
    나. 천재지변이나 이에 준하는 비상사태로 인하여 수송력 공급을 긴급히 증가할 필요가 있는 경우
24. 화물자동차 운전자가 난폭운전을 하지 않도록 운행관리를 할 것
25. 밴형 화물자동차를 사용해 화주와 화물을 함께 운송하는 사업자는 운수종사자가 오랜 시간 정지하여 호객행위를 하지 않도록 지시하지 말 것
26. **위·수탁계약서에 명시된 금전 외의 금전을 위·수탁차주가 되려는 자에게 부당하게 금전을 요구하거나 받지 않을 것.**
27. **위·수탁계약의 체결을 명목으로 위·수탁차주가 되려는 자에게 부당하게 금전을 요구**하거나 받지 않을 것.
28. **위·수탁계약 해지에 따른 위·수탁차주였던 자의 차량 명의 이전 요구**에 응해야 하고, 명의 이전을 이유로 위·수탁 차주였던 자에게 부당하게 금전을 요구하거나 받지 않을 것.
29. **위·수탁차주가 사용하는 화물자동차를 정당한 사유 없이 견인하거나 해당 차량의 자동차등록 번호판을 훼손·탈취하는 등 위·수탁차주의 업무 수행을 방해하지 않을 것.**
30. **화물자동차 운전자에게 화물의 종류·중량 및 부피 등 화물에 관한 정보를 거짓으로 통보하지 않을 것.**
31. **화물자동차 운전자**(법제11조의2에 따라 화물운송을 위탁받은 사람은 제외한다)에게 도로법 제 77조 또는 도로교통법 제 39조에 따른 **기준을 위반**하는 화물의 운송을 요구하지 않을 것.
32. **자동차관리법** 제34조제1항에 따른 **승인을 받지 않고 튜닝한 화물자동차를 운행하지 않을 것.**

## 9 적재화물 이탈방지 기준(시행규칙 별표 1의3). (덮개·포장 및 고정 방법)

1. 차량의 주행(급정지, 급출발, 회전 등)과 외부충격 등에 의해 실은 화물이 떨어지거나 날리지 않도록 덮개·포장을 해야 한다. 다만, 다음에 해당하는 화물로서 덮개·포장을 하는 것이 곤란한 경우에는 덮개 또는 포장을 하지 않을 수 있다.
   가. 건설기계관리법에 따른 건설기계
   나. 자동차관리법 제3조제1항에 따른 자동차(이륜자동차는 제외)
   다. 코일
   라. 대형 식재용 나무
   마. 유리판, 콘크리트 벽 등 대형 평면 화물
   바. 그 밖의 가목부터 마목까지와 유사한 화물로서 덮개 또는 포장을 하는 것이 곤란한 화물
2. 차량의 주행(급정지, 급출발, 회전 등)과 외부충격 등에 의해 실은 화물이 떨어지지 않도록 고임목, 체인, 벨트, 로프 등으로 충분히 고정해야 한다. 다만, 제1호의 단서에 따라 덮개·포장을 하지 않을 수 있는 화물의 경우에는 다음의 사항을 고려해 충분히 고정해야 한다.
   가. 건설기계관리법에 따른 건설기계 : 최소 4개의 고정점을 사용하고 하중 분배를 고려해 기계를 배치해야 한다.

나. 자동차관리법 제3조제1항에 따른 자동차(이륜자동차는 제외) : 운송 중에 화물이 이탈하지 않도록 적재부에 고정해야 한다.
다. 코일 : 코일의 미끄럼, 구름, 기울어짐 등을 방지하기 위해 강철 구조물 또는 쐐기 등을 사용해 고정해야 한다.
라. 대형식재용 나무 : 화물을 차량의 길이방향으로 적재하고 적재된 화물은 차량의 너비를 초과하지 않아야 하며, 화물의 하중을 고려해 한쪽으로 쏠리지 않게 적재해야 한다.
마. 유리판, 콘크리트 벽 등 대형 평면 화물 : 화물은 고정틀(위·수탁차주마주보는 면 사이의 간격이 위쪽은 좁고 아래쪽은 넓은 형태)을 활용해 적재하고, 차량의 움직임에 의해 평면 화물이 흔들리거나 파손되지 않도록 벨트 또는 로프 등으로 고정해야 한다.
바. 그 밖에 가목부터 마목까지와 유사한 경우로서 덮개·포장을 하는 것이 곤란한 경우 : 가목부터 마목까지의 고정방법과 유사한 방법으로 고정하되, 화물의 특성 등을 고려해 고정해야 한다.

### 10 운수종사자 준수사항(법 제12조)

(1) 화물자동차운송사업에 종사하는 운수종사자는 다음 각 호의 어느 하나에 해당하는 행위를 하여서는 아니 된다.
① 정당한 사유 없이 화물을 중도에서 내리게 하는 행위
② 정당한 사유 없이 화물의 운송을 거부하는 행위
③ 부당한 운임 또는 요금을 요구하거나 받는 행위
④ 고장 및 사고차량 등 화물의 운송과 관련하여 자동차관리사업자와 부정한 금품을 주고받는 행위
⑤ 일정한 장소에 오랜 시간 정차하여 화주를 호객하는 행위
⑥ 문을 완전히 닫지 아니한 상태에서 자동차를 출발시키거나 운행하는 행위
⑦ 택시 요금미터기의 장착 등 국토교통부령으로 정하는 택시 유사표시 행위
⑧ 운송사업자는 적재된 화물이 떨어지지 아니하도록 국토교통부령으로 정하는 기준 및 방법에 따라 덮개, 포장, 고정장치 등 필요한 조치를 하여야 한다.
⑨ 전기·전자장치(최고속도제한장치에 한정)를 무단으로 해체하거나 조작하는 행위

> **해설** 운수종사자의 준수사항(규칙 제22조)
> 1. (삭제, 2018. 12. 31)
> 2. (삭제, 2014. 11. 28)
> 3. 운행하기 전에 일상점검 및 확인을 할 것
> 4. 구난형 특수자동차를 사용하여 고장, 사고차량을 운송하는 운수종사자의 경우 고장·사고차량 소유자, 운전자의 의사에 반하여 구난하지 아니할 것 (사망, 중상 등으로 의사표현이 불능인 경우와 경찰공무원의 이동을 명한 경우는 예외임)
> 5. 구난형 특수자동차를 사용하여 고장·사고차량을 운송하는 운수종사자는 구난작업 전에 차량의 소유자 또는 운전자에게 구두 또는 서면으로 총 운임·요금을 통지할 것(고장·사고차량 소유자 또는 운전자의 사망·중상 등 부득이한 사유로 통지할 수 없는 경우는 제외)
> 6. **휴게시간 없이 2시간 연속운전한 후에는 15분 이상의 휴게시간을 가질 것.** 다만, 제21조 제23호 각 목의 어느 하나에 해당하는 경우에는 1시간까지 연장운행을 할 수 있으며, **운행 후 30분 이상의 휴게시간을 가져야** 한다.
>    ※ 제21조 제23호(화물자동차운수사업법시행규칙)
>    가. 운송사업자 소유의 다른 화물자동차가 교통사고, 차량고장 등의 사유로 운행이 불가능하여 이를 일시적으로 대체하기 위하여 수송력 공급이 긴급히 필요한 경우
>    나. 천재지변이나 이에 준하는 비상사태로 인하여 수송력 공급을 긴급히 증가할 필요가 있는 경우
> 7. 「도로교통법」상 준수사항을 위반해서 운전 중 휴대전화를 사용하거나 영상표시장치를 시청·조작하지 말 것

(2) 운행 중인 화물자동차에 대한 조사 등(법 제12조의2)
① 국토교통부장관은 공공의 안전 유지 및 교통사고의 예방을 위하여 필요하다고 인정되는 경우에는 다음 각 호의 사항을 확인하기 위하여 관계 공무원, 자동차안전단속원 또는 운행제한단속원(이하 관계공무원 등)에게 운행중인 화물자동차를 조사하게 할 수 있다.
 ㉠ 덮개·포장·고정장치 등 필요한 조치를 하지 아니하였는지 여부
 ㉡ 전기·전자장치(최고속도 제한장치에 한정)를 무단으로 해체하거나 조작하였는지 여부
② 운행 중인 화물자동차를 소유한 운송사업자 또는 해당 차량을 운전하는 운수종사자는 정당한 사유 없이 제1항에 따른 조사를 거부·방해 또는 기피하여서는 아니 된다.
③ 제1항에 따라 조사를 하는 관계공무원 등은 그 권한을 표시하는 증표를 지니고 이를 운행 중인 화물자동차를 소유한 운송사업자 또는 해당 차량을 운전하는 운수종사자에게 보여주어야 한다.
④ 그 밖에 ①에 따른 조사에 필요한 사항은 국토교통부령으로 정한다.

### 11 운송사업자에 대한 개선명령(법 제13조)

국토교통부 장관은 안전운행을 확보하고, 운송질서를 확립하며 화주의 편의를 도모하기 위하여 필요하다고 인정되면 운송사업자에게 다음 각 호의 사항을 명할 수 있다.
① 운송약관의 변경
② 화물의 안전운송을 위한 조치
③ 화물자동차의 구조변경 및 운송시설의 개선
④ 적재물배상책임보험 또는 공제의 가입과 「자동차손해배상보장법」에 따라 운송사업자가 의무적으로 가입하여야 하는 보험·공제에 가입
⑤ 위·수탁계약에 따라 운송사업자 명의로 등록된 차량의 자동차등록번호판이 훼손 또는 분실된 경우 위·수탁차주의 요청을 받은 즉시 「자동차관리법」에 따른 등록번호판의 부착 및 봉인을 신청하는 등 운행이 가능하도록 조치
⑥ 위·수탁계약에 따라 운송사업자 명의로 등록된 차량의 노후, 교통사고 등으로 대폐차가 필요한 경우 위·수탁차주의 요청을 받은 즉시 운송사업자가 대폐차 신고 등 절차를 진행하도록 조치
⑦ 위·수탁계약에 따라 운송사업자 명의로 등록된 차량의 사용본거지를 다른 시·도로 변경하는 경우 즉시 자동차등록번호판의 교체 및 봉인을 신청하는 등 운행이 가능하도록 조치

### 12 업무개시명령(법 제14조)

① 국토교통부 장관은 운송사업자나 운수종사자가 정당한 사유 없이 집단으로 화물운송을 거부하여 화물운송에 커다란 지장을 주어 국가경제에 매우 심각한 위기를 초래하거나 초래할 우려가 있다고 인정할 만한 상당한 이유가 있으면 그 운송사업자 또는 운수종사자에게 업무개시를 명할 수 있다.
② 국토교통부 장관은 ①항에 따라 운송사업자 또는 운수종사자에게 업무개시를 명하려면 국무회의의 심의를 거쳐야 한다.
③ 국토교통부장관은 ①에 따라 업무개시를 명한 때에는 구체적 이유 및 향후 대책을 국회 소관 상임위원회에 보고하여야 한다.
④ 운송사업자 또는 운수종사자는 정당한 사유 없이 ①에 따른 업무개시명령을 거부할 수 없다.

### 13 과징금(법 제21조)

(1) 과징금의 부과
국토교통부 장관은 운송사업자에게 사업정지처분(화물자동차운송사업의 허가취소 등)을 하여야 하는 경우로서 그 사업정지처분이 해당

화물자동차운송사업의 이용자에게 심한 불편을 주거나 그 밖에 공익을 해할 우려가 있으면 대통령령으로 정하는 바에 따라 사업정지처분을 갈음하여 2천만 원 이하의 과징금을 부과징수할 수 있다.

### (2) 과징금의 용도
① 화물터미널의 건설 및 확충
② 공동차고지(사업자단체, 운송사업자 또는 운송가맹사업자가 운송사업자 또는 운송가맹사업자에게 공동으로 제공하기 위하여 설치하거나 임차한 차고지를 말한다)의 건설 및 확충
③ 경영개선 그 밖에 화물에 대한 정보제공사업 등 화물자동차운수사업의 발전을 위하여 필요한 사항

> **해설** 위의 (2) ③호 화물자동차운수사업의 발전을 위하여 필요한 사항(영 제8조의2 과징금의 용도)
> 1. 공영차고지의 설치·운영사업
> 2. 특별시장, 광역시장, 도지사 또는 특별자치 도지사(시·도지사)가 설치·운영하는 운수종사자의 교육시설에 대한 비용의 보조사업
> 3. 사업자단체가 법 제29조제3호에 따라 실시하는 교육훈련사업

④ 신고포상금의 지급

## 14 화물자동차운송사업의 허가취소 등(법 제19조 제1항)

국토교통부 장관은 운송사업자가 다음의 경우에 해당할 때 그 허가를 취소하거나 6개월 이내의 기간을 정하여 그 사업의 전부 또는 일부의 정지를 명령하거나 감차조치를 명할 수 있다. 사업의 전부 또는 일부를 정지시킬 수 있는 최장 기간은 6개월이다.(단, (1)에서 ①, ⑥은 반드시 취소)

### (1) 허가가 취소되는 경우
① 부정한 방법으로 화물자동차운송사업의 허가를 받은 경우
② 피성년후견인 또는 피한정후견인
③ 파산선고를 받고 복권되지 아니한 자
④ 「화물자동차운수사업법」을 위반하여 징역 이상의 실형을 선고받고 그 집행이 끝나거나(집행이 끝난 것으로 보는 경우를 포함한다) 집행이 면제된 날부터 2년이 지나지 아니한 자
⑤ 「화물자동차운수사업법」을 위반하여 징역 이상의 형의 집행유예를 선고받고 그 유예기간 중에 있는 자
⑥ 화물자동차 교통사고와 관련하여 거짓이나 그 밖의 부정한 방법으로 보험금을 청구하여 금고 이상의 형을 선고받고 그 형이 확정된 경우

※ (1)에서 ④, ⑤, ⑥의 사유로 허가가 취소된 후 2년이 지나지 아니한 자는 허가를 받을 수 없다.
※ (1)에서 ①의 사유로 허가가 취소된 후 5년이 지나지 아니한 자는 허가를 받을 수 없다.

### (2) 허가를 취소하거나, 6개월 이내의 기간을 정하여 사업의 전부 또는 일부의 정지를 명령하거나 감차조치를 명할 수 있는 경우
① 운송사업허가를 받은 후 6개월간의 운송실적이 국토교통부령으로 정하는 기준에 미달한 경우
② 부정한 방법으로 화물자동차 운송사업의 변경허가를 받거나, 변경허가를 받지 않고 허가사항을 변경한 경우
③ 화물자동차운송사업의 허가 또는 증차를 수반하는 변경허가에 따른 기준을 충족 못하게 된 경우
④ 화물자동차운송사업자가 운송사업의 허가를 받은 날부터 5년의 범위에서 대통령령으로 정하는 기간마다 국토교통부 장관에게 신고하는 화물자동차운송사업의 허가 또는 증차를 수반하는 변경허가 기준에 관한 사항을 신고하지 않거나 또는 거짓으로 신고한 경우
④-2 화물자동차 소유 대수가 2대 이상인 운송사업자가 영업소 설치 허가를 받지 않고 주사무소 외의 장소에서 상주하여 영업한 경우
④-3 화물자동차운수사업의 허가에 따른 조건 또는 기한을 위반한 경우
⑤ 화물운송종사자격이 없는 자에게 화물을 운송하게 한 경우
⑥ 제11조에 따른 운송사업자의 준수사항을 위반한 경우
⑥-2 직접운송 의무 등을 위반한 경우(법 제11조의 2)
⑥-3 1대의 화물자동차를 본인이 직접 운전하는 운송사업자, 운송사업자가 채용한 운수종사자 또는 감차조치명령을 일정한 장소에 오랜 시간 정차하여 화주를 호객하는 행위를 하여 과태료 처분을 1년 동안 3회 이상 받은 경우
⑦ 정당한 사유 없이 개선명령을 이행하지 않은 경우
⑧ 정당한 사유 없이 국토교통부 장관이 명하는 업무개시명령을 이행하지 아니한 경우
⑧-2 제16조 제⑨항(임시허가)을 위반하여 사업을 양도한 경우
⑨ 사업정지처분 또는 감차조치 명령에 위반한 경우
⑩ 중대한 교통사고 또는 빈번한 교통사고로 1명 이상의 사상자를 발생하게 한 경우

> **해설** 중대한 교통사고 등의 범위(영 제6조 제1항)
> ① 중대한 교통사고는 다음의 각호에는 해당하는 사유로 인하여 별표 1 제12호 가목에 따른 사상자가 발생한 경우로 한다.
> ※ 사상의 정도 : 중상 이상
> ㉠ 「교통사고처리특례법」 제3조 제2항 단서(사고야기 도주, 피해자 유기 도주)의 규정에 해당하는 사유
> ㉡ 화물자동차의 정비불량
> ㉢ 화물자동차의 전복(顚覆) 또는 추락. 다만 운송종사자에게 귀책사유가 있는 경우만 해당
> ② 법 제19조제2항에 따른 빈번한 교통사고는 사상자가 발생한 교통사고가 별표1 제12호 나목에 따른 교통사고지수 또는 교통사고 건수에 이르게 된 경우로 한다.
> ㉠ 5대 이상의 차량을 소유한 운송사업자 : 해당 연도의 교통사고지수가 3 이상인 경우
> $$\text{교통사고지수} = \frac{\text{교통사고 건수}}{\text{화물자동차의 대수}} \times 10$$
> ㉡ 5대 미만의 차량을 소유한 운송사업자 : 해당 사고 이전 최근 1년 동안에 발생한 교통사고가 2건 이상인 경우

⑪ 보조금의 지급이 정지된 자가 그 날부터 5년 이내에 다시 다음 어느 하나에 해당하게 된 경우에는 1년의 범위에서 보조금의 지급을 정지하여야 한다. (법 제44조의2 보조금의 지급정지)
㉠ 석유판매업자 또는 액화석유가스 충전사업자로부터 「부가가치세법」에 따른 세금계산서를 거짓으로 발급 받아 보조금을 지급받는 경우
㉡ 주유업자등으로부터 유류의 구매를 가장하거나 실제 구매액을 초과하여 「여신전문금융업법」에 따른 신용카드, 직불카드, 선불카드에 의한 거래를 하다가 이를 대행하여 보조금을 지급받는 경우
㉢ 화물자동차 운수사업이 아닌 다른 목적에 사용한 유류분에 대하여 보조금을 지급받는 경우
㉣ 다른 운송사업자 등이 구입한 유류 사용량을 자기가 사용한 것으로 위장하여 보조금을 지급받는 경우
㉤ 대통령령으로 정하여 고시하는 사항을 위반하여 보조금을 지급받는 경우
㉥ ㉠부터 ㉤호까지 사항을 확인하기 위한 소명서 및 증거자료 제출 요구에 따르지 아니하거나 이에 따른 검사나 조사를 거부, 기피 또는 방해한 경우
⑫ 운송사업자(개인 운송사업자는 제외), 운송주선사업자 및 운송가맹사업자는 국토교통부령으로 정하는 바에 따라 운송 또는 주선 실적을 관리하고 이를 국토교통부장관에게 신고하여야 하는데 신고를 하지 않았거나 거짓으로 신고한 경우

⑬ 직접운송의무가 있는 운송사업자는 국토교통부령으로 정하는 기준 이상으로 화물을 운송하여야 하는데 이 기준을 충족하지 못하게 된 경우

※ (2)에서 ②를 제외한 나머지 사유로 허가가 취소된 후 2년이 지나지 않은 자는 허가를 받을 수 없다.

※ (2)에서 ②의 사유로 허가가 취소된 후 5년이 지나지 않은 자는 허가를 받을 수 없다.

## 3 화물자동차운송주선사업

### 1 화물자동차운송주선사업의 허가 등(법 제24조)

(1) 화물자동차운송주선사업을 경영하려는 자는 국토교통부령이 정하는 바에 따라 **국토교통부 장관의 허가**를 받아야 한다. 다만 화물자동차 운송 가맹사업의 허가를 받은 자는 허가를 받지 아니한다.

(2) 화물자동차운송주선사업의 허가를 받은 자가 허가사항을 변경하려면 국토교통부령이 정하는 바에 따라 **국토교통부 장관에게 신고**하여야 한다.

(3) 화물자동차운송주선사업의 허가기준
① 국토교통부 장관이 화물의 운송주선 수요를 감안하여 고시하는 공급기준에 맞을 것
② 사무실의 면적 등 국토교통부령으로 정하는 기준에 맞을 것

[별표 4] 화물자동차운송주선사업의 허가기준(규칙 제38조 관련)

| 항목 | 허가 기준 |
| --- | --- |
| 사 무 실 | 영업에 필요한 면적. 다만, 관리사무소 등 부대시설이 설치된 민영 노외주차장을 소유하거나 그 사용계약을 체결한 경우에는 사무실을 확보한 것으로 본다. |

(4) 운송주선사업자는 주사무소 외의 장소에서 상주하여 영업하려면 국토교통부령으로 정하는 바에 따라 국토교통부장관의 허가를 받아 영업소를 설치하여야 한다.

### 2 운송주선사업자의 준수사항(법 제26조)

(1) 운송주선사업자는 자기의 명의로 운송계약을 체결한 화물에 대하여 그 계약금액 중 일부를 제외한 나머지 금액으로 다른 운송주선사업자와 재계약하여 이를 운송 하여서는 아니 된다. 다만 화물운송을 효율적으로 수행할 수 있도록 위·수탁차주나 개인 운송사업자에게 화물운송을 직접 위탁하기 위하여 다른 운송주선사업자에게 중개 또는 대리를 의뢰하는 때에는 그러하지 아니하다.

(2) 운송주선사업자는 화주로부터 중개 또는 대리를 의뢰받은 화물에 대하여 다른 운송주선사업자에게 수수료나 그 밖의 대가를 받고 중개 또는 대리를 의뢰하여서는 아니 된다.

(3) 운송주선사업자는 운송사업자에게 화물의 종류·무게 및 부피 등을 **거짓으로 통보**하거나 「도로법」 제77조 또는 「도로교통법」 제39조에 따른 기준을 위반하는 화물의 운송을 주선하여서는 아니 된다.

(4) 〈삭제, 2018. 4. 17.〉

(5) 운송주선사업자가 운송가맹사업자에게 화물의 운송을 주선하는 행위는 (1) 및 (2)에 따른 재계약·중개 또는 대리로 보지 아니한다.

(6) (1)부터 (5)까지에서 규정한 사항 외에 화물운송질서의 확립 및 화주의 편의를 위하여 운송주선사업자가 지켜야 할 사항은 국토교통부령으로 정한다.

> **해설** 운송주선사업자가 준수하여야 할 사항(규칙 제38조의 3)
> 1. 신고한 운송주선약관을 준수할 것
> 2. 적재물배상보험 등에 가입한 상태에서 운송주선사업을 영위할 것
> 3. 자가용 화물자동차의 소유자 또는 사용자에게 화물운송을 주선하지 아니할 것
> 4. 허가증에 기재된 상호만을 사용할 것
> 5. 이사화물운송주선사업자의 경우 화물운송을 시작하기 전에 견적서 또는 계약서(전자문서를 포함한다)를 화주에게 발급할 것. 다만, 화주가 견적서 또는 계약서의 발급을 원하지 아니하는 경우는 제외한다.
>    가. 운송주선사업자의 성명 및 연락처
>    나. 화주의 성명 및 연락처
>    다. 화물의 인수 및 인도 일시, 출발지 및 도착지
>    라. 화물의 종류, 수량
>    마. 운송 화물자동차의 종류 및 대수, 작업인원, 포장 및 정리 여부, 장비 사용 내역
>    바. 운임 및 그 세부내역(포장 및 보관 등 부대서비스 이용 시 해당 부대서비스의 내용 및 가격을 포함한다.)
> 6. 이사화물운송주선사업자는 화주가 요청하는 경우에 포장 및 운송 등 이사과정에서 화물의 멸실, 훼손 또는 연착에 대한 사고확인서를 발급할 것(화물의 멸실, 훼손 또는 연착에 대하여 사업자가 고의 또는 과실이 없음을 증명하지 못한 경우로 한정한다)

## 4 화물자동차운송가맹사업

### 1 화물자동차운송가맹사업의 허가 등(법 제29조)

(1) 화물자동차운송가맹사업을 경영하려는 자는 국토교통부령으로 정하는 바에 따라 **국토교통부 장관에게 허가**를 받아야 한다.

(2) (1)에 따라 허가를 받은 운송가맹사업자는 **허가사항을 변경**하려면 국토교통부령으로 정하는 바에 따라 **국토교통부 장관의 변경허가**를 받아야 한다. 다만, 대통령령으로 정하는 경미한 사항을 변경하려면 국토교통부령으로 정하는 바에 따라 **국토교통부 장관에게 신고**하여야 한다.

> **해설** 운송가맹사업자의 허가사항 변경신고의 대상(영 제9조의 2)(법 제29조제2항 단서에 의한 사항)
> 1. 대표자의 변경(법인인 경우에만 해당)
> 2. 화물취급소의 설치 및 폐지
> 3. 화물자동차의 대폐차(화물자동차를 직접 소유한 운송가맹사업자에만 해당)
> 4. 주사무소·영업소 및 화물취급소의 이전
> 5. 화물자동차 운송가맹계약의 체결 또는 해제·해지

(3) (1) 및 (2) 본문에 따른 화물자동차운송가맹사업의 허가 또는 증차를 수반하는 변경허가의 기준은 다음과 같다.
① 국토교통부 장관이 화물의 운송수요를 감안하여 고시하는 공급기준에 맞을 것
② 화물자동차의 대수(운송가맹점이 보유하는 화물자동차의 대수를 포함), 운송시설 그 밖에 국토교통부령으로 정하는 기준에 맞을 것

[별표 5] 화물자동차운송가맹사업의 허가기준(규칙 제41조의 7관련)

| 항목 | 허 가 기 준 |
| --- | --- |
| 허가기준대수 | 50대 이상(운송가맹점이 소유하는 화물자동차의 대수를 포함하되, 8개 이상의 시·도에 각각 5대 이상 분포되어야 한다) |
| 사무실 및 영업소 | 영업에 필요한 면적 |
| 최저보유 차고면적 | 화물자동차 1대당 당해 화물자동차의 길이와 너비를 곱한 면적(화물자동차를 직접 소유하는 경우만 해당한다.) |
| 화물자동차의 종류 | 제3조에 따른 화물자동차(직접소유자만) |
| 그 밖의 운송시설 | 화물운송전산망을 갖출 것 |

③ 운송사업자가 화물자동차 운송가맹사업 허가를 신청하는 경우 운송사업자의 지위에서 보유하고 있던 화물자동차 운송사업용 화물자동차는 화물자동차 운송가맹사업의 허가기준 대수로 겸용할 수 없다.

④ 운송가맹사업자는 주사무소 외의 장소에서 상주하여 영업하려면 국토교통부령으로 정하는 바에 따라 국토교통부장관의 허가를 받아 영업소를 설치하여야 한다.

## 2 운송가맹사업자 및 운송가맹점의 역할(법 제30조)

(1) 운송가맹사업자는 화물자동차 운송가맹사업의 원활한 수행을 위하여 다음 각 호의 사항을 성실히 이행하여야 한다.
① 운송가맹사업자의 직업운송물량과 운송가맹점의 운송물량의 공정한 배정
② 효율적인 운송기법의 개발과 보급
③ 화물의 원활한 운송을 위한 공동 전산망의 설치·운영

(2) 운송가맹점은 화물자동차 운송가맹사업의 원활한 수행을 위하여 다음 각 호의 사항을 성실히 이행하여야 한다.
① 운송가맹사업자가 정한 기준에 맞는 운송서비스의 제공(운송사업자인 운송가맹점만 해당된다)
② 화물의 원활한 운송을 위한 차량 위치의 통지(운송사업자인 운송가맹점만 해당된다)
③ 운송가맹사업자에 대한 운송화물의 확보·공급(운송주선사업자인 운송가맹점만 해당된다)

## 3 운송가맹사업자에 대한 개선명령(법 제31조)

(1) 운송약관의 변경
(2) 화물자동차의 구조 변경 및 운송시설의 개선
(3) 화물의 안전수송을 위한 조치
(4) 「가맹사업거래의 공정화에 관한 법률」에 따른 정보공개서의 제공의무 등 가맹금 반환, 가맹계약서의 기재사항 등 가맹계약의 갱신 등의 통지
(5) 적재물배상책임보험 또는 공제와 「자동차손해배상 보장법」에 따라 운송가맹사업자가 의무적으로 가입하여야 하는 보험·공제의 가입

## 5 화물운송종사 자격시험·교육

1. 화물자동차 운수사업의 운전업무 종사자격(법 제8조)
1) 화물자동차 운수사업의 운전업무에 종사하려는 자는 가) 및 나)의 요건을 갖춘 후 다) 또는 라)의 요건을 갖추어야 한다(한국 교통안전공단에 위탁).
가. 국토교통부령으로 정하는 연령·운전경력 등 운전업무에 필요한 요건을 갖출 것

> **해설** 화물자동차 운전자의 연령·운전경력 등의 요건(시행규칙 제18조) 법 제8조제1항제1호에 따른 화물자동차 운수사업의 운전업무에 종사할 수 있는 자(이하 "화물자동차 운전자"라 한다)의 연령·운전경력 등의 요건은 다음 각 호와 같다.
> 1. 화물자동차를 운전하기에 적합한 「도로교통법」제80조에 따른 운전면허를 가지고 있을 것
> 2. 20세 이상일 것
> 3. 운전경력이 2년 이상일 것. 다만, 여객자동차 운수사업용 자동차 또는 화물자동차 운수사업용 자동차를 운전한 경력이 있는 경우에는 그 운전경력이 1년 이상일 것

나. 국토교통부령으로 정하는 운전적성에 대한 정밀검사기준에 맞을 것

> **해설** 운전적성에 대한 정밀검사기준(시행규칙 제18조의2제1호)
> 신규검사: 화물운송 종자자격증을 취득하려는 사람. 다만, 자격시험 실시일 또는 교통안전체험교육 시작일을 기준으로 최근 3년 이내에 신규검사의 적합 판정을 받은 사람은 제외한다.

다. 화물자동차 운수사업법령, 화물취급요령 등에 관하여 국토교통부장관이 시행하는 시험에 합격하고 정하여진 교육을 받을 것

라. 교통안전법 제56조에 따른 교통안전체험에 관한 연구·교육시설에서 교통안전체험, 화물취급요령 및 화물자동차 운수사업법령등에 관하여 국토교통부장관이 실시하는 이론 및 실기 교육을 이수할 것
2) 국토교통부장관은 "1)"에 따른 요건을 갖춘 자에게 화물자동차 운수사업의 운전업무에 종사할 수 있음을 표시하는 자격증(화물운송사자격증)을 내주어야 한다(한국교통안전공단에 위탁).

2. 화물자동차 운수사업의 운전업무 종사자격 결격사유(법 제9조)
1) 법 제4조(결격사유) 제1호, 제3호, 또는 제4호에 해당하는 자.
가) 피 성년후견인 또는 피 한정후견인
나) 화물자동차 운수사업법을 위반하여 징역 이상의 실형을 선고받고 그 집행이 끝나거나(집행이 끝난 것으로 보는 경우를 포함) 집행이 면제된 날부터 2년이 지나지 아니한 자.
다) 화물자동차 운수사업법을 위반하여 징역 이상의 형의 집행 유예를 선고받고 그 유예기간 중에 있는 자.
다) 화물자동차 운수사업법을 위반하여 징역 이상의 형의 집행 유예를 선고 받고 그 유예기간 중에 있는 자.
라) 화물운송 종사자격이 취소(거짓이나 그 밖의 부정한 방법으로 화물운송 종사자격을 취득하여 취소된 경우 외 8개위법 포함)된 날부터 2년이 지나지 아니한 자.
3) 화물운송 종사자격 시험일 전 또는 교통안전체험 교육일 전 3년간 공동위험 행위 또는 난폭운전을 위반하여 취소된 사람.

3. 화물자동차 운수사업의 운전업무 종사의 제한(법 제9조의2)
가. 다음 각 호의 어느 하나에 해당하는 사람은 화물운송 종사격의 취득에도 불구하고 화물의 집화·분류·배송하는 형태의 화물자동차 운송사업의 운전업무에는 종사할 수 없다.
1) 다음 각 목의 어느 하나에 해당하는 죄를 범하여 금고(禁錮)이상의 실형을 받고 그 집행이 끝나거나(집행이 끝난 것으로 보는 경우를 포함)면제된 날부터 초대 20년의 범위에서 범죄의 종류, 죄질, 형기의 장단 및 재범 위험성 등을 고려하여 기간이 지나지 아니한 사람.
가. 특정강력범죄의 처벌에 관한 특례법(살인·손속상해·위계등에 의한 촉탁살인, 미수범)
나. 특정범죄 가중처벌 등에 관한 법률 제2조제1항 각 호에 따른 죄(약취·유인죄, 상습강도, 절도죄, 보복범죄, 위험운전 등 치사상)
다. 마약류 관리에 관한 법률에 따른 죄
라. 성폭력범죄의 처벌 등에 관한 특례법(특수강도 강간, 특수 강간, 친족관계에 의한 강간, 장애인에 대한 강간·강제추행, 13세 미만의 미성년자에 대한 강간, 강제 추행, 강간 등 상해·치상, 강간 등 살인·치사 위의 죄 미수범)
마. 아동·청소년의 성보호에 관한 법률 제2조제2호(아동·청소년에 대한 강간·강제추행(예비,음모). 장애인인 아동·청소년의 성을 사는 행위, 알선 영업행위, 강간, 유사강간, 강제추행, 준강간, 준 강제추행, 강간 등 상해치상, 강간 등 살인 치사, 미성년자에 대한 간음 등 따른죄.)
2) 1)에 따른 죄를 범하여 금고 이상의 형의 집행 유예를 선고받고 그 유예기간 중에 있는 사람.

4. 화물자동차 운수사업의 운전업무 종사의 제한(시행령 제4조의 10)
1) 특정강력범죄의 처벌에 관한 특례법 제2조제1항 각 호에 따른 죄 : 20년
2) 특정범죄 가중처벌 등에 관한 법률(약취·유인죄, 상습 강도·절도죄, 강도상해 재범자, 보복범죄, 마약사범) : 20년

3) 특정범죄가중처벌 등에 관한 법률(보복범죄 위력 행사자) : 6년
4) 마약류 관리에 관한 법률(제58조 ~ 제60조)까지의 규정에 따른 죄 : 20년
5) 마약류 관리에 관한 법률 제61조 제2항에 따른 죄 및 같은 조 제3항에 따른 그 각 미수죄(같은 조 제1항제2호, 제3호, 및 제9호의 미수범은 제외) : 10년
6. 마약류 관리에 관한 법률 제61조 제2항에 따른 죄 및 같은 조 제3항에 따른 그 각 미수죄(같은 조 제1항제2호, 제3호, 및 제9호의 미수범은 제외) : 15년
7. 마약류 관리에 관한 법률 제62조제1항 각 호에 따른 죄 및 같은 조 제3항에 따른 그 각 미수죄 : 6년
8. 마약류 관리에 관한 법률 제62조제2항에 따른 죄 및 같은 조 제3항에 따른 그 각 미수죄 : 9년
9. 마약류 관리 관한 법률 제63조제1항 각 호에 따른 죄 및 같은 조 제3항에 따른 그 각 미수죄(같은 조 제1항제2호부터 제5호까지, 제11호 및 제12호에 따른 죄 미수범에 한정한다) : 4년
10. 마약류 관리에 관한 법률 제63조제2항에 따른 죄 및 같은 조제3항에 따른 그 각 미수죄(같은 조 제2항에 따른 지의 미수범에 한정한다) : 6년
11 마약류 관리에 관한 법률 제64조 각 호에 따른 죄 : 2년
12. 성폭력범죄의 처벌 등에 관한 특례법 제2조 제1항 제2호부터 제4호까지, 제3조부터 제9조까지 및 제15조(제14조의 미수범은 제외)에 따른 죄 : 20년
13. 아동·청소년의 성보호에 관한 법률 제2조 제2호에 따른 죄 : 20년

### 1 운전적성정밀검사의 기준(규칙 제18조의 2)

(1) 법에 따른 운전적성에 대한 정밀검사기준에 맞는지에 관한 검사는 기기형검사와 필기형검사로 구분해 실시한다.
(2) 운전적성정밀검사는 신규검사, 자격유지검사(維持檢査)와 특별검사로 구분하되, 그 대상은 다음 각 호와 같다.
① 신규검사 : 화물운송종사자격증을 취득하려는 사람. 다만 자격시험 실시일을 기준으로 최근 3년 이내에 신규검사의 적합판정을 받은 사람은 제외한다(자격시험 및 교통안전체험교육 응시자).
② 자격유지검사(維持檢査)
  ㉠ 여객자동차 운송사업용 자동차 또는 「화물자동차운수사업법」에 따른 화물자동차 운수사업용 자동차의 운전업무에 종사하다가 퇴직한 사람으로서 신규검사 또는 자격유지검사를 받은 날로부터 3년이 지난 후 재취업하려는 사람. 다만 재취업일까지 무사고로 운전한자는 제외
  ㉡ 신규검사 또는 자격유지검사의 적합판정을 받은 사람으로서 해당 검사를 받은 날부터 3년 이내에 취업하지 아니한 사람
③ 특별검사 : 다음 각 목의 어느 하나에 해당하는 자 ㉠ 교통사고를 일으켜 사람을 사망하게 하거나 5주 이상의 치료가 필요한 상해를 입힌 사람 ㉡ 과거 1년간 도로교통법 시행규칙에 따른 운전면허 행정처분기준에 따라 산출된 누산점수가 81점 이상인 사람

### 2 자격시험 및 교통안전체험교육 실시계획 공고 등(규칙 제18조의 3)

(1) 한국교통안전공단은 월1회 이상 자격시험 및 교통안전체험교육을 실시하되 해당 연도의 자격시험, 교통안전체험교육 실시계획을 최초의 자격시험 및 교통안전체험교육 90일 전까지 공고하여야 한다.
(2) 공고한 자격시험 및 교통체험교육의 실시 횟수를 월1회 미만으로 줄일 때에는 미리 국토교통부 장관의 승인을 받아야한다.
(3) 자격시험 및 교통안전체험교육의 실시횟수를 변경하였을 때에는 실시 횟수 변경 후 최초로 시행되는 자격시험 및 교통안전체험교육 30일 전까지 공고하여야 한다.
(4) 한국교통안전공단은 자격시험 및 교통안전체험교육을 실시할 때에는 시험 및 교통안전체험교육 일시, 장소, 방법, 과목, 응시·신청 요건, 응시·신청 절차, 합격자 및 교통안전체험교육이수자 발표일·발표방법 및 그 밖에 시험 및 교통안전체험교육 실시에 필요한 사항을 자격시험 및 교통안전체험교육 20일 전에 공고(공고내용을 변경할 때에는 자격시험 및 교통안전체험교육 10일 전까지 변경사항을 공고)하여야 한다.
(5) 공고는 한국교통안전공단의 인터넷 홈페이지 및 일반 일간신문에 게재하는 방법으로 한다.

### 3 자격시험의 과목 및 교통안전체험교육의 과정(규칙 제18조의 4)

(1) 화물자동차운수사업의 운전업무에 종사할 수 있는 자격에 관한 시험은 필기시험으로 하며, 그 시험과목은 다음 각 호와 같다.
① 교통 및 화물자동차운수사업 관련 법규
② 화물취급요령
③ 안전운행에 관한 사항
④ 운송서비스에 관한 사항
(2) 교통안전체험교육은 총 16시간임(교통안전 체험교육 과정 생략)

### 4 자격시험 합격자 결정(규칙 제18조의 6)

(1) 자격시험은 필기시험 총점의 6할 이상을 얻은 사람을 합격자로 한다.
(2) 교통안전체험교육은 총16시간의 과정을 마치고, 종합평가에서 총점의 6할 이상을 얻은 사람을 이수자로 한다.

### 5 교육과목(규칙 제18조의 7)

(1) 자격시험에 합격한 사람은 8시간 동안 한국교통안전공단에서 실시하는 다음 각 호의 사항에 관한 교육을 받아야 한다.
① 화물자동차 운수사업법령 및 도로관계법령
② 교통안전에 관한 사항
③ 화물취급요령에 관한 사항
④ 자동차 응급처치방법
⑤ 운송서비스에 관한 사항
(2) 자격시험에 합격한 사람이 교통안전체험 연구·교육시설의 교육과정 중 기본교육과정(8시간)을 이수한 경우에는 교육을 받은 것으로 본다.(교통안전법 시행규칙 별표7)

### 6 화물운송종사자격증의 발급 등(규칙 제18조의 8)

(1) 교통안전체험교육 또는 자격시험에 합격하고 교육을 이수한 사람이 화물운송종사자격증의 발급을 신청할 때에는 화물운송종사자격증 발급신청서에 사진 1장을 첨부하여 한국교통안전공단에 제출하여야 한다.
(2) 화물자동차운전자를 채용한 운송사업자는 해당 협회에 명단을 제출할 때에는 화물운송종사 자격증명 발급신청서, 화물운송종사자격증 사본 및 사진 2장을 함께 제출하여야 한다.
(3) 협회는 "(2)"에 따라 화물운송종사자격 증명발급신청서를 받았을 때에는 화물운송종사자격증명을 발급하여야 한다.

## 7 "화물운송종사자격증"등의 재발급 사유(규칙 제18조의 9)

(1) 화물운송종사자격증 또는 화물운송종사 자격증명의 기재사항에 착오나 변경이 있어 이의 정정을 받고자 하는 자
(2) "화물운송종사자격증" 등을 잃어버리거나, 헐어 못쓰게 되어 재발급을 받으려 하는 자
    ① 화물운송종사 자격증 재발급신청
        가. 화물운송종사자격증(자격증을 잃어버린 경우 제외함)
        나. 사진 1장
    ② 화물운송종사 자격증명 재발급신청
        가. 화물운송종사 자격증명(자격증명을 잃어버린 경우 제외)
        나. 사진 2장

## 8 화물운송종사 자격증명의 게시(규칙 제18조의10)

(1) 운송사업자는 화물자동차운전자에게 화물운송종사자격증명을 화물자동차 밖에서 쉽게 볼 수 있도록 운전석 앞 창의 오른쪽 위에 항상 게시하고 운행하도록 하여야 한다.
(2) 운송사업자가 협회에 화물운송종사자격 증명을 반납하여야 하는 경우
    ① **퇴직한** 화물자동차운전자의 명단을 제출하는 경우
    ② 화물자동차운송사업의 **휴업 또는 폐업**신고를 하는 경우
(3) 운송사업자가 관할관청에 화물운송종사자격 증명을 반납하여야 하는 경우
    ① 사업의 **양도·양수** 신고를 하는 경우
    ② 화물자동차운전자의 화물운송종사자격이 **취소되거나 효력이 정지**된 경우
(4) 관할관청은 (3)의 규정에 의하여 화물운송종사자격 증명을 반납받았을 때에는 그 사실을 협회에 통지하여야 한다.

## 9 화물운송종사자격의 취소 등(법 제23조, 규칙 제33조의 2)

① 법 제23조 : 화물운송종사자격을 취득한 자가 다음의 각 항 사유에 해당하면 6월 이내의 기간을 정하여 그 자격의 효력을 정지시킬 수 있다.
※ 화물운송사자격의 취소 등의 효력정지처분기준(별표 3의 2)표 참조
② 시행규칙 제33조의 2(화물운송 종사자격의 취소 등)
    ㉠ 효력정지처분의 경우 : 위반행위의 동기, 횟수 등을 고려하여 처분 기준일수의 1/2범위에서 줄이거나 늘릴 수 있다. 다만 늘리는 경우에는 위반행위를 한 날을 기준으로 최근 1년 이내에 같은 위반행위를 2회 이상 한 경우에만 해당한다.
    ㉡ 화물운송종사자격의 취소 또는 효력 정지처분을 하였을 때에는 그 사실을 처분대상자, 한국교통안전공단 및 협회에 통지하고, 처분대상에게 화물운송종사 자격증을 반납하게 하여야 한다.
    ㉢ 화물운송종사자격의 효력 정지기간이 끝났을 때에는 반납받은 화물운송종사자격증을 해당 화물자동차 운전자에게 반환하여야 한다.
    ㉣ 한국교통안전공단은 ㉡항에 따라 화물운송종사자격 취소처분 사실을 통보 받았을 때에는 화물운송종사자격 등록을 말소하고 화물운송종사자격 등록대장에 그 말소 사실을 적어야 한다.
③ 법 제8조제1항제3호에 따른 시험일 전 또는 같은 항 제4호에 따른 교육일 전 5년간 운전면허가 취소된 사람.
※ 화물운송종사자격의 취소 등의 효력정지 처분기준(규칙 별포의3의2)

| 위반사항 | 처분기준 |
|---|---|
| 1. ①「화물자동차운수사업법」을 위반하여 징역 이상의 실형을 받고, 그 집행이 끝나거나(집행이 끝난 것으로 보는 경우 포함), 집행이 면제된 날부터 2년이 지나지 아니한 자 ②「화물자동차운수사업법」을 위반하여 징역 이상의 형의 집행유예선고를 받고 그 유예기간 중에 있는 자
2. 거짓이나 그 밖의 부정한 방법으로 화물운송종사자격을 취득한 경우
3. 화물운송종사자격증을 다른 사람에게 빌려준 경우
4. 화물운송종사자격 정지기간에 화물자동차운수사업의 운전업무에 종사한 경우
5. 화물자동차를 운전할 수 있는 「도로교통법」에 의한 운전면허가 취소된 경우(난폭 운전으로 인해 정지된 경우 포함)
6. 화물자동차 교통사고와 관련하여 거짓이나 그 밖의 부정한 방법으로 보험금을 청구하여 금고 이상의 형을 선고받고 그 형이 확정된 경우
7. 화물운송 중에 고의로 교통사고를 일으켜 사람을 사망하게 하거나 다치게 한 경우 | 자격취소 |
| 8. 화물자동차 운전자가 다음 어느 하나에 해당하는 죄를 범하여 금고 이상의 실형을 선고받고 그 집행이 끝나거나(집행이 끝난 것으로 보는 경우 포함) 면제된 날부터 최대 20년의 범위에서 범죄의 종류, 죄질, 형기의 장단 및 재범의 위험성 등을 고려하여 대통령으로 정하는 기간이 지나지 아니한 경우.
  가. 특정강력범죄의 처벌에 관한 특례법 제2조 제1항 각 호에 따른 죄
  나. 특정범죄가중처벌 등에 관한 법률 제5조의2, 제5조의4, 제5조의9, 제11조에 따른 죄
  다. 마약류 관리에 관한 법률에 따른 죄
  라. 성폭력범죄의 처벌 등에 관한 특례법 제2조 제1항 제2호부터 제4호까지, 제3호부터 제9호까지 및 제15조(제14조의 미수범은 제외)에 따른 죄
  마. 아동·청소년의 성보호에 관한 법률 제2조 제2호에 따른 죄 | 자격취소 |
| 9. 화물운송종사자 또는 운송사업자가 정당한 사유없이 집단으로 화물운송을 거부하였을 때(국토교통부 장관의 업무개시명령을 정당한 사유 없이 거부한 경우) | • 1차 : 자격정지 30일<br>• 2차 : 자격취소 |
| 10. 화물운송중에 과실로 교통사고를 일으켜, 사람을 사망하게 하거나 다치게 한 경우<br>가. 사망자 2명 이상<br>나. 사망자 1명 및 중상자 3명 이상<br>다. 사망자 1명 또는 중상자 6명 이상 | 자격취소<br>자격정지 : 90일<br>자격정지 : 60일 |

〈비고〉
1. 사망자 : 교통사고가 주된 원인이 되어 교통사고가 발생한 후 30일 이내에 사망한 경우
2. 중상자 : 교통사고로 의사진단 3주 이상의 치료 요한 경우

## 10 화물자동차운전자 채용기록의 관리(법 10조)

① 운송사업자는 화물자동차의 운전자를 채용할 때에는 근무기간 등 운전경력증명서의 발급을 위하여 필요한 사항을 기록·관리하여야 한다.
② 설립된 협회 또는 연합회는 ①에 따른 근무기간 등을 기록, 관리하는 일 등에 필요한 업무를 국토교통부령이 정하는 바에 따라 행할 수 있다.

> **해설** 화물자동차운전자의 관리(규칙 제19조)
> ① 운송사업자는 화물자동차운전자를 채용하거나 채용된 화물자동차운전자가 퇴직한 때에는 그 명단(개인화물자동차 운송사업자가 화물자동차를 직접 운전하는 경우에는 운송사업자 본인의 명단을 말한다)을 채용 또는 퇴직한 날이 속하는 달의 다음 달 10일까지 협회에 제출하여야 하며, 협회는 이를 종합하여 연합회에 보고하여야 한다.
> ② ①에 의한 운전자 명단에는 운전자의 성명, 생년월일과 운전면허의 종류·취득일 및 화물운송종사자격의 취득일을 분명히 밝혀야 한다.
> ③ 운송사업자는 폐업을 하게 되었을 때에는 화물자동차운전자의 경력에 관한 기록 등 관련 서류를 협회에 이관하여야 한다.
> ④ 삭제(2011.12.31)
> ⑤ 협회는 개인화물자동차인 운송사업자의 화물자동차를 운전하는 사람에 대한 경력증명서가 발급에 필요한 사항을 기록하여 관리하여야 한다.
> ⑥ 운송사업자는 매분기말 현재 화물자동차운전자의 취업현황을 별지 제14호 서식에 따라 다음 분기 첫 달 5일까지 협회에 통지하여야 하며, 협회는 이를 종합하여 그 다음달 말일 까지 시·도지사 및 연합회에 보고하여야 한다.
> ⑦ 연합회는 ① 및 ⑥에 따른 기록의 유지·관리를 위하여 전산정보처리조직을 운영하여야 한다.

## 6 사업자단체

### 1 협회의 설립(법 제48조)

운수사업자는 화물자동차 운수사업의 건전한 발전과 운수사업자의 공동이익을 도모하기 위해 국토교통부 장관의 인가를 받아 화물자동차 운송사업, 화물자동차 운송주선사업 및 화물자동차 운송가맹사업의 종류별 또는 시·도별로 협회를 설립할 수 있다.

(1) 협회의 사업(법 제49조)
① 화물자동차운수사업의 건전한 발전과 운수사업자의 공동이익을 도모하는 사업
② 화물자동차운수사업의 진흥 및 발전에 필요한 통계의 작성 및 관리, 외국자료의 수집·조사 및 연구사업
③ 경영자와 운수종사자의 교육훈련
④ 화물자동차운수사업의 경영개선을 위한 지도
⑤ 「화물자동차운수사업법」에서 협회의 업무로 정한 사항
⑥ 국가나 지방자치단체로부터 위탁받은 업무

(2) 연합회(법 제50조)
운송사업자로 구성된 협회와 운송주선사업자로 구성된 협회 및 운송가맹사업자로 구성된 협회는 그 공동목적을 달성하기 위하여 국토교통부령으로 정하는 바에 따라 각각 연합회를 설립할 수 있다. 이 경우 운송사업자로 구성된 협회와 운송주선사업자로 구성된 협회 및 운송 가맹사업자로 구성된 협회는 각각 그 연합회의 회원이 된다.

(3) 공제조합사업(법 제51조, 제51조의6 제1항)
① 운수사업자가 설립한 협회의 연합회는 대통령령으로 정하는 바에 따라 국토교통부 장관의 허가를 받아 운수사업자의 자동차 사고로 인한 손해배상책임의 보장사업 및 적재물 배상공제사업 등을 할 수 있다.
② 조합원의 사업용 자동차의 사고로 생긴 배상책임 및 적재물배상에 대한 공제
③ 조합원이 사업용자동차를 소유, 사용, 관리하는 동안 발생한 사고로 그 자동차에 생긴 손해에 대한 공제
④ 운수종사자가 조합원의 사업용 자동차를 소유, 사용, 관리하는 동안에 발생한 사고로 입은 자기 신체의 손해에 대한 공제
⑤ 공동이용시설의 설치, 운영 및 관리 그 밖에 조합원의 편의 및 복지 증진을 위한 사업
⑥ 화물자동차 운수사업의 경영개선을 위한 조사 연구 사업

## 7 자가용 화물자동차의 사용

### 1 자가용 화물자동차사용신고(법 제55조)

화물자동차운송사업과 화물자동차운송 가맹사업에 이용되지 아니하고 자가용으로 사용되는 화물자동차로서 대통령령으로 정하는 화물자동차로 사용하려는 자는 국토교통부령으로 정하는 사항을 시·도지사에게 신고하여야 한다. 신고한 사항을 변경하고자 하는 때에도 또한 같다.

> **해설** 사용신고대상 화물자동차(영 제12조)
> 1. 국토교통부령 「자동차관리법 시행규칙 별표1」으로 정하는 특수자동차
> 2. 특수자동차를 제외한 화물자동차로서 최대적재량이 2.5톤 이상인 화물자동차
> ※ 자가용 화물자동차의 소유자는 그 자가용 화물자동차에 신고확인증을 갖추어두고 운행하여야 한다(규칙 제48조제5항).

### 2 자가용 화물자동차의 유상운송의 금지(법 제56조)

자가용 화물자동차의 소유자 또는 사용자는 자가용 화물자동차를 유상으로 화물운송용에 제공하거나 임대하여서는 아니 된다. 다만, 국토교통부령으로 정하는 사유에 해당되는 경우로서 시·도지사의 허가를 받으면 화물운송용으로 제공하거나 임대할 수 있다.

> **해설** 자가용 유상운송의 허가사유(규칙 제49조)
> 1. 천재·지변이나 이에 준하는 비상사태로 인하여 수송력 공급을 긴급히 증가시킬 필요가 있는 경우
> 2. 사업용 화물자동차·철도 등 화물운송수단의 운행이 불가능하여 이를 일시적으로 대체하기 위한 수송력 공급이 긴급히 필요한 경우
> 3. 「농어업경영체육성 및 지원에 관한 법률」 제16조에 따라 설립된 영농조합법인이 그 사업을 위하여 화물자동차를 직접 소유·운영하는 경우

### 3 자가용 화물자동차 사용의 제한 또는 금지(법 제56조의2)

시·도지사는 자가용 화물자동차의 소유자 또는 사용자가 다음 각 호의 어느 하나에 해당하면 6개월 이내의 기간을 정하여 그 자동차의 사용을 제한하거나 금지할 수 있다.

(1) 자가용 화물자동차를 사용하여 화물자동차 운송사업을 경영한 경우
(2) 자가용 화물자동차 유상운송 허가사유에 해당되는 경우이지만 허가를 받지 아니하고 자가용 화물자동차를 유상으로 운송에 제공하거나 임대한 경우

## 8 보칙 및 벌칙

### 1 운수종사자의 교육(법 제59조)

(1) 화물자동차의 운전업무에 종사하는 운수종사자는 국토교통부령으로 정하는 바에 따라 시·도지사가 실시하는 다음 각 호의 사항에 관한 교육을 매년 1회 이상 받아야 한다.
① 화물자동차 운수사업 관계 법령 및 도로교통 관계 법령
② 교통안전에 관한 사항
③ 화물운수와 관련한 업무수행에 필요한 사항
④ 그 밖에 화물운수 서비스 증진 등을 위하여 필요한 사항

> **해설** 운수종사자 교육(규칙 제53조)
> 제53조(운수종사자 교육)
> ① 관할관청은 제1항에 따른 운수종사자 교육을 실시하려면 운수종사자 교육계획을 수립하여 운수사업자에게 **교육을 시행하기 1개월 전까지 이를 통지**하여야 한다.
> ② 제1항에 따른 운수종사자 교육의 **교육시간은 4시간으로** 한다. 다만, 법 제12조의 운수종사자 준수사항을 위반하여 법 제 67조에 따른 벌칙 또는 법 제70조 제2항에 따른 과태료 부과처분을 받은 자, 규칙 제18조의2제2항 제3호에 따른 특별검사 대상자 및 「물류정책기본법」 제29조의2제1항에 따라 이동통신단말장치를 장착해야 하는 위험물질 운송차량을 운전하는 자에 **대한 교육시간은 8시간으로** 한다.
> ③ ①에 따른 운수종사자 교육은 교육을 실시하는 해의 전년도 10월 31일을 기준으로 「도로교통법」에 따른 무사고·무벌점 기간이 10년 미만인 운수종사자를 대상으로 한다. 다만, 교육을 실시하는 해에 법 제8조제1항제3호 또는 제4호에 따른 교육을 이수한 운수종사자는 제외한다.
> ④ 제1항의 교육을 실시할 때에 교육방법 및 절차 등 교육실시에 필요한 사항은 관할관청이 정한다.
> ⑤ 운수종사자 연수기관은 법 운수종사자 **교육 현황을 매달 20일까지** 시·도지사에게 제출하여야 하며, 시·도지사는 이를 분기별로 취합하여 **매 분기의 다음달 10일까지** 국토교통부장관에게 제출하거나 화물자동차 운전자의 교통안전 관리전산망에 입력해야 한다.

(2) 시·도지사는 (1)의 규정에 따른 교육을 효율적으로 실시하기 위하여 필요하면 그 시·도의 조례가 정하는 바에 따라 운수종사자 연수기관을 직접 설립·운영하거나 이를 지정할 수 있으며, 운수종사자 연수기관의 운영에 필요한 비용을 지원할 수 있다.

(3) 운수종사자 연수기관은 교육을 받은 운수종사자의 현황을 시·도지사에게 제출하여야 하고, 시·도지사는 이를 취합하여 매년 국토교통부장관에게 제출하여야 한다.

### 2 화물자동차운수사업의 지도·감독(법 제60조)

국토교통부 장관은 화물자동차운수사업의 합리적인 발전을 도모하기 위하여 화물자동차운수사업법에서 시·도지사의 권한으로 정한 사무를 지도·감독한다.

### 3 보고와 검사(법 제61조)

(1) 국토교통부 장관 또는 시·도지사에게 보고나 검사의 경우
 ① 운수사업자나 화물자동차의 소유자 또는 사용자에 대하여 그 사업이나 그 화물자동차의 소유 또는 사용에 관하여 보고하게 하거나 서류를 제출하게 할 수 있다.
 ② 소속 공무원에게 운수사업자의 사업장에 출입하여 장부·서류 그 밖의 물건을 검사하거나 관계인에게 질문을 하게 할 수 있다.
  ㉠ 화물자동차운송사업의 허가 또는 증차를 수반하는 변경허가, 화물자동차운송 주선사업의 허가, 화물자동차운송 가맹사업의 허가 또는 증차를 수반하는 변경허가에 따른 허가기준에의 맞는지를 확인하기 위하여 필요한 경우
  ㉡ 화물운송질서 등의 문란행위를 파악하기 위하여 필요한 경우
  ㉢ 운수사업자의 위법행위 확인 및 운수사업자에 대한 허가취소 등 행정처분을 위하여 필요한 경우

(2) (1)의 ②에 따라 출입하거나 검사하는 공무원은 그 권한을 나타내는 증표를 지니고 이를 관계인에게 내보여야 하며, 국토교통부령으로 정하는 바에 따라 자신의 성명, 소속기관, 출입의 목적 및 일시 등을 적은 서류를 상대방에게 내주거나 관계 장부에 적어야 한다.

### 4 5년 이하의 징역 또는 2천만 원 이하의 벌금(법 제66조)

(1) 덮개·포장·고정장치 등 필요한 조치를 하지 아니하여 사람을 상해(傷害) 또는 사망에 이르게 한 운송사업자

(2) 덮개·포장·고정장치 등 필요한 조치를 하지 아니하고 화물자동차를 운행하여 사람을 상해(傷害) 또는 사망에 이르게 한 운수종사자

### 5 3년 이하의 징역 또는 3천만 원 이하의 벌금(법 제66조의2)

(1) 정당한 사유 없이 업무개시 명령을 거부한 자

(2) 거짓이나 부정한 방법으로 유류보조금 또는 수소전기자동차의 수소 보조금을 교부받은 자

(3) 다음 중 어느 하나에 해당하는 행위에 가담하였거나 이를 공모한 주유업자 등
 ① 주유업자 등으로부터 세금계산서를 거짓으로 발급받아 보조금을 지급받은 경우
 ② 주유업자 등으로부터 유류 또는 수소의 구매를 가장하거나, 실제 구매금액을 초과하여 유류구매카드로 거래를 하거나 이를 대행하게 하여 보조금을 지급받은 경우
 ③ 화물자동차 운수사업이 아닌 다른 목적에 사용한 유류분 또는 수소 구매분에 대하여 보조금을 지급받은 경우
 ④ 다른 운송사업자 등이 구입한 유류 또는 수소 사용량을 자기가 사용한 것으로 위장하여 보조금을 지급받은 경우
 ⑤ 그 밖에 유류보조금 또는 수소전기자동차의 수소 보조금 재정지원에 관한 사항을 위반하여 거짓이나 부정한 방법으로 보조금을 지급받은 경우

### 6 2년 이하의 징역 또는 2천만 원 이하의 벌금(법 제67조)

(1) 허가를 받지 아니하거나 거짓이나 그 밖의 부정한 방법으로 허가를 받고 화물자동차 운송사업을 경영한 자

(2) 안전운임에 미치지 못하는 운임지급과 관련하여 자동차관리사업자와 부정한 금품을 주고 받은 운송사업자

(3) 고장 및 사고차량 등 화물의 운송과 관련하여 자동차관리사업자와 부정한 금품을 주고 받은 운수종사자

(4) 자동차등록번호판을 훼손·분실 또는 차량의 사용본거지를 다른 시·도로 변경하는 경우 그에 따른 개선명령을 이행하지 아니한 자

(5) 운송사업의 양도와 양수에 대한 허가 없이 사업을 양도한 자

(6) 화물자동차 운송주선사업의 허가를 받지 아니하거나 거짓이나 그 밖의 부정한 방법으로 허가를 받고 화물자동차 운송주선사업을 경영한 자

(7) 운송주선사업자의 명의 이용 금지 의무를 위반한 자

(8) 화물자동차 운송가맹사업의 허가를 받지 아니하거나 거짓이나 그 밖의 부정한 방법으로 허가를 받고 화물자동차 운송가맹사업을 경영한 자

(9) 화물운송실적관리시스템의 정보를 변경, 삭제하거나 그 밖의 방법으로 이용할 수 없게 한 자 또는 권한 없이 정보를 검색, 복제하거나 그 밖의 방법으로 이용한 자

(10) 직무와 관련하여 알게 된 화물운송실적관리자료를 다른 사람에게 제공 또는 누설하거나 그 목적 외의 용도로 사용한 자

(11) 자가용 화물자동차를 유상으로 화물운송용으로 제공하거나 임대한 자

### 7 1년 이하의 징역 또는 1천만 원 이하의 벌금(법 제68조)

(1) 다른 사람에게 자신의 화물운송 종사자격증을 빌려 준 사람

(2) 다른 사람의 화물운송 종사자격증을 빌린 사람

(3) (1)과 (2)의 행위를 알선한 사람

### 8 과태료 1천만원 이하의 과태료(법제70조제1항제1호)
① 국토교통부장관이 공표한 화물자동차 안전운임보다 적은 운임을 지급한 자
② 공제조합업무에 따른 개선명령을 따르니 아니한 자

### 9 과태료 500만원 이하의 과태료(법제70조제2항)
① 국토교통부장관에게 허가사항 변경신고를 하지 아니한 자
② 국토교통부장관에게 운임 및 요금에 관한 신고를 하지 아니한 자
③ 운송사업자가 운송약관을 신고하지 아니한 자
④ 화물운송 종사자격증을 받지 아니하고 화물자동차 운수사업의 운전 업무에 종사한 자
⑤ 거짓이나 그 밖의 부정한 방법으로 화물운송 종사자격을 취득한 자
⑥ 운송사업자가 화물자동차의 운전자를 채용할 때 근무기간 등 운전경력증명서의 발급을 위하여 필요한 사항의 기록·관리를 위반한 자
⑦ 화물자동차 운전자 채용기록 요청 시 자료를 제공하지 아니하거나 거짓으로 제공한 자
⑧ 화물자동차 운송사업자의 준수사항을 위반한 운송사업자(화물의 기준에 맞지 아니하는 화물을 운송과 고장 및 사고차량 등 운송과 관련하여 자동차관리 사업자와 부정한 금품을 주고 받는 행위는 제외)
⑨ 화물자동차 운수종사자의 준수사항을 위반한 운수종사자(고장 및 사고차량 등 화물의 운송과 관련하여 자동차관리사업과 부정한 금품을 주고 받은 행위는 제외)
⑩ 운행 중인 화물자동차를 소유한 운송사업자 또는 해당차량을 운전하는 운수종사자는 정당한 사유 없이 관계공무원(자동차 안전단속원 또는 운행제한 단속원)의 조사를 거부·방해 또는 기피한 자
⑪ 개선명령(자동차등록번호판의 훼손 또는 분실의 경우 제외)을 이행하지 아니한 자
⑫ 화물자동차 운송사업의 양도·양수·합병 또는 상속의 신고를 하지 아니한 자
⑬ 화물자동차 운송사업의 휴업 및 폐업 신고를 하지 아니한 자

### 10 과징금 부과기준(규칙 제30조 별표3)
(단위 : 만 원)

| 위반내용 | 처분내용 화물운송사업 일반 | 처분내용 화물운송사업 개인 | 화물운송가맹사업 |
|---|---|---|---|
| 1. 최대적재량 1.5톤 초과 화물자동차가 차고지와 지방자치단체의 조례로 정하는 시설 및 장소가 아닌 곳에서 밤샘 주차한 경우 | 20 | 10 | 20 |
| 2. 최대적재량 1.5톤 이하 화물자동차가 주차장·차고지 또는 지방자치단체의 조례로 정하는 시설 및 장소가 아닌 곳에서 밤샘 주차한 경우 | 20 | 5 | 20 |
| 3. 신고한 운임 및 요금 또는 화주와 합의된 운임 및 요금이 아닌 부당한 운임 및 요금을 받은 경우 | 40 | 20 | 40 |
| 4. 화주로부터 부당한 운임 및 요금의 환급을 요구받고 환급하지 않은 경우 | 60 | 30 | 60 |
| 5. 화물자동차 운전자에게 운행기록계가 설치된 운송사업용 화물자동차를 해당 장치 또는 기기가 정상적으로 작동되지 않는 상태에서 운행하도록 한 경우 | 20 | 10 | 20 |
| 6. 사업용 화물자동차의 바깥쪽에 일반인이 식별하기 쉽도록 해당 운송사업자의 명칭(개인 운송사업자인 경우에는 그 화물자동차 운송사업의 종류를 말한다)을 표시하지 않은 경우 | 10 | 5 | 10 |
| 7. 화물자동차 운전자에게 차 안에 화물운송 종사자격증명을 게시하지 않고 운행하게 한 경우 | | | |

| 위반내용 | 처분내용 화물운송사업 일반 | 처분내용 화물운송사업 개인 | 화물운송가맹사업 |
|---|---|---|---|
| 8. 화물자동차 운전자의 취업 현황 및 퇴직 현황을 보고하지 않거나 거짓으로 보고한 경우 | 20 | 10 | 10 |
| 9. 신고한 운송약관 또는 운송가맹약관을 준수하지 않은 경우 | | | |
| 10. 밴형 화물자동차를 사용해 화주와 화물을 함께 운송하는 운송사업자가 일정한 장소에 오랜 시간 정차하여 화주를 호객하는 행위를 하거나 소속 운송종사자로 하여금 같은 행위를 지시한 경우 | 60 | 30 | 60 |
| 11. 개인화물자동차 운송사업자가 자기 명의로 운송계약을 체결한 화물에 대하여 다른 운송사업자에게 수수료나 그 밖의 대가를 받고 그 운송을 위탁하거나 대행하게 하는 등 화물운송 질서를 문란하게 하는 행위를 한 경우 | 180 | 90 | – |
| 12. 운수종사자에게 휴게시간을 보장하지 않은 경우 | 180 | 60 | 180 |
| 12의 2. 화물자동차 운전자에게 화물의 종류·중량 및 부피 등 화물에 관한 정보를 거짓으로 홍보한 경우 | 60 | | |
| 12의 3. 화물자동차 운전자(법제11조의 2에 따라 화물운송을 위탁 받은 사람은 제외한다)에게 「도로법」제77조 또는 「도로교통법」제39조에 따른 기준을 위반하는 화물의 운송을 요구한 경우 | 60 | | |
| 12의 4. 「자동차 관리법」제 34조 제1항에 따른 승인을 받지 않고 튜닝한 화물자동차를 운행한경우 | 120 | 120 | |

※ **화물운송주선사업자** : 신고한 운송주선 약관을 준수하지 않은 경우, 허가증에 기재되지 않은 상호를 사용하다가 적발될 경우, 견적서 또는 계약서를 발급하지 않은 경우(화주가 원하지 않을 경우 제외), 사고확인서를 발급하지 않은 경우(사업자가 고의 또는 과실이 없음을 증명하지 못한 경우로 한정) 과징금은 **각 20만 원이 부과된다**.

### 11 과태료 부과기준(영 별표5)

| 위반행위 | 과태료 금액 |
|---|---|
| 1. 허가사항 변경신고를 하지 않은 경우 | 50만원 |
| 2. 운임 및 요금에 관한 신고를 하지 않은 경우 | 50만원 |
| 3. 국토교통부장관이 공표한 화물자동차 안전운임보다 적은 운임을 지급한 경우 | 500만원 |
| 4. 약관의 신고를 하지 않은 경우 | 50만원 |
| 5. 화물운송 종사자격증을 받지 않고 화물자동차 운수사업의 운전업무에 종사한 경우 | 50만원 |
| 6. 거짓이나 그 밖의 부정한 방법으로 화물운송 종사자격을 취득한 경우 | 50만원 |
| 7. 화물자동차 운전자 교통안전 기록의 관리를 위반한 경우 | 50만원 |
| 8. 자료를 제공하지 않거나 거짓으로 제공한 경우 | 50만원 |
| 9. 운송사업자가 준수사항을 위반한 경우(적재된 화물이 떨어지지 아니하도록 덮개·포장·고정장치 등 필요한 조치를 하지 아니하여 사람을 상해(傷害) 또는 사망에 이르게 하여 형벌을 받은 자는 제외) ① 적재된 화물이 떨어지지 아니하도록 덮개·포장·고정장치 등 필요한 조치에 대한 준수사항을 위반한 경우 ② ①외의 준수사항을 위반한 경우 | 200만원 50만원 |

| 위반행위 | 과태료 금액 |
|---|---|
| 10. 운수종사자가 준수사항을 위반한 경우(적재된 화물이 떨어지지 아니하도록 덮개·포장·고정장치 등 필요한 조치를 하지 아니하여 사람을 상해(傷害) 또는 사망에 이르게 하여 형벌을 받은 자는 제외) | |
| ① 적재된 화물이 떨어지지 아니하도록 덮개·포장·고정장치 등 필요한 조치 및 전기·전자장치(최고속도 제한장치에 한정)를 무단으로 해체하거나 조작하는 행위에 대한 준수사항을 위반한 경우 | 200만원 |
| ② ①외의 준수사항을 위반한 경우 | 50만원 |
| 11. 조사를 거부·방해 또는 기피한 경우 | 300만원 |
| 12. 개선명령(자동차등록번호판이 훼손 또는 분실된 경우와 사용본거지를 다른 시·도로 변경하는 경우에 따른 개선명령은 제외)을 이행하지 않은 경우 | 300만원 |
| 13. 양도·양수, 합병 또는 상속의 신고를 하지 않은 경우 | 100만원 |
| 14. 휴업·폐업신고를 하지 않은 경우 | 100만원 |
| 15. 자동차등록증 또는 자동차등록번호판을 반납하지 않은 경우 | 300만원 |
| 16. 운송주선사업자가 허가사항 변경신고를 하지 않은 경우 | 50만원 |
| 17. 다음 사항을 위반한 경우 | 100만원 |
| ① 운송주선사업자가 자기의 명의로 운송계약을 체결한 화물에 대하여 그 계약금액 중 일부를 제외한 나머지 금액으로 다른 운송주선사업자와 재계약하여 이를 운송하도록 하여서는 아니 된다. (다른 운송주선사업자에게 중개 또는 대리를 의뢰하는 경우 제외) | |
| ② 운송주선사업자는 화주로부터 중개 또는 대리를 의뢰받은 화물에 대하여 다른 운송주선사업자에게 수수료나 그 밖의 대가를 받고 중개 또는 대리를 의뢰하여서는 아니 된다. | |
| ③ 운송주선사업자는 운송사업자에게 화물의 종류·무게 및 부피 등을 거짓으로 통보하거나 차량의 운행제한 및 운행 허가 또는 승차 또는 적재의 방법과 제한에 따른 기준을 위반하는 화물의 운송을 주선하여서는 아니 된다. | |
| ④ 운송주선사업자가 운송가맹사업자에게 화물의 운송을 주선하는 행위는 ① 및 ②에 따른 재계약·중개 또는 대리로 보지 아니한다. | |
| 18. 국제물류주선업자가 운송주선사업자의 준수사항을 위반한 경우 | 100만원 |
| 19. 화물자동차 운송가맹사업의 허가사항 변경신고를 하지 않은 경우 | 50만원 |
| 20. 운송가맹사업자에게 명한 개선명령을 이행하지 않은 경우 | 300만원 |
| 21. 적재물 배상보험 등에 가입하지 않은 경우 | |
| ① 운송사업자 : 미가입 화물자동차 1대당 ㉠ 가입하지 않은 기간이 10일 이내인 경우 ㉡ 가입하지 않은 기간이 10일을 초과한 경우 | 1만5천원 (1만5천원에 11일째부터 기산하여 1일당 5천원을 가산한 금액. 다만, 과태료의 총액은 자동차 1대당 50만원을 초과하지 못함) |
| ② 운송주선사업자 ㉠ 가입하지 않은 기간이 10일 이내인 경우 ㉡ 가입하지 않은 기간이 10일을 초과한 경우 | 3만원 (3만원에 11일째부터 기산하여 1일당 1만 원을 가산한 금액. 다만, 과태료의 총액은 100만원을 초과하지 못함) |

| 위반행위 | 과태료 금액 |
|---|---|
| ③ 운송가맹사업자 ㉠ 가입하지 않은 기간이 10일 이내인 경우 ㉡ 가입하지 않은 기간이 10일을 초과한 경우 | 15만원 (15만원에 11일째부터 기산하여 1일당 5만 원을 가산한 금액. 다만, 과태료의 총액은 자동차 1대당 500만원을 초과하지 못함) |
| 22. 보험회사 등이 적재물배상보험등 계약의 체결 의무를 위반하여 책임보험계약 등의 체결을 거부한 경우 | 50만원 |
| 23. 보험 등 의무가입자 또는 보험회사 등이 책임보험계약 등의 해제에 관한 사항들을 위반하여 책임보험계약 등을 해제하거나 해지한 경우 | 50만원 |
| 24. 보험회사 등이 자기와 책임보험계약 등을 체결하고 있는 보험 등 의무가입자에게 그 계약종료일 30일 전까지 그 계약이 끝난다는 사실을 알리지 않거나, 혹은 자기와 책임보험계약 등을 체결한 보험 등 의무가입자가 그 계약이 끝난 후 새로운 계약을 체결하지 아니했을 때 그 사실을 지체 없이 국토교통부장관에게 알리지 않은 경우 | 30만원 |
| 25. 운송사업자가 경영의 위탁 사항에 따라 서명 날인한 계약서를 위·수탁차주에게 교부하지 않은 경우 | 300만원 |
| 26. 운송사업자가 위·수탁계약의 체결을 명목으로 부당한 금전지급을 요구한 경우 | 300만원 |
| 27. 보조금 또는 융자금을 보조받거나 융자받은 목적 외의 용도로 사용한 경우 | 200만원 |
| 28. 화물운송서비스평가를 위한 자료제출 등의 요구 또는 실지조사를 거부하거나 거짓으로 자료제출 등을 한 경우 | 50만원 |
| 29. 공제조합업무의 개선명령을 따르지 않은 경우 | 100만원 |
| 30. 임직원에 대한 징계·해임의 요구에 따르지 않거나 시정명령을 따르지 않은 경우 | 300만원 |
| 31. 협회 및 연합회에 대해 필요한 조치명령을 이행하지 않거나 조사 또는 검사를 거부·방해 또는 기피한 경우 | 100만원 |
| 32. 자가용 화물자동차의 사용을 신고하지 않은 경우 | 50만원 |
| 33. 자가용 화물자동차의 사용 제한 또는 금지에 관한 명령을 위반한 경우 | 50만원 |
| 34. 운수종사자가 관련 교육을 받지 않은 경우 | 1차 20, 2차 30, 3차 50 |
| 35. 운수사업자나 화물자동차의 소유자 또는 사용자에 대해 실시한 보고를 하지 않거나 거짓으로 보고한 경우 | 50만원 |
| 36. 운수사업자나 화물자동차의 소유자 또는 사용자에게 명한 서류를 제출하지 않거나 거짓 서류를 제출한 경우 | 50만원 |
| 37. 운수사업자나 화물자동차의 소유자 또는 사용자에 대해 실시한 검사를 거부·방해 또는 기피한 경우 | 100만원 |
| 38. 화물차주 등의 협조의무 등에 따른 화물자동차 안전운송원가의 산정을 위한 자료 제출 또는 의견 진술의 요구를 거부하거나 거짓으로 자료 제출 또는 의견을 진술한 경우 | 250만원 |

# 제1편
# 교통 및 화물자동차 운수사업관련법규

## 제3장 화물자동차운수사업법령 출제 예상 문제

**1** 「화물자동차 운수사업법」의 제정목적에 대한 설명으로 틀린 것은?
① 화물자동차 운수사업을 효율적으로 관리하고 건전하게 육성
② 화물의 원활한 운송을 도모
③ 공공복리의 증진에 기여
④ 화물자동차의 효율적 관리

**2** 다음 중 화물자동차의 규모별 세부기준에 따른 "경형(초소형) 화물자동차"의 배기량은?
① 배기량 500cc 이하
② 배기량 500cc 이상
③ 배기량 250cc 이하
④ 배기량 250cc 이상

**3** 화물자동차의 규모별 세부기준에 대한 설명으로 틀린 것은?
① 경형(일반형) : 배기량 1,000cc 미만, 길이 3.6m, 너비 1.6m, 높이 2.0m 이하인 것
② 소형 : 최대적재량 1톤 이하인 것, 총중량 3.5톤 이하인 것
③ 중형 : 최대적재량 1톤 초과 5톤 미만, 총중량 3.5톤 초과 10톤 미만인 것
④ 대형 : 최대적재량 5톤 이상이거나, 총중량 10톤 미만인 것
◉해설 대형의 경우 총중량 10톤 "미만"이 아닌 "이상"이므로 정답은 ④이다.

**4** 특수자동차의 세부기준에 대한 설명으로 틀린 것은?
① 경형 : 배기량 1,000cc 이상, 길이 3.6m, 너비 1.6m, 높이 2.0m 이하인 것
② 소형 : 총중량 3.5톤 이하인 것
③ 중형 : 총중량 3.5톤 초과 10톤 미만인 것
④ 대형 : 총중량 10톤 이상인 것
◉해설 경형의 경우 배기량 1,000cc "이상"이 아닌 "미만"이므로 정답은 ①이다.

**5** 화물자동차의 유형별 세부 기준으로 맞지 않는 것은?
① 일반형
② 덤프형
③ 밴형
④ 대형
◉해설 "대형"은 "규모별 세부 기준"이고 특수용도형이 "유형별 세부 기준"에 해당한다.

**6** 특수자동차의 유형별 세부 기준으로 맞지 않는 것은?
① 견인형
② 구난형
③ 특수작업형
④ 특수용도형

**7** 화물자동차 운수사업에 해당하지 않는 것은?
① 화물자동차 운송사업
② 화물자동차 운송주선사업
③ 화물자동차 운송가맹사업
④ 개별용달 운송사업

**8** "다른 사람의 요구에 의하여 화물자동차를 사용하여 화물을 유상으로 운송하는 사업"의 명칭은?
① 화물자동차 운송사업
② 화물자동차 운수사업
③ 화물자동차 운송주선사업
④ 화물자동차 운송가맹사업

**9** "일반화물자동차 운송사업은 (   )대 이상의 범위에서 (   )대 이상의 화물자동차를 사용하여 화물을 운송하는 사업이다." 괄호 안에 들어갈 내용으로 맞는 것은?
① 50대
② 30대
③ 20대
④ 10대

**10** 「화물자동차 운수사업법」에서 사용하고 있는 용어에 대한 설명으로 잘못된 것은?
① 영업소 : 화물자동차 운송사업자가 허가를 받은 "주사무소 외의 장소"에서 해당하는 사업을 영위하는 곳을 말한다
② 운수종사자 : 화물자동차의 운전자, 화물의 운송 또는 운송주선에 관한 사무원 및 이를 보조하는 보조원, 그 밖에 화물자동차 운수사업에 종사하는 자
③ 공영차고지 : 화물자동차 운수사업에 제공되는 차고지로서 특별시장, 광역시장, 특별 자치시장, 도지사, 특별자치도지사, 또는 시장, 군수, 구청장이 설치한 것
④ 화물자동차 휴게소 : 화물자동차의 운전자가 화물운송 중 휴식을 취할 목적으로만 시설된 시설물이다
◉해설 "화물자동차 휴게소"의 목적은 "휴게" 뿐만이 아니라 "화물의 하역을 위한 대기"의 목적도 있으므로 정답은 ④이다.

**11** 다음 중 화물자동차 운송가맹점에 대한 설명이 틀린 것은?
① 운송가맹사업자의 화물정보망을 이용하여 운송화물을 배정받아 화물을 운송하는 운송사업자
② 경영의 일부를 위탁한 운송사업자가 화물자동차 운송가맹점으로 가입한 경우
③ 운송가맹사업자의 화물운송계약을 중개·대리하는 운송주선사업자
④ 운송가맹사업자의 화물정보망을 이용하여 운송화물을 배정 받아 화물을 운송하는 자로서 화물자동차 운송사업의 경영의 일부를 위탁받은 사람

**12** 화물자동차 운송사업을 경영하려는 사람은 누구에게 허가를 받아야 하는가?
① 국토교통부장관
② 시·도지사
③ 행정안전부장관
④ 군수, 구청장

◆ 정답 1 ④  2 ③  3 ④  4 ①  5 ④  6 ③  7 ④  8 ①  9 ③  10 ④  11 ②  12 ①

**13** 화물자동차 운송사업의 허가사항 변경신고의 대상에 해당하지 않는 것은?
① 상호의 변경  ② 차고지 등 운송시설 변경
③ 화물취급소의 설치  ④ 화물자동차의 대폐차

> 해설 "차고지 등 운송시설 변경"은 변경신고의 대상이 아니고, 변경허가의 기준에 해당하므로, 정답은 ②이다.

**14** 화물자동차 운송사업 허가의 결격사유에 대한 설명으로 틀린 것은?
① 피성년후견인 또는 피한정후견인
② 파산선고를 받고 복권되지 아니한 자
③ 「화물자동차 운수사업법」을 위반하여 징역 이상의 실형을 받고 그 집행이 끝나거나 집행이 면제된 날부터 2년이 지나지 아니한 자
④ 「도로교통법」을 위반하여 징역 이상의 형의 집행유예를 선고받고 그 유예기간 중에 있는 자

> 해설 ④번 보기에서 "도로교통법을 위반하여"가 아니고, "화물자동차 운수사업법을 위반하여"가 옳으므로 정답은 ④이다.

**15** 화물자동차 운수사업의 허가를 받고 허가가 취소된 후 2년이 지나지 아니하면 다시 허가를 받을 수 없는 사항들에 해당하지 않는 것은?
① 부정한 방법으로 허가를 받은 경우
② 허가를 받은 후 1개월간의 운송실적이 국토교통부령으로 정하는 기준에 미달한 경우
③ 허가기준을 충족하지 못하게 된 경우
④ 5년마다 허가기준에 관한 사항을 신고하지 아니하였거나 거짓으로 신고한 경우

> 해설 허가를 받은 후, "1개월"이 아닌 "6개월"간의 운송실적이 충족되어야 하므로 정답은 ②이다.

**16** 운송사업자는 운임 및 요금을 정하여 미리 국토교통부장관에게 신고(변경하려는 경우 포함)하여야 하는데 운송사업자의 범위로 틀린 것은?
① 구난형 특수자동차를 사용하여 고장차량, 사고차량 등을 운송하는 사업자
② 구난형 특수자동차를 사용하여 고장차량, 사고차량 등을 운송하는 운송가맹사업자로 화물자동차를 직접 소유한 자
③ 밴형 화물자동차를 사용하여 화주와 화물을 함께 운송하는 운송사업자
④ 견인형 특수자동차를 사용하여 컨테이너를 운송하는 운송사업자

> 해설 견인형 특수자동차는 해당이 없다.

**17** 운송사업자는 운송약관을 정하여 국토교통부장관에게 신고하여야 하는데, 약관을 변경할 때에는 누구에게 신고해야 하는가?
① 화물운송협회장  ② 한국교통안전공단 이사장
③ 국토교통부장관  ④ 시·도지사

**18** 화물의 적재물 사고의 규정을 적용할 때 화물의 인도기한이 지난 후 몇 개월 이내에 인도되지 아니하면 그 화물이 멸실된 것으로 보는가?
① 3개월 이내  ② 4개월 이내
③ 5개월 이내  ④ 6개월 이내

**19** 다음 중 적재물사고가 발생했을 때, 화주의 요청에 따라 분쟁조정을 할 수 있는 사람은 누구인가?
① 행정안전부장관  ② 시장, 군수, 구청장
③ 시·도지사  ④ 국토교통부장관

**20** 화물자동차 운송사업자 등의 적재물배상 책임 보험 등의 가입 범위에 대한 설명으로 틀린 것은?
① 사고 건당 2천만 원 이상의 금액을 지급할 책임을 지는 적재물배상 책임보험 등 가입한다.
② 이사화물운송주선사업자는 500만 원 이상의 금액을 지급할 책임을 지는 적재물배상 책임보험 등 가입한다.
③ 운송사업자는 각 화물자동차별로 가입한다
④ 운송주선사업자는 각 운전자별로 가입한다

> 해설 "운송주선사업자"는 "각 운전자별"이 아닌 "각 사업자별"로 가입하는 것이 맞으므로 정답은 ④이다.

**21** 보험회사 등이 자기와 책임보험계약등을 체결하고 있는 보험등 의무가입자에게 그 계약이 끝난다는 사실을 통지하는 기간으로 옳은 것은?
① 계약종료일 30일 전까지 통지한다
② 계약종료일 35일 전까지 통지한다
③ 계약종료일 40일 전까지 통지한다
④ 계약종료일 45일 전까지 통지한다

> 해설 "그 계약종료일 30일 전까지 통지"하여야 하므로 정답은 ①이다.

**22** 보험회사 등은 자기와 책임보험계약 등을 체결한 의무가입자가 그 계약이 끝난 후 새로운 계약을 체결하지 아니하면 그 사실을 지체 없이 알려야 하는데 누구에게 알려야 하는가?
① 국토교통부장관  ② 시·도지사
③ 행정안전부장관  ④ 시장, 군수, 구청장

**23** 화물자동차 운송사업자가 "적재물배상 책임보험"에 가입하지 않은 경우, 그 기간이 10일 이내일 때 얼마의 과태료가 부과되는가?
① 3만 5천원  ② 3만 원
③ 1만 5천원  ④ 1만 원

**24** 화물자동차 운송주선사업자가 "적재물배상 책임보험 또는 공제에 가입하지 않은 경우"에 대한 과태료 부과기준으로 틀린 것은?
① 가입하지 않은 기간이 7일 이내인 경우 : 1만 원
② 가입하지 않은 기간이 10일 이내인 경우 : 3만 원
③ 가입하지 않은 기간이 10일을 초과한 경우 : 3만 원에 11일째부터 기산하여 1일당 1만 원을 가산한 금액
④ 과태료의 총액 : 100만 원을 초과하지 못한다

**25** 화물자동차 운송가맹사업자가 "적재물배상 책임보험 또는 공제에 가입하지 않은 경우" 부과되는 기준으로 틀린 것은?
① 가입하지 않은 기간이 10일 이내인 경우 : 15만 원
② 가입하지 않은 기간이 10일을 초과한 경우 : 15만 원에 11일째부터 기산하여 1일당 5만 원을 가산한 금액
③ 과태료의 총액 : 자동차 1대당 500만 원을 초과하지 못한다
④ 과태료의 총액 : 사업자별 500만 원을 초과하지 못한다

**26** 화물자동차 운수사업의 운전업무에 종사할 수 있는 자의 요건이 아닌 것은?
① 화물자동차를 운전하기에 적합한 운전면허를 가지고 있을 것
② 연령이 만20세 이상일 것
③ 운수사업용 자동차 운전경력은 1년이며, 이 외의 자동차 운전경력은 2년이다
④ 운전적성에 대한 정밀검사기준에 맞지 않아도 된다

**정답** 13 ② 14 ④ 15 ② 16 ④ 17 ③ 18 ① 19 ④ 20 ④ 21 ① 22 ① 23 ③ 24 ① 25 ④ 26 ④

**27** 다음 중 화물자동차 운수사업의 운전업무 종사자격의 결격사유가 아닌 것은?
① 자격시험일 전 5년간 음주운전으로 인하여 운전면허가 취소되었던 자
② 「화물자동차 운수사업법」을 위반하여 징역 이상의 실형을 선고받고 그 집행이 끝나고 2년이 지난 자
③ 화물자동차 교통사고와 관련하여 거짓이나 그 밖의 부정한 방법으로 보험금을 청구하여 금고 이상의 형을 선고받고 그 형이 확정된 날부터 2년이 지나지 아니한 자
④ 자격시험일 전 3년간 난폭운전을 저질러 운전면허가 취소되었던 자

**28** 화물운송 종사자가 국토교통부장관의 업무개시 명령을 정당한 사유 없이 거부한 경우의 효력 정지의 처분기준으로 맞는 것은?
① 1차 : 자격정지 30일, 2차 : 자격 취소
② 1차 : 자격정지 60일, 2차 : 자격 취소
③ 1차 : 자격정지 20일, 2차 : 자격정지 30일
④ 1차 : 자격정지 30일, 2차 : 자격정지 60일

**29** 다음 중 화물운송 종사자가 운송 중에 과실로 교통사고를 일으켜 사람을 1명 사망케 했을 때의 처분기준은 무엇인가?
① 자격 정지 60일  ② 자격 정지 90일
③ 자격 정지 120일  ④ 자격 취소

**30** 화물자동차 운전자의 관리에서 운송사업자가 협회에 운전자의 취업 현황을 통지하는 기일로 옳은 것은?
① 다음 분기 첫 달 10일까지 통지
② 다음 분기 첫 달 5일까지 통지
③ 그 다음 달 말일까지
④ 그 다음 달 10일까지
● 해설 운송사업자가 협회에 통지는 "다음 분기 첫 달 5일까지"이므로 정답은 ②이며, ③의 "그 다음 달 말일까지"는 협회가 이를 종합하여 시·도지사 및 연합회에 보고하는 기일이다.

**31** 부당한 운임 또는 요금을 받았을 때 화주가 환급(반환)을 요구할 수 있는 대상자는?
① 당해 운전자  ② 운송사업자
③ 운수종사자  ④ 운수사업자
● 해설 "신고한 운임 및 요금이 아닌 부당한 운임 및 요금을 받지 아니할 것"으로 규정되어 있어 "운송사업자"에게 환급요청을 할 수 있으므로 정답은 ②이다.

**32** 화물자동차 운송사업자의 준수사항에 대한 설명으로 틀린 것은?
① 화주로부터 부당한 운임 및 요금의 환급을 요구받았을 때는 환급해야 한다
② 신고한 운송약관을 준수해야 한다
③ 운수종사자에 대한 교육은 종사자 각자의 자율에 맡겨야 한다
④ 휴게시간 없이 4시간 연속운전한 운수종사자에게 30분 이상의 휴게시간을 보장해야 한다

**33** 화물자동차 운수종사자의 준수사항에 대한 설명으로 틀린 것은?
① 정당한 사유없이 화물 운송을 거부해서는 안 된다
② 부당한 운임 또는 요금을 요구하거나 받아서는 안 된다
③ 문을 완전히 닫지 아니한 상태에서 자동차를 출발시켜서는 안 된다
④ 어떠한 경우라도 화물을 중도에 내리게 할 수 없다

**34** 구난형 특수자동차를 사용하여 고장·사고차량을 운송하는 운수종사자의 준수사항으로 맞지 않는 것은?
① 고장·사고차량에 적재한 화물의 화주가 차량의 이동을 명한 경우에도 함부로 구난하지 않는다
② 고장·사고차량 소유자 또는 운전자의 의사에 반하여 구난하지 않는다
③ 고장·사고차량 소유자 또는 운전자가 사망·중상 등으로 의사를 표현할 수 없는 경우에는 구난한다
④ 교통의 원활한 흐름 또는 안전 등을 위하여 경찰공무원이 차량의 이동을 명한 경우에는 구난한다
● 해설 고장 또는 사고차량에 적재한 화물의 화주가 차량의 이동을 명한 경우는 구난할 수 있다. 정답은 ①이다.

**35** 국토교통부장관이 명할 수 있는 업무개시에 대한 설명으로 잘못된 것은?
① 운송사업자나 운송종사자에게 명할 수 있다
② 정당한 사유없이 집단으로 화물운송을 거부해 국가경제에 매우 심각한 위기를 초래할 우려가 있다고 인정할 만한 상당한 이유가 있을 때 명령할 수 있다
③ 업무개시를 명하려면 "국무회의의 심의"를 거쳐야 한다
④ 업무개시를 명한 때에는 구체적 이유 및 향후 대책을 "국무회의 심의 때 보고" 하여야 한다
● 해설 업무개시를 명한 때에는 구체적 이유 및 향후 대책을 "국회 소관 상임위원에 보고"하여야 하므로 정답은 ④이다.

**36** 국토교통부장관이 사업정지처분을 내려야 할 경우 이에 갈음하여 부과·징수할 수 있는 과징금은 얼마인가?
① 5천만 원 이하  ② 4천만 원 이하
③ 3천만 원 이하  ④ 2천만 원 이하

**37** 국토교통부장관이 화물자동차 운송사업의 허가를 반드시 취소하여야 하는 위반사항이 아닌 것은?
① 부정한 방법으로 화물자동차 운송사업허가를 받은 경우
② 「화물자동차 운수사업법」을 위반하여 징역 이상의 형의 집행유예를 선고받고 그 유예기간 중에 있는 자인 경우
③ 화물자동차 소유대수가 2대 이상인 운송사업자가 영업소 설치 허가를 받지 아니하고 주사무소 외의 장소에서 상주하여 영업한 경우
④ 화물자동차 교통사고와 관련하여 거짓이나 그 밖의 부정한 방법으로 보험금을 청구하여 금고 이상의 형을 선고받고 그 형이 확정된 경우
● 해설 ③의 경우 허가를 "반드시 취소"시키는 것이 아니라, "6개월 이내의 기간을 정해 그 사업 전부 또는 일부의 정지를 명하거나 감차 조치를 명"할 수 있다. 그러므로 정답은 ③이다.

**38** 다음 중 화물자동차 운송사업의 허가를 반드시 취소하여야 하는 경우는?
① 화물자동차 운송사업허가를 받은 후 6개월 간의 운송실적이 국토교통부령으로 정하는 기준에 미달한 경우
② 정당한 사유 없이 업무개시 명령을 1차 이행하지 아니한 경우
③ 운송사업자, 운송주선사업자 및 운송가맹사업자가 운송 또는 주선 실적에 따른 신고를 아니하였거나 거짓으로 신고한 경우
④ 파산선고를 받고 복권되지 않은 자의 경우
● 해설 "파산선고를 받고 복권되지 않은 자의 경우"는 취소사유에 해당되므로 정답은 ④이다.

**정답** 27 ②　28 ①　29 ①　30 ②　31 ②　32 ③　33 ④　34 ①　35 ④　36 ④　37 ③　38 ④

**39** 「화물자동차 운수사업법」에서 중대하고 빈번한 교통사고에 해당하는 경우가 아닌 것은?
① 「교통사고처리특례법」상 도주에 해당한 사고
② 화물자동차의 정비불량으로 인한 사고
③ 화물자동차의 전복(顚覆) 또는 추락이 발생한 사고
④ 5대 미만의 차량을 소유한 운송사업자가 해당 사고 이전 최근 1년 동안에 발생한 교통사고가 2건 이상인 경우

> **해설** "화물자동차의 전복(顚覆) 또는 추락"은 무조건 범위에 해당되는 것이 아니고, "다만 운송종사자에게 귀책사유가 있는 경우만 해당"되므로 정답은 ③이다.

**40** 다음 중 다른 사람의 요구에 응하여 유상으로 화물운송계약을 중개 또는 대리하는 사업은 무엇인가?
① 화물자동차 운송계약사업
② 화물자동차 운송주선사업
③ 화물자동차 운송대리사업
④ 화물자동차 운송중개사업

**41** 화물자동차 운송가맹사업의 허가권자는?
① 국토교통부장관  ② 행정안전부장관
③ 시·도지사  ④ 구청장·군수

> **해설** 또한 변경하려는 때에도 국토교통부장관의 허가를 받아야 한다.

**42** 화물자동차 운송가맹사업의 허가기준에 대한 설명으로 맞지 않는 것은?
① 화물운송전산망을 갖출 것
② 허가기준 대수 : 100대 이상
③ 사무실 및 영업소 : 영업에 필요한 면적
④ 최저보유 차고면적 : 화물차 1대당 그 화물자동차의 길이와 너비를 곱한 면적

> **해설** 허가기준 대수는 50대 이상이 맞으므로 정답은 ②이다. 단, 운송가맹점이 소유하는 화물자동차 대수를 포함하되, 8개 이상의 시·도에 각각 5대 이상 분포되어야 한다.

**43** 화물운송 종사자격시험의 운전적성 정밀검사에 대한 설명으로 틀린 것은?
① 정밀검사기준에 맞는지에 관한 검사는 기기형 검사와 필기형 검사로 구분한다
② 신규검사 : 화물운송 종사자격증을 취득하려는 사람
③ 자격유지검사 : 신규검사 또는 자격유지검사의 적합 판정을 받은 사람으로서 해당 검사를 받은 날부터 3년 이내에 취업하지 아니한 사람
④ 특별검사 : 경중에 상관 없이 교통사고를 일으킨 사람

> **해설** 특별검사는 교통사고를 일으켜 사람을 사망케 하거나, 5주 이상의 상해를 입힌 사람이 받는다. 또한 지난 5년간 운전면허 행정처분에 따라 누산점수가 81점 이상인 사람도 특별검사를 받아야 한다.

**44** 교통안전체험교육의 이수기준과 자격시험의 합격 결정에 대한 설명으로 틀린 것은?
① 교통안전체험교육은 총 16시간이다
② 자격시험에 합격한 사람은 4시간의 교육을 받아야 한다
③ 종합평가에서 총점의 6할 이상을 얻은 사람을 이수자로 한다
④ 자격시험에 합격한 사람이 교통안전체험 연구·교육시설의 교육과정 중 기본교육과정을 이수한 경우에는 교육을 받은 것으로 본다

> **해설** 자격시험에 합격한 사람은 8시간의 교육(연수교육)을 받아야 하므로 정답은 ②이다.

**45** 화물자동차 운전자가 화물운송 종사자격증명을 게시할 위치로 옳은 것은?
① 화물자동차 안 앞면 왼쪽 위에 게시하고 운행
② 화물자동차 안 앞면 중간 위에 게시하고 운행
③ 화물자동차 운전석 앞 창의 오른쪽 위에 게시하고 운행
④ 화물자동차 안 앞면 오른쪽 밑에 게시하고 운행

> **해설** 화물자동차 운전자는 화물운송 종사자격증명을 화물자동차 밖에서 쉽게 볼 수 있도록 운전석 앞 창의 오른쪽 위에 게시하고 운행하여야 하므로 정답은 ③이다.

**46** 화물자동차 운전자가 화물운송 종사자격증명의 반납사유가 발생하였을 때 그 반납 기관은?
① 협회
② 연합회
③ 구청장
④ 관할동장

> **해설** 협회에 반납해야 하므로 정답은 ①이다.

**47** 운송사업자가 화물운송 종사자격증명을 반납하여야 할 사유에 대한 설명으로 틀린 것은?
① 퇴직한 화물자동차 운전자의 명단을 협회에 제출하는 경우
② 화물자동차 운송사업의 휴업 또는 폐업을 협회에 신고를 하는 경우
③ 사업의 양도·양수 신고를 관할관청에 신고하는 경우
④ 화물자동차 운전자의 화물운송 종사자격이 취소되거나 효력이 정지되지 않는 경우

> **해설** 효력이 정지되지 않는 경우는 반납할 사유가 되지 않으므로 정답은 ④이다.

**48** 운수사업자가 설립한 협회의 사업에 대한 설명으로 틀린 것은?
① 운수사업의 건전한 발전과 운수사업자의 공동이익을 도모하는 사업
② 화물자동차 운수사업의 진흥 및 발전에 필요한 통계의 작성 및 관리, 외국자료의 수집·조사 및 연구사업
③ 경영자와 운수종사자의 교육훈련 또는 운수사업의 경영개선을 위한 지도
④ 국가나 연합회로부터 위탁받은 업무

> **해설** 국가나 "연합회"가 아닌 국가나 "지방자치단체"로부터 위탁받은 업무가 맞으므로 정답은 ④이다.

**49** 화물자동차 연합회 구성의 협회가 아닌 것은?
① 운송사업자로 구성된 협회
② 개별화물자동차 운송사업자로 구성된 협회
③ 운송주선사업자로 구성된 협회
④ 운송가맹사업자로 구성된 협회

> **해설** "개별화물자동차 운송사업자로 구성된 협회"는 포함되지 않는다.

**50** 운수사업자가 설립한 협회의 연합회를 허가하는 사람은?
① 국토교통부장관
② 시·도지사
③ 산업통상자원부장관
④ 행정안전부장관

> **해설** 대통령령으로 정하는 바에 따라 국토교통부장관의 허가를 받아야 하므로 정답은 ①이다.

**51** 운수사업자가 설립한 연합회 공제조합의 사업에 해당하지 않는 것은?
① 조합원의 사업용 자동차의 사고로 생긴 배상책임 및 적재물배상에 대한 공제
② 화물자동차 운수사업의 건전한 발전과 운수사업자의 공동이익을 도모하는 사업
③ 조합원이 사업용 자동차를 소유·사용·관리하는 동안 발생한 사고로 그 자동차에 생긴 손해에 대한 공제
④ 공제조합에 고용된자의 업무상 재해로 인한 손실을 보상하기 위한 공제

🔍해설 ②는 협회의 사업에 해당한다.

**52** 자가용 화물자동차의 소유자 또는 사용자가 그 자동차를 유상으로 제공 또는 임대하기 위하여 누구에게 허가를 받는가?
① 국토교통부장관
② 시·도지사
③ 기획재정부장관
④ 행정안전부장관

🔍해설 유상운송의 사유에 해당되어 시·도지사의 허가를 받으면 유상운송을 할 수 있으므로 정답은 ②이다.

**53** 자가용 화물자동차의 소유자 또는 사용자가 그 화물자동차를 유상으로 운행하기 위한 허가 사유가 아닌 것은?
① 천재지변이나 이에 준하는 비상사태로 인하여 수송력 공급을 긴급히 증가시킬 필요가 있는 경우
② 사업용 화물자동차·철도 등 화물운송수단의 운행이 불가능하여 이를 일시적으로 대체하기 위한 수송력 공급이 필요한 경우
③ 영농조합법인이 그 사업을 위하여 화물자동차를 직접 소유·운영하는 경우
④ 사단법인이 그 사업을 위하여 소유한 화물 자동차를 사용하여 유상운송을 한 경우

🔍해설 ④의 유상운송의 경우는 법에 위배되므로 정답은 ④이다.

**54** 허가를 받지 아니하고 자가용 화물자동차를 유상으로 운송에 제공하거나 임대한 경우 그 자동차의 사용을 제한 또는 금지할 수 있는 기간은?
① 2개월 이내의 기간
② 3개월 이내의 기간
③ 5개월 이내의 기간
④ 6개월 이내의 기간

🔍해설 "6개월 이내의 기간"을 정하여 자동차 사용을 제한이나 금지할 수 있으므로 정답은 ④이다.

**55** 운수종사자의 교육을 주관·실시할 수 있는 관할관청은?
① 시·도지사
② 연합회
③ 협회
④ 구청장, 군수

🔍해설 운수종사자의 화물운송서비스 증진 등을 위하여 필요하다고 인정되면 시·도지사는 운수종사자 교육을 실시할 수 있다. 정답은 ①이다.

**56** 화물자동차 운수사업법에서 시·도지사의 권한으로 정한 사무를 지도·감독할 수 있는 권한 관청은?
① 국토교통부장관
② 행정안전부장관
③ 시·도지사
④ 군수·구청장

**57** 운송사업자 또는 운수종사자가 정당한 사유없이 집단으로 화물운송을 거부하였을 때 업무개시를 명령할 수 있다. 이를 위반했을 때의 벌칙은?
① 1년 이하의 징역 또는 1천만 원 이하의 벌금
② 2년 이하의 징역 또는 2천만 원 이하의 벌금
③ 3년 이하의 징역 또는 3천만 원 이하의 벌금
④ 4년 이하의 징역 또는 2천만 원 이하의 벌금

**58** 화물운송 종사자격을 받지 아니하고 화물자동차 운수사업의 운전업무에 종사한 자 또는 거짓이나 그 밖의 부정한 방법으로 화물운송 종사자격을 취득한 자에 부과되는 과태료는?
① 10만 원 이하의 과태료가 부과된다
② 20만 원 이하의 과태료가 부과된다
③ 30만 원 이하의 과태료가 부과된다
④ 50만 원 이하의 과태료가 부과된다

**59** 차고지와 지방자치단체의 조례로 정하는 시설 및 장소가 아닌 곳에서 밤샘주차한 경우, 일반화물자동차 운송사업자에게 부과되는 과징금은?
① 5만 원
② 10만 원
③ 20만 원
④ 25만 원

**60** 최대적재량 1.5톤 이하 화물자동차가 주차장, 차고지 또는 지방자치단체의 조례로 정하는 시설 및 장소가 아닌 곳에서 밤샘 주차하다가 단속된 개인 화물자동차운송사업자에게 부과되는 과징금은?
① 5만 원
② 10만 원
③ 20만 원
④ 25만 원

**61** 화주로부터 부당한 운임 및 요금의 환급을 요구받고 환급하지 않은 경우, 일반화물자동차 운송사업자의 과징금은?
① 60만 원
② 50만 원
③ 40만 원
④ 30만 원

**62** 신고한 운송약관이나 운송가맹약관의 내용을 준수하지 아니한 경우, 개인화물자동차 운송사업자의 과징금 부과기준은?
① 10만 원
② 30만 원
③ 50만 원
④ 70만 원

**63** 일반 화물자동차 운송사업자가 운행기록계가 정상적으로 작동하지 않은 상태에서 화물자동차를 운행하도록 한 경우 과징금은?
① 10만 원
② 20만 원
③ 5만 원
④ 30만 원

**64** 개인화물자동차 운송사업자가 자기의 명의로 운송계약을 체결한 화물에 대하여 다른 운송사업자에게 수수료나 그 밖의 대가를 받고 그 운송을 위탁하거나 대행하게 하는 등 화물운송질서를 문란하게 하는 행위를 한 경우의 과징금은?
① 30만 원
② 50만 원
③ 70만 원
④ 90만 원

정답 51 ② 52 ② 53 ④ 54 ④ 55 ① 56 ① 57 ③ 58 ④ 59 ③ 60 ① 61 ① 62 ② 63 ② 64 ④

# 제4장
# 자동차관리법령 요약정리

## 1 총칙

### 1 목적(법 제1조)

자동차의 등록·안전기준·자기인증·제작결함시정·점검·정비·검사 및 자동차관리사업 등에 관한 사항을 정하여 자동차를 효율적으로 관리하고 자동차의 성능 및 안전을 확보함으로써 공공의 복리를 증진함에 있다 (① 자동차 효율적 관리 ② 자동차 성능 및 안전확보 ③ 공공복리증진).

### 2 용어의 정의(법 제2조)

(1) **자동차** : 원동기에 의하여 육상에서 이동할 목적으로 제작한 용구 또는 이에 견인되어 육상을 이동할 목적으로 제작한 용구를 말한다.

> **해설** 「자동차관리법」의 적용이 제외되는 자동차(영 제2조)
> 1. 「건설기계관리법」에 따른 건설기계
> 2. 「농업기계화촉진법」에 따른 농업기계
> 3. 「군수품관리법」에 따른 차량
> 4. 궤도 또는 공중선에 의하여 운행되는 차량
> 5. 「의료기기법」에 따른 의료기기

(2) **운행** : 사람 또는 화물의 운송여부에 관계없이 자동차를 그 용법에 따라 사용하는 것을 말한다.

(3) **자동차 사용자** : 자동차 소유자 또는 자동차 소유자로부터 자동차의 운행 등에 관한 사항을 위탁받은 자를 말한다.

(4) **자동차의 차령기산일(영 제3조)**
① 제작연도에 등록된 자동차 : 최초의 신규등록일
② 제작연도에 등록되지 아니한 자동차 : 제작연도의 말일

### 3 자동차의 종류(법 제3조)

① 자동차는 승용자동차·승합자동차·화물자동차·특수자동차 및 이륜자동차로 구분한다.

> **해설** 자동차의 종별구분(규칙 제2조, 별표1)
> 1. 승용자동차 : 10인 이하를 운송하기에 적합하게 제작된 자동차
> 2. 승합자동차 : 11인 이상을 운송하기에 적합하게 제작된 자동차, 다음의 자동차는 승차인원에 관계없이 승합자동차로 본다.
>    ① 내부의 특수설비로 인하여 승차인원이 10인 이하로 된 자동차
>    ② 경형자동차로서 승차정원이 10인 이하인 전방조종자동차
> 3. 화물자동차
>    ① 화물을 운송하기에 적합한 화물적재공간을 갖춘 자동차
>    ② 화물적재공간의 총적재화물의 무게가 운전자를 제외한 승객이 승차공간에 모두 탑승했을 때의 승객의 무게보다 많은 자동차
>    ③ 화물을 운송하기 적합하게 바닥면적이 최소 2㎡ 이상(소형·경형화물자동차로서 이동용 음식판매 용도인 경우에는 0.5㎡ 이상, 그 밖에 특수용도형의 경형화물자동차는 1㎡ 이상)인 화물적재 공간을 갖춘 자동차로서 다음의 각 호에 해당하는 차를 말한다.
>       ㉠ 승차공간과 화물적재공간이 분리되어 있는 자동차로서 화물적재공간의 윗부분이 개방된 구조의 자동차
>       ㉡ 유류, 가스 등을 운반하기 위한 적재함을 설치한 자동차 및 화물을 싣고 내리는 문을 갖춘 적재함이 설치된 자동차
>       ㉢ 승차공간과 화물적재공간이 동일차 실내에 있으면서 화물의 이동을 방지하기 위해 칸막이벽을 설치한 자동차로서 화물적재공간의 바닥면적이 승차공간의 바닥면적(운전석이 있는 열의 바닥면적을 포함)보다 넓은 자동차
>       ㉣ 화물을 운송하는 기능을 갖추고 자체적하 기타작업을 수행할 수 있는 설비를 함께 갖춘 자동차
> 4. 특수자동차 : 다른 자동차를 견인하거나 구난작업 또는 특수한 작업을 수행하기에 적합하게 제작된 자동차로서 승용자동차·승합자동차 또는 화물자동차가 아닌 자동차
> 5. 이륜자동차 : 총배기량 또는 정격출력의 크기와 관계없이 1인 또는 2인의 사람을 운송하기에 적합하게 제작된 이륜의 자동차 및 그와 유사한 구조로 되어 있는 자동차

## 2 자동차의 등록

### 1 자동차의 등록(법 제5조)

자동차(이륜자동차는 제외)는 자동차등록원부에 등록한 후가 아니면 이를 운행할 수 없다. 다만 임시운행허가를 받아 허가기간 내에 운행하는 경우에는 그렇지 않다.

### 2 자동차 등록번호판(법 제10조)

(1) 시·도지사는 국토교통부령이 정하는 바에 따라 자동차 등록번호판을 붙이고 봉인(자동차 소유자 또는 자동차의 소유자를 갈음하여 등록을 신청하는 자가 직접 자동차 등록번호판의 부착 및 봉인을 하려는 경우에는 자동차 등록 번호판의 부착 및 봉인을 직접 하게 할 수 있다)을 하여야 한다.

※ 벌칙 : 자동차 소유자 또는 자동차 소유자에 갈음하여 자동차등록을 신청하는 자가 직접 자동차 등록번호판을 붙이고 봉인을 하여야 하는 경우에 이를 이행하지 아니한 때 : 과태료 50만 원(영 별표2)

(2) 자동차 등록번호판 및 봉인은 시·도지사의 허가를 받은 경우와 다른 법률에 특별한 규정이 있는 경우 또는 자동차 정비업자가 정비를 위해 사업장 내에서 일시적으로 뗀 경우를 제외하고는 이를 떼지 못한다.

(3) 자동차 소유자는 등록번호판이나 봉인이 떨어지거나 알아보기 어렵게 된 경우에는 시·도지사에게 "(1)"에 따른 등록번호판의 부착 및 봉인을 다시 신청하여야 한다.

(4) 자동차 등록번호판의 부착 또는 봉인을 하지 아니한 자동차는 운행하지 못한다. 다만 임시운행허가번호판을 붙인 때에는 예외이다.

(5) 누구든지 자동차 등록번호판을 가리거나 알아보기 곤란하게 하여서는 아니 되며, 그러한 자동차를 운행하여서는 아니 된다.

※ 등록번호판을 가리거나 알아보기 곤란하게 하거나, 그러한 자동차를 운행한 경우 : 과태료 1차 50만 원, 2차 150만 원, 3차 250만 원

※ "고의"로 등록번호판을 가리거나 알아보기 곤란하게 한 자는 1년 이하의 징역 또는 1,000만 원 이하의 벌금

(6) 누구든지 등록번호판을 가리거나 알아보기 곤란하게 하기 위한 장치를 제조·수입하거나 판매·공여하여서는 아니 된다.

(7) 자동차 소유자는 자전거 운반용 부착장치 등 국토교통부령으로 정하는 외부장치를 자동차에 부착하여 등록번호판이 가려지게 되는 경우에는 시·도지사에게 국토교통부령으로 정하는 바에 따라 **외부장치용 등록번호판의 부착을 신청하여야 한다.** 외부장치용 등록번호판에 대하여는 "(1)"부터 "(6)"까지를 준용한다.

(8) 시·도지사는 등록번호판 및 그 봉인을 회수한 경우에는 다시 사용할 수 없는 상태로 **폐기하여야 한다.**

(9) 누구든지 등록번호판 영치업무를 방해할 목적으로 제1항에 따른 등록번호판의 부착 및 봉인 이외의 방법으로 등록번호판을 부착하거나 봉인하여서는 아니 되며, 그러한 **자동차를 운행하여서도 아니 된다.**

### 3 변경등록(법 제11조)

자동차 소유자는 자동차 등록원부의 기재사항에 변경(이전등록 및 말소등록에 해당되는 경우는 제외)이 있을 때에는 시·도지사에게 변경등록(30일 이내)을 신청하여야 한다(단, 경미한 것은 예외).

※ 자동차의 변경등록 사유가 발생한 날부터 30일 이내에 자동차의 변경등록신청을 하지 아니한 때 ① 신청기간 만료일부터 90일 이내인 때 : 과태료 2만 원 ② 신청기간 만료일부터 90일 초과 174일 이내인 경우 : 2만 원에 91일째부터 계산하여 3일 초과시마다 과태료 1만 원 ③ 신청 지연기간이 175일 이상인 경우 : 30만 원(영 별표2)

### 4 이전등록(법 제12조)

(1) 등록된 자동차를 양수받는 자는 시·도지사에게 **자동차소유권의 이전등록을 신청하여야 한다.**

(2) 자동차를 양수한 자가 다시 제3자에게 양도하려는 경우에는 양도 전에 자기명의로 "①"에 따른 이전등록을 하여야 한다.

(3) 자동차를 양수한 자가 "①"에 따른 이전등록을 신청하지 아니한 경우에는 그 양수인에 갈음하여 양도자(이전등록을 신청할 당시 자동차등록원부에 기재된 소유자를 말한다)가 신청할 수 있다.

(4) (3)항에 따라 이전등록을 신청 받은 시·도지사는 등록을 수리(受理)하여야 한다.

### 5 말소등록(법 제13조)(사유발생일로부터 1개월 이내 신청)

자동차 소유자(재산관리인 및 상속인을 포함)는 등록된 자동차가 다음 각 호의 어느 하나에 해당하는 경우에는 **자동차등록증·등록번호판 및 봉인을 반납**하고 시·도지사에게 말소등록을 신청하여야 한다.

※ 상속의 경우 상속 개시일부터 3개월 이내 신청

(1) 자동차 해체재활용업 등록을 한 자에게 **폐차요청**을 한 경우

(2) 자동차제작·판매자 등에게 **반품**한 경우

(3) 여객자동차운수사업법에 따른 **차령이 초과**된 경우

(4) 여객자동차운수사업법 및 화물자동차운수사업법에 따라 면허·등록·인가 또는 신고가 실효되거나 취소된 경우

(5) 천재지변·교통사고 또는 화재로 자동차 본래의 기능을 회복할 수 없게 되거나 멸실된 경우

(6) 자동차를 수출하는 경우(벌칙 : 과태료 20만 원)

(7) 압류등록을 마친 후 환가가치가 없는 경우

(8) 자동차를 교육·연구의 목적으로 사용하는 경우

※ 위 (1)에서 (5)까지에 해당하는 경우, 말소등록 신청을 하지 않은 때의 과태료 ① 신청 지연기간이 10일 이내인 경우 : 과태료 5만 원 ② 신청 지연기간이 10일 초과 54일 이내인 경우 : 5만 원에서 11일째부터 계산하여 1일마다 1만 원을 더한 금액 ③ 신청 지연기간이 **55일 이상인 경우 : 50만 원**(영 별표2)

> **참고**
> 
> **시·도지사가 직권으로 말소등록을 할 수 있는 경우(법 제13조제3항)**
> 1. 말소등록을 신청하여야 할 자가 신청하지 아니한 경우
> 2. 자동차의 차대(차대가 없는 경우는 차체)가 자동차 등록원부상의 차대와 다른 경우
> 3. 자동차 운행정지 명령에도 불구하고 해당 자동차를 계속 운행하는 경우
> 4. 자동차를 폐차한 경우
> 5. 속임수, 그 밖의 부정한 방법으로 등록된 경우

### 6 자동차등록증의 비치 등(법 제18조)

(1) 자동차 소유자는 자동차등록증이 없어지거나 알아보기 곤란하게 된 경우에는 재발급 신청을 하여야 한다.

### 7 임시운행(법 제27조, 영 제7조)

(1) 임시운행 허가기간 10일 이내 : ① **신규등록신청**을 하려는 경우 ② 자동차 **차대번호** 또는 원동기 형식표기를 지우거나 그 표기를 받기 위하여 운행하려는 경우 ③ 신규검사나 임시검사를 받기 위하여 운행하려는 경우 ④ 자동차를 제작·조립·수입 또는 판매하는 자가 판매사업장·하치장 또는 전시장에 보관·전시 또는 판매한 자동차를 환수하기 위하여 운행하려는 경우 ⑤ 자동차운전학원 및 자동차운전전문학원을 설립·운영하는 자가 검사를 받기 위하여 기능교육용 자동차를 운행하려는 경우

(2) 임시운행 허가기간 20일 이내 : 수출하기 위하여 말소등록한 자동차를 점검·정비하거나 선적하기 위하여 운행하려는 경우

(3) 임시운행 허가기간 40일 이내 : ① 자동차자기인증에 필요한 시험 또는 확인을 받기 위하여 자동차를 운행하려는 경우 ② 자동차를 제작·조립 또는 수입하는 자가 자동차에 특수한 설비를 설치하기 위하여 다른 제작 또는 조립장소로 자동차를 운행하려는 경우

(4) 임시운행 허가기간 – 2년의 범위에서 해당 시험·연구에 소요되는 기간 : 자가 시험·연구의 목적으로 자동차를 운행하려는 경우
① 자동차의 제작·시험·검사시설을 등록한 자
② 성능시험을 대행할 수 있도록 지정된 자
③ 자동차 연구개발 목적의 기업부설연구소를 보유한 자
④ 해외자동차업체나 국내에서 자동차를 제작·조립하는 자와 계약을 체결하여 부품 개발 등의 개발업무를 수행하는 자
⑤ 전기자동차 등 친환경·첨단미래형 자동차의 개발·보급을 위하여 필요하다고 국토교통부장관이 인정하는 자

(5) 임시운행 허가기간 – 5년의 범위에서 해당 시험·연구에 소요되는 기간 : 자가 시험·연구의 목적으로 자동차를 운행하려는 경우, 전기자동차 등 친환경·첨단미래형 자동차의 개발·보급을 위하여 필요하다고 국토교통부장관이 인정하는 자

(6) 운행정지 중인 자동차의 임시운행(규칙 제28조) ① 법 제37조제2항 후단에 따른 운행정지처분을 받아 운행정지 중인 자동차 ② 법 제37조제3항에 따라 등록번호판이 영치된 자동차 ③ 화물자동차 운송사업의 허가 취소 등에 따른 사업정지처분을 받아 운행정지 중인 자동차 ④ 자동차세의 납부의무를 이행하지 아니하여 자동차등록증이 회수되거나 등록번호판이 영치된 자동차 ⑤ 압류로 인하여 운행정지 중인 자동차 ⑥ 의무보험에 가입되지 아니하여 자동차의 등록번호판이 영치된 자동차 ⑦ 자동차의 운행·관리 등에 관한 질서위반행위 중 대

통령령으로 정하는 질서위반행위로 부과받은 과태료를 납부하지 아니하여 등록번호판이 영치된 자동차

## 3 자동차의 안전기준 및 자기인증

### 1 자동차의 구조 및 장치(법 제29조, 영 제8조)

자동차는 대통령령으로 정하는 구조 및 장치가 안전운행에 필요한 성능과 기준에 적합하지 아니하면 이를 운행하지 못한다.

| 자동차의 구조 | ① 길이·너비 및 높이 ② 최저지상고 ③ 총중량 ④ 중량 분포 ⑤ 최대안전경사각도 ⑥ 최소회전반경 ⑦ 접지부분 및 접지압력 |
|---|---|
| 자동차의 장치 | ① 원동기(동력발생장치) 및 동력전달장치 ② 주행장치 ③ 조종장치 ④ 조향장치 ⑤ 제동장치 ⑥ 완충장치 ⑦ 연료장치 및 전기·전자장치 ⑧ 차체 및 차대 ⑨ 연결장치 및 견인장치 ⑩ 승차장치 및 물품적재장치 ⑪ 창유리 ⑫ 소음방지장치 ⑬ 배기가스 발산 방지장치 ⑭ 전조등, 번호등, 후미등, 제동등, 차폭등, 후퇴등, 기타 등화 장치 ⑮ 경음기 및 경보장치 ⑯ 방향지시등 기타지시장치 ⑰ 후사경 창 닦이기, 기타시야를 확보하는 장치 ⑰-2 후방영상장치 및 후진경고음 발생장치 ⑱ 속도계, 주행거리계, 기타계기 ⑲ 소화기 및 방화장치 ⑳ 내압용기 및 그 부속장치 등 ㉑ 기타 자동차의 안전운행에 필요한 장치로서 국토교통부령이 정하는 장치 |

### 2 자동차의 튜닝(법 제34조)

자동차 소유자가 국토교통부령으로 정하는 항목에 대하여 튜닝을 하려는 경우에는 시장·군수, 구청장의 승인을 받아야 한다.

> 참고
> 시장, 군수, 구청장은 자동차 구조·장치의 변경 승인에 관한 권한을 한국교통안전공단에 위탁한다(영 제19조제5항).

### 3 자동차의 튜닝이 승인되지 않는 경우(규칙 제55조 제2항)

① 제작허용총중량(제작허용총중량이 없는 경우에는 차대 또는 차체가 동일한 자동차로 자기인증 되어 제원이 통보된 차종의 총중량을 말한다)을 넘어서 총중량을 증가시키는 튜닝
② 삭제(24.7.10)
③ 자동차의 종류가 변경되는 경우(다음 각 목의 경우는 제외)
  가. 승용자동차와 동일한 차체 및 차대로 제작된 승합자동차의 좌석장치를 제거하여 승용자동차로 튜닝 하는 경우(튜닝 하기 전의 상태로 회복하는 경우 포함)
  나. 화물자동차를 특수자동차로 튜닝하거나, 특수자동차를 화물자동차로 튜닝 하는 경우
④ 튜닝 전보다 성능 또는 안전도가 저하될 우려가 있는 경우의 튜닝

### 4 튜닝검사 신청서류(규칙 제56조 제1항)

① 자동차등록증
② 튜닝 승인 신청서
③ 튜닝 전·후의 주요제원 대비표
④ 튜닝 전·후의 자동차 외관도(외관이 변경이 있는 경우에 한한다)
⑤ 튜닝하고자 하는 구조·장치의 설계도

## 4 자동차의 점검 및 정비

### 1 점검 및 정비명령 등(법 제37조)

(1) 시장·군수 구청장은 다음 각 호의 어느 하나에 해당하는 자동차의 소유자에게 점검·정비·검사 또는 원상복구와 운행정지를 함께 명할 수 있다. 다만 ②에 해당하는 경우에는 원상복구 및 임시검사를, ③에 해당하는 경우에는 정기검사 또는 종합검사를, ④ 또는 ⑤에 해당하는 경우에는 임시검사를 각각 명하여야 한다.
  ① 자동차 안전기준에 적합하지 아니하거나 안전운행에 지장이 있다고 인정되는 자동차
  ② 승인을 받지 아니하고 튜닝한 자동차
  ③ 자동차 정기검사 또는 자동차종합검사를 받지 아니한 자동차
  ④ 「화물자동차운수사업법」에 따른 중대한 교통사고가 발생한 사업용 자동차
  ⑤ 천재지변·화재 또는 침수로 인하여 국토교통부령으로 정하는 기준에 따라 안전 운행에 지장이 있다고 인정되는 자동차

(2) 시장·군수·구청장은 위의 (1) 규정에 의한 점검, 정비, 검사 또는 원상복구를 명하고자 할 경우 그 기간을 정하여야 하고, 자동차의 운행정지를 함께 명할 수 있다.

## 5 자동차의 검사 및 유효기간

### 1 자동차 검사(법 제43조)

자동차 소유자는 해당 자동차에 대하여 각 호의 구분에 따라 국토교통부장관이 실시하는 검사를 받아야 한다.

(1) 신규검사 : 신규등록을 하려는 경우 실시하는 검사
(2) 정기검사 : 신규등록 후 일정 기간마다 정기적으로 실시하는 검사
(3) 튜닝검사 : 자동차 튜닝(구조, 장치를 변경)한 경우 실시하는 검사
(4) 임시검사 : 「자동차관리법」 또는 같은 법에 따른 명령이나 자동차소유자의 신청을 받아 비정기적으로 실시하는 검사
  ※ 자동차 검사는 한국교통안전공단이 대행하고 있으며, 정기검사는 지정정비사업자도 대행할 수 있음)

### 2 자동차 정기검사 유효기간(규칙 제74조)

(1) 정기검사 유효기간(규칙 별표15의2)

| 구분 | | 유효기간 |
|---|---|---|
| 비사업용 승용자동차 | | 2년(최초 검사 유효기간은 5년) |
| 사업용 승용자동차 | | 1년(최초 검사 유효기간은 2년) |
| 경형·소형 및 비사업용 화물자동차 | 차령 4년 이하 | 2년 |
| | 차령 4년 초과 | 1년 |
| 경형·소형의 사업 및 비사업용 승합자동차 | 차령이 4년 이하인 경우 | 2년 |
| | 차령이 4년 초과인 경우 | 1년 |
| 중형·대형의 비사업용 승합자동차 | 차령 8년 이하 | 1년(길이 5.5미터 미만 자동차의 최초 검사 유효기간은 2년) |
| | 차령 8년 초과 | 6개월 |
| 중형·대형의 사업용 승합자동차 | 차령 8년 이하 | 1년 |
| | 차령 8년 초과 | 6개월 |
| 중형·대형의 비사업용 화물자동차 | 차령이 5년이하인 경우 | 1년 |
| | 차령이 5년초과인 경우 | 6개월 |
| 경형·소형의 사업용 화물자동차 | | 1년(최초 검사 유효기간은 2년) |
| 사업용 대형 화물자동차 | 차령 2년 이하 | 1년 |
| | 차령 2년 초과 | 6개월 |
| 그 밖의 자동차 | 차령 5년 이하 | 1년 |
| | 차령 5년 초과 | 6개월 |

※ 자동차소유자가 천재지변 기타 부득이한 사유로 인하여 자동차 검사(정기검사, 튜닝검사, 임시검사)를 받을 수 없다고 인정될 때에는 그 기간을 연장하거나 자동차의 검사를 유예할 수 있다.

(2) 검사유효기간의 연장 등(규칙 제75조 제1항)
시·도지사가 검사유효기간을 연장 또는 유예할 수 있는 경우는 다음과 같다.
① 전시·사변 또는 이에 준하는 비상사태의 경우
② 자동차의 도난·사고발생의 경우나 압류된 경우 또는 장기간의 정비 기타 부득이한 사유가 인정되는 경우(자동차 소유자의 신청에 의하여)
③ 섬지역의 출장검사인 경우에는 자동차검사대행자의 요청이 있을 때
④ 법 제59조 제1항 제1호에 따라 신고된 매매용 자동차의 검사유효기간 만료일이 도래하는 경우에는 같은 항 제2호 또는 제3호에 따른 신고 전까지 해당 자동차의 검사유효기간을 연장할 것

## 6 자동차종합검사(법제43조의 2)

### 1 자동차종합검사

「대기환경보전법」에 따른 운행차 배출가스 정밀검사 시행지역과 「수도권 대기환경개선에 관한 특별법」에 따른 자동차소유자(특정경유자동차소유자 포함)가 받는 정기검사와 배출가스 정밀검사를 통합하여 공동으로 실시하는 검사를 자동차종합검사라 한다.
① 자동차의 동일성 확인 및 배출가스 관련 장치 등의 작동상태 확인을 관능검사(官能檢査 : 사람의 감각으로 자동차의 상태를 확인하는 검사) 및 기능검사로 하는 공통 분야
② 자동차 안전검사 분야
③ 자동차 배출가스 정밀검사 분야

### 2 자동차종합검사 대상자

① 「대기환경보전법」에 따른 운행차 배출가스 정밀검사 시행지역에 등록된 자동차 소유자
② 「수도권대기환경개선에 관한 특별법」에 따른 특정경유자동차 소유자는 정기검사와 배출가스 정밀검사를 통합하여 종합검사를 받아야 한다.

### 3 자동차종합검사의 대상과 유효기간(자동차종합검사의 시행 등에 관한 규칙 별표1)

| 검사 대상 | | 적용 차령 | 검사 유효기간 |
|---|---|---|---|
| 승용자동차 | 비사업용 | 차령 4년 초과 | 2년 |
| | 사업용 | 차령 2년 초과 | 1년 |
| 경형·화물·소형의 승합자동차 | 비사업용 | 차령 3년 초과 | |
| | 사업용 | 차령 2년 초과 | |
| 대형 화물자동차 | 사업용 | 차령 2년 초과 | 6개월 |
| 대형 승합자동차 | 사업용 | 차령 2년 초과 | 차령 8년까지는 1년, 이후부터는 6개월 |
| 중형승합자동차 | 비사업용 | 차령 3년 초과 | 차령 8년까지는 1년, 이후부터는 6개월 |
| | 사업용 | 차령 2년 초과 | 차령 8년까지는 1년, 이후부터는 6개월 |
| 그 밖의 자동차 | 비사업용 | 차령 3년 초과 | 차령 5년까지는 1년, 이후부터는 6개월 |
| | 사업용 | 차령 2년 초과 | 차령 5년까지는 1년, 이후부터는 6개월 |

※ 검사 유효기간이 6개월인 자동차의 경우 종합검사 중 자동차 배출가스 정밀검사 분야의 검사는 1년마다 받는다.

### 4 검사 유효기간의 계산 방법과 자동차종합검사기간 등(자동차종합검사의 시행 등에 관한 규칙 제9조)

① 「자동차관리법」에 따라 신규등록하는 자동차 : 신규등록일부터 계산
② 종합검사 기간 내에 신청하여 적합판정을 받은 자동차 : 직전 자동차종합검사 유효기간 마지막 날의 다음날부터 계산(다만, 자동차종합검사 전(前) 또는 후(後)에 신청하여 적합판정을 받은 자동차 : 자동차종합검사를 받은 날의 다음날부터 계산)
③ 종합검사기간 : 검사유효기간의 마지막 날(검사연장, 유예된 경우도 유예기간의 마지막 날)전후 각각 31일 이내로 한다.
④ 변경등록을 한날로부터 62일 이내 종합검사 수검대상자 : 자동차 소유권 변동자, 사용본거지 변동으로 검사의 대상이 된 자동차 중 정기검사 기간 중에 있거나 정기검사 기간이 지난 자동차

### 5 재검사(자동차종합검사의 시행 등에 관한 규칙 제7조)

종합검사 실시 결과 부적합 판정을 받은 자동차의 소유자는 자동차등록증과 종합검사 결과표 또는 자동차기능 종합진단서를 제출하고 해당 자동차를 제시하여야 한다.
① 종합검사기간 내에 종합검사를 신청한 경우 : 부적합 판정을 받은 날부터 종합검사기간 만료 후 10일 이내
② 종합검사기간 전 또는 후에 종합검사를 신청한 경우 : 부적합 판정을 받은 날부터 10일 이내
③ 종합검사기간 내에 종합검사를 신청하였으나 자동차 배출가스 검사기준 위반, 최고속도제한장치의 미설치, 무단해체 및 미작동으로 부적합 판정을 받은 경우 : 부적합 판정을 받은 날부터 10일 이내

### 6 자동차종합검사 유효기간의 연장 또는 유예 사유 및 제출서류 (자동차종합검사의 시행 등에 관한 규칙 제10조제1항)

① 전시·사변 또는 이에 준하는 비상사태로 인하여 자동차종합검사 업무를 수행할 수 없다고 판단되는 경우 : 시·도지사는 대상 자동차, 유예기간 및 대상지역 등을 공고
② 자동차를 도난당한 경우 : 경찰관서에서 발급하는 도난신고확인서
③ 사고발생으로 인하여 자동차를 장기간 정비할 필요가 있는 경우 : 시장·군수 또는 구청장, 경찰서장, 소방서장, 보험사 등이 발행한 사고사실증명서류(천재지변·교통사고 등으로 파손 또는 매몰 등이 된 경우만 해당), 정비업체에서 발행한 정비예정증명서(교통사고 등으로 장기간의 정비가 필요한 경우만 해당)
④ 형사소송법 등에 따라 자동차가 압수되어 운행할 수 없는 경우 : 행정처분서(운행을 제한받는 압류, 사업용자동차의 사업휴지·폐지나 자동차의 등록번호판 영치 등의 사용정지 등 행정처분을 받은 경우만 해당)
⑤ 그 밖에 부득이한 사유로 자동차를 운행할 수 없다고 인정되는 경우 : 시장·군수 구청장(읍·면·동·이장을 포함)이 확인한, 섬지역 장기체류 확인서(섬 지역에 장기체류하고 있는 경우에 한함), 병원입원 또는 해외출장 등의 경우에는 그 사유를 객관적으로 증명할 수 있는 서류
⑥ 자동차 소유자가 폐차를 하려는 경우 : 폐차인수증명서

### 7 자동차종합검사기간이 지난 자에 대한 독촉(자동차종합검사의 시행 등에 관한 규칙 제11조)

자동차종합검사기간이 지난 자에 대한 독촉은 그 기간이 끝난 다음 날부터 10일 이내와 20일 이내에 각각 통지, (검사기간이 지난 사실 등)독촉한다.

※ 벌칙 : 정기검사나 종합검사를 받지 아니한 때 경우 과태료(영 별표2)
① 검사 지연기간이 30일 이내인 경우 : 과태료 4만 원
② 검사 지연기간이 30일 초과 114일 이내인 경우 : 4만 원에 31일째부터 계산하여 3일 초과시마다 2만 원을 더한 금액
③ 검사 지연기간이 115일 이상인 경우 : 60만 원

**참고**
자동차정기검사의 기간은 검사유효기간만료일 전후 각각 31일 이내로 하며 이 기간 내에 적합판정을 받은 경우에는 검사유효기간만료일에 자동차정기검사를 받은 것으로 본다.(규칙 제77조 제2항)

# 제1편 교통 및 화물자동차 운수사업관련법규

## 제4장 자동차관리법령 출제 예상 문제

**1** 「자동차관리법」의 제정 목적이 아닌 것은?
① 자동차를 효율적으로 관리함에 있다
② 자동차의 등록, 안전기준 등을 정하여 성능 및 안전을 확보함에 있다
③ 공공복리를 증진함에 있다
④ 도로교통의 안전을 확보함에 있다

> 해설 "도로교통의 안전을 확보함에 있다"는 「도로교통법」 목적 중의 하나로 정답은 ④이다.

**2** 원동기에 의하여 육상에서 이동할 목적으로 제작한 용구 또는 이에 견인되어 육상을 이동할 목적으로 제작한 용구의 명칭은?
① 자동차 ② 차
③ 궤도차 ④ 견인차

**3** 「자동차관리법」의 적용이 제외되는 자동차가 아닌 것은?
① 「건설기계관리법」에 따른 건설기계
② 「화물자동차 운수사업법」에 따른 화물자동차
③ 「농업기계화 촉진법」에 따른 농업기계 및 군수품관리법에 따른 차량
④ 궤도 또는 공중선에 의하여 운행되는 차량 및 「의료기기법」에 따른 의료기기

**4** 사람 또는 화물의 운송 여부에 관계없이 자동차를 그 용법에 따라 사용하는 것의 용어의 명칭은?
① 운수 ② 통행
③ 운행 ④ 주행

**5** 자동차 소유자 또는 자동차 소유자로부터 자동차의 운행 등에 관한 사항을 위탁받은 자의 용어의 명칭은?
① 자동차 운전자
② 자동차 관리자
③ 자동차 사용자
④ 자동차 위임자

**6** 자동차의 차령기산일에 대한 설명으로 맞는 것은?
① 제작년도에 등록된 자동차는 제작년도의 말일
② 제작년도에 등록되지 아니한 자동차는 최초등록일
③ 자동차의 차령기산일은 항상 제작년도의 말일
④ 제작년도에 등록된 자동차는 최초 신규등록일, 제작년도에 등록되지 아니한 자동차는 제작년도의 말일

**7** 「자동차관리법」상 자동차 종류의 구분으로 틀린 것은?
① 승용자동차 ② 승합자동차
③ 건설기계 ④ 화물자동차

> 해설 자동차관리법에서는 "건설기계"란 명칭은 없고 "특수자동차"라 하는 것이 맞으므로 정답은 ③이다.

**8** 다음 중 승합자동차에 해당하지 않는 것은?
① 11인 이상을 운송하기에 적합하게 제작된 자동차
② 내부의 특수한 설비로 인하여 승차인원이 10인 이하로 된 자동차
③ 캠핑용 자동차 또는 캠핑용 트레일러
④ 경형자동차로서 승차정원이 10인 이하인 전방조종자동차

**9** 화물자동차는 화물을 운송하기에 적합한 화물 적재공간을 갖추고 있어야 하는데 그 바닥 면적으로 맞는 것은?
① 바닥 면적이 최소 2제곱미터 이상
② 바닥 면적이 최소 2.5제곱미터 이상
③ 바닥 면적이 최소 3제곱미터 이상
④ 바닥 면적이 최소 3.5제곱미터 이상

> 해설 "특수용도형의 경형화물자동차는 1제곱미터 이상 화물적재공간을 갖추어야 하며" 이외의 화물자동차는 "바닥 면적이 최소 2제곱미터 이상"이므로 정답은 ①이다.

**10** 자동차의 등록에 대한 설명으로 틀린 것은?
① 이륜자동차는 등록을 하여야 한다
② 자동차는 자동차등록원부에 등록한 후가 아니면 이를 운행할 수 없다
③ 임시운행허가를 받아 허가 기간 내에 운행하는 경우는 위법이 아니다
④ 임시 운행허가를 받은 경우 임시운행허가 번호판을 붙이고 운행한다

> 해설 이륜자동차는 등록이 아닌 "사용 신고"를 하여야 하므로 정답은 ①이다.

**11** 자동차등록을 신청하는 자가 직접 자동차등록 번호판을 붙이고 봉인을 하여야 하는 경우 이를 이행하지 아니한 경우 벌칙으로 맞는 것은?
① 과태료 20만 원 ② 과태료 30만 원
③ 과태료 40만 원 ④ 과태료 50만 원

**정답** 1 ④ 2 ① 3 ② 4 ③ 5 ③ 6 ④ 7 ③ 8 ③ 9 ① 10 ① 11 ④

**12** 자동차 소유자는 등록번호판이 떨어지거나 알아보기 곤란하게 되었을 경우, 이를 다시 부착하고 봉인해야 한다. 누구에게 이를 신청하는가?
① 국토교통부장관　　② 시·도지사
③ 시·도경찰청장　　④ 구청장

**13** 자동차등록원부의 기재사항이 아닌 것은?
① 등록번호
② 차대번호
③ 자동차 운전자
④ 검사유효기간

**14** 자동차등록번호판을 고의로 가리거나 알아보기 곤란하게 한 자에 대한 벌칙으로 맞는 것은?
① 1년 이하의 징역 또는 100만 원 이하의 벌금
② 1년 이하의 징역 또는 200만 원 이하의 벌금
③ 2년 이하의 징역 또는 500만 원 이하의 벌금
④ 1년 이하의 징역 또는 1천만 원 이하의 벌금

**15** 자동차 소유자가 변경등록을 하여야 할 경우가 아닌 것은?
① 자동차 소유자의 성명·주소 변경 시
② 원동기 형식 및 장치의 변경 시
③ 자동차의 소유권이 변경 시
④ 자동차의 사용본거지 및 용도가 변경 시
🔍해설 "자동차의 소유권이 변경 시"는 "이전등록"을 하여야 한다. 정답은 ③이다.

**16** 자동차의 변경등록 사유가 발생한 날부터 며칠 이내에 변경등록신청을 하여야 하는가?
① 10일 이내　　② 15일 이내
③ 20일 이내　　④ 30일 이내
🔍해설 "변경등록 사유가 발생한 날부터 30일 이내"에 등록신청을 하여야 하므로 정답은 ④이다.

**17** 자동차 소유자가 변경등록 사유가 발생한 날부터 30일 이내에 변경등록신청을 하지 아니한 경우 과태료 부과기준으로 틀린 것은?
① 신청기간만료일부터 90일 이내인 때 : 과태료 2만 원
② 신청기간만료일부터 90일을 초과한 경우에는 3일 초과할 때마다 : 과태료 1만 원
③ 신청 지연기간이 175일 이상인 때 : 30만 원
④ 신청 지연기간이 300일 이상인 때 : 60만 원
🔍해설 ④는 부과기준 규정에 없으므로 정답은 ④이다.

**18** 자동차 이전등록에 대한 설명으로 틀린 것은?
① 등록된 자동차를 양수받은 자는 시·도지사에게 자동차 소유권의 이전등록을 하여야 한다
② 자동차를 양수한 자가 다시 제3자에게 양도하려는 경우 제3자에게 직접 이전등록을 해도 된다
③ 자동차를 양수한 자가 이전등록을 신청하지 아니한 경우에는 양수인을 갈음하여 양도자(자동차 등록원부에 적힌 소유자)가 신청할 수 있다
④ 양도자가 이전등록을 신청을 한 경우 시·도지사는 등록을 수리하여야 한다
🔍해설 ②에서 제3자에게 "직접" 이전등록을 해서는 안 되고, "양도 전에 자기 명의로 먼저 이전등록을 하고, 그 다음 제3자에게 이전등록"을 해야하므로 정답은 ②이다.

**19** 자동차 말소등록을 해야 할 경우에 대한 설명으로 틀린 것은?
① 자동차해체재활용업을 등록한 자에게 폐차를 요청한 경우
② 자동차제작·판매자에게 반품한 경우
③ 여객자동차 운수사업법에 따른 차령이 연장된 경우
④ 여객(화물)자동차 운수사업법에 따라 면허·등록·인가 또는 신고가 실효(失效)되거나 취소된 경우
🔍해설 "여객자동차 운수사업법에 따른 차령이 초과된 경우"가 옳으므로 정답은 ③이다. 이외에 "천재지변, 교통사고 또는 화재로 자동차 본래의 기능을 회복할 수 없게 되거나 멸실된 경우와 자동차를 수출하는 경우"가 있다.

**20** 자동차 말소등록을 신청할 사유가 발생한 날부터 며칠 이내에 신청해야 하는가?
① 15일 이내　　② 20일 이내
③ 30일 이내　　④ 1개월 이내
🔍해설 "말소등록사유가 발생한 날부터 1개월 이내"에 말소등록을 신청해야 하므로 정답은 ④이다.

**21** 자동차 말소등록을 신청하여야 하는 사유가 발생한 날부터 1개월 이내에 신청하지 아니한 경우의 과태료 부과기준으로 틀린 것은?
① 말소등록 사유가 발생한 날부터 1개월 이내에 말소등록을 신청하지 아니한 경우, 신청 기간만료일부터 10일 이내인 경우 : 과태료 5만 원
② 신청기간만료일부터 10일 초과한 경우에는 1일 초과 시 1일마다 : 1만 원
③ 신청기간 만료일부터 20일 초과한 경우에는 1일 초과 시마다 : 2만 원
④ 신청 기간이 55일 이상인 경우 : 50만 원

**22** 자동차를 양수한 자가 다시 제3자에게 양도하려는 경우의 절차에 대한 설명으로 틀린 것은?
① 자동차를 양수한 자가 다시 제3자에게 양도하려는 경우에는 양도 전에 자기 명의로 이전등록을 하여야 한다
② 자동차를 양수한 자가 자기 명의로 이전등록을 아니한 경우에는 그 양수인을 갈음하여 양도자(등록원부에 적힌 소유자)가 신청할 수 있다
③ 이전등록신청기간 제한 규정은 없다
④ 양도자(등록원부에 적힌 소유자)의 이전등록을 신청받은 시·도지사는 등록을 수리하여야 한다

**23** 자동차 임시운행허가기간에 대한 설명으로 틀린 것은?
① 신규등록신청을 위하여 자동차를 운행하려는 경우 : 10일 이내
② 신규검사 또는 임시검사를 받기 위하여 자동차를 운행하려는 경우 : 15일 이내
③ 수출하기 위하여 말소등록한 자동차를 점검·정비하기 위하여 자동차를 운행하려는 경우 : 20일 이내
④ 자동차 자기인증에 필요한 시험 또는 확인을 받기 위하여 자동차를 운행하려는 경우 : 40일 이내
🔍해설 "운행정지중인 자동차가 정기 또는 종합검사를 받기 위하여 운행 시에도 10일의 운행기간"을 받을 수 있으므로 정답은 ②이다.

**24** 자동차 소유자가 국토교통부령으로 정하는 항목에 대하여 튜닝을 하려는 경우 승인을 받아야 할 기관은?
① 시장·군수·구청장　　② 시·도지사
③ 행정안전부장관　　④ 특별(광역)시장 등
🔍해설 다만 이를 한국교통안전공단에 위탁할 수 있다.

---

**정답** 12 ②　13 ③　14 ④　15 ③　16 ④　17 ④　18 ②　19 ③　20 ④　21 ③　22 ③　23 ②　24 ①

**25** 자동차의 튜닝이 승인되는 경우는?
① 총중량이 증가되는 튜닝
② 최대적재량의 증가를 가져오는 물품적재장치의 튜닝
③ 자동차의 종류가 변경되는 튜닝과 변경전보다 성능 또는 안전도가 저하될 우려가 있는 경우의 튜닝
④ 최대적재량을 감소시켰던 자동차를 원상회복하는 경우의 튜닝

**26** 자동차 검사의 구분에 대한 설명으로 틀린 것은?
① 신규검사 : 신규등록을 하려는 경우 실시하는 검사
② 정기검사 : 신규등록 후 일정기간마다 정기적으로 실시하는 검사로 한국교통안전공단이 독점으로 대행하고 있다
③ 튜닝검사 : 자동차의 구조 및 장치를 변경한 경우에 실시하는 검사
④ 임시검사 : 자동차관리법 또는 같은 법의 명령이나 자동차 소유자의 신청을 받아 비정기적으로 실시하는 검사

🔍 해설 "정기검사나 종합검사는 지정정비사업자"도 대행할 수 있으므로 정답은 ②이다.

**27** 차령이 2년 초과인 사업용 대형화물자동차의 검사 유효기간은 어떻게 되는가?
① 1개월  ② 1년
③ 3년    ④ 6개월

**28** 차령이 4년 초과인 비사업용 승용자동차의 검사 유효기간은 어떻게 되는가?
① 1년   ② 2년
③ 5년   ④ 10년

**29** 신규등록하는 자동차의 검사 유효기간은 언제부터 계산되는가?
① 신규등록일
② 차량출고일
③ 차량구입일
④ 차량보험가입일

**30** 중형 승합자동차 또는 사업용 대형 승합자동차 등의 정기 검사 유효 기간에 대한 설명이다. 옳지 않은 것은?
① 중형 승합자동차(8년 이하) – 1년
② 사업용 대형 승합자동차(8년 초과) – 6개월
③ 사업용 대형 화물자동차(2년 이하) – 1년
④ 사업용 승용자동차(최초 기간) – 1년

🔍 해설 사업용 승용자동차 최초 정기 검사는 2년이다.

**31** 자동차 종합 검사 대상과 유효 기간에 대한 설명이다. 옳지 않은 것은?
① 중형 승합자동차(비사업용) 차령이 3년 초과인 자동차 – 차령 5년까지는 1년, 이후부터는 6개월
② 중형 승합자동차(사업용) 차령이 2년 초과인 자동차 – 차령 8년까지는 1년, 이후부터는 6개월
③ 대형 화물자동차(사업용) 차령이 2년 초과인 자동차 – 6개월
④ 승용자동차(비사업용) 차령이 4년 초과인 자동차 – 1년

🔍 해설 비사업용 승용자동차의 검사 기간은 2년이다.

**32** 종합검사 기간 내에 신청하여 적합판정을 받은 자동차는 그 검사 유효기간을 언제부터 계산하는가?
① 직전 자동차의 종합검사 유효기간 시작일의 다음날부터 계산
② 직전 자동차의 종합검사 유효기간 마지막 날의 다음날부터 계산
③ 직전 자동차의 종합검사 유효기간 시작일의 31일 전부터 계산
④ 직전 자동차의 종합검사 유효기간 마지막 날의 31일 전 부터 계산

🔍 해설 "변경등록을 한 날부터 62일 이내에 종합검사를 받아야 한다"이므로 정답은 ②이다.

**33** 자동차 소유자가 종합검사 실시 결과 부적합 판정을 받아 재검사를 받으려는 경우 필요한 것이 아닌 것은?
① 자동차 등록증
② 자동차종합검사 결과표
③ 자동차기능 종합진단서
④ 자동차 보험가입증명

🔍 해설 "자동차 보험가입증명"은 필요 없고, "해당 자동차를 제시"해야 한다.

**34** 종합검사에서 부적합 판정을 받은 자동차의 소유자는 자동차등록증과 종합검사 결과표, 자동차기능 종합진단서를 제출하고 해당 자동차를 제시하여야 한다. 종합검사기간 내에 자동차종합검사를 신청한 경우 부적합 판정을 받은 날부터 자동차종합검사기간 만료 후 며칠까지 재검사를 신청하여야 하는가?
① 5일    ② 10일
③ 20일   ④ 30일

**35** 자동차종합검사기간이 지난 자에 대한 독촉하는 통지기간과 그 내용으로 틀린 것은?
① 종합검사기간이 끝난 다음 날부터 10일 이내와 20일 이내에 각각 독촉 통지를 하여야 한다
② 종합검사기간이 지난 사실과 종합검사의 유예가 가능한 사유와 그 신청 방법
③ 종합검사를 받지 않은 경우 운행정지나 폐차가 된다는 사실
④ 종합검사를 받지 아니하는 경우에 부과되는 과태료의 금액과 근거 법규

**36** 자동차 정기검사를 30일 이내에 받지 아니한 경우의 과태료 부과 금액은?
① 5만 원  ② 4만 원
③ 3만 원  ④ 2만 원

🔍 해설 ① 검사 지연 기간이 30일 초과 114일 이내인 경우 : 4만 원에 31일째부터 3일 초과 시마다 2만 원을 더한 금액
② 검사 지연 기간이 115일 이상인 경우 : 60만 원

**37** 자동차정기검사 유효기간만료일과 배출가스정밀검사 유효기간만료일이 다른 자동차의 경우 종합검사를 받아야 할 날은?
① 처음으로 도래하는 자동차정기검사 유효기간 만료일에 종합검사를 받는다
② 종합검사 기간 2개 중 선택하여 받는다
③ 두 번째 돌아오는 기간만료일에 받는다
④ 배출가스정밀검사 유효기간만료일에 받는다

**정답** 25 ④  26 ②  27 ④  28 ②  29 ①  30 ④  31 ④  32 ②  33 ④  34 ②  35 ③  36 ②  37 ①

# 제5장 도로법령 요약정리

## 1 총칙

### 1 목적(법 제1조)

도로망의 계획수립, 도로 노선의 지정, 도로공사의 시행과 도로의 시설기준, 도로의 관리·보전 및 비용 부담 등에 관한 사항을 규정하여 국민이 안전하고 편리하게 이용할 수 있는 도로의 건설과 공공복리의 향상에 이바지함을 목적으로 한다.

### 2 도로의 정의(법 제2조)

(1) 도로란 차도, 보도(步道), 자전거도로, 측도(側道), 터널, 교량, 육교 등 대통령령으로 정하는 시설로 구성된 것으로서 도로법 제10조에 열거된 것을 말하며, 도로의 부속물을 포함한다.

  ※ 도로법 제10조의 도로 : 고속국도, 일반국도, 특별시도(特別市道)·광역시도(廣域市道), 지방도, 시도(市道), 군도(郡道), 구도(區道)

  ※ 대통령령으로 정하는 시설(영 제2조)
  ① 차도·보도·자전거도로 및 측도 ② 터널·교량·지하도 및 육교(해당 시설에 설치된 엘리베이터 포함) ③ 궤도 ④ 옹벽·배수로·길도랑·지하통로 및 무넘기시설 ⑤ 도선장 및 도선의 교통을 위하여 수면에 설치하는 시설

(2) 도로 부속물의 정의 : 도로관리청이 도로의 편리한 이용과 안전 및 원활한 도로교통의 확보, 그 밖에 도로의 관리를 위하여 설치하는 시설 또는 공작물이다.
  ① 주차장, 버스정류시설, 휴게시설 등 도로이용 지원 시설
  ② 시선유도표지, 중앙분리대, 과속방지시설 등 도로안전시설
  ③ 통행료 징수시설, 도로관제시설, 도로관리사업소 등 도로관리시설
  ④ 도로표지 및 교통량 측정시설 등 교통관리시설
  ⑤ 낙석방지시설, 제설시설, 식수대 등 도로에서의 재해 예방 및 구조 활동, 도로 환경의 개선·유지 등을 위한 도로부대시설

  ※ 도로의 부속물(그 밖에 대통령령으로 정한)(영 제3조)
  ① 주유소, 충전소, 교통·관광안내소, 졸음쉼터 및 대기소 ② 환승시설 및 환승센터 ③ 장애물 표적지, 시선유도봉 등 운전자의시선을 유도하기 위한 시설 ④ 방호울타리, 충격흡수시설, 가로등, 교통섬, 도로반사경, 미끄럼방지시설, 긴급제동시설 및 도로의 유지 관리용 재료적치장 ⑤ 화물 적재량 측정을 위한 과적차량 검문소 등의 차량단속시설 ⑥ 도로에 관한 정보 수집 및 제공 장치, 기상 관측 장치, 긴급 연락 및 도로의 유지 관리를 위한 통신 시설 ⑦ 도로 상의 방파시설, 방설시설, 방풍시설 또는 방음시설 ⑧ 도로에 토사유출을 방지하기 위한 시설 및 비점오염저감시설 ⑨ 도로원표, 수선 담당 구역표 및 도로경계표 ⑩ 공동구 ⑪ 도로 관련 기술개발 및 품질 향상을 위하여 도로에 연접하여 설치한 연구시설

### 3 도로의 종류와 등급(법 제10조)

도로의 종류는 아래의 내용과 같으며, 그 등급은 당해 열거한 순위에 의한다.

🔔 참고
※ 도로 종류의 뜻
(1) 고속국도(高速國道) : 국토교통부장관은 도로교통망의 중요한 축을 이루며 주요 도시를 연결하는 도로로서 자동차 전용의 고속운행에 사용되는 도로 노선을 정하여 지정·고시한 도로
(2) 일반국도(一般國道) : 국토교통부장관이 주요 도시, 지정항만, 주요공항, 국가산업단지 또는 관광지 등을 연결하여 고속국도와 함께 국가간선도로망을 이루는 도로 노선을 정하여 지정·고시한 도로
(3) 특별시도(特別市道)·광역시도(廣域市道) : 특별시, 광역시의 관할구역에 있는 주요 도로망을 형성하는 도로, 특별시·광역시의 주요 지역과 인근 도시·항만·산업단지·물류시설 등을 연결하는 도로 및 그 밖의 특별시 또는 광역시의 기능 유지를 위하여 특히 중요한 도로로서 특별시장 또는 광역시장이 노선을 정하여 지정·고시한 도로
(4) 지방도(地方道) : 지방의 간선도로망을 이루는 도청 소재지에서 시청 또는 군청 소재지에 이르는 도로, 도 또는 특별자치도에 있는 비행장·항만·역에서 이들과 밀접한 관계가 있는 비행장, 항만, 역을 서로 연결하는 도로. 도 또는 특별자치도에 있는 비행장·항만·역에서 이들과 밀접한 관계가 있는 고속국도, 일반국도 또는 지방도를 연결하는 도로 및 그 밖의 지방의 개발을 위하여 특히 중요한 도로로서 관할도지사 또는 특별자치도지사가 그 노선을 인정한 것
(5) 시도(市道) : 특별자치시, 시 또는 행정시의 관할구역에 있는 도로로서 특별자치시장 또는 시장(행정시의 경우는 특별자치도지사)이 그 노선을 인정한 것
(6) 군도(郡道) : 군청 소재지에서 읍사무소 또는 면사무소 소재지에 이르는 도로, 읍사무소 또는 면사무소 소재지를 연결하는 도로 및 그 밖의 군의 개발을 위하여 특히 중요한 도로로서 관할 군수가 그 노선을 인정한 것
(7) 구도(區道) : 관할 구역에 있는 도로 중 특별시도와 광역시도를 제외한 자치구 안에서 동(洞) 사이를 연결하는 도로로서 관할 구청장이 그 노선을 인정한 것

## 2 도로의 보전 및 공용부담

### 1 도로에 관한 금지행위(법 제75조)

누구든지 정당한 사유 없이 도로에 대하여 다음 각 호의 행위를 해서는 안 된다.

(1) 도로를 파손하는 행위
(2) 도로에 토석(土石), 입목·죽(竹) 등 장애물을 쌓아놓는 행위
(3) 그 밖에 도로의 구조나 교통에 지장을 주는 행위

  ※ 벌칙 : 정당한 사유 없이 도로(고속국도는 제외)를 파손하여 교통을 방해하거나 교통에 위험을 발생하게 한 자 : 10년 이하의 징역이나 1억원 이하의 벌금(법 제113조제2항)

### 2 차량의 운행제한(법 제77조)

도로구조를 보존하고, 차량운행으로 인한 위험 방지를 위하여 필요하면 제한할 수 있다.

  ※ 도로관리청이 운행을 제한할 수 있는 차량(자동차와 건설기계)
  ① 축하중이 10톤을 초과하거나 총중량이 40톤을 초과하는 차량
  ② 차량폭 2.5m, 높이 4.0m(고시한 도로노선 : 4.2m), 길이 16.7m를 초과하는 차량
  ③ 도로구조 보존과 통행의 안전에 지장이 있다고 인정하는 차량

※ 관리청의 허가를 받으려는 자가 제출할 서류(영 제79조 제4항)
① 운행하려는 도로의 종류 및 노선명
② 운행구간 및 그 총연장
③ 차량의 제원
④ 운행기간
⑤ 운행목적
⑥ 운행방법

※ 제한차량 운행허가 신청서에 첨부할 서류(규칙 제40조 제2항)
① 차량검사증 또는 차량등록증
② 차량 중량표
③ 구조물 통과 하중 계산서

**(1) 차량의 운행제한 위반여부 확인 방법(법 제77조제4항)**
① 관계 공무원 또는 운행제한 단속원으로 하여금 차량에 승차하거나 차량의 운전자(건설기계의 조종사 포함)에게 관계 서류의 제출을 요구하는 등의 방법으로 차량의 적재량을 측정하게 할 수 있다.
② 운전자는 정당한 사유가 없으면 이에 따라야 한다.

**(2) 차량의 운행제한 허가**
① 차량의 운행허가를 하려면 미리 출발지를 관할하는 경찰서장과 협의한 후 차량의 조건과 운행하려는 도로의 여건을 고려하여 운행허가를 하여야 한다.
② 운행허가를 할 때에는 운행노선, 운행시간, 운행방법 및 도로 구조물의 보수보강에 필요한 비용부담 등에 관한 조건을 붙일 수 있다.
※ 차량의 운전자는 정당한 사유가 없으면 이에 따라야 한다.
③ 운행 허가를 받은 자는 출발지를 관할하는 경찰서장의 허가 또는 차로 너비보다 넓어 원활한 소통에 지장의 우려가 있는 경우 경찰서장의 허가를 받은 것으로 본다.
※ 벌칙 : 정당한 사유 없이 적재량 측정을 위한 도로관리청의 요구에 따르지 아니한 자 – 1년 이하의 징역이나 1천만 원 이하의 벌금(법 제115조제6호)
※ 벌칙 : 운행 제한을 위반한 차량의 운전자, 운행 제한 위반의 지시 · 요구 금지를 위반한 자 – 500만 원 이하의 과태료

### 3 적재량 측정 방해 행위의 금지 등(법 제78조)
① 차량의 운전자는 자동차의 장치를 조작하는 등 대통령령으로 정하는 방법으로 차량의 적재량 측정을 방해하는 행위를 하여서는 아니 된다.
② 도로관리청은 차량의 운전자가 ①의 규정을 위반하였을 때는 재측정을 요구할 수 있다(정당한 사유 없으면 그 요구에 따른다.)
※ 벌칙
① 차량의 적재량 측정을 방해한 자
② 정당한 사유 없이 도로관리청의 재측정 요구에 따르지 아니한 자 – 1년 이하의 징역이나 1천만 원 이하의 벌금

### 4 자동차전용도로의 지정(법 제48조)
(1) 도로관리청은 교통이 현저히 증가하여 차량의 능률적인 운행에 지장이 있는 경우(고속국도는 제외한다) 또는 도로의 일정한 구간에서 원활한 교통 소통을 위하여 필요한 경우 **자동차 전용도로** 또는 **전용구역**으로 지정할 수 있다. 이 경우 그 지정하려는 도로에 둘 이상의 도로관리청이 있으면 관계되는 도로관리청이 공동으로 지정하여야 한다.

(2) 도로관리청이 (1)에 따라 자동차 전용 도로를 지정할 때에는 해당 구간을 연결하는 일반 교통의 다른 도로가 있어야 한다.

(3) 자동차 전용 도로를 지정할 때 관계 기관의 의견을 들어야 한다.
① 국토교통부장관 → 경찰청장
② 특별시장 · 광역시장 · 도지사 또는 특별자치도지사 → 관할 시 · 도 경찰청장
③ 특별자치시장 · 시장 · 군수 또는 구청장 → 관할 경찰서장

### 5 자동차 전용도로의 지정 공고(영 제47조)
도로관리청은 자동차 전용도로를 지정한 때에는 다음 각 호의 사항을 공고하고 이를 지체 없이 국토교통부장관에게 보고하여야 한다.

(1) 도로의 종류 · 노선번호 및 노선명

(2) 도로구간

(3) 통행의 방법(해제의 경우는 제외)

(4) 지정 · 변경 또는 해제의 이유

(5) 해당 구간에 일반교통용의 다른 도로현황(해제의 경우에는 제외)

(6) 그 밖에 필요한 사항

### 6 자동차전용도로의 통행방법(법 제49조)
(1) 자동차전용도로에서는 차량만을 사용해서 통행하거나 출입하여야 한다.

(2) 도로관리청은 자동차전용도로의 입구나 그 밖에 필요한 장소에 "(1)"의 내용과 자동차전용도로의 통행을 금지하거나 제한하는 대상 등을 구체적으로 밝힌 도로 표지를 설치하여야 한다.
※ 벌칙 : 차량을 사용하지 아니하고 자동차전용도로를 통행하거나 출입한 자 : 1년 이하의 징역이나 1천만 원 이하의 벌금(법 제115조 제2호)

# 제1편 교통 및 화물자동차 운수사업관련법규

## 제5장 도로법령 출제 예상 문제

**1** 「도로법」의 제정 목적에 해당되지 않는 것은?
① 도로망의 계획수립, 도로노선의 지정, 도로공사의 시행
② 도로의 시설 기준, 도로의 관리·보전 및 비용 부담 등에 관한 사항 규정
③ 국민이 안전하고 편리하게 이용할 수 있는 도로 건설
④ 자동차의 효율적 관리
⊙해설 ""자동차의 효율적 관리"는 해당하지 않으므로 정답은 ④이다.

**2** 「도로법」에서 정한 도로의 대통령령으로 정하는 시설이 아닌 것은?
① 차도·보도, 자전거도로 및 측도, 궤도
② 화물 적재량 측정을 위한 과적차량 검문소
③ 옹벽·배수로·길도랑·지하통로 및 무넘기시설
④ 도선장 및 도선의 교통을 위하여 수면에 설치하는 시설

**3** 도로관리청이 설치한 도로의 부속물이 아닌 것은?
① 주차장, 버스정류시설, 휴게시설
② 시선유도표지, 중앙분리대, 과속방지시설
③ 도로 연접 사설 주차장
④ 도로표지, 낙석방지시설, 방음시설
⊙해설 도로 연접 사설 주차장은 도로관리청이 설치한 것이 아니므로 정답은 ③이다.

**4** 다음 중 도로의 등급을 올바른 순서로 나열한 것은?
① 일반국도-지방도-특별시도-고속국도
② 고속국도-특별시도-지방도-일반국도
③ 일반국도-특별시도-지방도-고속국도
④ 고속국도-일반국도-특별시도-지방도

**5** 도로교통망의 중요한 축을 이루며 주요 도시를 연결하는 도로로서 자동차 전용의 고속교통에 사용되는 도로 노선을 정하여 지정·고시한 도로의 명칭인 것은?
① 고속국도
② 자동차 전용도로
③ 일반국도
④ 특별 및 광역시도

**6** 주요도시, 지정항만, 주요공항, 국가산업단지 또는 관광지 등을 연결하여 고속국도와 함께 국가 간선 도로망을 이루는 도로 노선을 지정·고시한 도로의 명칭인 것은?
① 고속국도
② 특별(광역)시도
③ 일반국도
④ 지방도

**7** 도로에 관한 금지행위가 아닌 것은?
① 도로를 파손하는 행위
② 공사를 하는 도로에서 작업을 하는 행위
③ 도로에 토석(土石), 입목·죽(竹) 등 장애물을 쌓아놓은 행위
④ 그 밖에 도로의 구조나 교통에 지장을 주는 행위
⊙해설 공사를 하는 도로에서 작업을 하는 행위는 정당한 업무로 정답은 ②이다.

**8** 고속국도를 제외한 도로에서 정당한 사유없이 도로를 파손하여 교통을 방해하거나 교통의 위험을 발생하게 한 사람에 대한 벌칙은?
① 8년 이하의 징역이나 2천만 원 이하의 벌금
② 9년 이하의 징역이나 3천만 원 이하의 벌금
③ 10년 이하의 징역이나 1억 원 이하의 벌금
④ 11년 이상의 징역이나 6천만 원 이상의 벌금

**9** 도로관리청이 운행을 제한할 수 있는 차량으로 틀린 것은?
① 축하중(軸荷重)이 10톤을 초과하거나 총중량이 40톤을 초과하는 차량
② 차량의 폭이 2.5m, 높이가 4.0m, 길이가 16.7m를 초과하는 차량
③ 도로구조의 보전과 통행의 안전에 지장이 없다고 도로 관리청이 인정하여 고시한 도로의 경우는 높이 4.5m를 초과하는 차량
④ 도로관리청이 특히 도로구조의 보전과 통행의 안전에 지장이 있다고 인정하는 차량
⊙해설 ③에서 "4.2m를 초과하는 차량"이 맞으므로 정답은 ③이다.

**10** 차량의 구조나 적재화물의 특수성으로 인하여 관리청의 허가를 받으려는 자가 제출해야 하는 서류가 아닌 것은?
① 운행하려는 도로의 종류 및 노선명
② 운행구간 및 그 총연장
③ 차량의 제원
④ 차량에 동승하는 인원

**11** 차량의 운행허가를 받으려는 자는 제한차량 운행허가 신청서에 구비서류를 첨부하여야 하는데 그 서류가 아닌 것은?
① 차량검사증 또는 차량등록증
② 구조물 통과 하중 계산서
③ 차량 중량표
④ 화물요금 계산서
⊙해설 "화물요금 계산서"는 구비서류가 아니어서 정답은 ④이다.

정답 1④ 2② 3③ 4④ 5① 6③ 7② 8③ 9③ 10④ 11④

**12** 차량의 운전자가 정당한 사유 없이 적재량 측정을 위한 도로관리청의 요구에 따르지 아니 한 경우에 대한 벌칙으로 맞는 것은?

① 1년 이하의 징역이나 1천만 원 이하의 벌금
② 1년 이상의 징역이나 1천만 원 이상의 벌금
③ 2년 이하의 징역이나 1천만 원 이하의 벌금
④ 2년 이상의 징역이나 1천만 원 이상의 벌금

**13** 도로관리청이 "운행 제한을 위반한 차량의 운전자, 운행 제한 위반의 지시·요구 금지를 위반한 자"에 대하여 부과하는 과태료는?

① 500만 원 이상의 과태료
② 500만 원 이하의 과태료
③ 600만 원 이상의 과태료
④ 600만 원 이하의 과태료

**14** 차량의 운전자가 차량의 적재량 측정을 방해하거나, 정당한 사유 없이 도로관리청의 재측정 요구에 따르지 아니한 경우의 벌칙은?

① 4년 이하의 징역이나 1천만 원 이상의 벌금
② 3년 이하의 징역이나 1천만 원 이하의 벌금
③ 2년 이하의 징역이나 1천만 원 이하의 벌금
④ 1년 이하의 징역이나 1천만 원 이하의 벌금

**15** 자동차전용도로로 지정하려는 도로에 둘 이상의 도로관리청이 있을 때 지정 방법으로 맞는 것은?

① 전용도로의 관리 길이가 긴 도로관리청이 지정을 한다.
② 둘 이상의 도로관리청이 추첨을 하여 당선된 도로관리청이 지정을 한다.
③ 둘 이상의 도로관리청이 있으면 공동으로 자동차전용도로를 지정하여 공고해야 한다.
④ 두 개의 도로관리청이 합의한 후 양보를 얻은 도로관리청이 지정을 한다.

**16** 자동차전용도로를 지정할 때 도로관리청이 관계기관의 의견을 들어야 하는데 의견 청취 관계 기관으로 틀린 것은?

① 국토교통부장관 : 경찰청장
② 특별(광역)시장, 도지사, 특별자치도지사 : 관할 시·도경찰청장
③ 특별자치시장 : 관할 시·도경찰청장
④ 시장, 군수, 구청장 : 관할 경찰서장

🔍해설 "특별자치시장도 관할 경찰서장의 의견을 들어야"하므로 정답은 ③이다.

**17** 차량을 사용하지 아니하고 자동차전용도로를 통행하거나 출입을 한 자에 대한 벌칙인 것은?

① 1년 이하의 징역이나 1천만 원 이하의 벌금
② 1년 이상의 징역이나 1천만 원 이상의 벌금
③ 2년 이하의 징역이나 2천만 원 이하의 벌금
④ 2년 이상의 징역이나 2천만 원 이상의 벌금

정답 12 ① 13 ② 14 ④ 15 ③ 16 ③ 17 ①

# 제6장 대기환경보전법령 요약정리

## 1 총칙

### 1 목적(법 제1조)
대기오염으로 인한 국민건강 및 환경에 관한 위해(危害)를 예방하고, 대기환경을 적정하고 지속가능하게 관리·보전함으로써, 모든 국민이 건강하고 쾌적한 환경에서 생활할 수 있게 함을 목적으로 한다.

### 2 용어의 정의(법 제2조)
(1) **대기오염물질** : 대기오염의 원인이 되는 가스·입자상물질로서 환경부령으로 정하는 것을 말한다.

(2) **온실가스** : 적외선 복사열을 흡수하거나 다시 방출하여 온실효과를 유발하는 대기 중의 가스 상태 물질로서 **이산화탄소, 메탄, 아산화질소, 수소불화탄소, 과불화탄소, 육불화황**을 말한다.

(3) **가스** : 물질이 연소·합성·분해될 때에 발생하거나 물리적 성질로 인하여 발생하는 기체상물질을 말한다.

(4) **입자상 물질(粒子狀 物質)** : 물질이 파쇄·선별·퇴적·이적(移積)될 때 그 밖에 기계적으로 처리되거나 또는 연소·합성·분해될 때에 발생하는 **고체상(固體狀) 또는 액체상(液體狀)**의 미세한 물질을 말한다.

(5) **매연** : 연소할 때에 생기는 유리(遊離) 탄소가 주가 되는 미세한 입자상 물질을 말한다.

(6) **검댕** : 연소할 때에 생기는 유리(遊離) 탄소가 응결하여 입자의 지름이 1미크론 이상이 되는 입자상물질을 말한다.

(7) **먼지** : 대기 중에 떠다니거나, 흩날려 내려오는 입자상 물질(粒子狀 物質)을 말한다.

(8) **저공해 자동차** : 대기오염물질의 배출이 없는 자동차 또는 제작차의 **배출허용기준보다 오염물질을 적게 배출하는 자동차**를 말한다.

(9) **배출가스저감장치** : 자동차 또는 건설 기계에서 배출되는 대기오염물질을 줄이기 위하여 **자동차 또는 건설 기계에 부착하는 장치**로서 환경부령으로 정하는 **저감효율에 적합한 장치**

(10) **저공해엔진** : 자동차 또는 건설 기계에서 배출되는 대기오염물질을 줄이기 위한 엔진(엔진개조에 사용되는 부품을 포함한다)으로서 환경부령으로 정하는 **배출허용기준에 맞는 엔진**을 말한다.

(11) **공회전제한장치** : 자동차에서 배출되는 대기오염물질을 줄이고 연료를 절약하기 위하여 **자동차에 부착하는 장치**로서 환경부령으로 정하는 기준에 적합한 장치를 말한다.

## 2 자동차 배출가스의 규제

### (1) 저공해 자동차의 운행 등(법 제58조)
① 시·도지사 또는 시장·군수는 관할 지역의 대기질 개선 또는 기후·생태계 변화유발물질 배출감소를 위하여 필요하다고 인정하면 그 지역에서 운행하는 자동차 및 건설기계 중 차령과 대기오염물질 또는 기후·생태계 변화유발물질 배출정도 등에 관하여 환경부령으로 정하는 요건을 충족하는 자동차 및 건설기계의 소유자에게 그 시·도 또는 시·군의 조례에 따라 그 자동차 및 건설기계에 대하여 다음 각 호의 어느 하나에 해당하는 조치를 하도록 명령하거나 조기에 폐차할 것을 권고할 수 있다.
  ㉠ 저공해자동차 또는 저공해건설기계로의 전환 또는 개조
  ㉡ 배출가스 **저감장치의 부착 또는 교체** 및 배출가스 **관련부품의 교체**
  ㉢ 저공해엔진(혼소엔진을 포함한다)으로의 개조 또는 교체
  ※ 벌칙 : 저공해자동차로의 전환 또는 개조 명령, 배출가스 저감장치의 부착 또는 배출가스 관련부품의 교체명령, 저공해엔진(혼소 엔진을 포함)으로의 개조 또는 교체명령을 이행하지 아니한 자 −**300만 원 이하의 과태료**(법 제94조)

② 배출가스 보증기간이 경과한 자동차의 소유자는 해당 자동차에서 배출되는 배출가스가 운행차 배출허용기준에 적합하게 유지되도록 환경부령으로 정하는 바에 따라 배출가스 **저감장치를 부착 또는 교체하거나 저공해엔진으로 개조 또는 교체**할 수 있다.

③ 국가나 지방자치단체는 저공해자동차 및 저공해건설기계의 보급, 배출가스 저감장치의 부착 또는 교체와 저공해엔진으로의 개조 또는 교체를 촉진하기 위하여 다음 각 호의 어느 하나에 해당하는 자에 대하여 예산의 범위에서 필요한 **자금을 보조하거나 융자**할 수 있다.
  ㉠ 저공해자동차 또는 저공해건설기계를 구입하는 자(자동차판매자로부터의 구매 여부, 저공해자동차 또는 저공해건설기계 판매가격 등 환경부령으로 정하는 기준에 따라 **자금 보조 및 융자를 차등적으로 할 수 있음**).
  ㉡ 저공해자동차 또는 저공해건설기계로 **개조하는 자**
  ㉢ 저공해자동차 또는 저공해건설기계에 **연료를 공급하기 위한 시설** 중 다음 각 목의 시설을 설치하는 자
    ⓐ **천연가스**를 연료로 사용하는 자동차 또는 건설 기계에 천연가스를 공급하기 위한 시설로서 환경부장관이 정하는 시설
    ⓑ **전기**를 연료로 사용하는 자동차 또는 건설 기계(전기 자동차 등)에 전기를 충전하기 위한 시설로서 환경부장관이 정하는 시설
    ⓒ **수소 가스**를 연료로 사용하는 자동차(수소 전기 자동차) 또는 건설 기계에 수소 가스를 충전하기 위한 시설로서 환경부 장관이 정하는 시설(수소 연료 공급 시설)
    ⓓ 그 밖에 **태양광, 수소연료** 등 환경부장관이 정하는 저공해 자동차 및 저공해건설기계 **연료공급시설**
  ㉣ ①항 또는 ②항에 따라 사용 자동차에 배출가스저감장치를 부착 또는 교체하거나 자동차 및 건설 기계의 엔진을 저공해엔진으로 개조 또는 교체하는 자
  ㉤ ①항에 따라 자동차 및 건설 기계의 배출가스 관련부품을 교체하는 자
  ㉥ ①항에 따른 권고에 따라 자동차 및 건설 기계를 조기에 폐차하는 자

ⓐ 그 밖에 배출가스가 매우 적게 배출되는 것으로서 환경부장관이 정하여 고시하는 자동차 및 건설 기계를 구입하는 자

### (2) 공회전의 제한(법 제59조, 규칙 제79조의 19)

① 시·도지사는 자동차의 배출가스로 인한 대기오염 및 연료손실을 줄이기 위하여 필요하다고 인정하면 그 시·도지사의 조례로 정하는 바에 따라 터미널·차고지·주차장 등의 장소에서 자동차의 원동기를 가동한 상태로 주차하거나 정차하는 행위를 제한할 수 있다.

※ 벌칙 : 자동차 원동기 가동제한을 위반한 자동차의 운전자 : 1차 위반(과태료 5만 원), 2차 위반(과태료 5만 원), 3차 이상 위반(과태료 5만 원)(영 별표 15)

② 시·도지사는 대중교통용 자동차 등 환경부령으로 정하는 자동차에 대하여 시·도 조례에 따라 공회전을 제한하는 장치의 부착을 명령할 수 있다.

※ 대상차량 : 1. 시내버스운송사업에 사용되는 자동차(광역급행형, 직행좌석형, 좌석형, 일반형) 2. 일반택시운송사업에 사용되는 자동차 3. 화물자동차 운송사업에 사용되는 최대적재량 1톤 이하인 밴형 화물자동차로서 택배용으로 사용되는 자동차

### (3) 운행차의 수시점검(법 제61조)

① 환경부장관·특별시장·광역시장 또는 특별자치시장·특별자치도지사·시장·군수·구청장은 자동차에서 배출되는 배출가스가 운행차 배출허용기준에 맞는지 확인하기 위하여 도로나 주차장 등에서 자동차의 배출가스 배출상태를 수시로 점검하여야 한다.

② 자동차운행자는 ①항에 따른 점검에 협조하여야 하며 이에 따르지 아니하거나 기피 또는 방해하여서는 아니 된다.

※ 벌칙 : 운행차의 점검에 따르지 아니하거나 기피·방해한 자 - 200만 원 이하의 과태료(법 제94조)

> **해설** 운행차의 수시점검(규칙 제83조~84조)
> ① 운행차 수시점검방법(규칙 제83조)
> 환경부장관·특별시장·특별자치시장·특별자치도지사·광역시장 또는 시장·군수·구청장(자치구의 구청장)은 점검대상 자동차를 선정한 후 배출가스를 점검하여야 한다. 다만, 원활한 차량소통 및 승객의 편의 등을 위하여 필요한 때에는 운행 중인 상태에서 원격측정기 또는 비디오카메라를 사용하여 점검할 수 있다.
> ② 운행차 수시점검의 면제(규칙 제84조)
> 환경부장관·특별시장, 광역시장·특별자치시장·특별자치도지사 또는 시장, 군수, 구청장은 다음에 해당하는 자동차에 대하여는 운행차의 수시점검을 면제할 수 있다.
> ㉠ 환경부장관이 정하는 저공해자동차
> ㉡ 「도로교통법」에 따른 긴급자동차
> ㉢ 군용 및 경호업무용 등 국가의 특수한 공용 목적으로 사용되는 자동차

# 제1편 교통 및 화물자동차 운수사업관련법규

## 제6장 대기환경보전법령 출제 예상 문제

**1** 「대기환경보전법」의 제정 목적이 아닌 것은?
① 대기오염으로 인한 국민건강이나 환경에 관한 위해(危害)를 예방
② 대기환경을 적정하고 지속가능하게 관리·보전
③ 모든 국민이 건강하고 쾌적한 환경에서 생활할 수 있게 함
④ 모든 자동차 운전자 등의 건강보호

**2** 「대기환경보전법」에서 사용하는 용어의 정의로 잘못된 것은?
① 대기오염물질 : 대기오염의 원인이 되는 가스·입자상물질로서 환경부령이 정한 것
② 온실가스 : 적외선 복사열을 흡수하거나 다시 방출하여 온실효과를 유발하는 대기 중의 가스상태 물질
③ 가스 : 물질이 연소·합성·분해될 때에 발생하거나 물리적 성질로 인하여 발생하는 입체상 물질
④ 입자상물질 : 물질이 파쇄·선별·퇴적·이적될 때, 그 밖에 기계적으로 처리되거나 연소·합성·분해될 때에 발생하는 고체상 또는 액체상의 미세한 물질

◉ 해설 : 가스는 "입체상 물질"이 아니고, "기체상 물질"이므로 정답은 ③이다.

**3** 대기 중에 떠다니거나, 흩날려 내려오는 입자상물질의 용어에 해당되는 것은?
① 검댕
② 매연
③ 먼지
④ 기체상물질

**4** 다음 중 시장·도지사·군수 등이 대기질 개선과 생태계 변화유발물질 배출감소를 위하여 자동차 소유자에게 명령·권고할 수 있는 사항이 아닌 것은?
① 저공해자동차로의 전환 또는 개조
② 배출가스저감장치의 부착 또는 교체 및 배출가스 관련 부품의 교체
③ 저공해엔진(혼소엔진을 포함한다)으로의 개조 또는 교체
④ 연료절약 부품 장착 또는 개조

◉ 해설 : "연료절약 부품 장착 또는 개조"는 명령대상이 아니므로 정답은 ④이다.

**5** 다음 중 저공해자동차로의 전환 또는 개조 명령을 이행하지 않은 자에 대한 과태료 금액은?
① 100만 원 이하의 과태료
② 300만 원 이하의 과태료
③ 400만 원 이하의 과태료
④ 500만 원 이하의 과태료

**6** 다음 화물자동차 중 환경부령에 따라 공회전제한장치의 부착을 명령할 수 있는 자동차가 아닌 것은?
① 택배용으로서 최대적재량이 1톤 이하인 밴형 화물자동차
② 시내버스 운송 사업에 사용되는 자동차
③ 일반 택시 운송 사업에 사용되는 자동차
④ 자가용 승용자동차

**7** 시장·군수·구청장이 배출가스의 상태를 수시로 점검하는 것에 응하지 않거나 기피 또는 방해했을 때 받는 과태료 금액은?
① 100만 원 이하의 과태료
② 200만 원 이하의 과태료
③ 300만 원 이하의 과태료
④ 400만 원 이하의 과태료

**8** 운행하는 자동차의 수시점검 방법에 대한 설명으로 틀린 것은?
① 환경부장관, 특별시장, 광역시장, 특별자치시장, 특별자치도지사, 시장, 군수, 구청장이 점검을 한다
② 주차장에서만 자동차를 선정하여 배출가스를 점검을 한다
③ 자동차의 원활한 소통과 승객의 편의 등을 위하여 운행 중인 상태에서도 점검을 할 수 있다
④ 점검은 원격측정기 또는 비디오카메라를 사용하여 점검을 할 수 있다

◉ 해설 : 도로나 주차장에서만 배출가스 점검을 하는 것이 아니고 운행중인 상태에서도 점검을 실시 할 수 있으므로 정답은 ②이다.

**9** 운행차 수시점검의 면제에 대한 설명으로 틀린 것은?
① 환경부장관·특별시장·광역시장 또는 시장·군수·구청장이 면제할 수 있다
② 환경부장관이 정하는 저공해자동차
③ 「도로법」에 따른 긴급자동차
④ 군용 및 경호업무용 등 국가의 특수한 공용 목적으로 사용되는 자동차

◉ 해설 : "도로법"이 아닌, "도로교통법에 따른 긴급자동차"이므로 정답은 ③이다.

정답 1④ 2③ 3③ 4④ 5② 6④ 7② 8② 9③

# 제2편

## 완전합격 화물운송종사 자격시험 총정리문제
# 화물취급 요령

| 제1장 | 개요 | 69 |
| 제2장 | 운송장 작성과 화물포장 | 70 |
| 제3장 | 화물의 상하차 | 76 |
| 제4장 | 적재물 결박·덮개설치 | 81 |
| 제5장 | 운행요령 | 84 |
| 제6장 | 화물의 인수·인계요령 | 88 |
| 제7장 | 화물자동차의 종류 | 92 |
| 제8장 | 화물운송의 책임한계 | 97 |

# 제1장 개요 요약정리

## 1 화물자동차 운전자의 화물취급 중요성

### 1 화물자동차 운전자의 화물취급 중요성

(1) 운전자가 불안전하게 화물을 취급할 경우의 예상되는 문제점
① 본인뿐 아니라 다른 사람의 안전까지 위험하게 된다.
② 결박상태가 느슨한 화물은 다른 운전자의 긴장감을 고조시키고 차로 변경 또는 서행 등의 행동을 유발한다.
③ 다른 사람들을 다치게 하거나 사망하게 하는 교통사고 중요 요인이다.
④ 적재물이 낙하하는 돌발상황이 발생하여 급정지하거나 급회전 할 경우 위험은 가중된다.

(2) 적정한 적재량을 초과한 과적의 위험성
① 엔진, 차량자체 및 운행하는 도로 등에 악영향을 미친다.
② 자동차의 핸들조작·제동장치조작·속도조절 등을 어렵게 한다.
③ 무거운 중량의 화물을 적재한 차량은 경사진 도로에서 서행하며 적재물의 쏠림에 의한 위험이 뒤따를 수 있으므로 더욱 주의하여 운행해야 한다.

(3) 운전자의 책임과 의무사항
① 운전자는 화물의 검사, 과적의 식별, 적재화물의 균형 유지 및 안전하게 묶고 덮는 것 등에 대한 책임이 있다.
② 운전자는 운행하기 전에 과적상태인지, 불균형하게 적재되었는지, 불안전한 화물이 있는지 등을 확인하여야 한다.
③ 운행도중에도 200km 운행 후 또는 휴식할 때 적재물 상태 파악을 해야 한다.
④ 화물을 적재할 때에는 차량의 적재함 가운데부터 좌우로 적재하여 앞쪽이나 뒤쪽으로 무게 중심이 치우치지 않도록 한다.
⑤ 적재함 아래쪽에 상대적으로 무거운 화물을 적재한다.
⑥ 화물이 차량 밖으로 낙하하지 않도록 앞·뒤·좌·우로 차단하고, 기후(눈, 비 등)로 인한 피해를 예방하기 위하여 덮고, 윗부분부터 아래 바닥까지 팽팽히 고정시킨다.
⑦ 컨테이너 운반차량(트레일러)의 경우에는 컨테이너의 잠금장치를 차량의 해당 홈에 안전하게 걸어 고정시킨다.

### 2 일반화물이 아닌 색다른 화물을 실어 나르는 차량을 운행할 때에 유의할 사항과 안전 운행요령

(1) 드라이 벌크 탱크(Dry bulk tanks) 차량: 일반적으로 무게중심이 높고 적재물이 쏠리기 쉬우므로 커브길이나 급회전할 때 운행에 주의해야 한다.
(2) 냉동차량: 냉동설비 등으로 인해 무게중심이 높기 때문에 급회전할 때 특별한 주의 및 서행운전이 필요하다.
(3) 소나 돼지와 같은 가축 또는 살아있는 동물을 운반하는 차량: 무게중심이 이동하면 전복될 우려가 있으므로 커브길 등에서 특별히 주의하여 운전한다.
(4) 길이가 긴 화물, 폭이 넓은 화물 또는 부피에 비하여 중량이 무거운 화물 등 비정상화물을 운반하는 차량: 적재물의 특성을 알리는 특수장비를 갖추거나 경고표시를 하는 등 운행에 특별히 주의한다.

## 제1장 개요 출제 예상 문제

**1** 화물자동차 운전자가 불안전하게 화물을 취급할 경우에 발생할 수 있는 사항으로 틀린 것은?
① 적재물이 떨어지는 돌발상황이 발생할 수 있다
② 상해나 사망의 교통사고의 주요 요인이 될 수 있다
③ 본인 뿐 아니라 다른 사람의 안전까지 위험하게 한다
④ 차량 자체에 영향은 없으나, 다른 운전자에게 위험을 준다

**2** 화물자동차가 과적운행을 하고 있을 때 운행하는 차량에 악영향을 미치는 부분과 관계 없는 것은?
① 자동차의 방향지시기 조작
② 자동차의 핸들조작, 속도 조절 등
③ 엔진, 차량차체 및 운행하는 도로 등
④ 자동차 제동장치의 조작
🔍 해설 ②, ③, ④ 이외에도 '오르막길이나 내리막길에서는 시행하며 주의해야 한다.'와 '내리막길 운행 중 갑자기 멈출 경우, 브레이크 파열, 적재물 쏠림에 의한 위험이 있으므로 더욱 주의 운행 한다.'가 있다.

**3** 화물자동차 운전자가 책임지고 확인해야 할 사항으로 틀린 것은?
① 화물의 검사, 과적의 식별 및 화물이 불균형하게 적재되었는지
② 적재 화물의 균형 유지 및 불안전한 화물이 있는지
③ 화물이 안전하게 묶이고 덮여 있는지
④ 화물은 어떤 용도로 사용되는지
🔍 해설 "안전한 결박과 덮는 것"을 하여야 하므로 정답은 ④이다.

**4** 화물자동차 운전자가 화물을 적재할 때의 방법으로 틀린 것은?
① 차량의 적재함 가운데부터 좌우로 적재한다
② 앞쪽이나 뒤쪽으로 중량이 치우치지 않도록 한다
③ 적재함 위쪽에 비하여 아래쪽에 무거운 중량의 화물을 적재하지 않도록 한다
④ 화물을 모두 적재한 후에는 화물의 이동을 방지하기 위하여 윗부분부터 아래 바닥까지 팽팽히 고정시킨다
🔍 해설 "적재함 아래쪽에 상대적으로 무거운 화물을 적재한다"로 정답은 ③이다.

정답 01 ④ 02 ① 03 ④ 04 ③

# 제2장
# 운송장 작성과 화물포장 요약정리

## 1 운송장 기능과 운영

운송장(물표)은 화물을 보내는 송하인으로부터 그 화물을 인수하는 때부터 부착되며, 이후의 취급과정은 운송장을 기준하여 처리된다.

### 1 운송장의 기능
(1) 운송장이란 화물을 수탁시켰다는 증빙기능을 갖고 있다.
(2) 만약 사고가 발생하는 경우에 이를 증빙으로 손해배상을 청구할 수 있는 거래 쌍방간의 법적인 권리와 의무를 나타내는 **상업적 계약서**로서의 기본기능 뿐 만이 아니라.
(3) 다음과 같은 다양한 기능을 한다.
   ① 계약서 기능 : 기록된 내용(약관)에 기준한 계약이 성립된 것이 됨
   ② 화물인수증 기능 : ㉠ 운송장에 기록된 내용대로 화물 인수확인 ㉡ 사고가 발생할 때에는 운송장을 기준으로 배상 책임 ㉢ 운송회사는 기록된 화물을 안전, 신속, 정확하게 배달할 책임이 있다.
   ③ 운송요금 영수증 기능 : 수령인을 날인함으로서 영수증 기능
   ④ 정보처리 기본자료 : ㉠ 운송사업자는 마케팅, 요금청구, 사내수입정산, 운전자(각 작업단계) 효율측정 등 기본자료로 활용한다. ㉡ 고객에게 화물추적 및 배달에 대한 정보를 제공하는 자료로도 활용한다.
   ⑤ 배달에 대한 증빙(배송에 대한 증거서류 기능) : 운송장에 인수자의 수령 확인을 받음으로서 배달완료나 물품분실로 인한 민원이 발생한 경우에는 책임완수 여부를 증명해 주는 기능
   ⑥ 수입금 관리자료 : 화물별 수입금을 파악하여 전체적인 수입금을 계산할 수 있는 관리자료가 된다.(현금, 신용, 착불 등의 형태)
   ⑦ 행선지 분류정보 제공(작업지시서 기능) : 화물의 행선지, 목적지, 영업소를 표시하여 알려주는 자료

### 2 운송장의 형태(제작비절감, 취급절차 간소화 목적으로 구분)
(1) **기본형 운송장(포켓타입)** : 기본적으로 운송회사(택배업체 등)에서 사용하고 있는 운송장은 업체별로 디자인에 다소 차이는 있으나 기록되는 내용은 대동소이하며 아래와 같이 구성됨 ① 송하인용 ② 전산처리용 ③ 수입관리용(최근에는 빠지는 경우도 있음) ④ 배달표용 ⑤ 수하인용
(2) **보조운송장** : 동일 수하인에게 다수의 화물이 배달될 때 운송장비용을 절약하기 위하여 사용하는 운송장으로 원운송장과 연결시키는 내용만 기재한다.
(3) **스티커형 운송장** : 운송장 제작비와 전산 입력비용을 절약하기 위하여 기업고객과 완벽한 EDI(전자문서교환 : Electronic Data Interchange) 시스템이 구축될 수 있는 경우에 이용된다.(라벨프린터기설치, 운송장 발행시스템, 출하정보전송시스템이 필요함)
   ① 배달표형 스티커 운송장 : 화물에 부착된 스티커형 운송장을 떼어내어 배달표로 사용할 수 있는 운송장을 말한다.
   ② 바코드 절취형 스티커 운송장 : 스티커에 부착된 바코드만을 절취하여 별도의 화물배달표에 부착하여 배달확인을 받는 운송장을 말한다.

### 3 운송장의 기록과 운영
운송장이 제 역할을 다하기 위해서는 최소한 다음 사항들이 기록되어 있어야 하며 운송장의 다양한 기능이 수행될 수 있도록 잘 운영해야 한다.
(1) **운송장 번호와 바코드** : 인쇄 시 기록되므로 별도기록 불요함
(2) **송하인 주소, 성명 및 전화번호** : 송하인이 정확하게 기록함
(3) **수하인 주소, 성명 및 전화번호** : 정확한 이름과 주소(도로명 주소)
(4) **주문번호 또는 고객번호** : 예약접수번호, 상품주문번호 등 표시
(5) **화물명**(※중고화물인 경우에는 중고임을 기록한다)
   ① 품명(종류)을 기록하여 파손, 분실 등으로 배상의 기준이 됨
   ② 취급금지, 제한품목 여부를 알기 위해서도 반드시 기록
   ③ 취급금지 품목임을 알고도 수탁한 경우는 운송회사가 그 책임을 져야 함
(6) **화물의 가격** : 고객이 직접 기록(고가 화물은 더욱 정확기록)
(7) **화물의 크기(중량, 사이즈)** : 화물의 크기에 따라 요금이 달라짐
(8) **운임의 지급방법** : 선불, 착불, 신용으로 구분되므로 정확하게 기록
(9) **운송요금** : 운송포장요금, 물품대, 기타 서비스 요금 구분 기록
(10) **발송지(집하점)** : 집하(발송지)한 주소를 기록
(11) **도착지(코드)** : 도착터미널 및 배달장소 기록(코드화 작업 필요)
(12) **집하자(集荷者)** : 누가(운전자) 집하했는지를 기록
(13) **인수자 날인** : 인수자의 성명을 정자로 기록 후 서명(날인) 받음
(14) **특기사항** : 화물을 취급할 때 또는 집하나 배달할 때 주의사항 기록
(15) **면책사항**(수탁이 곤란한 화물은 송하인이 모든 책임을 짐)
   ① 포장이 불완전하거나 파손가능성이 높은 화물일 때 → "파손면책"
   ② 수하인의 전화번호가 없을 때 → "배달지연면책", "배달 불능 면책"
   ③ 식품 등 정상적으로 배달해도 부패의 가능성이 있는 화물 → "부패면책"
(16) **화물의 수량** : 1개의 화물에 1개의 운송장부착이 원칙이나 1개의 운송장으로 기입하되 보조스티커를 사용하는 경우에는 총 박스 수량(단위포장 수량)을 기록할 수 있다. 이는 포장내부의 물품 수량이 아니라, 수탁받은 단위를 나타낸다.

## 2 운송장 기재 요령

### 1 송하인(送荷人) 기재사항(물품 운송을 위탁한 사람)
(1) 송하인의 주소, 성명(또는 상호) 및 전화번호
(2) 수하인의 주소, 성명, 전화번호(거주지 또는 핸드폰번호)
(3) 물품의 품명, 수량, 가격
(4) 특약사항 약관설명 확인필 자필 서명
(5) 파손품 및 냉동 부패성 물품의 경우 : 면책확인서(별도양식) 자필 서명

### 2 집하담당자 기재사항(화물을 한 군데로 모음)
(1) 접수일자, 발송점, 도착점, 배달 예정일
(2) 운송료
(3) 집하자 성명 및 전화번호
(4) 수하인용 송장상의 좌측하단에 총수량 및 도착점 코드
(5) 기타 물품의 운송에 필요한 사항

### 3 운송장 기재 시 유의사항
(1) 화물 인수 시 적합성 여부를 확인한 다음, 고객이 직접 운송장의 정보를 꼭꼭 눌러 기재하여 기입하도록 한다(같은 곳으로 2개 이상 보내는 물품에 대하여는 보조송장도 기재하며, 보조송장도 주송장과 같이 정확한 주소와 전화번호 기재).
(2) 수하인의 주소 및 전화번호·도착점코드가 맞는지 재차 확인한다.
(3) 특약사항에 대하여 고객에게 고지한 후 특약사항 약관을 설명하고 확

인필란에 서명을 받는다.
(4) 파손, 부패, 변질 등 물품의 특성상 문제의 소지가 있을 때는 면책확인서를 받는다.
(5) 고가품에 대하여는 그 품목과 물품가격을 정확히 확인하여 기재하고, 할증료를 청구하여야 하며, 할증료 거절시 특약사항을 설명하고 보상한도에 대해 서명을 받는다.
(6) 같은 장소에 2개 이상 보내는 물품도 보조운송장(주소, 전화번호 기재)을 기재한다.
(7) 산간 오지, 섬 지역 등 지역특성을 고려하여 배송예정일을 정한다.

### 3 운송장 부착요령

(1) 운송장 부착은 원칙적으로 접수장소에서 매 건마다 작성·부착한다.
(2) 운송장은 물품의 정중앙 상단에 뚜렷하게 보이도록 부착한다(어려운 경우 최대한 잘 보이는 곳에 부착한다).
(3) 박스 모서리나 후면 또는 측면 부착으로 혼동을 주지 않아야 한다.
(4) 운송장이 잘 떨어지지 않도록 손으로 잘 눌러서 부착한다.
(5) 운송장 부착 시 운송장과 물품이 정확히 일치하는지 확인하고 부착
(6) 운송장을 포장 표면에 부착할 수 없는 소형(작은 소포), 변형화물은 박스에 넣어 수탁한 후 부착한다.
(7) 박스 물품이 아닌 쌀, 매트, 카펫 등은 테이프 등을 이용하여 **물품의 정중앙에 부착**하며 운송장 바코드가 가려지지 않도록 한다.
(8) 운송장이 떨어질 우려가 큰 물품의 경우 송하인의 동의를 얻어 포장재에 수하인 주소 및 **전화번호** 등 필요한 사항을 기재한다.
(9) 기존에 사용하던 박스를 사용할 때는 반드시 구 운송장은 제거하고 새로운 운송장을 부착하여 1개의 화물에 2개의 운송장이 부착되지 않도록 한다.
(10) 취급주의 스티커의 경우 운송장 바로 우측 옆에 붙여서 눈에 띄게 한다.

## 4 운송화물의 포장

### 1 포장의 개념과 종류의 내용

| 구분 | | 내용 |
|---|---|---|
| 개념 | | 물품의 수송, 보관, 취급, 사용 등에 있어 물품의 가치 및 상태를 보호하기 위해 적절한 재료, 용기 등을 물품에 사용하는 기술 또는 그 상태를 말한다. |
| 포장 종류의 내용 | 개장(個裝) | 물품 개개의 포장. 물품의 상품가치를 높이기 위해 또는 물품개개를 보호하기 위해 적절한 재료, 용기 등으로 물품을 포장하는 방법 및 포장한 상태, **낱포장(단위포장)**이라 한다. |
| | 내장(內裝) | 포장 화물 내부의 포장. 물품에 대한 수분, 습기, 광열, 충격 등을 고려하여 적절한 재료, 용기 등으로 물품을 포장하는 방법 및 포장한 상태, **속포장(내부포장)**을 말한다. |
| | 외장(外裝) | 포장 화물 외부의 포장. 물품 또는 포장 물품을 상자, 포대, 나무통 및 금속관 등의 용기에 넣거나 용기를 사용하지 않고 결속하여 기호, 화물 표시 등을 하는 방법 및 포장한 상태, **겉포장(외부포장)**이라 한다. |

### 2 포장의 기능

| 구분 | 내용 |
|---|---|
| 보호성 | • 내용물을 보호하는 기능은 포장의 가장 기본적인 기능<br>• 내용물의 변질 방지, 물리적인 변화 등 내용물의 변형과 파손으로부터의 보호(완충포장), 이물질의 혼입과 오염으로부터의 보호, 기타의 병균으로부터 보호 등이 있다. |
| 표시성 | 인쇄, 라벨 붙이기 등 포장에 의해 표시가 쉬워지는 것 |
| 상품성 | 생산공정을 거쳐 만들어진 물품은 자체 상품뿐 아니라 포장을 통해 상품화가 완성된다. |
| 편리성 | 공업포장, 상업포장에 공통된 것으로서 설명서, 증서, 서비스품, 팜플릿(pamphlet) 등을 넣거나 진열이 쉽고 수송, 하역, 보관에 편리하다. |
| 구분 | 내용 |
| 효율성 | 작업효율이 양호한 것을 의미하며, 구체적으로는 생산, 판매, 하역, 수·배송 등의 작업이 효율적으로 이루어진다. |
| 판매촉진성 | 판매의욕을 환기시킴과 동시에 광고 효과가 많이 나타난다. |

### 3 포장의 분류

| 구분 | | 내용 |
|---|---|---|
| 상업포장<br>(소비자 포장,<br>판매 포장) | | 소매를 주로 하는 상거래에 상품의 일부로서 상품을 정리하여 취급하기 위해 시행하는 것으로 **상품의 가치를 높이기 위해**하는 포장이다. 포장의 기능으로 ① 판매촉진 기능 ② 진열판매의 편리성 ③ 작업의 효율성 도모 |
| 공업포장<br>(수송 포장) | | 물품의 수송, 보관을 주목적으로 하는 포장으로 물품을 상자, 자루, 나무통, 금속 등에 넣어 수송, 보관, 하역, 과정 등에서 **물품이 변질되는 것을 방지**하는 포장이다. 포장의 기능으로 수송, 하역의 편리성이 있다. |
| 포장재료의<br>**특성**에 따른<br>분류 | 유연<br>포장 | 포장된 포장물 또는 단위포장물이 포장재료나 용기의 유연성 때문에 본질적인 형태는 변화되지 않으나, 일반적으로 외모가 변화될 수 있는 포장(예 : 종이, 플라스틱필름, 셀로판 등으로 구부리기 쉽게 한 포장형태) |
| | 강성<br>포장 | 포장된 물품 또는 단위포장물이 포장재료나 용기의 경직성으로 형태가 변화되지 않고 고정되는 포장(예 : 유연포장과 대비되는 포장으로 유리제 및 플라스틱제의 병이나 통(桶), 목제 및 금속제의 상자나 통 등 강성을 가진 포장) |
| | 반강성<br>포장 | 강성을 가진 포장 중에서 약간의 유연성을 갖는 골판지상자, 플라스틱 보틀 등에 의한 포장으로 유연포장과 강성포장과의 중간적인 포장 |
| 포장방법<br>(**포장기법**)별<br>분류 | 방수<br>포장 | 물, 바닷물, 빗물, 물방울로부터 보호하기 위해 방수포장재료, 방수접착제 등을 사용하여 물이 침입하는 것을 방지코자 포장하는 것(방수포장은 외면에 함이 원칙) |
| | 방습<br>포장 | 흡수성이 없는 제품(흡습허용량이 적은 제품)을 포장할 때 습기 피해를 보호하기위해, 방습포장 재료나 포장용 건조재를 사용하여 건조 상태로 유지하는 포장, 기능 : ① 비료, 시멘트, 농약, 공업약품 : 팽윤, 조해, 응고 방지 ② 건조식품, 의약품 : 변질 상품가치의 상실 방지 ③ 식료품, 섬유, 피혁제품 : 곰팡이 발생 방지 ④ 고수분 식품 청과물 : 변질, 신선도 저하 방지 ⑤ 금속제품 : 변색방지 ⑥ 정밀기기(전자제품 등) : 기능저하 방지 |
| | 방청<br>포장 | 금속, 금속제품, 부품수송 또는 보관할 때 녹의 발생을 막기 위한 포장(낮은 습도 환경에서 작업이 바람직) |
| | 완충<br>포장 | 물품의 운송이나 하역과정에서 발생한 진동이나 충격에 의한 물품파손방지와 외부로부터 가해지는 압력을 완화시키는 포장방법이다.(물품의 성질, 유통환경 및 포장재료의 완충성능을 고려하여야 한다) |
| | 진공<br>포장 | 밀봉, 포장된 상태에서 공기를 빨아들여 밖으로 뽑아 버려 물품의 변질, 내용물의 활성화 등을 방지하는 포장이다. (유연한 플라스틱 필름으로 물건을 싸고 공기가 없는 상태로 만듦과 동시, 필름의 둘레를 용착밀봉하는 방법) |
| | 압축<br>포장 | 포장비와 운송 보관·하역비 등을 절감하기 위해 상품을 압축하여 적은 용적이 되게 한 후 결속재로 결체하는 포장 방법(대표적인 포장 : 수입면의 포장) |
| | 수축<br>포장 | 물품을 1개 또는 여러개를 합하여 수축필름으로 덮고 가열 수축시켜 물품을 강하게 고정, 유지하는 포장을 말한다. |

### 4 화물포장에 관한 일반적 유의(포장의 부실 또는 불량의 경우)

(1) 고객에게 화물이 훼손되지 않게 포장을 보강하도록 양해를 구한다.
(2) 포장비를 별도로 받고 포장할 수 있다(포장 재료비는 실비로 수령).
(3) 포장이 미비하거나 포장 보강을 고객이 거부할 경우, 집하를 거절할 수 있으며 부득이 발송할 경우에는 면책확인서에 고객의 자필서명을 받고 집하한다(면책확인서는 지점에서 보관).

### 5 특별품목에 대한 포장 시 유의사항

(1) 손잡이가 있는 박스 물품의 경우는 손잡이를 안으로 접어 사각이 되게 한 다음 테이프로 포장한다.
(2) 휴대폰 및 노트북 등 고가품의 경우 내용물이 파손되지 않도록 별도의 박스로 이중 포장한다.
(3) 배나 사과 등을 박스에 담아 좌우에서 들 수 있도록 되어있는 물품의 경우 손잡이 부분의 구멍을 테이프로 막아 내용물의 파손을 방지한다.
(4) 꿀 등을 담은 병제품의 경우 가능한 플라스틱병으로 대체하거나 병이

움직이지 않도록 포장재를 보강하여 **낱개로 포장한 뒤 박스로 포장**하여 집하한다. 부득이 병으로 집하하는 경우 **면책확인서**를 받고 집하한다.
(5) 식품류(김치, 특산물, 농수산물 등)의 경우, 스티로폼으로 포장하는 것을 원칙으로 하되, 스티로폼이 없을 경우 비닐로 내용물이 손상되지 않도록 포장한 후 두꺼운 골판지 박스 등으로 포장하여 집하한다.
(6) 가구류의 경우 박스 포장하고 모서리부분을 에어 캡으로 포장처리 후 **면책확인서**를 받아 집하한다.
(7) 포장된 박스가 낡은 경우 운송 중에 박스 손상으로 인한 내용물의 유실 또는 파손 가능성이 있는 물품에 대해서는 **박스를 교체하거나 보강**하여 포장한다.
(8) 비나 눈이 올 때는 비닐 포장 후 박스포장을 원칙으로 한다.
(9) 부패 또는 변질되기 쉬운 물품의 경우 **아이스박스**를 사용한다.
(10) 깨지기 쉬운 물품 등은 플라스틱 용기로 대체하여 **충격 완화포장**을 한다(도자기, 유리병 등은 집하금지 품목에 해당됨).
(11) 옥매트 등 매트 제품의 경우 화물중간에 테이핑 처리 후 운송장을 부착하고 운송장 대체용 또는 송·수하인을 확인할 수 있는 내역을 매트 내 투입하고, 매트 제품의 경우 내용물의 겉포장 상태가 천 종류로 되어있어 타화물에 의한 내용물의 오손우려가 있으므로 고객에게 양해를 구하여 내용물을 보호할 수 있는 비닐포장을 하도록 한다.
(12) 가방류, 보자기류 등의 경우 풀어서 내용물을 확인할 수 있는 물품들은 개봉이 되지 않도록 안전장치를 강구한 후 박스로 **이중포장 후 집하**한다.
(13) 서류 등 부피가 작고, 가벼운 물품의 경우 집하할 때 작은 박스(작은 종이상자)에 넣어 포장하여 집하한다.

### 6 집하할 때의 유의사항
(1) 물품의 특성을 잘 파악하여 물품의 종류에 따라 **포장방법을 달리**하여 취급하여야 한다.
(2) 집하할 때에는 반드시 물품의 포장상태를 확인한다.

### 7 일반화물의 화물취급 표지(한국산업표준 KS T ISO 780)
(1) 취급 표지의 표시
  ① 취급 표지는 포장에 직접 스텐실 인쇄하거나 라벨을 이용하여 부착하는 방법 중 적절한 것을 사용하여 표시한다.
  ② 페인트로 그리거나 인쇄 또는 다른 여러가지 방법으로 이 표준에 정의되어 있는 표지를 사용하는 것을 장려하며 국경 등의 경계에 구애받을 필요는 없다.
(2) 취급 표지의 색상
  ① 표지의 색은 기본적으로 검은색을 사용한다.
  ② 포장의 색이 검은색 표지가 잘 보이지 않는 색이라면 흰색과 같이 적절한 대조를 이룰 수 있는 색을 부분 배경으로 사용한다.
  ③ 위험물 표지와 혼돈을 가져올 수 있는 색의 사용은 피해야한다.
  ④ 적색, 주황색, 황색 등의 사용은 이들 색의 사용이 **규정화되어 있는 지역 및 국가 외에서는 사용을 피하는 것이 좋다.**
(3) 취급 표지의 크기
  ① 일반적인 목적으로 사용하는 취급 표지의 전체 높이는 100mm, 150mm, 200mm의 세 종류가 있다.
  ② 포장의 크기나 모양에 따라 표지의 크기는 조정할 수 있다.
(4) 취급 표지의 수와 위치
  ① 하나의 포장 화물에 사용되는 동일한 취급 표지의 수는 그 포장 화물의 크기나 모양에 따라 다르다.
    ㉠ "깨지기 쉬움, 취급 주의" 표지는 4개의 수직면에 모두 표시해야 하며 위치는 각 변의 왼쪽 윗부분이다.
    ㉡ "위 쌓기" 표지는 "깨지기 쉬움, 취급 주의" 표지와 같은 위치에 표시하여야 하며 이 두 표지가 모두 필요한 경우 "위" 표지를 모서리에 가깝게 표시한다.
    ㉢ "무게 중심 위치" 표지는 가능한 한 여섯 면 모두에 표시하는 것이 좋지만 그렇지 않은 경우 최소한 무게 중심의 실제 위치와 관련 있는 4개의 측면에 표시한다.
    ㉣ **지게차 꺾쇠 취급 표시** 표지는 클램프를 이용하여 취급할 화물에 사용한다.

  • 이 표지는 마주보고 있는 2개의 면에 표시하여 클램프 트럭 운전자가 화물에 접근할 때 표지를 인지할 수 있도록 운전자의 시각 범위 내에 두어야 한다.
  • 이 표지는 클램프가 직접 닿는 면에는 표시해서는 안된다.
  ㉤ "거는 위치" 표지는 최소 2개의 마주보는 면에 표시되어야 한다.
② 수송 포장 화물을 단위 적재 화물화하였을 경우는 취급 표지는 잘 보일 수 있는 곳에 적절히 표시하여야 한다.
③ 표지의 정확한 적용을 위해 주의를 기울여야 하며 잘못된 적용은 부정확한 해석을 초래할 수 있다. "무게 중심 위치" 표지와 "거는 위치" 표지는 그 의미가 정확하고 완벽한 전달을 위해 각 화물의 적절한 위치에 표시되어야 한다.
④ 표지 "적재 단수 제한"에서의 n은 위에 쌓을 수 있는 최대한의 포장 화물 수를 말한다.

| 호칭 | 표지 | 내용 | 비고 |
|---|---|---|---|
| 깨지기 쉬움, 취급주의 | (유리잔) | 내용물이 깨지기 쉬운 것이므로 주의하여 취급할 것 | 적용예: |
| 갈고리 금지 | (갈고리 X) | 갈고리를 사용해서는 안 됨 | |
| 위 쌓기 | (위화살표) | 화물의 올바른 윗 방향을 표시 | 적용예: |
| 직사광선 금지 | (태양 X) | 태양의 직사광선에 화물을 노출시켜선 안 됨 | |
| 방사선 보호 | (방사선) | 방사선에 의해 상태가 나빠지거나 사용할 수 없게 될 수 있는 내용물 표시 | |
| 젖음 방지 | (우산) | 비를 맞으면 안 되는 포장 화물 | |
| 무게 중심 위치 | (+) | 취급되는 최소 단위 화물의 무게 중심을 표시 | 적용예: |
| 굴림 방지 | (굴림X) | 굴려서는 안 되는 화물을 표시 | |
| 손수레 사용 금지 | (손수레X) | 손수레를 끼우면 안 되는 면 표시 | |
| 지게차 취급 금지 | (지게차X) | 지게차를 사용한 취급 금지 | |
| 조임쇠 취급 표시 | →▌← | 이 표시가 있는 면의 양쪽 면이 클램프의 위치라는 표시 | |
| 조임쇠 취급 제한 | →▨← | 이 표지가 있는 면의 양쪽에는 클램프를 사용하면 안 된다는 표시 | |
| 적재 제한 | ...kg max | 위에 쌓을 수 있는 최대 무게를 표시 | |
| 적재 단수 제한 | n | 위에 쌓을 수 있는 동일한 포장 화물의 수 표시, "n"은 한계 수 | |
| 적재 금지 | (X) | 포장의 위에 다른 화물을 쌓으면 안 된다는 표시 | |
| 거는 위치 | (체인) | 슬링을 거는 위치를 표시 | |
| 온도 제한 | (온도계) | 포장 화물의 저장 또는 유통 시 온도 제한을 표시 | |

※ 이 표준은 어떤 종류의 화물에도 적용할 수 있으나, 위험물의 취급표지로는 사용할 수 없다.

# 제2편 화물취급 요령

## 제2장 운송장 작성과 화물포장 출제 예상 문제

**1** 운송장의 기능과 운영에 대한 설명으로 틀린 것은?
① 운송장은 화물을 보내는 송하인으로부터 그 화물을 인수하는 때부터 부착되며, 이후의 취급과정은 운송장을 기준으로 처리된다
② 운송장은 소위 "물표(物標)"로 인식될 수 있으나 택배에서는 그 기능이 매우 중요하다
③ 운송장은 화물을 수탁시켰다는 증빙과 함께 만약 사고가 발생하는 경우 이를 증빙으로 손해배상을 청구할 수 있는 증거서류이다
④ 운송장은 거래 쌍방간의 법적인 권리와 의무를 나타내는 민법적 계약서로서의 기본기능이 있다.
◉ 해설 ④의 문장 중 "민법적 계약서로서의"가 아니고, "상업적 계약서로서의"가 맞으므로 정답은 ④이다.

**2** 운송장 기능의 종류에 대한 설명으로 틀린 것은?
① 운송요금 영수증 기능
② 배달에 대한 증빙
③ 지출금 관리자료
④ 행선지 분류정보 제공
◉ 해설 "지출금 관리자료"가 아니고, "수입금 관리자료"가 맞으므로 정답은 ③이다. 이외에 "계약서 기능, 화물인수증 기능, 정보처리 기본자료"가 있다.

**3** 개인고객의 경우 운송장이 작성되면 운송장에 기록된 내용과 약관에 기준한 계약이 성립되는 운송장 기능은?
① 계약서 기능
② 운송요금 영수증 기능
③ 화물인수증 기능
④ 수입금 관리자료 기능

**4** 운송장에는 송하인과 수하인 등 각종 정보가 수록되어 있고, 운송사업자는 이러한 정보를 마케팅과 요금 청구 등의 기본 자료로 활용할 수 있다. 여기서 알 수 있는 운송장의 기능은?
① 운송요금 영수증 기능
② 수입금 관리자료 기능
③ 정보처리 기본자료 기능
④ 화물인수증 기능

**5** 운송장의 형태에 해당하지 않는 것은?
① 기본형 운송장(포켓타입)
② 보조 운송장
③ 전산처리용 운송장
④ 스티커형 운송장
◉ 해설 운송장의 형태는 ①, ②, ④ 뿐이고, "전산처리용 운송장"은 기본형 운송장(포켓타입)에서 사용하고 있는 운송장으로 정답은 ③이다.

**6** 기본형 운송장(포켓타입)을 구성하고 있는 운송장에 해당하지 않는 것은?
① 송하인용
② 전산처리용
③ 배달표용
④ 지출관리용

**7** 동일 수하인에게 다수의 화물이 배달될 때 운송장 비용을 절약하기 위하여 사용하는 운송장으로서 간단한 기본적인 내용과 원 운송장을 연결시키는 내용만 기록하는 운송장의 명칭은?
① 기본형 운송장
② 보조 운송장
③ 배달표 운송장
④ 스티커 운송장

**8** 운송장의 기록사항 중 화물의 품명(종류)과 화물의 가격을 반드시 기록하여야 하는 이유가 아닌 것은?
① 파손, 분실 등 사고발생시 손해배상의 기준이 된다
② 화물의 품명(종류)은 취급금지 및 제한 품목 여부를 알기 위해서도 반드시 기재한다
③ 화물 품명이 취급금지 품목임을 알고도 수탁을 한 때에도 운송회사의 책임은 없다
④ 화물의 가액은 고객이 직접 기재 신고토록 하며, 화물의 가격은 화물의 파손, 분실 또는 배달지연 발생시 손해배상의 기준이 되며, 고가의 화물인 경우에는 고가화물에 대한 할증을 적용해야 하므로 정확하게 기록한다
◉ 해설 ③의 경우 운송회사 책임을 져야 하는 것이 맞다. 정답은 ③이다.

**9** 화물의 포장이 불완전해 사고발생 가능성이 높아 수탁이 곤란한 경우에는 송하인이 책임사항을 기록하고 서명한 후 모든 책임을 진다는 조건으로 수탁할 수 있다. 다음 중 이에 해당하는 면책사항이 아닌 것은?
① 파손 면책
② 배달지연 또는 불능 면책
③ 부패 면책
④ 송하인 손해배상 면책
◉ 해설 "송하인의 손해배상 면책"은 없으므로 정답은 ④이다

**10** 운송장에 송하인의 기재사항으로 틀린 것은?
① 송하인의 주소, 성명(또는 상호) 및 전화번호
② 접수자의 성명 및 전화번호
③ 수하인의 주소, 성명, 전화번호
④ 파손품 또는 냉동 부패성 물품의 경우는 면책확인서 자필서명
◉ 해설 "접수자의 성명 및 전화번호"는 해당 없어, 정답은 ②이며, 이외에 "물품의 품명, 수량, 가격과 특약사항 약관설명 확인필 자필 서명"이 있다.

정답 1④ 2③ 3① 4③ 5③ 6④ 7② 8③ 9④ 10②

**11** 운송장 기재 시 유의사항으로 틀린 것은?
① 화물 인수 시 적합성 여부를 확인한 다음, 고객이 직접 운송장 정보를 기입하도록 한다
② 송하인 코드가 정확히 기재되었는지 확인한다
③ 특약사항에 대하여 고객에게 고지한 후 특약 사항 약관설명 확인필에 서명을 받는다
④ 파손, 부패, 변질 등 문제의 소지가 있는 물품의 경우에는 면책확인서를 받는다

> **해설** ②의 문장 중 "송하인 코드"가 아니고, "도착점 코드"가 맞으므로 정답은 ②이며, 이외에 "수하인의 주소 및 전화번호가 맞는지 재차 확인한다. 또는 고가품에 대하여는 할증료를 청구하여야 하며 할증료를 거절하는 경우에는 특약사항을 설명하고 보상한도에 대해 서명을 받는다. 산간 오지, 섬 지역 등은 지역특성을 고려하여 배송예정일을 정한다" 등이 있다

**12** 물품의 수송, 보관, 취급, 사용 등에 있어 물품의 가치 및 상태를 보호하기 위해 적절한 재료, 용기 등을 물품에 사용하는 기술을 무엇이라 하는가?
① 개장(個裝)   ② 내장(內裝)
③ 포장(包裝)   ④ 외장(外裝)

**13** 포장 화물 내부의 포장을 말하며, 물품에 대한 습기와 충격 등을 고려해 적절한 재료로 물품을 포장하는 것을 무엇이라 하는가?
① 개장(個裝)   ② 내장(內裝)
③ 포장(包裝)   ④ 외장(外裝)

**14** 다음 중 포장의 기능이 아닌 것은?
① 보호성   ② 표시성
③ 상품성   ④ 보관성

> **해설** "보관성"은 틀리고, "편리성"이 옳으므로 정답은 ④이며, 이외에도 "효율성, 판매촉진성"이 있다.

**15** 소매를 주로 하는 상거래의 상품 일부로써 또는 상품을 정리하여 취급하기 위해 시행하는 것으로 상품가치를 높이기 위해 하는 포장은?
① 상업포장   ② 공업포장
③ 유연포장   ④ 방수포장

**16** 상업포장의 기능에 대한 설명으로 맞지 않는 것은?
① 판매를 촉진시키는 기능
② 진열판매의 편리성
③ 작업의 효율성을 도모하는 기능
④ 수송·하역의 편리성

> **해설** "수송·하역의 편리성이 중요시 된다(수송포장)"는 공업포장의 기능으로 틀리므로 정답은 ④이다. 상업포장을 "소비자 포장 또는 판매포장"이라고도 한다.

**17** 물품의 수송·보관을 주목적으로 하는 포장으로 물품을 상자, 자루, 나무통, 금속 등에 넣어 수송, 보관, 하역과정 등에서 물품이 변질되는 것을 방지하는 포장은?
① 상업포장
② 공업포장
③ 유연포장
④ 강성포장

**18** 포장 재료의 특성에 따른 분류에 해당하지 않는 것은?
① 유연포장   ② 강성포장
③ 반강성포장   ④ 방수포장

> **해설** "방수포장"은 포장방법(포장기법)별 분류 중의 하나로 정답은 ④이다.

**19** 다음 중 포장된 물품이 포장 재료나 용기의 유연성 때문에 본질적인 형태는 변화되지 않으나 일반적으로 외모가 변화될 수 있는 포장을 무엇이라 하는가?
① 강성포장
② 수축포장
③ 유연포장
④ 반강성포장

**20** 포장방법(포장기법)별 분류에 해당하지 않는 것은?
① 방청포장   ② 완충포장
③ 진공포장   ④ 판매포장

> **해설** '판매포장'은 상업포장의 하나의 명칭이어서 정답은 ④이며, 또한 이외에 "방수포장, 방습포장, 압축포장, 수축포장"이 있다.

**21** 제품별 방습포장의 기능이 아닌 것은?
① 비료, 농약 등 : 흡습에 의해 부피가 줄어드는 것을 방지한다
② 건조식품 등 : 흡습에 의해 변질되어 상품가치가 상실되는 것을 방지한다
③ 식료품 등 : 곰팡이 발생을 방지한다
④ 금속제품 : 표면의 변색을 방지한다

> **해설** ①에서 제품이 흡습에 의해 부피가 줄어드는 것이 아닌 '늘어나게 되는 것'이 맞으므로 정답은 ①이다.

**22** 금속·금속제품 및 부품을 수송 또는 보관할 때, 녹의 발생을 막기 위하여 하는 포장방법은 무엇인가?
① 방습포장   ② 방청포장
③ 방수포장   ④ 진공포장

**23** 화물포장에 관한 일반적 유의사항으로 틀린 것은?
① 고객에게 화물이 훼손되지 않게 포장을 보강하도록 양해를 구한다
② 포장비를 별도로 받고 포장할 수 없다
③ 포장이 미비하거나 포장 보강을 고객이 거부할 경우 집하를 거절할 수 있다
④ 화물을 부득이 발송할 경우에는 면책확인서에 고객의 자필 서명을 받고 집하한다

> **해설** 포장비는 별도로 받고 포장할 수 있으며, 포장 재료비는 실비로 수령한다. 정답은 ②다.

**24** 특별 품목을 포장할 때의 유의사항이 아닌 것은?
① 손잡이가 있는 박스 물품의 경우 손잡이를 안으로 접어 사각이 되게 한 다음 테이프로 포장한다
② 휴대폰 및 노트북 등 고가품의 경우 내용물이 파악되지 않도록 별도의 박스로 이중 포장한다
③ 비나 눈이 오지 않더라도 비닐포장 후 박스포장을 하는 것이 원칙이다
④ 깨지기 쉬운 물품 등의 경우 플라스틱 용기로 대체하여 충격 완화포장을 한다

> **해설** 비닐포장은 비나 눈이 올 때 별도로 하는 것이 원칙이다. 정답은 ③이다.

**정답** 11 ② 12 ③ 13 ② 14 ④ 15 ① 16 ④ 17 ② 18 ④ 19 ③ 20 ④ 21 ① 22 ② 23 ② 24 ③

**25** 다음 중 특별품목에 대한 포장 시 유의사항이 아닌 것은?
① 휴대폰 및 노트북 등 고가품의 경우 내용물이 파악되지 않도록 별도의 박스로 이중 포장한다.
② 꿀 등을 담은 병제품을 부득이하게 병으로 집하하는 경우 면책확인서는 받지 않고 집하한다.
③ 식품류의 경우, 스티로폼으로 포장하는 것을 원칙으로 하되, 스티로폼이 없을 경우 비닐로 내용물이 손상되지 않도록 포장한 후 두꺼운 골판지 박스 등으로 포장하여 집하한다.
④ 깨지기 쉬운 물품 등은 플라스틱 용기로 대체하여 충격 완화포장을 한다.

**해설** 병제품을 부득이하게 병으로 집하할 때는 면책확인서를 받아야 하므로 정답은 ②이다. 병제품은 가능한 플라스틱병으로 대체하거나, 병이 움직이지 않도록 포장재를 보강하여 낱개로 포장한 뒤 박스로 포장하는 것이 좋다.

**26** 일반 화물의 취급 표지에서 "취급 표지의 표시 및 표지의 색상등"에 대한 설명으로 틀린 것은?
① 취급 표지의 표시 : 포장에 직접 스텐실 인쇄하거나 라벨을 이용하여 부착하는 방법 중 적절한 것을 사용하여 표시한다
② 취급 표지의 색상 : 위험물 표지와 혼돈을 가져올 수 있는 색의 사용은 피해야 한다
③ 취급 표지의 색상 : 표지의 색은 기본적으로 흰색을 사용한다
④ 취급 표지의 크기 : 일반적인 목적으로 사용하는 취급 표지의 전체 높이는 100mm, 150mm, 200mm의 세 종류가 있다

**해설** 취급 표지의 색상은 기본적으로 "검은색"을 사용하는 것이 옳다. 정답은 ③이다.

**27** 일반 화물의 취급 표지의 기본적인 색상으로 옳은 것은?
① 검정색　　　　　② 적색
③ 주황색　　　　　④ 황색

**28** 일반 화물의 취급 표지의 호칭과 표시하는 수와 표시위치에 대한 설명으로 틀린 것은?
① 호칭은 깨지기 쉬움·취급주의
② 표지는 4개의 수직면에 모두 표시
③ 위치는 각 변의 왼쪽 윗부분에 부착
④ 위치는 각 변의 우측 윗부분에 부착

**29** 일반 화물의 취급 표지의 호칭과 표시하는 수와 표시위치에 대한 설명으로 틀린 것은?
① 호칭은 갈고리 금지
② 표지는 4개의 수직면에 모두 표시
③ 위치는 각 변의 왼쪽 윗부분에 부착
④ 갈고리를 안전하게 사용

**해설** "갈고리를 사용해서는 안 됨"으로 정답은 ④이다.

**30** 일반 화물 표지 중 "위 쌓기"표지의 호칭에 해당되는 것은?
① 　　② 
③ 　　④ 

**해설** 문제의 화물 취급 표지는 ①이므로 정답은 ①이다. ②는 직사광선 금지, ③는 방사선 보호, ④는 젖음 방지 표지이다.

**31** 일반 화물의 취급 표지의 호칭과 표시하는 수와 표시위치에 대한 설명으로 틀린 것은?
① 호칭은 무게 중심 위치
② 가능한 한 여섯면 모두에 표시
③ 무게중심 실제 위치와 관련 있는 최소한 4개의 측면에 표시
④ 취급되는 최고단위 화물의 무게중심을 표시

**해설** "최고단위"가 아니라, "최소단위"로 정답은 ④임.

**32** 일반 화물 표지 중 "굴림 방지" 표지의 호칭에 해당되는 것은?
① 　　②
③ 　　④

**해설** 문제의 표지 호칭은 "굴림 방지"이므로 정답은 ①이다. ②는 손수레 사용 금지, ③는 지게차 취급 금지, ④는 조임쇠취급 표시로 이 표지는 마주보고 있는 2개의 면에 표시하여 클램프 트럭 운전자가 화물에 접근할 때 표지를 인지할 수 있도록 한다.

**33** 일반 화물 표지 중 "조임쇠취급 제한"표지의 호칭에 해당하는 것은?
① 　　②
③ 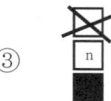　　④

**해설** 문제의 표지의 호칭은 "조임쇠취급 제한"이므로 정답은 ①이며, ②는 위 쌓기 제한, ③는 적재 단수 제한이며 "n"은 위에 쌓을 수 있는 최대한의 포장 화물 수이다. ④는 적재 금지 표지이다.

**34** 일반 화물 표지 중 '적재 단수 제한'이라는 표지의 호칭에 해당되는 것은?
① 　　②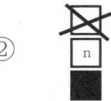
③ 　　④

**해설** 문제의 표지 호칭은 '적재 단수 제한'이므로 정답은 ②이다. ①은 적재금지, ③은 적재제한, ④는 조임쇠 취급 제한 표지이다.

**35** 일반 화물 표지 중 "슬링을 거는 위치"표지의 호칭에 해당하는 것은?
① 　　② 
③ 　　④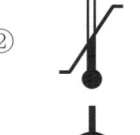

**해설** 문제의 표지 호칭은 "슬링 거는 위치"이므로 정답은 ①이다. ②는 온도제한, ③은 지게차취급 금지, ④는 무게중심위치 표지이다.

**정답** 25 ②　26 ③　27 ①　28 ④　29 ④　30 ①　31 ④　32 ①　33 ①　34 ②　35 ①

# 제3장 화물의 상·하차 요약정리

## 1 화물취급 전 준비사항(확인사항)

① 위험물, 유해물 취급할 때에는 반드시 보호구를 착용하고, 안전모는 턱끈을 매어 착용한다.
② 보호구의 자체결함은 없는지 또는 사용방법은 알고 있는지 확인한다.
③ 취급화물의 품목별, 포장별, 비포장별(산물, 분탄, 유해물) 등에 따른 취급방법 및 작업순서를 사전 검토한다.
④ 유해, 유독화물 확인을 철저히 하고 위험에 대비한 약품, 세척용구 등을 준비한다.
⑤ 화물의 포장이 거칠거나 미끄러움, 뾰족함 등은 없는지 확인한 후 작업에 착수한다.
⑥ 화물의 낙하, 분탄화물의 비산 등의 위험을 사전에 제거하고 작업을 시작한다.
⑦ 작업도구는 당해 작업에 적합한 물품으로 필요한 수량만큼 준비한다.

## 2 창고 내 작업 및 입·출고 작업요령

① 창고 내에서 작업할 때는 어떠한 경우라도 흡연을 금한다.
② 화물적하장소에 무단으로 출입하지 않는다.
③ 창고 내에서 화물을 옮길 때의 주의사항
  ㉠ 창고의 통로 등에 장애물이 없도록 한다.
  ㉡ 작업안전통로를 충분히 확보한 후 화물을 적재한다.
  ㉢ 바닥에 물건 등이 놓여 있으면 즉시 치우도록 한다.
  ㉣ 바닥의 기름이나 물기는 즉시 제거하여 미끄럼 사고를 예방한다.
  ㉤ 운반통로에 있는 맨홀이나 홈에 주의해야 한다.
  ㉥ 운반통로에 안전하지 않은 곳이 없도록 조치한다.
④ 화물더미에서 작업할 때의 주의사항
  ㉠ 화물더미 한쪽 가장자리에서 작업할 때 화물더미의 불안전한 상태를 수시 확인하여 위험이 발생하지 않도록 주의해야 한다.
  ㉡ 화물더미에 오르내릴 때에는 화물의 쏠림이 발생하지 않도록 조심해야 한다.
  ㉢ 화물을 쌓거나 내릴 때에는 순서에 맞게 신중히 하여야 한다.
  ㉣ 화물더미의 화물을 출하할 때에는 화물더미 위에서부터 순차적으로 층계를 지으면서 헐어낸다.
  ㉤ 화물더미의 상층과 하층에서 동시에 작업을 하지 않는다.
  ㉥ 화물더미의 중간에서 화물을 뽑아내거나 직선으로 깊이 파내는 작업을 하지 않는다.
  ㉦ 화물더미 위에서 작업을 할 때에는 힘을 줄 때 발밑을 항상 조심한다.
  ㉧ 화물더미 위로 오르고 내릴 때에는 안전한 승강시설을 이용한다.
⑤ 화물을 연속적으로 이동시키기 위해 컨베이어(Conveyor)를 사용할 때의 주의사항
  ㉠ 상차용 컨베이어(Conveyor)를 이용하여 타이어 등을 상차할 때에는 타이어 등이 떨어지거나 떨어질 위험이 있는 곳에서 작업을 해선 안 된다.
  ㉡ 컨베이어(Conveyor) 위로는 절대 올라가서는 안 된다.
  ㉢ 상차 작업자와 컨베이어(Conveyor)를 운전하는 작업자는 상호 간에 신호를 긴밀히 해야 한다.
⑥ 화물을 운반할 때의 주의사항
  ㉠ 운반하는 물건이 시야를 가리지 않도록 한다.
  ㉡ 뒷걸음질로 화물을 운반해서는 안 된다.
  ㉢ 작업장 주변의 화물상태, 차량 통행 등을 항상 살핀다.
  ㉣ 원기둥형을 굴릴 때는 앞으로 밀어 굴리고 뒤로 끌어서는 안 된다.
  ㉤ 화물자동차에서 화물을 내릴 때 로프를 풀거나 옆문을 열 때는 화물낙하 여부를 확인하고 안전위치에서 행한다.
⑦ 발판을 활용한 작업을 할 때의 주의사항
  ㉠ 발판은 경사를 완만하게 하여 사용한다.
  ㉡ 발판을 이용하여 오르내릴 때에는 2명 이상이 동시에 통행하지 않는다.
  ㉢ 발판의 넓이와 길이는 작업에 적합한 것이며 자체에 결함이 없는지 확인한다.
  ㉣ 발판의 설치는 안전하게 되어있는지 확인한다.
  ㉤ 발판의 미끄럼 방지조치는 되어있는지 확인한다.
  ㉥ 발판은 움직이지 않도록 목마 위에 설치하거나 발판 상·하부 위에 고정조치를 철저히 하도록 한다.
⑧ 화물의 붕괴를 막기 위하여 적재규정을 준수하고 있는지 확인한다.
⑨ 작업 종료 후 작업장 주위를 정리해야 한다.

## 3 하역방법

① 상자로 된 화물은 취급표지에 따라 다루어야 한다.
② 화물의 적하순서에 따라 작업을 한다.
③ 종류가 다른 것을 적치할 때는 무거운 것을 밑에 쌓는다.
④ 부피가 큰 것을 쌓을 때는 무거운 것은 밑에 가벼운 것은 위에 쌓는다(화물종류별로 표시된 쌓는 단수 이상으로 적재하지 않는다).
⑤ 길이가 고르지 못하면 한 쪽 끝이 맞도록 한다.
⑥ 작은 화물 위에 큰 화물을 놓지 말아야 한다.
⑦ 물건을 쌓을 때는 떨어지거나 건드려서 넘어지지 않도록 한다.
⑧ 물품을 야외에 적치할 때는 밑받침을 하여 부식을 방지하고 덮개로 덮어야 한다.
⑨ 높이 올려 쌓는 화물은 무너질 염려가 없도록 하고, 쌓아 놓은 물건 위에 다른 물건을 던져 쌓아 화물이 무너지는 일이 없도록 하여야 한다.
⑩ 화물을 한 줄로 높이 쌓지 말아야 한다.
⑪ 화물을 내려서 밑바닥에 닿을 때에는 갑자기 화물이 무너지는 일이 있으므로 안전한 거리를 유지하고, 무심코 접근하지 말아야 한다.
⑫ 화물을 쌓아 올릴 때에 사용하는 깔판자체의 결함 및 깔판사이의 간격 등의 이상 유무를 확인 후 조치한다.
⑬ 화물을 싣고 내리는 작업을 할 때에는 화물더미 적재순서를 준수하여 화물의 붕괴 등을 예방한다.
⑭ 화물더미에서 한 쪽으로 치우치는 편중작업을 하고 있는 경우에는 붕괴, 전도 및 충격 등의 위험에 각별히 유의한다.
⑮ 화물을 적재할 때에는 소화기, 소화전, 배전함 등의 설비사용에 장애를 주지 않도록 해야 한다.
⑯ 포대화물을 적치할 때는 겹쳐쌓기, 벽돌쌓기, 단별방향, 바꾸어 쌓기 등 기본형으로 쌓고, 올라가면서 중심을 향하여 적당히 끌어당겨야 하며, 화물더미의 주위와 중심이 일정하게 쌓아야 한다.
⑰ 바닥으로부터의 높이가 2m 이상 되는 화물더미(포대, 가마니 등으로 포장된 화물이 쌓여있는 것)과 인접 화물더미 사이의 간격은 화물더미의 밑부분을 기준으로 10cm 이상으로 하여야 한다.

⑱ 파렛트에 화물을 적치할 때는 화물의 종류, 형상, 크기에 따라 적부방법과 높이를 정하고 운반 중 무너질 위험이 있는 것은 적재물을 묶어 파렛트에 고정시킨다.
⑲ 원목과 같은 원기둥형의 화물은 열을 지어 정방형을 만들고, 그 위에 직각으로 열을 지어 쌓거나 또는 열 사이에 끼워 쌓는 방법으로 하되, 구르기 쉬우므로 외측에 제동장치를 해야 한다.
⑳ 화물더미가 무너질 위험이 있는 경우에는 로프를 사용하여 묶거나 망을 치는 등 위험방지를 위한 조치를 해야 한다.
㉑ 제재목을 적치할 때는 건너지르는 대목을 3개소에 놓아야 한다.
㉒ 높은 곳에 적재할때나 무거운 물건을 적재할때는 절대 무리해서는 아니 되며, 안전모를 착용해야 한다.
㉓ 물건을 적재할 때 주변으로 넘어질 것을 대비하여 위험한 요소는 사전 제거한다.
㉔ 물품을 적재할 때는 구르거나 무너지지 않도록 받침대를 사용하거나 로프로 묶어야 한다.
㉕ 같은 종류 및 동일규격끼리 적재해야 한다.

## 4 적재함 적재방법

① 무거운 화물을 적재함 뒤쪽에 실으면 앞바퀴가 들려 조향이 마음대로 되지 않아 위험하다(한 쪽으로 기울지 않게 또는 적재하중 초과금지).
② 무거운 화물을 적재함 앞쪽에 실으면 조향이 무겁고, 제동할 때에 뒷바퀴가 먼저 제동되어 좌·우로 틀어지는 경우가 발생한다.
③ 화물을 적재할 때에는 최대한 무게가 골고루 분산될 수 있도록 하고, 무거운 화물은 중간부분에 무게가 집중될 수 있도록 적재한다.
④ 냉동 및 냉장차량은 공기가 화물전체에 통하게 하여 균등한 온도를 유지하도록 열과 열 사이 및 주위에 공간을 남기도록 유의하고, 화물을 적재 전에 적절한 온도로 유지되고 있는지 확인한다.
⑤ 가축은 화물칸에서 이리저리 움직여 차량이 흔들릴 수 있어 차량운전에 문제를 발생시킬 수 있으므로, 가축이 화물칸에 완전히 차지 않을 경우에는 가축을 한데 몰아 움직임을 제한하는 임시 칸막이를 사용한다.
⑥ 차량의 전복을 방지하기 위하여 적재물 전체의 무게 중심의 위치는 적재함 전후좌우의 중심위치로 하는 것이 바람직하다.
⑦ 가벼운 화물이라도 너무 높게 또는 적재폭을 초과하지 않도록 한다.
⑧ 물건을 적재한 후에는 이동거리가 멀건 가깝건 간에 짐이 넘어지지 않게 로프나 체인 등으로 단단히 묶어야 한다.
⑨ 둥글고 구르기 쉬운 물건은 상자 등으로 포장한 후 적재한다.
⑩ 볼트와 같이 세밀한 물건은 상자 등에 넣어 적재한다.
⑪ 방수천은 로프, 직물, 끈 또는 고리가 달린 고무끈을 사용하여 주행 시 펄럭이지 않도록 묶는다.
⑫ 적재함 위에서 화물을 결박할 때 앞에서 뒤로 당겨 떨어지지 않도록 주의한다.
⑬ 지상에서 결박하는 사람은 한 발을 타이어 및 차량 하단부를 밟고 당기지 않으며, 옆으로 서서 고무바를 짧게 잡고 조금씩 여러번 당긴다.
⑭ 적재함 위에서는 운전탑 또는 후방을 바라보고 선 자세에서 두 손으로 고무바를 위쪽으로 들어서 좌우로 이동시킨다.
⑮ 적재 후 밴딩 끈을 사용할 때 견고하게 묶었는지 여부를 항상 점검한다.
⑯ 컨테이너는 트레일러에 단단히 고정되어야 한다.
⑰ 헤더보드는 화물이 이동하여 트랙터 운전실을 덮치는 것을 방지하므로, 차량에 헤더보드가 없다면 화물을 차단하거나 잘 묶어야 한다.
⑱ 체인은 화물 위나 둘레에 놓이도록 하고 화물이 움직이지 않을 정도로 탄탄하게 당길 수 있도록 바인더를 사용한다.
⑲ 트랙터 차량의 캡과 적재물의 간격을 120cm 이상으로 유지해야 한다.
※ 경사주행 시 캡과 적재물의 충돌로 인하여 차량파손 및 인체상의 상해가 발생할 수 있다.

## 5 운반방법

① 물품 및 박스의 날카로운 모서리나 가시를 제거한다.
② 공동 작업을 할 때의 방법 : ㉠ 상호 간에 신호를 정확히 하고 진행 속도를 맞춘다. ㉡ 체력이나 신체조건 등을 고려하여 균형있게 조를 구성하고, 리더의 통제 하에 큰 소리로 신호하여 진행 속도를 맞춘다. ㉢ 긴 화물을 들어 올릴 때에는 두 사람이 화물을 향하여 평행으로 서서 화물양단을 잡고 구령에 따라 속도를 맞추어 들어 올린다.
③ 물품을 들어올릴 때의 자세 및 방법 : ㉠ 몸의 균형을 유지하기 위해서 발은 어깨넓이만큼 벌리고 물품으로 향한다. ㉡ 물품과 몸의 거리는 물품의 크기에 따라 다르나 물품을 수직으로 들어 올릴 수 있는 위치에 몸을 준비한다. ㉢ 물품을 들 때는 허리를 똑바로 펴야 한다. ㉣ 다리와 어깨의 근육에 힘을 넣고 팔꿈치를 바로 펴서 서서히 물품을 들어올린다. ㉤ 허리의 힘으로 드는 것이 아니고 무릎을 굽혀 펴는 힘으로 물품을 든다.
④ 단독으로 화물을 운반하고자 할 때의 인력운반중량 권장기준으로
 ㉠ 일시작업(시간당 2회 이하) : 성인남자 : 25~30kg
   성인여자 : 15~20kg
 ㉡ 계속작업(시간당 3회 이상) : 성인남자 : 10~15kg
   성인여자 : 5~10kg
⑤ 물품을 들어올리기에 힘겨운 것은 단독작업을 금(피)하고, 무거운 물품은 공동운반하거나 운반차를 이용한다.
⑥ 긴 물건을 어깨에 메고 운반할 때에는 앞부분의 끝을 운반자 신장보다 약간 높게 하여 모서리 등에 충돌하지 않도록 운반한다.
⑦ 시야를 가리는 물품은 계단이나 사다리를 이용하여 운반하지 않는다.
⑧ 화물을 들어올리거나 내리는 높이는 작게 할수록 좋다.
⑨ 보조용구(갈고리, 지렛대, 로프 등)는 항상 점검하고 바르게 사용한다(갈고리는 포장매듭이 있는 곳에 깊이 걸어 천천히 당긴다).
⑩ 화물을 놓을 때는 다리를 굽히면서 한쪽 모서리를 놓은 다음 손을 뺀다(화물을 운반할 때에는 들었다 놓았다 하지 말고 직선거리로 운반한다).
⑪ 물품을 어깨에 메고 운반할 때 : ㉠ 물품을 받아 어깨에 멜 때는 어깨를 낮추고 몸을 약간 기울인다. ㉡ 호흡을 맞추어 어깨로 받아 화물 중심과 몸 중심을 맞춘다. ㉢ 진행방향의 안전을 확인하면서 운반한다. ㉣ 물품을 어깨에 메거나 받아들 때 한 쪽으로 쏠리거나 꼬이더라도 충돌하지 않도록 공간을 확보하고 작업한다.
⑫ 장척물, 구르기 쉬운 화물은 단독 운반을 피하고 중량물은 하역기계를 사용한다.

## 6 기타작업

① 화물은 가급적 세우지 말고 눕혀 놓는다.
② 바닥이 약하거나 원형물건 등 평평하지 않는 화물은 지지력이 있고 평평한 면적을 가진 받침을 이용한다.
③ 화물을 하역하기 위해 로프를 풀고 문을 열 때는 짐이 무너질 위험이 있으므로 주의한다.
④ 화물 위에 올라타지 않도록 한다.
⑤ 수작업 운반(手作業 運搬)과 기계작업운반(機械作業 運搬)의 기준

| 수(手)작업 운반작업 | 기계(機械)작업 운반작업 |
|---|---|
| ㉠ 두뇌작업이 필요한 작업 – 분류, 판독, 검사 | ㉠ 단순하고 반복적인 작업 – 분류, 판독, 검사 |
| ㉡ 얼마동안 시간 간격을 두고 되풀이되는 소량취급 작업 | ㉡ 표준화되어 있어 지속적이고 운반량이 많은 작업 |
| ㉢ 취급물의 형상, 성질, 크기 등이 일정치 않은 작업 | ㉢ 취급물의 형상, 성질, 크기 등이 일정한 작업 |
| ㉣ 취급물품이 경량물인 작업 | ㉣ 취급물품이 중량물인 작업 |

## 7 고압가스의 취급 시 확인점검

① 고압가스를 운반할 때에는 그 고압가스의 명칭, 성질 및 이동 중의 재해방지를 위해 필요한 주의사항을 기재한 서면을 운전책임자 또는 운반자에게 교부하여 휴대하게 하고, 운반 차량의 고장이나 교통사정 등 휴식 또는 부득이한 경우를 제외하고는 운전자와 운반책임자가 동시에 이탈하지 아니할 것
② 200km 이상의 거리를 운행하는 경우에는 중간에 **충분한 휴식**을 취한 후 운전할 것
③ 노면이 나쁜 도로에서는 가능한 한 운행하지 말 것이며, 부득이 운행할 때에는 운행개시 전에 충전용기의 적재상황을 재검사하여 이상이 없는가를 확인하고 운행 후에는 안전한 장소에 일시정지하여 적재 상황, 용기밸브, 로프 등의 풀림 등이 없는가를 확인할 것

## 8 컨테이너 취급

### (1) 컨테이너의 구조
컨테이너는 해당 위험물의 운송에 충분히 견딜 수 있는 구조와 강도를 가져야 하며 또한 **영구히 반복하여 사용할 수 있도록** 견고히 제조되어야 한다.

### (2) 위험물의 수납방법 및 주의사항
① 컨테이너에 위험물의 수납에 앞서 위험물의 성질, 성상, 취급방법, 방제대책을 충분히 조사하는 동시에 해당위험물의 적화방법 및 주의사항을 지키며, 컨테이너의 구조와 상태 등이 불안한 것을 사용해서는 아니되며 특히 **개폐문의 방수상태를 점검할 것**
② 컨테이너를 깨끗이 청소하고 잘 건조할 것
③ 수납되는 위험물 용기의 포장 및 표찰이 완전한가를 충분히 점검하여 포장 및 용기가 파손되었거나 불완전한 컨테이너는 수납을 금지시킬 것
④ 수납에 있어서는 화물의 이동, 전도, 충격, 마찰, 누설 등에 의한 위험이 생기지 않도록 충분한 깔판 및 각종 고임목 등을 사용하여 화물을 보호하는 동시에 단단히 고정시킬 것
⑤ 화물 중량의 배분과 외부충격의 완화를 고려하는 동시에, 어떠한 경우라도 화물 일부가 컨테이너 밖으로 튀어 나와서는 안 된다.
⑥ 수납이 완료되면 즉시 문을 폐쇄한다.
⑦ 품명이 틀린 위험물 또는 위험물과 위험물 이외의 화물이 상호작용하여 발열 및 가스를 발생시키고, 부식작용이 일어나거나 기타 물리적 화학작용이 일어날 염려가 있을 때에는 동일 컨테이너에 수납해서는 아니 된다.

### (3) 위험물의 표시
컨테이너에 수납되어 있는 ① 위험물의 분류명 ② 표찰 ③ 컨테이너 번호를 외측부 가장 잘 보이는 곳에 표시한다.

### (4) 적재 방법
① 위험물이 수납되어 있는 컨테이너가 이동하는 동안에 전도, 손상, 찌그러지는 현상 등이 생기지 않도록 적재한다.
② 위험물이 수납되어 수밀의 금속제 컨테이너를 적재하기 위해 설비를 갖추고 있는 선창 또는 구획에 적재할 경우는 상호 관계를 참조하여 적재하도록 한다.
③ 컨테이너를 적재 후 반드시 **콘(잠금장치)**을 잠근다.

## 9 위험물 탱크로리 취급시의 확인·점검

① 인화성물질을 취급할 때에는 소화기를 준비하고, 흡연자가 없는지 확인한 다음, 주의의 정리정돈상태 양호 유무를 확인한다.
② 주위에 위험표지를 설치하고, 담당자 이외에는 손대지 않을 것
③ 누유된 위험물은 회수처리하고, 플렌지(flange)등 연결부분에 새는 곳은 없는지 확인하고, 플렉시블 호스(flexible hose)는 고정시켰는지 확인한다.
④ 탱크로리에 커플링(coupling)은 잘 연결 되었는가 확인하고, 접지는 연결시켰는지 확인한다.

## 10 주유취급소의 위험물 취급기준

① 자동차 등에 주유 시 고정주유설비를 사용하여 직접 주유한다.
② 자동차의 일부 또는 전부가 주유취급소 밖에 나온 채 주유하지 않는다.
③ 자동차 등을 주유할 때는 **자동차 등의 원동기를 정지시킨다.**
④ 주유취급소의 전용탱크 또는 간이탱크에 위험물을 주입할 때는 그 탱크에 연결되는 고정주유설비의 사용을 중지하여야 하며, 자동차 등을 그 탱크의 주입구에 접근시켜서는 아니 된다.
⑤ 유분리 장치에 고인 유류는 넘치지 아니하도록 수시로 퍼내어야 한다.
⑥ 고정주유설비에 유류를 공급하는 배관은 **전용탱크 또는 간이탱크**로부터 고정주유설비에 직접 연결된 것이어야 한다.
⑦ 자동차 등에 주유할 때는 정당한 이유 없이 다른 자동차 등을 그 주유취급소 안에 주차시켜서는 안 된다(단 재해발생의 우려가 없는 경우에는 그러하지 아니 하다).

## 11 독극물 취급 시 주의사항

① 독극물을 취급하거나 운반할 때는 소정의 안전한 용기, 도구, 운반구 및 운반차를 이용할 것
② 취급불명의 독극물을 함부로 다루지 말고, 독극물 취급방법을 확인한 후 취급할 것
③ 독극물의 취급 및 운반은 거칠게 다루지 말 것(적재 또는 적하작업 전에 주차상태 확인)
④ 독극물 저장소, 드럼통, 용기, 배관 등은 내용물을 알 수 있도록 확실하게 표시하여 놓을 것
⑤ 만약 독극물이 새거나 엎질러졌을 때는 신속히 제거할 수 있는 안전한 조치를 하여 놓을 것
⑥ **독극물을 보호할 수 있는 조치를 취하고**, 적재 및 적하작업 전에는 주차브레이크를 사용하여 차량이 움직이지 않도록 조치할 것
⑦ **독극물이 있는 용기가 쓰러지거나 미끄러지거나 튀지 않도록 철저하게 고정할 것**(독극물 용기의 마개를 철저히 닫고 빈 용기와 구별표시).
⑧ 용기가 깨어질 염려가 있는 것은 나무상자나 플라스틱상자 속에 넣어 보관하고, **쌓아 둔 것은 울타리나 철망 등으로 둘러싸서 보관할 것.**
⑨ 취급하는 독극물의 물리적·화학적 특성을 충분히 알고, 그 성질에 따른 방호수단을 알고 있어야 한다.
⑩ 도난방지 및 오용(誤用) 방지를 위해 보관을 철저히 하도록 한다.

## 12 상·하차 작업 시 확인사항

① 작업원에게 화물의 내용, 특성 등을 잘 주지시켰는가?
② 받침목, 지주, 로프 등 필요한 보조용구는 준비되어 있는가?
③ 차량에 구름막이는 되어 있는가?
④ 던지기 및 굴려 내리기를 하고 있지 않은가?
⑤ 적재량을 초과하지 않았는가?
⑥ 화물의 붕괴를 방지하기 위한 조치는 취해져 있는가?
⑦ 위험물이나 긴 화물은 소정의 위험표지를 하였는가?
⑧ 적재화물의 높이, 길이, 폭 등의 제한은 지키고 있는가?
⑨ 작업 신호에 따라 작업이 잘 행하여지고 있는가?
⑩ 위험한 승강을 하고 있지는 않는가?
⑪ 차량의 이동 신호는 잘 지키고 있는가?
⑫ 차를 통로에 방치해 두지 않았는가?

# 제2편 화물취급 요령

## 제3장 화물의 상·하차 출제 예상 문제

**1** 화물을 취급하기 전에 준비, 확인할 사항으로 틀린 것은?
① 위험물, 유해물을 취급할 때에는 반드시 보호구를 착용하고, 안전모는 턱끈을 매어 착용한다
② 보호구의 자체결함은 없는지 또는 사용방법은 알고 있는지 확인한다
③ 화물의 포장이 거칠거나 미끄러움, 뾰쪽함 등은 없는지 확인한 후 작업에 착수한다
④ 작업도구는 저렴한 물품으로 필요한 수량만큼 준비한다
> **해설** ④의 문장 중 "저렴한 물품으로"가 아니고, "해당 작업에 적합한 물품으로"가 맞으므로 정답은 ④이다.

**2** 창고 내 및 입·출고 작업요령으로 틀린 것은?
① 작업 시작 전 작업장 주위를 정리한다
② 창고 내에서 작업할 때에는 어떠한 경우라도 흡연을 금한다
③ 화물적하장소에 무단으로 출입하지 않는다
④ 화물의 붕괴를 막기 위하여 적재규정을 준수하고 있는지 확인한다
> **해설** ①의 문장 중 "작업 시작 전"이 아니고, "작업 종료 후"가 맞으므로 정답은 ①이다.

**3** 화물을 연속적으로 이동시키기 위해 컨베이어(conveyor)를 사용할 때의 주의사항이 아닌 것은?
① 상차용 컨베이어를 이용하여 타이어 등을 상차할 때는 타이어 등이 떨어질 위험이 있는 곳에서 작업을 해선 안 된다
② 컨베이어 위에는 올라가지 않도록 한다
③ 부득이하게 컨베이어 위로 올라가는 경우, 안전담당자를 반드시 배치하도록 한다
④ 상차 작업자와 컨베이어를 운전하는 작업자는 상호간에 신호를 긴밀히 하여야 한다

**4** 화물을 운반할 때의 주의사항으로 틀린 것은?
① 운반하는 물건이 시야를 가리지 않도록 한다
② 뒷걸음질로 화물을 운반해도 된다
③ 작업장 주변의 화물상태, 차량통행 등을 항상 살핀다
③ 원기둥을 굴릴 때는 앞으로 밀어 굴리고 뒤로 끌어서는 안 된다
> **해설** ②의 문장 말미에 "운반해도 된다"는 틀리고, "운반해서는 안 된다"가 옳으므로 정답은 ②이다.

**5** 발판을 활용한 작업을 할 때에 주의사항에 대한 설명으로 틀린 것은?
① 발판은 경사를 완만하게 하여 사용한다
② 발판을 이용하여 오르내릴 때에는 3명 이상이 동시에 통행하지 않는다
③ 발판의 넓이와 길이는 작업에 적합한 것이며 자체에 결함이 없는지 확인한다
④ 발판 설치는 안전하게 되어 있는지 확인한다
> **해설** ②의 문장 중 "3명 이상"이 아니고, "2명 이상"이 맞으므로 정답은 ②이다. 이외에 "발판의 미끄럼 방지조치는 되어 있는지 확인한다"가 등이 있다.

**6** 화물의 하역방법으로 틀린 것은?
① 상자로 된 화물은 취급 표지에 따라 다루어야 한다
② 화물의 적하순서에 따라 작업을 한다
③ 종류가 다른 것을 적치할 때는 무거운 것을 밑에 놓는다
④ 길이가 고르지 못하면 양쪽 끝이 맞도록 한다
> **해설** ④의 문장 중에 "양쪽 끝이"아니고, "한쪽 끝이"가 맞으므로 정답은 ④이다.

**7** 바닥으로부터의 높이가 2미터 이상 되는 화물더미와 인접 화물더미 사이의 간격은 화물더미 밑부분을 기준으로 몇 센티미터 이상으로 하여야 하는가?
① 10센티미터 이상으로
② 15센티미터 이상으로
③ 20센티미터 이상으로
④ 25센티미터 이상으로

**8** 제재목(製材木)을 적치할 때는 건너지르는 대목을 몇 개소에 놓아야 하는가?
① 2개소
② 3개소
③ 4개소
④ 5개소

**9** 차량 내 화물 적재방법으로 잘못된 것은?
① 화물을 적재할 때는 한쪽으로 기울지 않게 쌓고, 적재하중을 초과하지 않도록 한다
② 무거운 화물을 적재함 뒤쪽에 실으면 앞바퀴가 들려 조향이 마음대로 안 되어 위험하다
③ 무거운 화물을 적재함 앞쪽에 실으면 조향이 무겁고 제동할 때에 뒷바퀴가 먼저 제동되어 좌·우로 틀어지는 경우가 발생한다
④ 화물을 적재할 때에는 최대한 무게가 골고루 분산될 수 있도록 하고, 무거운 화물은 적재함의 앞부분에 무게가 집중될 수 있도록 적재한다
> **해설** ④의 문장 중에 "적재함의 앞부분에 무게가"가 아니고, "적재함의 중간부분에 무게가"가 맞는 문장이므로 정답은 ④이다.

**정답** 1④ 2① 3③ 4② 5② 6④ 7① 8② 9④

**10** 화물을 차량 내에 적재하는 방법에 대한 설명으로 잘못된 것은?
① 냉동 및 냉장차량은 공기가 화물 전체에 통하게 하여 균등한 온도를 유지하도록 화물을 적재하기 전에 적절한 온도로 유지되고 있는지 확인한다
② 가축은 화물칸에서 이리저리 움직여 차량이 흔들릴 수 있어 가축이 화물칸에 완전히 차지 않을 경우에는 가축을 한데 몰아 움직임을 제한하는 임시 칸막이를 사용한다
③ 차량전복을 방지하기 위하여 적재물 전체의 무게중심 위치는 비교적 적재함의 후방에 두는 것이 좋다
④ 화물을 적재할 때 적재함의 폭을 초과하여 과다하게 또는 가벼운 화물이라도 너무 높게 적재하지 않는다
🔎 해설 ③에서 무게중심의 위치는 적재함의 "전·후·좌·우의" 중심 위치로 두는 것이 좋다. 정답은 ③이다.

**11** 트랙터 차량의 캡과 적재물의 간격으로 맞는 것은?
① 100센티미터 이상으로 유지해야 한다
② 110센티미터 이상으로 유지해야 한다
③ 120센티미터 이상으로 유지해야 한다
④ 130센티미터 이상으로 유지해야 한다
🔎 해설 "120센티미터 이상으로 유지해야 한다"가 맞아 정답은 ③이다.

**12** 공동으로 화물운반작업을 할 때의 방법으로 틀린 것은?
① 상호간에 신호를 정확히 하고 진행 속도를 맞춘다
② 리더의 통제하에 큰소리로 신호하여 진행속도를 맞춘다
③ 조를 구성할 때 체력이나 신체조건은 가급적 고려하지 않도록 한다
④ 긴 화물을 들어 올릴 때에는 두 사람이 화물을 향하여 평행으로 서서 화물양단을 잡고 구령에 따라 속도를 맞추어 들어 올린다

**13** 물품을 들어 올릴 때의 자세 및 방법에 대한 설명이 아닌 것은?
① 몸의 균형을 유지하기 위해서 발은 어깨 넓이만큼 벌리고 물품으로 향한다
② 물품과 몸의 거리는 물품의 크기에 따라 다르나, 물품을 수직으로 들어 올릴 수 있는 위치에 몸을 준비한다
③ 물품을 들 때는 허리를 똑바로 펴야 한다
④ 다리와 어깨의 근육에 힘을 넣고 팔꿈치를 바로 펴서 빨리 물품을 들어 올린다
🔎 해설 ④의 문장 중 "빨리 물품을 들어 올린다"가 아니고, "서서히 물품을 들어 올린다"가 맞으므로 정답은 ④이다. 또한 물품은 허리의 힘으로 드는 것이 아니고 무릎을 굽혀 펴는 힘으로 들어야 한다.

**14** 단독으로 화물을 운반하고자 할 때의 인력운반 중량 권장기준 중 일시작업(시간당 2회 이하)의 기준으로 맞는 것은?
① 성인남자(25 – 30kg), 성인여자(15 – 20kg)
② 성인남자(30 – 35kg), 성인여자(20 – 25kg)
③ 성인남자(35 – 37kg), 성인여자(25 – 27kg)
④ 성인남자(37 – 40kg), 성인여자(30 – 35kg)
🔎 해설 "성인남자(25 – 30kg), 성인여자(15 – 20kg)"이므로 정답은 ①이다. [계속작업(시간당 3회 이상 : 성인남자(10 – 15kg), 성인여자(5 – 10kg)]

**15** 물품을 어깨에 메고 운반할 때의 잘못된 방법은?
① 물품을 받아 어깨에 멜 때는 어깨를 낮추고 몸을 약간 기울인다
② 물품을 어깨로 운반할 때에는 비교적 안정적이므로 공간을 굳이 확보할 필요가 없다
③ 호흡을 맞추어 어깨로 받아 화물 중심과 몸 중심을 맞춘다
④ 진행방향의 안전을 확인하면서 운반한다
🔎 해설 물품을 어깨에 메거나 받아들어 운반할 때에는 한쪽으로 쏠리거나 꼬이더라도 충돌하지 않도록 공간을 확보하고 작업하는 것이 맞다. 정답은 ②이다.

**16** 물품의 수작업(手作業) 운반기준이 아닌 것은?
① 두뇌작업이 필요한 작업 – 분류, 판독, 검사
② 얼마동안 시간 간격을 두고 되풀이되는 소량취급 작업
③ 취급물품의 형상, 성질, 크기 등이 일정하지 않은 작업
④ 표준화되어 있어 지속적으로 운반량이 많은 작업
🔎 해설 ④의 문장은 "기계작업 운반기준" 중의 하나로, 정답은 ④이며, 이외에 "취급물품이 경량물인 작업"이 있다.

**17** 물품의 기계작업(機械作業) 운반기준이 아닌 것은?
① 단순하고 반복적인 작업 – 분류, 판독, 검사
② 두뇌작업이 필요한 작업 – 분류, 판독, 검사
③ 표준화되어 있어 지속적으로 운반량이 많은 작업
④ 취급물품이 중량물인 작업
🔎 해설 ②의 문장은 "수작업 운반기준" 중의 하나로 정답은 ②이며, 이외에 "취급물품의 형상, 성질, 크기 등이 일정한 작업"이 있다.

**18** 컨테이너 취급 시 위험물의 수납방법과 주의사항으로 볼 수 없는 것은?
① 위험물의 수납에 앞서 해당 위험물의 적화방법 및 주의사항을 지킬 것
② 수납되는 위험물 용기의 포장 및 표찰이 완전한가를 충분히 점검할 것
③ 수납이 완료되어도 즉시 문을 폐쇄하지 않을 것
④ 컨테이너를 깨끗이 청소하고 잘 건조할 것
🔎 해설 수납이 완료되면 즉시 문을 폐쇄하도록 한다. 정답은 ③이다.

**19** 독극물 취급 시의 주의사항으로 틀린 것은?
① 취급하는 독극물의 물리적·화학적 특성을 충분히 알고, 그 성질에 따른 활용수단을 알고 있을 것
② 독극물을 취급하거나 운반할 때는 소정의 안전한 용기, 도구, 운반구 및 운반차를 이용할 것
③ 독극물 저장소, 드럼통, 용기, 배관 등은 내용물을 알 수 있도록 확실하게 표시하여 놓을 것
④ 취급불명의 독극물은 함부로 다루지 말고, 독극물 취급방법을 확인한 후 취급할 것
🔎 해설 ①에서 "활용수단"이 아니고, "방호수단"이 맞으므로 정답은 ①이다.

**20** 화물 상·하차 작업 시의 확인사항이 아닌 것은?
① 작업원에게 화물의 내용, 특성 등을 잘 주지시켰으며, 받침목, 지주, 로프 등 필요한 보조용구는 준비되어 있는가
② 위험한 승강 또는 던지기 및 굴러 내리기를 하고 있지 않는가
③ 적재량의 초과여부 및 적재화물의 높이, 길이, 폭 등의 제한의 준수와 작업 신호에 따라 작업이 잘 행하여지고 있는가
④ 화물을 쌓거나 내릴 때에는 순서에 맞게 신중히 하여야 한다
🔎 해설 ④는 "화물더미에서 작업할 때 주의사항"의 하나로서 정답은 ④이며, 또한 이 외에 "화물의 붕괴를 방지하기 위한 조치는 취해져 있는가" "위험물이나 긴 화물은 소정의 위험표지를 하였는가" "차량의 이동 신호는 잘 지키고 있는가" 등이 있다.

✏️ 정답 **10** ③ **11** ③ **12** ③ **13** ④ **14** ① **15** ② **16** ④ **17** ② **18** ③ **19** ① **20** ④

# 제4장 적재물 결박·덮개설치 요약정리

## 1 파렛트(Pallet) 화물의 붕괴 방지요령

### 1 밴드걸기 방식(수평밴드걸기, 수직밴드걸기)
(1) 이 방식은 나무상자를 파렛트에 쌓는 경우의 붕괴 방지에 많이 사용되는 방법으로 수평 밴드걸기 방식과 수직 밴드걸기 방식이 있다.
(2) 어느 쪽이나 밴드가 걸려 있는 부분은 화물의 움직임을 억제하지만, 결점은 밴드가 걸리지 않는 부분은 화물이 튀어나온다.
(3) 각목대기 수평 밴드걸기 방식 : 포장화물의 네 모퉁이에 각목을 대고, 그 바깥쪽으로부터 밴드를 거는 방법이다. 결점은 쌓은 화물의 압력이나 진동·충격으로 밴드가 느슨해진다.

### 2 주연어프 방식
(1) 파렛트의 가장자리(주연(周緣))를 높게 하여 포장화물을 안쪽으로 기울여서, 화물이 갈라지는 것을 방지하는 방법이다.
(2) 부대화물 따위에는 효과가 있으나, 이 방식만으로는 갈라지는 것을 방지하기에는 어려우나 다른 방법과 병용함으로써 안전을 확보하는 것이 효율적이다.

### 3 슬립 멈추기 시트삽입 방식
(1) 포장과 포장 사이에 미끄럼을 멈추는 시트를 넣음으로써 안전을 도모하는 방법이다.
(2) 부대화물에는 효과가 있으나, 상자는 진동하면 튀어오르기 쉽다는 문제가 있다.

### 4 풀 붙이기 접착 방식
(1) 붕괴방지대책의 자동화·기계화가 가능하고 비용도 저렴한 방식이다.
(2) 여기서 사용하는 풀은 미끄럼에 대한 저항이 강하고, 상하로 뗄 때의 저항은 약한 것을 택하지 않으면 화물을 파렛트에서 분리시킬 때에 장해가 일어난다.
(3) 풀은 온도에 의해 변화하는 수도 있는 만큼, 포장화물 중량이나 형태에 따라서 풀의 양이나 풀칠하는 방식을 결정하여야 할 것이다.

### 5 수평 밴드걸기 풀붙이기 방식
(1) 풀 붙이기와 밴드걸기방식을 병용한 것이다.
(2) 화물의 붕괴를 방지하는 효과를 한층 더 높이는 방법이다.

### 6 슈링크 방식
(1) 열수축성 플라스틱 필름을 파렛트 화물에 씌우고 슈링크 터널을 통과시킬 때 가열하여 필름을 수축시켜, 파렛트와 밀착시키는 방식이다.
(2) 물이나 먼지도 막아내기 때문에 우천 시의 하역이나 야적보관도 가능하게 된다.
(3) 결점 : 슈링크 방식은 통기성이 없고, 고열(120~130℃)의 터널을 통과하므로 상품에 따라서는 이용할 수가 없고, 또 비용이 많이 든다.

### 7 스트레치 방식
(1) 스트레치 포장기를 사용하여 플라스틱 필름을 파렛트 화물에 감아서, 움직이지 않게 하는 방법이다.
(2) 슈링크 방식과는 달리 열처리는 행하지 않으나, 통기성은 없다(결점 : 비용이 많이 드는 단점이 있다).

### 8 박스 테두리 방식
(1) 파렛트에 테두리를 붙이는 박스 파렛트와 같은 형태는 화물이 무너지는 것을 방지하는 효과는 크다.
(2) 평 파렛트에 비해 제조원가가 많이 든다.

## 2 화물붕괴 방지요령

### 1 파렛트 화물 사이 생기는 틈바구니를 적당한 재료로 메우는 방법 (틈바구니가 적을수록 짐(화물)이 허물어지는 일이 적다)
(1) 파렛트 화물이 서로 얽혀 버리지 않도록 사이사이에 합판을 넣는다.
(2) 여러 가지 두께의 발포 스티롤판으로 틈바구니를 없앤다.
(3) 에어백이라는 공기가 든 부대를 사용한다.

### 2 차량에 특수장치를 설치하는 방법
(1) 화물붕괴 방지와 짐을 싣고 부리는 작업성을 생각하여, 차량에 특수한 장치를 설치하는 방법이 있다.
(2) 파렛트 화물의 높이가 일정하다면 적재함의 천장이나 측벽에서 파렛트 화물이 붕괴되지 않도록 누르는 장치를 설치한다.
(3) 청량음료 전용차와 같이 적재공간이 파렛트 화물수치에 맞추어 작은 칸으로 구분되는 장치를 설치한다.

## 3 포장화물 운송과정의 외압과 보호요령

### 1 하역 시의 충격
(1) 하역시의 충격에서 가장 큰 것은 수하역시의 낙하충격이다. 낙하충격이 화물에 미치는 영향도는 낙하의 높이, 낙하면의 상태 등 낙하상황과 포장의 방법에 따라 상이하다.
(2) 일반적으로 수하역의 경우에 낙하의 높이는 ① 견하역 100cm 이상, ② 요하역 10cm 정도 ③ 파렛트 쌓기의 수하역 40cm 정도이다.

### 2 수송 중의 충격 및 진동
(1) 수송 중의 충격으로서는 트레일러와 트랙터를 연결할 때 발생하는 수평충격이 있다(낙하충격에 비해 적은 편이다).
(2) 화물은 수평충격과 함께 수송 중에는 항상 진동을 받고 있는데, 진동에 의한 장해로 제품의 포장면이 서로 닿아서 상처를 일으킨다던가 표면이 상하는 것(부서지는 것) 등을 생각할 수 있다.
(3) 트럭수송에서 비포장도로 등 포장상태가 나쁜 길을 달리는 경우에는 상하진동이 발생하게 되므로, 화물을 고정시켜 진동으로부터 화물을 보호한다.

### 3 보관 및 수송 중의 압축하중
(1) 포장 화물은 보관 중 또는 수송 중에 밑에 쌓은 화물이 반드시 압축 하중을 받는다.
(2) 통상 높이는 창고에서는 4m, 트럭이나 화차는 2m이다.
(3) (2)의 경우 주행 중 상하 진동을 받음으로 2배 정도 압축하중을 받게 되므로, 이를 간주해 선적은 6m, 컨테이너는 2m가 적하의 높이다.
(4) 내 하중은 포장 재료에 따라 다르다. 나무상자는 강도의 변화가 거의 없으나 골판지는 시간이나 외부 환경에 의해 변화를 받기 쉽다.

# 제2편 화물취급 요령

## 제4장 적재물 결박·덮개설치 출제 예상 문제

**1** 나무상자를 파렛트(pallet)에 쌓는 경우의 붕괴 방지에 많이 사용되는 방법에 해당되는 것은?
① 밴드걸기 방식
② 주연어프 방식
③ 슈링크 방식
④ 스트레치 방식

**2** 밴드걸기 방식에 대한 설명으로 틀린 것은?
① 나무상자를 파렛트에 쌓는 경우의 붕괴방지에 많이 사용되는 방법이다
② 수평 밴드걸기 방식과 수직 밴드걸기 방식이 있다
③ 밴드가 걸리지 않은 부분에서도 화물이 튀어나오지 않는 장점이 있다
④ 각목대기 수평 밴드걸기 방식은 포장화물의 네 모퉁이에 각목을 대고, 그 바깥쪽으로부터 밴드를 거는 방법이다.
○해설 ③에서 화물이 튀어나오는 결점이 있는 것이 옳으므로 정답은 ③이다.

**3** 파렛트의 가장자리를 높게 하여 포장화물을 안쪽으로 기울여 화물이 갈라지는 것을 방지 하는 방법에 해당되는 것은?
① 밴드걸기 방식　② 주연어프 방식
③ 풀붙이기 접착 방식　④ 슈링크 방식

**4** 화물붕괴방지 방법 중 주연어프 방식에 대한 설명으로 틀린 것은?
① 파렛트의 가장자리를 높게 하여 포장 화물을 안쪽으로 기울여 화물이 갈라지는 것을 방지하는 방법이다
② 부대화물 따위에는 효과가 없다
③ 주연어프 방식만으로 화물이 갈라지는 것을 방지하기는 어렵다
④ 화물 붕괴방지의 다른 방법과 병용하여 안전을 확보하는 것이 효율적이다
○해설 "부대화물 따위에는 효과가 없다"는 틀리고, "부대화물 따위에도 효과가 있다"이므로 정답은 ②이다.

**5** 화물붕괴방지 방법 중 포장과 포장 사이에 미끄럼을 멈추는 시트를 넣음으로써 안전을 도모하는 방법은?
① 풀붙이기 접착방식
② 밴드걸기 방식
③ 슬립멈추기 시트삽입 방식
④ 스트레치 방식
○해설 "슬립멈추기 시트삽입 방식"으로 정답은 ③이며, 이 방식은 부대화물에는 효과가 있으나, 상자의 경우 진동하면 튀어오르기 쉽다는 단점이 있다.

**6** 화물붕괴방지 방법 중 풀붙이기 접착 방식에 대한 설명이 아닌 것은?
① 파렛트 화물의 붕괴 방지대책의 자동화·기계화가 가능하고, 비용도 저렴한 방식이다
② 여기서 사용하는 풀은 미끄럼에 대한 저항이 강하고, 상하로 뗄 때의 저항은 약한 것을 택하지 않으면 화물을 파렛트에서 분리시킬 때에 장해가 일어난다
③ 풀은 온도에 의해 변화하는 수도 있는 만큼, 포장화물의 중량이나 형태에 따라서 풀의 양이나 풀칠하는 방식을 결정하여야 할 것이다
④ 풀붙이기와 밴드걸기 방식을 병용한 것이다
○해설 ④의 문장은 "수평 밴드걸기 풀붙이기 방식"에 대한 설명으로 정답은 ④이다.

**7** 풀붙이기와 밴드걸기 방식을 병용하고, 화물의 붕괴를 방지하는 효과를 한층 더 높이는 방법인 것은?
① 수평 밴드걸기 풀붙이기 방식
② 수직 밴드걸기 풀붙이기 방식
③ 각목대기 수평밴드걸기 방식
④ 슬립멈추기 시트삽입 방식

**8** 열수축성 플라스틱 필름을 파렛트 화물에 씌우고 슈링크 터널을 통과시킬 때 가열하여 필름을 수축시켜 파렛트와 밀착시키는 방법은?
① 스트레치 방식　② 박스테두리 방식
③ 슈링크 방식　④ 풀붙이기 접착방식

**9** 화물붕괴방지 방법 중 슈링크 방식에 대한 설명으로 잘못된 것은?
① 열수축성 플라스틱 필름을 파렛트 화물에 씌우고 슈링크 터널을 통과시킬 때 가열하여 필름을 수축시켜 파렛트와 밀착시키는 방식이다
② 물이나 먼지도 막아내기 때문에 우천 시의 하역이나 야적보관도 가능하게 된다
③ 통기성이 없으나, 비용이 적게 든다
④ 고열(120 - 130℃)의 터널을 통과하므로 상품에 따라서는 이용할 수 없다
○해설 ③에서 비용이 많이 드는 것이 옳으므로 정답은 ③이다.

**10** 스트레치 포장기를 사용하여 플라스틱 필름을 파렛트 화물에 감아 움직이지 않게 하는 방법은?
① 슈링크 방식　② 스트레치 방식
③ 밴드걸기 방식　④ 주연어프 방식
○해설 "스트레치 방식"으로 정답은 ②이며, 스트레치 방식은 "열처리는 행하지 않으나 통기성이 없고 비용이 많이 든다"는 단점이 있다

정답 1① 2③ 3② 4② 5③ 6④ 7① 8③ 9③ 10②

**11** 파렛트에 테두리를 붙이는 박스 파렛트와 같은 형태로 화물이 무너지는 것을 방지하는 방법에 해당되는 것은?
① 풀붙이기 접착방식  ② 슈링크 방식
③ 박스 테두리 방식  ④ 스트레치 방식

**해설** "박스 테두리 방식"으로 정답은 ③이며, "평 파렛트에 비해 제조원가가 많이 든다"는 단점이 있다.

**12** 파렛트 화물 사이에 생기는 틈바구니를 적당한 재료로 메우는 방법에 대한 설명으로 틀린 것은?
① 파렛트 화물이 서로 얽혀 버리지 않도록 사이사이에 합판을 넣는다
② 여러 가지 두께의 발포 스티롤판으로 틈바구니를 없앤다
③ 에어백이라는 공기가 든 부대를 사용한다
④ 화물과 화물 사이에 쐐기를 박아 무너짐을 막는다

**13** 화물붕괴 방지요령으로 차량에 특수장치를 설치하는 방법에 대한 설명으로 틀린 것은?
① 화물붕괴 방지와 짐을 싣고 부리는 작업성을 생각해, 차량에 특수한 장치를 설치한다
② 파렛트 화물의 높이가 일정하다면 적재함의 천정이나 측벽에서 파렛트 화물이 붕괴되지 않도록 누르는 장치를 설치한다
③ 포장 화물은 운송과정에서 각종 충격, 진동 또는 압축하중을 받는다
④ 청량음료 전용차와 같이 적재공간의 파렛트 화물치수에 맞추어 작은 칸으로 구분되는 장치를 설치한다

**해설** ③의 문장은 "포장화물 운송과정의 외압과 보호요령" 중의 하나로 정답은 ③이다.

**14** 포장화물은 운송과정에서 각종 충격, 진동 또는 압축하중을 받고 있는데 하역 시의 충격에 대한 설명으로 틀린 것은?
① 가장 큰 것은 수하역시의 낙하충격이다
② 낙하충격이 화물에 미치는 영향도는 낙하의 높이에 따라 상이하다
③ 낙하충격이 화물에 미치는 영향도는 낙하면의 상태에 따라 상이하다
④ 낙하충격이 화물에 미치는 영향도는 낙하상황과 화물 무게에 따라 상이하다

**해설** ④에서 화물 무게에 따라 상이한 것이 아니고, 포장의 방법에 따라 상이한 것이 옳으므로 정답은 ④이다.

**15** 일반적으로 수하역인 경우의 낙하 높이에 대한 설명이다. 틀린 것은?
① 견하역 100cm 이상
② 요하역 10cm 정도
③ 파렛트 쌓기 수하역 40cm 정도
④ 견하역 50cm 이상

**해설** ④의 견하역의 경우는 100cm 이상이 맞으므로 정답은 ④이다.

**16** 하역 시의 충격 중 가장 큰 것으로 옳은 것은?
① 낙하 충격이다.
② 낙하 높이이다.
③ 낙하면의 상태이다.
④ 낙하면의 크기이다.

**17** 포장화물 하역 시의 충격에서 일반적으로 수하역의 경우에 견하역의 낙하높이로 맞는 것은?
① 90cm 이상
② 100cm 이상
③ 110cm 이상
④ 120cm 이상

**18** 화물 수송중의 충격 및 진동에 대한 설명으로 틀린 것은?
① 수송중의 충격으로는 트랙터와 트레일러를 연결할 때 발생하는 수평충격이 있는데 이것은 낙하충격에 비하면 적은 편이다
② 화물은 수직충격과 함께 수송 중에는 항상 진동을 받고 있다
③ 진동에 의한 장해로 제품의 포장면이 서로 닿아서 상처를 일으킨다던가, 표면이 상하는 것 등을 생각할 수 있다
④ 트럭수송에서 비포장 도로 등 포장상태가 나쁜 길을 달리는 경우에는 상하진동이 발생하게 되므로 화물을 고정시켜 진동으로부터 화물을 보호한다

**해설** ②에서 "수직충격"이 아닌, "수평충격"이 옳으므로 정답은 ②이다.

**19** 포장화물 운송과정의 외압과 보호요령에서 "보관 및 수송 중의 압축하중"에 대한 설명으로 틀린 것은?
① 포장화물은 보관 중 또는 수송 중에 밑에 쌓은 화물이 압축하중을 받는다
② 내 하중은 포장재료에 따라 상당히 다르다
③ 나무상자는 강도의 변화가 거의 없으나 골판지는 시간이나 외부환경에 의해 변화를 받기 쉽다
④ 골판지는 외부의 온도와 습기, 방치시간 등에 대하여 민감하지 않다

**해설** 골판지는 방치시간과 외부환경(온도, 습기 등)에 민감하고 변화하기 쉬우므로 특히 유의해서 다루어야 한다. 정답은 ④이다.

**20** 포장화물은 보관 중 또는 수송 중에 밑에 쌓은 화물이 압축하중을 받는다. 주행 중 상·하진동을 받을 때 압축하중은 몇 배를 받는가?
① 1배 정도
② 2배 정도
③ 3배 정도
④ 4배 정도

**21** 보관 및 수송 중의 압축 하중의 통상 높이에 대한 설명이다. 옳지 않은 것은?
① 창고에서의 통상 높이는 4m이다.
② 트럭이나 화차에서의 통상 높이는 2m이다.
③ 선적의 통상 높이는 6m이다.
④ 컨테이너의 통상 높이는 3m이다.

**해설** ④문항의 컨테이너의 통상 높이는 2m가 맞으므로 정답은 ④이다.

**정답** 11 ③  12 ④  13 ③  14 ④  15 ④  16 ①  17 ②  18 ②  19 ④  20 ②  21 ④

## 제5장 운행요령 요약정리

### 1 일반사항

① 배차지시에 따라 차량운행하여 배정된 물자를 지정된 장소로 한정된 시간 내에 안전하고 정확하게 운행할 책임이 있다.
② 사고예방을 위하여 관계법규를 준수함은 물론 운전 전, 운전 중, 운전 후 점검 및 정비를 철저히 이행하여야 하고, 운전에 지장이 없도록 충분한 수면을 취하고, 주취운전, 흡연, 잡담을 하지 않는다.
③ 주차할 때는 엔진을 끄고, 주차브레이크 장치로 완전 제동한다.
④ 내리막길을 운전할 때에는 기어를 중립에 두지 않는다.
⑤ 트레일러를 운전할 때에는 트랙터와의 연결 부분을 점검하고 확인하며 크레인의 인양 중량을 초과하는 작업을 허용해서는 안된다.
⑥ 미끄러지는 물품, 길이가 긴 물건, 인화성물질 등 운반시와 악천후, 건널목, 나쁜 길, 야간에 운전을 할 때는 안전관리 사항을 주의한다.

### 2 운행요령

#### 1 운행에 따른 일반적인 주의사항

(1) 규정속도로 운행(비포장이나 위험한 도로에서 서행)한다.
(2) 정량초과 적재 및 화물을 편중되게 적재를 절대로 하지 않는다.
(3) 교통법규를 항상 준수하여 타인에게 양보할 수 있는 여유를 갖는다.
(4) 올바른 운전조작과 철저한 예방 정비 점검을 실시한다.
(5) 후진할 때에는 반드시 뒤를 확인 후 후진 경고하며 서서히 후진해야 하고, 또한 가능한 한 경사진 곳에 주차시키지 말아야 한다.
(6) 화물을 적재하고 운행할 때에는 수시로 화물적재 상태를 확인한다.
(7) 운전은 절대 서두르지 말고 침착하게 해야 한다.
(8) 위험물을 운반할 때에는 위험물 표지 설치 등 관련 규정을 준수한다.

#### 2 트랙터(Tractor) 운행에 따른 주의사항

(1) 중량물 및 활대품(넓고 큰 물건)을 수송하는 경우에는 바인더 잭(Binder Jack)으로 화물결박을 철저히 하고, 운행할 때에는 수시로 결박 상태를 확인한다.
(2) 고속운행 중 급제동은 잭나이프 현상 등의 위험을 초래하므로 조심한다.
(3) 트랙터는 일반적으로 트레일러와 연결되어 운행하여 일반차량에 비해 회전반경 및 점유면적이 크므로 사전 도로정찰, 화물의 제원, 장비의 제원을 정확히 파악한다.
(4) 화물의 균등한 적재가 이루어지도록 하며, 트레일러에 중량물을 적재할 때에는 적재 전에 중심을 정확히 파악하여 적재하도록 한다. 화물을 한쪽에 편적하면 킹 핀 또는 후륜에 무리한 힘이 작용하여 트랙터의 견인력 약화와 각 하체 부분에 무리를 가져와 타이어의 이상마모 내지 파손을 초래하거나, 회전할 때 전복 위험이 발생될 수 있다.
(5) 후진할 때에는 반드시 뒤를 확인한 후 서행한다.
(6) 가능한 한 경사진 곳에 주차하지 않도록 한다.
(7) 장거리 운행 시에는 최소한 2시간 주행마다 10분 이상 휴식하면서 타이어 및 화물결박 상태를 확인한다.

#### 3 컨테이너 상차 등에 따른 주의 및 확인사항

(1) 상차 전 : 배차계로부터 배치지시, 보세면장번호, 컨테이너 라인, 화주, 공장위치, 상차지, 도착시간, 중량 등을 통보 받아야 한다.
(2) 상차할 때 : 손해(Damage)여부와 봉인번호(Seal No.)를 체크, 안전적재 확인 및 샤시 잠금 장치가 안전한지를 검사한다.
(3) 상차 후 : 도착장소 도착시간 재확인, 면장상의 중량과 실중량상의 차이를 확인, 상차한 후에는 해당게이트로 가서 전산정리를 한다.
(4) 도착이 지연될 때 : 30분 이상 지연될 때에는 출발시간, 지연사유, 현재위치, 도착예정시간 등을 보고한다.
(5) 화주 공장에 도착하였을 때 : 공장 내 속도준수 및 복장 단정, 상하차 할 때 시동정지, 각 공장 작업자의 모든 지시사항에 반드시 따른다.
(6) 작업 종료 후 : 작업 종료시간과 반납할 장소 등 종료 후 배차계에 통보한다.

### 4 고속도로 제한차량 및 운행허가

(※ 한국도로공사 교통안전관리 운영기준)

(1) 고속도로 운행 제한차량
① 축하중 : 차량의 축하중이 10톤을 초과
② 총중량 : 차량 총중량이 40톤을 초과
③ 길이 : 적재물을 포함한 차량의 길이가 16.7m 초과
④ 폭 : 적재물을 포함한 차량의 폭이 2.5m 초과
⑤ 높이 : 적재물을 포함한 차량의 높이가 4.0m 초과(도로관리청 인정하여 고시한 경우 4.2m)
⑥ 다음에 해당하는 각 호는 적재불량 차량이다.
　㉠ 화물 적재가 편중되어 전도 우려가 있는 차량
　㉡ 모래, 흙, 골재류, 쓰레기 등을 운반하면서 덮개를 미설치 하거나 없는 차량
　㉢ 스페어 타이어 고정상태가 불량한 차량
　㉣ 덮개를 씌우지 않았거나 묶지 않아 결속상태가 불량한 차량
　㉤ 액체 적재물 방류 또는 유출 차량
　㉥ 사고 차량을 견인하면서 파손품의 낙하가 우려되는 차량
　㉦ 기타 적재불량으로 인하여 적재물 낙하 우려가 있는 차량
⑦ 저속 : 정상운행속도가 50km/h 미만 차량
⑧ 이상기후일 때(적설량 10cm 이상 또는 영하 20℃ 이하) 연결 화물차량(풀 카고, 트레일러 등)
⑨ 기타 도로관리청이 도로의 구조보전과 운행의 위험을 방지하기 위하여 운행제한이 필요하다고 인정하는 차량

(2) 운행제한차량의 표시 및 공고 : 운행제한의 표지는 다음 사항을 기재하여 그 운행을 제한하는 구간의 양측과 그 밖에 필요한 장소에 설치하고 그 내용을 공고하여야 한다.
① 해당 도로의 종류, 노선번호 및 노선명
② 차량운행이 제한되는 구간 및 기간
③ 운행이 제한되는 차량
④ 차량운행을 제한하는 사유
⑤ 그 밖에 차량운행의 제한에 필요한 사항

(3) 운행허가 기간 : 해당 운행에 필요한 일수로 한다.
※ 제한제원이 일정한 차량(구조물 보강을 요하는 차량 제외)이 일정기간 반복하여 운행하는 경우에는 그 기간을 1년 이내로 할 수 있다.

(4) **차량 호송** : 고속도로 순찰대와 협조하여 차량 호송을 실시한다. 운행자가 호송할 능력이 없거나 호송을 공사에 위탁하는 경우에는 공사가 이를 대행할 수 있다.

(5) **호송대상 차량**
① 적재물 포함 차폭 3.6m, 길이 20m 초과 차량으로 호송 필요시
② 구조물 통과 하중 계산서를 필요로 하는 **중량제한 차량**
③ 주행속도가 50km/h 미만인 **차량의 경우**

(6) **특수한 호송방법 강구** : 특수한 도로상황이나 제한차량상태를 감안하여 운행허가기관의 장이 필요하다고 인정하는 경우에는 호송기준을 강화, 특수한 호송방법을 강구하게 할 수 있다.

(7) (5)의 ①, ②, ③ 규정에 불구하고 안전운행에 지장이 없다고 판단되는 경우에는 "자동점멸신호등"을 제한차량 후면 좌·우측에 부착 조치함으로써 호송을 대신할 수 있다.

### 5  과적 차량 단속

(1) **과적차량에 대한 단속 근거**
① 「도로법」의 목적과 단속의 필요성
  ㉠ 「도로법」의 목적 : 1편 제5장 도로법령 ① 목적참조
  ㉡ 단속의 필요성 : 관리청은 도로의 구조를 보전하고 운행의 위험을 방지하기 위하여 필요하다고 인정될 때 차량의 운행을 제한할 수 있다.
② 「도로법」 근거와 위반행위 벌칙(도로법 제114조, 제115조, 제117조)

| 위반 항목 | 벌칙 |
|---|---|
| - 총중량 40t, 축하중 10t, 높이 4.0m, 길이 16.7m, 폭 2.5m 초과<br>- 운행 제한을 위반하도록 지시하거나 요구한 자<br>- 임차한 화물적재차량이 운행 제한을 위반하지 않도록 관리하지 아니한 임차인 | - 500만 원 이하의 과태료 |
| - 도로관리청의 차량 회차, 적재물 분리 운송, 차량 운행 중지 명령에 따르지 아니한 자 | - 2년 이하 징역 또는 2천만 원 이하의 벌금 |
| - 적재량의 측정 및 관계서류 제출요구 거부자<br>- 적재량 재측정요구에 따르지 아니한 자<br>- 차량의 장치를 조작하는 등 차량 적재량 측정 방해 | - 1년 이하 징역 또는 1천만 원 이하의 벌금 |

※ 화주, 화물자동차 운송사업자, 화물자동차 운송주선 사업자 등의 지시 또는 요구에 따라서 운행제한을 위반한 운전자가 그 사실을 신고하여 화주 등에게 과태료를 부과한 경우 운전자에게는 과태료를 부과하지 않음

(2) **과적의 폐해 및 방지방법**
① 과적의 폐해
  ㉠ 과적차량의 안전운행 취약 특성
    • 윤하중 증가에 따른 타이어 파손 및 타이어 내구 수명 감소로 사고 위험성 증가
    • 적재중량보다 20%를 초과한 과적차량의 경우 타이어 내구수명은 30% 감소, 50% 초과의 경우 내구수명은 무려 60% 감소
    • 과적에 의해 차량이 무거워지면 제동거리가 길어져 사고의 위험성 증가
    • 과적에 의한 차량의 무게중심 상승으로 인해 차량이 균형을 잃어 전도될 가능성도 높아지며, 특히 나들목이나 분기점 램프와 같이 심한 곡선부에서는 약간의 과속으로도 승용차 비해 전도될 위험성이 매우 높아짐
    • 충돌 시의 충격력은 차량의 중량과 속도에 비례하여 증가

  ㉡ 과적차량이 도로에 미치는 영향
    • 도로포장은 기후 및 환경적인 요인에 의한 파손, 포장재료의 성질과 시공 부주의에 의한 손상 그리고 차량의 반복적인 통과 및 과적차량의 운행에 따른 손상들이 복합적으로 영향을 끼치며, 이중 과적에 의한 축중은 도로포장 손상에 직접적으로 가장 큰 영향을 미치는 원인임
    • 도로법의 운행제한기준인 축하중 10톤을 기준으로 보았을 때 축하중이 10%만 증가하여도 도로파손에 미치는 영향은 무려 50%가 상승함
    • 축하중이 증가할수록 포장의 수명은 급격하게 감소
    • 총중량의 증가는 교량의 손상도를 높이는 주요 원인으로 총중량 50톤의 과적차량의 손상도는 도로법 운행제한기준인 40톤에 비하여 무려 17배나 증가하는 것으로 나타남

    과적 차량 통행이 도로포장에 미치는 영향

| 축하중 | 도로포장에 미치는 영향 | 파손비율 |
|---|---|---|
| 10톤 | 승용차 7만대 통행과 같은 도로파손 | 1.0배 |
| 11톤 | 승용차 11만대 통행과 같은 도로파손 | 1.5배 |
| 13톤 | 승용차 21만대 통행과 같은 도로파손 | 3.0배 |
| 15톤 | 승용차 39만대 통행과 같은 도로파손 | 5.5배 |

※축하중별 승용차 환산대수 및 상대적 파손비율
① 10톤 : 7만대 → 1.0배   ② 11톤 : 11만대 → 1.5배
③ 13톤 : 21만대 → 3.0배   ④ 15톤 : 39만대 → 5.5배

② 과적재 방지 방법
  ㉠ 과적재의 주요원인 및 현황
    ⓐ 운전자는 과적재하고 싶지 않지만 화주의 요청으로 어쩔 수 없이 하는 경우
    ⓑ 과적재를 하지 않으면 수입에 영향을 주므로 어쩔 수 없이 하는 경우
    ⓒ 과적재는 교통사고나 교통공해 등을 유발하여 자신이나 타인의 생활을 위협하는 요인으로 작용
  ㉡ 과적재 방지를 위한 노력
    ⓐ 운전자
      • 과적재를 하지 않겠다는 운전자의 의식변화
      • 과적재 요구에 대한 거절의사 표시
    ⓑ 운송사업자, 화주
      • 과적재로 인해 발생할 수 있는 각종 위험요소 및 위법행위에 대한 올바른 인식을 통해 안전운행을 확보
      • 화주는 과적재를 요구해서는 안되며, 운송사업자는 운송차량이나 운전자의 부족 등의 사유로 과적재 운행계획 수립은 금물
      • 사업자와 화주와의 협력체계를 구축
      • 중량계 설치를 통한 중량증명 실시 등

# 제2편

# 화물취급 요령

## 제5장 운행요령 출제 예상 문제

**1** 화물자동차 운행요령의 일반사항에 대한 설명으로 잘못된 것은?
① 배차지시에 따라 차량을 운행하고, 배정된 물자를 지정된 장소로 한정된 시간 내에 정확하게 운행할 책임이 있다
② 사고예방을 위하여 관계법규를 준수함은 물론 운전 전, 운전 중, 운전 후 점검 및 정비를 철저히 이행한다
③ 주차할 때에는 엔진을 켜 놓은 채 주차브레이크 장치로 완전 제동을 하고, 내리막길을 운전할 때에는 기어를 중립에 두지 않는다
④ 트레일러를 운행할 때에는 트랙터와의 연결 부분을 점검하고 확인하며, 크레인의 인양중량을 초과하는 작업을 허용해서는 안 된다
**해설** ③의 문장 중에 "엔진을 켜 놓은 채"가 아니고, "엔진을 끄고"가 맞으므로 정답은 ③이며, "기타 고속도로 운전, 장마철, 여름철, 한냉기, 악천후, 건널목, 나쁜 길, 야간에 운전할 때에는 제반 안전관리 사항에 대해 더욱 주의한다" 등이 있다.

**2** 화물자동차 운행에 따른 일반적인 주의사항으로 틀린 것은?
① 비포장도로나 위험한 도로에서는 반드시 최저속도로 운행한다
② 화물을 편중되게 적재하지 않으며, 정량초과 적재를 절대로 하지 않는다
③ 후진할 때에는 반드시 뒤를 확인 후 후진 경고를 하면서 서서히 후진하며, 가능한 한 경사진 곳에 주차시키지 않는다
④ 화물을 적재하고 운행할 때에는 수시로 화물 적재 상태를 확인하며, 운전은 절대 서두르지 말고 침착하게 해야 한다
**해설** ①의 문장 중 "최저속도로 운행한다"가 아니고, "규정속도로 운행한다"가 맞으므로 정답은 ①이다.

**3** 다음 중 컨테이너 상차 전에 확인하고 통보받을 사항으로 틀린 것은?
① 배차지시 번호
② 컨테이너 라인과 중량
③ 화물의 하역지와 도착시간
④ 화물의 화주, 공장위치와 전화번호
**해설** ③에서 "화물의 하역지"가 아닌 "상차지"가 맞으므로 정답은 ③이다.

**4** 컨테이너 상차 등에 따른 주의사항 중 "상차할 때의 확인사항"이 아닌 것은?
① 손해여부와 봉인번호를 체크해야 하고 그 결과를 배차부서에 통보한다
② 상차할 때는 안전하게 실었는지를 확인한다
③ 섀시 잠금 장치는 안전한지를 확실히 검사한다
④ 배차부서로부터 상차지, 도착시간을 통보받는다
**해설** ④는 "상차 전"에 이미 확인했어야 할 사항이므로 정답은 ④이다.

**5** 컨테이너 상차 등에 따른 주의사항 중 "상차 후의 확인사항"으로 맞지 않은 것은?
① 도착이 30분 이상 지연될 때에는 이를 배차부서에 직접 보고하지 않는다
② 도착장소와 도착시간을 다시 한 번 정확히 확인한다
③ 면장상의 중량과 실중량에는 차이가 있을 수 있으므로, 운전자 본인이 실중량이 더 무겁다고 판단되면 관련부서로 연락해서 운송여부를 통보받는다
④ 상차한 후에는 해당 게이트로 가서 전산 정리를 해야 하고, 다른 라인일 경우에는 배차부서에 면장 번호, 컨테이너 번호, 화주 이름을 말해주고 전산정리를 한다
**해설** 도착이 30분 이상 지연될 때에는 출발시간, 지연이유, 현재위치, 예상도착시간 등을 배차부서에 연락해야 한다.

**6** 고속도로 운행 제한차량의 기준이 아닌 것은?
① 축하중 : 차량의 축하중이 10톤을 초과
② 총중량 : 차량 총중량이 40톤을 초과
③ 길이 또는 폭 : 적재물을 포함한 차량의 길이가 16.7m 초과 또는 폭이 5m 초과
④ 높이 : 적재물을 포함한 차량의 높이가 4.0m 초과
**해설** ③에서 "폭이 5m 초과"가 아닌, "2.5m 초과"가 맞아 정답은 ③이다.

**7** 「도로법」에 의한 차량 운행제한의 표시 및 공고에 대한 다음 설명 중 옳지 않은 것은?
① 표지에는 해당 도로의 종류, 노선번호 및 노선명을 기재한다
② 또한 운행이 제한되는 구간 및 기간을 기재한다
③ 또한 운행이 제한되는 차량, 제한하는 사유 등을 기재한다
④ 그 운행을 제한하는 구간의 한쪽과 기타 필요한 장소에 설치, 공고한다
**해설** ④의 문장 중 "구간의 한쪽"은 틀리고 "구간의 양측"이 맞으므로 정답은 ④이다.

**8** 고속도로 운행허가기간은 해당 운행에 필요한 일수로 하지만 제한제원이 일정한 차량이 일정기간 반복하여 운행한 경우에는 신청인의 신청에 따라 그 기간을 정할 수 있는데 그 기간은?
① 6개월 이내로 할 수 있다
② 1년 이내로 할 수 있다
③ 1년 6월 이내로 할 수 있다
④ 2년 이내로 할 수 있다

**정답** 1 ③  2 ①  3 ③  4 ④  5 ①  6 ③  7 ④  8 ②

**9** 운행허가기관의 장은 제한차량의 운행을 허가하고자 할 때에는 차량의 안전운행을 위하여 고속도로 순찰대와 협조하여 차량호송을 실시토록 하고 있다. 그 대상차량이 아닌 것은?
① 적재물을 포함하여 차폭 3.6m 또는 길이 20m 초과하는 차량으로서 운행상 호송이 필요하다고 인정되는 경우
② 구조물 통과 하중계산서를 필요로 하는 중량 제한차량
③ 주행속도 50km/h 미만인 차량의 경우
④ 액체 적재물 방류 또는 유출차량

**해설** ④의 차량은 "운행제한차량"에 해당되므로 정답은 ④이다. 또한 "제한차량 후면 좌측에 '자동점멸신호등'의 부착 등의 조치로" 그 호송을 대신할 수 있다.

**10** 과적차량 안전운행의 취약 특성에 대한 설명으로 틀린 것은?
① 과적에 의한 차량의 무게중심 상승으로 인해 차량이 균형을 잃어 전도될 가능성 증가
② 적재중량보다 20퍼센트를 초과한 경우 타이어 내구수명은 30퍼센트 감소, 50퍼센트 초과의 경우 내구 수명은 무려 60퍼센트 감소
③ 충돌 시의 충격력은 차량의 중량과 속도에 반비례하여 감소
④ 과적에 의해 차량이 무거워지면 제동거리가 길어져 사고의 위험성 증가

**해설** ③의 문장 "반비례하여 감소"가 아니라, "비례하여 증가"가 옳으므로 정답은 ③이다.

**11** 다음 중 500만 원 이하 과태료가 부과되는 위반사항이 아닌 것은?
① 총중량 40톤, 축하중 10톤, 높이 4.2m, 길이 16.7m, 폭 2.5m 초과하여 운행 시
② 적재량 측정 방해(축조작)행위 및 재측정 거부 시
③ 운행제한을 위반하도록 지시하거나 요구한 자
④ 운행제한을 위반하지 않도록 관리하지 아니한 임차인

**해설** ②의 위반행위 시는 "1년 이하의 징역 또는 1천만 원 이하 벌금"해당 하므로 정답은 ②이다.

**12** 다음 중 도로관리청의 적재량 측정 및 관계 서류 제출 거부를 한 자에 대한 벌칙은?
① 1년 이하의 징역 또는 1천만 원 이하 벌금
② 1년 이상의 징역 또는 1천만 원 이상 벌금
③ 2년 이하의 징역 또는 2천만 원 이하 벌금
④ 2년 이상의 징역 또는 2천만 원 이상 벌금

**13** 다음 중 적재량 측정을 위한 공무원의 차량동승요구를 거부한 자에 대한 벌칙은?
① 1년 이하의 징역 또는 1천만 원 이하 벌금
② 1년 이상의 징역 또는 1천만 원 이상 벌금
③ 2년 이하의 징역 또는 2천만 원 이하 벌금
④ 2년 이상의 징역 또는 2천만 원 이상 벌금

**14** 화주 또는 화물자동차 운송사업자, 운송주선사업자의 지시 또는 요구에 따라서 운행제한을 위반한 운전자가 그 사실을 신고하여 화주 등에게 과태료를 부과한 경우 그 운전자에 대한 처분은 어떻게 되는가?
① 그 운전자에게도 과태료를 부과한다
② 그 운전자에게는 과태료를 부과하지 않는다
③ 그 화주 등에게는 과태료를 배로 부과한다
④ 그 신고한 운전자에게 포상금을 준다

**해설** "그 사실을 신고한 운전자에게는 과태료를 부과하지 않는다"가 맞으므로 정답은 ②이다.

**15** 도로관리청이 차량의 적재량 측정을 방해하는 행위를 한 차량의 운전자에게 취할 수 있는 조치로 옳은 것은?
① 운전면허 정지
② 운전면허 취소
③ 적재물의 압류
④ 재측정의 요구

**해설** 「도로법」 제78조(적재량측정 방해행위의 금지 등)제2항에 의하면 "재측정을 요구할 수 있다"로 규정하고 있어, 정답은 ④이다.

**16** 화물자동차의 과적재 방지 방법에 대한 설명으로 옳지 않은 것은?
① 과적재를 하지 않겠다는 운전자의 의식변화
② 사업자와 화주와의 협력체계를 구축
③ 운송사업자의 과적재 운행계획 수립
④ 과적재 요구에 대한 운전자의 거절의사 표시

**17** 적재중량보다 20%를 초과한 과적 차량의 경우 타이어 내구 수명은 몇 %가 감소하는가?
① 20% 감소
② 30% 감소
③ 40% 감소
④ 50% 감소

**18** 적재중량보다 50%를 초과한 과적 차량의 경우 타이어 내구수명은 몇 %가 감소하는가?
① 30% 감소
② 40% 감소
③ 50% 감소
④ 60% 감소

**19** 화물자동차 운전자가 과적을 한 경우의 위험성으로 옳지 않은 것은?
① 도로에는 영향이 없으나, 엔진과 차량 자체에는 악영향을 미친다.
② 자동차의 핸들조작·제동장치조작·속도조절 등을 어렵게 한다.
③ 과적차량은 물론 차량에 비하여 상대적으로 무거운 중량의 화물을 적재한 차량은 경사진 오르막이나 내리막 도로에서는 서행하며 주의 운행을 해야 한다.
④ 내리막길 운행 중 갑자기 브레이크 파열이나 적재물의 쏠림에 의한 위험이 뒤따를 수 있으므로 주의하여 운행을 해야 한다.

**해설** 과적을 하면 자동차는 물론 도로에도 악영향을 끼칠 수 있다. 정답은 ①이다.

**20** 운행제한기준인 축하중 10톤을 기준으로 하여, 축하중이 10% 증가할 때 도로 파손에 미치는 영향은 얼마나 상승하는가?
① 무려 30%가 상승함
② 무려 40%가 상승함
③ 무려 50%가 상승함
④ 무려 60%가 상승함

**21** 총중량의 증가는 교량의 손상도를 높이는 주요 원인으로 총중량 50톤의 과적차량의 손상도는 도로법 운행제한기준인 40톤에 비하여 몇 배가 증가하는 것으로 나타나는가?
① 무려 14배나 증가
② 무려 15배나 증가
③ 무려 16배나 증가
④ 무려 17배나 증가

**22** 축하중 과적 차량 통행이 도로포장에 미치는 영향의 파손비율에 대한 설명으로 틀린 것은?
① 10톤 - 승용차 7만대 통행과 같은 도로파손 - 1.0배
② 11톤 - 승용차 11만대 통행과 같은 도로파손 - 1.5배
③ 13톤 - 승용차 21만대 통행과 같은 도로파손 - 3.0배
④ 15톤 - 승용차 39만대 통행과 같은 도로파손 - 5.0배

**해설** ④의 문장 중 말미에 "5.0배"가 아니고, "5.5배"가 맞아 정답은 ④이다.

**정답** 9 ④  10 ③  11 ②  12 ①  13 ①  14 ②  15 ④  16 ③  17 ②  18 ④  19 ①  20 ③  21 ④  22 ④

# 제6장 화물의 인수·인계요령 요약정리

## 1 화물의 인수요령

① 포장 및 운송장 기재요령을 반드시 숙지하고 인수에 임한다.
② 집하 자제품목 및 집하 금지품목(화약류 및 인화물질 등 위험물)의 경우는 그 취지를 알리고 양해를 구한 후 정중히 거절한다.
③ 집하물품의 도착지와 고객의 배달요청일이 당사의 배송 소요 일수 내에 가능한지 필히 확인하고, 기간 내에 배송 가능한 물품을 인수한다(○월 ○일 ○시까지 배달 등 조건부 운송물품 인수금지).(운송인의 책임 발생시점 : 물품을 인수하고 운송장을 교부한 시점부터 효력이 발생된다)
④ 제주도 및 도서지역인 경우 그 지역에 적용되는 **부대비용**(항공료, 도선료)을 수하인에게 징수할 수 있음(도서지역의 운임 및 도선료는 선불로 처리)을 반드시 알려주고 양해를 구한 후 인수한다.
⑤ 항공을 이용한 운송의 경우 항공기 **탑재 불가물품**(총포류, 화약류, 기타 공항에서 정한 물품)과 **공항유치품목**(가전제품, 전자제품)은 집하할 때 고객에게 이해를 구한 다음 **집하를 거절함**으로서 고객과의 마찰을 방지한다.
※ 만약 항공료가 착불일 경우 기타란에 항공료 착불이라고 기재하고 합계란은 공란으로 비워둔다.
⑥ 운송장에 대한 비용은 항상 발생하므로 운송장을 작성하기 전에 **물품의 성질, 규격, 포장상태, 운임, 파손면책** 등 부대사항을 고객에게 통보하고 상호 동의가 되었을 때 운송장을 교부, 작성하게 하여 불필요한 운송장 낭비를 막는다.
⑦ 두 개 이상의 화물을 하나의 화물로 밴딩 처리한 경우에는 반드시 고객에게 파손 가능성을 설명하고 별도로 포장하여 각각 **운송장 및 보조송장**을 부착하여 집하한다.
⑧ 전화로 발송할 물품을 접수 받을 때 반드시 집하 가능한 일자와 고객의 배송 요구일자를 확인한 후 배송가능한 경우에 고객과 약속하고 약속 불이행으로 불만이 발생되지 않도록 한다(예약접수대장에 기재).
⑨ 거래처 및 집하지점에서 반품요청이 들어왔을 때 반품요청일 익일로부터 빠른 시일 내에 처리한다.
⑩ 화물은 **취급가능 화물규격 및 중량, 취급불가 화물품목** 등을 확인하고, 화물의 안전수송과 타화물의 보호를 위하여 **포장상태 및 화물의 상태**를 확인한 후 접수여부를 결정한다.

## 2 화물의 적재요령

① 긴급을 요하는 화물(부패성 식품 등)을 우선순위로 배송될 수 있도록 쉽게 꺼낼 수 있게 적재한다.
② 취급주의 스티커 부착 화물은 적재함 별도공간에 위치하도록 하고, **중량화물(重量貨物)**은 하단에 적재하여, 타 화물이 훼손되지 않도록 주의한다
③ 다수화물이 도착하였을 때에는 미도착 수량이 있는지 여부를 확인한다.

## 3 화물의 인계요령

① 수하인의 주소 및 수하인이 맞는지 확인한 후에 인계한다.
② 지점에 도착된 물품에 대해서는 **당일 배송**을 원칙으로 한다(단, 산간 오지 및 당일 배송이 불가능한 경우 소비자의 양해를 구한 뒤 조치하도록 한다).
③ 수하인에게 물품을 인계할 때 인계물품의 이상 유무를 확인하여, 이상이 있을 경우 즉시 지점에 통보하여 조치하도록 한다.
④ 각 영업소로 분류된 물품은 수하인에게 물품의 도착 사실을 알리고 **배송가능한 시간을 약속**한다.
⑤ 인수된 물품 중 부패성 물품과 긴급을 요하는 물품에 대해서는 우선적으로 배송을 하여, 손해배상 요구가 발생하지 않도록 한다.
⑥ 배송 중 사소한 문제로 수하인과 마찰이 발생 경우 일단 소비자의 입장에서 생각하고, 조심스러운 언어로 마찰을 최소화 할 수 있도록 한다.
⑦ 배송할 때 고객불만 원인 중 가장 큰 부분은 배송직원의 대응 미숙에서 발생하는 경우가 많다. 부드러운 말씨와 친절한 서비스정신으로 고객와의 마찰을 예방한다.
⑧ 물품을 고객에게 인계할 때 **물품의 이상 유무**를 확인시키고, 인수증에 정자로 **인수자 서명**을 받아 향후 발생할 수 있는 손해배상을 예방하도록 한다(인수자 서명이 없을 경우 수하인이 물품인수를 부인하면 그 책임이 배송지점에 전가됨).
⑨ 배송지연은 고객과의 약속 불이행이 고객불만 사항으로 발전되는 경향이 있으므로 **배송지연이 예상될 경우 고객에게 사전에 양해**를 구하고 약속한 것에 대해서 반드시 이행하도록 한다.
⑩ 배송할 때 수하인의 부재로 인해 배송이 곤란할 경우, 임의적으로 방치 또는 집안으로 무단투기(投棄)하지 말고, 수하인과 통화하여 **지정하는 장소에 전달**하고, 수하인에게 통보한다(특히, 아파트의 소화전이나 집 앞에 물건을 방치해 두지 말 것). 만약 수하인과 통화가 되지 않을 경우 송하인과 통화하여 **반송 또는 익일 재배송**할 수 있도록 한다.
⑪ 수하인과 연락이 되지 않아 물품을 다른 곳에 맡길 경우, 반드시 수하인과 통화하여 맡겨놓은 위치 및 **연락처를 남겨 물품인수여부**를 확인하도록 한다.
⑫ 방문시간에 수하인이 부재 중일 경우에는 부재중방문표를 활용하여 방문근거를 남기되 우편함에 넣거나 문틈으로 밀어 넣어 타인이 볼 수 없도록 조치한다.
⑬ 수하인이 장기부재, 휴가, 주소불명, 기타사유 등으로 배송이 어려운 경우, 집하지점 또는 송하인과 연락하여 조치하도록 한다.
⑭ 물품 배송 중 발생할 수 있는 도난에 대비하여 근거리 배송이라도 차에서 떠날 때는 반드시 잠금장치를 하여 사고를 미연에 방지하도록 한다(귀중품, 고가품은 수하인에게 직접 전달).
⑮ 당일 배송하지 못한 물품에 대하여는 익일 영업시간까지 물품이 안전하게 보관될 수 있는 장소에 물품을 보관하여야 한다.
⑯ 영업소(취급소)는 택배물품을 배송할 때 물품뿐만 아니라 고객의 마음까지 배달한다는 자세로 성심껏 배송하여야 한다.

## 4 화물의 인수증 관리 요령

① 인수증은 반드시 인수자가 확인란에 수령인이 누구인지 인수자가 자필로 바르게 적도록 한다(수령인이 실수령인이 아닐 경우에는 수하인과의 관계를 기재한다).
② **수령인 구분** : 본인, 동거인, 관리인, 지정인, 기타 등으로 구분하여 확인

③ 같은 장소에 여러 박스를 배송할 때에는 인수증상에 반드시 실제 배달한 수량을 기재받아 차후에 수량 차이로 인한 시비가 발생하지 않도록 하여야 한다.
④ 수령인이 물품의 수하인과 다른 경우 반드시 관계를 기재하여야 한다(동거인, 관리인, 지정인, 기타(옆집 등) 등).
⑤ 지점에서는 회수된 인수증 관리를 철저히 하고 인수근거가 없는 경우 즉시 확인하여 인수인계 근거를 명확히 관리하여야 한다.
⑥ 물품 인도일 기준으로 1년 이내 인수근거 요청이 있을 때 입증자료를 제시할 수 있어야 한다.
⑦ 인수증상에 인수자 서명을 운전자가 임의로 기재한 경우는 무효로 간주되며, 문제가 발생하면 배송완료로 인정받을 수 없다.

## 5 고객 유의사항

### 1 고객 유의사항의 필요성

(1) 택배는 소화물 운송으로 무한책임이 아닌 과실 책임에 한정하여 변상할 필요성
(2) 내용검사가 부적당한 수탁물에 대한 송하인의 책임을 명확히 설명할 필요성
(3) 운송인이 통보받지 못한 위험부분까지 책임지는 부담 해소

### 2 고객 유의사항 사용범위(매달 지급하는 거래처 제외-계약서상 명시)

(1) 수리를 목적으로 운송을 의뢰하는 모든 물품
(2) 포장이 불량하여 운송에 부적합하다고 판단되는 물품
(3) 중고제품으로 원래의 제품 특성을 유지하고 있다고 보기 어려운 물품(외관상 전혀 이상이 없는 경우 보상불가)
(4) 통상적으로 물품의 안전을 보장하기 어렵다고 판단되는 물품
(5) 일정금액(예 : 50만 원)을 초과하는 물품으로 위험 부담률이 극히 높고, 할증료를 징수하지 않은 물품
(6) 물품 사고 시 다른 물품에까지 영향을 미쳐 손해액이 증가하는 물품

### 3 고객 유의사항 확인 요구 물품

(1) 중고 가전제품 및 A/S용 물품
(2) 기계류, 장비 등 중량 고가물로 40kg 초과 물품
(3) 포장 부실물품 및 무포장 물품(비닐포장 또는 쇼핑백 등)
(4) 파손 우려 물품 및 내용검사가 부적당하다고 판단되는 부적합 물품

## 6 사고발생 방지와 처리요령

| 화물 사고의 유형 | 원 인 | 대 책 |
|---|---|---|
| 파손사고 (깨어져 못쓰게 됨) | • 집하할 때 화물의 포장상태 미확인한 경우<br>• 화물을 함부로 던지거나 발로 차거나 끄는 경우<br>• 화물을 적재할 때 무분별한 적재로 압착되는 경우<br>• 차량에 상하차할 때 컨베이어벨트 등에서 떨어져 파손되는 경우 | • 집하할 때 고객에게 내용물에 관한 정보를 충분히 듣고 포장상태 확인<br>• 가까운 거리 또는 가벼운 화물이라도 절대 함부로 취급하지 않는다.<br>• 충격에 약한 화물은 보강 포장 및 특기사항을 표기해 둔다.<br>• 사고위험이 있는 물품은 안전박스에 적재하거나 별도 적재 관리한다. |
| 오손사고 (더럽혀지고 손상됨) | • 김치, 젓갈, 한약류 등 수량에 비해 포장이 약한 경우<br>• 화물을 적재할 때 중량물을 상단에 적재하여 하단화물 오손피해가 발생한 경우<br>• 쇼핑백, 이불, 카펫 등 포장이 미흡한 화물을 중심으로 오손피해가 발생한 경우 | • 상습으로 오손이 발생하는 화물은 안전박스에 적재하여 위험으로부터 격리<br>• 중량물은 하단, 경량물은 상단 적재 규정 준수 |

| 화물 사고의 유형 | 원 인 | 대 책 |
|---|---|---|
| 분실사고 (물건 따위를 잃어버림) | • 대량화물을 취급할 때 수량 미확인 및 송장이 2개 부착된 화물을 집하한 경우<br>• 집배송을 위해 차량을 이석하였을 때 차량 내 화물이 도난당한 경우<br>• 화물을 인계할 때 인수자 확인(서명 등)이 부실한 경우 | • 집하할 때 화물수량 및 운송장 부착여부 확인 등 분실 원인 제거<br>• 차량에서 벗어날 때 시건장치 확인 철저(지점 및 사무소 등 방범시설 확인)<br>• 인계할 때 인수자 확인은 반드시 인수자가 직접 서명하도록 할 것 |
| 내용물부족 사 고 | • 마대화물(쌀, 고춧가루, 잡곡 등)등 박스가 아닌 화물의 포장이 파손된 경우<br>• 포장이 부실한 화물에 대한 절취 행위(과일, 가전제품 등) | • 대량거래처의 부실포장 화물에 대한 포장개선 업무요청<br>• 부실포장 화물 집하할 때 내용물 상세 확인 및 포장보강 시행 |
| 오배달 사 고 | • 수령인이 없을 때 임의 장소에 두고 간 후 미확인한 경우<br>• 수령인의 신분 확인 없이 화물을 인계한 경우 | • 화물을 인계하였을 때 수령인 본인여부 확인작업 필히 실시<br>• 우편함, 우유통, 소화전 등 임의 장소에 화물 방치 행위 엄금 |
| 지연배달 사 고 | • 사전에 배송연락 미실로 제3자가 수취한 후 전달이 늦어지는 경우<br>• 당일 배송되지 않는 화물에 대한 관리가 미흡한 경우<br>• 제3자에게 전달한 후 원래 수령인에게 받은 사람을 미통지한 경우<br>• 집하부주의, 터미널 오분류로 터미널 오착 및 잔류되는 경우 | • 사전에 배송연락 후 배송 계획 수립으로 효율적 배송시행<br>• 미배송되는 화물 명단 작성과 조치사항 확인으로 최대한의 사고예방 조치<br>• 터미널 잔류화물 운송을 위한 가용차량 사용 조치<br>• 부재중 방문표의 사용으로 방문사실을 고객에게 알려 고객과의 분쟁 예방 |
| 받는 사람과 보낸 사람을 알 수 없는 화물사고 | • 미포장화물, 마대화물 등에 운송장을 부착한 경우 떨어지거나 훼손된 경우 | • 집하단계에서부터 운송장 부착여부 확인 및 테이프 등으로 떨어지지 않도록 고정실시<br>• 운송장과 보조운송장을 부착(이중 부착)하여 훼손가능성을 최소화 |

### 1 사고발생 시 영업사원의 역할

(1) 영업사원은 회사를 대표하여 사고처리를 위한 고객과의 최접점의 위치에 있으므로 투철한 사명감을 갖는다.
(2) 영업사원은 초기 고객응대가 사고처리의 향방을 좌우한다는 인식을 가지고, 고객을 응대하여야 한다.
(3) 영업사원은 고객을 접할 때 최대한 정중한 자세와 냉철한 판단력을 가지고 사고를 수습해야 한다.
(4) 영업사원의 모든 조치가 회사 전체를 대표하는 행위로, 고객의 서비스 만족성향을 좌우한다는 신념으로 적극적인 업무 자세가 필요하다.

### 2 사고화물의 배달 등의 요령

(1) 영업사원은 화주의 심정이 상당히 격한 상태임을 생각하고 사고의 책임여하를 떠나, 대면할 때 정중히 인사를 한 뒤, 사고경위를 설명한다.
(2) 영업사원은 화주와 화물상태를 상호 확인하고 상태를 기록한다.
(3) 영업사원은 화주에게 화물의 사고관련 자료를 요청한다.
(4) 영업사원은 대략적인 사고처리 과정을 알리고, 해당지점 또는 사무소 연락처와 사후 조치사항에 대해 안내를 하고, 사과를 한다.

# 제2편 화물취급 요령

## 제6장 화물의 인수·인계요령 출제 예상 문제

**1 화물의 인수요령에 대한 설명으로 틀린 것은?**
① 포장 및 운송장 기재 요령을 대강 숙지하고 인수에 임한다
② 집하 자제품목 및 집하 금지품목의 경우는 그 취지를 알리고 양해를 구한 후 정중히 거절한다
③ 집하물품의 도착지와 고객의 배달요청일이 당사의 소요 일수 내에 가능한지 필히 확인하고, 기간 내에 배송가능한 물품을 인수한다
④ 항공을 이용한 운송의 경우 항공기 탑재 불가 물품(총포류 등)과 공항유치 물품(가전, 전자 제품)은 집하시 고객에게 이해를 구한 다음 집하를 거절함으로써 고객과의 마찰을 방지한다

◉해설 기재요령은 반드시 숙지하도록 한다. 정답은 ①이다.

**2 화물을 인수하고자 할 때의 방법으로 틀린 것은?**
① 운송인의 책임은 물품을 인수하고 운송장을 교부한 시점부터 발생한다
② 화물은 취급가능 화물규격 및 중량, 취급불가 화물품목 등을 확인하고, 화물의 안전수송과 타화물의 보호를 위하여 포장상태 및 화물의 상태를 확인한 후 접수여부를 결정한다
③ 두 개 이상의 화물을 하나의 화물로 밴딩처리한 경우에는 반드시 고객에게 파손가능성을 설명하고 별도로 포장하여 각각 운송장만을 부착하여 집하한다
④ 신용업체의 대량화물을 집하할 때 수량 착오가 발생하지 않도록 최대한 주의하여 운송장 및 보조송장을 부착하고, 반드시 BOX 수량과 운송장에 기재된 수량을 확인한다

◉해설 ③의 문장 중 "각각 운송장만을 부착하여 집하한다"는 틀리고, "각각 운송장 및 보조송장을 부착하여 집하한다"가 옳으므로 정답은 ③이다.

**3 화물의 적재요령에 대한 설명으로 틀린 것은?**
① 긴급을 요하는 화물은 우선 순위로 배송될 수 있도록 쉽게 꺼낼 수 있게 적재한다
② 취급주의 스티커 부착화물은 적재함 별도공간에 위치하도록 한다
③ 다수 화물이 도착하였을 때에는 미도착 수량이 있는지 확인한다
④ 중량화물은 적재함 상단에 적재하여 타 화물이 훼손되지 않도록 주의한다

◉해설 중량화물은 적재함 하단에 적재하도록 해야 한다. 정답은 ④이다.

**4 화물의 인계요령에 대한 설명으로 틀린 것은?**
① 수하인 주소 및 수하인이 맞는지 확인한 후에 인계한다
② 지점에 도착한 물품에 대해서는 당일 배송을 원칙으로 한다
③ 각 영업소로 분류된 물품은 수하인에게 물품의 도착 사실을 알릴 필요 없이 배송을 한다
④ 수하인에게 물품을 인계할 때 인계 물품의 이상이 있을 경우 즉시 지점에 통보하여 조치하도록 한다

◉해설 도착사실을 알리고 배송 가능한 시간을 약속해야 한다. 정답은 ③이다.

**5 화물의 인계요령에 대한 설명으로 잘못된 것은?**
① 영업소(취급소)는 택배물품을 배송할 때 물품 뿐만 아니라 고객의 마음까지 배달한다는 자세로 성심껏 배송하여야 한다
② 물품포장에 경미한 이상이 있는 경우에는 고객에게 사과하고 대화로 해결할 수 있도록 하며, 절대로 남의 탓으로 돌려 고객들의 불만을 가중시키지 않도록 한다
③ 물품을 고객에게 인계할 때 물품의 이상 유무를 확인시키고 인수증에 정자로 인수자 서명을 받아 향후 발생할 수 있는 손해배상을 예방하도록 한다
④ 방문시간에 수하인이 없는 경우에는 부재중 방문표를 활용하여 방문근거를 남기되 수하인이 볼 수 있는 곳에 붙여 둔다

◉해설 ④의 문장 중에 "수하인이 볼수 있는 곳에 붙여 둔다"가 아니고, "우편함에 넣거나 문틈으로 밀어 넣어 타인이 볼 수 없도록 조치한다."로 정답은 ④임.

**6 화물의 인계방법에 대한 설명으로 틀린 것은?**
① 수하인에게 인계가 어려워 부득이하게 대리인에게 인계할 때에는 사후조치로 실제 수하인과 연락을 취하여 확인한다
② 수하인이 장기부재, 휴가, 주소불명, 기타 사유 등으로 배송이 어려운 경우, 집하지점 또는 송하인과 연락하여 조치하도록 한다
③ 귀중품 또는 고가품의 경우는 분실의 위험이 높고 분실되었을 때 피해 보상액이 크므로 수하인에게 직접 전달하도록 한다
④ 당일 배송하지 못한 물품에 대하여는 배송 자동차에 실어 놓고 물품을 보관하여야 한다

◉해설 "익일 영업시간 까지 물품이 안전하게 보관될 수 있는 장소에 물품을 보관하는 것"이 옳은 방법으로 정답은 ④이다.

**7 인수증 관리요령에 대한 설명으로 잘못된 것은?**
① 인수증은 반드시 인수자 확인란에 수령인이 누구인지 인수자 자필로 바르게 적도록 한다
② 같은 장소에 여러 박스를 배송할 때에는 인수증에 반드시 실제 배달한 수량을 기재받아 차후에 수량 차이로 인한 시비가 발생하지 않도록 하여야 한다
③ 지점에서는 회수된 인수증 관리를 철저히 하고, 인수 근거가 없는 경우 즉시 확인하여 인수인계 근거를 명확히 관리하여야 하며, 물품 인도일 기준으로 2년 이내 인수근거 요청이 있을 때 입증자료를 제시할 수 있어야 한다
④ 인수증 상에 인수자 서명을 운전자가 임의 기재한 경우는 무효로 간주되며, 문제가 발생하면 배송완료로 인정받을 수 없다

◉해설 ③의 문장 중에 "2년 이내"는 틀리고, "1년 이내"가 맞으므로 정답은 ③이다.

✏ 정답  1 ①  2 ③  3 ④  4 ③  5 ④  6 ④  7 ③

**8** 다음 중 고객 유의사항이 필요한 이유가 아닌 것은?
① 운송 과정에서 발생하는 사고의 책임을 고객에게 전가할 필요가 있다
② 소화물을 운송하는 택배운송에서 무한책임이 아닌 과실 책임에 한정하여 변상할 필요가 있다
③ 내용검사가 부적당한 수탁물에 대한 송하인의 책임을 명확히 설명할 필요가 있다
④ 운송인이 통보받지 못한 위험 부분까지 책임지는 부담을 해소할 필요가 있다

**9** 고객 유의사항 사용범위에 대한 설명으로 틀린 것은?
① 포장이 불량하여 운송에 부적합하다고 판단 되는 물품
② 물품 사고 시 다른 물품에까지 영향을 미쳐 손해액이 감소하는 물품
③ 중고제품으로 원래의 제품 특성을 유지하고 있다고 보기 어려운 물품
④ 일정금액을 초과하는 물품으로 위험 부담률이 극히 높고, 할증료를 징수하지 않은 물품

⊕ 해설 ②의 문장 중 "감소하는 물품"이 아니고, "증가하는 물품"이 맞으므로 정답은 ②이며, 이외에 "수리를 목적으로 운송을 의뢰하는 모든 물품과 통상적으로 물품의 안전을 보장하기 어렵다고 판단되는 물품"이 있다.

**10** 고객 유의사항 확인 요구 물품에 해당하지 않는 것은?
① 중고 가전제품 및 A/S용 물품
② 기계류, 장비 등 경량의 고가물로 30kg 초과의 물품
③ 포장 부실물품 및 무포장 물품
④ 내용검사가 부적당하다고 판단되는 부적합 물품

⊕ 해설 중량의 고가물로 40kg 초과 물품이 맞다. 정답은 ②이다.

**11** 화물 파손 사고의 원인에 해당하지 않는 것은?
① 집하할 때 화물의 포장상태를 확인하지 않은 경우
② 화물을 함부로 던지거나 발로 차거나 끄는 경우
③ 화물의 무분별한 적재로 압착되는 경우
④ 화물을 인계할 때 인수자 확인이 부실했던 경우

⊕ 해설 ④는 화물 분실 사고의 원인에 해당하므로 정답은 ④이다. 화물 파손 사고는 차량에 상하차할 때 벨트 등에서 떨어져 발생하는 경우도 있다.

**12** 화물의 오손 사고(더럽혀지고 손상됨)의 원인에 대한 설명이다. 옳지 않은 것은?
① 김치, 젓갈, 한약류 등 수량에 비해 포장이 약한 경우
② 화물을 적재할 때 중량물을 상단에 적재하여 하단 화물 오손 피해가 발생한 경우
③ 쇼핑백, 이불, 카펫 등 포장이 미흡한 화물을 중심으로 오손 피해가 발생한 경우
④ 중량물은 하단에, 경량물은 상단에 적재하는 규정 준수

⊕ 해설 ④는 '오손 사고'의 '대책'에 해당되므로 정답은 ④이다.

**13** 지연배달 사고의 대책에 해당하는 것은?
① 집하할 때 화물 수량 및 운송장 부착 여부를 확인한다
② 화물을 인계하였을 때 수령인 본인 여부를 필히 확인한다
③ 사전에 배송 연락 후에 배송 계획을 수립하여 효율적으로 배송을 실시한다
④ 중량물은 하단에, 경량물은 상단에 적재한다

⊕ 해설 ③이 지연배달 사고의 대책에 해당하므로 정답은 ③이다. ①은 분실사고 대책, ②는 오배달 사고 대책이며 ④는 오손 사고 대책이다.

**14** 화물사고 발생 시 영업사원의 역할에 대한 설명으로 틀린 것은?
① 영업사원은 회사를 대표하여 사고처리를 위한 고객과의 최접점의 위치에 있다
② 영업사원은 초기 고객응대가 사고처리의 향방을 좌우한다는 인식을 가져야 한다
③ 영업사원은 원만한 사고처리도 중요하지만, 무엇보다 영업이익을 얻는 것이 최우선이다
④ 영업사원의 모든 조치가 회사 전체를 대표하는 행위로 고객의 서비스 만족 성향을 좌우한다는 신념으로 적극적인 업무자세가 필요하다

⊕ 해설 ③의 경우, 원만한 사고처리를 위한 영업사원의 올바른 자세라고 보기 힘들다. 그러므로 정답은 ③이다.

**15** 받는 사람과 보낸 사람을 알 수 없는 화물 사고의 원인과 대책에 대한 설명이다. 옳지 않은 것은?
① 미포장 화물, 마대 화물 등에 운송장을 부착한 경우 떨어지거나 훼손된 경우
② 집하 단계에서부터 운송장 부착 여부 확인 및 테이프 등으로 떨어지지 않도록 고정 실시
③ 부실 포장 화물을 집하할 때 내용물 상세 확인 및 포장 보강 시행
④ 운송장과 보조 운송장을 부착(이중 부착하여 훼손 가능성을 최소화)

⊕ 해설 ③의 내용은 '내용물 부족 사고의 대책' 중 하나이므로 정답은 ③이다.

**16** 다음 중 사고화물의 배달 등의 요령으로 옳지 않은 것은?
① 화주의 심정은 상당히 격한 상태임을 생각하고 사고의 책임여하를 떠나 대면할 때 정중히 인사를 한 뒤, 사고경위를 설명한다
② 화주와 화물상태를 상호확인하고 상태를 기록한 뒤, 사고관련 자료를 요청한다
③ 대략적인 사고처리과정을 알리고 해당 지점 또는 사무소 연락처와 사후조치에 대해 안내를 하고, 사과를 한다
④ 터미널 잔류화물 운송을 위한 가용차량 사용 조치를 한다

⊕ 해설 ④의 문장은 "지연배달 사고의 대책" 중의 하나로 정답은 ④이다.

---

**정답** 8 ① 9 ② 10 ② 11 ④ 12 ④ 13 ③ 14 ③ 15 ③ 16 ④

# 제7장 화물자동차의 종류 요약정리

## 1 자동차관리법령상 화물자동차의 유형별 세부기준

### 1 화물자동차
(1) 일반형 : 보통의 화물운송용인 것
(2) 덤프형 : 적재함을 원동기의 힘으로 기울여 적재물을 중력에 의하여 쉽게 미끄러뜨리는 구조의 화물운송용인 것
(3) 밴형 : 지붕구조의 덮개가 있는 화물운송용인 것
※ 참고 : 한국산업규격에 의한 화물자동차의 종류 중 "밴(van)형"은 상자형 화물실을 갖추고 지붕이 없는(open-top) 것도 포함된다
(4) 특수용도형 : 특정한 용도를 위하여 특수한 구조로 하거나 기구를 장치한 것으로서 (1), (2), (3)의 어느 형에도 속하지 아니하는 화물운송용인 것

### 2 특수자동차
(1) 견인형 : 피견인차의 견인을 전용으로 하는 구조인 것
(2) 구난형 : 고장·사고 등으로 운행이 곤란한 자동차를 구난·견인할 수 있는 구조인 것
(3) 특수용도형 : 위 어느 형에도 속하지 아니하는 특수용도용인 것

## 2 산업 현장의 일반적인 화물자동차 호칭

### 1 보닛 트럭(Cab-behind-engine truck)
원동기부의 덮개가 운전실의 앞쪽에 나와 있는 트럭이다.

### 2 캡 오버 엔진 트럭(Cab-over-engine truck)
원동기의 전부(全部) 또는 대부분이 운전실의 아래쪽(밑)에 있는 트럭이다.

### 3 밴(Van)
상자형 화물실을 갖추고 있는 트럭(지붕이 없는 것 '오픈 탑'형 포함)

### 4 픽업(Pick up)
화물실의 지붕이 없고, 옆판이 운전대와 일체로 되어 있는 소형트럭이다.

### 5 특수자동차(Special vehicle)
(1) 다음의 목적을 위하여 설계 및 장비된 자동차
   ① 특별한 장비를 한 사람 및(또는) 물품의 수송전용
   ② 특수한 작업 전용
   ③ 위 ①과 ②를 겸하여 갖춘 것(예 차량 운반차, 쓰레기 운반차, 모터 캐러밴, 탈착 보디 부착 트럭, 컨테이너 운반차 등)
(2) 종류
   ① 특수 용도 자동차(특용차) : 특별한 목적을 위하여 보디(차체)를 특수한 것으로 하고, 또는 특수한 기구를 갖추고 있는 특수 자동차(예 선전자동차, 구급차, 우편차, 냉장차 등)
   ② 특수장비차(특장차) : 특별한 기계를 갖추고 그것을 자동차의 원동기로 구동할 수 있도록 되어 있는 특수 자동차. 별도의 적재 원동기로 구동하는 것도 있음(예 탱크차, 덤프차, 믹서 자동차, 위생 자동차, 소방차, 레커차, 냉동차, 트럭 크레인, 크레인붙이트럭 등)
   ※ 트레일러(보통트럭 제외), 전용특장차, 합리화 특장차는 모두 특별차에 해당(트레일러나 전용특장차 : 특수용도차, 합리화 특장차 : 특별장비차)

### 6 냉장차(Insulated vehicle) : 특수 용도차
수송 물품을 냉각제를 이용하여 냉장하는 설비를 갖추고 있는 특수 용도 자동차이다.

### 7 탱크차(Tank truck, Tank lorry truck) : 특수 장비차
탱크모양의 용기와 펌프 등을 갖추고 오로지 물·휘발유와 같은 액체를 수송하는 특수 장비자동차이다.

### 8 덤프차(Tipper, Dump truck, Dumper) : 특수 장비차
화물대를 기울여 적재물을 중력으로 쉽게 미끄러지게 내리는 구조의 특수 장비자동차로 리어 덤프, 사이드 덤프, 삼전덤프 등이 있다.

### 9 믹서자동차(Truck mix, Agitator) : 특수 장비차
시멘트, 골재(모래·자갈), 물을 드럼 내에서 혼합 반죽해서 콘크리트로 하는 특수 장비자동차로 특히, 생 콘크리트를 교반하면서 수송하는 것을 애지테이터(agitator)라고 한다.

### 10 레커차(Wrecker truck, Breakdown lorry)
크레인 등을 갖추고 고장차의 앞 또는 뒤를 매달아 올려서 수송하는 특수 장비자동차이다.

### 11 트럭 크레인(Truck crane) : 특수 장비차
크레인을 갖추고 작업을 하는 특수 장비자동차로 통상 레커차는 제외한다.

### 12 크레인붙이트럭 : 특수 장비차
차에 실은 화물의 쌓아 내림용 크레인을 갖춘 특수 장비자동차이다.

### 13 트레일러 견인자동차(Trailer-towing vehicle)
주로 풀 트레일러를 견인하도록 설계된 자동차이다. 풀 트레일러를 견인하지 않는 경우는 트럭으로서 사용할 수가 있다.

### 14 세미 트레일러 견인자동차(Semi-trailer-towing vehicle)
세미 트레일러를 견인하도록 설계된 자동차

### 15 폴 트레일러 견인자동차(Pole trailer-towing vehicle)
폴 트레일러를 견인하도록 설계된 자동차

## 3 트레일러의 종류

### 1 트레일러의 의의와 종류
① 동력을 갖추지 않고, 모터 비이클에 의하여 견인되며 사람 및 (또는) 물품을 수송하는 목적을 위하여 설계되어 도로상을 주행하는 차량이다.
② 트레일러는 자동차를 동력부(견인차 또는 트랙터)와 적하부(피견인차)로 나누었을 때 적하(화물적재)부분을 지칭한다.

| 종류 | 구조(형상) |
|---|---|
| 풀(Full) 트레일러 (Trailer) | • 트랙터와 트레일러가 완전 분리되어 있고<br>• 트랙터 자체도 적재함을 가지고 있으며<br>• 총하중을 트레일러만으로 지탱되도록 설계되어 선단에 견인구 즉 트랙터를 갖춘 트레일러이다.<br>• 돌리와 조합된 세미 트레일러는 풀 트레일러로 해석됨<br>• 이 형태는 기준 내 차량으로서 적재톤수(세미 : 14톤, 풀 : 17톤), 적재량, 용적 모두 세미트레일러 보다는 유리하다. |
| 세미(Semi) 트레일러 (Trailer) | • 세미 트레일러용 트랙터에 연결하여 총하중의 일부분이 견인하는 자동차에 의해 지탱되도록 설계된 것이다.<br>• 잡화수송용은 밴형, 중량물 수송용은 중량용 세미 트레일러 또는 중저상식 트레일러 등이 사용되고 있다.<br>• 현재 가동중인 트레일러로 가장 많고 일반적이며, 발착지에서 탈착이 용이하고, 공간을 적게 차지해 후진하는 운전을 하기가 쉽다. |

| 종류 | 구조(형상) |
|---|---|
| 폴(Pole) 트레일러 (Trailer) | • 기둥, 통나무 등 장척의 적하물 자체가 트랙터와 트레일러의 연결부분을 구성하는 트레일러이다.<br>• 수송목적 : 파이프, H형강 등 장척물 수송이 목적인 트레일러다.<br>• 트랙터에 턴테이블을 비치하고 폴 트레일러를 연결해서 적재함과 턴테이블 적재물을 고정시키는 것으로<br>• 축거리는 적하물의 길이에 따라 조정할 수 있다. |
| 돌리(Dolly) | • 세미 트레일러와 조합해서 풀(Full) 트레일러로 하기 위한 견인구를 갖춘 대차를 말한다. |

## 2 트레일러의 장점

| 구분 | 내용 |
|---|---|
| 트랙터의 효율적 이용 | 트랙터와 트레일러의 분리가 가능하여 트레일러가 적하 및 하역을 위해 체류 중에도 트랙터 부분을 사용할 수 있어 회전률을 높일 수 있다. |
| 효과적인 적재량 | 자동차의 차량 총중량은 20톤으로 제한되어 있으나 화물자동차 및 특수자동차(트랙터와 트레일러가 연결된 경우 포함)의 경우 차량 총중량은 40톤이다. |
| 탄력적인 작업 | 트레일러를 별도로 분리하여 화물을 적재 또는 하역할 수 있다. |
| 트랙터와 운전자의 효율적 운영 | 트랙터 1대로 복수의 트레일러를 운영가능하여, 트랙터와 운전사의 이용효율을 높일 수 있다. |
| 일시보관기능의 실현 | 트레일러 부분에 일시적으로 화물을 보관할 수 있으며, 여유 있는 하역작업을 할 수 있다. |
| 중계지점에서의 탄력적인 이용 | 중계지점을 중심으로 각각의 트랙터가 기점에서 중계점까지 왕복 운송함으로써 차량 운용의 효율을 높일 수 있다. |

## 3 트레일러의 구조 형상에 따른 종류

| 형상명칭 | 구조 | 용도 |
|---|---|---|
| 평상식 | 전장의 프레임 상면이 평면의 하대를 가진 트레일러이다. | 일반화물 및 강재 등의 수송에 적합하다. |
| 저상식 | 적재할 때 전고가 낮은 하대를 가진 트레일러이다. | 불도저, 기중기 등 건설장비의 운반에 적합하다. |
| 중저상식 | 저상식 트레일러 중 프레임 중앙 하대부가 오목하게 낮은 트레일러이다. | 대형 핫 코일, 중량 블록화물 등 중량화물 운반에 편리한다. |
| 스케레탈 트레일러 | 컨테이너 운송을 위해 제작된 것으로 전·후단에 고정장치가 부착된 트레일러이다. | 컨테이너 운송전용. 20피트(feet)또는 40피트(feet)용 등 여러 종류가 있다. |
| 밴 트레일러 | 하대부분에 밴형의 보데가 장치된 트레일러이다. | 일반잡화, 냉동화물 등 운반용으로 사용된다. |
| 오픈탑 트레일러 | 밴형의 일종, 천장에 개구부가 있어 채광이 들어가도록 한 트레일러이다. | 고척화물 운반용이다. |
| 특수용도 트레일러 | ① 덤프 트레일러 ② 탱크 트레일러 ③ 자동차 운반용 트레일러 등 | |

## 4 연결차량(Combination of vehicles)의 종류

1대의 모터 비이클에 1대 또는 그 이상의 트레일러를 결합시킨 것을 말하는데 통상 트레일러 트럭으로 불리기도 한다.
※ 대표적인연결차량 : ① 풀(Full) 트레일러 연결차량 ② 세미(Semi) 트레일러 연결차량 ③ 폴(Pole) 트레일러 연결차량

(1) **단차(Rigid vehicle)** : 연결상태가 아닌 자동차 및 트레일러를 지칭하는 말로 연결차량에 대응하여 사용되는 용어이다.

(2) **풀(Full) 트레일러 연결차량(Road train)**
① 1대의 트럭, 특별차 또는 풀 트레일러용 트랙터와 1대 또는 그 이상의 독립된 풀 트레일러를 결합한 조합으로 이루어졌다.
② 이 차량은 **차량 자체의 중량**과, 화물의 전중량을 자기의 전후 차축만으로 흡수할 수 있는 구조를 가진 트레일러가 붙어 있는 트럭으로서, 트랙터와 트레일러가 완전히 분리되어 있고, 트랙터 자체도 Body를 가지고 있다.

**참고**
풀(Full) 트레일러의 이점
① 보통 트럭에 비하여 적재량을 늘릴 수 있다.
② 트랙터 한 대에 트레일러 두 세대를 달 수 있어 트랙터와 운전자의 효율적 운용을 도모할 수 있다.
③ 트랙터와 트레일러에 각기 다른 발송지별 또는 품목별 화물을 수송할 수 있게 되어 있다.

(3) **세미 트레일러 연결차량(Articulated road train)** : 1대의 세미 트레일러 트랙터와 1대의 세미 트레일러로 이루는 조합이다.
① 잡화수송 : 밴형 세미 트레일러가 사용되고 있고
② 중량물 : 중량형 세미 트레일러, 중저상식 트레일러 등이 사용
③ 세미 트레일러의 특성
 - 발착지에서의 트레일러 탈착이 용이하고
 - 공간을 적게 차지하며
 - 후진이 용이한 특성을 가지고 있다.

(4) **더블 트레일러 연결차량(Double road train)** : 1대의 세미 트레일러용 트랙터와 1대의 세미 트레일러 및 1대의 풀 트레일러로 이루는 조합으로서 세미 트레일러 및(또는) 풀 트레일러는 특수하거나 그렇지 않아도 된다.

(5) **폴(Pole) 트레일러 연결차량** : 1대의 폴 트레일러용 트랙터와 1대의 폴 트레일러로 이루어 조합이다. 또한 트랙터에 장치된 턴테이블에 폴 트레일러를 연결하고 하대와 턴테이블에 적재물을 고정시켜서 수송한다(용도 : 대형 파이프, 교각, 대형목재 등 장척화물을 운반하는 트레일러가 부착된 트럭이다).

## 4 적재함 구조에 의한 화물 자동차의 종류

### 1 카고 트럭

하대에 간단히 접는 형식의 문짝을 단 차량으로 일반적으로 트럭 또는 카고 트럭이라고 부른다. 카고 트럭의 하대는 귀틀(세로귀틀, 가로귀틀)이라고 불리는 받침부분과 화물을 얹은 바닥부분, 짐 무너짐을 방지하는 문짝의 3개의 부분으로 이루어져 있다. 차종은 적재량 1톤 미만의 소형차로부터 12톤 이상의 대형차에 이르기까지 그 수가 많다.

### 2 전용 특장차

차량의 적재함을 특수한 화물에 적합하도록 구조를 갖추거나 특수한 작업이 가능하도록 기계 장치를 부착한 차량

(1) **덤프트럭** : 적재함 높이를 경사지게 하여 적재물을 하역(쏟음)
(2) **믹서차량** : 믹서차는 적재함 위에 회전하는 드럼을 싣고 이 속에 생 콘크리트를 뒤섞으면서 토목건설 현장 등으로 운행하는 차량이다.
(3) **분립체 수송차(벌크 차량)** : 시멘트, 사료, 곡물, 화학제품 등 분립체를 자루에 담지 않고, 실물상태로 운반하는 차량이다.
(4) **액체 수송차(탱크로리)** : 각종 액체를 수송하기 위해 탱크형식의 적재함을 장착한 차량이다(휘발유로리, 우유로리 등으로 부름).
(5) **냉동차** : 단열 보디에 차량용 냉동장치를 장착하여 적재함 내에 온도 관리가 가능하도록 한 것으로 적재함 내를 냉각시키는 방법에 의해 기계식, 축냉식, 액체질소식, 드라이 아이스식으로 분류된다.

**참고**
콜드체인(Cold chain)
신선식품을 냉동, 냉장, 저온상태에서 생산자로부터 소비자의 손까지 전달하는 구조를 말한다.

(6) **기타차(특정 화물 수송차)** : 승용차 수송운반차, 목재(Chip) 운반차, 컨테이너 수송차, 프레하브 전용차, 보트 운반차, 가축(말) 운반차, 지육수송차, 병운반차, 파렛트 전용차, 행거차 등이 있다.

### 3 합리화 특장차

화물을 싣거나 내릴 때에 발생하는 하역을 합리화하는 설비기기를 차량 자체에 장비하고 있는 차를 지칭한다(4종류로 구분).

(1) **실내하역기기 장비차** : 적재함 바닥면에 롤러컨베이어, 로더용레일, 파렛트 이동용의 파렛트 슬라이더 또는 컨베이어 등을 장치함으로써 적재함 하역의 합리화를 도모한 차
(2) **측방 개폐차** : 화물에 시트를 치거나 포크리프트에 의해 짐부리기를 간이화할 목적으로 개발된 차(대표적인 차 : 스태빌라이저 차)
(3) **쌓기·내리기 합리화차** : 리프트게이트, 크레인 등을 장비하고 쌓기·부리기작업의 합리화를 위한 차량이다.(대표적인 차 : 리프트게이트 부착트럭, 크레인부착트럭)
(4) **시스템 차량** : 트레일러 방식의 소형트럭을 가리키며 CB(Changeable Body) 또는 탈착보디차를 말한다. 보디탈착 방식 : 기계식, 유압식, 차의 유압장치를 사용하는 것이 있다.

# 제2편 화물취급 요령

## 제7장 화물자동차의 종류 출제 예상 문제

**1** 「자동차관리법령」상 화물자동차 유형별 기준에 해당하지 않는 것은?
① 일반형   ② 덤프형
③ 밴형   ④ 특별형
**해설** ①, ②, ③ 외에 '특수 용도형'이 있다.

**2** 「자동차관리법령」상 화물자동차의 유형별 세부기준에 해당하지 않는 것은?
① 일반형 : 보통의 화물운송용인 것
② 덤프형 : 적재함을 원동기의 힘으로 기울여 적재물을 중력에 의하여 쉽게 미끄러뜨리는 구조의 화물운송용인 것
③ 특수작업형 : 견인형, 구난형 어느 형에도 속하지 아니하는 특수작업용인 것
④ 특수용도형 : 특정한 용도를 위하여 특수한 구조로 하거나, 기구를 장치한 것으로서 일반형, 덤프형, 밴형 어느 형에도 속하지 아니하는 화물운송용인 것
**해설** 정답인 ③은 특수 자동차의 종류이며 이외에 '견인형', '구난형'도 있다.

**3** 「자동차관리법령」상 특수자동차 유형별 세부기준에 해당하지 않는 것은?
① 견인형 : 피견인차의 견인을 전용으로 하는 구조인 것
② 구난형 : 고장, 사고 등으로 운행이 곤란한 자동차를 구난·견인할 수 있는 구조인 것
③ 특수 작업형 : 견인형, 구난형 어느 형에도 속하지 아니하는 특수작업용인 것
④ 특수 장비차 : 특별한 기계를 갖추고 그것을 자동차의 원동기로 구동할 수 있도록 되어 있는 특수 자동차
**해설** 정답 ④는 '특수 자동차(특장차)의 종류'에 대한 설명이므로 옳지 않다.

**4** 원동기의 덮개가 운전실의 앞쪽에 나와 있는 트럭의 화물자동차의 명칭은?
① 보닛 트럭   ② 캡 오버 엔진 트럭
③ 트럭 크레인   ④ 크레인 붙이트럭

**5** 원동기의 전부 또는 대부분이 운전실의 아래쪽에 있는 트럭의 명칭은?
① 보닛 트럭   ② 캡 오버 엔진 트럭
③ 밴   ④ 픽업

**6** 지붕구조의 덮개가 있는 화물운송용 화물자동차인 것은?
① 화물자동차   ② 특수자동차
③ 밴형   ④ 픽업

**7** 화물실의 지붕이 없고, 옆판이 운전대와 일체로 되어 있는 화물자동차의 명칭은?
① 밴   ② 픽업
③ 차량 운반차   ④ 레커차

**8** 특별한 장비를 한 사람 또는 물품의 수송 전용과 특수한 작업 전용인 특수자동차에 해당하는 차가 아닌 것은?
① 차량 운반차, 쓰레기 운반차
② 모터 캐러밴, 컨테이너 운반차
③ 탈착 보디 부착 트럭
④ 선전자동차, 구급차, 우편차, 냉장차
**해설** "선전자동차, 구급차, 우편차, 냉장차"는 특수용도자동차(특용차)에 해당되어 정답은 ④이다.

**9** 특별한 목적을 위하여 보디(차체)를 특수한 것으로 하고, 또는 특수한 기구를 갖추고 있는 특수 용도 자동차에 해당하는 것이 아닌 것은?
① 믹서 자동차, 소방차
② 선전자동차
③ 구급차, 냉장차
④ 우편차
**해설** "믹서 자동차, 소방차 등"은 특수장비차(특장차)로 특수용도자동차(특용차)가 아니므로 정답은 ①이다.

**10** 다음 중 특별한 기계를 갖추고, 그것을 자동차의 원동기로 구동할 수 있도록 되어 있는 특수장비차에 해당하지 않는 것은?
① 탱크차, 덤프차, 믹서 자동차
② 차량 운반차, 컨테이너 운반차, 모터 캐러밴
③ 위생 자동차, 소방차, 레커차
④ 냉동차, 트럭 크레인, 크레인붙이트럭
**해설** "차량 운반차, 컨테이너 운반차, 모터 캐러밴" 등의 차는 특별한 장비를 한 사람 및 물품의 수송과 특수한 작업 전용인 특수자동차에 해당되므로 정답은 ②이다.

**11** 산업현장의 일반적인 화물자동차 호칭에 해당하지 않는 것은?
① 보닛 트럭, 캡 오버 엔진 트럭, 밴
② 픽업, 냉장차, 탱크차, 덤프차
③ 카고 트럭, 벌크차량
④ 믹서 자동차, 트럭 크레인, 크레인붙이트럭, 풀 트레일러 트랙터
**해설** "카고 트럭, 벌크차량(분립체 수송차)"는 적재함 구조에 의한 화물자동차의 종류에 해당되므로 정답은 ③이다.

**정답** 1 ④  2 ③  3 ④  4 ①  5 ②  6 ③  7 ②  8 ④  9 ①  10 ②  11 ③

**12** 시멘트, 골재(모래,자갈), 물을 드럼 내에서 혼합 반죽하여 콘크리트로 하는 특수장비자동차로서 특히 생 콘크리트를 교반하면서 수송 하는 것을 애지테이터(agitator)라 하는 자동차는?
① 냉장차 ② 탱크차
③ 믹서자동차 ④ 덤프차

**13** 크레인을 갖추고 크레인 작업을 하는 특수장비 자동차의 명칭은?
① 화물차 ② 덤프차
③ 트럭 크레인 ④ 크레인붙이트럭
> **해설** 정답은 ③ 트럭 크레인이다. 크레인을 갖추고 작업을 하는 특수장비 자동차로 통상 레커차는 제외한다.

**14** 차에 실은 화물의 쌓기·내리기용 크레인을 갖춘 특수장비 자동차의 명칭인 것은?
① 덤프차 ② 트럭 크레인
③ 탱크차 ④ 크레인붙이트럭

**15** 동력을 갖추지 않고, 모터 비이클에 의하여 견인되고, 사람 또는 물품을 수송하는 목적을 위하여 설계되어 도로상을 주행하는 차량의 명칭은?
① 트레일러 ② 크레인
③ 트랙터 ④ 캐러반

**16** 자동차를 동력부분(견인차 또는 트랙터)과 적하부분(피견인차)으로 나누었을 때 적하부분을 지칭하는 용어는?
① 견인차 ② 피견인차
③ 트랙터 ④ 트레일러
> **해설** 일반적으로 '폴, 세미, 풀' 3가지가 있다.

**17** 트레일러를 구분할 때 3가지 또는 4가지로 구분하고 있는데 3가지에 해당되지 않는 트레일러인 것은?
① 돌리(Dolly)
② 풀 트레일러(Full trailer)
③ 세미 트레일러(Semi trailer)
④ 폴 트레일러(Pole trailer)
> **해설** "4가지로 구분할 때는 ①, ②, ③, ④ 모두가 포함되지만, 3가지로 구분할 때는 ②, ③, ④의 트레일러만 포함되므로 정답은 ①이다.

**18** 풀 트레일러의 설명으로 틀린 것은?
① 트랙터와 트레일러가 완전히 분리되어 있고 트랙터 자체도 적재함을 가지고 있다
② 총 하중이 트레일러만으로 지탱되도록 설계되어 선단에 견인구 즉, 트랙터를 갖춘 트레일러이다
③ 돌리와 조합된 세미 트레일러는 풀 트레일러로 해석된다
④ 적재톤수, 적재량, 용적 모두 세미 트레일러보다는 불리하다
> **해설** 적재톤수, 적재량, 용적 모두 세미 트레일러보다 유리한 것이 맞으므로, 정답은 ④이다.

**19** 세미 트레일러에 대한 설명으로 틀린 것은?
① 발착지에서의 트레일러 탈착이 용이하다
② 일반적으로 사용되는 형식은 아니다
③ 공간을 적게 차지한다
④ 후진 운전을 하기가 쉽다
> **해설** 세미 트레일러는 가장 많이 일반적으로 사용되는 트레일러이다. 정답은 ②이다.

**20** 폴 트레일러에 대한 설명으로 틀린 것은?
① 기둥, 통나무 등 장척의 적하물 자체가 트랙터와 트레일러의 연결부분을 구성하는 구조의 트레일러이다
② 파이프 H형강 등 장척물의 수송을 목적으로 한 트레일러이다
③ 가동중인 트레일러 중에서는 가장 많고 일반적인 트레일러이다
④ 트랙터에 턴테이블을 비치하고, 폴 트레일러를 연결해서 적재함과 턴테이블이 적재물을 고정시키는 것으로, 축거리는 적하물의 길이에 따라 조정할 수 있다
> **해설** ③은 세미 트레일러에 대한 설명이다. 정답은 ③이다.

**21** 세미 트레일러와 조합해서 풀 트레일러로 하기 위한 견인구를 갖춘 대차의 명칭은?
① 풀 트레일러
② 세미 트레일러
③ 폴 트레일러
④ 돌리
> **해설** "돌리(Dolly)"로서 정답은 ④이다.

**22** 트레일러의 장점으로 틀린 것은?
① 트랙터의 효율적 이용
② 효과적인 적재량 및 탄력적인 작업
③ 트랙터와 운전자의 효율적 운영
④ 장기보관기능의 실현과 중계 지점에서의 탄력적인 이용
> **해설** ④에서 "장기보관기능"이 아닌, "일시보관기능"이 맞다.

**23** 자동차의 차량총중량은 20톤으로 제한되어 있으나, 화물자동차 및 특수자동차(트랙터와 트레일러가 연결된 경우 포함)의 경우 차량 총중량은 몇 톤인가?
① 20톤
② 30톤
③ 40톤
④ 50톤

**24** 트레일러의 구조 형상에 따른 종류를 잘못 설명한 것은?
① 평상식 : 일반화물이나 강재 등의 수송에 적합하다
② 저상식 : 불도저나 기중기 등 건설장비의 운반에 적합하다
③ 중저상식 : 소형 핫코일이나 중량 블록 화물 등 중량화물 운반에 편리하다
④ 스케레탈 트레일러 : 컨테이너 운송용이며, 20피트용, 40피트용 등 여러 종류가 있다.
> **해설** ③의 문장 중 "소형"이 아니고, "대형"이 옳아 정답은 ③이다.

**25** 다음 중 연결차량의 종류에 해당하지 않는 것은?
① 풀 트레일러 연결차량
② 세미 트레일러 연결차량
③ 폴 트레일러 연결차량
④ 싱글 트레일러 연결차량
> **해설** 싱글이 아닌 더블 트레일러 연결차량이 맞아 정답은 ④이다.

**26** 풀 트레일러의 이점에 대한 설명으로 잘못된 것은?
① 보통 트럭에 비하여 적재량을 늘릴 수 있다
② 트랙터 한 대당 하나의 트레일러 운용이 가능하다
③ 트랙터와 트레일러에 각기 다른 발송지별 화물을 수송할 수 있게 되어 있다
④ 트랙터와 트레일러에 각기 다른 품목별 화물을 수송할 수 있게 되어 있다

> 해설 풀 트레일러는 트랙터 한 대에 트레일러 두 세대를 달 수 있어서, 트랙터와 운전자의 효율적 운용을 도모할 수 있다. 정답은 ②이다.

**27** 적재함 구조에 의한 화물자동차의 종류에서 카고 트럭에 대한 설명으로 옳지 못한 것은?
① 트럭 또는 카고 트럭이라 함은 일반적으로 하대에 간단히 접는 형식의 문짝을 단 차량을 말한다
② 카고 트럭은 우리나라에서 가장 보유대수가 많고 일반화된 것이다
③ 적재량 1톤 미만의 소형차는 카고 트럭에 해당되지 않는다
④ 미국에서는 보통 트럭이라고 할 경우 하대를 밀폐시킬 수 있는 상자형 보디의 밴 트럭을 말한다

> 해설 "적재량 1톤 미만의 소형차"에서 12톤 이상의 대형차에 이르기까지 카고 트럭의 종류는 다양하다.

**28** 트럭 또는 카고 트럭이 이루어져 있는 부분에 대한 설명이 아닌 것은?
① 하대는 귀틀이라고 불리는 받침부분
② 화물을 얹는 바닥부분
③ 짐 무너짐을 방지하는 문짝 3개
④ 하대를 밀폐시킬 수 있는 상자형 보디

> 해설 ④의 문장은 "미국의 보통 트럭의 밴 트럭을 말한 것으로" 정답은 ④이다.

**29** 차량의 적재함을 특수한 화물에 적합하도록 구조를 갖추거나 특수한 작업이 가능하도록 기계 장치를 부착한 차량의 명칭은?
① 전용 특장차  ② 화물자동차
③ 특수자동차  ④ 합리화 특장차

**30** 전용 특장차의 종류에 해당하지 않는 것은?
① 덤프트럭, 믹서차량, 프레 하브 전용차
② 실내하역기기 장비차, 쌓기·부리기 합리화 차
③ 벌크차량(분립체 수송차), 액체 수송차
④ 냉동차, 차량 운반차, 병 운반차, 행거 차

> 해설 ②의 차량은 "합리화 특장차"로서 정답은 ②이다.

**31** 냉동차는 적재함 내를 냉각시키는 방법에 의해 분류되고 있다. 아닌 것은?
① 기계식  ② 축냉식
③ 액체질소식  ④ 콜드체인

> 해설 ④의 '콜드체인'이 아닌 '드라이 아이스식'이 옳다.

**32** 시멘트, 사료, 곡물, 화학제품, 식품 등 분립체를 자루에 담지 않고 실물상태로 운반하는 합리적인 차량의 명칭은?
① 덤프트럭  ② 믹서차량
③ 벌크차량  ④ 액체수송차

> 해설 이 차량은 적재물에 따라 '시멘트 수송차', '사료 운반차' 등으로 구분한다.

**33** 화물을 싣거나 부릴 때에 발생하는 하역을 합리화하는 설비기기를 차량 자체에 장비하고 있는 차를 호칭하는 명칭은?
① 전용 특장차
② 합리화 특장차
③ 화물자동차
④ 특수자동차

> 해설 합리화 특장차로 ① 실내 하역기기 장비차, ② 측방 개방차, ③ 쌓기·내리기 합리화차, ④ 시스템 차량이 있다.

**34** 특정 화물 수송차인 행거차의 유형이 아닌 것은?
① 승용차 수송·운반차
② 목재 운반차
③ 측방 개폐차
④ 컨테이너 수송차

> 해설 ①, ②, ④는 특정 화물 수송차이고, ③은 합리화 특장차로서 실내 하역기기 장비차, 액체 수송차, 냉동차 등의 차가 있다.

**35** 합리화 특장차의 종류에 해당하지 않는 것은?
① 실내하역기기 장비차
② 측방 개방차
③ 쌓기·내리기 합리화차
④ 냉동차

> 해설 ①, ②, ③ 외에 '시스템 차량'이 있고 ④의 차는 '전용 특장차'에 해당되므로 정답은 ④이다.

정답 26 ② 27 ③ 28 ④ 29 ① 30 ② 31 ④ 32 ③ 33 ② 34 ③ 35 ④

# 제8장 화물운송의 책임한계 요약정리

## 1 이사화물 표준약관의 규정

### 1 인수거절 가능 품목(이사화물 표준 약관 제7조)

이사화물이 다음 각 호의 하나에 해당될 때에는 사업자는 인수를 거절할 수 있다.(제1항)

(1) 현금, 유가증권, 귀금속, 예금통장, 신용카드, 인감 등 고객이 휴대할 수 있는 귀중품
(2) 위험품, 불결한 물품 등 다른 화물에 손해를 끼칠 염려가 있는 물건
(3) 동식물, 미술품, 골동품 등 운송에 특수한 관리를 요하기 때문에 다른 화물과 동시에 운송하기에 적합하지 않은 물건
(4) 일반이사화물의 종류, 무게, 부피, 운송거리 등에 따라 운송에 적합하도록 포장할 것을 사업자가 요청하였으나 고객이 이를 거절한 물건

> 참고(이사화물 표준약관 제7조 제2항)
> 위의 (1)호 내지 (4)호에 해당되는 이사화물이더라도 사업자는 그 운송을 위한 특별한 조건을 고객과 합의한 경우에는 이를 인수할 수 있다.

### 2 계약해제(이사화물 표준약관 제9조)

(1) **고객의 책임(고객이 사업자에게)** : 고객의 책임있는 사유로 계약을 해제한 경우에는 다음의 손해배상액을 사업자에게 지급한다. 다만, 고객이 이미 지급한 계약금이 있는 경우에는 그 금액을 공제할 수 있다.
 ① 계약금 : 고객이 약정된 이사화물의 인수일 1일 전까지 해제를 통지한 경우(제9조 제1항 제1호)
 ② 계약금의 배액 : 고객이 약정된 이사화물의 인수일 당일에 해제를 통지한 경우(제9조 제1항 제2호)

(2) **사업자의 책임(사업자가 고객에게)** : 사업자의 책임있는 사유로 계약을 해제한 경우에는 다음의 손해배상액을 고객에게 지급한다. 다만, 고객이 이미 지급한 계약금이 있는 경우에는 손해배상액과는 별도로 그 금액도 반환한다.(제9조 제2항)
 ① 계약금의 배액 : 사업자가 약정된 이사화물의 인수일 2일 전까지 해제를 통지한 경우(제9조 제2항 제1호)
 ② 계약금의 4배액 : 사업자가 약정된 이사화물의 인수일 1일 전까지 해제를 통지한 경우(제9조 제2항 제2호)
 ③ 계약금의 6배액 : 사업자가 약정된 이사화물의 인수일 당일에 해제를 통지한 경우(제9조 제2항 제3호)
 ④ 계약금의 10배액 : 사업자가 약정된 이사화물의 인수일 당일에도 해제를 통지하지 않은 경우(제9조 제2항 제4호)

(3) **사업자의 귀책사유로 인한 인수지연의 경우** : 이사화물의 인수가 사업자의 귀책사유로 약정된 인수일시로부터 2시간 이상 지연된 경우에는 고객은 계약을 해제하고, 이미 지급한 계약금의 반환 및 **계약금 6배액**의 손해배상을 청구할 수 있다.(제9조 제3항)

### 3 손해배상(이사화물 표준약관 제14조)

(1) **사업자의 과실책임** : 사업자는 자기 또는 사용인 기타 이사화물의 운송을 위하여 사용한 자가 이사화물의 포장, 운송, 보관, 정리 등에 관하여 주의를 게을리 하지 않았음을 증명하지 못하는 한, 고객에 대하여 다음 "(2)호(손해배상의 범위)"및 "(3)호(고의 또는 중대한 과실로 인한 책임)"의 이사화물의 멸실, 훼손 또는 연착으로 인한 손해를 배상할 책임을 진다.(제1항)

(2) **사업자의 손해배상 범위** : 사업자의 손해배상은 다음 각 호에 의한다. 다만 사업자가 보험에 가입하여 고객이 직접 보험회사로부터 보험금을 받은 경우에는 사업자는 다음 각 호의 금액에서 그 보험금을 공제한 잔액을 지급한다.(제2항)
 ① 연착되지 않은 경우(제2항제1호)
  ㉠ 전부 또는 일부 멸실된 경우 : 약정된 인도일과 도착장소에서의 이사화물의 가액을 기준으로 산정한 손해액의 지급
  ㉡ 훼손된 경우 : 수선이 가능한 경우에는 수선해 주고, 수선이 불가능한 경우에는 "①의 ㉠항목(전부 또는 일부 멸실된 경우)"의 규정에 의하여 산정한 손해액의 지급
 ② 연착된 경우(제2항제2호)
  ㉠ 멸실 및 훼손되지 않은 경우 : 계약금의 10배액 한도에서 약정된 인도일시로부터 연착된 1시간마다 계약금의 반액을 곱한 금액(연착시간 수×계약금×1/2)의 지급. 다만, 연착시간 수의 계산에서 1시간 미만의 시간은 산입하지 않는다.
  ㉡ 일부 멸실된 경우 : "① 연착되지 않은 경우의 ㉠항목의 금액(전부 또는 일부 멸실된 경우)"및 "연착된 경우의 ②의 ㉠항목"의 금액(멸실 및 훼손되지 않는 경우) 지급(계약금의 10배액 한도)
  ㉢ 훼손된 경우 : ① 수선이 가능한 경우에는 수선해 주고 "②연착된 경우의 ②의 ㉠항목(멸실 및 훼손되지 않는 경우)"의 금액 지급, ② 수선이 불가능한 경우에는 "②연착된 경우의 ㉡항목(일부멸실된 경우)의 규정"에 의함(계약금의 10배액 한도)

(3) **고의 또는 중대한 과실로 인한 책임** : 이사화물의 멸실, 훼손 또는 연착이 사업자 또는 그의 사용인 등의 고의 또는 중대한 과실로 인하여 발생한 때 또는 고객이 이사화물의 멸실, 훼손 또는 연착으로 인하여 실제 발생한 손해액을 입증한 경우에는 사업자는 위 "(2)(사업자의 손해배상의 범위)"의 규정에도 불구하고 민법 제393조 '손해배상의 범위' 규정에 따라 그 손해를 배상한다.(제14조 제3항)

### 4 고객의 손해배상(이사화물 표준약관 제15조)

(1) **고객의 책임** : 고객의 책임 있는 사유로 이사화물의 인수가 지체된 경우에는 고객은 약정된 인수일시로부터 지체된 1시간마다 계약금의 반액을 곱한 금액(지체 시간 수×계약금×1/2)을 손해배상액으로 사업자에게 지급해야 한다. 다만, 계약금의 배액을 한도로 하며, 지체시간수의 계산에서 1시간 미만의 시간은 산입하지 않는다.(제1항)

(2) 고객의 귀책사유로 이사화물의 인수가 약정된 일시로부터 2시간 이상 지체된 경우에는, 사업자는 계약을 해제하고 계약금의 배액을 손해배상으로 청구할 수 있다. 이 경우 고객은 그가 이미 지급한 계약금이 있는 경우에는 손해배상액에서 그 금액을 공제할 수 있다.(제2항)

### 5 면책(이사화물 표준약관 제16조)

사업자는 이사화물의 멸실, 훼손 또는 연착이 다음의 사유로 인한 경우에는 그 손해를 배상할 책임을 지지 아니한다. 다만, 아래 "(1)항 (2)항 (3)항"의 사유 발생에 대해서는 자신의 책임이 없음을 입증해야 한다.

(1) 이사화물의 결함, 자연적 소모(자신의 책임이 없음을 입증을 해야 함)

(2) 이사화물의 성질에 의한 발화, 폭발, 물그러짐, 곰팡이 발생, 부패, 변색 등(자신의 책임이 없음을 입증을 해야 함)

(3) 법령 또는 공권력의 발동에 의한 운송의 금지, 개봉, 몰수, 압류 또는 제3자에 대한 인도(자신의 책임이 없음을 입증을 해야 함)

(4) 천재지변 등 불가항력적인 사유

### 6 멸실·훼손과 운임 등(이사화물 표준약관 제17조)

(1) 불가항력, 고객의 책임 없는 사유로 인한 경우(운임청구불가) : 이사화물이 천재지변 등 불가항력적 사유 또는 고객의 책임 없는 사유로 전부 또는 일부 멸실되거나, 수선이 불가능할 정도로 훼손된 경우에는 사업자는 그 멸실·훼손된 이사화물에 대한 운임 등은 이를 청구하지 못한다. 사업자가 이미 그 운임 등을 받은 때에는 이를 반환한다.[①]

(2) 고객의 책임 있는 사유로 인한 경우(운임청구가능) : 이사화물이 그 성질이나 하자 등 고객의 책임 있는 사유로 전부 또는 일부 멸실되거나 수선이 불가능할 정도로 훼손된 경우에는 사업자는 그 멸실·훼손된 이사화물에 대한 운임 등도 이를 청구할 수 있다.[②]

### 7 책임의 특별소멸사유와 시효(이사화물 표준약관 제18조)

(1) 사업자의 손해배상책임 시효소멸기간 : 이사화물의 일부 멸실 또는 훼손에 대한 사업자의 손해배상책임은 고객이 이사화물을 인도받은 날로부터 30일 이내에 그 일부 멸실 또는 훼손의 사실을 사업자에게 통지하지 아니하면 소멸한다.(제1항)

(2) 사업자손해배상 책임의 시효소멸기간 : 이사화물의 멸실, 훼손 또는 연착에 대한 사업자의 손해배상책임은 고객이 이사화물을 인도받은 날로부터 1년이 경과하면 소멸한다. 다만, 이사화물이 전부 멸실된 경우에는 약정된 인도일부터 기산한다.(제2항)

(3) 시효소멸기간적용 제외 : 위 "7"의 "(1)항", "(2)항"의 경우 사업자 또는 그 사용인이 이사화물의 일부 멸실 또는 훼손의 사실을 알면서 이를 숨기고 이사화물을 인도한 경우에는 적용되지 아니한다. 이 경우에는 사업자의 손해배상책임은 고객이 이사화물을 인도받은 날로부터 5년간 존속한다.(제3항)

### 8 사고증명서의 발행(이사화물 표준약관 제19조)

이사화물이 운송 중에 멸실, 훼손 또는 연착된 경우 사업자는 고객의 요청이 있으면 그 멸실·훼손 또는 연착된 날로부터 1년에 한하여 사고증명서를 발행해야 한다.

### 9 관할법원(이사화물 표준약관 제20조)

사업자와 고객 간의 소송은 민사소송법상의 관할에 관한 규정에 따른다.

## 2 택배 표준약관의 규정

### 1 사업자가 운송물의 수탁을 거절할 수 있는 경우(택배 표준약관 제10조)

(1) 고객이 운송장에 필요한 사항을 기재하지 아니한 경우

(2) 고객이 제9조 제2항 (사업자는 운송물의 포장이 운송에 적합하지 아니한 때에는 고객에게 필요한 포장을 하도록 청구하거나 고객의 승낙을 얻어 고객의 부담으로 필요한 포장을 할 수 있다)의 규정에 의한 청구나 승낙을 거절하여 운송에 적합한 포장이 되지 않은 경우

(3) 고객이 제11조 제1항 (사업자는 운송장에 기재된 운송물의 종류와 수량에 관하여 고객의 동의를 얻어 그 참여하에 이를 확인할 수 있다)의 규정에 의한 확인을 거절하거나 운송물의 종류와 수량이 운송장에 기재된 것과 다른 경우

(4) 운송물 1포장의 크기가 가로·세로·높이 세 변의 합이 (160cm)를 초과하거나, 최장변이 (100cm)를 초과하는 경우

(5) 운송물 1포장의 무게가 (30kg)을 초과하는 경우

(6) 운송물 1포장의 가액이 (300만 원)을 초과한 경우

(7) 운송물의 인도예정일(시)에 따른 운송이 불가능한 경우

(8) 운송물이 화약류, 인화물질 등 위험한 물건인 경우

(9) 운송물이 밀수품, 군수품, 부정임산물 등 위법한 물건인 경우

(10) 운송물이 현금, 카드, 어음, 수표, 유가증권 등 현금화가 가능한 물건인 경우

(11) 운송물이 재생 불가능한 계약서, 원고, 서류 등인 경우

(12) 운송물이 살아있는 동물, 동물사체 등인 경우

(13) 운송이 법령, 시회질서, 기타 선량한 풍속에 반하는 경우

(14) 운송이 천재지변, 기타 불가항력적인 사유로 불가능한 경우

> 참고
> 위의 (4), (5), (6)호 괄호 안의 "수치"는 사업자가 거래 상규에 위배되지 않는 범위 내에서 정하여 준용하고 있으므로 일정하지 않으나 대략 기재 내용과 같다.

### 2 운송물의 인도일(택배 표준약관 제12조)

(1) 인도 예정일 : 사업자는 인도예정일까지 운송물을 인도한다.
   ① 운송장에 인도예정일의 기재가 있는 경우 : 그 기재된 날
   ② 운송장에 인도예정일의 기재가 없는 경우 : 운송장에 기재된 운송물의 수탁일로부터 인도예정장소에 따라 다음 일수에 해당하는 날
      ㉠ 일반 지역 : 2일
      ㉡ 도서, 산간벽지 : 3일

(2) 수하인이 특정일시에 사용할 운송물을 수탁한 경우 : 사업자는 수하인이 특정 일시에 사용할 운송물을 수탁한 경우에는 운송장에 기재된 인도예정일의 특정 시간까지 운송물을 인도한다.

### 3 수하인 부재 시의 조치(택배 표준약관 제13조)

(1) 수하인의 인도확인 : 사업자는 운송물의 인도 시 수하인 고객으로부터 인도확인을 받아야 하며, 수하인 고객의 대리인에게 운송물을 인도하였을 경우에는 수하인 고객에게 그 사실을 통지한다.(제13조 제1항)

(2) **수하인 고객 부재 시의 조치** : 수하인의 부재로 인하여 운송물을 인도할 수 없는 경우에는 고객(송화인/수하인)과 협의하여 반송하거나, 고객(송화인/수하인)의 요청시 고객(송화인/수하인)과 합의된 장소에 보관하게 할 수 있으며, 이 경우 고객(송화인/수하인)과 합의된 장소에 보관하는 때에는 인도가 완료된 것으로 한다.(제13조 제2항)

### 4  손해배상(택배 표준약관 제20조)

(1) **사업자의 과실책임** : 사업자는 자기 또는 운송 위탁을 받은 자, 기타 운송을 위하여 관여된 자가 운송물의 수탁, 인도, 보관 및 운송에 관하여 주의를 태만히 하지 않았음을 증명하지 못하는 한, 아래 "(2)항"(고객이 운송물의 가액을 기재한 경우), "(3)항"(고객이 운송물의 가액을 기재하지 않은 경우), "(4)항"에 의하여 고객에게 운송물의 멸실, 훼손 또는 연착으로 인한 손해를 고객(송화인)에게 배상한다.

(2) **고객이 운송물의 가액을 기재한 경우** : 고객(송화인)이 운송장에 운송물의 가액을 기재한 경우에는 사업자의 손해배상은 다음 각 호에 의한다.
 ① 전부 또는 일부 멸실된 때 : 운송장에 기재된 운송물의 가액을 기준으로 산정한 손해액 또는 고객(송하인)이 입증한 운송물의 손해액(영수증 등) 지급
 ② 훼손된 때
  ㉠ 수선이 가능한 경우 : 실수선 비용(A/S 비용) 지급
  ㉡ 수선이 불가능한 경우 : 위 (2)의 ①호(전부 또는 일부 멸실된 때)에 준함
 ③ 연착되고 일부 멸실 및 훼손되지 않은 때
  ㉠ 일반적인 경우 : 인도예정일을 초과한 일수에 사업자가 운송장에 기재한 운임액(운송장 기재 운임액)의 50%를 곱한 금액(초과일수×운송장 기재 운임액×50%)의 지급. 다만, 운송장 기재 운임액의 200%를 한도로 함
  ㉡ 특정 일시에 사용할 운송물의 경우 : 운송장 기재 운임액의 200%의 지급
 ④ 연착되고 일부 멸실 또는 훼손된 때 : ①호(전부 또는 일부멸실된 때) 또는 ②호(훼손된 때)에 준함

(3) **고객이 운송물의 가액을 기재하지 않은 경우** : 고객이 운송장에 운송물의 가액을 기재하지 않은 경우에는 사업자의 손해배상은 다음 각 호에 의한다.
 ① 이 경우 손해배상 한도액은 50만 원으로 하되
 ② 운송물의 가액에 따라 할증요금을 지불하는 경우의 손해배상한도액은 각 운송가액 구간별 운송물의 최고가액으로 한다.
  ㉠ 전부 멸실된 때 : 인도예정일의 인도예정장소에서의 운송물 가액을 기준으로 산정한 손해액 또는 고객(송하인)이 입증한 운송물의 손해액(영수증 등) 지급
  ㉡ 일부 멸실된 때 : 인도일의 인도장소에서의 운송물 가액을 기준으로 산정한 손해액 또는 고객(송하인)이 입증한 운송물의 손해액(영수증 등) 지급
 ③ 훼손된 때
  ㉠ 수선이 가능한 경우 : 실수선 비용(A/S 비용) 지급
  ㉡ 수선이 불가능한 경우 : 위 (3)의 ②호(일부 멸실된 때)에 준함 (인도일의 장소에서 운송물의 가액을 기준으로 산정한 손해액 지급)
  ※ 일반적인 경우 : 인도예정일을 초과한 일수에 사업자가 운송장에 기재한 운임액(운송장 기재 운임액)의 50%를 곱한 금액(초과일수×운송장 기재 운임액×50%)의 지급, 다만 운송장 기재 운임액의 200%를 한도로 함

 ④ 연착되고 일부 멸실 및 훼손되지 않은 때 : 위 "(2)항(운송물의 가액을 기재한 경우)"의 ③호(연착되고 일부 멸실 및 훼손되지 않은 때 ㉠, ㉡)를 준용함
 ⑤ 연착되고 일부 멸실 또는 훼손된 때 : 위 "(3)항(운송물의 가액을 기재하지 않은 경우)"의 ②호(일부 멸실된 때) 또는 ③호(훼손된 때)에 의하되 '인도일'을 '인도예정일'로 함
  ※ ②호 "일부 멸실된 때" : 인도일이 아니라 인도예정일의 인도장소에서 운송물의 가액을 기준으로 산정한 손해액 또는 고객(송하인)이 입증한 운송물의 손해액(영수증 등) 지급
  ※ ③호 "훼손된 때"의 수선이 불가능한 경우 인도일이 아니라 인도예정일의 인도장소에서 운송물 가액을 기준으로 산정한 손해액 또는 고객(송하인)이 입증한 운송물의 손해액(영수증 등) 지급

(4) **고의 또는 중대한 과실로 인한 책임**
 ① 운송물의 멸실, 훼손 또는 연착이 사업자 또는 운송 위탁을 받은 자, 기타 운송을 위하여 관여된 자의 고의 또는 중대한 과실로 인하여 발생한 때에는 사업자는 "(2)(운송물의 가액을 기재한 경우)"와 "(3)(운송물의 가액을 기재하지 않은 경우)"의 정함에도 불구하고 모든 손해를 배상한다.
 ② 사업자의 과실 책임으로 사업자가 고객(송화인)으로부터 배상 요청을 받은 경우에는, 고객(송화인)이 영수증 등 '운송물의 가액을 기재한 경우(기재하지 않은 경우 포함)' 내지 '운송물의 멸실·훼손 또는 연착이 사업자 또는 운송 위탁을 받은 자, 기타 운송을 위하여 관여된 자의 고의 또는 중대한 과실로 인하여 발생 한 때'에 따른 손해 입증 서류를 제출한 날로부터 30일 이내에 사업자가 우선 배상을 하여야 한다.

### 5  사업자의 면책(택배 표준약관 제22조)

사업자는 천재지변 기타 불가항력적인 사유에 의하여 발생한 운송물의 멸실, 훼손 또는 연착에 대해서는 손해배상책임을 지지 아니한다.

### 6  책임의 특별소멸사유와 시효(택배 표준약관 제23조)

(1) 운송물의 일부 멸실 또는 훼손에 대한 사업자의 손해배상 책임은 수하인이 운송물을 수령한 날로부터 14일 이내에 그 일부 멸실 또는 훼손의 사실을 사업자에게 통지하지 아니하면 소멸한다.

(2) 운송물의 일부 멸실, 훼손 또는 연착에 대한 사업자의 손해배상책임은 수하인이 운송물을 수령한 날로부터 1년이 경과하면 소멸한다. 다만, 운송물이 전부 멸실된 경우에는 그 인도예정일로부터 기산한다.

(3) 위 규정은 사업자 또는 그 운송 위탁을 받은 자, 기타 운송을 위하여 관여된 자가 이 운송물의 일부 멸실 또는 훼손의 사실을 알면서 이를 숨기고 운송물을 인도한 경우에는 적용되지 아니한다. 이 경우에는 사업자의 손해배상책임은 수하인이 운송물을 수령한 날로부터 5년간 존속한다.

# 제2편 화물취급 요령

## 제8장 화물운송의 책임한계 출제 예상 문제

**1** 이사화물 표준약관의 규정에서 인수거절을 할 수 있는 화물에 해당하지 않는 것은?
① 현금, 유가증권, 귀금속, 예금통장, 신용카드, 인감 등 고객이 휴대할 수 있는 귀중품
② 위험물, 불결한 물품 등 다른 화물에 손해를 끼칠 염려가 있는 물건
③ 동식물, 미술품, 골동품 등 운송에 특수한 관리를 요하기 때문에 다른 화물과 동시 운송하기에 적합하지 않은 물건
④ 일반이사화물의 종류, 무게, 부피, 운송거리 등에 따라 적합하도록 포장할 것을 사업자가 요청하여 고객이 이를 수용한 물건
- 해설 ④의 문장 중에 "사업자가 요청하여 고객이 이를 수용한 물건"은 인수를 거절할 수 없고, "사업자가 요청하였으나 고객이 이를 거절한 물건"은 인수를 거절할 수 있으므로 정답은 ④이며, ①, ②, ③, ④에 해당되는 이사화물이라도 사업자는 그 운송을 위한 특별한 조건을 고객과 합의한 경우에는 이를 인수할 수 있다.

**2** 고객의 책임 있는 사유로 약정된 이사화물의 인수일 1일전까지 사업자에게 계약해제를 통지한 경우 지급할 손해배상액으로 맞는 것은?
① 계약금
② 계약금의 2배액
③ 계약금의 3배액
④ 계약금의 4배액
- 해설 손해배상액은 "계약금"이므로 정답은 ①이다(이미 지급한 경우는 그 금액을 공제한다).

**3** 고객의 책임 있는 사유로 약정된 이사화물의 인수일 당일에 사업자에게 계약해제를 통지한 경우 지급할 손해배상액은 얼마인가?
① 계약금   ② 계약금의 2배액
③ 계약금의 3배액   ④ 계약금의 4배액

**4** 사업자의 책임 있는 사유로 고객에게 계약을 해제한 경우의 손해배상액에 대한 설명으로 맞지 않는 것은?
① 사업자가 약정된 이사화물의 인수일 2일전까지 해제를 통지한 경우 : 계약금의 2배액
② 사업자가 약정된 이사화물 인수일 1일전까지 해제를 통지한 경우 : 계약금의 4배액
③ 사업자가 약정된 이사화물의 인수일 당일에 해제를 통지한 경우 : 계약금의 8배액
④ 사업자가 약정된 이사화물의 인수일 당일에도 해제를 통지하지 않은 경우 : 계약금의 10배액
- 해설 ③의 "계약금의 8배액"이 아니라, "계약금의 6배액"이 맞으므로 정답은 ③이다.

**5** 이사화물의 인수가 사업자의 귀책사유로 약정된 인수일시로부터 2시간 이상 지연된 경우에 고객이 사업자에게 청구할 수 있는 손해배상 청구금액은?
① 계약금 반환 및 계약금 2배액
② 계약금 반환 및 계약금 4배액
③ 계약해제와 계약금 반환 및 계약금 5배액
④ 계약해제와 계약금의 반환 및 계약금 6배액
- 해설 ①, ②, ③는 틀리므로 정답은 ④이다.

**6** 사업자는 자기 또는 사용인 기타 이사화물의 운송을 위하여 사용한 자가 이사화물의 포장, 운송, 보관, 정리 등에 관하여 주의를 게을리 하지 않았음을 증명하지 못하는 한 고객에 대하여 손해를 배상할 책임을 지게 되는 경우 "이사화물이 연착되지 않은 경우 = 전부 또는 일부 멸실 된 때" 손해배상 방법으로 맞는 것은?
① 약정된 인도일과 도착장소에서의 이사화물의 가액을 기준으로 산정한 손해액의 지급
② 수선이 가능한 경우에는 수선해 주고, 수선이 불가능한 경우에는 약정된 인도일과 도착 장소에서의 이사화물의 가액을 기준으로 산정한 손해액의 지급
③ 계약금의 10배액 한도에서 약정된 인도일시로부터 연착된 1시간마다 계약금의 반액을 곱한 금액의 지급(1시간미만 시간은 미산입)
④ 수선이 가능한 경우에는 수선해 주고 수선이 불가능한 경우에는 약정된 인도일 이사화물의 가액을 기준으로 산정한 손해액 지급
- 해설 ①의 손해배상 방법이 옳으므로 정답은 ①이며, ②의 문장은 "연착되지 않은 경우 = 훼손된 경우"의 손해배상 지급 금액 방법이다.

**7** 이사화물의 멸실, 훼손 또는 연착이 사업자 또는 그의 사용인 등의 고의 또는 중대한 과실로 인하여 발생한 때 또는 고객이 이사화물의 멸실, 훼손 또는 연착으로 인하여 실제 발생한 손해액을 입증한 경우에 사업자가 손해액을 배상해야 하는데 그 근거 법규에 해당되는 것은?
① 「민법」 제393조
② 「민사특별법」 제393조
③ 「형법」 제393조
④ 「소비자보호법」 제393조

**8** 고객의 귀책사유로 이사화물의 인수가 약정된 일시로부터 2시간 이상 지체된 경우 사업자가 고객에게 손해배상 청구 방법은?
① 사업자는 계약해제하고 계약금의 2배액 청구
② 사업자는 계약해제하고 계약금의 3배 청구
③ 사업자는 계약해제하고 계약금의 4배 청구
④ 사업자는 계약해제하고 계약금의 6배 청구

**9** 이사화물의 일부 멸실 또는 훼손에 대한 사업자의 손해배상책임은, 고객이 이사화물을 인도받은 날로부터 며칠 이내에 사업자에게 통지하지 아니하면 소멸되는가?
① 15일
② 20일
③ 25일
④ 30일

**정답** 1④ 2① 3② 4③ 5④ 6① 7① 8① 9④

**10** 이사화물의 멸실, 훼손 또는 연착에 대한 사업자의 손해배상책임은, 고객이 이사화물을 인도받은 날로부터 몇 년이 되면 소멸되고, 이사화물이 전부 멸실된 경우의 기산 기준일로 맞는 것은?
① 1년이 경과하면 소멸되고, 전부 멸실된 경우 약정된 인도일부터 기산한다
② 1년 6월이 경과하면 소멸되고, 전부 멸실된 경우 약정된 인도일부터 기산한다
③ 2년이 경과되면 소멸되고, 전부 멸실된 경우 인도일부터 기산한다
④ 2년 6월이 경과되면 소멸되고, 전부 멸실된 경우 인도일부터 기산한다

**11** 사업자 또는 그 사용인이 이사화물의 일부 멸실 또는 훼손의 사실을 알면서 이를 숨기고 이사화물을 인도한 경우 사업자의 손해배상책임 유효기간 존속기간은 인도받은 날로부터 몇 년인가?
① 3년간 존속한다
② 4년간 존속한다
③ 5년간 존속한다
④ 6년간 존속한다

**12** 이사화물이 운송 중에 멸실, 훼손 또는 연착된 경우 사업자는 고객의 요청이 있으면 그 멸실, 훼손 또는 연착한 날로부터 사고증명서를 발행할 수 있는 기간으로 맞는 것은?
① 1년에 한하여 발행한다
② 2년에 한하여 발행한다
③ 3년에 한하여 발행한다
④ 5년에 한하여 발행한다

**13** 택배 운송물의 수탁을 거절할 수 있는 사유가 아닌 것은?
① 운송물의 인도예정일(시)에 따른 운송이 불가능한 경우 및 현금, 카드, 어음, 수표, 유가증권 등 현금화가 가능한 물건인 경우
② 운송물이 화약류, 인화물질 등 위험한 물건인 경우 및 재생불가능한 계약서, 원고, 서류 등인 경우
③ 운송물이 사업자와 그 운송을 위한 특별한 조건과 합의한 경우
④ 운송물이 밀수품, 군수품, 부정임산물 등 위법한 물건인 경우 및 살아있는 동물, 동물 사체인 경우
ⓞ **해설** ③의 운송물은 수탁을 거절할 수 없음으로 정답은 ③이며, 이외에 "① 운송이 법령, 사회질서, 기타 선량한 풍속에 반하는 경우 ② 운송이 천재지변, 기타 불가항력적인 사유로 불가능한 경우"가 있다.

**14** 택배 운송물의 인도일에 대한 설명으로 틀린 것은?
① 운송장에 인도예정일의 기재가 있는 경우에는 그 기재된 날
② 운송장에 인도예정일의 기재가 없는 경우에는 운송장에 기재된 운송물의 수탁일로부터 일반 지역은 당일에 인도한다
③ 운송장에 인도예정일의 기재가 없는 경우에는 운송장에 기재된 운송물의 수탁일로부터 도서, 산간벽지는 3일 이내에 인도한다
④ 사업자는 수하인이 특정 일시에 사용할 운송물을 수탁한 경우에는 운송장에 기재된 인도예정일의 특정 시간까지 운송물을 인도한다
ⓞ **해설** ②에서 당일에 인도하는 것이 아닌, "2일 이내에 인도한다"가 맞으므로 정답은 ②이다.

**15** 택배 사업자는 고객에게 운송물의 멸실, 훼손 또는 연착으로 인한 손해를 배상해야 하는데 "고객이 운송장에 운송물의 가액을 기재한 경우"의 손해배상방법으로 틀린 것은?
① 전부 또는 일부 멸실된 때 : 운송장에 기재된 운송물의 가액을 기준으로 산정한 손해액의 지급
② 수선이 가능한 경우와 수선이 불가능하게 훼손된 경우 : 수선이 가능한 경우는 실수선 비용을 지급하고, 불가능한 경우는 운송장에 기재된 운송물의 가액을 기준으로 산정한 손해액의 지급
③ 연착되고 일부 멸실 및 훼손되지 않은 때의 일반적인 경우 : 인도예정일을 초과한 일수에 사업자가 운송장에 기재한 운임액의 50%를 곱한 금액의 지급
④ 연착되고 일부 멸실 및 훼손되지 않은 때의 특정 일시에 사용할 운송물의 경우 : 운송장 기재 운임액의 300%의 지급
ⓞ **해설** ④의 문장 말미에 "300%의 지급"은 틀리며, "200%의 지급"이 옳으므로 정답은 ④이다.

**16** 택배 표준약관의 규정에서 운송물의 멸실, 훼손 또는 연착이 사업자 또는 운송 위탁을 받은 자의 중대한 과실로 인하여 발생한 때 "고객이 운송장에 운송물의 가액을 기재한 경우의 손해배상과, 기재하지 않은 경우의 손해배상의 경우"의 정함에도 불구하고 손해배상의 방법으로 맞는 것은?
① 모든 손해를 배상한다
② 모든 손해를 2배 배상한다
③ 모든 손해를 3배 배상한다
④ 모든 손해를 4배 배상한다

**17** 택배 운송물의 일부 멸실 또는 훼손에 대한 택배사업자의 손해배상책임은 수하인이 운송물을 수령한 날로부터 그 일부 멸실 또는 훼손의 사실을 사업자에게 며칠 이내에 통지하지 아니하면 소멸되는가?
① 10일 이내
② 14일 이내
③ 15일 이내
④ 18일 이내

**18** 택배 표준약관의 규정에서 운송물의 일부 멸실, 연착에 대한 사업자의 손해배상책임은 수하인이 운송물을 수령한 날로부터 몇 년이 경과하면 소멸되고, 운송물이 전부 멸실된 경우 기산하는 기준은?
① 1년이 경과 또는 그 인도예정일로부터 기산
② 2년이 경과 또는 그 인도일로부터 기산
③ 2년이 경과 또는 그 인도예정일로부터 기산
④ 3년이 경과 또는 그 인도예정일로부터 기산
ⓞ **해설** "1년이 경과하면 소멸되고, 운송물이 전부 멸실된 경우 기산일은 그 인도예정일로부터 기산한다"가 옳으므로 정답은 ①이다.

**19** 택배사업자가 운송물의 일부 멸실 또는 훼손의 사실을 알면서 이를 숨기고 운송물을 인도한 경우의 손해배상책임 시효존속기간으로 맞는 것은?
① 수하인이 운송물을 수령한 날로부터 3년간 존속한다
② 수하인이 운송물을 수령한 날로부터 4년간 존속한다
③ 수하인이 운송물을 수령한 날로부터 5년간 존속한다
④ 수하인이 운송물을 수령한 날로부터 6년간 존속한다

**정답** 10 ① 11 ③ 12 ① 13 ③ 14 ② 15 ④ 16 ① 17 ② 18 ① 19 ③

# 제3편

완전합격 화물운송종사 자격시험 총정리문제

# 안전운행

| 제1장 | 교통사고의 요인 | 105 |
| 제2장 | 운전자 요인과 안전운행 | 106 |
| 제3장 | 자동차 요인과 안전운행 | 116 |
| 제4장 | 도로 요인과 안전운행 | 124 |
| 제5장 | 안전운전 | 128 |

# 제1장 교통사고의 요인 요약정리

## 1 도로교통 체계를 구성하는 요소

- 운전자 및 보행자를 비롯한 도로사용자
- 도로 및 교통신호등 등의 환경
- 차량들로 이 요소들이 제기능을 다하지 못할 때

체계의 이상이 초래되고 그 결과는 교통사고나 교통문제로 연결된다.

## 2 교통사고의 3대 또는 4대 요인

| 인적요인<br>(운전자 · 보행자) | ① 개념 : 신체 · 생리 · 적성 · 습관 · 태도요인 등을 포함<br>② 운전자 또는 보행자의 신체적 · 생리적 조건<br>③ 위험의 인지와 회피에 대한 판단, 심리적 조건 등에 관한 것<br>④ 운전자의 적성과 자질, 운전습관, 내적 태도 등에 관한 것 |
|---|---|
| 차량요인<br>(자동차) | 차량구조장치, 부속품 또는 적하(積荷) 등 |
| 도로 · 환경요인 — 도로요인<br>(도로 · 신호기) | ① 구분 : 도로구조, 안전시설 등에 관한 것<br>② 도로구조 : 도로의 선형, 노면, 차로수, 노폭, 구배 등에 관한 것<br>③ 안전시설 : 신호기, 노면표시, 방호책 등 도로의 안전시설에 관한 것을 포함한다. |
| 도로 · 환경요인 — 환경요인 | 구성 : 자연환경, 교통환경, 사회환경, 구조환경<br>① 자연환경 : 기상, 일광 등 자연조건에 관한 것<br>② 교통환경 : 차량교통량, 운행차 구성, 보행자 교통량 등 교통상황에 관한 것<br>③ 사회환경 : 일반국민 · 운전자 · 보행자 등의 교통도덕, 정부의 교통정책, 교통단속과 형사처벌 등에 관한 것<br>④ 구조환경 : 교통여건변화, 차량점검 및 정비관리자와 운전자의 책임한계 등을 말한다. |

**참고**
일부 교통사고는 위 3대 요인(또는 4대 요인) 중 하나의 요인만으로 설명될 수 있으나, 대부분의 교통사고는 둘 이상의 요인들이 복합적으로 작용하여 유발한다.

## 3 교통사고의 개념

(1) **협의의 교통사고** : 차의 운전자의 고의 과실에 의하여 다른 차나 사람 또는 물건에 충돌 · 접촉하여 사람을 사상하거나 물건을 손괴하는 것을 말한다.

(2) **「도로교통법」상의 정의** : 도로에서 차의 교통으로 인하여 사람을 사상하거나, 물건을 손괴한 경우를 말하는 바 다음 요건을 갖추어야 한다.
① "도로"에서 발생하는 사고이어야 한다
원칙적으로 "도로에서" 사고에 적용되며, 도로 이외의 장소에서 사고는 적용되지 않는다.
② "차"에 의한 사고이어야 한다
"차"라 함은 「자동차관리법」에서 말하는 자동차(승용, 승합, 화물, 특수, 이륜)는 물론 경운기, 건설기계도 차에 해당한다.
③ "교통으로 인하여" 발생한 사고이어야 한다
교통이라 함은 사람을 운송하거나, 물건을 수송하는 운행행위를 말한다.
④ "피해의 결과발생"이 있어야 한다
교통사고는 타인의 신체, 생명, 재산에 대하여 피해의 결과가 발생하여야 한다.

---

## 제1장 교통사고의 요인 출제 예상 문제

**1  도로교통체계를 구성하는 요소가 아닌 것은?**
① 운전자 및 보행자를 비롯한 도로사용자
② 지하철 이용 승객
③ 도로 및 교통신호등 등의 환경
④ 차량 들

**해설** "지하철 이용 승객"은 구성요소가 아니므로 정답은 ②이다.

**2  교통사고의 3대 요인에 해당하지 않는 것은?**
① 인적요인
② 차량요인
③ 도로 · 환경요인
④ 사회요인

**해설** 3대 요인은 인적요인, 차량요인, 도로 · 환경요인으로 정답은 ④이며, 4대요인으로 구분하면 도로 · 환경요인을 도로요인과 환경요인으로 분리하여 다시 구분한다.

**3  교통사고의 요인에서 인적요인에 해당하는 것은?**
① 차량의 구조장치나 부속품
② 운전자의 신체적인 조건
③ 도로구조와 안전시설
④ 기상 · 일광 등 자연조건

**4  다음 중 교통사고가 갖추어야 하는 요건에 해당하지 않는 것은?**
① 도로에서 발생하여야 한다
② 차에 의한 사고여야 한다
③ 교통으로 인하여 발생하여야 한다
④ 반드시 인적 피해를 동반하여야 한다

**해설** 교통사고는 타인의 신체, 생명 등 인적 피해만이 아닌, 재산에 대한 물적 피해가 발생했을 때도 성립하므로 정답은 ④이다.

**정답** 01 ② 02 ④ 03 ② 04 ④

# 제2장 운전자 요인과 안전운행 요약정리

## 1 운전특성

### 1 인지, 판단, 조작
(1) 자동차를 운행하고 있는 운전자는 교통상황을 알아차리고(인지)
(2) 어떻게 자동차를 움직여 운전할 것인가를 결정하고(판단)
(3) 그 결정에 따라 자동차를 움직이는 운전행위(조작)에 이르는 "인지-판단-조작"의 과정을 수없이 반복한다.
(4) 운전자 요인에 의한 교통사고는 "인지-판단-조작"과정의 어느 특정한 과정 또는 둘 이상의 연속된 과정의 결함에서 비롯된다.
(5) 운전자 요인에 의한 교통사고 중 인지과정의 결함에 의한 사고가 절반 이상으로 가장 많으며, 이어서 판단과정의 결함, 조작과정의 결함 순이다(인지과정 〉 판단과정 〉 조작과정).
(6) 교통사고를 예방하고 교통의 안전을 확립하기 위해서는 운전자의 인지, 판단, 조작에 영향을 미치는 심리적·생리적 요인 등에 대한 고려가 병행되어야 한다.
(7) 인적요인은 차량요인, 도로환경요인 등 다른 요인에 비하여 변화시키거나, 수정이 상대적으로 매우 어렵다.
(8) 인적요인의 수정이나 변화는 계획적이고 체계적인 교육, 훈련, 지도, 계몽 등을 통하여, 지속적인 변화를 추구하여야 성과를 이룰 수 있다.

### 2 운전특성
(1) **운전자의 정보처리과정** : 감각기관의 수용기로부터 입수되는 차량내외의 교통 정보(운전 정보)는 구심성 신경을 통하여 정보처리부인 뇌로 전달된다. 이렇게 전달된 교통정보는 당해 운전자의 지식·경험·사고·판단을 바탕으로 의사 결정과정을 거쳐 다시 원심성 신경을 통해 효과기(운동기)로 전달되어 운전조작행위가 이루어진다. 이 과정은 매우 짧은 순간순간마다 행해지며, 동시에 수정·보완되는 피드백(Feed-Back) 과정을 끊임없이 반복한다.
   ① 지각 : 자극(시각적 자극)을 접수하는 과정
   ② 식별 : 자극을 식별(물체와 속도 등)하고 이해하는 과정
   ③ 행동판단 : 위해 요소에 대해서 취해야 할 적절한 행동(정지, 추월, 감속, 경적울림, 비켜감 등)
   ④ 반응 : 운전자의 육체적인 반응 및 이에 따라 차량의 작동이 시작되기 직전까지의 과정(운전조작 난이도에 따라 소요시간이 상이하고, 중추신경계통이 예민한 사람일수록 반응능력이 크다)
(2) **영향을 미치는 조건**
   ① 중추신경계통의 능력을 저하시켜 운전과정에 영향을 미치는 운전자의 신체적·생리적 조건으로는 피로나 약물, 질병 등이 있다.
   ② 연령이 높아짐에 따라 영향을 미치는 능력도 현저히 감퇴된다.
   ③ 심리적 조건은 흥미·욕구·정서 등이다.
(3) **운전 특성의 개인차**
   ① 운전특성은 일정하지 않고 사람 간에 차이(개인차)가 있다.
   ② 인간의 운전행위를 공산품의 공정처리처럼 일정하게 유지시킬 수는 없다.
   ※ 인간의 뇌는 약 100~120억 개의 "뉴런"이라는 세포로 구성됨.

## 2 시각특성

운전자는 운전 중 필요한 정보를 다른 감각보다 시각에 대부분 의존하기 때문에 "앞을 보지 못하는 자를 운전면허시험 결격자"라고 하는 것은 운전에서 차지하는 시각의 중요성을 단적으로 말해주는 것이다. 시각의 특성 중 대표적인 것은
(1) 운전자는 운전에 필요한 정보의 대부분을 시각을 통하여 획득한다.
(2) 속도가 빨라질수록 시력은 떨어진다.
(3) 속도가 빨라질수록 시야의 범위가 좁아진다.
(4) 속도가 빨라질수록 전방주시점은 멀어진다.

### 1 정지시력
아주 밝은 상태에서 1/3인치(0.85cm)크기의 글자를 20피트(6.10m) 거리에서 읽을 수 있는 사람의 시력을 말하고, 정상시력은 20/20으로 나타난다. 즉, 5m 거리에서 흰 바탕에 검정으로 그린 란돌트 고리시표(직경 7.5mm 굵기와, 틈의 폭이 각 1.5mm)의 끊어진 틈을 식별할 수 있는 시력을 정상시력 1.0으로 나타낸다. 10m 거리에서 15mm 크기 글자를 읽을 수 있어도 정상시력은 1.0이다. 5m 떨어진 거리에서 크기 15mm 문자를 판독할 수 있으면 시력은 0.5가 된다.

### 2 시력기준
현재 도로교통법령에 정한 시력은 다음과 같다(교정시력을 포함).
(1) **제1종 운전면허에 필요한 시력** : 두 눈을 동시에 뜨고 잰 시력이 0.8 이상. 두 눈의 시력이 각각 0.5 이상이어야 한다. 다만 한쪽 눈을 보지 못하는 사람이 보통면허를 취득하려면 다른 쪽 눈의 시력이 0.8 이상, 수평 시야가 120° 이상, 수직 시야가 20° 이상, 중심 시야가 20° 내, 암점 또는 반맹이 없어야 한다.
(2) **제2종 운전면허에 필요한 시력** : 두 눈을 동시에 뜨고 잰 시력이 0.5 이상. 다만, 한쪽 눈을 보지 못하는 사람은 다른 쪽 눈의 시력이 0.6 이상이어야 한다.
(3) 붉은색, 녹색, 노란색을 구별할 수 있어야 한다.

### 3 동체시력
(1) **개념** : 동체시력이란 움직이는 물체(자동차, 사람 등) 또는 움직이면서(운전하면서) 다른 자동차나 사람 등의 물체를 보는 시력이다.
(2) **동체시력의 특성**
   ① 동체시력은 물체의 이동속도가 빠를수록 상대적으로 저하된다. 즉, 정지시력이 1.2인 사람이 시속 50km로 운전하면서 고정된 대상물을 볼 때의 시력은 0.7 이하로 저하되고, 시속 90km라면 시력이 0.5 이하로 떨어진다.
   ② 동체시력은 연령이 높을수록 더욱 저하된다.
   ③ 동체시력은 장시간 운전에 의한 피로상태에서도 저하된다.

### 4 야간시력
(1) **야간의 시력저하(가장 운전하기 힘든 시간 : 해가 질 무렵)**
해질 무렵에는 전조등을 비추어도 주변의 밝기와 비슷하고, 다른 자동차나 보행자를 보기가 어렵기 때문에 야간운전 시 어려움이 있다. 더욱이 야간에는 어둠으로 인해 대상물을 명확하게 보기 어렵기 때문에 가로등이나 차량의 전조등이 사용된다.
(2) **야간 시력과 주시대상**
   ① 사람이 입고 있는 옷 색깔의 영향(사람 인지, 동작방향 확인)
      ㉠ 무엇인가 존재한다는 것을 인지하기 쉬운 색깔 : 흰색, 엷은 황색의 순이며 흑색이 가장 어렵다.
      ㉡ 무엇인가가 사람이라는 것을 확인하기 쉬운 옷 색깔 : 적색, 백색의 순이며 흑색이 가장 어렵다.
      ㉢ 주시대상인 사람이 움직이는 방향을 알아맞히는 데 가장 쉬운

옷 색깔 : 적색이며 흑색이 가장 어렵다.
② 통행인의 노상위치와 확인거리
㉠ 주간의 경우 : 운전자는 중앙선에 있는 통행인을, 갓길에 있는 사람보다 쉽게 확인할 수 있다.
㉡ 야간의 경우 : 대향차량 간의 전조등에 의한 현혹현상(눈부심 현상)으로 중앙선상의 통행인을, 우측 갓길에 있는 통행인보다 확인하기 어렵다.

## 5 명순응과 암순응

(1) **암순응** : 일광 또는 조명이 밝은 조건에서 어두운 조건으로 변할 때(밝은 도로에서 어두운 터널로 진입주행) 사람의 눈이 그 상황에 적응하여 시력을 회복하는 것을 말한다. 상황에 따라 대개의 경우 완전한 암순응에는 30분 혹은 그 이상 걸린다. 암순응은 빛의 강도에 따라 좌우되고, 터널은 5~10초 정도 걸린다. 시력회복이 명순응에 비해 매우 느리다.

(2) **명순응** : 일광 또는 조명이 어두운 조건에서 밝은 조건으로 변할 때(어두운 터널을 벗어나 밝은 도로로 주행) 사람의 눈이 그 상황에 적응하여 시력을 회복하는 것을 말한다. 상황에 따라 다르지만 명순응에 걸리는 시간은 암순응보다 빨라 수초~1분에 불과하다.

## 6 심시력

(1) **심경각** : 전방에 있는 대상물까지의 거리를 목측하는 것을 말한다.
(2) **심시력** : 그 심경각의 기능(거리 목측)을 "심시력"이라고 한다.
(3) **심시력의 결함** : 입체공간 측정의 결함으로 인한 교통사고를 초래할 수 있다.

## 7 시야

(1) **시야와 주변시력**
① 정지한 상태에서 눈의 초점을 고정시키고 양쪽 눈으로 볼 수 있는 범위를 시야라고 한다.
② 정상적인 시력을 가진 사람의 시야범위는 180~200°이다.

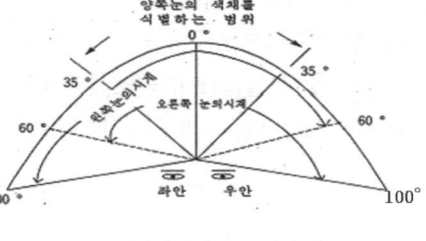
〈정지상태의 주변시력〉

③ 시야 범위 안에 있는 대상물이라 하더라도 시축에서 벗어나는 시각(視角)에 따라 시력이 저하된다. 시축(視軸)에서 3° 벗어나면 80%, 6° 벗어나면 90%, 12° 벗어나면 99% 저하된다.
④ 주행 중인 운전자의 운전방법 : 운전자는 전방의 한 곳에만 주의를 집중하기 보다는 시야를 넓게 갖도록 하고 주시점을 적절하게 이동시키거나 머리를 움직여 상황에 대응하는 운전을 해야 한다.
⑤ 한쪽 눈의 시야는 좌, 우 각각 약 160°정도이며 양쪽 눈으로 색채를 식별할 수 있는 범위는 약 70°이다.

(2) **속도와 시야** : 시야의 범위는 자동차 속도에 반비례하여 좁아진다. 정상시력을 가진 운전자의 정지 시 시야 범위는 180°~200°이나, 정상시력을 가진 운전자가 시속 40km로 주행 중이면 → 시야범위는 약 100°, 70km로 주행 중이면 → 시야범위는 약 65°, 시속 100km로 주행 중이면 → 시야범위는 40°로, 속도가 높아질수록 시야 범위는 점점 좁아진다.

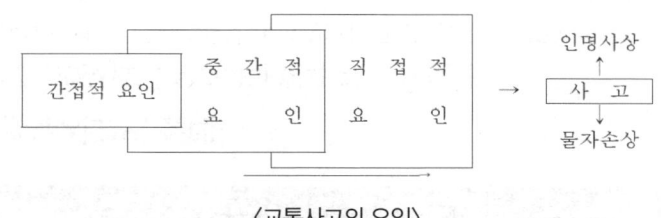
〈자동차의 속도와 시야〉

(3) **주의의 정도와 시야**
① 어느 특정한 곳에 주의가 집중되었을 경우의 시야범위는 집중의 정도에 비례하여 좁아진다.
② 운전 중 불필요한 대상에 주의가 집중되어 있다면 주의를 집중한 것에 비례하여 시야범위가 좁아지고 교통사고의 위험은 그만큼 커진다.

## 8 주행시공간(走行視空間)의 특성

(1) 속도가 빨라질수록 주시점은 멀어지고 시야는 좁아진다.
(2) 속도가 빨라질수록 가까운 곳의 풍경(근경)은 더욱 흐려지고 작고 복잡한 대상은 잘 확인되지 않는다.
※ 고속주행로상에 설치하는 표지판을 크고 단순한 모양으로 하는 것은 이런 점을 고려한 것이다.

## 3 사고의 심리

### 1 사고의 원인과 요인

(1) **교통사고의 원인** : 반드시 사고라는 결과를 초래한 그 어떤 것을 말한다.
(2) **사고의 요인** : 교통사고 원인을 초래한 인자를 말한다.
(3) **교통사고의 요인** : 간접적 요인, 중간적 요인, 직접적 요인 등 3가지로 구분된다.

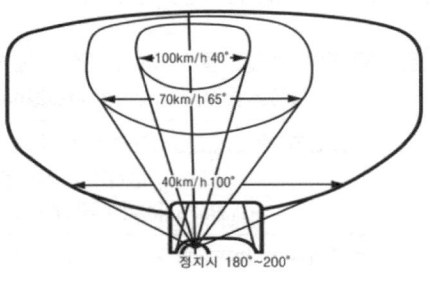
〈교통사고의 요인〉

① **간접적 요인** : 교통사고 발생을 용이하게 한 상태를 만든 조건
㉠ 운전자에 대한 홍보활동 결여 또는 훈련의 결여
㉡ 차량의 운전 전 점검습관의 결여
㉢ 무리한 운행계획
㉣ 안전운전을 위하여 필요한 교육태만, 안전지식 결여
㉤ 직장이나 가정에서의 인간관계 불량 등
② **중간적 요인** : 중간적 요인만으로 교통사고와 직결 되지 않는다 (직접적 요인 또는 간접요인과 복합적으로 작용하여 교통사고가 발생).
㉠ 운전자의 지능   ㉡ 운전자 성격   ㉢ 운전자 심신기능
㉣ 불량한 운전태도   ㉤ 음주, 과로 등과 관계가 있다.
③ **직접적 요인** : 사고와 직접 관계있는 것으로 다음과 같다.
㉠ 사고 직전 과속과 같은 법규위반 행위
㉡ 위험인지의 지연(위험한 상황을 뒤늦게 인지하는 것)
㉢ 운전조작의 잘못, 잘못된 위기대처 등이 있다.

### 2 사고의 심리적 요인

교통사고의 관련자(운전자, 보행자 등)는 그들만이 갖는 특성 혹은 특유의 심리가 있는 것으로 전문가들은 분석하고 있다.

(1) **교통사고 운전자의 특성(교통사고를 유발한 운전자의 특성)**
① 선천적 능력(타고난 심신기능의 특성) 부족
② 후천적 능력(학습에 의해서 습득한 운전에 관계되는 지식과 기능) 부족
③ 바람직한 동기와 사회적 태도(각양각색의 운전상태에 대하여 인지, 판단, 조작하는 태도) 결여
④ 불안정한 생활환경 등
(2) **착각의 구분**
① 착각의 정도는 사람에 따라 다소 차이가 있다.
② 착각은 사람이 태어날 때부터 지닌 감각에 속한다.

| 구 분 | 내 용 |
|---|---|
| 크기의 착각 | • 어두운 곳에서는 가로 폭보다, 세로 폭을 보다 넓은 것으로 판단한다. |
| 원근의 착각 | • 작은 것은 멀리 있는 것 같이 느껴진다.<br>• 덜 밝은 것은 멀리 있는 것으로 느껴진다. |
| 경사의 착각 | • 작은 경사는 실제보다 작게, 큰 경사는 실제보다 크게 보인다.<br>• 오름 경사는 실제보다 크게, 내림 경사는 실제보다 작게 보인다. |
| 속도의 착각 | • 주시점이 가까운 좁은 시야에서는 빠르게 느껴진다.<br>• 비교대상이 먼 곳에 있을 때는 느리게 느껴진다.<br>• 상대 가속도감(반대방향), 상대 감속도감(동일방향)을 느낀다. |
| 상반의 착각 | • 주행 중 급정거 시 반대방향으로 움직이는 것처럼 보인다.<br>• 큰 물건들 가운데 있는 작은 물건은 작은 것들 가운데 있는 같은 물건보다 작아 보인다.<br>• 한쪽 방향의 곡선을 보고 반대방향의 곡선을 봤을 경우 실제보다 더 구부러져 있는 것처럼 보인다. |

(3) 예측의 실수
① 감정이 격앙된 경우
② 고민거리가 있는 경우
③ 시간에 쫓기는 경우

## 4 운전피로

### 1 운전피로

(1) 개념
① 운전작업에 의해서 일어나는 신체적인 변화, 심리적으로 느끼는 무기력감, 객관적으로 측정되는 운전기능의 저하를 총칭한다.
② 순간적으로 변화하는 운전환경에서 오는 운전피로는 신체적 피로와 정신적 피로를 동시에 수반하지만, 신체적인 부담보다 오히려 심리적 부담이 더 크다.

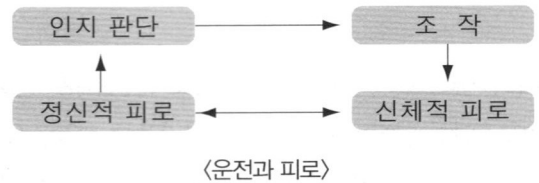
〈운전과 피로〉

(2) 운전피로의 특징과 요인
① 운전피로의 특징
㉠ 피로의 증상은 전신에 걸쳐 나타나고 이는 대뇌의 피로(나른함, 불쾌감 등)를 불러온다.
㉡ 피로는 운전작업의 생략이나 착오가 발생할 수 있다는 위험신호이다.
㉢ 단순한 운전피로는 휴식으로 회복되나, 정신적, 심리적 피로는 신체적 부담에 의한 일반적 피로보다 회복시간이 길다.
② 운전피로의 3가지 요인 구분
㉠ 생활요인 : 수면 · 생활환경 등
㉡ 운전작업 중의 요인 : 차내 환경 · 차외 환경 · 운행조건 등
㉢ 운전자요인 : 신체조건 · 경험조건 · 연령조건 · 성별조건 · 성격 · 질병 등

### 2 피로와 교통사고

운전자의 피로가 지나치면 과로가 되고 정상적인 운전이 곤란해진다. 그 결과는 교통사고로 연결될 수 있다.

(1) 피로의 진행과정
① 피로의 정도가 지나치면 과로가 되고 정상적인 운전이 곤란해진다.
② 피로 또는 과로 상태에서는 졸음운전이 발생될 수 있고 이는 교통사고로 이어질 수 있다.
③ 연속운전은 일시적으로 급성피로를 낳게 한다.
④ 매일 시간상 또는 거리상 일정 수준 이상의 무리한 운전을 하면 만성피로를 초래한다.

(2) 운전피로와 교통사고 : 대체로 운전피로는 운전조작의 잘못, 주의력 집중의 편재, 외부의 정보를 차단하는 졸음 등을 불러와 교통사고의 직접 또는 간접원인이 된다.

(3) 장시간 연속운전 : 장시간 연속운전은 심신의 기능을 현저히 저하시키므로 운행계획에 휴식시간을 삽입하여 생활관리를 철저히 한다.

(4) 수면부족 : 적정한 시간의 수면을 취하지 못한 운전자는 교통사고를 유발할 가능성이 높으므로 운전계획이 세워지면 출발 전 충분한 수면을 취한다.

### 3 피로와 운전착오

피로가 발생되면 운전자의 정보수용기구(감각, 지각), 정보처리기구(판단, 기억, 의사결정), 그리고 정보효과기구(운동기관)의 각 기구에 어떤 부정적인 영향을 주는 것은 확실하므로 요약하면

(1) 운전작업의 착오는 운전업무 개시 후 · 종료 시에 많아진다. 운전개시 직후의 착오는 정적 부조화, 운전종료 시의 착오는 운전피로가 그 배경이다.
(2) 운전시간 경과와 더불어 운전피로가 증가하여 작업 타이밍의 불균형을 초래한다. 이는 운전기능, 판단착오, 작업단절현상을 초래하는 잠재적 사고로 볼 수 있다.
(3) 운전착오는 심야에서 새벽 사이에 많이 발생한다. 각성 수준의 저하, 졸음과 관련된다.
(4) 운전피로에 정서적 부조나 신체적 부조가 가중되면 조잡하고 난폭하며 방만한 운전을 하게 된다.
(5) 더욱이 피로가 쌓이면 졸음상태가 되어 차외, 차내의 정보를 효과적으로 입수하지 못한다.

## 5 보행자

### 1 보행자 사고의 실태

(1) 보행 중 교통사고 : 우리나라(한국)가 가장 높다.
우리나라 보행 중 교통사고 사망자 구성비는 OECD 평균(18.8%)보다 높은 38.9%이며, 미국 14.5%, 프랑스 14.2%, 일본 36.2%에 비해 높은 것으로 나타나고 있다(자료 : 2013 OECD, 보행 중 사망자수 구성비, 한국교통안전공단, 2016).

(2) 보행유형과 사고
① 차대 사람의 사고가 가장 많은 보행유형은 어떻게 도로를 횡단하였든 횡단 중(횡단보도 횡단, 횡단보도부근 횡단, 육교부근 횡단, 기타 횡단)의 사고가 가장 많다.(54.7%)
② 다음으로 어떤 형태이든 통행 중의 사고가 많으며, 연령층별로는 어린이와 노약자가 높은 비중을 차지한다.

### 2 보행자 사고의 요인

(1) 교통사고를 당했을 당시의 보행자 요인은 교통상황 정보를 제대로 인지하지 못한 경우가 가장 많다.
(2) 그 다음으로 판단착오, 동작착오의 순서로 많다.
(3) 보행자의 인지결함, 판단착오, 동작착오 중 교통사고와 가장 큰 관련이 있는 교통정보 인지결함의 원인을 살펴보면 다음과 같다.
① 술에 많이 취해 있었다.
② 등교 또는 출근시간 때문에 급하게 서둘러 걷고 있었다.
③ 횡단 중 한쪽 방향에만 주의를 기울였다.
④ 동행자와 이야기에 열중했거나 놀이에 열중했다.
⑤ 피곤한 상태여서 주의력이 저하되었다.
⑥ 다른 생각을 하면서 보행하고 있었다.

### 3 비횡단보도 횡단보행자의 심리

횡단보도를 두고도 비횡단보도를 횡단하는 보행자의 심리상태로는

(1) **횡단거리 줄이기** : 횡단보도로 건너면 거리가 멀고 시간이 더 걸리기 때문에
(2) **평소 습관** : 잘 지키지 않는 습관을 그대로 답습
(3) 자동차가 달려오고 있지만 무단횡단을 충분히 할 수(건널 수) 있다고 판단
(4) 갈 길이 바빠서 또는 술에 취해서 횡단

## 6 음주와 운전(법정 혈중 알코올 농도기준 : 0.03% 이상)

### 1 과다음주(알코올 남용)의 정의

과다음주(알코올 남용)란 알코올 중독보다는 경미한 상태로 의존적 증상은 없으나, 신체적·심리적·사회적 문제가 생길 정도로 과도하고 빈번하게 술을 마시는 것을 말한다.

### 2 과다음주의 문제점

(1) **질병** : 신체의 거의 모든 부분에 영향을 미쳐 간질환, 위염, 췌장염, 고혈압, 중풍, 식도염, 당뇨병, 심장병 등 많은 질환을 일으키고 있다.(식도암 75%, 만성 췌장염 60%, 간경변 50% 등)
(2) **행동 및 심리** : 반사회적 행동, 정신장애, 기타 약물 남용, 강박신경증 등을 유발할 가능성이 높고 우울증과 자살도 음주와 밀접한 관련이 있는 것으로 나타나고 있다.
   ① 문제성 음주자는 본인 뿐 아니라 가족구성원들의 정서와 생활에 부정적인 큰 영향을 미친다.
   ② 가정의 가족응집력, 생활 만족도가 일반가족에 비해 낮아진다.
   ③ 문제성 음주자의 배우자들은 불안, 우울, 강박, 적대감 등이 높다.
(3) **교통사고** : 음주는 안전한 교통생활에 부정적인 영향을 미치고, 보행자의 경우도 음주보행은 교통사고의 위험을 증가시키며, 운전자의 경우는 더욱 위험하여 치명적인 사고로서, 운전자의 음주운전은 개인적, 사회적으로 치유하기 어려운 큰 손실을 초래한다.

### 3 음주운전 교통사고의 특징

(1) 주차 중인 자동차와 같은 정지물체 등에 충돌할 가능성이 높다.
(2) 전신주, 가로시설물, 가로수 등과 같은 고정물체와 충돌할 가능성이 높다.
(3) 대향차의 전조등에 의한 현혹현상이 발생할 때 정상운전보다 교통사고 위험이 증가된다.
(4) 음주운전에 의한 교통사고가 발생하면 치사율이 높고 차량단독사고 (도로이탈사고 포함)의 가능성이 높다.

### 4 음주의 개인차(일본에서 실험한 결과임)

(1) **음주량과 체내 알코올 농도의 관계** : 개인차가 있다.
   ① 매일 알코올을 접하는 습관성 음주자는 음주 30분 후에 체내 알코올 농도가 정점에 도달하였지만, 그 체내 알코올 농도는 중간적(평균적) 음주자의 절반수준이었다.
   ② 중간적 음주자는 음주 후 60분에서 90분 사이에 체내 알코올 농도가 정점에 도달하였지만, 그 농도는 습관성 음주자의 2배 수준이었다.
(2) **체내 알코올 농도의 남녀차** : 여자는 음주 30분 후에, 남자는 60분 후에 알코올 농도가 정점에 도달하였다. 여자가 먼저 정점에 도달한다는 사실을 시사하고 있다.
(3) 음주자의 체중, 음주시의 신체적 조건 및 심리적 조건에 따라 체내 알코올 농도 및 그 농도의 시간적 변화에 차이가 있다.

### 5 체내 알코올 농도와 제거 소요시간(일본의 성인 남자기준)

음주가 사람에 미치는 영향에는 개인차가 있고, 음주 후 체내 알코올 농도가 제거되는 시간에도 개인차가 존재하지만 체내 알코올은 충분한 시간이 경과해야만 제거된다.

일본에서 보통의 성인 남자를 기준으로 체내 알코올 농도가 제거되는 소요시간을 조사한 결과는 다음과 같다.

| 알코올 농도 | 0.05% | 0.1% | 0.2% | 0.5% |
|---|---|---|---|---|
| 알코올 제거 소요시간 | 7시간 | 10시간 | 19시간 | 30시간 |

※ 음주가 사람에 미치는 영향과 체내 알코올 제거시간도 다르다.

## 7 교통약자

### 1 고령자(노인층) 교통안전

(1) **고령운전자의 정의**

고령운전자를 정의하려면 먼저 고령자의 정의에 대해서 살펴볼 필요가 있다. 고령이란 말은 일반적으로 자주 쓰이나 노화의 개인간 차이를 고려하여야 하므로 명확한 정의는 어렵다. 고령운전자를 정의하기 위하여 먼저 고령자에 대한 정의를 크게 학술적 측면, 법·제도적 측면, 교통안전 측면으로 구분할 수 있다.

고령자의 연령기준 및 관련 규정

| 법규 및 근거 규정 | 연령기준 |
|---|---|
| 「고용 상 연령차별금지 및 고령자고용촉진에 관한 법률 시행령」 제2조 | – 고령자 : 55세 이상<br>– 준 고령자 : 50~55세 미만 |
| 「국민연금법」 제61조 | – 노령연금 수급권자 : 60세 이상 |
| 「기초노령연금법」 제3조 | – 연금 지급대상 : 65세 이상 |
| 「노인복지법 시행규칙」 제14조 | – 무료 실비노인주거시설 : 65세 이상<br>– 유료 노인주거시설 : 60세 이상 |
| 「국민기초생활보장법 시행령」 제7조 | – 근로능력이 없는 수급자 : 65세 이상 |

(2) **고령자의 교통행동**
   ① 고령자는 오랜 사회생활을 통하여 풍부한 지식과 경험을 가지고 있으며, 행동이 신중하여 모범적 교통 생활인으로서의 자질을 갖추고 있다.
   ② 그러나 신체적인 면에서 운동능력이 떨어지고, 시력·청력 등 감지기능이 약화되어 위급할 때 회피능력이 둔화되는 연령층이다.
   ③ 특히, 교통안전과 관련하여 움직이는 물체에 대한 판별능력이 저하되고 야간의 어두운 조명이나 대향차가 비추는 밝은 조명에 적응능력이 상대적으로 부족하다.

(3) **고령 운전자의 태도 및 의식관계**
   ① 고령 운전자의 의식 : 고령자의 운전은 젊은 층에 비하여 상대적으로
      ㉠ 신중하다.
      ㉡ 과속을 하지 않는다.
      ㉢ 반사 신경이 둔하다.
      ㉣ 재빠른 판단과 동작능력이 젊은층에 비하여 뒤떨어지므로 돌발사태 시 대응력이 미흡하다.
   ② 고령 운전자의 불안감
      ㉠ 고령 운전자의 '급후진', '대형차 추종운전' 등은 고령 운전자를 위험에 빠뜨리고 다른 운전자에게 불안감을 유발시킨다.
      ㉡ 고령에서 오는 운전기능과 반사기능의 저하는 고령 운전자에게 강한 불안감을 준다.

ⓒ '좁은 길에서 대형차와 교행할 때' 연령이 높을수록 불안감이 높아지는 경향이 있다(특히 60세가 넘으면 더 증가한다).
ⓓ 전방의 장애물이나 자극에 대한 반응은 60대, 70대가 된다 해도 급격히 저하되거나 쇠퇴해지는 것은 아니지만, 후사경을 통해서 인지하고 반응해야 하는 '후방으로부터의 자극'에 대한 동작은 연령의 증가에 따라서 크게 지연된다.

③ 고령자 교통안전 장애요인(고령의 운전자 또는 보행자)
  ㉠ 고령자의 시각능력 : ⓐ 시력자체의 저하현상발생(원점시력이 더욱 저하) ⓑ 대비능력저하 ⓒ 동체시력의 약화현상 ⓓ 원근 구별능력의 약화 ⓔ 암순응에 필요한 시간 증가 ⓕ 눈부심에 대한 감수성이 증가 ⓖ 시야감소 현상이 있다.
  ㉡ 고령자의 청각능력 : ⓐ 청각기능의 상실 또는 약화 현상 ⓑ 주파수 높이의 판별저하 ⓒ 목소리 구별의 감수성 저하
  ㉢ 고령자의 사고·신경능력 : ⓐ 복잡한 교통상황에서 필요한 빠른 신경활동과 정보판단처리능력이 저하 ⓑ 노화에 따른 근육운동의 저하(선택적 주의력 저하, 다중적인 주의력 저하, 인지반응시간이 증가, 복잡한 상황보다 단순한 상황을 선호)
  ㉣ 고령보행자의 보행행동 특성 : ⓐ 고착화된 자기 경직성(차의 접근 등 부주의) ⓑ 이면도로 등에서 도로의 노면표시가 없으면 도로중앙부를 걷는 경향이 보이며, 보행궤적이 흔들거리며, 보행 중에 사선횡단을 하기도 함 ⓒ 보행 시 상점이나 포스터를 보며 걷는 경향 ⓓ 정면에서 오는 차량 등의 회피능력이 없고 소리 나는 방향을 주시하지 않는 경향이 있다.

④ 고령 보행자 교통안전 계몽사항
  ㉠ 필요시 안경착용
  ㉡ 단독보다 다수 또는 부축을 받아 도로를 횡단하는 방법
  ㉢ 야간에 운전자들의 눈에 잘 보이게 하는 방법(의복, 야광재의 보조)
  ㉣ 필요시는 보청기 사용
  ㉤ 도로 횡단 시 2륜자동차를 잘 살피는 것
  ㉥ 필요시 주차된 자동차 사이를 안전하게 통과하는 방법

⑤ 보행자 안전수칙
  ㉠ 안전한 횡단보도를 찾아 멈춘 후 횡단 중에도 계속 주의한다.
  ㉡ 횡단보도 신호에 녹색불이 들어와도 바로 건너지 않고 오고 있는 자동차가 정지했는지 확인한다.
  ㉢ 자동차가 오고 있다면 보낸 후 똑바로 횡단하고, 계속 주의한다.
  ㉣ 횡단보도를 건널 때 젊은이의 보행속도에 맞추지 말고 능력에 맞게 건너면서 손을 들어 자동차에 양보신호를 보낸다.
  ㉤ 횡단보도 신호가 점멸 중일 때는 늦게 진입하지 말고 다음 신호를 기다린다.
  ㉥ 주차 또는 정차된 자동차 앞뒤와 골목길, 코너는 운전자가 볼 수 없는 지역이므로 일단 정지하여 확인한 후 천천히 이동해야 한다.
  ㉦ 음주 보행은 신체적, 정신적 능력을 저하시키므로 최대한 삼가야 한다.
  ㉧ 생활 도로를 이용할 때 길 가장자리를 이용하여 안전하게 이동해야 한다.
  ㉨ 야간 이동시에는 눈에 띄는 밝은 색 옷을 입어야 한다.

(4) 고령운전자의 특성
  ① 시각적 특성 : 교통상황 대처 능력이 현저하게 저하(시각 능력 저하, 대비 능력 저하)
    ㉠ 조도와 야간 시력 저하 : 나이가 들수록 역치(閾値)가 필요(25세 이상 운전자는 주간보다 2배, 75세 이상 운전자는 32배가 필요)
    ㉡ 섬광 회복력 : 전조등에 의한 섬광 효과로 노면 표시를 지각하는데 중요 영향을 미침
    ㉢ 대비 민감도 : 연령이 증가할수록 쇠퇴
    ㉣ 색체에 대한 구별 : 시각적 대상의 명도 대비 및 색상은 평균 2.13배 필요, 반사 휘도와 색상은 젊은 운전자보다 2.5배 투과 휘도 필요, 시야는 75세 이후에는 급격히 좁아짐

  ② 인지적 특성
    ㉠ 정보 처리와 선택적 주의 - 많은 시간을 필요로 함
    ㉡ 속도와 거리 판단의 정확성 - 고령 남성 운전자는 일반인들에 비해 실제 거리보다 더 멀리 있다고 느낌
    ㉢ 좌회전 신호에 대한 정보처리 능력 - 정확하고 빠르게 하는 것으로 분석됨
    ㉣ 단기 기억 - 단기 기억이 쇠퇴하는 경향을 보임

  ③ 반응 특성
    ㉠ 긴급 상황에서의 인지 반응 시간 - 인지 반응 시간은 95%의 사람들이 1.6초 시간 안에 분포
    ㉡ 연속적 행동에 대한 인지 반응 시간 - 행동의 수가 많아질수록 증가함

  ④ 고령자 특성 정의
    ㉠ 일반적 특성 : 신체적 특성 - 시각적으로 대비가 큰 물체 및 색의 식별능력 저하, 청각적으로 청각 기능 상실 또는 악화, 그리고 청력 및 주변 음 식별 능력 저하
    ㉡ 정신적 특성 : 인지반응 시간 증가, 선택적 및 다중적 주의력 감소, 활동 기억력 감소
    ㉢ 교통 행정 특성
      • 고령 보행자 측면 - ①보행교통안전의식 : 낮은 준법정신, 교통법규 위반 등이 사고 위험 요인으로 작용, 높은 주관적 위험 지각력으로 인해 신호 없는 횡단보도 이용에 위험성과 어려움이 큼
      • 고령 운전자 측면 - ①시각적 특성 : 정지된 물체의 세부 사항 처리 능력 감소, 색체 지각 손실로 색 구분 어려움, ②인지적 특성 : 인지 반응 시간 증가, 부정확한 의사 결정에 따른 혼란 유도, ③ 반응 특성 : 고령화에 따라 지각 및 반응 시간 증가, 2~3개의 연속적 행동 시 대처 반응 저하

(5) 고령 인구 및 고령 운전자 추이
  ① 고령 인구 추이 : 한국 전체 인구 연평균은 약 0.5% 증가(13세 미만 약 2.5% 감소, 65세 이상 노인 인구 약 6.4% 증가, 고령사회 18.9%)
  ② 고령 운전자 추이 : 전체 면허 소지자는 2.4%증가(65세 이상 노인 면허 소지자 수는 8.5% 증가함)

(6) 시·공간적 교통사고 특성(연령층별 인구 10만 명당)
  ① 시간대별 특성 : 고령층의 경우 18~20시에 발생건수가 2.1건이며 6시부터 20시까지 평균(1.0건) 이상이 집중됨
  ② 요일별 특성 : 고령층의 주중 운전자 사망 사고는 9.2건으로 주말 대비 약 2.8배 많다.
  ③ 도시 규모별 특성 : 전기 고령층(21.6건)의 사망 사고 발생 건수가 많다.

(7) 인적 요인별 교통사고 특성(연령층별 인구 10만 명당)
  ① 운전면허 경과 연수별 특성 : 전기 고령층은 사망 사고 발생 건수가 후기 고령층 대비 약 1.9배 많다.
  ② 사고 직전 행동별 특성 : 전기 고령층은 좌·우 회전 중 사망 사고 발생 건수가 청·장년층 대비 약 2배 더 많다.
  ③ 법규 위반별 특성 : 전기 고령층의 안전운전 불이행으로 인한 사망 사고는 청·장년층 대비 약 1.2배 많다.

### (8) 도로 환경의 교통사고 특성(연령층별 인구 10만 명당)
① 도로 규모별 특성 : 도로 종류에 관계없이 후기 고령층 대비 전기 고령층은 평균 사망 사고 건수가 약 1.6배 더 많다.
② 도시 형태별 특성 : 도로 형태와 관계없이 전기 고령층은 후기 고령층 대비 사망 사고 발생 건수가 약 1.6배 더 많다.

### (9) 차량 요인별 교통사고 특성(연령층별 인구 10만 명당)
승용차에 의한 사망 사고 발생 건수는 후기 고령층이 전기 고령층 대비 절반 수준인 반면, 이륜차, 자전거, 농기계에 의한 사망 사고 건수는 약 2배 이상 많다.

## 2 어린이 교통안전

### (1) 어린이의 일반적 특성과 행동능력
① 어린이 교통사고 원인은 인간발달의 일반적인 특성에서 찾을 수 있다.
② 이는 출생에서 청소년기에 이르는 인간의 행동과 능력을 4단계로 분류한 아동발달의 일반적인 특성과 행동능력과의 관계를 알아보는 것으로 쉽게 이해 할 수 있다.

| 감각적 운동단계<br>(0세~2세 미만) | 전 조작단계<br>(2세~7세) | 구체적 조작단계<br>(7세~12세) | 형식적 조작단계<br>(12세 이상) |
|---|---|---|---|
| • 자신과 외부세계를 구별하는 능력이 매우 미약하다.<br>• 교통상황에 대처할 능력도 전혀 없다.<br>• 전적으로 보호자에게 의존하는 단계이다. | • 2가지 이상을 동시에 생각하고 행동할 능력이 매우 미약하다.<br>• 직접 존재하는 것에 대해서만 사고(思考)하며<br>• 사고도 고지식하여 자기중심적이어서 한 가지 사물에만 집착한다. | • 교통상황을 충분하게 인식하며<br>• 추상적 교통규칙을 이해할 수준에 도달<br>• 이 시기에 잘 지도하고 습관화시켜 현재와 미래의 올바른 교통사회인 육성<br>• 추상적 사고의 폭이 넓어지고 개념의 발달과 그 사용이 증가 | • 대개 초등학교 6학년 이상에 해당한다.<br>• 논리적 사고가 발달하고 다소 부족하지만 성인수준에 근접해 가는 수준을 갖춘다.<br>• 보행자로서 교통에 참여할 수 있다. |

### (2) 어린이 교통사고의 특징, 교통행동 특성, 사고의 유형

| 구 분 | 내 용 |
|---|---|
| 어린이 교통사고의 특징<br>(10년간의 분석결과) | ① 어릴수록 그리고 학년이 낮을수록 교통사고를 많이 당한다.<br>② 중학생 이하 어린이 교통사고 사상자는 중학생에 비해 취학 전 아동→초등학교 저학년(1~3학년)에 집중되어 있다.<br>③ 보행 중(차대사람) 교통사고를 당하여 사망하는 비율이 가장 높다.<br>④ 시간대별 어린이 보행 사상자는 오후 4시에서 오후 6시 사이에 가장 많다.<br>⑤ 보행 중 사상자는 집이나 학교 근처 등 통행이 잦은 곳에서 가장 많이 발생되고 있다. |
| 어린이의 일반적인 교통행동 특성 | 어린이들은 연령증가로 추상적 사고(思考)의 폭이 넓어지고 개념의 발달과 그 사용이 증가한다.<br>① 교통상황에 대한 주의력이 부족(예 : 공을 따라 무심코 도로로 뛰어들어 위험을 자초하는 경우)<br>② 판단력이 부족하고 모방행동이 많다. 무단횡단 신호를 무시하고 횡단하는 어른의 행동을 모방한다.<br>③ 사고방식이 단순하다. 사물이나 현상을 단순하게 이해한다.<br>④ 추상적인 말은 잘 이해하지 못하는 경우가 많다. 대상물에 대한 개념 형성이 미약하다.<br>⑤ 호기심이 많고 모험심이 강하다. 직접 접촉해보고 직접 해결해 보는 욕구가 있다.<br>⑥ 눈에 보이지 않는 것을 없다고 생각한다. 구체적인 물체를 보고서야 상황 판단을 하는 경향이 있다.<br>⑦ 자신의 감정을 억제하거나 참아내는 능력이 없다. 기분 나는대로 또는 감정이 변하는 대로 행동하는 충동성이 강하게 나타난다.<br>⑧ 제한된 주의 및 지각 능력을 가지고 있다. 여러 사물에 적절히 주의를 배분하지 못하고 한 가지 사물에만 집중하는 경향을 보인다. |
| 어린이들이 당하기 쉬운 교통사고 유형 | 통행량이 많은 낮 시간에 집 부근에서 발생하고, 보행자 사고가 대부분이며, 성인에 비하여 치사율도 대단히 높다.<br>① 도로에 갑자기 뛰어듦(70%가 갑자기 뛰어들어 발생)<br>② 도로 횡단 중의 부주의(주·정차 차의 앞, 뒤 횡단)<br>③ 도로상에서 위험한 놀이(도로에서 노는 도중)<br>④ 자전거 사고(차도에서 자전거 타고 놀다가)<br>⑤ 차내 안전사고(차 승차 중 급정지로 쏠리면서) |

| 어린이가 승용차에 탑승했을 때 | ① 안전띠를 착용 : 가급적 어린이는 뒷좌석 3점식 안전띠의 길이를 조정하여 사용한다.<br>② 여름철 주차 시 : 차내 실내온도가 50℃ 이상이 되면 차내에 어린이를 혼자 방치하지 않아야 한다. 탈수 현상과 산소 부족으로 생명을 잃을 우려가 있다.<br>③ 문은 어른이 열고 닫음 : 어린이를 제일 먼저 승차시키고, 내릴 때는 제일 나중에 내리도록 한다.<br>④ 차를 떠날 때는 같이 떠남 : 차 안에 혼자 남게 하여서는 안 된다. 각종 장치를 만져서 뜻밖의 사고가 발생할 수 있다.<br>⑤ 어린이는 뒷좌석에 앉도록 함 : 운전에 지장을 줄 수 있다. 또는 자동차 문의 안전장치를 잠근 후 운행하도록 한다. |
|---|---|

## 8 사업용자동차 위험운전행태 분석

### 1 운행기록장치의 정의 및 자료관리

#### (1) 운행기록장치 정의
"운행기록장치"란 자동차의 속도, 위치, 방위각, 가속도, 주행거리 및 교통사고 상황 등을 기록하는 자동차의 부속장치 중 하나인 **전자식 장치**를 말한다.
「여객자동차운수사업법」에 따른 여객자동차 운송사업자는 그 운행하는 차량에 운행기록장치를 장착하여야 하며, 버스의 경우 2012. 12. 31 이후 운행기록장치를 의무장착하도록 하고 있다. 전자식 운행기록장치의 장착 시 이를 **수평상태**로 유지되도록 하여야 하며, 수평상태의 유지가 불가능할 경우 그에 따른 보정값을 만들어 수평상태와 동일한 운행기록을 표출할 수 있게 하여야 한다.
전자식 운행기록장치(Digital Tachograph)의 구조는 운행기록 관련신호를 발생하는 **센서**, 신호를 변환하는 **증폭장치**, 시간 신호를 발생하는 **타이머**, 신호를 처리하여 필요한 정보로 변환하는 **연산장치**, 정보를 가시화하는 **표시장치**, 운행기록을 저장하는 **기억장치**, 기억장치의 자료를 외부기기에 전달하는 **전송장치**, 분석 및 출력을 하는 **외부기기**로 구성된다.

#### (2) 운행기록의 보관 및 제출 방법
운행기록장치 장착의무자는 「교통안전법」에 따라 운행기록장치에 기록된 운행기록을 6개월동안 보관하여야 하며, 운송사업자는 교통행정기관 또는 한국교통안전공단이 교통안전점검, 교통안전진단 또는 교통안전관리규정의 심사 시 운행기록의 보관 및 관리 상태에 대한 확인을 요구할 경우 이에 응하여야 한다.
운송사업자는 차량의 운행기록이 누락 혹은 훼손되지 않도록 배열순서에 맞추어 운행기록장치 또는 저장장치(개인용 컴퓨터, 서버, CD, 휴대용 플래시메모리 저장장치 등)에 보관하여야 하며, 다음의 사항을 고려하여 운행기록을 점검하고 관리하여야 한다.
① 운행기록의 보관, 폐기, 관리 등의 적절성
② 운행기록 입력자료 저장여부 확인 및 출력점검(무선통신 등으로 자동 전송하는 경우를 포함)
③ 운행기록장치의 작동불량 및 고장 등에 대한 차량운행 전 일상점검
운송사업자가 공단에 운행기록을 제출하고자 하는 경우에는 저장장치에 저장하여 인터넷을 이용하거나 무선통신을 이용하여 운행기록분석시스템으로 전송하여야 한다. 한국교통안전공단은 운송사업자가 제출한 운행기록 자료를 운행기록분석시스템에 보관, 관리하여야 하며, 1초 단위의 운행기록 자료는 6개월간 저장하여야 한다.

### 2 운행기록분석시스템의 활용

#### (1) 운행기록분석시스템 개요
운행기록분석시스템은 자동차의 운행정보를 실시간으로 저장하여 시시각각 변화하는 운행상황을 자동적으로 기록할 수 있는 운행기록장치를 통해 자동차의 순간속도, 분당엔진회전수(RPM), 브레이크 신호, GPS,

방위각, 가속도 등의 운행기록 자료를 분석하여 운전자의 과속, 급감속 등 운전자의 위험행동 등을 과학적으로 분석하는 시스템으로 분석결과를 운전자와 운수회사에 제공함으로써 운전자의 운전행태의 개선을 유도, 교통사고를 예방할 목적으로 구축되었다.

### (2) 운행기록분석시스템 분석항목
운행기록분석시스템에서는 차량의 운행기록으로부터 다음의 항목을 분석하여 제공한다.
① 자동차의 운행경로에 대한 궤적의 표기
② 운전자별·시간대별 운행속도 및 주행거리의 비교
③ 진로변경 횟수와 사고위험도 측정, 과속·급가속·급감속·급출발·급정지 등 위험운전 행동 분석
④ 그 밖에 자동차의 운행 및 사고발생 상황의 확인

### (3) 운행기록분석결과의 활용
교통행정기관이나 한국교통안전공단, 운송사업자는 운행기록의 분석결과를 다음과 같은 교통안전 관련 업무에 한정하여 활용할 수 있다.
① 자동차의 운행관리
② 운전자에 대한 교육·훈련
③ 운전자의 운전습관 교정
④ 운송사업자의 교통안전관리 개선
⑤ 교통수단 및 운행체계의 개선
⑥ 교통행정기관의 운행계통 및 운행경로 개선
⑦ 그 밖에 사업용 자동차의 교통사고 예방을 위한 교통안전정책의 수립

## 3 사업용자동차 운전자 위험운전 행태분석

### (1) 위험운전 행동기준과 정의
운행기록분석시스템에서는 위험운전 행동의 기준을 사고유발과 직접관련 있는 5가지 유형으로 분류하고 있으며, 11가지의 구체적인 행위에 대한 기준을 제시하고 있다.

| 위험운전행동 | | 정의 | 화물차 기준 |
|---|---|---|---|
| 과속 유형 | 과속 | 도로제한속도보다 20km/h 초과 운행한 경우 | 도로제한속도보다 20km/h 초과 운행한 경우 |
| | 장기과속 | 도로제한속도보다 20km/h 초과해서 3분 이상 운행한 경우 | 도로제한속도보다 20km/h 초과해서 3분이상 운행한 경우 |
| 급가속 유형 | 급가속 | 초당 11km/h 이상 가속 운행한 경우 | 6km/h 이상 속도에서 초당 5km/h 이상 가속 운행한 경우 |
| | 급출발 | 정지상태에서 출발하여 초당 11km/h 이상 가속 운행한 경우 | 5km/h 이하에서 출발하여 초당 6km/h 이상 가속 운행한 경우 |
| 급감속 유형 | 급감속 | 초당 7.5km/h 이상 감속 운행한 경우 | 초당 8km/h 이상 감속 운행하고 속도가 6km/h 이상인 경우 |
| | 급정지 | 초당 7.5km/h 이상 감속하여 속도가 "0"이 된 경우 | 초당 8km/h 이상 감속하여 속도가 5km/h 이하가 된 경우 |
| 급차로변경 유형 (초당회전각) | 급진로변경 (15~30°) | 속도가 30km/h 이상에서 진행방향이 좌/우측 (15~30°)으로 차로를 변경하며 가감속(초당 -5km/h~+5km/h)하는 경우 | 속도가 30km/h 이상에서 진행방향 좌/우측 6°sec 이상으로 차로변경하고, 5초 동안 누적각도가 ±2°/sec 이하, 가감속이 초당 ±2km/h 이하인 경우 |
| | 급앞지르기 (30~60°) | 초당 11km/h 이상 가속하면서 진행방향이 좌/우측 (30~60°)으로 차로를 변경하여 앞지르기 한 경우 | 초당 30km/h 이상에서 진행방향이 좌/우측 6°sec 이상으로 차로변경하고, 5초 동안 누적각도가 ±2°/sec 이하, 가속이 초당 3km/h 이상인 경우 |
| 급회전유형 (누전회전각) | 급좌우회전 (60~120°) | 속도가 15km/h 이상이고, 2초 안에 좌측(60~120° 범위)으로 급회전한 경우 | 속도가 20km/h 이상이고, 4초 안에 좌/우측(누적회전각이 60~120° 범위)으로 급회전한 경우 |
| | 급U턴 (160~180°) | 속도가 15km/h 이상이고, 3초 안에 좌측(160~180° 범위)으로 급U턴한 경우 | 속도가 15km/h 이상이고, 8초 안에 좌/우측(160~180° 범위)으로 운행한 경우 |

### (2) 위험운전 행태별 사고유형 및 안전운전 요령
운전자가 자동차의 가속장치와 제동장치, 조향장치 등을 과도하고 급격하게 작동하는 경우 사고를 유발할 수 있으므로 차량 운행 시 운전자의 주의가 필요하다.

※ 위험운전행동별 발생가능성이 높은 사고유형과 사고를 예방하기 위한 안전운전 요령

| 위험운전행동 | | 사고유형 및 안전운전 요령 |
|---|---|---|
| 과속 유형 | 과속 | • 과속은 돌발 상황에 대처가 어려우며, 화물자동차는 차체중량이 무겁기 때문에 과속 시 사망사고와 같은 대형사고로 이어질 수 있기 때문에 항상 규정속도를 준수하여 주행한다.<br>• 야간에는 주간보다 시야가 좁아지며, 과속을 하게 될 경우 시야를 더욱 좁아지게 만드는 경향이 있으므로, 야간 주행 시 전조등 불빛이 비치는 곳만 보지 말고 항상 좌우를 잘 살피고 과속을 하지 않도록 한다. |
| | 장기과속 | • 화물자동차는 장기과속의 위험에 항상 노출되어 있어 운전자의 속도감각과 거리감저하를 가져올 수 있다.<br>• 야간의 경우 운전자의 시야가 좁아지는 만큼 장기과속으로 인한 사고위험이 커지므로 항상 규정 속도를 준수하여 운행한다. |
| 급가속 유형 | 급가속 | • 화물자동차의 무리한 급가속 행동은 차량고장의 원인이 되며, 다른 차량에 위협감을 줄 수 있으므로 하지 말아야 한다.<br>• 요금소를 통과 후 대형 화물자동차의 급가속 행위는 추돌사고의 원인이 되므로 주의하여야 한다. |
| 급감속 유형 | 급감속 | • 화물자동차의 경우 차체가 높아 멀리 볼 수 있으나, 바로 앞 상황을 정확히 인지하지 못하고 급감속을 하는 경향이 있다.<br>• 화물자동차는 차체가 크기 때문에 다른 차량의 시야를 가려 급감속할 경우 다른 차량에 돌발 상황을 야기한다.<br>• 화물자동차의 경우 적재물이 많고, 중량이 많이 나가 대형 사고의 위험이 있기 때문에 급감속하는 행동을 금지하도록 한다. |
| 급회전 유형 | 급좌회전 | • 차체가 높고 중량이 많이 나가는 화물자동차의 급좌회전은 전도 및 전복사고를 야기할 수 있으며, 적재물이 쏟아지는 경우 2차 사고를 유발할 수 있다.<br>• 비신호 교차로에서 회전시 차체가 크기 때문에 통행우선권을 갖는다고 생각하여 부주의하게 회전하는 경우가 있다.<br>• 좌회전 시 저속으로 회전을 해야 하며, 좌회전 후 중앙선을 침범하지 않도록 항상 주의해야 한다. 특히, 급좌회전, 꼬리 물기 등을 삼가하고, 저속으로 회전하는 습관이 필요하다. |
| | 급우회전 | • 화물자동차의 급우회전은 다른 차량과의 충돌 뿐 아니라 도로를 횡단하고 있는 횡단보도상의 보행자나 이륜차, 자전거와 사고를 유발할 수 있다.<br>• 속도를 줄이지 않고 회전을 하는 경우 전도, 전복위험이 크고 보행자 사고를 유발하므로 교차로 접근 시 충분히 감속하고 보행자에 주의하여 우회전해야 한다.<br>• 우회전 시 저속으로 회전을 해야 하며, 다른 차선과 보도를 침범하지 않도록 주의한다. |
| | 급U턴 | • 화물자동차의 경우 차체가 길어 속도가 느리므로 급U턴이 잘 발생하진 않지만, U턴 시에는 진행방향과 대향방향에서 오는 과속차량과의 충돌사고 위험성이 있다.<br>• 차체가 길기 때문에 U턴 시 대향차로의 많은 공간이 요구되므로 대향차로상의 과속차량에 유의해야 한다. |
| 급진로 변경 유형 | 급앞지르기 | • 속도가 느린 상태에서 옆 차로로 진행하기 위해 진로변경을 시도하는 경우 급 앞지르기가 발생하기 쉽다. 이 경우 진로변경 차로 상에서도 공간이 발생하여 후행차량도 급하게 진행하고자 하는 운전심리가 있어 진로변경 중 측면 접촉사고가 발생될 수 있다.<br>• 진로를 변경하고자 하는 차로의 전방뿐만 아니라 후방의 교통상황도 충분하게 고려하고 반영하는 운전 습관이 중요하다. |
| | 급진로변경 | • 화물자동차는 차체가 높고 중량이 많이 나가기 때문에 급진로변경은 차량의 전도 및 전복을 야기할 수 있다.<br>• 화물자동차는 가속능력이 떨어지고 차폭이 승용차의 1.3배에 달하며, 적재물로 인해 후방 시야확보의 한계가 있으므로, 급진로변경은 다른 차량에 큰 위협이 된다.<br>• 진로변경을 하고자 하는 경우 방향지시등을 켜고 차로를 천천히 변경하여 옆 차로에 뒤따르는 차량이 진로변경을 인지할 수 있도록 해야 하며, 차로의 전방뿐만아니라 후방의 교통상황도 충분하게 고려해야 한다. |

# 제3편

# 안전운행

## 제2장 운전자 요인과 안전운행 출제 예상 문제

**1** 운전자의 인지·판단·조작의 의미에 대한 설명으로 틀린 것은?
① 인지는 교통상황을 알아차리는 것이다
② 판단은 상황에 따라 어떻게 자동차를 움직여 운전할 것인가를 결정하는 것이다
③ 조작은 그 결정에 따라 자동차를 움직이는 운전행위이다
④ 운전자 요인에 의한 교통사고는 인지·판단·조작 중 하나의 결함에서만 비롯된다

**2** 운전자 요인(인지·판단·조작)에 의한 교통사고 중 어느 과정의 결함에 의한 사고가 절반 이상으로 가장 많은가?
① 인지과정의 결함   ② 판단과정의 결함
③ 조작과정의 결함   ④ 체계적인 교육 결함
◉해설 인지과정 결함이 절반 이상, 그 다음이 판단과정 결함, 세 번째가 조작과정 결함 순이므로 정답은 ①이다.

**3** 인간의 운전 특성에 영향을 미치는 조건이 아닌 것은?
① 피로, 약물, 질병   ② 도로 요인
③ 연령   ④ 흥미, 욕구, 정서

**4** 운전과 관련되는 시각의 특성에 대한 설명으로 틀린 것은?
① 운전자는 운전에 필요한 정보의 대부분을 청각을 통하여 획득한다
② 속도가 빨라질수록 시력은 떨어진다
③ 속도가 빨라질수록 시야의 범위가 좁아진다
④ 속도가 빨라질수록 전방주시점은 멀어진다
◉해설 ①에서 "청각을 통하여"는 틀리고, "시각을 통하여"가 맞으므로 정답은 ①이다.

**5** 다음 중 란돌트 고리시표의 색상으로 맞는 것은?
① 검정 바탕에 흰색   ② 검정 바탕에 녹색
③ 흰 바탕에 검정색   ④ 흰 바탕에 노랑색

**6** 도로교통법령에서 정한 제1종 및 제2종 운전면허 시력기준으로 틀린 것은?
① 제1종 운전면허 : 두 눈을 동시에 뜨고 잰 시력이 0.8 이상, 양쪽 눈의 시력이 각각 0.5 이상 이어야 한다
② 제2종 운전면허 : 두눈을 동시에 뜨고 잰 시력이 0.5 이상. 다만, 한쪽 눈을 보지 못하는 사람은 다른 쪽 눈의 시력이 0.6 이상이어야 한다
③ 붉은색, 녹색, 노랑색의 색채식별이 가능하여야 한다
④ 교정시력은 포함하지 않는다
◉해설 "교정시력을 포함한다"가 맞으므로 정답은 ④이다.

**7** 움직이는 물체 또는 움직이면서 다른 자동차나 사람 등의 물체를 보는 시력은 무엇인가?
① 정지시력   ② 동체시력
③ 운전특성   ④ 시각특성

**8** 동체시력의 특성으로 틀린 것은?
① 물체의 이동속도가 빠를수록 상대적으로 저하된다
② 정지시력이 1.2인 사람이 시속 50km로 운전하면서 고정된 대상물을 볼 때의 시력은 0.7이하로 떨어진다
③ 정지시력이 1.2인 사람이 시속 90km로 운전하면서 고정된 대상물을 볼 때의 시력은 0.6이하로 떨어진다
④ 동체시력은 연령이 높을수록 더욱 저하되고, 장시간 운전에 의한 피로상태에서도 저하된다
◉해설 "0.5이하로 떨어진다"가 옳으므로 정답은 ③이다.

**9** 다음 중 야간운전의 주의사항으로 틀린 것은?
① 보행자와 자동차의 통행이 빈번한 도로에서는 항상 전조등의 방향을 상향으로 운행한다
② 운전자가 눈으로 확인할 수 있는 시야의 범위가 좁아진다
③ 술에 취한 사람이 차도에 뛰어드는 경우에 주의해야 한다
④ 마주 오는 차의 전조등 불빛에 현혹되는 경우 물체식별이 어려워진다
◉해설 "전조등 방향을 하향"으로가 옳으므로 정답은 ①이다.

**10** 야간에 무엇인가가 있다는 것을 가장 인지하기 쉬운 색깔은 무엇인가?
① 흰색
② 흑색
③ 황색
④ 적색

**11** 주시 대상인 사람이 움직이는 방향을 알아 맞추는 데 가장 쉬운 옷 색깔과 가장 어려운 옷 색깔은?
① 엷은 황색이 가장 쉽고, 흑색이 어렵다
② 흰색이 가장 쉽고, 흑색이 가장 어렵다
③ 적색이 가장 쉽고, 흑색이 가장 어렵다
④ 황색이 가장 쉽고, 흑색이 가장 어렵다

**12** 암순응에 대한 설명으로 틀린 것은?
① 일광 또는 조명이 밝은 조건에서 어두운 조건으로 변할 때 사람의 눈이 그 상황에 적응하여 시력을 회복하는 것을 말한다
② 시력회복이 명순응에 비해 빠르다
③ 상황에 따라 다르지만 대개의 경우 완전한 암순응에는 30분 혹은 그 이상 걸리며 이것은 빛의 강도에 좌우된다
④ 주간 운전 시 터널에 막 진입하였을 때 더욱 조심스러운 안전운전이 요구되는 이유이기도 하다
◉해설 시력 회복은 암순응이 명순응에 비해 느리므로 정답은 ②이다.

✏️ **정답** 1 ④  2 ①  3 ②  4 ①  5 ③  6 ④  7 ②  8 ③  9 ①  10 ①  11 ③  12 ②

**13** 전방에 있는 대상물까지의 거리를 목측하는 것의 용어와 그 기능을 뜻하는 용어로 맞는 것은?
① 심경각과 심시력
② 시야와 주변시력
③ 정지시력과 시야
④ 동체시력과 주변시력

**14** 시야와 주변시력에 대한 설명으로 틀린 것은?
① 시야 : 정지한 상태에서 눈의 초점을 고정시키고 양쪽 눈으로 볼 수 있는 범위이다
② 시야범위 : 정상적인 사람은 180°~200°이다
③ 시야 범위 안에 있는 대상물이라 하더라도 시축에서 벗어나는 시각(視角)에 따라 시력이 저하된다
④ 시야의 범위는 자동차 속도에 반비례하여 좁아진다
💡해설 ④는 속도와 시야에 대한 설명으로 정답은 ④이다.

**15** 정상적인 시력을 가진 사람의 시야 범위로 옳은 것은?
① 160°~180°
② 170°~190°
③ 180°~200°
④ 190°~200°

**16** 시야 범위 안에 있는 대상물이라 하여도 시축(視軸)에서 벗어나는 시각(視角)에 따라 시력(視力)이 저하된다. 틀린 것은?
① 3° 벗어나면 - 약 80%
② 6° 벗어나면 - 약 90%
③ 12° 벗어나면 - 약 99%
④ 13° 벗어나면 - 약 100%

**17** 시야와 주변시력에서 한 쪽 눈의 시야는 좌·우 각각 몇 도 정도이며, 양쪽 눈으로 색채를 식별할 수 있는 범위는 몇 도인가?
① 좌·우 각각 약 160° 정도, 색채를 식별할 수 있는 범위는 약 70°이다
② 좌·우 각각 약 170° 정도, 색채를 식별할 수 있는 범위는 75°이다
③ 좌·우 각각 약 180° 정도, 색채를 식별할 수 있는 범위는 80°이다
④ 좌·우 각각 약 185° 정도, 색채를 식별할 수 있는 범위는 약 85°이다

**18** 속도와 시야에 대한 설명으로 잘못된 것은?
① 시야의 범위는 자동차 속도에 반비례하여 좁아진다
② 정상시력을 가진 운전자가 정지 시 시야범위는 약 180°~200°이다
③ 정상시력을 가진 운전자가 매시 40km로 운전중이라면 그 시야범위는 약 100°이고, 매시 70km로 운전중이라면 약 60°이다
④ 매시 100km로 운전중이라면 시야범위는 약 40°이다
💡해설 ③에서 약 60도가 아닌 약 65도가 맞으므로 정답은 ③이다.

**19** 주행시공간(走行視空間)의 특성으로 틀린 것은?
① 속도가 빨라질수록 주시점은 멀어지고 시야는 좁아진다
② 빠른 속도에 대비하여 위험을 그만큼 먼저 파악하고자 사람이 긍정적으로 대응하는 과정이며 결과이다
③ 속도가 빨라질수록 가까운 곳의 풍경(근경)은 더욱 흐려지고 작고, 복잡한 대상은 잘 확인되지 않는다
④ 고속주행로 상에 설치하는 표지판을 크고 단순한 모양으로 하는 것은 이런 점을 고려한 것이다
💡해설 ②에서 "긍정적으로 대응하는"이 아니고, "자동적으로 대응하는"이 옳으므로 정답은 ②이다.

**20** 사고의 원인과 요인 중 간접적 요인에 대한 설명이 아닌 것은?
① 운전자에 대한 홍보활동 결여 및 훈련 결여
② 차량의 운전 전 점검습관의 결여, 무리한 운행계획
③ 불량한 운전태도, 운전자 심신기능
④ 안전운전을 위하여 필요한 교육태만, 안전 지식 결여
💡해설 ③의 요인은 "중간적인 요인"으로 정답은 ③이며, 이외에 "직장이나 가정에서의 원만하지 못한 인간관계"가 있다.

**21** 사고의 원인과 요인 중에서 직접적 요인(사고와 직접 관계있는 것)이 아닌 것은?
① 운전자의 성격
② 사고 직전 과속과 같은 법규위반
③ 위험인지의 지연
④ 운전조작의 잘못, 잘못된 위기 대처
💡해설 ①의 문항은 사고의 원인과 요인 중 "중간적 요인" 중의 하나로 정답은 ①이다.

**22** 사고의 심리적 요인에서 "속도의 착각"에 대한 설명으로 옳은 것은?
① 어두운 곳에서는 가로 폭보다 세로 폭을 보다 넓은 것으로 판단한다
② 작은 것은 멀리 있는 것 같이, 덜 밝은 것은 멀리 있는 것으로 느껴진다
③ 주시점이 가까운 좁은 시야에서는 빠르게 느껴진다. 비교 대상이 먼 곳에 있을 때는 느리게 느껴진다
④ 작은 경사는 실제보다 작게, 큰 경사는 실제보다 크게 보인다
💡해설 ③이 속도의 착각이며 정답은 ③이다. ①은 크기의 착각, ②는 원근의 착각, ④는 경사의 착각이다.

**23** 사고의 심리적 요인에서 "예측의 실수"에 대한 설명이 아닌 것은?
① 감정이 안정된 경우
② 감정이 격앙된 경우
③ 고민거리가 있는 경우
④ 시간에 쫓기는 경우
💡해설 "감정이 안정된 경우"는 예측의 실수를 비교적 덜 범하게 되므로 정답은 ①이다.

**24** 운전피로가 발생하여 순환하는 과정에 대한 설명으로 맞는 것은?
① 인지·판단 → 조작 → 신체적 피로 → 정신적 피로
② 인지·조작 → 판단 → 신체적 피로 → 정신적 피로
③ 판단·인지 → 조작 → 정신적 피로 → 신체적 피로
④ 정신적 피로 → 신체적 피로 → 인지·판단 → 조작

**25** 운전피로의 3대 요인 구성이 아닌 것은?
① 생활요인 : 수면·생활환경 등
② 운전작업중의 요인 : 차내(외)환경·운행조건
③ 운전자 요인 : 신체조건·경험조건·연령조건·성별조건·성격·질병 등
④ 정신(심리)적 조건 : 대뇌의 피로(나른함, 불쾌감)

**26** 운전 중 피로와 운전착오에 대한 설명으로 틀린 것은?
① 운전작업의 착오는 운전업무 개시 후·종료 시에 많아진다
② 운전시간 경과와 더불어 운전피로가 증가하여 작업 타이밍의 불균형을 초래한다
③ 운전착오는 심야에서 새벽 사이에 많이 발생한다
④ 피로가 쌓이면 졸음상태가 되어 차내외의 정보를 효과적으로 입수한다

정답 13 ① 14 ④ 15 ③ 16 ④ 17 ① 18 ③ 19 ② 20 ③ 21 ① 22 ③ 23 ① 24 ① 25 ④ 26 ④

**27** 교통사고를 당했을 당시의 보행자 요인에 해당하지 않는 것은?
① 인지결함  ② 판단착오
③ 동작착오  ④ 시력착오

> **해설** ④의 "시력착오"는 해당 없어 정답은 ④이다.

**28** 보행 중 교통사고 사망자가 가장 많은 나라는?
① 미국  ② 프랑스
③ 한국  ④ 일본

**29** 음주량과 체내 알콜 농도가 정점에 도달하는 남·여의 시간 차이에 대한 설명으로 맞는 것은?
① 여자는 30분 후, 남자는 60분 후 정점 도달
② 여자는 40분 후, 남자는 70분 후 정점 도달
③ 여자는 50분 후, 남자는 80분 후 정점 도달
④ 여자는 60분 후, 남자는 90분 후 정점 도달

**30** 보통의 성인 남자를 기준으로 체내 알콜 농도가 제거되는 소요시간에 대한 설명으로 틀린 것은?(일본에서 조사한 결과임)
① 0.05%는 7시간  ② 0.1%는 13시간
③ 0.2%는 19시간  ④ 0.5%는 30시간

> **해설** ②의 0.1%는 10시간으로 정답은 ②이다.

**31** 고령자 교통안전 장애 요인에 대한 설명 중 옳지 않는 것은?
① 고령자의 시각능력(동체시력의 약화현상)
② 고령자의 사고·신경능력(선택적 주의력저하)
③ 고령자의 청각능력(목소리 구별 감수성저하)
④ 고령보행자의 교통행동 특성(보행중 사선횡단을 한다. 고착화된 자기 경직성 등)

> **해설** ④에서 "교통행동 특성"이 아니고, "보행행동 특성"이 옳으므로 정답은 ④이다.

**32** 어린이 교통안전에서 어린이의 일반적 특성과 행동능력에 대한 설명으로 틀린 것은?
① 감각적 단계(2세 미만) : 교통상황에 대처할 능력도 전혀 없고 전적으로 보호자에게 의존하는 단계이다
② 전 조작 단계(2세~7세) : 2가지 이상을 동시에 생각하고 행동할 능력이 없다
③ 구체적 조작단계(7세~12세) : 추상적 사고의 폭이 넓어지고, 개념의 발달과 그 사용이 증가한다
④ 형식적 조작단계(12세 이상) : 대개 초등학교 6학년 이상에 해당하며, 논리적 사고가 발달하나 아직 보행자로서 교통에 참여할 단계는 아니다

> **해설** ④에서 "형식적 조작단계"는 충분히 "보행자로서 교통에 참여할 수 있는 단계"이므로 정답은 ④이다.

**33** 어린이 교통사고의 특징으로 틀린 것은?
① 어릴수록 그리고 학년이 낮을수록 교통사고를 많이 당한다
② 보행 중(차대 사람) 교통사고를 당하여 사망하는 비율이 가장 높다
③ 시간대별 어린이 보행 사상자는 오전 10시에서 오전 11시 사이에 가장 많다
④ 보행 중 사상자는 집이나 학교 근처 등 어린이 통행이 잦은 곳에서 가장 많이 발생되고 있다

> **해설** ③에서 "오전 10시에서 오전 11시"가 아니고, "오후 4시에서 오후 6시"가 맞으므로 정답은 ③이다.

**34** 어린이의 교통행동 특성으로 틀린 것은?
① 교통상황에 대한 주의력이 부족하고, 판단력이 부족하며, 모방행동이 많다
② 사고방식이 복잡하고, 추상적인 말은 잘 이해하지 못하는 경우가 많다
③ 호기심이 많고 모험심이 강하며, 눈에 보이지 않는 것은 없다고 생각한다
④ 자신의 감정을 억제하거나 참아내는 능력이 약하며, 제한된 주의 및 지각능력을 가지고 있다

> **해설** ②에서 "사고방식이 복잡하고"가 아니라, "사고방식이 단순하고"가 맞으므로 정답은 ②이다.

**35** 다음 중 운행기록분석시스템 분석항목에 해당되지 않는 것은?
① 자동차의 운행경로에 대한 궤적의 표기
② 운전자별·시간대별 운행속도 및 주행거리의 비교
③ 진로변경 횟수와 사고위험도 측정, 과속·급가속·급감속·급출발·급정지 등 위험운전 행동 분석
④ 그 밖에 운전자의 과로 운행의 확인

**36** 교통행정기관이나 한국교통안전공단, 운송사업자가 운행기록의 분석결과를 교통안전 관련 업무에 한정하여 활용할 수 없는 것은?
① 자동차의 운행관리
② 운전자에 대한 교육·훈련
③ 운전자의 운전습관 교정
④ 자가용 운전자의 교통사고 예방

**37** 운행기록분석시스템에서 사고유발과 직접 관련 있는 5가지 유형이 아닌 것은?
① 과속유형  ② 급가속유형
③ 장기과속유형  ④ 급회전유형(누전회전각)

**38** 위험운전행동에서 과속 및 급가속유형에 해당되지 않는 것은?
① 화물자동차는 차체 중량이 무겁기 때문에 과속시 사망사고와 같은 대형사고로 이어질 수 있다.
② 화물자동차는 장기과속의 위험에 항상 노출되어 있어 운전자의 속도감각·거리감각 저하를 가져올 수 있다.
③ 화물자동차의 무리한 급가속 행동은 차량고장의 원인이 되나 다른 차량에 위협감은 주지 않는다.
④ 요금소를 통과 후 대형화물자동차의 급가속 행위는 추돌사고의 원인이 될 수 있다.

**39** 위험운전행동에서 급회전유형에 대한 설명이 아닌 것은?
① 좌회전 시 저속으로 회전을 해야 하며, 좌회전 후 중앙선을 침범하지 않도록 항상 주의해야 한다. 특히, 급좌회전, 꼬리 물기 등을 삼가하고, 저속으로 회전하는 습관이 필요하다.
② 우회전 시 저속으로 회전을 해야 하며, 다른 차선과 보도를 침범하지 않도록 주의해야 한다.
③ 차체가 길기 때문에 U턴 시 대향차로의 많은 공간이 요구되므로 대향차로 상의 과속차량에 유의해야 한다.
④ 진로를 변경하고자 하는 차로의 전방뿐만 아니라 후방의 교통상황도 충분하게 고려하고 반영하는 운전 습관이 중요하다.

> **해설** ④는 '급앞지르기'의 안전운전 요령이므로 정답은 ④이다.

**정답** 27 ④  28 ③  29 ①  30 ②  31 ④  32 ④  33 ③  34 ②  35 ④  36 ④  37 ③  38 ③  39 ④

# 제3장 자동차 요인과 안전운행 요약정리

## 1 주요 안전장치

(1) 인간과 자동차는 하나의 시스템으로 움직이므로 자동차의 안전도가 확보되어야 운전자와 일체가 되어 유기적인 안전운행이 가능하다.
(2) 자동차 구성품 하나하나가 모두 안전에 중요한 기능을 담당하지만 주요장치인 것은 ① 제동장치, ② 주행장치, ③ 조향장치이며 이에 대한 설명은 다음과 같다.

### 1 제동장치 기능(주행하는 자동차를 감속, 정지, 주차상태 유지장치)

(1) 주차(핸드) 브레이크
① 차를 주차 또는 정차시킬 때 사용하는 제동장치이다.
② 주로 손으로 조작한다.
③ 일부 승용차의 경우 발로 조작하는 경우도 있으며, 뒷바퀴의 좌·우가 고정된다.

(2) 풋 브레이크
① 주행 중에 발로서 조작하는 주 제동장치이다.
② 마스터실린더 내의 피스톤이 작동되어 브레이크 액이 압축되고 압축된 브레이크액이 파이프를 따라 휠 실린더로 전달된다.
③ 휠 실린더의 피스톤에 의해 브레이크 라이닝을 밀어주어 타이어와 함께 회전하는 드럼을 잡아 멈추게 하는 장치이다.

(3) 엔진 브레이크
① 주행 중 가속페달에서 발을 놓거나, 혹은 저단으로 기어를 바꾸게 되면 속도가 떨어지게 되는 것을 말한다.(회전저항으로 발생한 제동력)
② 내리막길에서 엔진브레이크를 주로 사용하는 것이 안전하다.

(4) ABS(Anti-lock Brake System)
① 기능 : 빙판이나 빗길 미끄러운 노면상이나 통상의 주행에서 제동시에 바퀴를 록(lock) 시키지 않음으로써, 브레이크가 작동하는 동안에도 핸들의 조종이 용이하도록 하는 제동장치이다.
② ABS의 사용목적 : 방향 안정성(安定性)과 조종성(操縱性)확보를 함
 ㉠ 후륜 잠김현상을 방지하여 방향 안정성을 확보하며
 ㉡ 전륜(앞바퀴) 잠김현상을 방지하여, 조종성 확보를 통해, 장애물 회피, 차로변경 및 선회가 가능하며
 ㉢ 불쾌한 스키드(skid)음을 막고, 바퀴 잠김에 따른 편마모를 방지해, 타이어의 수명을 연장할 수 있다.
③ ABS의 효과
 ㉠ 바퀴가 미끄러지지 않는 정상 노면에서는 일반브레이크 작동과 동일하나
 ㉡ 바퀴의 미끄러짐 현장이 나타나면, 미끄러지기 직전의 상태로 각 바퀴의 제동력을 ON, OFF시켜 제동한다. 즉, ABS는
  ⓐ 매우 미끄러운 노면에서 브레이크를 밟는 경우(눈길, 빙판길, 빗길 등)
  ⓑ 브레이크 페달을 급하게 힘을 주어 밟는 경우(아스팔트, 콘크리트, 노면 등)에 ABS는 작동하게 된다.

### 2 주행장치 기능 : 엔진의 동력→바퀴에 전달→노면 위를 달리게 함

(1) 휠(Wheel)의 기능
① 휠은 타이어와 함께 차량의 중량을 지지하고, 구동력과 제동력을 지면에 전달하는 역할을 한다.
② 휠은 무게가 가볍고, 노면의 충격과 측력에 견딜 수 있는 강성이 있어야 한다.
③ 타이어에서 발생하는 열을 흡수하여, 대기 중으로 잘 방출시켜야 한다.

(2) 타이어의 중요한 역할
① 휠의 림에 끼워져서 일체로 회전하며, 자동차가 달리거나 멈추는 것을 원활히 하며, 자동차의 중량을 떠받쳐준다.
② 지면으로부터 받는 충격을 흡수해, 승차감을 좋게 한다.
③ 자동차의 진행방향을 전환시킨다.

### 3 조향장치 기능(핸들 : Steering wheel)

(1) 운전석에 있는 핸들(Steering wheel)에 의해, 앞바퀴의 방향을 틀어서 자동차의 진행방향을 바꾸는 장치이다.
(2) 자동차가 주행할 때는 항상 바른 방향을 유지해야 하고, 핸들조작이나 외부의 힘에 의해 주행방향이 잘못 되었을 때는, 즉시 직전 상태로 되돌아가는 성질이 요구된다.
(3) 조향장치는 주행 중 안정성이 좋고, 핸들조작이 용이하도록 한다.
(4) 앞바퀴 정렬에는 토우인, 캠버, 캐스터 등이 포함되어 있다.

| | |
|---|---|
| 토우인 (Toe-in) | 상태 : 앞바퀴를 위에서 보았을 때 앞쪽이 뒤쪽보다 좁은 상태<br>기능 : ① 타이어 마모방지 ② 바퀴회전 원활 ③ 핸들 조작을 용이하게 함 ④ 주행 중 타이어가 바깥쪽으로 벌어지는 것을 방지 ⑤ 캠버에 의해 토아웃 되는 것을 방지 ⑥ 주행저항 및 구동력의 반력으로, 토아웃 되는 것을 방지한다. |
| 캠버 (Camber) | 상태 : 자동차를 앞에서 보았을 때, 위쪽이 아래보다 약간 바깥쪽으로 기울어져 있는데, 이것을 (+)캠버라고 말한다. 또한 위쪽이 아래쪽보다 약간 안쪽으로 기울어져 있는 것을 (-)캠버라고 한다.<br>기능 : ① 앞바퀴가 하중을 받았을 때 아래로 벌어지는 것을 방지하고 ② 타이어 접지면의 중심과 킹핀의 연장선이 노면과 만나는 점과의 거리인 옵셋을 적게 하여 ③ 핸들의 조작을 가볍게 하기 위하여 필요하다. ④ 수직방향 하중에 의해 앞차축의 휨을 방지한다. |
| 캐스터 (Caster) | 상태 : 자동차를 옆에서 보았을 때 차축과 연결되는 킹핀의 중심선이 약간 뒤로 기울어져 있는 것을 말한다.<br>기능 : ① 앞바퀴에 직진성을 부여하여 ② 차의 롤링을 방지하고 ③ 핸들의 복원성을 좋게 하기 위해 필요 ④ 주행시 앞바퀴에 방향성(진행 방향으로 향함)을 부여한다. ⑤ 조향을 하였을 때 직진 방향으로 되돌아오려는 복원력을 준다. |

### 4 현가장치의 기능과 유형

① 차량의 무게를 지탱하여 ② 차체가 직접 차축에 얹히지 않도록 해주며, ③ 도로 충격을 흡수하여, ④ 운전자와 화물에 더욱 유연한 승차를 제공해 준다.

| 유 형 | 구 조 |
|---|---|
| 판 스프링<br>(Leaf Spring)<br>(주로 화물 자동차에 사용) | • 구조 : ① 유연한 금속층을 함께 붙인 것 ② 차축은 스프링의 중앙에 놓이게 되며 ③ 스프링의 앞과 뒤가 차체에 부착된다.<br>• 특징 : ① 구조가 간단하나 승차감이 나쁘다. ② 내구성이 크다. ③ 판간 마찰력을 이용하여 진동을 억제하나, 작은 진동을 흡수하기에는 적합하지 않다. ④ 너무 부드러운 판 스프링을 사용하면, 차축의 지지력이부족하여 차체가 불안정하게 된다. |
| 코일 스프링<br>(Coil Spring)<br>(승용자동차에 사용) | • 각 차륜에 내구성이 강한 금속나선을 놓은 것으로<br>• 코일의 상단은 차체에 부착하는 반면, 하단은 차륜에 간접적으로 연결된다. |

| 유 형 | 구 조 |
|---|---|
| 비틀림 막대 스프링 (Torsion Bar Spring) | • 뒤틀림에 의한 충격을 흡수하여, 뒤틀린 후에도 원형을 되찾는 특수금속으로 제조된다.<br>• 도로의 융기나 함몰지점에 대응하여 신축하거나 비틀려 차륜이 도로표면에 따라 아래 위로 움직이도록 하는 한편, 차체는 수평으로 유지하도록 해준다. |
| 공기스프링 (Air Spring) | • 고무인포로 제조되어 압축공기로 채워지며<br>• 에어백이 신축하도록 되어 있음(버스와 같은 대형차량에 사용). |
| 충격흡수장치 (Shock Absorber) | • 작동유를 채운 실린더로서 스프링의 동작에 반응하여, 피스톤이 위, 아래로 움직이며, 운전자에게 전달되는 반동량을 줄여준다. |

※ 현가장치의 결함 : 차량의 통제력을 저하시킬 수 있으므로, 항상 양호한 상태로 유지되어야 한다.

※ 속 업소버의 역할 : ① 노면에서 발생한 스프링의 진동을 흡수 ② 승차감을 향상 ③ 스프링의 피로를 감소 ④ 타이어와 노면의 접착성을 향상시켜, 커브길이나 빗길에 차가 튀거나 미끄러지는 현상을 방지

## 2 물리적 현상

### 1 속도의 현실적 개념

(1) 속도는 대개 "시속 몇 km"로 표현한다. 그러나 주행 중인 운전자가 하여야 하는 여러 가지 결정들은 "시속 몇 km"라는 개념보다는 1초에 얼마만큼 주행하는가와 결부시킬 때 보다 현실적이다.

(2) 속도는 상대적인 것이며 중요한 것은 사고의 가능성과 사고의 회피를 가능하게 하는데 필요한 공간과 시간이다.

(3) 속도가 증가함에 따라 자연법칙의 나쁜 영향들은 확대된다.

### 2 원심력

(1) 원심력의 개념 : 원운동 시에 원의 중심으로부터 벗어나려는 힘이 원심력이다. 즉 자동차가 커브길을 돌고 있을 때, 승객의 몸이 바깥쪽으로 밀리는 것은 원심력 때문이다. 또한 원심력이 더욱 커지면, 마침내 차는 도로 밖으로 기울면서 튀어나간다.

(2) 원심력과 안전운행
① 원심력은 속도의 제곱에 비례하여 변한다. 시속 50km로 커브를 도는 차량은 시속 25km로 도는 차량보다 4배의 원심력을 지니는 것이다. 이 경우에 속도는 2배에 불과하나, 차를 직진시키려는 힘은 4배가 된다.
② 원심력은 속도가 빠를수록, 커브가 작을수록, 또 중량이 무거울수록 커지며, 특히 속도의 제곱에 비례해서 커진다.
③ 이러한 사실로 보아 다음과 같은 실질적인 결론을 맺고 있다.
  ㉠ 커브에 진입 전에 속도를 줄여 노면에 대한 타이어의 접지력(Grip)이 원심력을 안전하게 극복할 수 있도록 하여야 한다.
  ㉡ 커브가 예각을 이룰수록 원심력은 커지므로, 안전하게 회전하려면 이러한 커브에서 보다 감속하여야 한다.
  ㉢ 타이어의 접지력은 노면의 모양과 상태에 의존한다. 노면이 젖어있거나 얼어 있으면 타이어의 접지력은 감소하므로 저속으로 감속해야 한다.

### 3 스탠딩 웨이브(Standing wave) 현상

(1) 개념 : 타이어가 회전하면 이에 따라 타이어의 원주에서는 변형과 복원을 반복한다. 타이어의 회전속도가 빨라지면 접지부에서 받은 타이어의 변형(주름)이 다음 접지 시점까지도 복원되지 않고, 접지의 뒤쪽에 진동의 물결이 일어나는 현상을 말한다.
※ 일반구조 승용차용 타이어는 대략 150km/h 전, 후에서 발생함.

(2) 예방(주의 필요 사항) : ① 속도를 낮춘다. ② 공기압을 높인다.

### 4 수막 현상(Hydroplaning)

(1) 개념 : 자동차가 물이 고인 노면을 고속으로 주행할 때, 타이어는 그루부(타이어 홈) 사이에 있는 물을 배수하는 기능이 감소되어 물의 저항에 의해, 노면으로부터 떠올라(임계속도) 물 위를 미끄러지듯이 되는 현상이 발생하게 되는데 이 현상을 말한다.
※ 수막현상이 발생 시 물의 압력은 자동차 속도의 2배 그리고 유체 밀도에 비례한다.(임계속도 : 타이어가 완전히 떠오를 때의 속도)

(2) 발생상황 : 수막 현상이 발생하는 최저의 물깊이는, 자동차의 속도, 타이어의 마모 정도, 노면의 거침 등에 따라 다르지만 2.5~10mm 정도이다.

(3) 수막현상 예방을 하기 위한 주의 필요사항
① 고속으로 주행하지 않는다.
② 타이어의 공기압을 조금 높게 한다.
③ 마모된 타이어(트레드가 1.6mm 이하)를 사용하지 않는다.
④ 배수효과가 좋은 타이어를 사용한다.

### 5 페이드(Fade) 현상

(1) 발생원인 : 비탈길을 내려가거나 내려갈 경우 브레이크를 반복하여 사용하면 마찰열이 라이닝에 축적되어, 브레이크의 제동력이 저하되는 경우가 있다. 이 현상을 "페이드(Fade)"라고 한다.

(2) 발생증상 : 브레이크 라이닝의 온도상승으로 라이닝면의 마찰계수가 저하되기 때문인데 페달을 강하게 밟아도 제동이 잘 안 된다.

### 6 베이퍼 록(Vapor lock) 현상

(1) 발생 원인 : 액체를 사용하는 계통에서, 열에 의하여 액체가 증기(베이퍼)로 되어, 어떤 부분에 갇혀 계통의 기능이 상실되는 현상이다.

(2) 발생시 현상 : 유압식 브레이크의 휠 실린더나 브레이크 파이프 속에서 브레이크 액이 기화하여, 페달을 밟아도 스펀지를 밟는 것 같고, 유압이 전달되지 않아 브레이크가 작용하지 않는 현상이다.

▶ 참고
워터 페이드(Water fade) 현상
① 개념 : 브레이크 마찰재가 물에 젖어 마찰계수가 작아져 브레이크의 제동력이 저하되는 현상이다.
② 원인 : 물이 고인 도로에 자동차를 정차시켰거나 수중 주행을 하였을 때, 이 현상이 일어나며 브레이크가 전혀 작용되지 않을 수도 있다.
③ 회복 요령 : 브레이크 페달을 반복해 밟으면서, 천천히 주행하면 열에 의하여 서서히 브레이크가 회복된다.

### 7 모닝 록(Morning lock) 현상

(1) 발생원인 : 비가 자주 오거나 습도가 높은 날, 또는 오랜 시간 주차한 후에는 브레이크 드럼에 미세한 녹이 발생하는 모닝 록(Morning Lock) 현상이 나타나기 쉽다.

(2) 발생증상 : 이 현상이 발생하면, 브레이크 드럼과 라이닝, 브레이크 패드와 디스크의 마찰계수가 높아져, 평소보다 브레이크가 지나치게 예민하게 작동된다. 따라서 평소의 감각대로 제동을 하게 되면, 급제동이 되어 의외의 사고가 발생할 수 있다.

(3) 제거해소 방법 : 모닝 록 현상을 해소하려면, 서행하면서 브레이크를 몇 번 밟아 주게 되면, 녹이 자연히 제거되면서 해소된다.

### 8 현가장치 관련 현상

(1) 자동차의 진동
① 바운싱(Bouncing : 상, 하 진동) : 차체가 Z축 방향과 평행운동
② 피칭(Pitching : 앞, 뒤 진동) : 차체가 Y축 중심 회전운동(차량의 무게중심을 지나는 가로방향의 축(Y축)을 중심으로, 차량이 앞뒤로 기울어지는 현상으로, 적재물이 없는 대형차량의 급제동시,

피칭현상으로 인해 스키드마크가 짧게 끊어진 형태로 나타난다.)

③ 롤링(Rolling : 좌, 우 진동) : 차체가 X축을 중심으로 하여 회전운동(차량의 무게중심을 지나는 세로방향의 축(X축)을 중심으로, 차량이 좌우로 기울어지는 현상으로, 롤링시 급제동되면 좌우의 스키드 마크의 길이에서 차이가 난다.)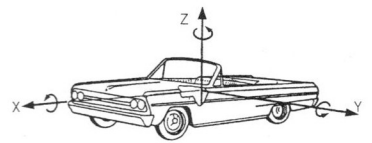

④ 요잉(Yawing : 차체 후부 진동) : 차체가 Z축 중심으로 회전운동(차량의 무게중심을 지나는 윗 방향의 축(Z축)을 중심으로 차량이 회전하는 현상으로 심할 경우 노면상에 요 마크를 생성한다.)

### (2) 노즈 다운(다이브 현상)과 노즈 업(스쿼트 현상)

① 노즈 다운(Nose down) : 자동차를 제동할 때 바퀴는 정지하려고 차체는 관성에 의해 이동하려는 성질 때문에, 앞 범퍼 부분이 내려가는 현상(앞 범퍼 부분 : ↓)

노즈 다운(다이브 현상)

② 노즈 업(Nose up) : 자동차가 출발할 때 구동 바퀴는 이동하려 하지만 차체는 정지하고 있기 때문에, 앞 범퍼 부분이 들리는 현상(앞 범퍼 부분 : ↑)

노즈 업(스쿼트 현상)

### 9 선회 특성과 방향 안정성 : 옆방의 바람 받으면서 직진주행시

※ 일반적으로 언더 스티어링 자동차가 방향 안정성이 크다.

(1) 오버 스티어링 : 앞바퀴의 사이드 슬립 각도가, 뒷바퀴의 사이드 슬립 각도보다 작을 때(주행속도가 빠를수록 현저하게 발생)특성

(2) 언더 스티어링(자동차가 방향 안정성이 향상된다) : 앞바퀴의 사이드 슬립 각도가, 뒷바퀴의 사이드 슬립 각도보다 클 때(포장도로에서 장시간 고속주행 시 옆방향의 바람의 영향이 적어 주행에 유리함) 특성

### 10 내륜차와 외륜차

자동차 바퀴의 궤적을 보면 직진할 때는 앞바퀴가 지나간 자국을 그대로 따라 가지만, 핸들을 조작했을 때는 바퀴가 모두 제각기 서로 다른 원을 그리면서 통과하게 된다. 핸들을 우측으로 돌렸을 경우, 뒷바퀴의 연장선상의 한 점을 중심으로, 바퀴가 동심원을 그리게 되는데, 이를 구분하여 설명하면

(1) 내륜차(內輪差) : 앞바퀴의 안쪽과, 뒷바퀴의 안쪽과의 차이를 '내륜차(內輪差)'라 한다.

(2) 외륜차(外輪差) : 바깥바퀴의 차이를 '외륜차(外輪差)'라 한다.

※ 대형차일수록 내륜차와 외륜차의 차이는 크다.

(3) 주행시 위험에 주의 : 자동차가 전진할 경우에는 내륜차에 의해, 또 후진할 경우에는 외륜차에 의한 교통사고의 위험이 있다.

### 11 타이어 마모에 영향을 주는 요인

(1) 공기압 : ① 공기압이 규정 압력보다 낮으면 → 트레드 접지면에서의 운동이 커져, 마모가 빨라진다. ② 타이어 공기압이 낮으면 → 승차감은 좋아지나, 숄더부분에 마찰력이 집중되기 때문에 타이어 수명이 짧아진다. ③ 공기압이 높으면 → 승차감은 나빠지고, 트레드 중앙부분의 마모가 촉진된다.

(2) 하중 : ① 하중이 커지면 → ㉠ 타이어의 굴신이 심해져서 ㉡ 트레드 접지면적이 증가하여 트레드의 미끄러짐 정도도 커져서 마모를 촉진한다. ② 타이어에 걸리는 하중이 커지면 → ㉠ 공기압 부족 형태로 타이어는 크게 굴곡되고 ㉡ 마찰력 증가로 내마모성이 저하된다.

(3) 속도 : 주행 중 타이어에 일어나는 구동력, 제동력, 선회력 등의 힘은 어느 것이든 속도의 제곱에 비례하며 또 속도가 증가하면, 타이어의 온도도 상승하여, 트레드 고무의 내마모성이 저하된다.

(4) 커브 : 차가 커브를 돌 때는, 차의 중량, 차속도의 제곱 및 커브 반경의 역수에 비례한 원심력이 작용한다. 이 원심력에 대항하기 위하여 타이어에 활각을 주게 된다. 이 활각에 상응한 트레드 고무의 변형에 의해 구심력이 생겨서, 비로소 커브를 돌 수 있게 되는 것이다. 이 커브가 마모에 미치는 영향은 매우 커서, 활각이 크면 마모는 많아진다.

(5) 브레이크 : ① 브레이크를 걸 때 차의 속도가 빠르면 빠를수록 속도의 제곱에 비례한 운동량을 지니고 있기 때문에, 이 힘을 소멸시키기 위해서는 타이어의 접지면에 주는 제동력과 미끄러지는 정도도 많아져야 하므로, 이 때문에 마모가 더욱 심하게 된다. ② 브레이크를 밟는 횟수가 많을수록 또는 브레이크를 밟기 직전의 속도가 빠를수록, 타이어의 마모량은 커진다.

(6) 노면 : ① 포장된 도로에서 타이어 수명이 "100%"이라면 ② 비포장 도로에서의 수명은 "60%"에 해당된다. ③ 비포장 도로에서의 운행은 노면에 알맞은 주행을 하여야 마모를 줄일 수 있다.

### 12 유체자극(流體刺戟)의 현상(現狀)

(1) 고속도로에서 고속으로 주행하게 되면, 노면과 좌·우에 있는 나무나 중앙분리대의 풍경 등이, 마치 물이 흐르듯이 흘러서 눈에 들어오는 느낌의 자극을 받게 된다. 속도가 빠를수록 눈에 들어오는 흐름의 자극은 더해지며, 주변의 경관은 거의 흐르는 선과 같이 되어 눈을 자극하는데, 이것을 '유체자극(流體刺戟)'이라 한다.

(2) 유체자극을 받으면서 장시간 운전할 때의 영향
① 운전자의 눈은 몹시 피로하게 된다.
② 운전자는 무의식중에 유체자극을 피하여, 안정된 시계(視界)를 갖기 위해, 앞차에 근접하여 앞차와 같은 속도로 주행하려고 노력한다.
③ 앞의 차와 동일한 속도나 일정거리를 두고 주행하면, 눈의 시점이 한 곳에만 고정되어 주위정보(경관)가 시계에 들어오지 않고 운전자는 점차 시계의 입체감을 잃게 되어 속도감, 거리감 등이 마비되어 의식이 저하되고, 반응도 둔해진다.

## 3 정지거리와 정지시간

(1) 자동차의 정지거리는 공주거리와 제동거리를 합한 거리이다. 이때까지 소요된 시간을 정지소요 시간(공주시간+제동시간)이라 한다.

(2) 자동차가 어떤 속도로 주행하고 있든 간에 긴급 상황에서 차량을 정지시키는 데 영향을 미치는 요소는 운전자의 지각시간, 운전자의 반응시간, 브레이크 혹은 타이어의 성능, 도로조건 등의 요소이다.
※ 공주, 제동, 정지시간(거리)에 살펴보면 다음의 (3)과 같다.

(3) 공주시간(거리), 제동시간(거리), 정지시간(거리)의 구분

| 구 분 | 내 용 |
|---|---|
| 공주시간 | 운전자가 자동차를 정지시켜야 할 상황임을 지각하고, 브레이크페달로 발을 옮겨, 브레이크가 작동을 시작하는 순간까지의 시간 |
| 공주거리 | 공주시간 동안 자동차가 진행한 거리를 말한다. |
| 제동시간 | 운전자가 브레이크에 발을 올려, 브레이크가 막 작동을 시작하는 순간부터 자동차가 완전히 정지할 때까지의 시간 |

| 구 분 | 내 용 |
|---|---|
| 제동거리 | 제동시간 동안 자동차가 진행한 거리를 말함 |
| 정지시간 | 운전자가 위험을 인지하고 자동차를 정지시키려고 시작하는 순간부터, 자동차가 완전히 정지할 때까지의 시간(공주시간+제동시간=정지시간) |
| 정지거리 | 정지시간 동안 자동차가 진행한 거리를 말한다. "정지거리"는 공주거리와 제동거리를 합한 거리를 말한다. |

## 4 자동차의 일상점검

(1) **원동기** : 엔진오일량 및 오염, 누유상태, 냉각수와 누수 및 연료량, 시동상태 및 잡음 유무, 배기관 및 소음기 상태 양호유무 등
(2) **동력전달장치** : 클러치 유동이 없고, 유격이 적당 여부, 변속기 조작이 쉽고, 오일누출, 추진축연결부의 헐거움이나 이음여부 등
(3) **조향장치** : 스티어링 휠의 유동, 느슨함, 조향축 흔들림 손상 등
(4) **제동장치** : 브레이크 페달과, 주차 제동레버의 유격과 당겨짐
(5) **완충장치** : 섀시 스프링 및 쇽 업쇼버 이음부의 느슨함과 손상
(6) **주행장치** : 휠 너트 및 허브너트의 느슨함 유무, 타이어의 공기압 적정유무, 이상마모 등
(7) **차량점검 및 주의사항** : 와이퍼 작동과 유리 세척액 양, 운행 전 점검 실시, 주차 시에는 항상 주차브레이크 사용, 라디에이터 캡 열 때 주의, 컨테이너 차량 경우 "록"장치 작동 유무 등

## 5 자동차 응급조치방법

### 1 오감(시각·청각·촉각·후각·미각)으로 판별하는 자동차 이상 징후(활용도가 가장 낮은 것 : 미각)

| 감각 | 점검방법 | 적용사례 |
|---|---|---|
| 시각 | 부품이나 장치의 외부 굽음·변형·녹슴 등 | 물·오일·연료의 누설, 자동차의 기울어짐 |
| 청각 | 이상한 음(소리) | 마찰음, 걸리는 쇳소리, 노킹소리, 긁히는 소리 등 |
| 촉각 | 느슨함, 흔들림, 발열 상태 | 볼트 너트의 이완, 유격, 브레이크작동할 때 차량이 한쪽으로 쏠림, 전기 배선 불량 등 |
| 후각 | 이상 발열·냄새 | 배터리액의 누출, 연료 누설, 전선 등이 타는 냄새 등 |

(1) 전조현상(前兆現狀)을 잘 파악하면, 고장을 사전에 예방할 수 있다.
(2) 고장이 자주 일어나는 부분 점검
  ① 진동과 소리가 날 때의 고장점검
    ㉠ 엔진의 점화장치 부분 : 주행 중 차체에 이상한 진동이 느껴질 때는 엔진에서의 고장이 주원인이다(플러그 배선이 빠져있거나, 플러그 자체가 나쁠 때 발생 현상이다).
    ㉡ 엔진의 이음 : 엔진의 회전수에 비례하여, 쇠가 마주치는 소리가 날 때가 있다(밸브 간극 조정으로 고쳐질 수 있다).
    ㉢ 팬 벨트 : 가속 페달을 힘껏 밟는 순간 "끼익!"하는 소리가 나는 경우가 많은데, 이때는 팬 벨트 또는 기타의 V벨트가 이완되어 걸려 있는 풀리(Pulley)와의 미끄러짐에 의해 일어난다.
    ㉣ 클러치 부분 : 클러치를 밟고 있을 때 "달달달" 떨리는 소리와 함께 차체가 떨린다면, 클러치 릴리스 베어링의 고장이다.

    ㉤ 브레이크 부분 : 브레이크 페달을 밟아 차를 세우려고 할 때 바퀴에서 "끼익!"하는 소리가 나는 경우는 이것은 브레이크 라이닝의 마모가 심하거나 라이닝에 결함이 있을 때의 현상이다.
    ㉥ 조향장치 부분 : 핸들이 어느 속도에 이르면 극단적으로 흔들린다. 특히 핸들 자체에 진동이 일어나면, 앞바퀴 불량이 원인일 때가 많다. 앞차륜 정렬(휠 얼라인먼트) 및 바퀴 자체의 휠 밸런스가 맞지 않을 때 주로 일어난다.
    ㉦ 현가장치 부분 : 비포장 도로의 울퉁불퉁한 험한 노면 위를 달릴 때 "딱각 딱각"하는 소리나 "킁킁"하는 소리가 날 때에는, 현가장치인 쇽 업쇼버의 고장으로 볼 수 있다.
  ② 냄새와 열이 날 때의 이상부분 점검
    ㉠ 전기장치 부분 : 고무 같은 것이 타는 냄새가 날 때는 대개 엔진실 내의 전기 배선 등의 피복이 녹아 벗겨져 합선에 의해 전선이 타면서 나는 냄새가 대부분이다(보닛 열고 확인가능).
    ㉡ 브레이크 부분 : 단내가 심하게 나는 경우는, 주 브레이크의 간격이 좁든가, 주차 브레이크를 당겼다 풀었으나 완전히 풀리지 않았을 경우이다(하행시 계속 브레이크 작동시 발생함).
    ㉢ 바퀴 부분 : 바퀴마다 드럼에 손을 대보면 어느 한쪽만 뜨거울 경우가 있는데, 이때는 브레이크 라이닝 간격이 좁아 브레이크가 끌리기 때문이다.
  ③ 배출 가스로 구분할 수 있는 고장부분(머플러 : 소음기)
    ㉠ 무색 : 완전 연소 때는 무색 또는 약간 엷은 청색을 띤다.
    ㉡ 검은색 : 농후한 혼합가스가 들어가 불완전 연소의 경우이다.(연료장치(초크) 고장, 에어 클리너 엘리먼트 막힘 등)
    ㉢ 백색(흰색) : 엔진 안에서 다량의 엔진오일이 실린더 위로 올라와, 연소되는 경우로(헤드개스킷 파손, 밸브의 오일씰 노후, 또는 피스톤링의 마모 등, 엔진 보링을 할 시기가 됨)

### 2 고장 유형별 조치방법

| 고장유형 | | 현상 | 점검사항 | 조치방법 |
|---|---|---|---|---|
| 엔진계통 | 엔진오일 과다 소모 | 하루 평균 약 2~4리터 엔진오일이 소모됨 | • 배기 배출가스 육안 확인(블로바이가스 과대 배출)<br>• 에어클리너 과다 오염<br>• 엔진과 콤프레셔 피스톤링 과다 마모<br>• 엔진 피스톤링 과다 마모 | • 실린더라이너, 오일팬, 개스킷 교환<br>• 에어클리너 청소 및 장착방법 준수 철저<br>• 실린더 교환이나 보링 작업<br>• 엔진 피스톤링 교환 |
| | 엔진온도 과열 | 주행 시 엔진 과열(온도게이지 상승됨) | • 냉각수 및 엔진오일 양 확인과 누출여부 확인<br>• 냉각팬 및 워터펌프의 작동 확인<br>• 라디에이터 손상 상태 및 써머스태트 작동상태 확인<br>• 팬·및 워터펌프의 벨트 확인<br>• 수온조절기의 열림 확인 | • 냉각수 보충<br>• 팬 벨트의 장력 조정<br>• 냉각팬 휴즈 및 배선 상태 확인<br>• 팬 벨트 교환<br>• 수온조절기 교환<br>• 냉각수 온도 감지센서 교환<br>※ 라지에이터 내 냉각수 흐름을 관찰(기포현상이 있으면 고장임) |
| | 엔진 과회전 (Over revolution) 현상 | 내리막길 주행 변속 시 엔진소리와 함께 재시동이 불가함 | • 내리막길에서 순간적으로 고단에서 저단으로 기어 변속 시(감속 시) 엔진 내부가 손상되므로 엔진내부 확인<br>• 로커암 캡을 열고 푸쉬로드 휨 상태, 밸브 스템등 손상 확인(손상 상태가 심할 경우는 실린더 블록까지 파손됨) | • 과도한 엔진 브레이크 사용지양(내리막길 주행 시)<br>• 최대 회전속도를 초과한 운전 금지<br>• 고단에서 저단으로 급격한 기어변속 금지(특히 내리막길)<br>※ 주의사항 : 내리막길 중립 상태(일명 : 후리) 운행금지 또는 최대엔진회전수 조정볼트(봉인) 조정금지 |

| 고장유형 | 현상 | 점검사항 | 조치방법 |
|---|---|---|---|
| 엔진계통 - 엔진 매연 과다 발생 | 엔진 출력이 감소되며 매연(흑색)이 과다 발생함 | • 엔진 오일 및 필터 상태 점검<br>• 에어클리너 오염상태 및 덕트 내부 상태 확인<br>• 블로바이 가스 발생 여부 확인<br>• 연료의 질 분석 및 흡·배기 밸브 간극 점검(소리로 확인) | • 출력 감소 현상과 함께 매연이 발생되는 것은 흡입 공기량(산소량) 부족으로 불완전 연소된 탄소가 나오는 것임<br>• 에어클리너 오염 확인 후 청소, 덕트 내부 확인(흡입공기량 충분)<br>• 밸브간극 조정 실시 |
| 엔진계통 - 엔진 시동 꺼짐 | • 정차 중 엔진의 시동이 꺼짐<br>• 재 시동이 불가 | • 연료량 확인<br>• 연료파이프 누유 및 공기유입 확인<br>• 연료 탱크 내 이물질 혼입 여부확인<br>• 워터 세퍼레이터 공기유입 확인 | • 연료공급계통의 공기 빼기 작업<br>• 워터 세퍼레이터 공기유입 부분 확인하여 현장에서 조치 가능하면 작업에 착수<br>• 작업불가시 공장입고 |
| 엔진계통 - 혹한기 주행 중 시동 꺼짐 | • 혹한기 주행 중 오르막 경사로에서 급가속시 시동 꺼짐<br>• 일정 시간 경과 후 재시동은 가능함 | • 연료 파이프 및 호스 연결부분 에어 유입 확인<br>• 연료 차단 솔레노이드 밸브작동 상태 확인<br>• 워터 세퍼레이터 내 결빙 확인 | • 인젝션 펌프 에어 빼기 작업<br>• 워터 세퍼레이터 수분 제거<br>• 연료 탱크 내 수분 제거 |
| 엔진계통 - 엔진 시동 불량 | 초기 시동이 불량하고 시동이 꺼짐 | • 연료 파이프 에어 유입 및 누유점검<br>• 펌프 내부에 이물질이 유입되어 연료 공급이 안됨 | • 플라이밍 펌프 작동 시 에어유입 확인 및 에어 빼기<br>• 플라이밍 펌프 내부의 휠터 청소 |
| 섀시계통 - 덤프 작동 불량 | 덤프 작동시 상승중에 적재함이 멈춤 | • P.T.O(Power Take Off : 동력인출장치) 작동상태 점검(반클러치 정상 작동)<br>• 호이스트 오일 누출 상태 점검<br>• 클러치 스위치 점검<br>• P.T.O 스위치 작동 불량 발견 | • P.T.O 스위치 교환<br>• 변속기의 P.T.O 스위치 내부 단선으로 클러치를 완전히 개방시키면 상기 현상 발생함<br>• 현장에서 작업 조치하고, 불가능시 공장으로 입고 |
| 섀시계통 - ABS(Anti lock-Brake System) 경고등 점등 | 주행 중 간헐적으로 ABS 경고등이 점등되다가, 요철부위 통과 후 계속 점등됨 | • 자기 진단 점검<br>• 휠 스피드 센서 단선 단락<br>• 휠 센서 단품 점검 이상 발견<br>• 변속기 체인지 레버 작동시 간섭으로 컨넥터 빠짐 | • 휠 스피드 센서 저항 측정<br>• 센서 불량인지 확인 및 교환<br>• 배선 부분 불량인지 확인 및 교환 |
| 섀시계통 - 주행 제동 시 차량 쏠림 | • 주행 제동 시 차량 쏠림<br>• 리어 앞쪽 라이닝 조기 마모 및 드럼 과열로 제동 불능<br>• 브레이크 조기 록크 및 밀림 | • 좌·우 타이어 공기압 점검<br>• 좌·우 브레이크 라이닝 간극 및 드럼 손상 점검<br>• 브레이크 에어 및 오일 파이프 점검<br>• 듀얼 서킷 브레이크 점검<br>• 공기빼기 작업<br>• 에어 및 오일파이프라인 이상 발견 | • 리어 앞 브레이크 컨넥터의 장착 불량으로 유압 오작동<br>• 타이어의 공기압을 좌·우 동일하게 주입<br>• 좌·우 브레이크 라이닝 간극 재조정<br>• 브레이크 드럼 교환 |
| 섀시계통 - 제동 시 차체 진동 | 급제동시 차체 진동이 심하고, 브레이크 페달 떨림 | • 전(前) 차륜 정열상태 점검(휠 얼라이먼트)<br>• 제동력 점검<br>• 브레이크 드럼 및 라이닝 점검<br>• 브레이크 드럼의 진원도 불량 | • 앞 브레이크 드럼 연마 작업 또는 교환<br>• 조향핸들 유격 점검<br>• 허브베어링 교환 또는 허브너트 재조임 |
| 전기계통 - 와이퍼가 작동하지 않음 | 와이퍼 작동 스위치를 작동시켜도, 와이퍼가 작동하지 않음 | 모터가 도는지 점검 | • 모터 작동 시 블레이드암의 고정노트를 조이거나, 링크 기구 교환<br>• 모터 미작동시 퓨즈, 모터, 스위치 컨넥터, 점검 및 손상부품 교환 |
| 전기계통 - 와이퍼 작동 시 소음 발생 | 와이퍼 작동 시 주기적으로 소음 발생 | 와이퍼 암을 세워놓고 작동점검 | • 소음 발생 시 링크기구 탈거하여 점검<br>• 소음 미발생시 와이퍼블레이드 및 와이퍼 암 교환 |
| 전기계통 - 와셔액 분출 불량 | 와셔액이 분출되지 않거나, 분사방향이 불량함 | 와셔액 분사 스위치 작동 | • 분출 안 될 때는 와셔액의 양을 점검하고, 가는 철사로 막힌 구멍 뚫기<br>• 분출방향 불량시는 가는 철사를 구멍에 넣어 분사방향 조절 |
| 전기계통 - 제동등 계속 작동 | 미등 작동시 브레이크 페달 미작동시에도 제동등 계속 점등됨 | • 제동 등 스위치 접점 고착 점검<br>• 전원연결 배선점검<br>• 배선의 차체 접촉여부 점검 | • 제동등 스위치 교환<br>• 전원 연결 배선 교환<br>• 배선의 절연상태 보완 |
| 전기계통 - 틸트캡 하강 후 경고등 점등 | • 틸트캡 하강 후 계속적으로 캡 경고등 점등<br>• 틸트 모터 작동 완료 상태임 | • 하강 리미트 스위치 작동상태 점검<br>• 록킹 실린더 누유 점검<br>• 틸트 경고등 스위치 정상 작동<br>• 캡 밀착 상태 점검<br>• 쇽 업쇼버 장착부위정열 불량확인 | • 캡 리어 우측 쇽 업쇼버 볼트 장착부 용접불량 개소 정비<br>• 쇽 업쇼버 장착부위 정렬 불량 정비<br>• 쇽 업쇼버 교환 |
| 전기계통 - 비상등 작동 불량 | 비상등 작동 시 점멸은 되지만, 좌측이 빠르게 점멸함 | • 좌측 비상등 전구 교환 후 동일현상 발생 여부 점검<br>• 턴 시그널 릴레이 점검<br>• 컨넥터 점검<br>• 전원 연결 정상여부 확인 | • 턴 시그널 릴레이 교환 |
| 전기계통 - 수온 게이지 작동 불량 | 주행중 브레이크 작동 시 온도 메터 게이지 하강 | • 온도 메터 게이지 교환 후 동일현상 여부 점검<br>• 수온센서 교환 후 동일현상 여부 점검<br>• 배선 및 컨넥터 점검<br>• 프레임과 엔진 배선 중간 부위 과다하게 꺾임 확인<br>• 배선피복은 정상이나 내부 에나멜선 단선 확인 | • 온도 메터 게이지 교환<br>• 수온 센서 교환<br>• 배선 및 컨넥터 교환<br>• 단선된 부위 납땜 조치 후 테이핑 |

# 제3편 안전운행

## 제3장 자동차 요인과 안전운행 출제 예상 문제

**1** 자동차의 주요 안전장치 중 주행하는 자동차를 감속 또는 정지시킴과 동시에 주차상태를 유지하기 위한 필요한 장치인 것은?
① 주행장치  ② 제동장치
③ 현가장치  ④ 조향장치

**2** 다음은 제동장치의 종류에 해당하지 않는 것은?
① 주차브레이크  ② 풋 브레이크
③ 엔진 브레이크  ④ 감속 브레이크
◉해설 "감속 브레이크"는 풋 브레이크의 보조로 사용하는 브레이크로 정답은 ④이며, 감속브레이크에는 "제이크 브레이크, 배기 브레이크, 리타더 브레이크가 있으며, 이외에 "ABS(Anti-lock Brake System) 브레이크"가 있다

**3** 엔진에서 발생한 동력이 최종적으로 바퀴에 전달되어 자동차가 노면 위를 달리게 한 장치는?
① 주행장치  ② 제동장치
③ 조향장치  ④ 현가장치

**4** 주행장치 중 타이어의 중요한 역할에 대한 설명이 아닌 것은?
① 휠(Wheel)의 림에 끼워져서 일체로 회전하며 자동차가 달리거나 멈추는 것을 원활히 한다
② 타이어에서 발생하는 열을 흡수하여 대기 중으로 잘 방출시켜야 한다
③ 지면으로부터 받은 충격을 흡수해 승차감을 좋게 한다
④ 자동차의 중량을 떠받쳐 준다. 또한 자동차의 진행방향을 전환시킨다
◉해설 ②는 "휠의 역할" 가운데 하나로 정답은 ②이다.

**5** 운전석에 있는 핸들(steering wheel)에 의해 앞 바퀴의 방향을 틀어서 자동차의 진행방향을 바꾸는 장치인 것은?
① 제동장치  ② 주행장치
③ 조향장치  ④ 현가장치

**6** 조향장치의 앞바퀴 정렬에서 캠버(Camber)의 상태와 역할에 대한 설명으로 틀린 것은?
① 자동차를 앞에서 보았을 때, 위쪽이 아래보다 약간 바깥쪽으로 기울어져 있는 상태를 (+)캠버, 또한 위쪽이 아래보다 약간 안쪽으로 기울어져 있는 것을 (−)캠버라 한다
② 앞바퀴가 하중을 받았을 때 위로 벌어지는 것을 방지한다
③ 핸들조작을 가볍게 한다
④ 수직방향 하중에 의해 앞차축 힘을 방지한다
◉해설 ②에서 "위로 벌어지는 것"을 방지하는 것이 아니라, "아래로 벌어지는 것"을 방지하므로 정답은 ②이다.

**7** 조향장치의 앞바퀴 정렬에서 캐스터(Caster)의 상태와 역할에 대한 설명이 아닌 것은?
① 자동차를 옆에서 보았을 때 차축과 연결되는 킹핀의 중심선이 약간 뒤로 있는 것을 말한다
② 앞바퀴에 직진성을 부여하여 차의 롤링을 방지한다
③ 수직방향 하중에 의해 앞차축 힘을 방지한다
④ 조향을 하였을 때 직진 방향으로 되돌아오려는 복원력을 준다
◉해설 ③은 "캠버의 역할"에 해당하므로 정답은 ③이다.

**8** 다음 중 현가장치의 유형이 아닌 것은?
① 판스프링
② 코일스프링
③ 강판스프링
④ 공기스프링

**9** 다음 원심력에 대한 설명으로 틀린 것은?
① 원의 중심으로부터 벗어나려는 이 힘이 원심력이다
② 원심력은 속도의 제곱에 반비례한다
③ 원심력은 속도가 빠를수록 속도에 비례해서 커지고, 커브가 작을수록 커진다
④ 원심력은 중량이 무거울수록 커진다
◉해설 원심력은 속도의 제곱에 비례하여 변하므로 정답은 ②이다.

**10** 커브 도로를 매시 50km로 도는 차량은 매시 25km로 도는 차량보다 몇 배의 원심력을 지니는가?
① 2배의 원심력
② 4배의 원심력
③ 6배의 원심력
④ 8배의 원심력
◉해설 이 경우 속도는 2배에 불과하나 차를 직진시키는 힘은 4배가 되므로 정답은 ②이다.

**11** 타이어의 회전속도가 빨라지면 접지부에서 받은 타이어의 변형(주름)이 다음 접지 시점까지도 복원되지 않고 접지의 뒤쪽에 진동의 물결이 일어나는 현상의 용어 명칭은?
① 스탠딩 웨이브 현상
② 수막 현상
③ 페이드 현상
④ 모닝 록 현상

**12** 수막현상이 발생할 때 타이어가 완전히 떠오를 때의 속도를 무엇이라 하는가?
① 법정속도
② 규정속도
③ 임계속도
④ 제한속도

**정답** 1② 2④ 3① 4② 5③ 6② 7③ 8③ 9② 10② 11① 12③

**13** 수막현상을 예방하기 위해서는 다음과 같은 주의가 필요하다. 틀린 것은?
① 고속으로 주행하지 않는다
② 마모된 타이어를 사용하지 않는다
③ 타이어 공기압을 조금 낮게 한다
④ 배수효과가 좋은 타이어를 사용한다

> 해설  수막현상을 예방하기 위해서는 타이어의 공기압을 조금 "높게"하는 것이 좋다. 그러므로 정답은 ③이다.

**14** 비탈길을 내려가거나 할 경우 브레이크를 반복하여 사용하면 마찰열이 라이닝에 축적되어 브레이크의 제동력이 저하되는 현상이 발생한다. 이 현상을 무엇이라 하는가?
① 스탠딩 웨이브 현상
② 베이퍼 록 현상
③ 모닝 록 현상
④ 페이드 현상

**15** 브레이크 마찰재가 물에 젖어 마찰계수가 작아져 브레이크의 제동력이 저하되는 현상은?
① 모닝 록 현상
② 워터 페이드 현상
③ 수막현상
④ 스탠딩 웨이브 현상

**16** 비가 자주오거나 습도가 높은 날, 또는 오랜 시간 주차한 후에 브레이크 드럼에 미세한 녹이 발생하는 현상은?
① 수막현상
② 스탠딩 웨이브 현상
③ 모닝 록 현상
④ 워터 페이드 현상

**17** 자동차의 현가장치 관련 현상에서 자동차의 진동에 대한 설명이 잘못된 것은?
① 바운싱(Bouncing : 상하 진동) : 차체가 Z축 방향과 평행 운동을 하는 고유 진동이다
② 피칭(Pitching : 앞뒤 진동) : 차체가 Y축을 중심으로 하여 회전운동을 하는 고유 진동
③ 롤링(Rolling : 좌우 진동) : 차체가 X축을 중심으로 하여 회전운동을 하는 고유 진동
④ 요잉(Yawing : 차체 후부 진동) : 차체가 Z 축을 중심으로 하여 평행운동을 하는 고유 진동

> 해설  요잉은 차체가 Z축을 중심으로 하여 "회전운동"을 하는 고유 진동이다. 정답은 ④이다.

**18** 자동차를 제동할 때 바퀴는 정지하려고 하고 차체는 관성에 의해 이동하려는 성질 때문에 앞 범퍼 부분이 내려가는 현상이 발생한다. 이 현상을 무엇이라 하는가?
① 노즈 다운 현상
② 롤링 현상
③ 노즈 업 현상
④ 요잉 현상

**19** 핸들을 우측으로 돌렸을 경우 뒷바퀴의 연장선 상의 한 점을 중심으로 바퀴가 동심원을 그리게 되는데 이때 내륜차와 외륜차의 관계에 대한 설명으로 틀린 것은?

① 내륜차(內輪差) : 앞바퀴 안쪽과 뒷바퀴의 안쪽과의 차이를 말한다
② 외륜차(外輪差) : 바깥 바퀴의 차이를 말하며, 대형차일수록 이 차이는 크다
③ 자동차가 전진 중 회전할 경우에는 외륜차에 의해 교통사고의 위험이 있다
④ 자동차가 후진 중 회전할 경우에는 외륜차에 의한 교통사고 위험이 있다

> 해설  자동차가 전진 중에 회전할 때에는 "내륜차"에 의해 사고의 위험이 있으므로 정답은 ③이다.

**20** 타이어 마모에 영향을 주는 공기압에 대한 설명으로 틀린 것은?
① 공기압이 규정압력보다 낮으면, 트레드 접지면에서 운동이 커져 마모가 빨라진다
② 공기압이 낮으면, 승차감은 좋아지나 숄터 부분에 마찰력이 집중되어 타이어 수명이 짧아진다
③ 공기압이 높으면 승차감은 나빠지고 트레드 중앙 부분의 마모가 촉진된다
④ 공기압이 규정압력보다 높으면 승차감은 나빠지나 타이어 수명은 길어진다

**21** 고속도로에서 고속 주행시 주변의 경관이 흐르는 선과 같이 보이는 현상은?
① 동체시력의 현상
② 정지시력의 현상
③ 유체자극의 현상
④ 암순응의 현상

**22** 운전자가 자동차를 정지하여야 할 상황임을 지각하고 브레이크 페달로 발을 옮겨 브레이크가 작동을 시작하는 순간까지의 시간과 그때 자동차가 진행한 거리에 대한 각각의 명칭은?
① 정지시간-정지거리
② 공주시간-공주거리
③ 제동시간-제동거리
④ 공주시간-제동시간

**23** 운전자가 브레이크에 발을 올려 브레이크가 막 작동을 시작하는 순간부터 자동차가 완전히 정지할 때까지의 시간과 이때까지 자동차가 진행한 거리에 대한 각각의 명칭은?
① 정지시간-정지거리
② 공주시간-공주거리
③ 제동시간-제동거리
④ 공주시간-제동거리

**24** 운전자가 위험을 인지하고 자동차를 정지시키려고 시작하는 순간부터 자동차가 완전히 정지할 때까지 자동차가 진행한 거리에 대한 명칭은?
① 정지거리
② 공주거리
③ 제동거리
④ 진행거리

**25** 오감(五感)으로 판별하는 자동차 이상 징후에서 활용도가 제일 낮은 감각(感覺)은?
① 시각(視覺)
② 청각(聽覺)
③ 촉각(觸覺)
④ 미각(味覺)

> 해설  오감 중 활용도가 가장 낮은 감각은 미각(味覺)으로 정답은 ④이며, 이외에 후각(嗅覺)도 있다.

**정답** 13 ③  14 ④  15 ②  16 ③  17 ④  18 ①  19 ③  20 ②  21 ③  22 ②  23 ③  24 ①  25 ④

**26** 자동차의 이상 현상과 그 해석에 대한 설명이 잘못된 것은?
① 팬벨트(fan belt) : 가속 페달 밟는 순간 "끼익"하는 소리는 "팬벨트 또는 기타의 V벨트가 이완되어 풀리(pulley)와의 미끄러짐에 의해 일어난다
② 클러치 부분 : 클러치를 밟고 있을 때 "달달달" 떨리는 소리와 함께 차체가 떨리고 있다면, "클러치 릴리스 베어링"의 고장이다
③ 브레이크 부분 : 브레이크 페달을 밟아 차를 세우려고 할 때 바퀴에서 "끼익!"하는 소리가 난 경우는 "브레이크 라이닝의 마모가 심하거나 라이닝의 결함이 있을 때 일어난다
④ 현가장치 부분 : 비포장도로의 울퉁불퉁한 험한 노면 상을 달릴 때 "딱각딱각" 하는 소리나 "쿵쿵" 하는 소리가 날 때에는 현가 장치인 "비틀림 막대 스프링"의 고장으로 볼 수 있다.
> 해설 ④에서는 "비틀림 막대 스프링"이 아닌 "쇽업소버"의 고장으로 볼 수 있으므로 정답은 ④이다.

**27** 자동차의 이상 현상과 그 해석에 대한 설명이 잘못된 것은?
① 전기장치 부분 : 엔진실 내의 전기 배선 등의 피복이 녹아 벗겨져 합선에 의해 전선이 타면서 나는 냄새로 "보닛을 열고 잘 살피면 그 부위를 발견할 수 있다
② 브레이크 부분 : 치(齒)과 병원에서 이(齒)를 갈 때 나는 단내가 심하게 나는 경우는 "주 브레이크의 간격이 좁든가, 주차 브레이크를 당겼다 풀었으나 풀리지 않은 경우이다
③ 바퀴 부분 : 바퀴마다 드럼에 손을 대보면 어느 한쪽만 뜨거울 경우가 있는데, 이는 브레이크 라이닝 간격이 좁아 브레이크가 끌리기 때문이다
④ 조향장치 부분 : 핸들이 어느 속도에 이르자 극단적으로 흔들린다면, "뒷바퀴 불량"이 원인일 때가 많다.
> 해설 ④에서는 "앞바퀴 불량"이 원인인 경우가 많으므로 정답은 ④이다.

**28** 자동차 배출가스의 색으로 구분할 수 있는 고장에 대한 설명으로 틀린 것은?
① 무색 : 완전연소 때 배출되는 가스의 색은 정상상태에서 무색 또는 약간 엷은 청색을 띤다
② 검은색 : 농후한 혼합가스가 들어가 불완전 연소되는 경우이다(초크, 엘리먼트의 막힘, 연료장치 고장 등이다)
③ 청색 : 엔진 속에서 적당량의 엔진 오일이 실린더 위로 올라와 완전 연소된 경우이다
④ 백색(흰색) : 엔진 안에서 다량의 엔진오일이 실린더 위로 올라와 연소되는 경우로, 헤드 개스킷 파손, 밸브의 오일 씰 노후 또는 피스톤 링의 마모 등 엔진 보링을 할 시기가 됐음을 알려준다
> 해설 ③의 청색가스의 구별방법은 없으므로 정답은 ③이다.

**29** 자동차 고장 유형별 조치 방법 중 '엔진 오일 과다 소모' 현상에 대한 조치 방법으로 아닌 것은?
① 엔진 피스톤 링 교환
② 실린더라이너 교환 또는 보링 작업
③ 오일 팬이나 개스킷 교환
④ 배기·배출 가스 육안 확인
> 해설 ④는 '점검 사항' 중의 하나이므로 정답은 ④이다.

**30** 자동차고장 유형별 조치방법 중 여름철 엔진 온도 과열 시의 조치 사항이 아닌 것은?
① 냉각수 보충, 팬벨트의 장력 조정
② 냉각팬 휴즈 및 배선 상태 확인
③ 냉각수 및 엔진오일 양 확인
④ 팬벨트와 수온조절기 교환
> 해설 ③의 내용은 "점검사항"의 하나로 정답은 ③이다.

**31** 자동차고장 유형별 조치방법 중 엔진 매연 과다 발생 시의 점검사항이 아닌 것은?
① 엔진오일 및 필터 상태 점검
② 에어크리너 오염상태 및 덕트 내부 상태 확인
③ 블로바이가스 발생여부 확인
④ 밸브 간극 조정 실시
> 해설 ④의 내용은 "조치방법"의 하나로 정답은 ④이다.

**32** 자동차고장 유형별 조치방법 중 혹한기 주행 중 시동 꺼짐 현상이 발생할 때 조치사항이 아닌 것은?
① 인젝션 펌프 에어 빼기 작업
② 워터 세퍼레이터 내 결빙 확인
③ 워터 세퍼레이터 수분 제거
④ 연료탱크 내 수분 제거
> 해설 ②의 내용은 "점검사항"의 하나로 정답은 ②이다.

**33** 자동차고장 유형별 조치방법 중 'ABS(Anti-lock Brake System)' 경고등 점등이 계속되고 있을 때의 조치 방법이다. 옳지 않은 것은?
① 휠 스피드 센서 저항 측정
② 센서 불량인지 확인 및 교환
③ 배선 부분 불량인지 확인 및 교환
④ 휠 센서 단품 점검 이상 발견
> 해설 ④는 '점검 사항'이므로 정답은 ④이다.

**34** 자동차 고장 유형별 조치 방법 중 '제동 시 차체 진동' 현상에 대한 점검 사항이다. 옳지 않은 것은?
① 전(前) 차륜 정렬 상태 점검(휠 얼라이먼트)
② 제동력 점검 또는 브레이크 드럼 및 라이닝 점검
③ 브레이크 드럼의 진원도 불량 점검
④ 조향 핸들 유격 점검
> 해설 ④는 '조치 방법' 중 하나이므로 정답은 ④이다.

**35** 자동차 고장 유형별 조치 방법 중 '비상등 작동 불량' 현상이다. 점검 사항으로 옳지 않은 것은?
① 커넥터 점검
② 전원 연결의 정상 여부 확인
③ 턴 시그널 릴레이 교환
④ 턴 시그널 릴레이 점검
> 해설 ③은 조치 방법이므로 정답은 ③이다. 이외에 점검 사항으로 '좌측 비상등 전구 교환 후 동일 현상 발생 여부 점검'이 있다.

정답 26 ④  27 ④  28 ③  29 ④  30 ③  31 ④  32 ②  33 ④  34 ④  35 ③

# 제4장 도로 요인과 안전운행 요약정리

## 1 도로 요인의 구분(도로구조, 안전시설)

(1) **도로 구조** : 도로의 선형, 노면, 차로수, 노폭, 구배 등에 관한 것
(2) **안전시설** : 신호기, 노면표시, 방호울타리 등에 관한 것
(3) 일반적으로 도로가 되기 위한 4가지 조건
  ① **형태성** : 차로의 설치, 비포장의 경우에는 노면의 균일성 유지 등으로 자동차 기타 운송수단의 통행에 용이한 형태를 갖출 것
  ② **이용성** : 사람의 왕래, 화물의 수송, 자동차의 운행 등 공중의 교통영역으로 이용되고 있는 곳
  ③ **공개성** : 공중의 교통에 이용되고 있는, 불특정 다수인 및 예상할 수 없을 정도로 바뀌는 숫자의 사람을 위하여 이용이 허용되고 실제 이용되고 있는 곳
  ④ **교통경찰권** : 공공의 안전과 질서유지를 위하여 교통경찰권이 발동될 수 있는 장소
(4) 교통사고 발생에 있어서 도로 요인은 인적 요인, 차량 요인에 비하여 수동적 성격을 가지며, 도로 그 자체는 운전자와 차량이 하나의 유기체로 움직이는 장소이다. 운수종사자에게 필요한 도로 요인과 안전운행에 관한 사항을 다룬다는 취지에서 도로의 공학적인 요소보다 도로의 선형 및 횡단면과 교통사고의 관계를 다루며, 운전자는 도로의 선형 및 횡단면과 교통사고의 관계를 잘 이해하여 항상 안전운행이 가능하도록 노력하여야 한다.

## 2 도로의 선형과 교통사고

### 1 평면 선형과 교통사고(외국의 사고조사 결과 예임)

(1) 일반도로에서는 곡선반경이 100m 이내일 때 사고율이 높다. 특히 2차로 도로는 그 경향이 강하게 나타남(일본, 미국, 영국 조사)
(2) 고속도로에서도 마찬가지로 곡선반경 750m를 경계로 하여 그 값이 적어져 곡선이 급해짐에 따라 사고율이 높아지고, 이 경향은 오른쪽 굽은 곡선도로나 왼쪽 굽은 곡선도로 모두 유사하다(일본 조사).

> **참고**
> 긴 직선구간 끝에 있는 곡선부는 짧은 직선구간 다음의 곡선부에 비하여 사고율이 높았다
> (독일 조사 : 곡선부의 수가 많으면 사고율이 높을 것 같으나 실상은 아니다).

(3) 곡선부가 오르막과 내리막의 종단 경사와 중복되는 곳은 훨씬 더 사고 위험성(미끄럼사고 발생이 쉬운 곳)이 높다. 곡선부에서의 사고를 감소시키는 방법은, 편경사를 개선하고, 시거를 확보하며, 속도표지와 시선유도표를 포함한 주의(노면)표지를 잘 설치하는 것
(4) 한편 곡선구간과 사고율의 관계에서 유의해야 하는 사실은 곡선부의 사고율에는 시거, 편경사에 의해서도 크게 좌우된다.
(5) 곡선부의 방호 울타리 기능은 아래와 같다.
  ① 자동차의 차도 이탈을 방지 하는 것
  ② 탑승자의 상해 및 자동차의 파손을 감소시키는 것
  ③ 자동차를 정상적인 진행 방향으로 복귀시키는 것
  ④ 운전자의 시선을 유도하는 것

### 2 종단 선형과 교통사고(일본의 예에 의함)

(1) 종단경사(오르막, 내리막 경사)가 커짐에 따라 사고율이 높다.
(2) 종단선형이 자주 바뀌면, 종단곡선의 정점에서 시거가 단축되어, 사고가 일어나기 쉽다. 일반적으로 양호한 선형조건에서, 제한 시거가 불규칙적으로 나타나면, 평균 사고율보다 훨씬 높은 사고율을 보인다.

## 3 횡단면과 교통사고

### 1 차로수와 교통사고

일반적으로 차로수가 많으면 사고가 많으나, 이는 그 도로의 교통량이 많고, 교차로가 많으며, 또 도로변의 개발밀도가 높기 때문일 수도 있기 때문이다.(차로수와 사고율 관계는 불명확함)

### 2 차로폭과 교통사고

일반적으로 횡단면의 차로폭이 넓을수록 교통사고예방의 효과가 있으며, 교통량이 많고 사고율이 높은 구간에 차로폭을 규정범위 이내로 넓히면 그 효과는 더욱 크다.

### 3 길어깨(노견, 갓길)와 교통사고

(1) 길어깨가 넓으면 차량의 이동공간이 넓고, 시계가 넓어, 고장차량을 주행차로 밖으로 이동시킬 수 있어 안전성이 큰 것은 확실하며, 토사나 자갈 또는 잔디보다는 포장된 노면이 더 안전하다.
(2) 길어깨와 교통사고의 관계는 노면표시를 어떻게 하느냐에 따라 어느 정도 변할 수 있다. 이 경우는 차도와 길어깨를 단선의 흰색 페인트칠로 경계를 지은 경우이다.
(3) 일반적으로 이와 같이, 차도와 길어깨를 구획하는 노면표시를 하면 교통사고는 감소한다.
(4) 길어깨는 다음과 같은 역할을 한다.
  ① 고장차가 본선 차도로부터 대피할 수 있고, 사고 시 교통의 혼잡을 방지하는 역할을 한다.
  ② 측방 여유 폭을 가지므로 교통의 안전성과 쾌적성에 기여한다.
  ③ 유지관리 작업장이나 지하 매설물에 대한 장소로 제공된다.
  ④ 절토부 등에서는 곡선부의 시거가 증대되기 때문에 교통의 안전성이 높다.
  ⑤ 유지가 잘 되어 있는 길어깨는 도로 미관을 높인다.
  ⑥ 보도 등이 없는 도로에서는 보행자 등의 통행 장소로 제공된다.

## ④ 중앙분리대 종류와 교통사고

(1) 중앙분리대의 종류에는 **방호울타리형, 연석형, 광폭 중앙분리대**가 있다.
   ① **방호울타리형** : 중앙분리대 내에 충분한 설치 폭의 확보가 어려운 곳에서 차량의 **대향차로로의 이탈을 방지**하는 곳에 비중을 두고 설치하는 형이다.
   ② **연석형** : 좌회전 차로의 제공이나 향후 차로 확장에 쓰일 공간 확보, 연석의 중앙에 잔디나 수목을 심어 녹지공간 제공, 운전자의 심리적 안정감에 기여하지만 차량과 충돌 시 차량을 본래의 **주행방향으로 복원해주는 기능이 미약**하다.
   ③ **광폭중앙 분리대** : 도로선형의 양방향 차로가 완전히 분리될 수 있는 충분한 공간확보로 대향차량의 영향을 받지 않을 정도의 넓이를 제공한다.
(2) 중앙분리대를 횡단(혹은 넘어)하여 정면 충돌 사고의 비율과 분리대 폭과의 관계에서, **분리대 폭이 넓을수록 횡단사고가 적고, 전체사고에 대한 정면충돌 사고비율도 낮다.**
(3) 중앙분리대로 설치된 방호울타리는 사고를 방지한다기보다는 사고의 유형을 변환시켜주기 때문에 효과적이다.
   ※ 효과 : 정면충돌사고를 → 차량단독사고로 변환, 위험감소
(4) **방호 울타리는 다음과 같은 기능을 가져야 한다.**
   ① 횡단을 방지할 수 있어야 한다.
   ② 차량을 감속시킬 수 있어야 한다.
   ③ 차량이 대향차로로 튕겨나가지 않아야 한다.
   ④ 차량의 손상이 적도록 해야 한다.
(5) **일반적인 중앙분리대의 주된 기능은 다음과 같다.**
   ① **상하 차도의 교통 분리** : 차량의 중앙선 침범에 의한 치명적인 정면충돌 사고 방지, 도로 중심선 축의 교통 마찰을 감소시켜 **교통 용량 증대**
   ② 평면 교차로가 있는 도로에서는 폭이 충분할 때 **좌회전 차로로 활용**할 수 있어 교통 처리가 유연
   ③ 광폭 분리대의 경우 사고 및 고장 차량이 정지할 수 있는 여유 공간을 제공 : 분리대에 진입한 차량에 타고 있는 탑승자의 안전 확보(진입차의 분리대 내 정차 또는 조정 능력 회복)
   ④ 보행자에 대한 안전섬이 됨으로써 **횡단 시 안전**
   ⑤ 필요에 따라 **유턴(U-turn) 방지** : 교통류의 혼잡을 피함으로써 안전성을 높임
   ⑥ **대향차의 현광 방지** : 야간 주행 시 **전조등의 불빛을 방지**
   ⑦ 도로 표지, 기타 교통 관제 시설 등을 설치할 수 있는 **장소를 제공** 등
(6) **교량과 교통사고**
   ① 교량 접근로의 폭에 비해 교량의 폭이 좁을수록 사고가 더 많이 발생(교량의 접근로폭과 교량폭이 같을 때 : 사고율이 가장 낮다)
   ② 교량의 접근로폭과, 교량의 폭이 서로 다른 경우에도 교통통제설비, 즉 안전표지, 시선유도표, 교량끝단의 노면표시를 효과적으로 설치함으로서 사고율을 현저히 감소시킬 수 있다.
(7) **용어의 정의**
   ① **차로수** : 양방향 차로(오르막차로, 회전차로, 변속차로 및 양보차로를 제외한다)의 수를 합한 것을 말한다.
   ② **횡단경사** : 도로의 진행방향에 직각으로 설치하는 경사로서, 도로의 배수를 원활하게 하기 위하여 설치하는 **경사**와, 평면 곡선부에 설치하는 **편경사**를 말한다.
   ③ **편경사** : 평면곡선부에서 자동차가 원심력에 저항할 수 있도록 하기 위하여 설치하는 **횡단경사**를 말한다.
   ④ **종단경사** : 도로의 **진행방향 중심선의 길이에 대한, 높이의 변화 비율**을 말한다.
   ⑤ **측대** : 운전자의 시선을 유도하고 옆부분의 여유를 확보하기 위하여 중앙분리대 또는 길어깨에 차도와 동일한 횡단경사의 고조로 차도에 접속하여 설치하는 부분을 말한다.
   ⑥ **노상시설** : 보도·자전거도로·중앙분리대·길어깨 또는 환경시설대 등에 설치하는 **표지판 및 방호울타리** 등 도로의 부속물(공동구제외)을 말한다.
   ⑦ **정지시거** : 운전자가 같은 차로상에 고장차 등의 장애물을 인지하고 안전하게 정지하기 위하여 필요한 거리를 말한다.
   ⑧ **앞지르기 시거** : 2차로 도로에서 조속 자동차를 안전하게 앞지를 수 있는 거리를 말한다.
   ⑨ **오르막차로** : 오르막 구간에서 저속 자동차를 다른 자동차와 분리하여 통행시키기 위하여 설치하는 **차로**를 말한다.
   ⑩ **회전차로** : 자동차가 우회전, 좌회전 또는 유턴을 할 수 있도록 직진하는 차로와 분리하여 설치하는 **차로**를 말한다.
   ⑪ **변속차로** : 자동차를 가속시키거나 감속시키기 위하여 설치하는 차로를 말한다.
   ⑫ **분리대** : 차로를 통행의 방향에 따라 분리하거나 성질이 다른 같은 방향의 교통을 분리하기 위하여 설치하는 도로의 부분이나 시설물을 말한다.
   ⑬ **중앙분리대** : 차도를 통행의 방향에 따라 분리하고 옆 부분의 여유를 확보하기 위하여 도로의 중앙에 설치하는 분리대와 측대를 말한다.
   ⑭ **길어깨** : 도로를 보호하고 비상시에 이용하기 위하여 차도에 접속하여 설치하는 도로의 부분을 말한다.
   ⑮ **주·정차대** : 자동차의 주차 또는 정차에 이용하기 위하여 도로에 접속하여 설치하는 부분을 말한다

# 제3편 안전운행

## 제4장 도로 요인과 안전운행 출제 예상 문제

**1** 도로요인에는 도로구조와 안전시설이 있는데 이 중에 "도로구조"의 설명이 아닌 것은?
① 노면표시
② 도로의 선형
③ 노면, 차로수
④ 노폭, 구배
⊙ 해설 노면 표시는 안전 시설이므로 정답은 ①이다.

**2** 도로요인 중 "안전시설"에 대한 설명이 아닌 것은?
① 신호기
② 노면표시
③ 방호울타리
④ 차로 수
⊙ 해설 차로 수는 도로 구조이므로 정답은 ④이다.

**3** 일반적으로 도로가 되기 위한 조건에 대한 설명이 아닌 것은?
① 형태성
② 이용성
③ 청원경찰권
④ 공개성
⊙ 해설 "청원경찰권"이 아니고, "교통경찰권"이 맞으므로 정답은 ③이다.

**4** 도로가 되기 위한 4가지 조건의 설명으로 틀린 것은?
① 형태성 : 차로의 설치, 비포장의 경우에는 노면의 균일성 유지 등으로 자동차 기타 운송 수단의 통행에 용이한 형태를 갖출 것
② 이용성 : 사람의 왕래, 화물의 수송, 자동차 운행 등 공중 교통용역에 이용되고 있는 곳
③ 공개성 : 공중교통에 이용되고 있는 특정인을 위해 이용이 허용되고 있는 곳
④ 교통경찰권 : 공공의 안전과 질서유지를 위하여 교통경찰권이 발동될 수 있는 장소
⊙ 해설 도로는 "특정인"을 위해 이용되는 것이 아니라 "불특정 다수 및 예상할 수 없을 정도로 바뀌는 숫자의 사람"을 위해 이용되는 곳이므로 정답은 ③이다.

**5** 도로의 선형(평면선형)과 교통사고율과의 관계에 대한 설명으로 틀린 것은?(일본과 독일의 조사결과 임)
① 일반도로에서는 곡선반경이 100m 이내일 때 사고율이 높다 (2차로 도로는 그 경향이 강함)
② 고속도로에서도 마찬가지로 곡선반경 750m를 경계로 하여 그 값이 적어짐에 따라(곡선이 급해짐에 따라) 사고율이 높아진다
③ ①, ②의 경향은 오른쪽 굽은 곡선도로나 왼쪽 굽은 곡선도로 모두 유사하다
④ 짧은 직선구간 끝에 있는 곡선부는 긴 직선 구간 다음의 곡선부에 비하여 사고율이 높았다
⊙ 해설 ④의 설명은 반대로 설명하고 있으므로(독일 조사 결과) 정답은 ④이다.

**6** 평면선형과 교통사고에서 "곡선부에서 사고를 감소시키는 방법"에 대한 설명이 아닌 것은?
① 편경사를 개선
② 시거를 확보
③ 속도표지와 시선유도표지 설치
④ 오르막 경사표지 설치
⊙ 해설 ④의 "오르막 경사표지 설치"는 사고방지에는 별 효과가 없어 정답은 ④이며, "오르막 경사 표지"보다는 "주의표지와 노면표시"를 설치하는 것이 효과적이다.

**7** 횡단면과 교통사고에서 "차로수와 교통사고 또는 차로폭과 교통사고"에 대한 설명으로 틀린 것은?
① 일반적으로 차로수가 많으면 사고가 많다
② ①의 경우 그 도로의 교통량이 많고, 교차로가 많으며, 또 도로변의 개발밀도가 높기 때문일 수도 있기 때문이다
③ 일반적으로 횡단면의 차로폭이 넓을수록 교통사고 예방의 효과가 떨어진다
④ 교통량이 많고 사고율이 높은 구간의 차로폭을 규정범위 이내로 넓히면 그 효과는 더욱 크다
⊙ 해설 횡단면의 차로폭이 넓을수록 교통사고 예방 효과가 커지므로 정답은 ③이다.

**8** 종단선형과 교통사고의 관계에 대한 설명으로 틀린 것은?
① 일반적으로 종단경사(오르막 내리막 경사)가 커짐에 따라 사고율이 높다
② 종단선형이 자주 바뀌면 종단곡선의 지점에서 시거가 단축되어 사고가 일어나기 쉽다
③ 일반적으로 양호한 선형조건에서 제한시거가 규칙적으로 나타나면 평균 사고율보다 훨씬 높은 사고율을 보인다
④ 일반적으로 양호한 선형조건에서 제한시거가 불규칙적으로 나타나면 평균 사고율보다 훨씬 높은 사고율을 보인다
⊙ 해설 ③의 문장 중에 "규칙적으로 나타나면"은 틀리고, "불규칙적으로 나타나면"이 옳으므로 정답은 ③이다.

**9** 길어깨(갓길)와 교통사고에 대한 설명으로 잘못된 것은?
① 길어깨가 넓으면 차량의 이동공간이 넓고, 시계가 넓으며, 고장차량을 주행차로 밖으로 이동시킬 수 있기 때문에 안전성이 큰 것은 확실하다
② 길어깨가 토사나 자갈 또는 잔디보다는 포장된 노면이 더 안전하다
③ 포장이 되어 있지 않을 경우에는 건조하고 유지관리가 용이할수록 불안전하다
④ 차도와 길어깨를 단선의 흰색 페인트칠로 길어깨를 구획하는 경계를 지은 노면표시를 하면 교통사고는 감소한다
⊙ 해설 ③에서 "불안전하다"는 틀리고, "안전하다"가 옳으므로 정답은 ③이다.

정답 1① 2④ 3③ 4③ 5④ 6④ 7③ 8③ 9③

**10** 길어깨의 역할에 대한 설명으로 틀린 것은?
① 고장차가 본선 차도로부터 대피할 수 있어 사고 시 교통의 혼잡을 방지하는 역할을 한다
② 측방 여유폭을 가지므로 교통의 안전성과 쾌적성에 기여한다
③ 유지관리 작업장이나 지하 매설물에 대한 장소로 제공된다
④ 절토부 등에서는 곡선부의 시거가 증대되기 때문에 교통의 안전성이 낮다

◎해설 ④에서 "안전성이 낮다"는 틀리고, "안전성이 높다"가 맞으므로 정답은 ④이다.

**11** 중앙분리대의 종류가 아닌 것은?
① 가로변형 중앙분리대
② 연석형 중앙분리대
③ 광폭 중앙분리대
④ 방호울타리형 중앙분리대

◎해설 "가로변형 중앙분리대"는 해당 없어 정답은 ①이다.

**12** 중앙분리대 종류에 해당하지 않는 것은?
① 방호울타리형 중앙분리대 : 중앙분리대 내에 충분한 설치 폭의 확보가 어려운 곳에서 차량의 대향차로로의 이탈을 방지하는 곳에 비중을 두고 설치하는 형이다
② 연석형 중앙분리대 : 좌회전 차로의 제공이나 향후 차로 확장에 쓰일 공간 확보를 하는 장소에 설치하는 형이다
③ 광폭 중앙분리대 : 도로선형의 양방향 차로가 완전히 분리될 수 있는 충분한 공간 확보로 대향차량의 영향을 받지 않을 정도의 넓이를 제공한다
④ 가로변 분리대 : 도로의 연석선에 설치하는 분리대를 말한다

◎해설 ④의 가로변 분리대는 존재하지 않으므로 정답은 ④이다.

**13** 방호울타리 기능에 대한 설명으로 틀린 것은?
① 횡단을 방지할 수 있어야 한다
② 차량을 감속시킬 수 있어야 한다
③ 차량이 대향차로로 튕겨나가지 않아야 한다
④ 사람의 부상이 적도록 해야 한다

◎해설 "사람의 부상"이 아닌 "차량의 손상"이 옳은 내용으로 정답은 ④이다.

**14** 일반적인 중앙분리대의 주된 기능에 대한 설명으로 틀린 것은?
① 상하 차도의 교통 분리 : 차량의 중앙선 침범에 의한 치명적인 정면충돌 사고방지, 도로 중심선 축의 교통마찰을 감소시켜 교통용량 감소
② 광폭 분리대의 경우 사고 및 고장차량이 정지할 수 있는 여유공간을 제공 : 분리대에 진입한 차량에 타고 있는 탑승자의 안전 확보(진입차의 분리대 내 정차 또는 조정 능력 회복)
③ 필요에 따라 유턴(U-Turn) 방지 : 교통류의 혼잡을 피함으로써 안전성을 높인다
④ 대향차의 현광 방지 : 야간 주행 시 전조등의 불빛을 방지

◎해설 ①에서 "교통용량 감소"가 아닌 "교통용량 증대"가 맞으므로 정답은 ①이다.

**15** 교량의 폭이나 교량 접근부 등이 교통사고와 밀접한 관계가 있어 이에 대한 설명으로 틀린 것은?
① 교량 접근로의 폭에 비하여 교량의 폭이 좁을수록 사고가 더 많이 발생한다
② 교량 접근로의 폭을 결정할 때 사고율에 대해서 고려할 필요는 없다
③ 교량의 접근로 폭과 교량의 폭이 같을 때 사고율이 가장 낮다
④ 교량의 접근로 폭과 교량의 폭이 서로 다른 경우에도 교통통제시설(안전표지, 시선유도표지, 교량끝단의 노면표시)를 효과적으로 설치함으로써 사고율을 현저히 감소시킬 수 있다

◎해설 교량 접근로의 폭과 사고율은 관련이 있으므로 결정할 때 반드시 고려해야 한다. 정답은 ②이다.

**16** "차로수"에 포함되는 차로는?
① 앞지르기차로
② 오르막차로
③ 회전차로
④ 변속차로

◎해설 "앞지르기차로"는 고속도로의 경우 차로의 1차로에 해당되며 차로수에 포함된다. 나머지 보기들은 제외되는 차로다. 그러므로 정답은 ①이다.

**17** 「도로법」상의 용어의 정의에 대한 설명으로 잘못된 것은?
① 측대 : 운전자의 시선을 유도하고 옆부분의 여유를 확보하기 위하여 중앙분리대 또는 길어깨에 차도와 동일한 횡단경사와 구조로 차도에 접속하여 설치하는 부분을 말한다
② 중앙분리대 : 차도를 통행의 방향에 따라 분리하고 옆부분의 여유를 확보하기 위하여 도로의 중앙에 설치하는 분리대와 측대를 말한다
③ 길어깨 : 도로를 보호하고 평상시에 이용하기 위하여 차도에 접속하여 설치하는 도로의 부분을 말한다
④ 주·정차대 : 자동차의 주차 또는 정차에 이용하기 위하여 도로에 접속하여 설치하는 부분을 말한다

◎해설 "길어깨"는 "평상시"가 아닌 "비상시"에 사용되는 곳으로 정답은 ③이다.

**18** 운전자가 같은 차로상에 고장차 등의 장애물을 인지하고 안전하게 정지하기 위하여 필요한 거리로서, 차로 중심선상 1m의 높이에서 그 차로의 중심선에 있는 높이 15cm의 물체의 맨 윗부분을 볼 수 있는 거리를 그 차로 중심선에 따라 측정한 길이를 무엇이라 하는가?
① 앞지르기시거
② 노상시설
③ 정지시거
④ 종단경사

**19** 2차로 도로에서 저속 자동차를 안전하게 앞지를 수 있는 거리로서 차로의 중심선상 1미터의 높이에서 반대쪽 차로의 중심선에 있는 높이 1.2미터의 반대쪽 자동차를 인지하고 앞차를 안전하게 앞지를 수 있는 거리를 도로 중심선에 따라 측정한 길이를 무엇이라 하는가?
① 앞지르기시거
② 정지시거
③ 횡단경사
④ 편경사

정답 10 ④  11 ①  12 ④  13 ④  14 ①  15 ②  16 ①  17 ③  18 ③  19 ①

# 제5장
# 안전운전 요약정리

## 1 방어운전

### 1 개념의 정리

자동차를 운전함에 있어서 안전운전과 방어운전을 별도의 개념으로 양립시켜 운전할 수 없고, 두 가지 중 어느 것 하나라도 소홀히 하면 곧바로 교통사고로 연결되어 사람의 귀중한 생명과 재산상의 손실이 초래할 수 있다.

| 안전운전 | '안전운전'이란 운전자가 자동차를 그 본래의 목적에 따라 운행함에 있어서 운전자 자신이 위험한 운전을 하거나 교통사고를 유발하지 않도록 주의하여 운전하는 것 |
|---|---|
| 방어운전 | '방어운전'이란 운전자가 다른 운전자나 보행자가 교통법규를 지키지 않거나 위험한 행동을 하더라도 이에 대처할 수 있는 운전자세를 갖추어 미리 위험한 상황을 피하여 운전하는 것, 위험한 상황을 만들지 않고 운전하는 것, 위험한 상황에 직면했을 때는 이를 효과적으로 회피할 수 있도록 운전하는 것을 말한다.<br>① 자기 자신이 사고의 원인을 만들지 않는 운전<br>② 자기 자신이 사고에 말려들어 가지 않게 하는 운전<br>③ 타인의 사고를 유발시키지 않는 운전 |

### 2 방어운전의 기본

(1) **능숙한 운전 기술** : 적절하고 안전운전하는 기술을 몸에 익힘
(2) **정확한 운전 지식** : 교통표지판, 교통관련 법규 등 운전지식 익힘
(3) **세심한 관찰력** : 자신을 보호하는 좋은 방법 중의 하나는 언제든지 다른 운전자의 행태를 잘 관찰하고, 타산지석으로 삼아야 한다.
(4) **예측 능력과 판단력**
  ① 예측력 : 앞으로 일어날 위험 및 운전상황의 예측 능력을 키움.
  ② 판단력 : 교통 상황에 적절한 대응과 자신의 행동을 통제하고 조절하면서 운행하는 능력이 필요하다.
(5) **양보와 배려의 실천** : 운전할 때는 자기중심적인 생각을 버리고, 운전자 상호간이나 상대방의 입장을 생각하며, 서로 양보와 배려가 습관화 되는 마음의 자세가 필요하다.
(6) **교통상황 정보수집** : 변화무쌍한 교통상황에서 방어운전을 제대로 하기 위해서는 TV, 라디오, 신문, 컴퓨터, 도로상의 전광판 및 기상예보 등을 통해 유용한 정보가 요구된다.
(7) **반성의 자세** : 자신의 운전행동에 대한 반성을 통하여, 더욱 안전한 운전자로 거듭날 수 있도록 명심한다.
(8) **무리한 운행 배제** : 사람이나 자동차가 건강해야 하며, 졸음상태, 음주상태, 기분이 나쁜 상태, 자동차 고장 등 신체적 심리적으로 건강하지 않은 상태에서는 무리한 운전을 금지한다.

### 3 실전방어 운전 방법

(1) 운전자는 앞차의 전방까지 **시야를 멀리** 둔다. 보행자, 어린이 등 장애물이 갑자기 나타나 앞차가 브레이크를 밟았을 때, 즉시 브레이크를 밟을 수 있도록 준비 태세를 갖춘다.
(2) 앞차를 뒤따라 갈 때는 **차간 거리를 충분히** 유지하고, 4~5대 앞차의 움직임까지 살핀다. 또한 대형차를 뒤따라 갈 때는 가능한 앞지르기를 하지 않도록 한다.
(3) 밤에 마주 오는 차가 전조등 불빛을 줄이거나 하향하지 않고 접근해 올 때는, **불빛을 정면으로 보지 말고, 시선을 약간 오른쪽**으로 돌리면서 감속 또는 서행하거나 일시 정지한다.
(4) 다른 차의 옆을 통과할 때는 상대방 차가 갑자기 진로를 변경할 수도 있으므로 미리 대비하여 충분한 간격을 두고 통과한다.
(5) 신호기가 설치되어 있지 않은 교차로에서는, 좁은 도로로부터 우선순위를 무시하고 진입하는 자동차가 있으므로, 이때에는 속도를 줄이고, 좌우의 안전을 확인한 다음에 통행한다.
(6) 차량이 많을 때 가장 안전한 속도는 다른 차량의 속도와 같을 때이므로 법정 한도 내에서는 **다른 차량과 같은 속도**로 운전하고 안전한 차간 거리를 유지한다.
(7) 뒤차의 움직임을 룸미러나 **사이드미러로 끊임없이 확인** 후, 방향지시등(비상등)으로, 자기 차의 진행방향을 분명히 알린다.
(8) 교통신호가 바뀐다고 해서 무작정 출발하지 말고, 주위 자동차의 움직임(약 1~2초 후)을 관찰한 후 출발 운행(진행)을 한다.
(9) 보행자가 갑자기 나타날 수 있는 골목길이나 주택가에서는, 상황을 예견하고 속도를 줄여, 충돌을 피할 시간적 공간적 여유를 확보한다.
(10) 교통량이 너무 많은 길이나, 시간을 피해 운전하도록 한다. 교통이 혼잡할 때는 조심스럽게 교통의 흐름에 따르고 끼어들기 등을 삼간다.
(11) 과로나 피로 시, 심리적으로 흥분된 상태는 운전을 자제한다.
(12) 뒤에 다른 차가 접근해 올 때는 속도를 낮춘다. 뒤차가 앞지르기를 하려고 하면 양보해 준다. 뒤차가 바짝 뒤따라올 때는 가볍게 브레이크 페달을 밟아 제동등을 켜서, 주의를 경고한다.
(13) 진로를 바꿀 때는 상대방이 잘 알 수 있도록 여유 있게 신호를 보내고, 보낸 그 신호를 상대방이 알았는지 확인 후에 서서히 행동한다.
(14) 교차로를 통과할 때는 신호를 무시하고 뛰어나오는 차나 사람이 있을 수 있으므로, 반드시 안전을 확인한 뒤에 서서히 주행하면서. 좌우로 도로의 안전을 확인한 뒤에 주행한다.
(15) 밤에 산모퉁이 길을 통과할 때는, 전조등을 상향과 하향을 번갈아 작동하여 자신의 존재를 알린 후, 주위를 살피면서 서행한다.
(16) 횡단하려고 하거나 횡단중인 보행자가 있을 때는 속도를 줄이고 주의해 진행한다. 보행자가 차의 접근을 알고 있는지 확인한다.
(17) 대형화물차나 버스의 바로 뒤를 따라서 진행할 때에는 전방의 교통상황을 파악할 수 없으므로, 이럴 때는 함부로 앞지르기를 하지 않도록 하고, 또 시기를 보아 대형차의 뒤에서 벗어나 주행한다.
(18) 일기예보에 신경을 쓰고, 눈이나 비가 올 때는 가시거리 단축, 수막현상 등 위험요소를 염두에 두고 운전한다(체인, 스노우 타이어 준비).

### 4 운전 상황별 방어운전 방법

| 운전 상황별 | 방어운전 요령 |
|---|---|
| 출발할 때 | • 차의 전·후, 좌·우는 물론 차의 밑과 위까지 안전을 확인한다.<br>• 도로의 가장자리에서 도로를 진입하는 경우에는 반드시 신호를 하고, 합류할 때에는 차의 간격상태를 확인 후 합류한다. |
| 주행 시 속도조절 | • 교통량이 많은 곳에서는 속도를 줄여서 주행한다.<br>• 노면의 상태, 기상상태, 도로조건 등으로 시계나 조명조건이 나쁜 곳 또는 해질 무렵, 터널 등은 속도를 줄여서 주행한다.<br>• 주택가나 이면도로 등에서는 과속이나 난폭운전을 하지 않으며, 곡선반경이 작은 도로나 신호의 설치 간격이 좁은 도로에서는 속도를 낮추어 안전하게 통행한다.<br>• 주행하는 차들과 물 흐르듯 속도를 맞추어 주행한다. |
| 앞지르기할 때 | • 앞지르기가 허용된 지역과 꼭 필요한 경우에만 앞지르기를 한다.<br>• 반드시 안전을 확인 후 앞지르기를 한다(다른 차가 끼어들 때 양보).<br>• 앞지르기 전에 앞 차에게 신호를 알린다. 적당한 속도로 앞지르기 한다. |
| 감정의 통제 | • 졸음이 오는 경우에, 무리하여 운행하지 않도록 한다.<br>• 타인의 운전태도에 감정적으로 반발하여 운전하지 않도록 한다.<br>• 술이나 약물의 영향이 있는 경우에는 운전을 삼간다.<br>• 몸이 불편한 경우에는 운전하지 않는다. |

| 운전 상황별 | 방어운전 요령 |
|---|---|
| 점검과 주의 | • 운행 전·중·후에 차량점검을 철저히 한다.<br>• 자신의 차량이나 적재된 화물에 대하여 정확히 숙지한다.<br>• 운행 전·후에는 차량의 문이나 결박상태를 확인한다. |

## ② 상황별 운전

### 1 교차로

**(1) 개요**
① 교차로 : 자동차, 사람, 이륜차 등의 엇갈림(교차)이 발생하는 장소로써, 교차로 및 교차로 부근은 횡단보도 및 횡단보도 부근과 더불어 교통사고가 가장 많이 발생하는 지점이며
② 교차로 : 사각이 많아 무리하게 통과하려다 추돌사고 발생이 쉽다.
③ 신호기 : 교통흐름을 시간적으로 분리하는 기능을 하며
④ 입체교차로 : 교통흐름을 공간적으로 분리하는 기능을 한다.
⑤ 신호기(교통안전시설)의 장, 단점(위험방지, 안전과 원활한 소통)

| 장점 | 단점 |
|---|---|
| • 교통류의 흐름을 질서있게 함<br>• 교통처리용량을 증대시킬 수 있음<br>• 교차로에서 직각충돌사고 감소 가능<br>• 특정 교통류의 소통을 도모하기 위한 교통흐름을 차단 통제하는데 이용가능 | • 과도한 대기로 인한지체가 발생가능<br>• 신호지시를 무시하는 경향조장<br>• 신호기 회피로 부적절한 노선이용<br>• 교통사고(추돌)가 다소 증가 우려 |

**(2) 사고발생원인**
① 앞쪽(옆쪽)상황에 소홀한 채 진행신호로 바뀌는 순간 급출발
② 정지신호임에도 불구하고 정지선을 지나 교차로에 진입하거나, 무리하게 통과를 시도하는 신호 무시
③ 교차로 진입 전 이미 황색신호임에도 무리하게 통과시도

**(3) 교차로 안전운전 및 방어운전**
① 신호등이 있는 경우 : 신호등이 지시하는 신호에 따라 통행
② 교통경찰관 수신호의 경우 : 교통경찰관의 지시에 따라 통행
③ 신호등이 없는 교차로의 경우 : 통행의 우선순위에 따라 진행
④ 섣부른 추측운전 금지 : 반드시 눈으로 안전을 확인하고 주행
⑤ 언제든 정지할 수 있는 준비태세로 마음의 준비를 하고 운전
⑥ 교차로의 대부분은 신호가 바뀌는 순간에 사고가 발생하므로 반대편 교통전반을 살피고 1~2초 여유를 가지고 서서히 출발한다.
⑦ 교차로 통과 시 안전운전 : 신호는 자기의 눈으로 확실히 확인하며, 앞차를 따라 주행시 차간거리를 유지하여야 하고, 맹목적으로 앞차를 추종해서는 안된다.

**(4) 시가지 외 도로(철길 건널목, 커브, 원심력) 운행 시 안전운전**
① 맹속력으로 주행하는 차에게는 진로를 양보한다.
② 원심력을 생각하면서 커브에서는 특히 주의하여 주행한다.

**(5) 교차로 황색신호** : 황색신호는 전신호와 후신호 사이에 부여되는 신호로 전신호 차량과 후신호 차량이 교차로 상에서 상충(상호충돌)하는 것을 예방하여, 교통사고를 방지하고자 하는 목적에서 운영되는 신호이다.
① 교차로 황색신호시간 : 통상 3초를 기본으로 운영한다.(교차로 크기에 따라 4~6초간 운영하기도 하나 부득이한 경우가 아니면 6초를 초과하는 것은 금기(禁忌)로 한다)
② 황색신호시 사고유형 : ㉠ 교차로에서 전신호 차량과 후신호 차량 충돌 등 ㉡ 횡단보도 전 앞차 정지 시 앞차 추돌 ㉢ 횡단보도 통과 시 보행자, 자전거 또는 이륜차 충돌 ㉣ 유턴 차량과의 충돌

**(6) 교차로 황색신호 시 안전운전 및 방어운전** : 황색신호에는 반드시 신호를 지켜 정지선에 멈출 수 있도록 하고, 교차로에 접근할 때는 자동차의 속도를 줄여 운행하고, 교차로와 접해있는 횡단보도 및 그 부근, 유턴구간 및 그 부근 등은 사고 다발 지점인 경우가 많으므로 무리한 진입을 해서는 안 된다.

### 2 이면도로 운전법

**(1) 이면도로 운전의 위험성**
① 도로의 폭이 좁고, 주변에 점포와 주택 등이 밀집되어 있으므로, 보행자 등이 아무 곳에서나 횡단이나 통행을 한다.
② 좁은 도로가 많이 교차하고 있고 길가에서 어린이들이 뛰노는 경우가 많으므로, 어린이들과의 사고가 일어나기 쉽다.

**(2) 이면도로를 안전하게 통행하는 방법**
① 항상 위험을 예상하면서 운전한다 : ㉠ 자동차나 어린이가 갑자기 뛰어들지 모른다는 생각을 가지고 ㉡ 속도를 낮추어 언제라도 곧 정지할 수 있는 마음의 준비를 갖춘다.
② 위험 대상물을 계속 주시한다 : ㉠ 위험스럽게 느껴지는 자동차나 자전거·손수레·사람과 그 그림자 등 위험대상물을 발견하였을 때에는 ㉡ 그의 움직임을 주시하여 안전하다고 판단될 때까지 시선을 떼지 않을 것이며, ㉢ 뜻밖의 장소에서 차의 앞으로 갑자기 뛰어드는 어린이 등의 사례가 있으므로 방심 하지 말아야 한다.

### 3 커브길

**(1) 개요** : 커브길은 도로가 왼쪽 또는 오른쪽으로 굽은 곡선부를 갖는 도로의 구간을 의미한다. (직선 도로 : 곡선 반경이 길어져 무한대일 때)

**(2) 커브길의 교통사고 위험** : ① 도로 외 이탈의 위험이 뒤 따른다. ② 중앙선을 침범하여 대향차와 충돌할 위험이 있다. ③ 시야불량으로 인한 사고위험이 있다.

**(3) 커브길 주행요령**
① 완만한 커브길 : 곡선부의 곡선반경이 길어질수록 완만한 커브길
㉠ 커브길의 편구배(경사도)나 도로의 폭을 확인하고, 가속 페달에서 발을 떼어 엔진 브레이크 작동이나 풋 브레이크를 사용하여 속도를 줄인다.
㉡ 커브가 끝나는 조금 앞부터 핸들을 돌려 차량의 모양을 바르게 한 후, 가속페달을 밟아 속도를 서서히 높인다.
② 급 커브길 : 곡선부의 곡선반경이 짧아질수록 급한 커브길이다.
㉠ 커브의 경사도나 도로의 폭을 확인하고, 가속 페달에서 발을 떼어 엔진 브레이크가 작동되도록 하여, 속도를 줄인다.
㉡ 풋 브레이크를 사용하여 충분히 속도를 줄인다.
㉢ 저단 기어로 변속한 후 커브의 내각의 연장선에 차량이 이르렀을 때 핸들을 꺾는다.
㉣ 차가 커브를 돌았을 때, 핸들을 되돌리기 시작한다.
㉤ 차의 속도를 서서히 높인다.
③ 커브길 핸들조작 : ㉠ 커브길에서의 핸들조작은 슬로우-인, 패스트-아웃(Slow-in, Fast-out) 원리에 입각하여, 커브 진입 직전에 핸들조작이 자유로울 정도로 속도를 감속하고 ㉡ 커브가 끝나는 조금 앞에서 핸들을 조작하여, 차량의 방향을 안정되게 유지한 후 ㉢ 속도를 증가(가속)하여 신속하게 통과할 수 있도록 하여야 한다.
④ 커브길 안전운전 및 방어운전 : ㉠ 커브길에서는 미끄러지거나 전복될 위험이 있으므로 급핸들 조작이나 급제동은 하지 않는다. ㉡ 핸들을 조작할 때는 가속이나 감속을 하지 않는다. ㉢ 중앙선을 침범하거나 도로의 중앙으로 치우쳐 운전금지 ㉣ 항상 반대 차로에 커브길에 차가 오고 있다는 것을 염두에 두고 차로를 준수하며 운전하고, ㉤ 커브길에서 앞지르기는 안전표지로 금지하나, 앞지르기 금지 표지가 없더라도, 절대로 앞지르기를 하지 않는다.

## 4 차로폭

### (1) 개념
① 차로폭 : 어느 도로의 차선과 차선 사이의 최단거리를 말한다.
② 차로폭은 관련 기준에 따라 도로의 설계속도, 지형조건 등을 고려하여 달리할 수 있으나, 대개 3.0m~3.5m를 기준으로 한다. 다만, 교량 위, 터널 내, 유턴차로(회전차로), 가변차로 설치 등에서 부득이한 경우에는 2.75m 이상으로 할 수 있다.
③ 시내 및 고속도로는 도로폭이 비교적 넓고, 골목길이나 이면도로 등에서는 도로폭이 비교적 좁다.

### (2) 차로폭에 따른 사고위험
① 차로폭이 넓은 도로의 경우 : 운전자가 느끼는 주관적 속도감이 실제 주행속도보다 낮게 느껴짐에 따라 제한속도를 초과한 과속사고위험이 있다(차 속도계의 규정속도 준수).
② 차로폭이 좁은 도로의 경우 : 차로수 자체가 편도 1~2차로에 불과하거나 보·차도 분리시설 및 도로정비가 미흡하거나 자동차, 보행자 등이 무질서하게 혼재하는 경우가 있어 사고위험성이 높다.

## 5 언덕길(오르막, 내리막으로 구성된 언덕길)

### (1) 내리막길 안전운전 및 방어운전
① 내리막길을 내려가기 전에 미리 감속하여 천천히 내려가며, 엔진 브레이크로 속도를 조절하는 것이 바람직하다.
② 엔진 브레이크를 사용하면 페이드(Fade) 현상을 예방하여, 운행의 안전도를 더욱 높일수 있다.
③ 배기 브레이크 장착 후 그 장치 사용 시의 효과(안전도를 높임)
  ㉠ 브레이크액의 온도 상승 억제에 따른 베이퍼 록 현상 방지
  ㉡ 드럼의 온도 상승을 억제하여 페이드 현상을 방지한다.
  ㉢ 브레이크 사용 감소로 라이닝의 수명을 증대시킬 수 있다.
④ 도로의 오르막길 경사와 내리막길 경사가 같거나 비슷한 경우라면, 변속기 기어의 단수도 오르막, 내리막 도로를 동일하게 사용하는 것이 적절하며, 감속이나 급제동은 금물이다.
⑤ 내리막길에서 기어를 변속할 때의 방법
  ㉠ 변속할 때 클러치 및 변속 레버의 작동은 신속하게 한다.
  ㉡ 변속 시에는 머리를 숙인다던가 하여, 다른 곳에 주의를 빼앗기지 말고, 눈은 항상 교통상황 주시상태를 유지한다.
  ※ 왼손은 핸들조정 : 오른손과 양발은 신속하게 움직인다.

### (2) 오르막길 안전운전 및 방어운전
① 정차할 때는 앞차가 뒤로 밀려 충돌할 가능성을 염두에 두고, 충분한 차간 거리를 유지한다(오르막길 정상부근은 사각지대임).
② 출발 시에는 핸드(수동) 브레이크를 사용하는 것이 안전하다.
③ 오르막길에서 앞지르기 할 때는 힘과 가속력이 좋은 저단 기어를 사용하는 것이 안전하다(정차시는 풋(발) 또는 핸드(수동)브레이크를 동시 사용하며, 정상부근은 서행하여 위험에 대비한다).

### (3) 언덕길 교행
언덕길에서 올라가는 차량과 내려오는 차량이 교행시에는, 내려오는 차(내리막 가속에 의한 사고위험이 더 높으므로)에 통행 우선권이 있다. 올라가는 차량이 양보한다(화물이나 승객의 승차 자동차가 우선권이 있다).

## 6 앞지르기

### (1) 개념
뒤차가 앞차의 좌측면을 지나 앞차의 앞으로 진행하는 것

### (2) 앞지르기의 사고 위험
① 앞지르기 가속도에 따른 위험이 수반된다.
② 필연적으로 진로변경을 수반하므로 사고위험이 높다.

### (3) 앞지르기 사고의 유형
① 앞지르기 위한 최초 진로변경 시 동일방향 좌측 후속차 또는 나란히 진행하던 차와 충돌
② 좌측 도로상의 보행자와 충돌, 또는 우회전 차량과의 충돌
③ 중앙선을 넘어 앞지르기하는 때에는 대향차와 충돌(중앙선 실선 : 중앙선 침범적용처리, 점선 : 일반과실사고로 적용 처리된다)
④ 진행차로 내의 앞·뒤 차량과의 충돌
⑤ 앞차량과의 근접주행에 다른 측면 충격
⑥ 경쟁 앞지르기에 따른 충돌

### (4) 앞지르기 안전운전 및 방어운전
① 자차(자기가 운전 중인 차)가 앞지르기할 때
  ㉠ 과속은 금물이다. 앞지르기에 필요한 속도가 그 도로의 최고 속도 범위 이내일 때 앞지르기를 시도한다.
  ㉡ 앞지르기에 필요한 충분한 거리와 시야가 확보되었을 때 앞지르기를 시도한다(앞차가 추월시는 추월을 시도하지 않는다).
  ㉢ 점선의 중앙선을 넘어 앞지르기 하는 때에는, 대향차의 움직임에 주의한다(앞차의 우측으로 앞지르기를 하지 않는다.).
② 다른 차가 자차(자기가 운전 중인 차)를 앞지르기 할 때
  ㉠ 자차의 속도를 앞지르기를 시도하는 차의 속도이하로 적절히 감속한다(추월을 시도하는 차에게 양보하는 자세로 운전함).
  ㉡ 앞지르기 금지 장소나 앞지르기를 금지하는 때에도, 앞지르기 하는 차가 있다는 사실을 항상 염두에 두고 주의 운전한다.

## 7 철길 건널목

### (1) 철길 건널목의 개념
철도와 도로법에서 정한 도로가 평면 교차하는 곳을 의미한다.

### (2) 철길 건널목의 종류

| 1종 건널목 | 차단기, 경보기 및 철길 건널목 교통안전표지를 설치하고 차단기를 주·야간 계속하여 작동시키거나 또는 건널목 안내원이 근무하는 건널목 |
|---|---|
| 2종 건널목 | 경보기와 건널목 교통안전표지만 설치하는 건널목 |
| 3종 건널목 | 건널목 교통안전표지만 설치하는 건널목 |

※ 건널목 사고 요인 : ① 신호등이나 경보기 무시 통과, ② 일시정지 않고 통과
※ 일단 사고가 발생하면 인명피해가 큰 대형사고가 발생하는 곳은 철길 건널목이다.

### (3) 철길 건널목의 안전운전 및 방어운전
① 일시정지한 후, 좌·우 안전을 확인 후 통과한다(안내원신호는 예외).
② 철길 건널목 통과 시 기어는 변속하지 않는다(수동변속기).
③ 철길 건널목 건너편 여유공간(자기차 들어갈 곳)을 확인 후 통과한다.

### (4) 철길 건널목 내 차량 고장 시 대처요령
① 즉시 동승자를 대피시키고, 철도공사 직원 등에 신고, 차 이동조치
② 시동이 걸리지 않을 때는 기어를 1단 위치에 넣은 후, 클러치 페달을 밟지 않은 상태에서 엔진 키를 돌리면, 시동 모터의 회전으로 바퀴를 움직여, 철길을 빠져 나올 수 있다.

## 8 고속도로의 운행(2시간마다의 휴식이 안전운전에 도움이 됨)

(1) 속도의 흐름과 도로사정, 날씨 등에 따라 안전거리 충분히 확보
(2) 주행 중 속도계를 수시로 확인하여, 법정속도를 준수한다.
(3) 차로 변경 시는 최소한 100m 전방으로부터 방향지시등을 켜고, 전방 주시점은 속도가 빠를수록 멀리 둔다.
(4) 앞차의 움직임 뿐 아니라 가능한 한 앞차 앞의 3~4대 차량의 움직임도 살피며, 주행차로 운행을 준수하고 2시간 마다 휴식을 한다.
(5) 고속도로 진입 시 충분한 가속으로 속도를 높인 후 주행차로로 진입하며, 주행차에 방해를 주지 않도록 한다(진출입시 속도 감각에 유의).
(6) 뒤차가 자기 차를 추월(앞지르기)하고 있는 상황에서 경쟁하는 것은 위험하므로, 양보하여 주는 것이 안전운전이 된다.

## 9 기타

**(1) 야간**
① 야간운전의 위험성
  ㉠ 야간에는 주간에 비해 **시야가 전조등의 범위로 한정**되어 노면과 앞차의 후미 등 전방만을 보게 되므로, 주간보다 속도를 20% 정도 감속하고 운행해야 한다.
  ㉡ 마주 오는 대향차의 상향 전조등 불빛으로 증발 또는 현혹 현상 등으로 인해 교통사고를 일으키게 되므로, 약간 오른쪽을 보며 주행한다(뇌파 반응도 저하로 졸음주의).
② 야간 안전운전 요령
  ㉠ 해가 저물면, **곧바로 전조등을 점등**한다(주간보다 속도감속).
  ㉡ 야간에 흑색이나 감색의 복장을 입은 보행자는 발견하기 곤란하므로, **보행자의 확인에 더욱 세심한 주의**를 기울인다.
  ㉢ 가급적 전조등이 비치는 곳 끝까지 살필 것
  ㉣ 자동차가 교행 할 때에는, **조명장치를 하향 조정**할 것
  ㉤ 주간보다 안전에 대한 여유를 크게 가지고, 야간이므로 속도를 낮추어 주행할 것
  ㉥ 대향차의 전조등을 바로 보지 말 것이며, 차의 실내를 불필요하게 밝게 하지 말 것
  ㉦ 노상에 주·정차를 하지 말 것이며, 문제가 발생했을 때 정차 시는 안전조치(고장차 표시 등)를 취할 것

**(2) 안개길** : ① 안개로 인해 시야의 장애가 발생되면 우선 **차간 거리를 충분히 확보**하고, 앞차의 제동이나 방향전환 등의 신호를 예의 주시하며 천천히 주행해야 안전하다. ② 운행 중 앞을 분간하지 못할 정도로 짙은 안개가 끼었을 때는, 차를 안전한 곳에 세우고, 미등과 비상경고등을 점등시켜 충돌사고 등에 미리 예방하는 조치를 취한다.(※ 일년 중 안개가 제일 많이 발생한 계절 : 가을)

**(3) 빗길** : ① 비가 내리기 시작한 직후에는, 빗물이 차량에서 나온 오일과 섞이는데 도로를 아주 미끄럽게 하며, 비가 계속 내리면 오일이 쓸려가므로, 비가 내리기 시작할 때보다 더 미끄러우므로 조심해야 한다. ② 비가 내려 물이 고인 길을 통과 할 때는 속도를 줄여 저속기어로 바꿔 저속으로 주행하고 브레이크에 물이 들어가면 브레이크가 약해지거나 불균등하게 걸리거나 풀리지 않을 수 있어, **차량의 제동력을 감소**시킨다.

**(4) 비포장 도로** : 울퉁불퉁한 비포장 도로에서는 노면 마찰계수가 낮고 매우 미끄러우므로, 브레이킹, 가속페달 조작, 핸들링 등을 부드럽게 해야 하며, 모래, **진흙 등에 빠졌을 때는 엔진을 고속회전 금지**(변속기 손상 및 엔진 과열 방지) 후 견인조치한다.

## 3 계절별 운전

### 1 봄철

**(1) 계절 특성** : 봄은 겨울동안 얼어있던 땅이 녹아 **지반이 약해지는 해빙기**로서 사람들의 활동이 활발해지는 계절이다.

**(2) 기상 특성** : ① 봄날은 날씨의 변화가 심하고 기온이 상승하고, 낮과 밤의 일교차가 커지며, 강수량은 증가한다. ② 봄날은 흙먼지가 날려 운행에 불편을 주고, 중국에서 발생한 황사가 강한 편서풍을 타고 우리나라 전역에 미쳐 운전자의 시야에 지장을 준다.

**(3) 교통사고의 특징** : 겨울보다 교통량 등 증가로 많이 발생

| 도로조건 | 봄날 포장된 도로의 노변을 통하여 운행하는 것은 노변의 붕괴 또는 함몰로 인한 대형 사고의 위험이 높다(황사현상에 주의). |
|---|---|
| 운전자 | 기온이 상승함에 따라 긴장이 풀리고 몸도 나른해짐에 따라 춘곤증에 의한 졸음 운전으로 전방주시 태만과 관련된 사고의 위험이 높다(1초 졸음 시 = 16.7m 주행). |
| 보행자 | 교통상황에 대한 판단능력이 부족한 어린이와 신체능력이 약화된 노약자들의 보행이나 교통수단이용이 겨울에 비해 늘어나는 계절적 특성으로, 어린이와 노약자 관련 교통사고가 늘어난다. 주택가, 학교주변, 정류소 등에서는 차간거리를 여유 있게 확보하고 서행한다. |

**(4) 안전운행 및 교통사고 예방**
① 교통환경 변화 : ㉠ 봄철 안전운전을 위해 중요한 것은, 무리한 운전을 하지 말고 긴장을 늦추어서는 아니 된다. ㉡ 위의 1 (3) 교통사고의 특징(도로조건, 운전자, 보행자) 참조
② 주변 환경 대응 : 행락철(학교의 소풍, 수학여행 등)일 때일수록 들뜬 마음이나 과로 운전이 원인이 되어 교통사고로 이어질 가능성이 크다는 점에 유의하여, 충분한 휴식을 취하고 운행 중에는 주변 교통상황에 대해 집중력을 갖고 안전 운행을 하여야 한다.
③ 춘곤증 : 춘곤증은 피로·나른함 및 의욕저하를 수반하여 운전하는 과정에서 주의력 집중이 안 되고 졸음운전으로 이어져 대형 사고를 일으키는 원인이 될 수 있다(시속 60km 주행 시 → 1초 졸음 때 : 약 16.7m 주행함).

**(5) 자동차 관리(계절적변화에 착안하여 기본적인 점검)**
① 세차 : 노면 결빙 막기 위해 뿌려진 염화칼슘 제거로 부식 방지
② 월동장비 정리 : 스노우 체인, 타이어 등 월동장비 정리 보관
③ 엔진오일 점검 : 부족 시 동일 등급 오일 보충 및 필터교환
④ 배선상태 점검 : 전선의 피복이 벗겨지거나 부식여부를 확인

### 2 여름철

**(1) 계절 특성** : 봄철에 비해 기온이 상승하며, 6월 말부터 7월 중순까지, 장마전선의 북상으로 비가 많이 오고, 장마 이후에는 무더운 날이 지속되며, 저녁 늦게까지 기온이 내려가지 않는 열대야 현상이 나타난다.

**(2) 기상 특성** : 태풍을 동반한 집중 호우 및 돌발적인 악천후, 본격적인 무더위에 의해 기온이 높고 습기가 많아지며, 한밤중에도 이러한 현상이 계속되어 운전자들이 짜증을 느끼게 되고, 쉽게 피로해지며 주의 집중이 어려워진다.

**(3) 교통사고의 특징** : 무더위, 장마, 폭우로 인한 교통환경의 악화

| 도로조건 | 돌발적인 악천 후 및 무더위 속에서 운전하다 보면 시각적 변화와 긴장·흥분·피로감 등이 복합적 요인으로 작용하여 교통사고를 일으키므로 기상 변화에 잘 대비하여야 한다(장마와 갑작스런 소나기). |
|---|---|
| 운전자 | 기온과 습도 상승으로 불쾌지수가 높아져 적절히 대응하지 못하면, 이성적 통제가 어려워져 난폭운전, 불필요한 경음기 사용, 사소한 일에도 언성을 높이며 잘못을 전가하려는 행동이 나타나며, 또한 수면부족과 피로로 인한 졸음운전 등도 집중력 저하 요인으로 작용한다. |
| 보행자 | 장마철에는 보행자가 우산을 받치고 보행함에 따라 전·후방 시야를 확보하기 어렵다. 무더운 날씨로 인한 불쾌지수 증가로 위험한 상황의 인식이 둔해지고 안전수칙을 무시하려는 경향이 강하게 나타난다. |

**(4) 안전운행 및 교통사고 예방**
① 뜨거운 태양 아래 오래 주차 시 : 차 실내의 더운 공기를 환기
② 주행 중 갑자기 시동이 꺼졌을 때 : 자동차를 길 가장자리 등 통풍이 잘 되는 그늘진 곳으로 옮긴 다음, 보닛을 열고 10여분 정도 열을 식힌 후 재시동을 건다.
③ 비가 내리는 중에 주행 시 : 마찰력이 떨어지므로 감속 운행한다.

**(5) 자동차 관리** : 여름철에는 무더위와 장마, 그리고 휴가철을 맞아 장거리를 운전하는 경우가 있다는 계절적인 특징이 있으므로 이에 대한 대비를 해야 한다.

① 냉각장치 점검 : 냉각수의 양은 충분한지, 냉각수의 누수여부, 팬 벨트의 장력은 적절한지를 수시로 확인한다(팬벨트 여유분 휴대).
② 와이퍼의 작동상태 점검 : 장마철 운전에 꼭 필요한 와이퍼의 작동이 정상적인가 확인한다(노즐 분출구 막힘 및 분사각도).
③ 타이어 마모상태 점검 : 노면과 맞닿는 부분인 요철형 무늬의 깊이(트레드 홈 깊이)가 최저 1.6mm 이상이 되는지를 확인하고, 적정 공기압을 유지 하고 있는지와 이상마모 여부를 점검한다.
④ 차량 내부의 습기제거 : 차량 내부에 습기가 찰 때에는 습기를 제거하여, 차체의 부식과 악취발생을 방지한다.

### 3 가을철

**(1) 계절 특성** : 가을은 심한 일교차로 건강을 해칠 수도 있으며, 연중 가장 심한 일교차가 일어나기 때문에 안개가 집중적으로 발생되어 대형사고의 위험이 높아진다(사계절 중 제일 많이 안개 발생).

**(2) 기상 특성** : 가을의 기상은 기온이 낮아지고 맑은 날이 많으며, 강우량이 줄고, 아침에는 안개가 빈발하며, 특히 하천이나 강을 끼고 있는 곳에서는 짙은 안개가 자주 발생한다.

**(3) 교통사고의 특징 : 심한 일교차로 집중적인 안개 발생**

| 도로조건 | 추석명절 교통량 증가로 전국 도로가 몸살을 앓기는 하지만 다른 계절에 비하여 도로조건은 비교적 좋은 편이다. |
|---|---|
| 운전자 | 추수철 국도 주변에는 경운기·트랙터 등의 통행이 늘고, 운전자가 높고 푸른 하늘, 형형색색 물들어 있는 단풍을 감상하다 보면 집중력이 떨어져 교통사고의 발생 위험이 있다. |
| 보행자 | 맑은 날씨, 곱게 물든 단풍, 풍성한 수확, 추석절, 단체여행객의 증가 등으로 들뜬 마음에 의한 주의력 저하로 관련 사고 가능성이 높다. |

**(4) 안전운행 및 교통사고 예방**
① 이상기후 대처 : 안개지역에서는 처음부터 감속 운행한다.
② 보행자에 주의하여 운행 : 행동이 부자연스런(몸을 움츠린) 보행자가 있는 곳에서는 보행자의 움직임에 주의 운행한다.
③ 행락철 주의 : 각급 학교, 수학여행, 가을소풍, 회사 또는 가족 단위의 단풍놀이 등이 많아지므로 과속을 피하고 교통법규를 준수 운행
④ 농기계 주의 : 추수기를 맞아 경운기 등 농기계의 빈번한 사용으로 농촌지역 운행 시, 농기계의 출현에 대비 운전해야 한다.

**(5) 자동차 관리**
① 세차 및 차체 점검 : 바닷가로 여행을 하고 귀가 한 후 세차로 염분 제거하여 부식방지에 노력할 것(차 내부 바닥 청소 실시)
② 서리제거용 열선 점검 : 기온의 하강으로 인해 유리창에 서리가 끼므로 열선이 정상적으로 작동하는지를 미리 점검한다.
③ 장거리 운행 전 점검사항 : 여행, 추석절 귀향 등으로 장거리 여행을 떠날 때에 사전 점검하여야 할 사항
  ㉠ 타이어 공기압 및 상처 등   ㉡ 냉각수, 엔진오일량 등
  ㉢ 전조등, 방향지시등 작동    ㉣ 연료잔량 등
  ㉤ 고장차 표시판(삼각대 표시), 휴대용 작업등, 손전등 등 준비

### 4 겨울철

**(1) 계절 특성**
① 차가운 대륙성 고기압의 영향으로 북서 계절풍이 불어와, 날씨는 춥고 눈이 많이 내리는 특성을 보인다.
② 교통의 3대 요소인 사람, 자동차, 도로환경 등 모든 조건이 다른 계절에 비하여 열악한 계절이다.

**(2) 기상 특성**
① 겨울철은 습도가 낮고 공기가 매우 건조하다.
② 한냉성 고기압 세력의 확장으로 기온이 급강하고, 한파를 동반한 눈이 자주 내린다.
③ 겨울철의 안개, 눈길, 빙판길, 바람과 추위 등이 운전에 악영향을 미치는 기상특성을 보인다.

**(3) 교통사고의 특징 : 3대 요소인 사람, 자동차, 도로환경이 열악**

| 도로조건 | 겨울철에는 눈이 내려 녹지 않고 쌓이고 적은 양의 눈이 내려도 바로 빙판이 되기 때문에 자동차의 충돌·추돌·도로 이탈 등의 사고가 많이 발생한다. 폭설이 도로조건을 가장 열악하게 하는 가장 큰 요인이 된다(얼음으로 덮여있는 구간, 지점주의). |
|---|---|
| 운전자 | 추운 날씨로 인해 방한복 등 두터운 옷을 착용함에 따라 움직임이 둔해져 위기상황에 대한 민첩한 대처능력이 떨어지기 쉽다(음주운전 우려). |
| 보행자 | 겨울철 보행자는 추위와 바람을 피하고자 두터운 외투, 방한복 등을 착용하고 앞만 보고 목적지까지 최단거리로 이동하고자 하는 경향이 있다. 이 욕구가 강해져 보행자가 확인 후 통행하여야 할 사항을 소홀히 하거나 생략하여 보행하므로 사고직면이 쉽다. |

**(4) 안전운행 및 교통사고 예방**
① 빙판길 출발 시 : ㉠ 도로가 미끄러울 때는 급하게 하거나 갑작스런 동작을 하지 말고, 부드럽고 천천히 출발하며, 처음 출발할 때 도로상태를 느끼도록 한다. ㉡ 승용차는 평상시 1단으로 출발하는 것이 정상이다. 그러나 미끄러운 길에서는 2단에 넣고 반클러치를 사용 출발한다. ㉢ 눈이 쌓인 오르막길 : 주차 브레이크 사용
② 전·후방 주시 철저 : 겨울철은 밤이 길고 약간의 비나 눈만 내려도 물체를 판단할 수 있는 능력이 감소되므로 전·후방 교통 상황에 대한 주의가 필요하다.
③ 주행 시 : ㉠ 미끄러운 도로에서의 제동 시 정지거리가 평소보다 2배 이상 길기 때문에 충분한 차간 거리 확보 및 감속이 요구되며, ㉡ 다른 차량과 나란히 주행하지 아니하며, ㉢ 미끄러운 오르막길에서는 도중에 정지함이 없이 밑에서부터 탄력을 받아 일정한 속도로 기어변속 없이 한 번에 올라간다. ㉣ 주행 중 노면의 동결이 예상되는 그늘진 빙판길 도로주행도 주의 운행한다.
④ 장거리 운행시 : 목적지까지의 운행계획을 평소보다 여유있게 세워야 하고, 도착지, 행선지, 도착시간 등을 타인에게 고지, 비포장 또는 산악도로 운행 시 월동비상장구를 휴대한다.

**(5) 자동차 관리**
① 월동장비 점검
  스노우 타이어 교환, 구동바퀴에 체인을 장착
② 부동액 점검
  냉각수의 부동액 양 및 점도를 점검
③ 써머스타(정온기) 상태 점검
  히터의 기능이 떨어지는 것을 예방
④ 체인 점검
  타이어의 수에 맞는 체인 준비, 체인을 채우는 방법을 사전에 익혀둔다.

### 4 위험물 운송

### 1 개요

**(1) 위험물의 성질** : 발화성, 인화성 또는 폭발성 등의 성질
**(2) 위험물의 종류** : 고압가스, 화약, 석유류, 독극물, 방사성 물질 등

## 2 위험물의 적재방법

(1) 운반용기와 포장외부에 표시해야 할 사항 - ① 위험물의 품목, ② 화학명 ③ 수량(수납구를 위로 향하게 적재할 것)을 표시한다.
(2) 운반 도중 그 위험물 또는 위험물을 수납한 운반용기가 떨어지거나, 그 용기의 포장이 파손되지 않도록 적재할 것
(3) 혼재 금지된 위험물의 혼합 적재를 금지하고, 직사광선 및 빗물 등의 침투를 방지할 수 있는 유효한 덮개를 설치할 것

## 3 운반 방법

(1) 마찰, 흔들림의 발생 예방 또는 소화설비 갖추고 운행할 것
(2) 지정 수량 이상의 위험물을 차량으로 운반할 때는 차량의 전면 또는 후면의 보기 쉬운 곳에 표지를 게시할 것
(3) 독성가스를 차량에 적재하여 운반하는 때에는 당해 독성 가스의 종류에 따른 방독면, 고무장갑, 고무장화, 그 밖의 보호구 및 재해발생 방지를 위한 응급조치에 필요한 자재, 제독제 및 공구 등을 휴대할 것 (재해 발생시 응급조치 후 가까운 소방서 기타 관계기관에 신고)

## 4 차량에 고정된 탱크의 안전운행

(1) 운행전의 점검
① 차량의 점검 : 운행 전에 차량의 각 부분의 이상유무를 점검함. ㉠ 엔진관련부분(냉각수량, 팬벨트 당김상태(손상) ㉡ 동력전달장치 (접속부의 조임, 이완, 손상유무) ㉢ 브레이크 부분(브레이크액 누설, 오일량, 간격 등) ㉣ 조향핸들(핸들 높이정도, 헐거움, 조향상태) ㉤ 바퀴상태(바퀴조임, 림의 손상, 타이어균열) ㉥ 샤시, 스프링(스프링의 절손, 손상유무) ㉦ 기타 부속품(전조등, 점멸표시등, 차폭등, 경음기, 방향지시기, 윈도우 클리너 작동상태)
② 탑재기기, 탱크 및 부속품 점검 사항 : ㉠ 탱크 본체 이완(어긋남) ㉡ 밸브, 압력계 등 개폐상태표시 표지 정확 부착 유무 ㉢ 밸브류, 액면계 등 정상 작동과 그 본체이음매 등 가스누설유무 ㉣ 충전호스의 접속구에 캡 부착 ㉤ 접지탭(클립, 코드) 정비가 양호할 것

(2) 운송 시 주의사항
① 도로상이나 주택가, 상가 등 지정된 장소가 아닌 곳에서는 탱크로리 상호간에 취급물질을 입·출하시키지 말 것
② 운송 전에는 아래와 같은 운행계획 수립 및 확인 필요
㉠ 운송도착까지 이용하는 주행로 확정
㉡ 이용도로에 대한 제한속도
㉢ 눈, 비 등 기상 악화 시 도로상태 등
③ 운송 중은 물론 정차 시에도 허용된 장소 이외에서는 흡연이나 그 밖의 화기를 사용하지 말 것
④ 운송할 물질의 특성, 차량의 구조, 탱크 및 부속품의 종류와 성능, 정비 점검의 요령, 운행 및 주차시의 안전조치와 재해발생 시에 취해야 할 조치를 숙지할 것

(3) 안전운송기준
① 법규, 기준 등의 준수 : 도로교통법, 고압가스 안전관리법 등
② 운송 중의 임시점검 : 노면이 나쁜 도로를 통과할 경우에는 그 직전에 안전한 장소를 선택하여 주차하고, 가스누설, 밸브의 이완, 부속품의 부착부분 등을 점검하여 이상여부를 확인할 것
③ 운행 경로의 변경 : 소속 사업소, 회사 등에 연락할 것
④ 육교 등 밑의 통과 : 차량이 육교 등의 아랫부분에 접촉할 우려가 있는 경우에는 다른 길로 돌아서 운행한다.
⑤ 철길 건널목 통과 : 철길 건널목을 통과하는 경우는 건널목 앞에서 일시 정지하고, 열차가 지나가지 않는가를 확인하여, 건널목 위에 차가 정지하지 않도록 통과한다.
⑥ 터널 내의 통과 : 전방의 이상사태 발생유무를 확인하면서 주의 진입

⑦ 취급물질 출하 후 탱크속 잔류가스 취급 : 취급물질을 출하한 후에도 탱크 속에는 잔여가스가 남아 있으므로 내용물이 적재된 상태와 동일하게 취급 및 점검을 실시할 것
⑧ 주차 : 운행 도중 노상에 주차할 필요가 있는 경우에는 주택 및 상가 등의 밀집지역을 피하고, 교통량이 적고 부근에 화기가 없는 안전하고 지반이 평탄한 장소를 선택하여 주차할 것
⑨ 여름철 운행 : 탱크로리의 직사광선에 의한 온도가 상승을 방지하기 위하여 주차할 경우 그늘에 주차, 탱크에 덮개 씌움 등의 조치
⑩ 고속도로 운행 : 속도감이 둔해지므로 제한속도에 주의 운행하며 200km 이상 거리 운행 후 중간에 충분한 휴식 후 운행한다.

(4) 이입작업(충전) 할 때의 기준(저장시설→차량탱크 주입)
① 당해 사업소 안전 관리자가 충전 작업 시 안전기준
㉠ 소정의 위치에 차를 확실히 주차시키고, 엔진을 끄고 메인 스위치 등 전기장치를 완전히 차단한다(커플링을 분리한 상태에서 사용할 것).
㉡ 정전기 제거용의 접지 코드를 기지(基地)의 접지택에 접속할 것
㉢ "이입작업 중(충전중) 화기엄금"의 표시판 및 소화기를 준비할 것(저온 및 초저온 가스 취급시 가죽장갑 등 낀다)
② 당해 차량 운전자는 이입작업이 종료 시까지 긴급차단 장치 부근에 위치해 긴급사태 발생 시 신속하게 작동할 수 있어야 한다.

(5) 이송(移送) 작업할 때의 기준(차량탱크→저장시설에 주입)
① 탱크의 설계압력 이상의 압력으로 가스를 충전하지 아니할 것
② 액화석유가스충전소 내에서는 동시에 2대 이상의 고정된 탱크에서 저장설비로 이송작업을 하지 않는다.
③ 저울 액면계 또는 유량계를 사용하여 과충전에 주의할 것

(6) 운행을 종료한 때의 점검
① 밸브 등의 이완 및 경계표지, 휴대품 등의 손상이 없도록 한다.
② 부속품 등의 볼트 연결 상태가 양호해야 한다.
③ 높이검지봉 및 부속배관 등이 적절히 부착되어 있어야 한다.

## 5 충전용기 등의 적재·하역 및 운반요령

(1) 고압가스 충전용기의 운반기준
① 경계표시
충전용기를 차량에 적재하여 운반하는 때에는 당해 차량의 앞뒤 보기 쉬운 곳에 각각 붉은 글씨로 "위험 고압가스"라는 경계표시를 할 것
② 밸브의 손상방지 용기취급
밸브가 돌출한 충전용기는 고정식 프로텍터 또는 캡을 부착시켜, 밸브의 손상을 방지하는 조치를 하고 운반할 것

(2) 충전용기 등을 적재한 차량의 주·정차시 안전기준
① 충전용기 등을 적재한 차량의 주·정차 장소 선정은 가능한 한 평탄하고 교통량이 적은 안전한 장소를 택할 것(시장 등 주차금지)
② 제1종 보호시설에서 15m 이상 떨어지고, 제2종 보호시설이 밀착되어 있는 지역은 가능한 한 피하고, 주위의 교통상황, 주위에 화기 등이 없는 안전한 장소에 주정차 할 것(운전자등 동시이탈금지)
※ 차량고장 시 정차하는 경우 : 적색표지판(고장자동차 표시) 설치

(3) 충전용기 등을 차량에 싣거나, 내릴 때 또는 지면에서 운반 작업 등을 하는 경우의 안전 기준
① 충전용기 등을 차에 싣거나, 내릴 때에는 당해 충전용기 등의 충격이 완화될 수 있는 고무판 또는 가마니 등의 위에서 주의하여 취급하여야 하며 또한 가연성가스와 산소를 운반하는 차량에는 소화설비 및 재해 발생방지용 자재, 공구 등 휴대할 것

② 독성가스 충전용기를 운반하는 때에는 용기 사이에 목재 칸막이 또는 패킹을 할 것
③ 충전용기와 소방법이 정하는 위험물과는 동일 차량에 같이 적재하여 운반하지 아니할 것

### (4) 충전용기 등을 차량에 적재할 때의 안전기준
① 차량의 최대 적재량을 초과 및 적재함을 초과하여 적재금지
② 운반 중의 충전용기는 항상 40℃ 이하로 유지할 것
③ 충전용기 등을 목재, 플라스틱, 강철재로 만든 파레트(견고한 상자 또는 틀) 등의 내부에 넣어 안전하게 적재하고 용량 10kg 미만의 액화석유가스, 충전용기를 적재할 경우를 제외하고는 **모든 충전용기는 1단으로 쌓을 것**
④ 가스운반용 차량의 적재함에는 리프트를 설치하여야 하고, 적재할 충전용기 최대 높이의 2/3 이상까지 또는 SS400, 이와 동등 이상 강도를 갖는 재질(ㄷ형강)로 적재함 보강하여 용기를 고정한다(예외 – 적재능력 1톤 이하의 차량 적재함에는 리프트 설치 예외).

## 5 고속도로 교통안전

### 1 고속도로 교통사고 통계

#### (1) 교통사고 발생추이 및 원인(지난 10년 동안)
① 화물차 교통사고를 살펴보면 전체 교통사고가 2012년 3,550건에서 2022년 4,860건으로 24% 증가 한 것에 비해
② 2012년 794건에서 2022년 1,229건으로 41% 증가하여 증가 폭이 2배에 가깝다.
③ 교통사고 사망자는 감소추세에 있으나 전체 사망자에서 차지하는 비율은 2012년 36.7%에서 2022년 52.2%로 증가하였다.

#### (2) 고속도로 교통사고 특성
① 빠르게 달리는 도로의 특성상 다른 도로에 비해 치사율이 높다.
② 운전자 전방주시 태만과 졸음운전으로 인한 2차(후속)사고 발생 가능성이 높아지고 있다.
③ 운행 특성상 장거리 통행이 많고 특히 영업용 차량(화물차, 버스) 운전자의 장거리 운행으로 인한 과로로 졸음운전이 발생할 가능성이 매우 높다.
④ 화물차, 버스 등 대형차량의 안전운전 불이행으로 대형사고가 발생하고, 사망자도 대폭 증가하고 있는 추세이다. 또한 화물차의 적재불량과 과적은 도로상에 낙하물을 발생시키고 교통사고의 원인이 되고 있다.
⑤ 최근 고속도로 운전 중 휴대폰 사용, DMB 시청 등 기기사용 증가로 인해 전방주시에 소홀해지고 이로 인한 교통사고 발생가능성이 더욱 높아지고 있다.

### 2 고속도로의 통행방법

#### (1) 고속도로의 제한 속도

| 종류 | | 최고속도 | 최저속도 |
|---|---|---|---|
| 고속도로 | 편도 2차로 이상 | 모든 고속도로 | • 매시 100km<br>• 매시 80km(적재중량 1.5t 초과 화물자동차, 특수자동차, 위험물 운반자동차, 건설기계) | 매시 50km |
| | | 지정·고시한 노선 또는 구간의 고속도로 | • 매시 120km 이내<br>• 매시 90km(적재중량 1.5톤 초과 화물자동차, 특수자동차, 위험물운반자동차, 건설기계) | 매시 50km |
| | 편도 1차로 | | 매시 80km | 매시 50km |

#### (2) 고속도로 통행차량 기준

| 도로 | | 차로 | 통행할 수 있는 차종 |
|---|---|---|---|
| 고속도로 | 편도 2차로 | 1차로 | • 앞지르기를 하려는 모든 자동차. 다만, 차량통행량 증가 등 도로상황으로 인하여 부득이하게 시속 80킬로미터 미만으로 통행할 수밖에 없는 경우에는 앞지르기를 하는 경우가 아니라도 통행할 수 있다. |
| | | 2차로 | • 모든 자동차 |
| | 편도 3차로 이상 | 1차로 | • 앞지르기를 하려는 승용자동차 및 앞지르기를 하려는 경형·소형·중형 승합자동차. 다만, 차량통행량 증가 등 도로상황으로 인하여 부득이하게 시속 80킬로미터 미만으로 통행할 수밖에 없는 경우에는 앞지르기를 하는 경우가 아니라도 통행할 수 있다. |
| | | 왼쪽 차로 | • 승용자동차 및 경형·소형·중형 승합자동차 |
| | | 2차로 | • 대형 승합자동차, 화물자동차, 특수자동차, 법 제2조 제18호 나목(건설기계관리법)에 따른 건설기계 |

### 3 고속도로에서의 안전운전

#### (1) 고속도로 안전운전 방법
① 전방주시
  고속도로 교통사고 원인의 대부분은 전방주시 의무를 게을리 한 탓이다. 운전자는 앞차의 뒷부분만 봐서는 안 되며 앞차의 전방까지 시야를 두면서 운전한다.
② 2시간 운전 시 15분 휴식
  장거리 운전 시 피곤한 상태로 계속 운전하는 것은 졸음사고로 이어질 위험이 매우 크다. 졸음이 오면 가까운 휴게소나 졸음쉼터를 이용한다. 또한 겨울에 히터나 여름에 에어컨 작동 시 1-2시간 주기로 창문을 열어 환기시키는 것이 졸음 예방에 도움이 된다.
③ 진입은 안전하게 천천히, 진입 후 가속은 빠르게
  고속도로에 진입할 때는 방향지시등으로 진입 의사를 표시한 후 가속차로에서 충분히 속도를 높이고 주행하는 다른 차량의 흐름을 살펴 안전을 확인한 후 진입한다. 진입한 후에는 빠른 속도로 가속해서 교통흐름에 방해가 되지 않도록 한다.
④ 주변 교통흐름에 따라 적정속도 유지
  고속도로에서는 주변 차량들과 함께 교통흐름에 따라 운전하는 것이 중요하다. 주변차량들과 다른 속도로 주행하면 다른 차량의 운행과 교통흐름을 방해할 수 있기 때문에 최고속도 하에서 적정 속도를 유지해야 한다.
⑤ 비상시 비상등 켜기
  주행 중 전방에 사고나 고장차, 정체, 작업장 등 주의가 필요한 경우에는 비상등을 점멸하여 주변차량에게 알림으로써 사고를 예방할 수 있다.
⑥ 주행차로로 주행
  느린 속도의 앞차를 추월할 경우 앞지르기 차로를 이용하며 추월이 끝나면 주행차로로 복귀한다. 복귀할 때에는 뒤차와 거리가 충분히 벌려졌을 때 안전하게 차로를 변경한다.
⑦ 전 좌석 안전띠 착용
  교통사고로 인한 인명피해를 예방하기 위해 전 좌석 안전띠를 착용해야 하며 고속도로 및 자동차 전용도로는 전 좌석 안전띠 착용이 의무사항이다.

※ 올바른 안전띠 착용 방법
1. 어깨끈이 머리에 닿지 않도록 조심한다.
2. 등받이를 바로 세운다.
3. 허리 쪽은 복부에 매지 말고 반드시 골반에 밀착시킨다.

⑧ 후부 반사판 부착(차량 총중량 7.5톤 이상 및 특수 자동차는 의무 부착)

후부반사판은 화물차나 특수차량 뒷편에 부착해야 하는 안전표지판으로 야간에 후방에서 주행 중인 자동차가 전방을 잘 식별할 수 있도록 도와준다.

⑨ 차간거리 확보

고속으로 운행 중 전방에 작업장, 돌발상황(교통사고, 고장차 등), 교통정체 시 차량 속도가 급격히 줄어들면서 차간거리 미확보 시 추돌사고로 이어질 위험이 높다. 앞 차량과 간격은 100m(3초 간격) 이상으로 유지하면서 추돌사고에 대비해야한다.

### (2) 고속도로 작업구간 통행방법

① 작업구간의 구분

고속도로 작업구간은 일반구간과 비교하면 차량 운행 특성이 다르며 주의구간, 변화구간, 작업구간, 종결구간으로 구분하여 교통안전관리를 시행한다.

㉠ 주의구간
- 운전자들이 전방의 교통상황 변화를 사전에 인지하여 안전운행에 미리 대비하는 구간으로 길어깨(갓길)에 안내표지 등이 설치된다.

㉡ 변화구간
- 진행 중인 차로를 변화시키는 구간으로 작업 중인 해당차로 전방에 일정거리를 두어 차로를 차단하여 차로를 변경하게 하는 구간이다.

㉢ 작업구간
- 실제 작업 이루어지는 구간으로 운전자들이 차로변경을 하지 못한 경우에 대비하여 운전자 및 작업자를 보호하기 위한 완충구간을 포함한다.

㉣ 종결구간
- 작업구간을 통과해 작업 이전의 정상적인 교통흐름으로 복귀하는 구간이다.

※ 고속도로 작업장 개략도

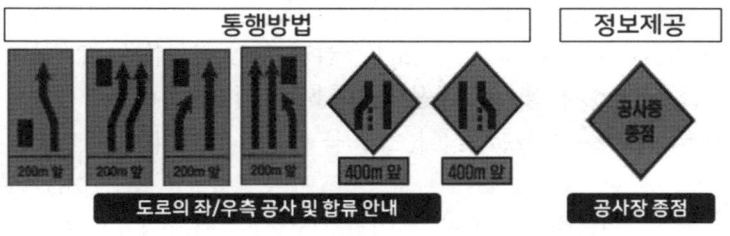

② 작업구간 안내표지

고속도로 작업구간에는 운전자의 안전한 운행과 도로의 원활한 소통을 위해 안내표지를 설치하며 운전자가 전방의 작업구간에 대한 내용을 인지하고 미리 차로변경 및 감속운행 등의 조치를 준비하도록 하는데 목적이 있다.

㉠ 작업구간 전용 주의표지
- 안전한 주행방향 등을 알려주는 통행방법 표지와 작업장 종점 등 작업구간 정보를 알려주는 정보제공 표지 등이 있다.

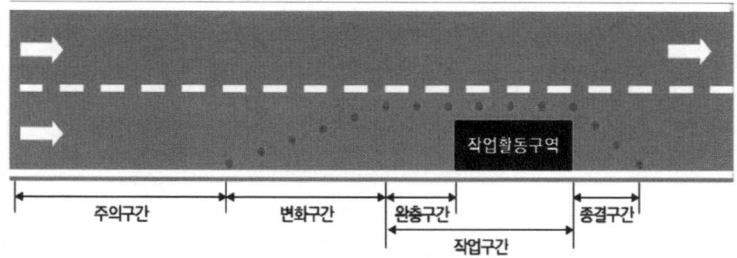

㉡ 작업구간 전용 주의표지
- 작업구간 진입 전 차로변경이 필요한 경우에 안전한 주행경로를 나타낼 때 설치한다.

㉢ 기타표지
- 작업구간 최고속도를 제한하는 규제표지, 작업장 위치를 알려주는 작업장 전방 안내표지, 작업구간 표지를 보완하는 보조표지 등이 있다.

※ 주의구간 안내표지 설치 예시도

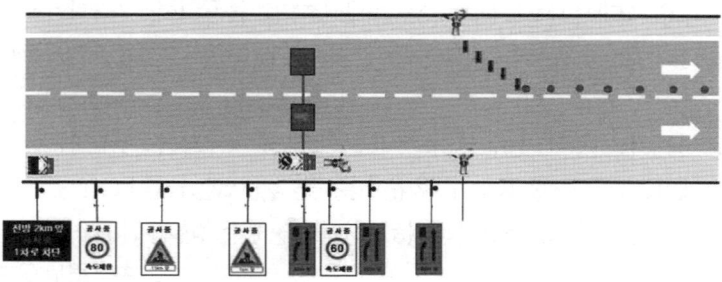

③ 작업구간 안전운행 방법

고속도로를 주행할 때에는 기본적으로 '(1) 고속도로 안전운전 방법'에 따라 안전하게 주행해야 하며, 주행 중 작업구간을 통과할 때에는 작업구간 안내시설에서 제공하는 정보에 따라 제한속도, 차로변경 등을 실시해야 한다. 또한, 과속운행이나 무리한 추월을 시도하지 않아야 하며, 언제든 전방 통행 상황변화에 대비할 수 있도록 전방주시를 철저히 해야 한다.

### (3) 교통사고 및 고장 발생 시 대처 요령

① 2차사고의 방지

㉠ 2차사고는 선행사고나 고장으로 정차한 차량 또는 사람(선행차량 탑승자 또는 사고처리자)을 후방에서 접근하는 차량이 재차 충돌하는 사고를 말한다.

㉡ 고속도로는 차량이 고속으로 주행하는 특성상 2차사고 발생 시 사망사고로 이어질 가능성이 매우 높다(고속도로 2차사고 치사율은 일반사고 보다 7배 높음).

㉢ 2차사고 예방 안전행동요령은 다음과 같다.
- 첫째, 신속히 비상등을 켜고 다른 차의 소통에 방해가 되지 않도록 갓길로 차량을 이동시킨다(트렁크를 열어 위험을 알리는 것도 좋은 방법). 만일, 차량이동이 어려운 경우 탑승자들은 안전조치 후 신속하고 안전하게 가드레일 바깥 등의 안전한 장소로 대피한다.
- 둘째, 후방에서 접근하는 차량의 운전자가 쉽게 확인할 수 있도록 고장자동차의 표지(안전삼각대)를 한다. 야간에는 고장자동차 표지와 함께 사방 500미터 지점에서 식별할 수 있는 적색 섬광신호·전기제등 또는 불꽃신호를 설치한다(시인성 확보를 위한 안전조끼 착용 권장).
- 셋째, 운전자와 탑승자가 차량 내 또는 주변에 있는 것은 매우 위험하므로 가드레일 밖 등 안전한 장소로 대피한다.

- 넷째, 경찰관서(112), 소방관서(119) 또는 한국도로공사 콜센터(1588-2504)로 연락하여 도움을 요청한다.
② 부상자의 구호
  ㉠ 사고 현장에 의사, 구급차 등이 도착할 때까지 부상자에게는 가제나 깨끗한 손수건으로 지혈하는 등 가능한 응급조치를 한다.
  ㉡ 함부로 부상자를 움직여서는 안 되며, 특히 두부에 상처를 입었을 때에는 움직이지 말아야 한다. 그러나 2차사고의 우려가 있을 경우에는 부상자를 안전한 장소로 이동시킨다.
③ 경찰공무원등에게 신고
  ㉠ 사고를 낸 운전자는 사고 발생 장소, 사상자 수, 부상정도, 그 밖의 조치상황을 경찰공무원이 현장에 있을 때에는 경찰공무원에게, 경찰공무원이 없을 때에는 가장 가까운 경찰관서에 신고한다.
  ㉡ 사고발생 신고 후 사고 차량이 운전자는 경찰공무원이 말하는 부상자 구호와 교통안전 상 필요한 사항을 지켜야 한다.
* 고속도로 2504 긴급견인 서비스(1588-2504, 한국도로공사 콜센터)
  - 고속도로 본선, 갓길에 멈춰 2차사고가 우려되는 소형차량을 안전지대(휴게소, 영업소, 쉼터 등)까지 견인하는 제도로서 한국도로공사에서 비용을 부담하는 무료서비스
  - 대상차량 : 승용차, 16인 이하 승합차, 1.4톤 이하 화물차

(4) 고속도로의 금지사항
① 횡단금지
  고속도로에서는 긴급자동차나 도로의 보수·유지 작업을 하는 자동차가 임무를 수행할 때 외에는 횡단·유턴 또는 후진할 수 없다.
② 보행자 통행금지
  자동차 외의 보행자는 고속도로를 통행하거나 횡단하면 안 된다. 단, 이륜자동차는 긴급자동차에 한해 통행할 수 있다.
③ 정체 및 주차금지
  고속도로에서는 다음과 같은 경우나 장소를 제외하고 정차나 주차를 해서는 안 된다.
  - 법령의 규정 또는 경찰공무원의 지시에 따르거나 위험을 방지하기 위한 경우
  - 정차 또는 주차할 수 있도록 안전표지를 설치한 곳이나 정류장
  - 고장이나 그 밖의 부득이한 사유가 있는 경우
  - 통행료를 지불하기 위한 경우
  - 도로 관리자가 보수·유지 작업을 하거나 순회하는 경우
  - 경찰용 긴급자동차가 범죄수사, 교통단속, 그 밖의 경찰임무의 수행을 위한 경우
④ 갓길 주행금지
  자동차 고장 등 부득이한 사정이 있는 경우를 제외하고는 행정안전부령이 정하는 차로에 따라 주행해야 하며, 갓길로 주행해서는 안 된다. 긴급사항으로 갓길에 정차하더라도 '(3) 교통사고 및 고장 발생 시 대처 요령'에 따라 안전한 도로 밖으로 대피하도록 한다.
※ 갓길 주행 위반 시 처분

| 차량 | 범칙금 | 벌점 | 과태료 |
|---|---|---|---|
| 승용차, 4톤 이하 화물차 | 6만원 | 30점 | 9만원 |
| 승합차, 4톤 초과 화물차 등 | 7만원 | | 10만원 |

(5) 도로터널 안전운전
① 도로터널 화재의 위험성
  ㉠ 터널은 반밀폐된 공간으로 화재가 발생할 경우, 내부에 열기가 축적되며 급속한 온도상승과 종방향으로 연기확산이 빠르게 진행되어 시야확보가 어렵고 연기 질식에 의한 다수의 인명 피해가 발생될 수 있다.
  ㉡ 또한 대형차량 화재시 약 1,200℃까지 온도가 상승하여 구조물에 심각한 피해를 유발하게 된다.
② 터널 안전운전 수칙은 다음과 같다.
  ㉠ 터널 진입전 입구 주변에 표시된 도로정보를 확인한다.
  ㉡ 터널 진입시 라디오를 켠다.
  ㉢ 선글라스를 벗고 라이트를 켠다.
  ㉣ 교통신호를 확인한다.
  ㉤ 안전거리를 유지한다.
  ㉥ 차선을 바꾸지 않는다.
  ㉦ 비상시를 대비하여 피난연결통로, 비상주차대 위치를 확인한다.
③ 터널내 화재 시 행동요령
  ㉠ 운전자는 차량과 함께 터널 밖으로 신속히 이동한다.
  ㉡ 터널 밖으로 이동이 불가능한 경우 최대한 갓길쪽으로 정차한다.
  ㉢ 엔진을 끈 후 키를 꽂아둔 채 신속하게 하차한다.
  ㉣ 비상벨을 누르거나 비상전화로 화재발생을 알려줘야 한다.
  ㉤ 사고차량의 부상자에게 도움을 준다(비상전화 및 휴대폰 사용 터널관리소 및 119 구조요청 / 한국도로공사 1588-2504)
  ㉥ 터널에 비치된 소화기나 설치되어 있는 소화전으로 조기 진화를 시도한다.
  ㉦ 조기 진화가 불가능할 경우 젖은 수건이나 소등으로 코와 입을 막고 낮은 자세로 화재 연기를 피해 유도등을 따라 신속히 터널 외부로 대피한다.

### 3 고속도로 안전시설 및 표지판

(1) 안전시설
① 노면색깔유도선
  ㉠ 자동차의 주행방향을 안내하기 위하여 차로 한가운데 그려진 선으로 나들목, 분기점 등 진행방향에 대한 혼선으로 인해 교통사고로 이어지는 경우를 예방하기 위하여 '12년 서해안 고속도로에 최초로 도입되었다.
  ㉡ 현재는 요금소 하이패스 차로, 졸음쉼터 등에도 확대되어 운행차로에 대한 혼선 최소화에 탁월한 효과를 나타내고 있다.
② 도로전광표지(VMS)
  ㉠ 교통, 기상상황 및 작업으로 인한 통제 정보 등을 도로이용자에게 실시간으로 제공하는 시설로 효율적인 교통의 흐름과 운전자의 안전운행을 돕는 역할을 한다.
  ㉡ 평상시 운전 중 도로전광표지의 정보를 통해 혼잡구간을 우회하거나, 교통사고 등 돌발 상황에 따른 2차사고 또는 그로 인한 정체 등에 미리 대비하여 교통사고를 예방할 수 있다.
③ 가변형 속도제한표지(VSL)
  ㉠ 결빙, 강설 등과 같은 기상 악화 시 또는 재난 발생 시 상황에 따라 제한속도를 변경하여 표출하는 시설로 운전자가 도로의 상황에 맞춰 안전하게 주행 할 수 있도록 하는데 목적이 있다.
  ㉡ 고속도로 내 기상취약구간에 집중적으로 설치되어, 최소한의 정보로 운전자가 안전운전 할 수 있도록 도와준다. 평상시에는 안전띠 착용, 졸음주의 등 안전문구가 보조적으로 표출되나, 비·눈·안개 등 기상악화나 도로 살얼음 상황 발생 시 하향된 속도를 표출한다.
  ㉢ 속도제한 기준은 도로교통법 시행규칙 제19조의 자동차 등의 속도에 대한 규정에 따른다.

※ 도로교통법 시행규칙 제19조(자동차 등의 속도)
1. 최고속도의 100분의 20을 줄인 속도로 운행하여야 하는 경우
   가. 비가 내려 노면이 젖어있는 경우
   나. 눈이 20밀리미터 미만 쌓인 경우
2. 최고속도의 100분의 50을 줄인 속도로 운행하여야 하는 경우
   가. 폭우·폭설·안개 등으로 가시거리가 100미터 이내인 경우
   나. 노면이 얼어붙은 경우
   다. 눈이 20밀리미터 이상 쌓인 경우

### (2) 표지판

① 도로표지의 종류
   ㉠ 도로표지는 이정표지, 방향표지, 노선표지, 경계표지 등으로 크게 구분한다.
   - 이정표지 : 목표지까지의 거리를 나타내는 표지, 나들목을 지나 1km 내외 지점에 설치
   - 방향표지 : 목표지까지의 방향을 나타내는 표지, 고속도로 출구 전방의 2km, 1km, 150m 및 출구지점에 설치
   - 노선표지 : 주행노선 또는 분기노선을 나타내는 표지, 분기점의 경우 1.5km 전방, 출구지점에 설치
   - 경계표지 : 특별시·광역시·특별자치시·도 또는 시·군·읍·면 사이의 행정구역의 경계를 나타내는 표지, 경계지점에 설치

② 표지판의 의미
   ㉠ 방향표지
   - 나들목에 대한 번호와 명칭, 연결도로의 번호, 안내지명 등의 정보를 운전자에게 제공한다.
   ㉡ 갓길 이정표지
   - 긴급 상황 발생 시 고객에게 신속한 고속도로 위치정보를 제공하고 유지관리 효율성에 대한 효과를 극대화하는데 목적이 있다.
   - 기존에는 200m 간격으로 설치되었다가 2018년부터 신속한 위치파악과 거리정보 제공의 편리성 향상이 필요한 구간은 100m로 단축되었다.
   - 표지 위에는 km, 아래는 m 단위로 표시한다.
   - 갓길뿐 아니라 중앙분리대에도 고속도로 거리안내용 이정표지가 존재한다.

※ 비상상황 시 이용방법
   - 사고발생이나 사고차량 등 발견 시 사고위치의 노선과 이정표지를 활용해 한국도로공사 콜센터(1588-2504)에 신고를 하면 보다 신속하고 정확하게 처리가 가능하다.

※ 적재불량 주요 유형
   ⓐ 덮개 미부착 ⓑ 결속상태 불량 ⓒ 편중적재 ⓓ 액체적재물 방류
   ⓔ 견인 시 차량파손품 유포 ⓕ 적재함 청소 불량

## 4 운행 제한 차량 단속

### (1) 운행 제한차량 종류
① 차량의 축하중 10톤, 총중량 40톤을 초과한 차량
② 적재물을 포함한 차량의 길이(16.7m), 폭(2.5m), 높이(4m)를 초과한 차량
③ 다음에 해당하는 적재 불량 차량
   ㉠ 스페어 타이어 고정 불량
   ㉡ 덮개를 씌우지 않았거나 묶지 않아 결속 상태가 불량한 차량
   ㉢ 액체 적재물 방류차량, 견인시 사고 차량 파손품 유포 우려가 있는 차량
   ㉣ 기타 적재 불량으로 인하여 적재물 낙하 우려가 있는 차량

### (2) 단속근거

| 구분 | 정의 | 근거법규 법 | 근거법규 시행령 | 벌칙 |
|---|---|---|---|---|
| 과적 | 축하중 10톤 초과 총중량 40톤 초과 | 77조 1항 | 79조 2항1호 | 500만 원 이하 과태료 (도로법 117조) |
| 제원초과 | 폭 3.0미터 초과 높이 4.2미터 초과 길이 19.0미터 초과 | | 79조 2항2호 | |
| 단속원 요구불응 | 차량승차 불응 관계서류 제출 불응 등 | 77조 4항 | 80조 | 1년 이하 징역 또는 1천만 원 이하 벌금 (도로법 115조) |
| | 의심차량 재측정 불응 | 78조 2항 | | |
| 3대 명령 불응 | 회차, 분리운송, 운행중지 명령 불응 | 80조 | - | 2년 이하 징역 또는 2천만 원 이하 벌금 (도로법 114조) |

### (3) 과적차량 제한 사유
① 고속도로의 포장균열, 파손, 교량의 파괴
② 저속주행으로 인한 교통소통 지장
③ 핸들 조작의 어려움, 타이어 파손, 전·후방 주시 곤란
④ 제동장치의 무리, 동력연결부의 잦은 고장 등 교통사고 유발

### (4) 운행제한차량 통행이 도로포장에 미치는 영향
① 축하중 10톤 : 승용차 7만대 통행과 같은 도로파손
② 축하중 11톤 : 승용차 11만대 통행과 같은 도로파손
③ 축하중 13톤 : 승용차 21만대 통행과 같은 도로파손
④ 축하중 15톤 : 승용차 39만대 통행과 같은 도로파손

### (5) 적재량 측정 방해 행위
① 승강조작장치 또는 압력조절장치를 이용하여 차축을 조작하는 행위
② 차량 바퀴의 공기압을 조절하는 행위
③ 차량의 축간 거리 또는 차축 높이를 조절하는 행위
④ 단속장비의 정해진 위치를 벗어나 차량을 운행하는 행위
⑤ 적재량 측정장비 미설치 차로로 진입하는 행위
⑥ 측정차로 통행 속도 기준인 10km/h를 초과하여 진입하는 행위

| 구분 | | 정의 | 근거법규 법 | 근거법규 시행령 | 벌칙 |
|---|---|---|---|---|---|
| 적재량 측정방해 행위 | 축 조작 | 차축 조작, 공기압 조절 등 | 78조 1항 | 80조 | 1년 이하 징역 또는 1천만 원 이하 벌금 (도로법 115조) |
| | 측정차로 위반 | 적재량 측정장비 미설치 차로 진입 | 78조 3항 | 80조 의 2 | |
| | 측정 속도 초과 | 측정차로 통행 속도 10km/h 초과 | | | |

### (6) 운행제한차량 운행허가
① 차량의 구조 또는 적재화물의 특수성으로 인하여 운행제한차량임에도 불구하고 운행이 불가피한 차량의 운행을 가능하게하기 위한 규정
② 신청방법
   ㉠ 출발지 및 경유지 관할 도로관리청에 제한차량 운행허가 신청서 및 구비서류를 준비하여 신청
   ㉡ 제한차량 인터넷 운행허가 시스템(http://www.ospermit.go.kr)에서 신청 가능
③ 구조물이 없을 시 허가 가능한 최대 제원

| 구분 | 길이 | 폭 | 높이 | 축하중 | 총중량 |
|---|---|---|---|---|---|
| 최대 허가기준 | 25m | 3.5m | 4.5m | 12t | 48t |

# 제3편

# 안전운행

## 제5장 안전운전 출제 예상 문제

**1** 운전자가 자동차를 그 본래의 목적에 따라 운행함에 있어서 운전자 자신이 위험한 운전을 하거나 교통사고를 유발하지 않도록 주의하여 운전하는 것의 용어의 명칭은?
① 안전운전 ② 방어운전
③ 횡단운전 ④ 종단운전

**2** 운전자가 다른 운전자나 보행자가 교통법규를 지키지 않거나 위험한 행동을 하더라도 이에 대처할 수 있는 운전자세를 갖추어 미리 위험한 상황을 피하여 운전하는 것의 용어 명칭은?
① 방어운전 ② 안전운전
③ 추월운전 ④ 주차운전

**3** 방어운전의 기본사항이 아닌 것은?
① 능숙한 운전 기술, 정확한 운전지식
② 예측능력과 판단력, 세심한 관찰력
③ 양보와 배려의 실천, 교통상황 정보수집
④ 과감하고 적극적인 운전자세
【해설】 "과감하고 적극적인 운전자세"보다 반성의 자세를 갖고 무리한 운행을 하지 않는 것이 옳다.

**4** 실전 방어운전 방법으로 잘못된 것은?
① 운전자는 앞차의 전방까지 시야를 멀리 둔다
② 교통신호가 바뀐다고 해서 무작정 출발하지 말고 주위 자동차의 움직임을 관찰 후 진행한다
③ 교통이 혼잡할 때는 조심스럽게 교통의 흐름을 따르고, 끼어들기 등을 삼가한다
④ 앞차가 급제동을 하더라도 추돌한다는 보장은 없으니 차간거리를 크게 신경쓸 필요는 없다
【해설】 앞차가 급제동을 하면 추돌 위험은 당연히 생기므로 차간거리를 충분히 유지해야 한다. 그러므로 정답은 ④이다.

**5** 운전 상황별 방어운전에 대한 설명으로 잘못된 것은?
① 정지할 때 : 운행 전에 비상등이 점등되는지 확인하고, 원활하게 서서히 정지한다
② 주차할 때 : 주차가 허용된 지역이나 안전한 지역에 주차하며, 차가 노상에서 고장을 일으킨 경우에는 적절한 고장표지를 설치한다
③ 차간거리 : 앞 차에 너무 밀착하여 주행하지 않도록 하며, 다른 차가 끼어들기를 하는 경우에는 양보하여 안전하게 진입하도록 한다
④ 감정의 통제 : 타인의 운전 태도에 감정적으로 반응하여 운전하지 않도록 하며, 술이나 약물의 영향이 있는 경우에는 운전을 삼가한다
【해설】 "비상등"이 아닌 "제동등"이 점등하는지 확인해야 하므로 정답은 ①이다.

**6** 상황별 운전에서 "교차로"에 대한 설명으로 잘못된 것은?
① 교차로는 자동차, 사람, 이륜차 등의 엇갈림 (교차)이 발생하는 장소이다
② 교차로는 사각이 많으며, 무리하게 교차로를 통과하려는 심리가 작용하여 보행자사고가 일어나기 쉽다
③ 교차로에서 교통사고(차대차, 차대사람)를 예방하고 교통의 원활한 소통을 도모하는 방법은 신호기를 설치 또는 교차로 자체를 입체화(고가도로 및 지하도 등 입체교차로 설치) 하는 것이다
④ 신호기는 교통의 흐름을 시간적으로 분리하는 기능을 하며, 입체교차로는 교통의 흐름을 공간적으로 분리하는 기능을 한다
【해설】 ②의 문장 중에 "보행자사고가"아니고, "추돌사고가"가 옳은 문장으로 정답은 ②이다.

**7** 신호기의 장점에 대한 설명 중 단점인 것은?
① 교통류의 흐름을 질서 있게 한다
② 교통처리용량을 증대시킬 수 있다
③ 교차로에서의 직각충돌사고를 줄일 수 있다
④ 교통사고, 특히 추돌사고가 다소 증가할 수 있다
【해설】 ④의 내용은 "신호기의 단점"중의 하나로 정답은 ④이다.

**8** 교차로 안전운전 및 방어운전에 대한 설명으로 잘못된 것은?
① 신호등(교통경찰관 수신호)이 있는 경우 : 신호등이 지시(교통경찰관의 지시)하는 신호에 따라 통행한다
② 신호등이 없는 교차로의 경우 : 통행의 우선순위에 따라 주의하며 진행한다
③ 섣부른 추측운전은 하지 않는다 : 자신의 눈으로 안전을 확인하고 주행한다
④ 신호가 바뀌는 순간을 주의한다 : 신호가 바뀌면 보행자들도 주의할 것이므로 급하게 출발해도 상관 없다
【해설】 신호가 바뀌는 순간 어린이 등이 뛰어나올 수 있어 언제든 정지할 수 있는 마음을 갖고 서서히 출발해야 한다. 정답은 ④이다.

**9** 시가지 외 도로운행 시 안전운전에 대한 설명으로 잘못된 것은?
① 자기 능력에 부합된 속도로 주행한다
② 좁은 길에서 마주 오는 차가 있을 때에는 신속히 교행한다
③ 철길 건널목이나 커브에서는 특히 주의하여 주행한다
④ 원심력을 가볍게 생각하지 않는다
【해설】 ②의 문장 중에 "신속히 교행한다"는 틀리고, "서행하면서 교행한다"가 맞으므로 정답은 ②이며, 외에 "맹목적으로 주행하는 차에게는 진로를 양보한다"가 있다.

**정답** 1① 2① 3④ 4④ 5① 6② 7④ 8④ 9②

**10** 다음 교차로 황색신호의 개요에 대한 설명으로 틀린 것은?
① 교통사고를 방지하고자 하는 목적에서 운영되는 신호이다
② 황색신호는 전신호와 후신호 사이에 부여되는 신호이다
③ 황색신호는 전신호 차량과 후신호 차량이 교차로 상에서 상충(상호 충돌)하는 것을 예방한다
④ 교차로 황색신호시간은 통상 6초를 기본으로 한다

◎해설 ④의 문장 중에 "통상 6초"는 틀리고, "통상 3초"가 맞으므로 정답은 ④이다.

**11** 교차로의 황색신호시간은 통상 몇 초를 기본으로 하여 운영하는가?
① 통상 3초를 기본으로 운영한다
② 통상 4초를 기본으로 운영한다
③ 통상 5초를 기본으로 운영한다
④ 통상 6초를 기본으로 운영한다

◎해설 "통상 3초를 기본으로 운영한다"이므로 정답은 ①이다.

**12** 황색신호 시 사고유형으로 틀린 것은?
① 교차로 상에서 전신호 차량과 후신호 차량의 충돌
② 비보호 좌회전하는 상대 차량과의 충돌
③ 횡단보도 통과 시 보행자, 자전거 또는 이륜차 충돌
④ 유턴 차량과의 충돌

**13** 이면도로 운전의 위험성에 대한 설명으로 틀린 것은?
① 도로의 폭이 좁고, 보도 등의 안전시설이 없다
② 좁은 도로가 많이 교차하고 있다
③ 주변에 점포와 주택 등이 밀집되어 있으므로, 보행자 등이 아무 곳에서나 횡단이나 통행을 한다
④ 길가에서 어린이들이 뛰어 노는 경우가 적으므로 어린이들과의 사고가 일어나지 않는다

**14** 커브길의 개요에 대한 설명으로 잘못된 것은?
① 커브길 : 도로가 왼쪽 또는 오른쪽으로 굽은 곡선부를 갖는 도로의 구간을 말한다
② 완만한 커브길 : 곡선부의 곡선반경이 길어질수록 완만한 커브길이 된다
③ 완전한 직선도로 : 곡선반경이 극단적으로 길어져 무한대에 이르면 완전한 직선도로가 된다
④ 급한 커브길 : 곡선반경이 극단적으로 짧아 무한대에 이르는 도로구간을 말한다

◎해설 "급한 커브길"이란 "곡선반경이 짧아질수록 급한 커브길을 이르는 도로 구간을 말하는 것"이므로 정답은 ④이다.

**15** 커브길의 교통사고 위험에 대한 설명으로 잘못된 것은?
① 도로외 이탈의 위험이 뒤따른다
② 점포와 주택, 보행자 등 위험요소들이 많다
③ 중앙선을 침범하여 대향차와 충돌할 위험이 있다
④ 시야불량으로 인한 사고의 위험이 있다

◎해설 ②는 "이면도로 주행 시" 위험성에 해당하므로 정답은 ②이다.

**16** 급 커브길의 주행 주의 순서에 대한 설명으로 틀린 것은?
① 커브의 경사도(편구배)나 도로의 폭을 확인하고 가속 페달에서 발을 떼어 엔진 브레이크가 작동되도록 하여 속도를 줄인다
② 풋 브레이크를 사용하여 충분히 속도를 줄인 다음, 후사경으로 왼쪽 후방의 안전을 확인한다
③ 저단 기어로 변속하여, 커브 내각의 연장선에 차량이 이르렀을 때 핸들을 꺾는다
④ 커브를 돌았을 때 핸들을 되돌리기 시작하여, 차의 속도를 서서히 높인다

◎해설 ②에서 "왼쪽 후방의 안전을 확인한다"는 틀리고, "오른쪽 후방의 안전을 확인한다"가 맞으므로 정답은 ②이다.

**17** 커브길에서 핸들조작 방법의 순서에 대한 설명으로 틀린 것은?
① 핸들조작은 슬로우 인, 패스트 아웃(Slow-in, Fast-out) 원리에 입각한다
② 커브 진입직전에 핸들조작이 자유로울 정도로 속도를 감속한다
③ 커브가 끝나는 조금 앞에서 핸들을 조작하여 차량의 방향을 안정되게 유지한다
④ 커브가 끝나는 조금 앞에서 속도를 강하(감속)하여 신속하게 통과할 수 있도록 하여야 한다

◎해설 ④에서 "강하(감속)하여"는 틀리고, "증가(가속)하여"가 맞으므로 정답은 ④이다.

**18** "도로의 차선과 차선사이의 최단거리"를 차로폭이라 말하는데 차로폭의 기준으로 틀린 것은?
① 대개 3.0m~3.5m 기준
② 터널 내(부득이한 경우) : 2.75m
③ 유턴(회전)차로(부득이한 경우) : 2.75m
④ 교량 위(부득이한 경우) : 3.0m~3.5m 기준

◎해설 교량 위도 부득이한 경우에 2.75m로 할 수 있어 정답은 ④이다.

**19** 차로폭과 사고의 위험에 대한 설명으로 틀린 것은?
① 차로폭이 넓은 경우 운전자가 느끼는 속도감이 실제 주행속도보다 낮게 느껴진다
② 차로폭이 좁은 경우는 보통 도로정비가 잘 되어 있는 경우가 많으니 안심해도 된다
③ 차로폭이 넓은 경우 주관적인 판단을 자제하고 속도계에 표시되는 속도를 준수할 필요가 있다
④ 차로폭이 좁은 경우 보행자, 노약자, 어린이 등에 주의해야 한다

◎해설 ②에서 차로폭이 좁은 경우, 보통 도로정비가 잘 안 되어 있는 경우가 많으므로 운전에 더 주의해야 한다. 그러므로 정답은 ②이다.

**20** 내리막길 안전운전 및 방어운전에 대한 설명이 아닌 것은?
① 내리막길을 내려가기 전에는 미리 감속하여 천천히 내려가며 엔진 브레이크로 속도를 조절하는 것이 바람직하다
② 엔진 브레이크를 사용하면 페이드(fade) 현상을 예방하여 운행 안전도를 더욱 높일 수 있다
③ 도로의 오르막길 경사와 내리막길 경사가 같거나 비슷한 경우라면, 변속기 단수도 오르막 내리막을 다르게 사용하는 것이 적절하다
④ 커브 주행 시와 마찬가지로 중간에 불필요하게 속도를 줄인다던지 급제동하는 것은 금물이다

◎해설 ③에서 "오르막 내리막을 다르게 사용하는 것"은 틀리고, "오르막 내리막을 동일하게 사용하는 것이" 맞으므로 정답은 ③이다.

정답  10 ④  11 ①  12 ②  13 ④  14 ④  15 ②  16 ②  17 ④  18 ④  19 ②  20 ③

**21** 언덕길에서 배기 브레이크가 장착된 차량이 배기 브레이크를 사용하면 운행의 안전도를 더욱 높일 수 있다. 그 효과로 틀린 것은?
① 브레이크액의 온도상승 억제에 따른 베이퍼 록 현상을 방지한다
② 드럼의 온도상승을 억제하여 페이드 현상을 방지한다
③ 브레이크 사용 감소로 라이닝의 수명을 증대시킬 수 있다
④ 브레이크 사용 증대로 라이닝의 수명을 감소시킨다
◉해설 ④는 배기 브레이크 장착 차량의 안전도 효과에 해당되지 않아 정답은 ④이다.

**22** 언덕길 교행방법에 대한 설명으로 틀린 것은?
① 올라가는 차량과 내려오는 차량의 교행 시에는 내려오는 차에 통행 우선권이 있다
② 내려오는 차량과 올라가는 차량의 교행 시에는 올라가는 차가 통행 우선권이 있다
③ 올라가는 차량이 양보한다
④ 양보 이유는 내리막 가속에 의한 사고위험이 더 높다는 점을 고려한 것이다
◉해설 ②에서는 "내려오는 차에 통행 우선권이 있다"가 맞으므로 정답은 ②이다.

**23** 자차(자기가 운전하는 차)가 앞지르기 할 때 안전운전 및 방어운전의 요령으로 틀린 것은?
① 과속은 금물이며, 앞지르기에 필요한 속도가 그 도로의 최고속도 범위 이내일 때 앞지르기를 시도한다
② 앞지르기에 필요한 충분한 거리와 시야가 확보되었을 때 앞지르기를 시도한다
③ 앞차가 앞지르기를 하고 있을 때는 앞지르기를 시도하지 않는다
④ 앞차의 오른쪽으로 앞지르기를 한다
◉해설 앞차의 오른쪽으로 앞지르기 해서는 안되므로 정답은 ④이다.

**24** 다음 철길 건널목 종류의 설명으로 틀린 것은?
① 제1종 건널목 : 차단기, 경보기, 건널목 교통안전표지를 설치하고, 차단기를 주·야간 계속 작동하거나 건널목 안내원이 근무하는 건널목
② 제2종 건널목 : 경보기와 건널목 교통안전표지만 설치하는 건널목
③ 제3종 건널목 : 건널목 교통안전표지만 설치하는 건널목
④ 제4종 건널목 : 차단기, 경보기, 건널목 교통안전표지도 없는 건널목
◉해설 ④의 "제4종 건널목"은 규정에 없는 건널목으로 정답은 ④이다.

**25** 일단 사고가 발생하면 인명피해가 큰 대형사고가 주로 발생하는 장소에 해당하는 곳은?
① 교차로
② 철길 건널목
③ 오르막길
④ 내리막길

**26** 철길 건널목 내 차량 고장 시 대처방법에 대한 설명으로 잘못된 것은?
① 즉시 동승자를 대피시킨다
② 운전자와 동승자는 관련기관에 알리기 보다, 차에서 내려 철길에 있는 고장차를 밀어 대피 작업을 한다
③ 철도공사 직원에게 알리고 차를 건널목 밖으로 이동시키도록 조치한다
④ 시동이 걸리지 않을 때는 당황하지 말고 기어를 1단 위치에 넣은 후 크러치 페달을 밟지 않은 상태에서 엔진 키를 돌리면 시동 모터의 회전으로 바퀴를 움직여 철길을 빠져 나올 수 있다
◉해설 "관련기관(철도청이나 경찰관서)에 먼저 알리는 것"이 옳으므로 정답은 ②이다.

**27** 야간 안전운전방법에 대한 설명으로 틀린 것은?
① 해가 저물면 곧바로 전조등을 점등할 것
② 주간보다 속도를 낮추어 주행할 것
③ 야간에 적색이나 흰색의 복장을 입은 보행자는 발견하기 곤란하므로 보행자의 확인에 더욱 세심한 주의를 기울일 것
④ 자동차가 교행할 때에는 조명장치를 하향 조정할 것
◉해설 ③에서 야간에 "적색이나 흰색 복장을 한 보행자"는 발견하기가 더 쉽다. 그러므로 정답은 ③이다.

**28** 안개길(안개 낀 도로)에서 안전운전방법으로 잘못된 것은?
① 안개로 인해 시야의 장애가 발생하면 우선 차간거리를 충분히 확보한다
② 앞차의 제동이나 방향지시등의 신호를 예의 주시하며 천천히 주행해야 안전하다
③ 운행 중 앞을 분간하지 못할 정도로 짙은 안개가 끼었을 때는 차를 안전한 곳에 세우고 잠시 기다리는 것이 좋다
④ 짙은 안개 때에는 지나가는 차에게 내 자동차의 존재를 알리기 위해 전조등을 점등시켜 충돌사고 등에 미리 예방하는 조치를 취한다
◉해설 ④에서 "전조등을 점등시켜"는 틀리고, "미등과 비상경고등을 점등시켜"가 맞으므로 정답은 ④이다.

**29** 빗길 안전운전 요령에 대한 설명으로 틀린 것은?
① 비가 내리기 시작한 직후에는 빗물이 차량에서 나온 오일과 도로 위에서 섞이는데 이것은 도로를 아주 미끄럽게 한다
② 비가 내려 물이 고인 길을 통과할 때는 속도를 높여 고단기어로 바꾸어 통과한다
③ 브레이크에 물이 들어가면 브레이크가 약해지거나 불균등하게 걸리거나 또는 풀리지 않을 수 있어 차량의 제동력을 감소시킨다
④ 빗물이 고인 곳을 벗어난 후 주행 시 브레이크가 원활히 작동하지 않을 경우에는 브레이크를 여러 번 나누어 밟아 마찰열로 브레이크 패드나 라이닝의 물기를 제거한다
◉해설 ②에서 "속도를 줄이며 저속기어로 바꾸어 서행하여 통과한다"가 맞으므로 정답은 ②이다.

**30** 봄철 계절의 특성이 아닌 것은?
① 봄은 겨우내 잠자던 생물들이 기지개를 켜고 새롭게 생존의 활동을 시작한다
② 겨울이 끝나고 초봄에 접어들 때는 겨울 동안 얼어 있던 땅이 녹아 지반이 약해지는 해빙기이다
③ 특히 날씨가 온화해짐에 따라 사람들의 활동이 활발해지는 계절이다
④ 기온이 상승하고 낮과 밤의 일교차가 커지며 강수량은 증가한다
◉해설 ④는 "봄철의 기상 특성" 중의 하나로 정답은 ④이다.

정답 21 ④  22 ②  23 ④  24 ④  25 ②  26 ②  27 ③  28 ④  29 ②  30 ④

**31** 봄철의 안전운행 및 교통사고 예방에 대한 설명으로 틀린 것은?
① 교통 환경 변화 : 도로의 지반 붕괴와 균열로 인하여 도로 노면 상태가 일년 중 가장 안정되어 사고의 원인이 되지 않으므로 시선을 앞에 두어 노면상태 파악에 신경을 쓴다
② 주변 환경 대응 : 신학기를 맞아 학생들의 보행인구가 늘어나고 각급 학교의 소풍이나 수학여행 등 행락철을 맞아 교통수요가 많아져 통행량도 증가되어 운행 중에는 주변 교통상황에 집중력을 갖고 안전 운행한다
③ 춘곤증 : 춘곤증은 피로 · 나른함 및 의욕저하를 수반하여 운전하는 과정에서 주의력 집중이 아니 되고 졸음운전으로 이어져 대형 사고를 일으키는 원인이 될 수 있다
④ 주변 환경 대응 : 충분한 휴식을 취하고 운행한다

**32** 시속 60km로 달리는 자동차의 운전자가 1초를 졸았을 경우 무의식중의 주행거리는?
① 16.7m　　② 19.4m
③ 20.8m　　④ 22.2m
◉해설 ① 60,000m÷3,600초=16.7m, ② 70,000m÷3,600초=19.4m, ③ 75,000m÷3,600초=20.8m, ④ 80,000m÷3,600초=22.2m, 정답은 ①이다.

**33** 여름철 안전운행 및 교통사고 예방에 대한 설명이 아닌 것은?
① 뜨거운 태양 아래 오래 주차 시 : 실내의 더운 공기가 빠져나간 다음에 운행을 한다
② 주행 중 갑자기 시동이 꺼졌을 때 : 자동차를 길가장자리 통풍이 잘되는 그늘진 곳으로 옮긴 다음, 보닛을 열고 10여분 정도 열을 식힌 후 재시동을 건다
③ 비가 내리는 중에 주행 시 : 도로의 마찰력이 떨어져 미끄럼에 의한 사고 가능성이 있으므로 감속 운행한다
④ 냉각장치 점검 : 냉각수 양 점검, 냉각수 누수 여부, 팬벨트 장력 수시 확인과 여유분 휴대 등
◉해설 ④는 "여름철 자동차 관리사항"중의 하나로 정답은 ④이다.

**34** 여름철 자동차 관리사항 중 "노면과 맞 닿는 부분인 요철형 무늬의 깊이(트레드 홈 깊이) 점검 확인"사항으로 맞는 것은?
① 트레드 홈 깊이 : 최저 1.5mm 이상 되는지
② 트레드 홈 깊이 : 최저 1.6mm 이상 되는지
③ 트레드 홈 깊이 : 최저 1.7mm 이상 되는지
④ 트레드 홈 깊이 : 최저 1.8mm 이상 되는지
◉해설 "요철형 무늬의 깊이(트레드 홈 깊이)가 1.6mm 이상 되는지를 확인"하여야 하므로 정답은 ②이다.

**35** 심한 일교차로 일년 중 가장 많이 안개가 집중적으로 발생하는 계절은?
① 봄철의 아침　　② 여름철의 아침
③ 가을철의 아침　　④ 겨울철의 아침
◉해설 가을철 아침에 하천이나 강을 끼고 있는 곳에서는 짙은 안개가 자주 발생하므로 정답은 ③이다.

**36** 가을철 기상특성으로 틀린 것은?
① 해양성고기압의 세력이 약해져 대륙성고기압이 전면에 들어온다
② 고기압이 자주 통과하여 기온이 높아지고 맑은 날이 많으며 강우량이 줄어든다
③ 아침에는 안개가 빈발하며 일교차가 심하다
④ 특히 하천이나 강을 끼고 있는 곳에서는 짙은 안개가 자주 발생한다
◉해설 ②에서 기온이 "낮아지는" 것이 맞으므로 정답은 ②이다.

**37** 가을철 교통사고의 특징이 아닌 것은?
① 도로조건 : 다른 계절에 비해 좋은 편이다
② 운전자 : 형형색색의 단풍구경으로 집중력이 떨어져 교통사고의 위험이 있다
③ 보행자 : 곱게 물든 단풍 등 들뜬 마음에 의한 주의력 저하 관련 사고가능성이 높다
④ 농기계 주의 : 추수시기를 맞아 경운기 등 농기계의 빈번한 사용도 교통사고의 원인이 되므로 운행시 농기계의 출현에 대비해야 한다
◉해설 ④는 "가을철 자동차 안전운행 및 교통사고 예방사항"의 하나로 정답은 ④이다.

**38** 가을철 자동차 안전운행 및 교통사고 예방에 대한 설명으로 틀린 것은?
① 이상기후 대처 : 안개는 하천이나 강을 끼고 있는 지역에서만 발생하므로 그 곳에서만 주의 운전한다
② 보행자에 주의하여 운행 : 기온이 떨어지면 몸을 움츠리는 등 행동이 부자연스러워 지므로 보행자의 움직임에 주의하여 운행한다
③ 행락철 주의 : 각급 학교의 수학여행 등 여행의 증가로 행락질서를 문란케 하는 등 운전자의 주의력을 산만하게 만들어 대형 사고를 유발할 위험성이 높으므로 과속을 피하고 교통법규를 준수한다
④ 농기계 주의 : 추수기를 맞아 경운기 등 농기계의 빈번한 사용도 교통사고의 원인이 되므로 농촌지역 운행 시에는 농기계의 출현에 대비하여야 한다

**39** 겨울철의 계절특성과 기상특성의 설명으로 틀린 것은?
① 계절특성 : 고기압이 자주 통과하여 기온이 낮아지고 강우량이 줄어든다
② 계절특성 : 교통의 3대 요소인 사람, 자동차, 도로환경 등이 다른 계절에 비해 열악하다
③ 기상특성 : 겨울철은 습도가 낮고 공기가 매우 건조하다
④ 기상특성 : 이상 현상으로 기온이 올라가면 겨울 안개가 생성되기도 한다
◉해설 ①은 "가을철"의 계절특성이므로 정답은 ①이다.

**40** 겨울철 교통사고의 특징이 아닌 것은?
① 적은 양의 눈이 내려도 바로 빙판도로가 되어 위험하다
② 각종 모임의 한잔 술로 음주운전 사고가 우려되고, 두꺼운 옷을 착용함에 따라 위기상황에 민첩한 대처능력이 떨어지기 쉽다
③ 두터운 외투, 방한복 등을 착용하고 이동하고자 하는 경향이 있어 보행자가 확인하고 통행하여야 할 사항을 소홀히 하거나 생략하여 사고에 직면하기 쉽다
④ 농번기이므로 농촌지역 주행 시에는 농기계의 출현에 대비해야 한다
◉해설 ④는 "가을철"에 해당하는 내용으로 정답은 ④이다.

**정답** 31 ①　32 ①　33 ④　34 ②　35 ③　36 ②　37 ④　38 ①　39 ①　40 ④

**41** 겨울철 자동차의 안전운행 및 교통사고 예방에 대한 설명으로 틀린 것은?
① 출발시 : 미끄러운 길에서는 기어를 2단에 넣고 반클러치를 사용하는 것이 효과적이다
② 전·후방 주시 철저 : 전·후방의 교통 상황에 대한 주의가 필요하다
③ 주행시 : 미끄러운 도로에서의 제동 시 정지거리가 평소보다 2배 이상 길기 때문에 충분한 차간거리 확보 및 감속이 요구된다
④ 장거리 운행 시 : 도착지·행선지·도착시간 등을 타인에게 고지할 필요는 없다

◎해설 ④에서 "타인에게 고지할 필요"가 있으므로 정답은 ④이다.

**42** 다음 중 위험물의 성질이 아닌 것은?
① 발화성 ② 인화성
③ 폭발성 ④ 유독성

◎해설 유독성은 위험물의 성질이 아니므로 정답은 ④이다.

**43** 독성가스를 차량에 적재하고 운반하는 때에 해당 차량에 재해발생 방지를 위한 응급조치에 필요한 물품을 휴대해야 한다. 아닌 것은?
① 소독제, 소독약품 ② 방독면, 보호구
③ 고무장갑과 장화 ④ 자재, 제독제, 공구 등

◎해설 ①의 "소독제,소독약품"은 해당 없어 정답은 ①이다.

**44** 차량에 고정된 탱크의 안전운행에서 "운행 전의 점검사항"이 아닌 것은?
① 엔진 관련 부분=냉각장치 누수 유무 등
② 동력전달장치 부분=접속부의 이완 유무 등
③ 브레이크 부분=페달과 바닥판과의 간격 등
④ 조향 핸들=핸들 높이 정도, 림의 손상 유무

◎해설 ④에서 "림의 손상 유무"는 "바퀴 상태"의 점검 사항 중 하나로 정답은 ④이다.

**45** 충전용기 등을 적재한 차량은 제2종 보호시설이 밀착되어 있는 지역은 가능한 피하고, 제1종 보호시설에서는 몇 미터 이상 떨어져 주·정차를 하여야 하는가?
① 15m 이상 ② 16m 이상
③ 17m 이상 ④ 18m 이상

**46** 충전용기 등을 차량에 적재할 때에는 운반 중의 충전용기는 항상 몇 도 이하를 유지하여야 하는가?
① 항상 30℃ 이하 ② 항상 40℃ 이하
③ 항상 45℃ 이하 ④ 항상 50℃ 이하

**47** 교통사고 발생 시 대처 요령으로 틀린 것은?
① 2차 사고의 방지 : 길가장자리나 공터 등 안전한 장소에 차를 정차시키고 엔진을 끈다
② 안전삼각대 설치 : 고장자동차 표지(안전삼각대)를 설치하는 경우, 그 자동차의 후방에서 접근하는 자동차의 운전자가 확인할 수 있는 위치에 설치하여야 한다
③ 부상자 구호 : 부상자에게는 가능한 응급조치를 하고, 2차사고의 우려가 있을 경우에는 부상자를 안전한 장소로 이동시킨다
④ 경찰공무원등에게 신고 : 사고를 낸 운전자는 사고 발생 장소, 사상자 수 등을 경찰공무원이 현장에 있을 때에도 가까운 경찰관서에 신고하는 편이 좋다

◎해설 ④에서 "경찰공무원이 현장에 있을 때"는 경찰공무원에게 직접 신고하도록 한다. 그러므로 정답은 ④이다.

**48** 고속도로 2504 긴급견인 서비스(1588-2504 : 무료 서비스)의 대상차량이 아닌 것은?
① 4.5톤 이하 화물차 ② 1.4톤 이하 화물차
③ 승용 자동차 ④ 16인 이하 승합차

◎해설 ②, ③, ④의 자동차는 긴급견인 대상차량이며, ①의 "4.5톤 이하 화물차"는 무료 서비스 대상 차량이 아니므로 정답은 ①이다.

**49** "도로관리청의 차량 회차, 적재물 분리 운송, 차량 운행중지 명령에 따르지 아니한 자"에 대한 벌칙으로 맞는 것은?
① 500만 원 이하 과태료
② 1년 이하 징역 또는 1천만 원 이하 벌금
③ 2년 이하 징역 또는 2천만 원 이하 벌금
④ 10년 이하 징역이나 5천만 원 이하의 벌금

**50** "임차한 화물적재차량이 운행제한을 위반하지 않도록 관리를 하지 아니한 임차인 또는 운행제한 위반의 지시·요구 금지를 위반한 자"에 대한 벌칙은?
① 500만 원 이하 과태료를 부과한다
② 600만 원 이하 과태료를 부과한다
③ 700만 원 이하 과태료를 부과한다
④ 800만 원 이하 과태료를 부과한다

**51** 고속도로 운행제한차량 통행이 도로포장에 미치는 영향으로 틀린 것은?
① 축하중 10톤 : 승용차 7만대 통행과 같은 도로파손
② 축하중 11톤 : 승용차 11만대 통행과 같은 도로파손
③ 축하중 13톤 : 승용차 21만대 통행과 같은 도로파손
④ 축하중 15톤 : 승용차 25만대 통행과 같은 도로파손

◎해설 ④는 승용차 "승용차 39만대"가 맞으므로 정답은 ④이다.

**52** 고속도로 운행제한차량에 대한 적재량측정 방해 행위에 대한 설명이다. 위반행위가 아닌 것은?
① 적재량 측정 장비 설치 차로로 진입하는 경우
② 차량바퀴의 공기압 또는 축간거리와 차축높이를 조절하는 행위
③ 단속 장비의 정해진 위치를 벗어나 차량을 운행하는 행위
④ 승강조작 장치 또는 압력조절 장치를 이용하여 차축을 조작하는 행위

◎해설 ①의 문항은 측정 방해 행위에 해당되지 않고, "측정미설치 차로"로 진입할 때는 방해 행위에 해당된다. 이 외에 "측정차로 통행속도 기준인 10km/h를 초과하여 진입하는 행위"도 위반행위에 해당된다.

**53** 적재량 측정방해 행위에 대한 벌칙으로 "1년 이하의 징역 또는 1천만 원 이하의 벌금"으로 처분되지 않는 문항은?
① 축 조작 ② 측정 차로 위반
③ 측정 속도 초과 ④ 과적

◎해설 ④의 과적 위반 행위는 "500만 원 이하의 과태료"의 벌칙에 해당 되며, 이 외에 "제원초과"가 이에 해당된다.

**54** 3대 명령 불응 시의 벌칙으로 맞는 것은?
① 300만 원 이하의 과태료
② 500만 원 이하의 과태료
③ 1년 이하의 징역 또는 1천만 원 이하의 벌금
④ 2년 이하의 징역 또는 2천만 원 이하의 벌금

◎해설 ①은 해당 없으며, ②은 "과적"이나 "제원초과", ③은 "단속원 요구불응"의 벌칙이다.

정답 41 ④ 42 ④ 43 ① 44 ④ 45 ① 46 ② 47 ④ 48 ① 49 ③ 50 ① 51 ④ 52 ① 53 ④ 54 ④

**55** 다음 중 고속도로 교통사고 발생의 원인 등으로 가장 많은 비중을 차지하는 것은?
① 운전자 과실
② 타이어 파손
③ 적재불량
④ 차량결함

**56** 고속도로에서 안전운전 방법에 대한 설명으로 가장 거리가 먼 것은?
① 고속도로 교통사고 원인의 대부분은 전방주시의무 태만이다
② 운전자는 앞차의 전방까지 시야를 두면서 운전한다
③ 고속도로에 진입할 때는 방향지시등으로 진입의사를 표시한다
④ 고속도로에 진입한 후에는 감속한다

**57** 고속도로 진입에 대한 설명으로 가장 거리가 먼 것은?
① 고속도로 진입은 안전하게 천천히 한다
② 진입 후 가속은 빠르게 한다
③ 다른 차량의 흐름은 무시한다
④ 가속차로에서 충분히 속도를 높인다

**58** 고속도로 교통사고 특성에 대한 설명으로 틀린 것은?
① 다른 도로에 비해 치사율이 높다
② 전방주시태만 등으로 인한 2차 사고 발생 가능성이 높다
③ 장거리 운행으로 인한 졸음운전이 발생할 가능성이 높다
④ 화물차의 적재불량은 낙하물 발생 및 교통사고의 원인은 아니다

**59** 고속도로에서 좌석안전띠 착용에 대한 설명으로 틀린 것은?
① 고석도로에서는 전 좌석 안전띠 착용이 의무사항이다
② 자동차전용도로에서는 전 좌석 안전띠 착용이 의무사항이 아니다
③ 안전띠 착용은 교통사고로 인한 인명피해를 예방하기 위해서다
④ 질병 등 좌석안전띠 착용이 곤란한 경우에는 의무사항이 아니다

**60** 고속도로 후부반사판 부착에 대한 설명으로 틀린 것은?
① 차량 총중량이 6.5톤 이상 자동차는 후부반사판을 부착해야 한다
② 특수자동차는 후부반사판을 부착해야 한다
③ 화물차나 특수차량 뒤편에 부착하는 안전표지판이다
④ 야간에 후방 주행차량이 전방을 잘 식별하게 도움을 준다
◉해설 차량 총 중량 7.5t 이상 및 특수자동차는 의무 부착이다.

**61** 고속도로의 통행차량 기준에 대한 설명으로 틀린 것은?
① 고속도로의 이용효율을 높이기 위함이다
② 차로별 통행 가능 차량을 지정한다
③ 지정차로제를 시행하지 않고 있다
④ 전용차로제를 시행하고 있다

**62** 고속도로의 차로에 따른 통행기준에서 편도 3차로 이상인 경우의 기준으로 틀린 것은?
① 1차로 : 앞지르기 하려는 승용자동차 및 경형, 소형, 중형 승합자동차
② 왼쪽 차로 : 승용자동차 및 경형, 소형, 중형 승합자동차
③ 오른쪽 차로 : 원동기장치자전거, 이륜자동차
④ 오른쪽 차로 : 대형 승합자동차, 화물자동차, 특수자동차

**63** 다음 중 고속도로에서 운행 제한 차량의 종류에 해당되지 않는 것은?
① 차량의 축하중 5톤, 총중량 30톤을 초과한 차량
② 편중적재, 스페어 타이어 고정 불량
③ 덮개를 씌우지 않거나 묶지 않아 상태가 불량한 차량
④ 적재물 포함 길이(16.7미터), 폭(2.5미터), 높이(4미터)를 초과한 차량

**64** 고속도로에서의 운행 제한 차량의 종류에 해당되지 않는 것은?
① 액체 적재물 방류차량
② 위험물 운반차량
③ 적재 불량으로 인하여 적재물 낙하 우려가 있는 차량
④ 견인시 사고차량 파손품 유포 우려가 있는 차량

**65** 다음 중 고속도로에서 과적차량 제한 사유에 해당되지 않는 것은?
① 고속도로의 포장균열, 파손, 교량의 파괴
② 고속주행으로 인한 교통소통 지장
③ 핸들 조작의 어려움, 타이어 파손, 전·후방 주시 곤란
④ 제동장치의 무리, 동력연결부의 잦은 고장 등 교통사고 유발

**66** 운행제한 차량 운행허가서 신청절차에 대한 설명으로 가장 거리가 먼 것은?
① 목적지 관할 도로관리청에 신청 가능
② 경유지 관할 도로관리청에 신청 가능
③ 출발지 관할 도로관리청에 신청 가능
④ 제한차량 인터넷 운행허가 시스템 신청 가능

**67** 다음 중 적재량 측정을 위한 공무원 또는 운행제한 단속원의 차량 동승 요구 및 관계 서류 제출요구를 거부한 자와 적재량 재측정 요구에 따르지 아니한 자에 대한 벌칙으로 맞는 것은?
① 1년 이하의 징역 또는 1천만 원 이하 벌금
② 2천만 원 이하 벌금
③ 500만 원 이하 과태료
④ 2년 이하의 징역 또는 2천만 원 이하 벌금

**68** 자동차를 운전하여 터널을 통과할 때 운전자의 안전수칙으로 가장 부적절한 것은?
① 터널 진입 전, 입구에 설치된 도로안내정보를 확인한다.
② 터널 진입 전, 암순응에 대비하여 감속은 하지 않고 밤에 준하는 등화를 켠다.
③ 터널 안 차선이 백색실선인 경우 차로를 변경하지 않고 터널을 통과한다.
④ 앞차와의 안전거리를 유지하면서 급제동에 대비한다.
◉해설 암순응으로 인한 사고예방을 위해 터널을 통행할 시에는 평소보다 10~20% 감속하고 전조등, 차폭등, 미등 등의 등화를 반드시 켜야 한다. 또 결빙과 2차사고 등을 예방하기 위해 일반도로 보다 더 안전거리를 확보하고 급제동에 대한 대비도 필요하다.

**69** 자동차를 운전하고 터널을 통과 중 화재가 발생했을 때 운전자의 행동으로 가장 옳은 것은?
① 화재로 인해 터널 안이 연기로 가득차므로 차안에 대기한다.
② 도난 방지 위해 자동차문을 잠그고 터널 밖으로 대피한다.
③ 유턴해서 출구 반대방향으로 되돌아간다.
④ 차량 엔진시동을 끄고 차량이동을 위해 열쇠는 꽂아둔 채 신속하게 내려 대피한다
◉해설 터널 안 화재는 대피가 최우선이므로 위험을 과소평가하여 차량 안에 머무르는 것은 위험한 행동이며, 엔진을 끈 후 키를 꽂아둔 채 신속하게 하차, 유도등을 따라 대피한다.

## 제4편

완전합격 화물운송종사 자격시험 총정리문제

# 운송서비스

| | | |
|---|---|---|
| **제1장** | 직업 운전자의 기본자세 | 147 |
| **제2장** | 물류의 이해 | 155 |
| **제3장** | 화물 운송서비스의 이해 | 169 |
| **제4장** | 화물 운송서비스와 문제점 | 176 |

# 제1장
# 직업 운전자의 기본자세 요약정리

※ **직업 운전자의 기본자세 개념**
1. 오늘날의 물류는 과거와 같이 단순히 장소적 이동을 의미하는 운송(Physical distribution)이 아니라, 생산과 마케팅 기능 중 물류 관련 영역까지도 포함하며 이를 로지스틱스(Logistics)라고 한다.
   ※ 종전의 "운송" : 수요충족 기능에 치중
2. 고객을 직접 대하는 직원이 바로 회사를 대표하는 중요한 사람이라는 것이다. 이를 '접점 제일주의'(나는 회사를 대표하는 사람)라 한다 (고객과 직접 접촉하는 최일선의 현장직원이다).
3. 한 사람을 통하여 고객은 회사 전체를 평가할 수밖에 없는 것이다. 그 '1명이 바로 당신(한 사람의 운전자)일 수 있다'는 것을 염두에 두어야 할 것이다. ※ 로지스틱스 : 수요창조 기능에 중점

## 1 고객만족

### 1 고객만족

(1) **개념** : 고객이 무엇을 원하고 있으며 무엇이 불만인지를 알아내며 고객이 '아! 이것으로 결정하기를 잘했다'고 느끼게 하는 것이다. 즉, 고객의 기대에 부응하는 좋은 제품과 양질의 서비스를 제공하는 것이다.

(2) **친절이 중요한 이유**
한 업체의 거래 고객이 거래를 중단하는 이유를 보면, 종업원의 불친절(68%), 제품에 대한 불만(14%), 경쟁사의 회유(9%), 가격이나 기타 사항(9%)으로 조사 된 것으로 볼 때, 종업원의 친절이 고객에게 가장 큰 영향을 미치고 있음을 알 수 있다.

(3) **고객의 욕구**
① 기억되기를 바란다.
② 편안해지고 싶어한다.
③ 환영받고 싶어한다.
④ 칭찬받고 싶어한다.
⑤ 관심을 가져 주기를 바란다.
⑥ 중요한 사람으로 인식되기를 바란다.
⑦ 기대와 욕구를 수용하여 주기를 바란다.

### 2 고객 서비스

#### 1 서비스의 정의
(1) 서비스도 제품과 마찬가지로 하나의 상품이다.
(2) 서비스 품질의 만족을 위하여 고객에게 계속적으로 제공하는 모든 활동을 의미한다.

#### 2 고객 서비스 형태
(1) **무형성 : 보이지 않는다.**
서비스는 형태가 없는 무형의 상품으로서 제품과 같이 객관적으로 누구나 볼 수 있는 형태로 제시되지도 않으며 측정하기도 어렵지만, 누구나 느낄 수는 있다.
(2) **동시성 : 생산과 소비가 동시에 발생한다.**
① 서비스는 공급자에 의하여 제공됨과 동시에 고객에 의하여 소비되는 성격을 갖는다.
② 서비스는 재고가 없고 불량 서비스가 나와도 다른 제품처럼 반품할 수도 없고 고치거나 수리할 수도 없다.
③ 한번 불량 서비스를 팔게 되면, 그 결과는 제품판매의 경우보다 훨씬 나쁜 결과를 초래한다.

(3) **인간주체(이질성) : 사람에 의존한다.**
① 서비스는 사람에 의하여 생산되어 고객에게 제공되기 때문에, 똑같은 서비스라 하더라도 그것을 행하는 사람에 따라, 품질의 차이가 발생하기 쉽다.
② 제품은 기계나 설비로 얼마든지 균질(均質 : 똑같은 것)의 것을 만들어 낼 수 있다는 점과 대조적이다.

(4) **소멸성 : 즉시 사라진다.**
서비스는 오래도록 남아있는 것이 아니고 제공한 즉시 사라져서 남아있지 않는다.

(5) **무소유권 : 가질 수 없다.**
서비스는 누릴 수는 있으나 소유할 수는 없다.

## 3 고객만족을 위한 3요소

### 1 고객만족을 위한 서비스품질의 분류

(1) **상품품질** : 성능 및 사용방법을 구현한 하드웨어(Hardware)품질
고객의 필요와 욕구 등을, 각종 시장조사나 정보를 통해 정확하게 파악하여 상품에 반영시킴으로서 고객의 만족도를 향상시킨다.

(2) **영업품질** : 고객만족 실현을 위한 소프트웨어(Software)품질이다.
고객에게 상품과 서비스를 제공하기까지의 모든 영업활동을 고객지향적으로 전개하여 고객만족도 향상에 기여하도록 한다.

(3) **서비스품질** : 고객으로부터 신뢰를 획득하기 위한 휴먼웨어(Human-ware)품질이다.

### 2 서비스 품질을 평가하는 고객의 기준

(1) **개념**
① 서비스 품질에 대한 평가는 오로지 고객에 의해서만 이루어진다.
② 즉, 서비스가 좋으냐, 나쁘냐 하는 판단은, 고객의 기대치가 실제로 어느 정도 충족되었느냐에 달려있다.
③ 서비스 품질이란, '고객의 서비스에 대한 기대와, 실제로 느끼는 것의 차이에 의해서 결정되는 것'이라 할 수 있다.
④ 고객의 결정에 영향을 미치는 요인으로는 ㉠ 구전(口傳)에 의한 의사소통 ㉡ 개인적인 성격이나 환경적 요인 ㉢ 과거의 경험 ㉣ 서비스 제공자들의 커뮤니케이션 등을 들 수 있다.

(2) **서비스 품질을 평가하는 고객의 세부적인 기준**
① 신뢰성 : ㉠ 정확하고 틀림없다. ㉡ 약속기일을 확실히 지킨다.
② 신속한 대응 : ㉠ 기다리게 하지 않는다.
   ㉡ 재빠른 처리, 적절한 시간 맞추기
③ 정확성 : 서비스를 행하기 위한 상품 및 서비스에 대한 지식이 충분하고 정확하다.

④ 편의성 : ㉠ 의뢰하기가 쉽다. ㉡ 곧 전화를 받는다.
   ㉢ 언제라도 곧 연락이 된다.
⑤ 태도 : ㉠ 예의 바르다. ㉡ 복장이 단정하다.
   ㉢ 배려, 느낌이 좋다.
⑥ 커뮤니케이션(Communication)
   ㉠ 알기 쉽게 설명한다. ㉡ 고객의 이야기를 잘 듣는다.
⑦ 신용도
   ㉠ 회사를 신뢰할 수 있다. ㉡ 담당자가 신용이 있다.
⑧ 안전성 : ㉠ 신체적 안전, ㉡ 재산적 안전, ㉢ 비밀유지
⑨ 고객의 이해도 : ㉠ 고객이 진정으로 요구하는 것을 안다.
   ㉡ 사정을 잘 이해하여 만족시킨다.
⑩ 환경 : ㉠ 쾌적한 환경, ㉡ 좋은 분위기, ㉢ 깨끗한 시설 등의 완비

### 4 기본예절

(1) 상대방을 알아준다.
  ① 사람을 기억한다는 것은, 인간관계의 기본조건이다.
  ② 상대가 누구인지 알아야, 어떠한 관계든지 이루어질 수 있다.
  ③ 기억을 함으로써 관심을 갖게 되어, 관계는 더욱 가까워진다.
(2) 자신의 것만 챙기는 이기주의는 바람직한 인간관계 형성의 저해요소이며, 약간의 어려움 감수는 좋은 인간관계 유지를 위한 투자이다.
(3) 연장자는 사회의 선배로서 존중하고 공, 사를 구분하여 예우한다.
(4) 예의란 인간관계에서 지켜야할 도리이며, 상스러운 말을 하지 않는다.
(5) 상대에게 관심을 갖는 것은, 상대로 하여금 내게 호감을 갖게 한다.
(6) 상대방의 입장을 이해하고 존중하며, 관심을 가짐으로 인간관계는 더욱 성숙되며, 상대방의 여건, 능력, 개인차를 인정하여 배려한다.
(7) 상대의 결점을 지적할 때에는 진지한 충고와 격려로 한다.
(8) 상대 존중은 돈 한 푼 들이지 않고 상대를 접대하는 효과가 있다.
(9) 상대방과의 신뢰관계가 이익을 창출하는 것이 아니라, 상대방에게 도움이 되어야 신뢰관계가 형성된다.
(10) 모든 인간관계는 성실을 바탕으로 하며, 항상 변함없는 진실한 마음으로 상대를 대하고, 성실성으로 상대는 신뢰를 갖게 되어, 관계는 깊어지게 된다.

### 5 고객만족 행동예절

#### 1 인사
  ① 인사는 서비스의 첫 동작이요, 마지막 동작이다.
  ② 인사는 서로 만나거나 헤어질 때, 말·태도 등으로 존경, 사랑, 우정을 표현하는 행동양식이다.

(1) 인사의 중요성
  ① 인사는 평범하고도 대단히 쉬운 행위이지만, 습관화되지 않으면 실천에 옮기기 어렵다.
  ② 인사는 애사심, 존경심, 우애, 자신의 교양과 인격의 표현이다.
  ③ 인사는 서비스의 주요 기법이며 고객과 만나는 첫 걸음이다.
  ④ 인사는 고객에 대한 마음가짐의 표현이며 서비스정신의 표시이다.
(2) 인사의 마음가짐
  ① 정성과 감사의 마음으로, 예절바르고 정중한 마음을 가지며
  ② 경쾌하고 겸손한 인사말과 함께, 밝고 상냥한 미소로 인사함
(3) 꼴불견 인사
  ① 무표정한 인사와 자세가 흐트러진 인사, 상대방의 눈을 안 본 인사
  ② 경황없이 급히 하는 인사와 뒷짐을 지고 하는 인사

③ 머리로 얼굴을 덮거나, 바로하기 위해 머리를 흔드는 인사
④ 할까 말까 망설이며 하는 인사, 높은 곳에서 윗사람에게 하는 인사
⑤ 얼굴을 빤히 보고하는 인사(턱을 쳐들고 눈을 치켜뜨고 하는 인사, 인사말이 없거나 분명치 않거나 성의 없이 말로만 하는 인사 등)
⑥ 머리만 까딱거리는 인사 또는 고개를 옆으로 돌리는 인사 등

(4) 올바른 인사방법
  ① 머리와 상체를 숙인다.
    ㉠ 가벼운 인사 : 15° ㉡ 보통 인사 : 30° ㉢ 정중한 인사 : 45°
  ② 손을 주머니에 넣거나, 의자에 앉아서 하는 인사는 하지 않는다.
  ③ 항상 밝고 명랑한 표정의 미소를 짓는다.
  ④ 인사하는 지점의 상대방과의 거리는 약 2m 내외가 적당하다.
  ⑤ 머리와 상체를 직선으로 하여 상대방의 발끝이 보일 때까지 천천히 숙이며, 인사를 할 때 턱을 지나치게 내밀지 않도록 한다.

#### 2 악수
(1) 상대와 적당한 거리에서 손을 잡고 반드시 오른손을 내밀어 손을 잡는다(손이 더러울 때 양해를 구함).
(2) 허리는 무례하지 않을 만큼 자연스레 펴면서(상대방에 따라 10~15° 정도 굽히는 것이 좋다) 상대의 눈을 바라보며 웃는 얼굴로 악수한다(계속 손을 잡은 채로 말하지 말 것. 손을 너무 세게 쥐거나 힘없이 잡지 않을 것, 왼손은 자연스럽게 바지옆선에 붙이거나, 오른손 팔꿈치를 받쳐준다.)

#### 3 호감 받는 표정관리
(1) 표정의 중요성 : 표정은 첫인상을 크게 좌우하며, 첫인상이 좋아야 그 이후의 대면이 호감 있게 이루어질 수 있고, 밝은 표정은 좋은 인간관계 기본이다(밝은 표정과 미소는 자신을 위한 것임).
(2) 시선
  ① 자연스럽고 부드러운 시선으로 상대를 본다.
  ② 눈동자는 항상 중앙에 위치하도록 한다.
  ③ 가급적 고객의 눈높이와 맞춘다.

> 참고
> 고객이 싫어하는 시선
> ① 위로 치켜뜨는 눈, ② 곁눈질, ③ 한 곳만 응시하는 눈, ④ 위·아래로 훑어보는 눈이 있다

(3) 고객 응대 마음가짐 10가지
  ① 사명감을 갖는다. ② 고객의 입장에서 생각한다.
  ③ 원만하게 대한다. ④ 자신감을 갖는다.
  ⑤ 공(公)·사(私)를 구분하고 공평하게 대한다.
  ⑥ 항상 긍정적으로 생각한다.
  ⑦ 고객이 호감을 갖도록 한다.
  ⑧ 투철한 서비스 정신을 가진다.
  ⑨ 예의를 지켜 겸손하게 대한다.
  ⑩ 꾸준히 반성하고 개선한다.

#### 4 언어예절(대화 유의사항)
(1) 독선적, 독단적, 경솔한 언행은 삼간다(도전적 언사는 가급적 자제).
(2) 남을 중상모략하는 언동을 삼가며, 쉽게 흥분하거나 감정에 치우치지 않도록 하며, 일부분을 보고 전체를 속단하여 말하지 않는다.
(3) 농담은 조심스럽게 한다(부하직원이라 할지라도).
(4) 상대방의 약점을 지적하는 것을 피한다. 또한 남이 이야기하는 도중에 분별없이 차단하지 않는다(욕설, 독설, 험담을 삼가).
(5) 불평불만을 함부로 떠들지 않는다.
(6) 매사 함부로 단정하지 않고 말하며, 엉뚱한 곳을 보고 말을 듣고 말하는 버릇은 고친다.

## 5 흡연예절

**(1) 흡연을 삼가야 할 곳**
① 보행 중  ② 운전 중 차 내에서  ③ 재떨이가 없는 응접실
④ 회의장  ⑤ 혼잡한 식당 등 공공장소
⑥ 사무실 내에서 다른 사람이 담배를 안 피울 때

**(2) 담배꽁초의 처리방법**
① 담배꽁초는 반드시 재떨이에 버린다.
② 꽁초를 손가락으로 튕겨 버리거나, 차 밖으로 버리지 않는다.
③ 화장실 변기에 버리지 않으며, 바닥에 버린 후 발로 부비지 않는다.

## 6 음주예절

(1) 고객이나 상사 앞에서 취중의 실수는 영원한 오점을 남긴다.
(2) 상사에 대한 험담을 삼간다. 또한 과음하거나 지식을 장황하게 늘어놓지 않는다.
(3) 경영방법이나 특정한 인물에 대하여 비판 하지 않는다.
(4) 술좌석을 자기자랑이나 평상시 언동의 변명의 자리로 만들지 않으며, 고객이나 상사 앞에서 취중의 실수는 영원한 오점을 남긴다.

## 7 운전예절

**(1) 교통질서**
① 교통질서의 중요성 : 제한된 공간 속에서 수많은 사람이 안전하고 자유롭게 살아가기 위해서는 사회규범과 질서가 지켜질 때 비로소 남도 편하고 자신도 편하게 생활하게 되어, 상호 조화와 화합이 이루어진다. 나아가 국가와 사회도 발전해 나가며, 교통사고로부터 자신과 타인의 생명과 재산을 보호할 수 있다.
② 질서의식의 함양
  ㉠ 일부 운전자들은 평소에 질서를 외치면서도 막상 운전하는 순간에는 "나 하나쯤이야"하는 생각으로 버젓이 차로를 무시하며 주행하거나 과속이나 앞지르기를 서슴없이 한다.
  ㉡ 질서의식 함양은 반드시 의식적 · 무의식적으로 지켜질 수 있도록 생활화 되어야 하며, 적재된 화물의 안전에 만전을 기하여 난폭운전이나 사고로 적재화물이 손상되지 않도록 하여야 한다.

**(2) 운전자의 사명과 자세**
① 운전자의 사명
  ㉠ 남의 생명도 내 생명처럼 존중 : 사람의 생명은 이 세상의 다른 무엇보다도 존귀하므로 인명을 존중하며 안전운행을 이행하고 교통사고를 예방하여야 한다.
  ㉡ 운전자는 '공인(公人)'이라는 자각이 필요하다.
② 운전자가 가져야 할 기본적 자세
  ㉠ 교통법규의 이해와 준수 : 교통법규는 단지 알고 있는 것만으로는 부족하며, 운전자는 실제 운행 경로의 교통 상황에 따른 적절한 판단과 교통규칙을 준수하여 자동차를 운전한다.
  ㉡ 여유 있고 양보하는 마음으로 운전 : 운전자의 조급성과 자기 중심적인 생각은 교통사고를 일으키는 요인이 되므로 항상 마음의 여유를 가지고 서로 양보하는 마음의 자세로 운전한다.
  ㉢ 주의력 집중 : 전방주시 태만, 과속 등은 대형사고의 원인임
  ㉣ 심신상태의 안정 : 심신상태조절 후 냉정, 침착한 자세로 운전
  ㉤ 추측 운전의 삼가 : 자기에게 유리한 판단 및 행동은 삼가
  ㉥ 운전기술의 과신은 금물 : 아무리 자신 있는 운전자라 하더라도, 상대방 운전자의 과실로 사고가 발생됨을 예상하며 운전
  ㉦ 저공해 등 환경보호, 소음공해 최소화 등

## 8 올바른 운전예절

**(1) 운전예절의 중요성**
① 예절은 인간의 고유한 것이며, 사람의 됨됨이를 그 사람이 얼마나 예의 바른가에 따라 가늠하기도 한다.
② 예절 바른 운전습관은 원활한 교통질서를 가져오며 사고를 예방하게 할 뿐 아니라, 교통문화를 선진화하는데 지름길이 된다.

**(2) 예절바른 운전습관**
① 명랑한 교통질서 유지  ② 교통사고의 예방
③ 교통문화를 정착시키는 선두주자

**(3) 운전자가 지켜야 할 운전예절**
① 과신은 금물 : 안전운전은 자신의 운전기술을 과신하지 않고 교통 법규의 준수와 예절바른 운전이 이행될 때 비로소 가능하다.
② 횡단보도에서의 예절 : 횡단보도에서는 보행자가 먼저 통행하도록 하고, 보행자 보호를 위해 횡단보도내에 자동차가 들어가지 않도록 정지선을 반드시 지킨다.
③ 전조등 사용법 : 교차로나 좁은 길에서 마주 오는 자동차가 있을 경우 양보해 주고, 전조등은 끄거나 하향으로 하여 상대방 운전자의 눈이 부시지 않도록 한다.
④ 고장자동차의 유도 : 도로상에서 고장자동차를 발견하였을 경우 즉시 서로 도와 도로의 가장자리 등 안전한 장소로 유도하거나 안전조치를 한다.
⑤ 올바른 방향전환 및 차로변경 : 방향지시등을 켜고 차선변경 등을 할 경우에는 눈인사를 하면서 양보해 주는 여유를 가지며, 도움이나 양보를 받았을 때는 정중하게 손을 들어 답례한다.
⑥ 여유 있는 교차로 통과 등 : 교차로에 교통량이 많거나 교통정체가 있을 경우 자동차의 흐름에 따라 여유를 가지고 서행하며 안전하게 통과한다.

**(4) 삼가하여야 할 운전행동**
① 끼어들기 또는 욕설을 하는 운전자를 볼 수 있는데, 이는 다른 운전자의 입장을 전혀 생각하지 않는 무례한 운전자세(상대방 운전자의 기분을 나쁘게 하여 교통질서가 혼란케 됨을 자각)
② 도로상에서 사고 등으로 차량을 세워 둔 채로 시비, 다툼 등의 행위를 하여 다른 차량의 통행을 방해하는 행위
③ 신호등이 바뀌기 전에 빨리 출발하라고 전조등을 켰다 껐다 하거나, 경음기로 재촉하는 행위나 욕설 또는 경쟁 운전행위
④ 방향지시등을 켜지 않고 차선을 변경하거나 버스 전용차로를 무단통행하고 갓길로 주행하는 행위 등

## 9 운송종사자의 서비스자세

**(1) 화물운송업의 특성(화물차량 운전자의 특성)**
① 현장의 작업에서 화물적재 차량이 출고되면, 모든 책임은 회사의 간섭을 받지 않고 운전자의 책임으로 이어진다.
② 화물과 서비스가 함께 수송되어 목적지까지 운반된다.

**(2) 화물차량 운전의 직업상 어려운 항목**
① 차량에서 장시간 운전으로 제한된 작업공간 부족(차내 운전)
② 주, 야간의 운행으로 생활리듬의 불규칙한 생활의 연속
③ 공로운행에 따른 타 차량과, 교통사고에 대한 위기의식 잠재
④ 화물의 특수수송에 따른 운임에 대한 불안감(회사부도 등)

**(3) 화물운전자의 서비스 확립자세(사회의 구조적 변화로 요구)**
① 화물운송의 기초로서 도착지의 주소가 명확한지 재확인하고 연락 가능한 전화번호 기록을 유지할 것(파손유무확인 후 인수인계)
② 화물운송 시 중간지점(휴게소)에서 화물의 이상유무, 결속 풀림 상태, 차량점검 등 안전유무를 반드시 점검한다(이삿짐 수송 시에도 자신의 물건으로 여기고 소중히 수송해야 함).
③ 화주가 요구하는 최종지점까지 배달하고 특히 택배차량은 신속하고 편리함을 추구하여 자택까지 수송하여야 한다.

(4) 화물운전자의 운전 자세(상대방 운전자에게 보복하지 말 것)
① 다른 자동차가 끼어들더라도 안전거리를 확보하는 여유를 가지며, 운전이 미숙한 자동차의 뒤를 따를 경우 서두르거나 선행자동차운전자를 당황하게 하지 말고 여유있는 자세로 운행한다.
② 항상 자동차에 대한 점검 및 정비를 철저히 하여 자동차를 항상 최상의 상태로 유지하며, 운전자의 건강을 항상 최상위로 유지한다.
③ 추월하려는 후속자동차에게 진로를 양보하는 미덕을 갖으며 다른 차가 끼어들거나 운전이 서툴러도 상대에게 화를 내거나 보복하지 말아야하며, 고객과 불필요한 마찰을 일으키지 않는다.

### 10 용모, 복장

(1) 인성과 습관의 중요성 : 운전자의 습관은 운전행동에 영향을 미치게 되어 운전태도로 나타내므로 나쁜 운전습관을 개선하기 위해 노력하여야 한다.

(2) 운전자의 습관 형성 : ① 습관은 후천적으로 형성되는 조건반사현상이므로, 무의식중에 어떤 것을 반복적으로 행하게 될 때 자기도 모르게 습관화된 행동이 나타나며 ② 습관은 본능에 가까운 강력한 힘을 발휘하게 되어 나쁜 운전습관이 몸에 배면 나중에 고치기 어려우며, 잘못된 습관은 교통사고로 이어진다.

(3) 용모, 복장의 기본원칙
① 깨끗하게    ② 단정하게    ③ 품위있게
④ 규정에 맞게  ⑤ 통일감 있게 ⑥ 계절에 맞게
⑦ 편한 신발을 신되 샌들이나 슬리퍼는 삼간다.

(4) 고객에게 불쾌감을 주는 몸가짐
① 잠잔 흔적이 남은 머릿결  ② 정리되지 않은 덥수룩한 수염
③ 충혈된 눈   ④ 무표정   ⑤ 지저분한 손톱
⑥ 길게 자란 코털 등이 있다.
※ 표정의 중요성
① 첫인상은 3~4초 동안에 약 80% 결정됨 ② 호감을 주면 갑절로 돌아옴 ③ 표정은 첫인상을 결정 ④ 밝은 표정은 좋은 인간관계 기본 ⑤ 고객은 운송종사자의 무표정과, 회사의 이미지를 결부시킨다.

(5) 단정한 용모·복장의 중요성
① 첫인상    ② 고객과의 신뢰형성    ③ 일의 성과
④ 기분 전환  ⑤ 활기찬 직장 분위기 조성 등

### 11 운전자의 기본적 주의사항

(1) 법규 및 사내 교통안전 관련 규정 준수
① 수입포탈 목적 장비운행 금지   ② 배차지시 없이 임의 운행 금지
③ 회사차량 불필요한 집단 운행 금지(다만, 적재물의 특성상 집단 운행 불가피할 때에는 관리자의 사전승인 받은 경우는 예외)
④ 운전에 악영향을 미치는 음주 및 약물복용 후 운전 금지

(2) 운행 전 준비
① 용모 및 복장 확인(단정하게), 고객 및 화주에게 불쾌한 언행금지
② 운행할 차의 일상점검을 철저히 하고, 이상 발견 시는 정비관리자에게 즉시 보고하여 조치 받은 후 운행
③ 배차사항 및 지시, 전달사항을 확인하고 적재물의 특성을 확인하여 특별한 안전조치가 요구되는 화물에 대하여는 사전 안전장비 장치 및 휴대 후 운행하며, 외부덮개와 결박상태 확인 후 운행

(3) 운행상 주의
① 내리막길에서는 풋 브레이크의 장시간 사용을 삼가고, 엔진 브레이크 등을 적절히 사용하여 안전하게 운행을 한다.
② 노면의 적설·빙판 시 즉시 체인을 장착 후 안전운행을 한다.
③ 후속차량이 추월하고자 할 때에는 감속 등 양보운전을 한다.

(4) 교통사고 발생 시 조치(운전자 개인자격으로 합의 보상은 예외)
① 교통사고가 발생한 경우 현장에서의 인명구호 및 관할경찰서에 신고 등의 의무를 성실히 수행한다.
② 사고로 인한 행정, 형사처분(처벌) 접수시 임의처리가 불가하며 회사의 지시에 따라 처리한다(보상업무는 운전자가 일방적 수행 불가).
③ 회사소속 자동차 사고를 유·무선으로 통보 받거나 발견즉시 최인근 점소에 기착 또는 유·무선으로 육하원칙에 의거 즉시 보고한다.

(5) 신상변동 등의 경우는 회사에 즉시 보고 : 결근, 지각, 조퇴 또는 운전면허 기재사항 변경과 운전면허 일시정지, 취소 등의 면허 행정처분 경우

### 12 직업관

(1) 직업의 4가지 의미
① 경제적 의미 : 일터, 일자리, 경제적 가치를 창출하는 곳
② 정신적 의미 : 직업의 사명감과 소명의식을 갖고 정성과 정열을 쏟을 수 있는 곳
③ 사회적 의미 : 자기가 맡은 역할을 수행하는 능력을 인정받는 곳
④ 철학적 의미 : 일한다는 인간의 기본적인 리듬을 갖는 곳

(2) 직업윤리
① 직업에는 귀천이 없다(평등).
② 천직의식(운전으로 성공한 운전기사는 긍정적인 사고방식으로 어려운 환경을 극복)
③ 감사하는 마음(본인, 부모, 가정, 직장, 국가에 대하여 본인의 역할이 있음을 감사하는 마음)

(3) 직업의 3가지 태도 : ① 애정(愛情) ② 긍지(矜持) ③ 열정(熱情)

### 13 고객응대 예절

① 집하 시 행동방법(취급제한 물품은 그 취지를 알리고 거절함)
  ㉠ 집하는 서비스 출발점이라는 자세로 대면하면서, 인사와 함께 밝은 표정으로 정중히 두 손으로 화물을 받는다.
  ㉡ 송하인용 운송장을 절취하여 고객에게 두 손으로 건네준다.
  ㉢ 화물 인수 후 감사의 인사를 한다.

② 배달 시 행동방법(인수증 서명은 반드시 정자로 실명기재)
  ㉠ 배달은 서비스의 완성이라는 자세로 한다(사전 주소 확인 후 출발).
  ㉡ 긴급배송을 요하는 화물은 우선 처리하고, 모든 화물은 반드시 기일 내 배송한다.
  ㉢ 고객이 부재 시에는 "부재중 방문표"를 반드시 이용한다.
  ㉣ 방문 시 밝고 명랑한 목소리로 인사하고, 화물을 정중하게 고객이 원하는 장소에 가져다 놓는다.
  ㉤ 배달 후 돌아갈 때에는 이용해 주셔서 고맙다는 뜻을 밝히며 밝게 인사한다.

③ 고객 불만 발생 시 행동방법
  ㉠ 고객의 감정을 상하게 하지 않도록 불만 내용을 끝까지 참고 들으며, 불만사항에 대하여 정중히 사과한다.
  ㉡ 고객 불만을 해결하기 어려운 경우 적당히 답변하지 말고 관련부서와 협의 후에 답변을 하도록 하며 불만, 불편 사항이 더 이상 확대되지 않도록 한다.

④ 고객 상담 시의 대처방법
  ㉠ 전화벨이 울리면(3회 이내) 밝고 명랑한 목소리로 받는다.
  ㉡ 고객의 문의전화, 불만전화 접수 시 해당 점소가 아니더라도 확인하여 고객에게 친절히 답변한다.
  ㉢ 담당자가 부재중일 경우, 반드시 내용을 메모하여 전달한다.
  ㉣ 전화가 끝나면 마지막 인사를 하고 상대편이 먼저 끊고 난 후 전화를 끊는다.
  ㉤ 집하의뢰 전화는 고객이 원하는 날, 시간 등에 맞추도록 노력한다.

# 제4편
# 운송서비스

## 제1장 직업 운전자의 기본자세 출제 예상 문제

**1** 직업 운전자의 기본 자세는 "고객을 직접 대하는 직원이 바로 회사를 대표하는 중요한 사람이라는 생각"을 갖는 것이다. 이를 무엇이라 하는가?
① 접점제일주의
② 대표제일주의
③ 직접제일주의
④ 직원대표주의

**2** 고객을 만족시키기 위하여 "친절이 중요한 이유"로서 한 업체에서 고객이 거래를 중단하는 가장 큰 이유에 해당되는 것은?
① 종업원의 불친절
② 제품에 대한 불만
③ 경쟁사의 회유
④ 가격이나 기타
**해설** "종업원의 불친절(68%)"이 제일 많아 정답은 ①이며, 제품에 대한 불만(14%), 경쟁사의 회유(9%), 가격이나 기타(9%) 순위이다.

**3** 고객 서비스의 형태에 대한 설명으로 잘못된 것은?
① 무형성 : 보이지 않는다
② 동시성 : 생산과 소비가 동시에 발생한다
③ 인간주체 : 사람에 의존한다
④ 재생성 : 다시 수정하여 행한다
**해설** 서비스는 재생성이 없으며 다시 수정하여 행할 수 없으므로 정답은 ④이다. 재생성이 아닌, 소멸성이 맞으며 서비스를 제공한 즉시 사라져 남아 있지 않는 것이 옳다.

**4** 고객만족을 위한 서비스 품질의 분류에 해당하지 않는 것은?
① 상품 품질(하드웨어 품질)
② 영업 품질(소프트웨어 품질)
③ 서비스 품질(휴먼웨어 품질)
④ 자재 품질(제조원료 양질)
**해설** ④의 문장은 본 문제에서는 해당 없어 정답은 ④이다.

**5** 서비스 품질에 대한 평가는 오로지 고객에 의해서만 이루어지는데 그 결정에 영향을 미치는 요인으로 틀린 것은?
① 구전(口傳)에 의한 의사소통
② 개인적인 성격이나 환경적 요인
③ 현재(現在)의 경험
④ 서비스 제공자들의 커뮤니케이션
**해설** ③의 문장 중에 "현재(現在)의"가 아니고, "과거(過去)의"가 맞으므로 정답은 ③이다.

**6** 서비스 품질을 평가하는 고객의 기준에 대한 설명으로 틀린 것은?
① 신뢰성 : 정확하고 틀림없다, 약속기일을 확실히 지킨다
② 신속한 대응 : 기다리게 하지 않는다, 재빠른 처리, 적절한 시간 맞추기
③ 확고성 : 서비스를 행하기 위한 상품 및 서비스에 대한 지식이 충분하고 정확하다
④ 편의성 : 의뢰하기 쉽다, 언제라도 곧 연락이 된다, 곧 전화를 받는다
**해설** ③은 "확고성"이 아니라, "정확성"이 맞으므로 정답은 ③이며, 외에 "**태도** : 예의 바르다. 배려, 느낌이 좋다," "**커뮤니케이션** : 고객의 이야기를 잘 듣는다. 알기 쉽게 설명한다" "**신용도** : 회사를 신뢰할 수 있다. 담당자가 신용이 있다" "**안전성** : 신체적 안전, 재산적 안전." "**고객의 이해도** : 고객이 진정으로 요구하는 것을 안다" "**환경** : 쾌적한 환경 좋은 분위기" 등이 있다.

**7** 서비스 품질을 평가하는 고객의 기준 중 "태도"에 관한 사항이 아닌 것은?
① 예의 바르다
② 배려, 느낌이 좋다
③ 복장이 단정하다
④ 기다리게 하지 않는다
**해설** ④의 문장은 "신속한 대응"에 관한 사항 중의 하나로 정답은 ④이다.

**8** 직업 운전자의 기본예절에 대한 설명으로 옳지 못한 것은?
① 상대방을 알아서 사람을 기억한다는 것은 인간관계의 기본조건이다
② 예의란 사회생활에서 지켜야 할 도리이다
③ 관심을 가짐으로 인간관계는 더욱 성숙된다
④ 모든 인간관계는 성실을 바탕으로 한다
**해설** ②의 문장 중 "사회생활에서는"은 틀리고, "인간관계에서"가 맞는 문장으로 정답은 ②이며, 외에 "상대에게 관심을 갖는 것은 상대로 하여금 내게 호감을 갖게 한다" "상대방과의 신뢰관계가 이익을 창출하는 것이 아니라 상대방에게 도움이 되어야 신뢰관계가 형성된다" 등이 있다.

**9** 고객만족 행동예절에서 "인사"에 대한 설명으로 잘못된 것은?
① 인사는 서비스의 첫 동작이다
② 인사는 서비스의 마지막 동작이다
③ 인사는 서로 만나거나 헤어질 때 말·태도 만으로 하는 것이다
④ 인사는 서로 만나거나 헤어질 때 말·태도 등으로 존경·사랑·우정을 표현하는 행동 양식이다
**해설** ③의 문장은 "말·태도 만으로 하는 것이다"는 틀리고, "말·태도 등으로 존경·사랑·우정을 표현하는 행동 양식이다"가 옳으므로 정답은 ③이다.

**정답** 1 ①  2 ①  3 ④  4 ④  5 ③  6 ③  7 ④  8 ②  9 ③

**10** 고객만족 행동예절에서 "인사의 중요성"에 해당되지 않는 것은?
① 인사는 평범하고 대단히 쉬운 행위이지만 습관화되지 않으면 실천에 옮기기 어렵다
② 인사는 애사심, 존경심, 우애, 자신의 교양과 인격의 표현과는 무관하다
③ 인사는 서비스의 주요기법이며, 고객과 만나는 첫걸음이다
④ 인사는 고객에 대한 마음가짐의 표현이며, 고객에 대한 서비스정신의 표시이다

> **해설** ②의 문장 중에 "인격의 표현과는 무관하다"는 틀리고, "인격의 표현이다"가 옳으므로 정답은 ②이다.

**11** 고객만족 행동예절 중 "인사의 마음가짐"에 대한 설명으로 틀린 것은?
① 정성과 감사의 마음으로
② 예절바르고 정중하게
③ 밝고 상냥한 미소로
④ 낮은 목소리로 분명하고 겸손한 인사말과 함께

> **해설** ④에서 "낮은 목소리로 분명하게" 하는 것은 관계가 없다. 정답은 ④이다.

**12** 고객만족 행동예절 중 "올바른 인사방법에서 머리와 상체를 숙이는 각도"의 설명이 아닌 것은?
① 가벼운 인사 : 15도 정도 숙여서 인사한다
② 보통 인사 : 30도 정도 숙여서 인사한다
③ 정중한 인사 : 45도 정도 숙여서 인사한다
④ 엎드려 인사 : 양손을 이마에 올려 엎드려 인사한다

> **해설** ④의 "엎드려 인사"는 본 참고자료 내용에는 없어 정답은 ④이다.

**13** 올바른 인사방법에서 "인사하는 지점의 상대방과의 거리"는?
① 약 2m 내외
② 약 3m 내외
③ 약 4m 내외
④ 약 5m 내외

**14** 고객만족 행동예절에서 "올바른 인사방법"으로 틀린 것은?
① 머리와 상체를 직선으로 하여 상대방의 발 끝이 보일 때까지 잠시 목례만 한다
② 항상 밝고 명랑한 표정의 미소를 짓는다
③ 턱을 지나치게 내밀지 않도록 한다
④ 손을 주머니에 넣거나 의자에 앉아서 하는 일이 없도록 한다

**15** 고객만족 행동예절 중 "악수"에 대한 설명으로 잘못된 것은?
① 상대와 적당한 거리에서 손을 잡되, 손은 반드시 오른손을 내민다
② 상대의 눈을 바라보며 웃는 얼굴로 악수하며, 손이 더러울 땐 양해를 구한다
③ 허리는 무례하지 않도록 자연스레 펴고, 상대방에 따라 90도 정도 굽히는 것도 좋다
④ 손을 너무 세게 쥐거나 또는 힘없이 잡지 않으며, 계속 손을 잡은 채로 말하지 않는다

> **해설** ③의 문장 중에 "90도 정도"가 아니라, "10~15도 정도"가 맞는 문장으로 정답은 ③이다.

**16** 호감 받는 표정관리에서 "표정의 중요성"에 대한 설명으로 틀린 것은?
① 표정은 첫인상을 크게 좌우하며, 대면 직후 결정되는 경우가 많다
② 첫인상이 좋아야 그 이후의 대면이 호감 있게 이루어질 수 있다
③ 밝은 표정은 좋은 인간관계의 기본이다
④ 밝은 표정과 미소는 회사를 위하는 것이라 생각한다

> **해설** ④의 문장 중에 "회사를 위하는"은 틀리고, "자신을 위하는"이 맞는 문장으로 정답은 ④이다.

**17** 호감 받는 표정관리에서 "시선"에 대한 설명으로 잘못된 것은?
① 고객이 부담스러워 할 수도 있으므로 꼭 고객에게 시선을 둘 필요는 없다
② 자연스럽고 부드러운 시선으로 상대를 본다
③ 눈동자는 항상 중앙에 위치하도록 한다
④ 가급적 고객의 눈 높이와 맞춘다

> **해설** ※고객이 싫어하는 시선 : 위로 치켜 뜨는 눈, 곁눈질, 한 곳만 응시하는 눈, 위·아래로 훑어보는 눈 등이 있다.

**18** 호감 받는 표정관리에서 "고객 응대 마음가짐 10가지"에 대한 설명으로 틀린 것은?
① 사명감을 가지고, 고객 입장에서 생각을 한다
② 원만하게 대하며, 항상 긍정적인 생각을 한다
③ 고객이 호감을 갖도록 하며, 공사를 구분하고 공평하게 대한다
④ 적당한 서비스 정신을 가지며, 예의를 지켜 겸손하게 대한다

> **해설** ④의 문장 중에 "적당한 서비스 정신을"이 아니고, "투철한 서비스 정신을"이 맞는 문장으로 정답은 ④이다.

**19** 흡연예절에서 "흡연을 삼가야 할 곳"에 대한 설명이 아닌 것은?
① 운행 중 차내에서, 보행 중, 회의장
② 혼잡한 식당 등 공공장소
③ 재떨이가 없는 응접실
④ 담배꽁초는 반드시 재떨이에 버린다

> **해설** ④의 문장은 "담배꽁초의 처리방법"의 하나로 정답은 ④이다.

**20** 운전예절에서 "교통질서의 중요성"에 대한 설명으로 틀린 것은?
① 질서가 지켜질 때 남보다는 무엇보다 내가 편하게 되어 상호 조화와 화합이 이루어진다
② 질서를 지킬 때 나아가 국가와 사회도 발전해 나간다
③ 도로 현장에서도 운전자 스스로 질서를 지킬 때 교통사고로부터 자신과 타인의 생명과 재산을 보호할 수 있으며 교통도 원활하게 되어 능률적인 생활을 보장 받을 수 있다
④ 질서는 반드시 의무적·무의식적으로 지켜질 수 있도록 되어야 한다

**21** "운전자의 사명"으로 틀린 것은?
① 남의 생명도 내 생명처럼 존중한다
② 사람의 생명은 이 세상의 다른 무엇보다도 존귀하므로 인명을 존중한다
③ 운전자는 안전운전을 이행하고 교통사고를 예방하여야 한다
④ 운전자는 '공인'이라는 자각이 필요 없다

> **해설** ④의 문장에서 "자각이 필요 없다"가 아니고, "자각이 필요하다"가 맞아 정답은 ④이다.

**22** "운전자가 가져야 할 기본적 자세"에 대한 설명이 아닌 것은?
① 교통법규의 이해와 준수, 주의력 집중
② 여유 있고 양보하는 마음으로 운전, 저공해 등 환경보호, 소음공해 최소화
③ 다른 차의 통행에 방해가 되지 않는 신속하고 과감한 운행
④ 심신상태의 안정, 추측 운전을 삼가, 운전기술의 과신은 금물

**정답** 10 ② 11 ④ 12 ④ 13 ① 14 ① 15 ③ 16 ④ 17 ① 18 ④ 19 ④ 20 ① 21 ④ 22 ③

## 23 운전예절의 중요성에 대한 설명으로 틀린 것은?
① 교통현장보다 일상생활의 예의범절이 더 중요하다
② 예절은 인간고유의 것이며, 사람의 됨됨이를 그 사람이 얼마나 예의 바른가에 따라 가늠하기도 한다
③ 교통 현장에서도 이와 같은 예절을 지키려는 노력이 보다 크게 요구된다
④ 예절 바른 운전습관은 명랑한 교통질서를 가져오며 교통사고를 예방케 할 뿐 아니라 교통문화를 선진화하는데 지름길이 되기 때문이다

## 24 예절바른 운전습관의 목적이 아닌 것은?
① 명랑한 교통질서 유지
② 교통사고의 예방
③ 교통문화를 정착시키는 선두주자
④ 운전기술을 과시하기 위함

## 25 운전자가 지켜야 할 운전예절이 아닌 것은?
① 자신의 운전기술에 대해 과신하지 않는다
② 뒤따라오는 차량의 운전자가 불만을 갖지 않도록 속도를 내어 운행한다
③ 전조등 사용법을 제대로 잘 지킨다
④ 올바른 방향전환과 차로변경을 한다

## 26 운전자가 삼가야 할 운전행동이 아닌 것은?
① 도로에서 사고 등으로 차량을 세워 둔 채로 시비, 다툼 등의 행위로 다른 차량의 통행을 방해하는 행위
② 신호등이 바뀌기 전에 빨리 출발하라고 전조등을 켰다 껐다 하거나 경음기로 재촉하는 행위
③ 교통 경찰관의 단속 행위에 순응하는 행위
④ 방향지시등을 켜지 않고 차선을 변경하거나, 버스 전용차로를 무단 통행하거나 갓길로 주행하는 행위

🔍 해설 ③의 문장은 적절한 행동이며, 삼가야 할 행동으로는 "교통 경찰관의 단속 행위에 불응하고 항의하는 행위"가 삼가야 할 운전 행동이므로 정답은 ③이며, 외에 "욕설이나 경쟁심의 운전행위" 등이 있다.

## 27 화물차량 운전자의 특성(운송 직업의 특성)에 대한 설명으로 틀린 것은?
① 물류수송 중 육로 수송은 직접 차량을 운행하게 되므로 수동적 특성을 가진다
② 현장의 작업에서 화물적재 차량이 출고되면 회사의 간섭을 받지 않는다
③ 현장의 작업에서 화물적재 차량이 출고되면 운전자의 책임으로 이어진다
④ 화물과 서비스가 함께 수송되어 목적지까지 운반된다

🔍 해설 ①에서 "수동적" 특징을 가지는 것이 아닌 "작업적" 특성을 가지는 것이 맞으므로 정답은 ①이다.

## 28 화물자동차 운전자의 운전자세에 대한 설명으로 틀린 것은?
① 다른 자동차가 끼어들더라도 안전거리를 확보하는 여유를 가진다
② 운전이 능숙한 자동차의 뒤를 따를 경우 서둘거나 선행자동차의 운전자를 당황하게 하지 말고 여유있는 자세로 운행한다
③ 일반 운전자는 화물차의 뒤를 따라 가는 것을 싫어하고, 화물차의 앞으로 추월하려는 마음이 강하기 때문에 적당한 장소에서 후속자동차에게 진로를 양보하는 미덕을 갖는다
④ 직업운전자는 다른 차가 끼어들거나 운전이 서툴러도 상대에게 화를 내거나 보복하지 말아야 한다

🔍 해설 ②의 문장 중에 "운전이 능숙한"은 틀리고, "운전이 미숙한"의 문장이 옳으므로 정답은 ②이다.

## 29 운전자의 인성과 습관의 중요성과 습관 형성에 대한 설명으로 틀린 것은?
① 운전자는 일반적으로 자신의 성격대로 운전을 하는데 결국 성격은 운전행동에 지대한 영향을 끼치게 된다
② 운전자의 운전태도를 보면 그 사람의 인격을 알 수 있으므로 올바른 운전 습관을 통해 훌륭한 인격을 쌓도록 노력해야 한다
③ 습관은 선천적으로 형성되는 조건반사 현상이므로 무의식중에 어떤 것을 반복적으로 행하게 될 때 자기도 모르게 습관화된 행동이 나타난다
④ 습관은 본능에 가까운 강력한 힘을 발휘하게 되어 나쁜 운전습관이 몸에 배면 나중에 고치기 어려우며 잘못된 습관은 교통사고로 이어진다

🔍 해설 ③의 문장 중에 "습관은 선천적으로"는 틀리고, "습관은 후천적으로"가 맞으므로 정답은 ③이다.

## 30 고객만족 행동예절에서 운전자의 기본원칙이 잘못된 것은?
① 깨끗하게, 단정하게
② 품위 있게, 규정에 맞게
③ 통일감 있게, 계절에 맞게
④ 편한 신발을 신되, 샌들이나 슬리퍼를 신어도 된다

🔍 해설 ④의 문장 중에 "샌들이나 슬리퍼는 신어도 된다"는 틀리고, "샌들이나 슬리퍼는 삼가한다"가 맞으므로 정답은 ④이다.

## 31 고객에게 불쾌감을 주는 몸가짐이 아닌 것은?
① 충혈된 눈, 길게 자란 코털
② 잠잔 흔적이 남은 머릿결
③ 정리되지 않은 덥수룩한 수염
④ 잘 정리된 손톱, 밝은 표정

## 32 고객만족 행동예절에서 단정한 용모·복장의 중요성과 관련 없는 것은?
① 첫 인상
② 동료직원들과의 신뢰형성
③ 일의 성과, 기분 전환
④ 활기찬 직장 분위기 조성

🔍 해설 "동료직원들과의 신뢰형성"이 아닌, "고객과의 신뢰형성"이 맞으므로 정답은 ②이다.

## 33 운전자의 기본적 주의사항으로 잘못된 것은?
① 법규 및 사내 안전관리 규정준수 : 배차지시 없이 임의운행 금지 등
② 운행전 준비 : 용모 및 복장 확인(단정하게)
③ 운행상 주의 : 보행자, 이륜차, 자전거 등과 교행, 병진, 추월 운행 시 서행하며 안전거리 유지 등
④ 교통사고 발생시 조치 : 교통사고 발생시 임의 처리 후 회사에 보고

🔍 해설 ④의 문장 "교통사고 발생시 조치 : 어떠한 사고라도 임의 처리는 불가하며 사고발생 경위를 육하원칙에 의거 거짓없이 정확하게 회사에 즉시 보고"가 맞는 문장으로 정답은 ④이며, 이외에 "신상변동 등의 보고(결근, 지각, 조퇴, 운전면허 행정처분 사항 등)가 있다.

**정답** 23 ① 24 ④ 25 ② 26 ③ 27 ① 28 ② 29 ③ 30 ④ 31 ④ 32 ② 33 ④

**34** 운전자의 기본적 주의 사항 중 "운행전 준비"사항이 아닌 것은?
① 용모 및 복장 확인(단정하게)
② 후진 시에는 유도요원을 배치, 신호에 따라 안전하게 후진
③ 항상 친절하여야 하며, 고객 및 화주에게 불쾌한 언행금지
④ 세차를 하고 화물의 외부덮개 및 결박상태를 철저히 확인 후 운행

**해설** ②의 문장은 "운행상의 주의 중"의 하나로 다르므로 정답은 ②이며, 외에 "운전석 내부를 항상 청결하게 유지, 일상점검을 철저히 하고 이상 발견시는 정비관리자에게 즉시 보고하여 조치 받은 후 운행, 배차사항 및 지시, 전달사항을 확인할 것 등이 있다.

**35** 운전자의 기본적 주의사항 중 "운행상 주의사항"으로 틀린 것은?
① 주·정차 후 운행을 개시하고자 할 때에는 차량 뒷면의 노상취객·유희자 등을 확인한 후 안전하게 운행
② 내리막길에서는 풋 브레이크의 장시간 사용을 삼가하고, 엔진브레이크 등을 적절히 사용하여 안전운행
③ 보행자, 이륜차, 자전거 등과 교행, 병진, 추월운행 시 서행하며 안전거리를 유지하고 주의의무를 강화하여 운행
④ 후진 시에는 유도요원을 배치, 신호에 따라 안전하게 후진

**해설** ①의 문장 중에 "차량 뒷면의"는 틀리고, "차량주변의"가 맞는 문장으로 정답은 ①이며, 이외에 "노면의 적설, 빙판 시 즉시 체인을 장착한 후 안전운행, 후속차량이 추월을 하고자 할 때에는 감속 등으로 양보운전"이 있다.

**36** 교통사고 발생 시 조치의 설명으로 틀린 것은?
① 교통사고를 발생시켰을 때에는 법이 정하는 현장에서의 인명구호, 관할경찰서에 신고 등의 의무를 성실히 수행
② 어떠한 사고라도 임의처리는 불가하며 사고 발생경위를 육하원칙에 의거 거짓없이 정확하게 회사에 즉시 보고
③ 경미한 사고는 임의처리하고 회사에 보고하지 않을 수 있다
④ 회사소속 차량 사고를 유·무선으로 통보 받거나 발견 즉시 최인근 점소에 기착 또는 유·무선으로 육하원칙에 의거 즉시 보고

**해설** ③의 문장 내용은 틀리고, 옳은 내용은 "형 사합의 등과 같이 운전자 개인의 자격으로 합의 보상 이외 회사의 어떠한 경우라도 회사손실과 직결되는 보상업무는 일반적으로 수행불가"이므로 정답은 ③이다.

**37** 직업의 4가지 의미에 대한 설명이 잘못된 것은?
① 경제적 의미 : 일터, 일자리, 경제적가치를 창출하는 곳
② 정신적 의미 : 직업의 사명감과 소명의식을 갖고 정성과 정열을 쏟을 수 있는 곳
③ 사회적 의미 : 자기가 맡은 역할을 수행하는 능력을 인정받는 곳
④ 철학적 의미 : 일한다는 인간의 기본적인 권리를 갖는 곳

**해설** ④의 철학적 의미의 문장 내용 중 "기본적인 권리를"이 아니고, "기본적인 리듬을"이 맞는 문장으로 정답은 ④이다.

**38** 운전자의 직업관에서 직업의 윤리에 대한 설명이 아닌 것은?
① 직업에는 귀천이 없다(평등)
② 철학적 의미
③ 천직의식(운전으로 성공한 운전기사는 긍정적인 사고방식으로 어려운 환경을 극복)
④ 감사하는 마음(본인, 부모, 가정, 직장, 국가에 대하여 본인의 역할이 있음을 감사하는 마음)

**해설** ②의 문장은 직업의 4가지 의미에 해당되어 정답은 ②이다.

**39** 직업의 3가지 태도가 아닌 것은?
① 애정(愛情)
② 긍지(矜持)
③ 열정(熱情)
④ 신속(迅速)

**해설** ④의 신속(迅速)은 해당 없어 정답은 ④이다.

**40** 고객응대예절에서 집하시 행동예절에 대한 설명으로 틀린 것은?
① 집하는 서비스의 출발점이라는 자세로 한다
② 2개 이상의 화물은 반드시 분리 집하한다(결박집하물 집하금지)
③ 취급제한 물품은 그 취지를 알리고 정중히 집하를 거절한다
④ 수하인용 운송장을 절취하여 고객에게 두 손으로 건네준다

**해설** ④의 문장 중에 "수하인용 운송장은"은 틀리고, "송하인용 운송장은"이 맞으므로 정답은 ④이다. 이외에 "책임 집배달 구역을 정확히 인지하여 24시간, 48시간, 배달불가 지역에 대한 배달점소의 사정을 고려하여 집하한다, 택배운임표를 고객에게 제시 후 운임을 수령한다, 화물 인수 후 감사의 인사를 한다" 등이 있다.

**41** 고객응대예절 중 배달시 행동방법에 대한 설명으로 틀린 것은?
① 배달은 서비스의 완성이라는 자세로 한다
② 긴급배송을 요하는 화물은 우선 처리하고, 모든 화물은 반드시 기일 내 배송한다
③ 고객이 부재 시에는 "부재중 방문표"를 반드시 이용한다
④ 인수증 서명은 반드시 필기체로 실명 기재 후 받는다

**해설** ④의 문장 중에 "필기체로 실명 기재 후"는 틀리고, "정자로 실명 기재 후"가 맞으므로 정답은 ④이며, 이외에 "수하인 주소가 불명확할 경우 사전에 정확한 위치를 확인 후 출발한다, 배달 후 돌아갈 때에는 이용해 주셔서 고맙다는 뜻을 밝히며 밝게 인사한다" 등이 있다

**42** 고객응대예절 중 고객불만 발생 시 행동방법으로 틀린 것은?
① 고객의 감정을 상하게 하지 않도록 불만 내용을 끝까지 참고 듣는다
② 불만 내용에 대하여 정중히 사과한다
③ 고객의 불만, 불편사항이 더 이상 확대되지 않도록 한다
④ 고객불만을 해결하기 어려운 경우 적당히 답변하고 관련부서와 협의 후에 답변을 하도록 한다

**해설** ④의 문장 중에 "적당히 답변하고는"는 틀리고, "적당히 답변하지 말고"가 옳은 문장으로 정답은 ④이며, 이외에 "불만전화 접수 후 우선적으로 빠른 시간 내에 확인하여 고객에게 알린다" 등이 있다.

**43** 고객응대예절에서 고객 상담시의 대처방법으로 틀린 것은?
① 전화벨이 울리면 즉시 받는다(3회 이내)
② 밝고 명랑한 목소리로 받는다
③ 집하의뢰 전화는 고객이 원하는 날, 시간 등에 맞도록 노력한다
④ 전화가 끝나면 마지막 인사를 하고 상대편 보다 먼저 전화를 끊는다

**해설** ④의 문장 중에서 "상대편 보다 먼저 전화를 끊는다"아니고, "상대편이 먼저 끊은 후 전화를 끊는다"가 옳은 대처방법이므로 정답은 ④ 이며, 이외에 "고객의 문의전화, 불만전화 접수 시 해당 점소가 아니더라도 확인하여 고객에게 친절히 답변한다, 담당자가 부재중일 경우 반드시 내용을 메모하여 전달한다" 등이 있다.

**정답** 34 ② 35 ① 36 ③ 37 ④ 38 ② 39 ④ 40 ④ 41 ④ 42 ④ 43 ④

# 제2장 물류의 이해 요약정리

## 1 물류의 일반적인 개념

### 1 물류의 개념

(1) **물류**(物流, 로지스틱스 : Logistics) : 공급자로부터 생산자, 유통자를 거쳐 최종 소비자에게 이르는 재화의 흐름을 의미한다.

(2) **물류관리** : 재화의 효율적인 "흐름"을 계획, 실행, 통제할 목적으로 행해지는 제반활동을 의미한다.

(3) **물류의 기능** : 운송(수송)기능, 포장기능, 보관기능, 하역기능, 정보기능 등이 있다.

① 미국 로지스틱스관리협회(1985)의 "로지스틱스"의 정의
   소비자의 요구에 부응할 목적으로, 생산지에서 소비지까지 원자재, 중간재, 완성품 그리고 관련 정보의 이동(운송) 및 보관에 소요되는 비용을 최소화하고 효율적으로 수행하기 위하여 이들을 계획·수행·통제하는 과정이다.

② 「물류정책기본법」상의 "물류"의 정의
   재화가 공급자로부터 조달·생산되어 수요자에게 전달되거나 소비자로부터 회수되어 폐기될 때까지 이루어지는 운송·보관·하역 등과, 이에 부가되어 가치를 창출하는 가공·조립·분류·수리·포장·상표부착·판매·정보통신 등을 말한다.

③ "물류시설"의 정의
   ㉠ 물류에 필요한 화물의 운송·보관·하역을 위한 시설
   ㉡ 화물의 운송·보관·하역 등에 부가되는 가공·조립·분류·수리·포장·상표부착·판매·정보통신 등을 위한 시설
   ㉢ 물류의 공동화·자동화 및 정보화를 위한 시설
   ㉣ 물류터미널 및 물류단지시설을 말한다.

(4) 최근 물류는 단순히 장소적 이동을 의미하는 운송(Physical distribution)의 개념에서 발전하여 자재조달이나 폐기, 회수 등까지 총괄하는 경향이다.

### 2 기업경영과 물류(로지스틱스;Logistics)

(1) 기업경영에서 본 물류관리와 로지스틱스

① 로지스틱스(Logistics)는 병참을 의미하는 프랑스어로 전략물자(사람, 물자, 자금, 정보, 서비스 등)를 효과적으로 활용하기 위해서 고안해 낸 관리 조직에서 유래하였다(병참에는 군수자재의 발주, 생산계획, 구입, 재고관리, 배급, 수송, 통신 외에 자재의 규격화, 품질관리 등 주로 군의 작전활동에 필요한 관리내용이 대부분 포함됨).

② 기업경영에서 본 물류 관리도 로지스틱스(병참)와 유사하다(기업경영의 물류관리시스템 구성 요소는 원재료의 조달과 관리, 제품의 재고관리, 수송과 배송 수단, 제품능력과 입지적응 능력, 창고 등의 물류 거점, 정보관리, 인간의 기능과 훈련 등).

③ 로지스틱스와 기업경영에서 본 물류관리 내용이 유사하여 로지스틱스라는 군사용어가 경영이론에 도입되었다. 그 의미를 "생산지에서 소비지까지의 원재료와 제품, 정보의 흐름을 관리하는 기술"이라고 광범위하게 해석하게 되면서 광의의 물류개념과 유사개념으로 인식하고 있다.

(2) 물류(로지스틱스 ; Logistics)개념의 국내 도입

① 물류[로지스틱스(Logistics)]라는 용어는 1922년 미국의 마케팅 학자인 클라크(F.E.Clark) 교수가 처음 사용하였으며, 1950년대 미국기업들이 2차 대전 중 전략물자의 "물적유통"이라는 개념을 도입하면서 학문적으로 사용되기 시작함(일본은 1956년도에 소개되었고 1971년이후 "물류(物流)"로 약칭하여 사용되기 시작하였다).

② 우리나라에 물류(로지스틱스)가 소개된 것은 제2차 경제개발 5개년 계획이 시작된 1962년 이후, 교역규모의 신장에 따른 물동량 증대, 도시교통의 체증 심화, 소비의 다양화·고급화가 시작되면서 부터이다.

### 3 물류와 공급망 관리(SCM : Supply Chain Management)

(1) **1970년대** : 경영정보시스템(Management Information System)단계 → 경영정보시스템 단계의 시기로서 창고보관·수송을 신속히 하여 주문처리시간을 줄이는데 초점을 둔 단계이다.

> 참고
> **경영정보시스템(MIS)**
> 기업경영에서 의사결정의 유효성을 높이기 위해, 경영 내외의 관련 정보를 필요에 따라, 즉각적으로 그리고 대량으로 수집, 전달, 처리, 저장, 이용할 수 있도록 편성한 인간과 컴퓨터와의 결합시스템을 말한다.

(2) **1980~90년대** : 전사적 자원관리(Enterprise Resource Planning) → 이 시기는 물류단계로서 정보기술을 이용하여 수송, 제조, 구매, 주문관리기능을 포함하여 합리화하는 로지스틱스 활동이 이루어졌던 전사적 자원관리(ERP)단계이다.

> 참고
> **전사적 자원관리(ERP)**
> 기업활동을 위해 사용되는 기업 내의 모든 인적, 물적 자원을 효율적으로 관리하여 궁극적으로 기업의 경쟁력을 강화시켜 주는 역할을 하는 통합정보시스템을 말한다.

(3) **1990년대 중반 이후 공급망 관리(SCM) 단계**

① 1990년대 중반 이후 공급망 관리 단계 : 이 단계는 최종고객까지 포함하여 공급망 상의 업체들이 수요, 구매 정보 등을 상호 공유하는 통합 공급망 관리(SCM) 단계를 말한다.

② 공급망 관리(SCM)의 세가지 정의
   ㉠ "공급망 관리"란 고객 및 투자자에게 부가가치를 창출할 수 있도록, 최초의 공급업체로부터 최종 소비자에게 이르기까지의 상품·서비스 및 정보의 흐름이 관련된 프로세스를 통합적으로 운영하는 경영전략이다.(글로벌 공급망 포함)
   ㉡ "공급망 관리"란 제조, 물류, 유통업체 등 유통공급망에 참여하는 모든 업체들이 협력을 바탕으로 정보기술(Information Technology)을 활용하여 재고를 최적화하고 리드타임을 대폭 감축하여 결과적으로 양질의 상품 및 서비스를 소비자에게 제공함으로써 소비자 가치를 극대화시키기 위한 전략이다.
   ㉢ "공급망 관리"란 제품생산을 위한 프로세스를 부품조달에서 생산계획, 납품, 재고관리 등을 효율적으로 처리할 수 있는 관리 솔루션으로 파악되기도 한다.

③ 공급망 관리의 기능
  ㉠ 제조업의 가치 사슬은 보통 부품조달 → 조립 · 가공 → 판매유통으로 구성되고, 가치 사슬의 주기가 단축되어야 생산성과 운영의 효율성을 증대시킬 수 있다.
  ㉡ 인터넷 비즈니스에서 물류가 중시됨에 따른 인터넷 유통에서의 물류 원칙은 첫째 적정수요예측, 둘째 배송기간의 최소화, 셋째 반송과 환불시스템이다.

> 참고
> 공급망 관리 의미 · 요약(인터넷 유통시대의 디지털 기술을 활용한 의미)
> 공급자, 유통채널, 소매업자, 고객 등과 관련된 물자 및 정보흐름을 신속하고 효율적으로 관리하는 것을 의미하는 것이라 할 수 있다.

### 4 물류의 역할

(1) 물류에 대한 개념적 관점에서의 물류의 역할
  ① 국민경제적 관점
    ㉠ 기업의 유통효율 향상으로 물류비를 절감하여 소비자물가와 도매물가의 상승을 억제하고 정시배송의 실현을 통한 수요자 서비스향상에 이바지한다.
    ㉡ 자재와 자원의 낭비를 방지하여 자원의 효율적인 이용에 기여한다.
    ㉢ 사회간접자본의 증강과 각종 설비투자의 필요성을 증대시켜 국민경제개발을 위한 투자기회를 부여한다.
    ㉣ 지역 및 사회개발을 위한 물류개선은, 인구의 지역적 편중을 막고 도시의 재개발과 도시교통의 정체완화를 통한 도시생활자의 생활환경개선에 이바지한다.
    ㉤ 물류합리화를 통하여 상거래흐름의 합리화를 가져와 상거래의 대형화를 유발한다.
  ② 사회경제적 관점
    생산, 소비, 금융, 정보 등 우리 인간이 주체가 되어 수행하는 경제활동의 일부분으로 운송, 통신, 상업활동을 주체로 하며 이들을 지원하는 제반활동을 포함한다.
  ③ 개별기업적 관점
    ㉠ 최소의 비용으로 소비자를 만족시켜서 서비스질의 향상을 촉진시켜 매출신장을 도모한다.
    ㉡ 고객욕구만족을 위한 물류서비스가, 판매경쟁에 있어 중요하다.
    ㉢ 제품의 제조, 판매를 위한 원재료의 구입과 판매와 관련된 업무를 총괄관리하는 시스템운영이다.

(2) 기업경영에 있어서 물류의 역할
  ① 마케팅의 절반을 차지 : 물류가 마케팅 기능으로서 간주되기 시작한 것은 1950년대이다. 지금은 고객조사, 가격정책, 판매조직화, 광고선전만으로는 마케팅을 실현하기 힘들고 결품방지나 즉납서비스 등의 물리적인 고객서비스가 수반되지 않으면 안되는 시점이다.

> 참고
> 마케팅(Marketing)
> 생산자가 상품 또는 서비스를 소비자에게 유통시키는 것과 관련 있는 모든 체계적 경영활동

  ② 판매기능 촉진
    ㉠ 물류는 고객서비스를 향상하고 물류코스트를 절감하여 기업이익을 최대화하는 것이 목표이다.
    ㉡ 판매기능은 물류의 7R 기준을 충족할 때 달성된다.

> 참고
> 물류관리의 기본 원칙(7R 원칙, 3S1L 원칙, 제3의 이익원천)
> (1) 7R 원칙
>   ① Right Quality(적절한 품질)   ② Right Quantity(적절한 량)
>   ③ Right Time(적절한 시간)      ④ Right Place(적절한 장소)
>   ⑤ Right Impression(좋은 인상)  ⑥ Right Price(적절한 가격)
>   ⑦ Right Commodity(적절한 상품)
> (2) 3S 1L 원칙
>   ① 신속하게(Speedy)   ② 안전하게(Safely)
>   ③ 확실하게(Surely)   ④ 저렴하게(Low)
> (3) 제3의 이익원천 : 첫째 방법 : 매출증대, 둘째 방법 : 원가절감, 셋째 방법 : 물류비 절감은 이익을 높일 수 있는 셋째 방법이다.

  ③ 적정재고의 유지로 재고비용 절감에 기여 : 물류합리화로 불필요한 재고의 미보유에 따른 재고비용 절감에 기여 할 수 있어야 한다.
  ④ 물류(物流)와 상류(商流)분리를 통한 유통합리화에 기여 등

> 참고
> 물류(物流)와 상류(商流)
> ① 유통(distribution) : 물적유통(物流)+상적유통(商流)
> ② 물류(物流) : 발생지에서 소비자까지의 물자의 흐름을 계획, 실행, 통제하는 제반관리 및 경제활동
> ③ 상류(商流) : 검색, 견적, 입찰, 가격조정, 계약, 지불, 인증, 보험, 회계처리, 서류발행, 기록 등(전산화)

### 5 물류의 6가지 기능

(1) 운송기능
  물품을 공간적으로 이동시키는 것으로 수송에 의해서 생산지와 수요지와의 공간적 거리가 극복되어 상품의 장소적(공간적) 효용 창출

(2) 포장기능
  ① 물품의 수배송, 보관, 하역 등에 있어서 가치 및 상태를 유지하기 위해 적절한 재료, 용기 등을 이용해서 포장하여 보호하고자 하는 활동이며 ② 포장활동에서 중요한 모듈화는 일관시스템 실시에 중요한 요소이며, ③ 포장은 단위포장(개별포장), 내부포장(속포장), 외부포장(겉포장)으로 구분한다.

(3) 보관기능
  물품을 창고 등의 보관시설에 보관하는 활동으로 생산과 소비와의 시간적 차이를 조정하여 시간적 효용을 창출한다.

(4) 하역기능
  ① 수송과 보관의 양단에 걸친 물품의 취급으로 물품을 상하좌우로 이동시키는 활동으로 싣고 내림, ② 시설 내에서의 이동, 피킹, 분류 등의 작업, ③ 하역작업의 대표적인 방식이 컨테이너(Container)화와 파렛트(Pallet)화로서 하역작업은 기계를 사용하며 크레인 지게차, 컨베이어 등이 이용된다.

(5) 정보기능
  ① 물류활동과 관련된 물류정보를 수집, 가공, 제공하여 운송, 보관, 하역, 포장, 유통가공 등의 기능을 컴퓨터 등의 전자적 수단으로 연결하여 줌으로써, ② 종합적인 물류관리의 효율화를 도모할 수 있도록 하는 기능이다(물류의 각 기능은 상호연계를 유지함에 따라 효율을 발휘하는데 이것을 가능케 하는 것이 정보임).

(6) 유통가공기능
  ① 물품의 유통과정에서 물류효율을 향상시키기 위하여 가공하는 활동으로, ② 단순가공, 재포장, 또는 조립 등 제품이나 상품의 부가가치를 높이기 위한 물류활동이다.

### 6 물류관리

(1) 물류관리의 정의
  ① 경제재의 효용을 극대화시키기 위한 재화의 흐름에 있어서 운송, 보관, 하역, 포장, 정보, 가공 등의 모든 활동을 유기적으로 조정하여 하나의 독립된 시스템으로 관리하는 것이다.
  ② 물류관리는 그 기능의 일부가 생산 및 마케팅 영역과 밀접하게 연관되어 있다.

㉠ 생산관리 분야와 연결사항 : 입지관리 결정, 제품설계 관리, 구매계획
㉡ 마케팅 관리 분야와 연결사항 : 대고객 서비스, 정보관리, 제품포장관리, 판매망분석
③ 물류관리는 경영관리의 다른 기능과 밀접한 상호관계를 갖고 있으므로, 물류관리의 고유한 기능 및 연결기능을 원활하게 수행하기 위해서는 기업 전체의 전략수립 차원에서 통합된 총괄시스템적 접근이 이루어져야 한다.
④ 현대와 같이 공급이 수요를 초과하고 소비자의 기호가 변화하는 시대 즉, 로지스틱스 시대에 있어서는 조달, 생산, 판매와 관련된 물류부문 뿐만 아니라 수요예측, 구매계획, 재고관리, 물류비 관리, 반품·회수·폐기 등을 포함하여 종합적으로 관리하여 기업경영은 최저비용으로 최대의 효과를 추구하는 종합적인 로지스틱스 개념하의 물류관리가 중요하다.

### (2) 물류관리의 의의
① 기업 외적 물류관리 : ㉠ 고도의 물류서비스를 소비자에게 제공하여 기업경영의 경쟁력을 강화한다. ㉡ 물류의 신속, 안전, 정확, 정시, 편리, 경제성을 고려한 고객지향적인 물류서비스를 제공한다.
② 기업 내적 물류관리 : ㉠ 물류관리의 효율화를 통한 물류비를 절감 ㉡ 기업경영에 있어, 대고객서비스 제고와 물류비 절감을 동시에 달성하기 위한 물류전략을 구사하기 위해서는 종합물류관리체제로서 고객이 원하는 적절한 품질의 상품 적량을, 적시에, 적절한 장소에, 좋은 인상과 적절한 가격으로 공급해 주어야 한다.

### (3) 물류관리의 목표(시장능력 강화와 물류비 감소)
① 시장능력의 강화 : 비용절감과 재화의 시간적·장소적 효용가치의 창조를 통한 시장능력을 강화한다.
② 고객 수준의 향상과 물류비의 감소 : 고객서비스 수준 향상과 물류비가 감소(트레이드 오프 관계)한다.

**참고**
트레이드 오프(Trade-off) 상충관계
두 개의 정책목표 가운데 하나를 달성하려고 하면 다른 목표의 달성이 늦어지거나 희생되는 경우 양자 간의 관계이다.

③ 고객서비스 수준의 결정은 고객지향적이어야 하며, 경쟁사의 서비스 수준을 비교한 후 그 기업이 달성하고자 하는 특정한 수준의 서비스를 최소의 비용으로 고객에게 제공하여야 한다.

### (4) 물류관리의 활동
① 중앙과 지방의 재고보유 문제를 고려한 창고입지 계획, 대량·고속운송이 필요한 경우 영업운송을 이용, 말단 배송에는 자차를 이용한 운송, 고객주문을 신속하게 처리할 수 있는 보관·하역·포장활동의 성력화, 기계화, 자동화 등을 통한 물류에 있어서 시간과 장소의 효용증대를 위한 활동이며
② 물류예산관리제도, 물류원가계산제도, 물류기능별 단가(표준원가), 물류사업부 회계제도 등을 통한 원가절감에서 프로젝트 목표의 극대화를 이루고
③ 물류관리 담당자 교육, 직장간담회, 불만처리위원회, 물류의 품질관리, 무하자운동, 안전위생관리 등을 통한 동기부여의 관리를 말한다.

## 7 기업물류

### (1) 기업물류 - 중요한 주제
① 물류체계가 개선되면 생산과 소비가 지리적으로 분리되어 각 지역 간의 재화의 교환을 가져온다. 이는 생산의 비교우위 이론에 따른다. 물류체계가 개선되면 무엇보다도 장소적으로 생산지와 소비지가 달라도 되므로 지역 간 재화의 교환은 더욱 촉진되며 이는 재화의 부가가치(장소적 가치)를 향상시키게 되고 소비의 증가를 통한 부의 증가를 가져옴, 결국 물류체계 또는 물류시스템의 개선은 기업이든 국가든 부가가치의 증대를 통해 부를 증가시킨다.
② 개별기업의 물류활동이 효율적으로 이루어지면, 투입이 절감되거나 더 많은 산출을 가져와 비용 또는 가격경쟁력을 제고하고 나아가 총이윤이 증가한다(기업의 경쟁력 우위 확보에 중요).
③ 기업에 있어서의 물류관리는 소비자의 요구와 필요에 따라 효율적인 방법으로, 재화와 서비스를 공급하는 것을 말한다.
④ 기업물류의 범위(물적 공급과정과 물적 유통과정에 국한됨)
㉠ 물적 공급과정 : 원재료, 부품, 반제품, 중간재를 조달·생산하는 물류과정을 말하고,
㉡ 물적 유통과정 : 생산된 재화가 최종 고객이나 소비자에게까지 전달되는 물류과정을 말한다.
⑤ 기업물류의 활동(주활동과 지원활동으로 크게 구분)
㉠ 주활동 : 대고객 서비스 수준, 수송, 재고관리, 주문처리
㉡ 지원활동 : 보관, 자재관리, 구매, 포장, 생산량과 생산일정 조정, 정보관리가 포함된다.
⑥ 고객서비스 수준은, 물류체계의 수준을 결정한다.
㉠ 물류비용은 소비자에게 대한 서비스 수준에 비례하여 증가하고 물류서비스의 수준은 물류비용의 증감에 큰 영향을 끼친다.
㉡ 운송은 재화와 서비스의 공간적 가치를 창출하고, 재고는 시간적으로 가치를 증가시킨다(원자재나 완제품의 원활한 운송은 매우 중요하다).
㉢ 원활한 운송서비스가 제공되지 않는다면 적시에 제품을 시장에 공급할 수 없게 되며, 재고기간이 길어져서 제품의 가치가 떨어질 수 있음(재고관리가 매우 중요함).
㉣ 생산과 수요의 시간적 차이를 해소하는 역할인 재고관리 또한 물류관리에서 중요함.
㉤ 주문처리의 중요성 : 다품종 소량화 및 재고비용의 절감에 따른 다빈도 소량주문화에 따른 주문처리의 신속성 요구증대에 기인
⑦ 기업물류의 발전방향 : ① 물류비용 절감, ② 요구되는 수준의 서비스 제공, ③ 기업의 성장을 위한 물류전략의 개발 등이 물류의 주된 문제로 등장한다.
㉠ 물류비용의 변화 : 제품의 판매가격에 대해 물류비용이 차지하는 비율을 말한다.
㉡ 기업의 국제화 : 효율적인 국제물류 체계 구축이 성공의 한 요소이다.
㉢ 시간 : 기업경쟁력의 우위확보를 위한 새로운 경영전략 요소임. 고객의 새로운 요구에 신속히 대응함으로써, 기업의 비용을 줄일 수 있으며, 수요를 정확히 예측하고 제품의 재고량과 진부화를 줄일 수 있다.
㉣ 서비스업체의 물류 : 서비스업체 대부분의 기업활동은 재화의 이동을 직접 발생시키지는 않지만, 간접적으로 재화의 이동과 관련이 되며, 물류문제와 관련된 의사결정을 하는 경우가 많다(예 : 지역 내 병원을 신설할 경우-입지결정 문제에 직면함).
⑧ 기업물류의 의의
㉠ 전형적인 기업조직은 생산과 마케팅을 중심으로 구성. 생산과 소비가 일어나는 장소와 시간 사이에 이루어지는 기업활동이 물류활동이며 이는 생산과 마케팅의 효율을 높이는 기능을 담당한다(생산과 마케팅부서는 물류의 중요성을 각자의 관점에서 인식하므로 상호간에는 차이가 있어 물류문제에 있어 상호협조가 이루어지기가 어려울 수 있음).
㉡ 기업 물류는 종전에 부분적으로 생산 부서와 마케팅 부서에 속해 있던 재화의 흐름과 보관 기능을, 기업 조직 측면에서 통합하거나 기능적으로 통합하는 것이다.

ⓒ 일반적으로 기업활동과 관련하여 체계적으로 조직을 분리할 때, 조직 간의 상호 협조가 잘 이루어지며 기업의 목적을 가장 잘 달성할 수 있다.
⑨ 기업물류의 조직
  ㉠ 물류관리자는 해당 기간 내에 투자에 대한 수익을 최대화 할 수 있도록 물류활동을 계획, 수행, 통제한다.
  ㉡ 물류관리의 목표는 첫째, 물류 체계를 구축함으로써 얻을 수 있는 이윤과 둘째, 물류 체계의 확충에 소요되는 비용이라는 두 가지 측면에 둔다. 즉, 이윤 증대와 비용 절감을 위한 물류체계의 구축이 물류관리의 목표이다.
⑩ 기업물류는 생산비, 고용, 전략적인 측면에서 상당한 의미를 가짐

(2) 물류전략과 계획
물류부문에 있어 의사결정사항은 ㉠ 창고의 입지선정, ㉡ 재고정책의 설정, ㉢ 주문접수, ㉣ 주문접수 시스템의 설계, ㉤ 수송수단의 선택 등에 있다.
① 기업전략
  ㉠ 기업전략은 기업의 목적을 명확히 결정함으로써 설정되며, 이를 위해서는 기업이 추구하는 것이 **이윤획득, 존속, 투자에 대한 수익, 시장점유율, 성장목표** 가운데 무엇인지를 이해하는 것이 필요하며 그 다음으로 **비전수립**이 필요하다.
  ㉡ 훌륭한 전략수립을 위해서는 소비자, 공급자, 경쟁사, 기업 자체의 **4가지 요소**를 고려할 필요가 있고, 세부계획을 수립하는데에는 기업의 비용, 재무구조, 시장점유율 수준, 자산기준과 배치, 외부환경, 경쟁력, 고용자의 기술 등을 이해한 후, 기업의 위험과 가능성을 고려하여 대안 전략을 선택한다.
② 물류전략
  ㉠ 물류전략 목표
    ⓐ **비용절감** : 운반 및 보관과 관련된, 가변비용을 최소화하는 전략이다.
    ⓑ **자본절감** : 물류시스템에 대한 투자를 최소화하는 전략이다.
    ⓒ **서비스개선 전략** : 제공되는 서비스수준에 비례하여 수입을 증가한다는데 근거를 둔다.
  ㉡ **프로액티브(Proactive) 물류전략** : 사업목표와 소비자 서비스 요구사항에서부터 시작되며, 경쟁업체에 대항하는 공격적인 전략을 말한다.
  ㉢ **크래프팅(Crafting) 중심의 물류 전략** : 특정한 프로그램이나 기법을 필요로 하지 않으며, 뛰어난 통착력이나 영감에 바탕을 둔다(일단 물류서비스 전략이 수립되면 서비스 수준은 수립된 전략을 통해 달성된다).
③ 물류계획
  ㉠ 계획수립의 단계
    ⓐ 무엇을, 언제, 그리고 어떻게 할 것인가
    ⓑ 전략, 전술, 운영의 3단계(단계의 주요 차이점은 계획기간에 있음)
    ⓒ 전략적 계획은 불완전하고, 정확도가 낮은 자료를 이용해서 수행된다.
    ⓓ 운영계획은 정확하고 세부자료를 이용해서 수행된다.
  ㉡ 계획수립의 주요 영역
    ⓐ **고객서비스 수준** : 시스템의 설계에 많은 영향을 끼침
    ⓑ **설비(보관 및 공급시설)의 입지 결정** : 보관지점과 여기에 제품을 공급하는 공급지의 지리적인 위치를 선정하는 것임
    ⓒ **재고의사결정** : 재고를 관리하는 방법에 관한 것을 결정하는 것임(재고보충규칙에 따라, 보관지점에 재고 할당 전략과, 보관지점에서 재고를 인출하는 재고 인출 전략)
    ⓓ **수송의사결정** : 수송수단 선택, 적재규모, 차량운행경로결정, 일정계획 수립 등

ⓒ 계획수립의 주요 영역들은 서로 관련이 있으므로, 이들 간의 트레이드 오프를 고려할 필요가 있음
㉣ 물류계획수립 문제의 개념화
  ⓐ 물류계획수립 문제를 해결하는 방법 : 물류체계를 **링크(link)와 노드(node : 보관지점)**로 이루어지는 네트워크로 추상화하여 고찰하는 것

> 참고
① **링크(link)** : 재고 보관지점들 간에 이루어지는 제품의 이동 경로를 나타냄
② **노드(node)** : 재고의 흐름이 일시적으로 정지하는 지점임 · 노드 간에는 수송서비스(mode : 수송기관의 대안, 제품이동경로의 대안, 다양한 제품을 나타내기 위해 몇 개의 링크를 둘 수 있음. 노드는 주문처리나 운송서류(B/L : Bill of Landing)를 준비하거나 재고기록을 유지하는 등의 다양한 자료 수집 지점과 처리 지점에 해당함

  ⓑ 재고흐름에 대한 이동(운송). 보관활동과 더불어 정보네트워크를 고려할 필요가 있음. **정보**는 판매 수익, 생산비용, 재고수준, 창고의 효용, 예측, 수송요율 등에 관한 것임
  ⓒ 정보네트워크는 링크와 노드의 집합체라는 관점에서 제품이 이동하는 물류네트워크와 동일함. 그러나 **제품은 주로 유통채널의 아래쪽(최종 소비자를 향해서)으로, 정보는 유통채널의 위쪽(원자재의 공급지를 향해서)으로 흐름**
  ⓓ 제품 이동 네트워크와 정보 네트워크가 결합되어 물류시스템을 구성함. 물류 체계의 각 요소들은 상호 의존적이므로, 물류시스템을 전체적으로 고찰할 필요가 있음
  ⓔ 물류네트워크의 구축 및 운영 시, **비용과 수익이 적절히 균형을 이룰 수 있도록 해야 함**
㉤ 물류 계획수립 시점
신설기업이나 신제품 생산 시, 새로운 물류 네트워크의 구축이 필요하다. 물류 네트워크의 평가와 감사를 위한 일반적 지침은 수요, 고객 서비스, 제품의 특성, 물류비용, 가격 결정 정책이다.
  ⓐ **수요** : 수요량, 수요의 지리적 분포
  ⓑ **고객 서비스** : 재고의 이용가능성, 배달 속도, 주문처리 속도 및 정확도
  ⓒ **제품 특성** : 물류비용은 제품의 무게, 부피, 가치 위험성 등의 특성에 민감하다. 제품의 특성이 변화하면 물류믹스상의 비용요소를 상당히 변화 시킬 수 있으며, 이는 물류시스템상의 새로운 비용균형점을 낳는다. 따라서 운송제품의 특성이 달라지면 물류시스템을 재구축하는 것이 이익이 될 수도 있다.
  ⓓ **물류비용** : 물류공급과 물적유통에서 발생하는 비용은 기업의 물류시스템을 얼마나 자주 재구축해야 하는지를 결정하며, 물류비용이 높은 경우에는 물류 계획을 자주 수행함으로써 얻는 작은 개선 사항일지라도, 상당한 비용절감을 가져올 수 있다.
  ⓔ **가격 결정 정책** : 상품의 매매에 있어서 가격결정정책을 변경하는 것은 물류 활동을 좌우하므로, 물류 전략에 많은 영향을 끼친다. 만일 상품의 배달 비용을 고객에게 부담시키는 가격결정정책을 사용한다면, 보관지점의 수를 줄이는 효과를 가져오며, 총물류비용에 있어 차지하는 수송비용의 중요성으로 인해 가격정책을 변경하는 것은 물류전략을 재수립하도록 한다.
㉥ 물류 전략 수립 지침
  ⓐ 총비용 개념의 관점에서 물류 전략을 수립하며, 이는 물류 비용들 간의 트레이드 오프(상충관계)에 기인한다. 물류 비용들 간에는 상충(역 비례)이 있으므로, 관련 활동들 간의 균형을 이루도록 조정하여 전체적으로 활동을 최적화하는 것이 필요하다. 재고 수준에 영향을 미치는 간접비용

과 수송 서비스의 직접비용이 상충된다. 최선의 선택은 총비용이 최소가 되도록 하는 것이다. 물류네트워크의 구축 시에 물류와 관련한 대부분의 잠재력 비용의 상반관계를 통합하는 것이 필요하다.
ⓑ 가장 좋은 트레이드 오프는 100% 서비스 수준보다, 낮은 서비스 수준에서 발생한다.
ⓒ 제공되는 서비스 수준으로부터 얻는 수익에 대해, 재고·수송비용(총비용)이 균형을 이루는 점에서 보관지점의 수를 결정한다.
ⓓ 안전재고 수준 결정 : 평균 재고 수준은 재고유지비와 판매손실비가 트레이드 오프관계에 있으므로, 이들 두 비용이 균형을 이루는 점에서 결정한다.
ⓔ 다품종 생산일정 계획 수립 : 제품을 생산하는 가장 좋은 생산순서와 생산시간은, 생산비용과 재고비용의 합(합계가)이 최소가 되는 곳에서 결정한다.
ⓕ 트레이드 오프관계에 있는 모든 비용을 평가하는 것은 바람직하지 않을 수도 있으며, 최고 경영진이 고려해야 할 비용요소를 결정한다.

### (3) 물류관리 전략의 필요성과 중요성

① 물류관리 전략의 중요성
로지스틱스는 가치창출이 중심으로, 물류를 전쟁의 대상이 아닌 수단으로 인식하는 것이며, 물류관리가 전략적 도구가 되는 개념이다. 즉, 기업이 살아남기 위한 중요한 경쟁우위의 원천으로서 물류를 인식하는 것이, 전략적 물류관리의 방향이라 할 수 있다.

㉠ 전략적 물류
- ⓐ 코스트 중심
- ⓑ 제품효과 중심
- ⓒ 기능별 독립 수행
- ⓓ 부분 최적화 지향
- ⓔ 효율 중심의 개념

㉡ 로지스틱스
- ⓐ 가치창출의 중심
- ⓑ 시장진출 중심(고객 중심)
- ⓒ 기능의 통합화 수행
- ⓓ 전체 최적화 지향
- ⓔ 효(성)과 중심의 개념

㉢ 21세기 초일류 회사→변화관리
- ⓐ 미래에 대한 비전(Vision)과 경영전략 및 물류전략에 대한 전사적인 공감대 형성
- ⓑ 전략적 물류관리 마인드 제고를 위한 전사적인 계획 및 지속적인 실행
- ⓒ 전사적인 업무·전산 교육체계 도입 및 확산
- ⓓ 로지스틱스에 대한 정보수집, 분석, 공유를 위한 모니터 체계 확립

② 전략적 물류관리(SLM : Strategic Logistics Management)의 필요성
대부분의 기업들이 경영전략과 로지스틱스 활동을 적절하게 연계시키지 못하고 있는 것이 문제점으로 지적되고 있다(해결방안 : 이를 해결하기 위한 방안으로 전략적 물류관리가 필요한 것임).

③ 전략적 물류관리의 목표(물류전략 프로세스 혁신의 목표)
비용, 품질, 서비스, 속도와 같은 핵심적 성과에서 극적인(Dramatic) 향상을 이루기 위해, 물류의 각 기능별 업무 프로세스를 기본적으로 다시 생각하고 근본적으로 재설계하는 것→업무처리속도 향상, 업무품질 향상, 고객서비스 증대, 물류원가 절감→고객만족=기업의 신 경영체제 구축

④ 로지스틱스 전략관리의 기본요건
㉠ 전문가 집단 구성
- ⓐ 물류전략계획 전문가
- ⓑ 현업 실무관리자
- ⓒ 물류혁신 전문가
- ⓓ 물류인프라 디자이너
- ⓔ 물류서비스 제공자(프로바이더, Provider)

㉡ 전문가의 자질
- ⓐ 분석력 : 최적의 물류업무 흐름 구현을 위한 분석 능력
- ⓑ 기획력 : 경험과 관리기술을 바탕으로, 물류전략을 입안하는 능력
- ⓒ 창조력 : 지식이나 노하우를 바탕으로, 시스템모델을 표현하는 능력
- ⓓ 판단력 : 물류관련 기술동향을 파악하여 선택하는 능력
- ⓔ 기술력 : 정보기술을 물류시스템 구축에 활용하는 능력
- ⓕ 행동력 : 이상적인 물류인프라 구축을 위하여 실행하는 능력
- ⓖ 관리력 : 신규 및 개발프로젝트를 원만히 수행하는 능력
- ⓗ 이해력 : 시스템 사용자의 요구(needs)를 명확히 파악하는 능력

⑤ 전략적 물류관리의 접근대상
㉠ 자원소모, 원가발생→원가경쟁력 확보, 자원 적정 분배
㉡ 활동→부가가치 활동 개선
㉢ 프로세스→프로세스 혁신
㉣ 흐름→흐름의 상시 감시

⑥ 물류전략의 실행구조(과정순환) : 전략수립(Strategic)→구조설계(Structural)→기능정립(Functional)→실행(Operational)

⑦ 물류전략의 8가지 핵심영역

| 전략수립 | ·고객서비스 수준 결정(customer service) : 고객서비스 수준은 물류시스템이 갖추어야 할 수준과 물류성과 수준을 결정 |
|---|---|
| 구조설계 | ·공급망 설계(Supply chain design) : 고객요구 변화에 따라 경쟁 상황에 맞게, 유통경로를 재구축<br>·로지스틱스 네트워크 전략구축(Logistics network strategic) : 원·부자재 공급에서부터, 완제품의 유통까지 흐름을 최적화 |
| 기능정립 | ·창고설계·운영(Warehouse design and operation)<br>·수송관리(Transportation Management)<br>·자재관리(Materials Management) |
| 실행 | ·정보·기술관리(Information and technology management)<br>·조직·변화관리(Organization and change management) |

## 2 제3자 물류의 이해와 기대효과

### 1 제3자 물류의 이해

#### (1) 정의
제3자 물류업은 화주기업이 고객서비스 향상, 물류비 절감 등 물류활동을 효율화할 수 있도록, 공급망(Supply chain)상의 기능 전체 혹은 일부를 대행하는 업종으로 정의되고 있다.

#### (2) 제3자 물류의 분류
① 자사물류(제1자 물류) : 기업이 사내에 물류조직을 두고 물류업무를 직접 수행하는 경우(화주기업이 직접 물류활동을 처리)
② 제2자 물류(물류자회사) : 기업이 사내의 물류조직을 별도로 분류하여 독립시키는 경우
③ 제3자 물류 : 외부의 전문 물류업체에게 물류업무를 아웃소싱하는 경우(화주기업이 자기의 모든 물류활동을 외부에 위탁하는 경우)

> 참고
> 제3자 물류의 발전과정은 자사물류(1자)→물류자회사(2자)→제3자 물류라는 단순한 절차로 발전하는 경우가 많으나 실제 이행과정은 이보다 복잡한 구조를 보인다.

㉠ 서비스의 깊이 측면에서 볼 때 : 물류활동의 운영 및 실행→관리 및 통제→계획 및 전략으로 발전하는 과정을 거치고

ⓒ 서비스의 폭 측면에서는 : 기능별 서비스→기능 간 연계 및 통합서비스의 발전과정을 거치는 것이 보편적이며 이를 위해서는 공급망 관리기법이 필수적이다.

## 2 물류 아웃소싱과 제3자 물류의 차이점

국내의 제3자 물류수준은 물류 아웃소싱 단계에 있다.

(1) **물류 아웃소싱** : 화주로부터 일부 개별서비스를 발주받아 운송 서비스를 제공한다.

(2) **제3자 물류** : 1년의 장기계약을 통해 회사 전체의 통합물류서비스를 제공한다.

물류 아웃소싱과 제3자 물류의 비교

| 구분 | 물류 아웃소싱 | 제3자 물류 |
|---|---|---|
| 화주와의 관계 | 거래기반, 수발주관계 | 계약기반, 전략적 제휴 |
| 관계내용 | 일시 또는 수시 | 장기(1년 이상), 협력 |
| 서비스 범위 | 기능별 개별서비스 | 통합물류서비스 |
| 정보공유여부 | 불필요 | 반드시 필요 |
| 도입결정권한 | 중간관리자 | 최고경영층 |
| 도입방법 | 수의계약 | 경쟁계약 |

※ 제3자 물류서비스가 활성화된다면, 화주기업이 물류기능별 물류사업자와 개별적으로 접촉해야 하는 현재의 거래·계약구조는 화주기업과 제3자 물류업체간의 계약만으로, 모든 물류서비스를 제공받을 수 있는 형태로 변화할 것임.

## 3 제3자 물류의 발전동향

① 국내에서 물류시장은 최근 공급자와 수요자 양 측면 모두에서 제3자 물류가 활성화될 수 있는 기본적인 여건을 형성하고 있는 중이다.
② 공급자 측면에서는 최근 신규 물류업체와 외국 물류기업의 시장참여가 늘어남에 따라 물류시장의 경쟁구조가 한층 더 심화되고 이에 따라 기존의 단순 운송·보관서비스에서 차별화된 저가격-고품질 물류서비스가 크게 확산될 전망이다.
③ 물류산업의 경쟁촉진을 제한하던 각종 행정규제가 크게 완화됨에 따라 특정 물류업체간(기존업체-신규업체 등)의 경쟁은 물론이고 기능이 유사한 물류업종간의 경쟁이 더욱 더 치열해지고 있다.
④ 수요자 측면에서는 최근 물류전문업체와의 전략적 제휴협력을 통해 물류효율화를 추진하는 화주기업이 점증적으로 증가하고 있다.
⑤ IMF 외환위기 이후 비록 운송기능에 국한되어 있기는 하지만 화주기업이 물류 아웃소싱이 큰 폭으로 증가하고 있다.
⑥ 이처럼 물류시장의 수요기반 확충과 공급 측면에서 통합물류서비스의 확산이 맞물려 서로 상승 작용한다면 제3자 물류의 활성화는 훨씬 더 빠른 속도로 이루어질 수 있을 것이다.

## 4 제3자 물류의 도입이유와 기대효과

(1) 도입이유
① 자가물류활동에 의한 물류효율화의 한계
ⓐ 90년대에 들어와 물류 효율화를 위한 기업의 투자와 노력이 계속 확대되어 왔으나 제조업체·유통업체가 운행하는 자가용 화물차량이 전체 운송물량의 78.7%를 담당하고 있고 또는 차량대수도 91.8%에 이를 정도로 자가용에 대한 편중구조가 매우 심하다(98년 기준).
ⓑ 화주기업들은 자가물류체제를 확충하는 데 너무 치중한 결과, 물류시설 확충, 물류자동화·정보화, 물류전문인력충원 등에 따른, 고정투자비 부담이 크게 증가하였다.
ⓒ 자가물류는 경기변동과 수요 계절성에 의한 물량의 불안정, 기업 구조조정에 따른 물류경로의 변화 등에 효율적으로 대처하기 어렵다는 구조적 한계가 있으며 결국 물류부문에 대한 과도한 투자비는 적정수준의 물량을 확보하지 못할 경우 투자비 회수가 어려워질 뿐만 아니라, 오히려 고물류비 구조개선에 걸림돌이 될 수 있다.

② 물류자회사에 의한 물류효율화의 한계
ⓐ 물류자회사는 모(母) 기업의 물류관련업무를 수행·처리하기 위하여 모(母) 기업의 출자에 의하여 별도로 설립된 자회사를 의미하며 물류자회사는 위양된 업무내용·업무영역에 따라 운송자회사, 창고자회사 등으로 구분할 수 있지만, 일반적으로 물류관리 전반을 담당하는 회사를 지칭한다.
ⓑ 물류자회사는 물류비의 정확한 집계와 이에 따른 물류비 절감요소의 파악, 전문인력의 양성, 경제적인 투자결정 등 이점이 있는 반면에, 인한 구조적인 문제점도 다수 존재하고 있다.(수입 감소로 모(母) 기업이 소극적인 자세임)
ⓒ 물류자회사는 모(母) 기업의 물류효율화를 추진할수록 그만큼 자사의 수입이 감소하는 이율배반적 상황에 직면하므로, 궁극적으로 모(母) 기업의 물류효율화에 소극적인 자세를 보이게 된다.
ⓓ 노무관리 차원에서 모(母) 기업으로부터의 인력퇴출 장소로 활용되어, 인건비 상승에 대한 부담이 가중되기도 한다.
ⓔ 모(母) 기업의 지나친 간섭과 개입으로, 자율경영의 추진에 한계가 있다.

③ 제3자 물류는 물류산업 고도화를 위한 돌파구
ⓐ 사회간접자본(SOC : Social Overhead Capital)시설의 부족 및 물류부문의 경쟁을 저해하는 각종 행정규제와 더불어 물류산업의 낙후와 비효율은 고(高) 물류비 구조를 초래하는 주요원인의 하나이다.(한국의 국가물류비는 경쟁국 중 높은 수준)
ⓑ 우리나라 국가물류비는 주요 경쟁국가에 비해 훨씬 높은 수준이고 기업의 매출액에서 물류비가 차지하는 비율도 해외기업에 비해 높은 실정이다(자가물류 비대화로 악순환이 반복).
ⓒ 고도화된 물류산업은 자가물류와의 적절한 경쟁·보완관계에 의하여 더욱 발전할 수 있고 이에 의하여 현 고(高) 물류비구조를 개선하는데 주도적인 역할을 할 수 있을 것이다.

④ 세계적인 조류로서 제3자 물류의 비중 확대
ⓐ 미국, 유럽 등 주요 선진국에서는 자가물류활동을 가능한 축소하고 물류전문업체에 자사물류활동을 위탁하는 물류 아웃소싱, 제3자 물류가 활성화되어 있고, 앞으로 그 비중은 더욱 더 확대될 것으로 전망된다.
ⓑ 우리의 화주기업들은 물류 아웃소싱에 대한 낮은 신뢰, 물류활동에 대한 통제력 상실에 대한 우려 때문에, 자사물류체제를 고수하고 있는데, 이 같은 결과의 주된 원인은 화주기업의 물류서비스 요구를 제대로 충족시킬 수 있는 능력을 갖춘 물류전문업체가 거의 없는 우리 물류산업의 낙후성 때문이다.
ⓒ 저가격·고품질의 물류서비스를 제공하는 물류전문업체가 풍부하다면, 굳이 고정투자비 부담을 감수하면서까지 자가물류체제를 고수하려는 기업은 많지 않을 것이며 물류전문업체를 이용한 물류공동화가 활성화될수록 기업의 투자비·운영비 부담의 경감과 물류비 절감효과가 더 확대될 것이다.

(2) 기대효과
① 화주기업 측면
ⓐ 제3자 물류업체의 고도화된 물류체계를 활용함으로써 자사의 핵심사업 화주기업은 각 부문별로 최고의 경쟁력을 보유하고 있는 기업 등과 통합·연계하는 공급망을 형성하여 공급망 대 공급망간 경쟁에서 유리한 위치를 차지할 수 있다.

ⓛ 조직 내 물류기능 통합화와 공급망상의 기업 간 통합·연계화로, 자본, 운영시설, 재고 인력 등의 경영자원을 효율적으로 활용할 수 있고 또한 리드타임(Lead time)단축과 고객서비스의 향상이 가능하다.

ⓒ 물류시설 설비에 대한 투자부담을 제3자 물류업체에게 분산시킴으로써 유연성 확보와, 자가물류에 의한 물류효율화의 한계를 보다 용이하게 해소할 수 있다.

ⓔ 고정투자비 부담을 없애고 경기변동, 수요계절성 등 물동량 변동, 물류경로변화에 효과적으로 대응할 수 있다.

② 물류업체 측면
ⓐ 제3자 물류 활성화는 물류산업의 수요기반 확대로 이어져, 규모의 경제효과에 의해 효율성, 생산성 향상을 달성할 수 있다.
ⓑ 물류업체는 고품질의 물류서비스 개발·제공함에 따라, 현재보다 높은 수익률을 확보할 수 있고 또 서비스 혁신을 위한 신규투자를 더욱 활발하게 추진할 수 있다.

**참고**
화주기업이 제3자 물류를 사용하지 않는 주된 이유
① 화주기업은 물류활동을 직접 통제하기를 원할 뿐 아니라, 자사물류이용과 제3자 물류 서비스 이용에 따른 비용을 일대일(1:1)로 직접 비교하기가 곤란하고
② 운영시스템의 규모와 복잡성으로 인해, 자체운영이 효율적이라 판단할 뿐만 아니라, 자사물류 인력에 대해 더 만족하기 때문이다.

(3) 제3자 물류에 의한 물류혁신 기대효과
① 물류산업의 합리화에 의한 고(高)물류비 구조를 혁신
ⓐ 제3자 물류서비스의 개선 및 확충으로 물류산업의 수요기반이 확대될수록 물류시설에 대한 고정투자비 부담의 감소로 규모의 경제효과를 얻을 수 있어, 물류사업의 합리화가 촉진될 것이다.
ⓑ 그 결과 물류산업은 제조업지원산업으로서의 역할을 효과적으로 수행할 수 있을 것이다.
ⓒ 규모의 경제효과에 의한 효율성 증대와 더불어 중요한 점은 운영, 관리기술 및 노하우로 전문성을 갖출 수 있고, 이의 효과를 협력제휴관계에 있는 화주기업과 공유할 수 있다는 것이다.

② 고품질 물류서비스의 제공으로 제조업체의 경쟁력 강화 지원
물류전문체의 입장에서는 고품질의 물류서비스를 개발·제공함에 따라 현재보다 높은 수익률을 확보할 수 있고, 이에 따라서 비스 혁신을 위한 신규투자가 더욱 활발해지는 효과가 있는 등, 제조업체와 물류업체 모두에게 윈윈(win-win)게임이 될 것이다.(생산성 등 경쟁확보)

③ 종합물류서비스의 활성화
여러 종류의 물류서비스 중에서 가장 비중이 높은 운송서비스는 현행 화물자동차 의존형 개별직송방식에서 탈피하여 다른 운송수단과 연계되는 연계수송방식과, 물류시설을 이용한 거점운송방식이 활성화되는 등, 종합물류서비스로서의 면모를 갖추게 될 것이다.

④ 공급망 관리(SCM)도입·확산의 촉진
ⓐ 공급망 관리(SCM)은 원자재 구매에서 최종소비자에게 이르기까지, 일련의 공급망(Supply chain)상에 있는 사업주체 간의 연계화·통합화를 통해 경쟁우위를 확보하려는 경영기법으로 이해할 수 있다.
ⓑ 통합물류(Integrated logistics)가 조직 내 물류관련 기능 및 업무의 통합에 의한 최적화에 초점을 두고 있는 반면, 공급망 관리(SCM)는 기업 간 통합을 위한 물류협력체제 구축에 중점을 두고 있다.

## 3 제4자 물류

### 1 제4자 물류의 개념

(1) 제4자 물류(4PL, Fourth-Party Logistics)는 "앤더슨컨설팅사"에서 처음 사용한 용어로서 이외에도 LLP(Lead Logistics Provider)로도 사용되고도 있다. 제4자 물류의 개념은 다양한 조직들의 효과적인 연결을 목적으로 하는 통합체(Single contact point)로서 공급망의 모든 활동과 계획관리를 전담하는 것이다.

(2) 본질적으로 제4자 물류 공급자는 광범위한 공급망의 조직을 관리하고 기술, 능력, 정보기술, 자료 등을 관리하는 공급망 통합자이다.

(3) 제4자 물류란 제3자 물류의 기능에 컨설팅 업무를 수행하는 것이다. 제4자 물류의 개념은 "컨설팅 기능까지 수행할 수 있는 제3자 물류"로 정의 내릴 수도 있다.

(4) 제4자 물류(4PL)의 핵심은 고객에게 제공되는 서비스를 극대화하는 것("Best of Breed")이다. 제4자 물류(4PL)의 발전은 제3자 물류(3PL)의 능력, 전문적인 서비스 제공, 비즈니스 프로세스관리, 고객에게 서비스기능의 통합과 운영의 자율성을 배가시키고 있다.

**참고**
제4자 물류(4PL)의 두 가지 중요한 특징
① 제3자 물류보다 범위가 넓은 공급망의 기능 담당
② 전체적인 공급망에 영향을 주는 능력을 통하여 가치 증식

### 2 공급망 관리에 있어서의 제4자 물류의 4단계

(1) 1단계 - 재창조(Reinvention)
공급망에 참여하고 있는 복수의 기업과 독립된 공급망 참여자들 사이에 협력을 넘어서 공급망의 계획과 동기화에 의해 가능. 재창조는 재디자인하고 참여자의 공급망을 통합하기 위해서 비즈니스 전략을 공급망 전략과 제휴하면서 전통적인 공급망 컨설팅 기술을 강화한다.

(2) 2단계 - 전환(Transformation)
이 단계는 판매, 운영계획, 유통관리, 구매전략, 고객서비스, 공급망 기술을 포함한 특정한 공급망에 초점을 맞춤. 전환은 전략적 사고, 조직변화관리, 고객의 공급망 활동과 프로세스를 통합하기 위한 기술을 강화한다.

(3) 3단계 - 이행(Implementation)
제4자 물류(4PL)는 비즈니스 프로세스 제휴, 조직과 서비스의 경계를 넘은 기술의 통합과 배송운영까지를 포함하여 실행. 제4자 물류(4PL)에서 있어서 인적자원관리가 성공의 중요한 요소로 인식된다.

(4) 4단계 - 실행(Execution)
제4자 물류(4PL) 제공자는 다양한 공급망 기능과 프로세스를 위한 운영상의 책임을 진다. 그 범위는 전통적인 운송관리와 물류 아웃소싱보다 범위가 크다. 조직은 공급망 활동에 대한 전체적인 범위를 제4자 물류(4PL) 공급자에게 아웃소싱을 할 수 있다. 제4자 물류(4PL) 공급자가 수행할 수 있는 범위는 제3자 물류(3PL) 공급자, IT회사, 컨설팅 회사, 물류솔루션 업체들이다.

## 4 물류시스템의 이해

### 1 물류시스템의 구성

(1) 운송
① 운송은 물품을 장소적·공간적으로 이동시키는 것을 말한다. 운송시스템은 터미널이나 야드 등을 포함한 운송결절점인 노드(Node), 운송경로인 링크(Link), 운송기관(수단)인 모드(Mode)

를 포함한 하드웨어적인 요소와, 운송의 컨트롤과 운영(오퍼레이션) 등을 포함하는 소프트웨어적인 측면의 각종 요소가 조직적으로 결합되고 통합됨으로써, 전체적인 효율성이 발휘된다.

수·배송의 개념

| 수송 | 배송 |
| --- | --- |
| • 장거리 대량화물의 이동 | • 단거리 소량화물의 이동 |
| • 거점→거점 간 이동 | • 기업→고객 간 이동 |
| • 지역 간 화물의 이동 | • 지역 내 화물의 이동 |
| • 1개소의 목적지에 1회에 직송 | • 다수의 목적지를 순회하면서 소량 운송 |

② 운송 관련 용어의 의미(흔히 수송이라는 용어로 사용된다)
  ㉠ 교통 : 현상적인 시각에서의, 재화의 이동
  ㉡ 운송 : 서비스 공급측면에서의, 재화의 이동
  ㉢ 운수 : 행정상 또는 법률상의 운송
  ㉣ 운반 : 한정된 공간과 범위 내에서의, 재화의 이동
  ㉤ 배송 : 상거래가 성립된 후 상품을 고객이 지정하는 수하인에게 발송 및 배달하는 것으로, 물류센터에서 각 점포나 소매점에 상품을 납입하기 위한 수송을 말한다.
  ㉥ 통운 : 소화물 운송
  ㉦ 간선수송 : 제조공장과 물류거점(물류센터 등) 간의 장거리 수송으로 컨테이너 또는 파렛트(Pallet)를 이용, 유닛화(Unitization)되어 일정단위로 취합되어 수송된다.
③ 선박 및 철도와 비교한 화물자동차운송의 특징
  ㉠ 원활한 기동성과 신속한 수·배송
  ㉡ 신속하고 정확한 문전운송
  ㉢ 다양한 고객요구 수용
  ㉣ 운송단위가 소량
  ㉤ 에너지 다 소비형의 운송기관 등

(2) 보관
물품을 저장·관리하는 것을 의미하고 시간·가격조정에 관한 기능을 수행한다. 수요와 공급의 시간적 간격을 조정함으로서 경제활동의 안정과 촉진을 도모한다. 최근에는 상품가치의 유지와 저장을 목적으로 하는 장기보관보다는 판매정책상의 유통목적을 위한, 단기보관의 중요성이 강조되고 있다.(보관 : 창고에 물품입고, 재고관리)

(3) 유통가공
보관을 위한 가공 및 동일 기능의 형태 전환을 위한 가공 등 유통단계에서 상품에 가공이 더해지는 것을 의미한다. 여기에는 절단, 상세분류, 천공, 굴절, 조립 등의 경미한 생산활동이 포함된다. 이 밖에도 유닛화, 가격표·상표 부착, 선별, 검품 등 유통의 원활화를 도모하는 보조작업이 있다.(최근에는 상품의 부가가치를 높여 상품 차별화를 목적으로 하는 유통가공중요성이 강조되고 있다)

(4) 포장
물품의 운송, 보관 등에 있어서 물품의 가치와 상태를 보호하는 것을 말한다. 기능면에서 품질유지를 위한 포장을 의미하는 **공업포장**과, 소비자의 손에 넘기기 위하여 행해지는 포장으로 상품가치를 높여 정보전달을 포함하여 판매촉진의 기능을 목적으로 한 포장을 의미하는 **상업포장**으로 구분한다.

(5) 하역
운송, 보관, 포장의 전후에 부수하는 물품의 취급으로, 교통기관과 물류시설에 걸쳐 행해진다. **적입, 적출, 분류, 피킹**(Picking) 등의 작업이 여기에 해당한다. 하역합리화의 대표적인 수단으로는 컨테이너화(containerzation)와 파렛트화(Palletization)가 있다.

(6) 정보
① 정보는 물류활동에 대응하여 수집되며 효율적 처리로 조직이나 개인의 물류활동을 원활하게 한다. ② 최근에는 컴퓨터와 정보통신 기술에 의해 물류시스템의 고도화가 이루어져 수주, 재고관리, 주문품 출하, 상품조달(생산), 운송, 피킹 등을 포함한 5가지 요소기능과 관련한, 업무흐름의 일괄관리가 실현되고 있다. ③ 정보에는 상품의 수량과 품질, 작업관리에 관한 물류정보와 수·발주, 지불 등에 관한 상류정보가 있다. ④ 대형소매점과 편의점에서는 유통비용의 절감과 판로 확대를 위해 POS(Point Of Sales : 판매시점관리)가 사용되고, EDI(Electronic Data Interchange : 전자문서교환)가 결부된 물류 정보시스템이 급속하게 보급되고 있다.

## 2 물류 시스템화

(1) **물류시스템의 기능** : 작업서브시스템과 정보서브시스템 기능으로 분류한다.
  ① **작업서브시스템** : 운송, 하역, 보관, 유통가공, 포장을 포함 분류
  ② **정보서브시스템** : 수·발주, 재고 출하를 포함하는 분류

> 참고
> ① 시스템 : 어떤 공통의 목적을 달성하기 위하여 많은 요소가 서로 관련을 갖고 일정한 기능을 수행하는 복합체이다.
> ② 물의 시스템화 : 반복되어 일어나는 '물(物)의 흐름'을 정형적인 흐름으로 정리하여 가능한 한 기계적인 활동을 통하여 각 부문을 연결시켜 주는 것을 말한다.

(2) **물류시스템의 목적** : 최소의 비용으로 최대의 물류서비스를 산출하기 위하여 물류서비스를 3S1L의 원칙 Speedy(신속하게), Safely(안전하게), Surely(확실하게), Low(저렴하게)으로 행하는 것이다. 이를 보다 구체화하면
  ① 고객에게 상품을 적절한 납기에 맞추어, 정확하게 배달하는 것
  ② 고객의 주문에 대해 상품의 품절을, 가능한 한 적게 하는 것
  ③ 물류거점을 적절하게 배치하여 배송효율을 향상시키고 상품의 적정재고량을 유지하는 것
  ④ 운송, 보관, 하역, 포장, 유통가공 작업을, 합리화하는 것
  ⑤ 물류비용의 적절화·최소화 등

(3) 문제점
  ① 주의해야 할 점은 개별 물류활동은 이를 수행하는 데 필요한 비용과, 서비스 레벨의 트레이드 오프(Trade-off;상반) 관계가 성립한다는 사실이다.
  ② 이는 두 가지의 목적이 공통의 자원(예 : 비용)에 대하여 경합하고 일방의 목적을 보다 많이 달성하려고 하면, 다른 목적의 달성이 일부 희생되는 관계가 개별 물류활동 간에 성립한다는 의미이다.(예 : ㉠ 재고거점을 줄이고 재고량을 적게 하면→물류거점에 대한 재고 보충이 빈번해지고 수송횟수는 증가한다. ㉡ 포장을 간소화 하면→포장강도가 약해져서 창고 내 적재가능 단수가 낮아지고, 보관비율이 낮아지며, 화물상하차 또는 운송 중에 파손 우려가 그만큼 높아진다)

(4) 해결방안
  ① 토털 코스트(Total cost) 접근방법의 물류시스템화가 필요하다. 물류시스템은 운송, 보관, 하역, 포장, 유통가공 등의 시스템의 비용이 최소가 될 수 있도록, 각각의 활동을 전체적으로 조화·양립시켜, 전체최적에 근접시키려는 노력이 필요한 것이다.
  ② 물류서비스와 물류비용간에도 트레이드 오프 관계가 성립한다. 즉, 물류서비스의 수준을 향상시키면 물류비용도 상승하므로, 비용과 서비스의 사이에는 "**수확체감의 법칙**"이 작용한다.

③ 물류의 목적은 "물류에 얼마만큼의 비용을 투자하여 얼마만큼의 물류서비스를 얻을 수 있는가"하는 시스템 효율의 개념을 도입하고 나서야, 올바른 이해가 가능하다.

### (5) 비용과 물류 서비스간의 관계에 대한 4가지 고려할 사항
① 물류 서비스를 일정하게 하고 비용절감을 지향하는 관계이다.
② 물류 서비스를 향상시키기 위해 물류비용이 상승하여도, 달리 방도가 없다는 서비스 상승, 비용 상승의 관계이다.
③ 적극적으로 물류비용을 고려하는 방법으로 물류비용 일정, 서비스 수준 향상의 관계이다.(물류 비용을 유효하게 활용하여 최적의 성과를 달성하는 성과 추구의 사고)
④ 보다 낮은 물류비용으로, 보다 높은 물류 서비스를 실현하려는 물류 서비스 향상의 관계이다. 판매 증가와 이익 증가를 동시에 도모하는 전략적 발상인 셈이다.

## 3 운송 합리화 방안

### (1) 적기 운송과 운송비 부담의 완화
① 적기에 운송하기 위해서는 운송계획이 필요하며 판매계획에 따라 일정량을 정기적으로 고정된 경로를 따라 운송하고 가능하면 공장과 물류거점간의 간선운송이나 선적지까지, 공장에서 직송하는 것이 효율적이다.
② 출하물량 단위의 대형화와 표준화가 필요하다.
③ 출하물량 단위를 차량별로 단위화, 대형화하여 운송수단에 적합하게 물품을 표준화하며 차량과 운송수단을 대형화하여 운송횟수를 줄이고 화주에 맞는 차량이나 특장차를 이용한다.
④ 트럭의 적재율과 실차율의 향상을 위하여 기준 적재중량, 용적, 적재함의 규격을 감안하여 최대허용치에 접근시키며, 적재율 향상을 위해 제품의 규격화나 적재품목의 혼재를 고려해야 한다.

### (2) 실차율 향상을 위한 공차율의 최소화
화물을 싣지 않은 공차상태로 운행함으로써, 발생하는 비효율을 줄이기 위하여 주도면밀한 운송계획을 수립한다.

> 참고
> **화물자동차운송의 효율성 지표**
> ① 가동률 : 화물자동차가 일정기간(예를 들어, 1개월)에 걸쳐 실제로 가동한 일 수
> ② 실차율 : 주행거리에 대해, 실제로 화물을 싣고 운행한 거리의 비율
> ③ 적재율 : 최대적재량 대비, 적재된 화물의 비율
> ④ 공차거리율 : 주행거리에 대해 화물을 싣지 않고 운행한 거리의 비율
> ※ 적재율이 높은 실차상태로 가동률을 높이는 것이, 트럭운송의 효율성을 최대로 하는 것임

### (3) 물류기기의 개선과 정보시스템의 정비
① 유닛로드시스템의 구축과 물류기기의 개선 뿐 아니라, 차량의 대형화, 경량화 등을 추진한다.
② 물류거점간의 온라인화를 통한 화물정보시스템과, 화물추적시스템 등의 이용을 통한, 총 물류비의 절감 노력이 필요하다.

### (4) 최단 운송경로의 개발 및 최적 운송수단의 선택
① 최단 운송경로의 개발과 최적 운송수단의 선택은, 운송비 절감과 매출액 증대의 첩경이므로, ② 이를 위해 신규 운송경로 및 복합 운송 경로의 개발과 운송정보에 관심을 집중하고 ③ 최적의 운송수단을 선택하기 위한 종합적인 검토와 계획이 필요하다.

### (5) 공동 수·배송의 장·단점

| 구분 | 공동수송 | 공동배송 |
|---|---|---|
| 장점 | • 물류시설 및 인원의 축소<br>• 발송작업의 간소화<br>• 영업용 트럭의 이용 증대<br>• 입·출하 활동의 계획화<br>• 운임 요금의 적정화<br>• 여러 운송업체와의 복잡한 거래교섭의 감소<br>• 소량 부정기화물도 공동수송 가능 | • 수송효율 향상(적재효율, 회전율 향상)<br>• 소량화물 혼적으로 규모의 경제 효과<br>• 자동차, 기사의 효율적 활용<br>• 안정된 수송시장 확보<br>• 네트워크의 경제효과<br>• 교통혼잡 완화<br>• 환경오염 방지 |
| 단점 | • 기업비밀 누출에 대한 우려<br>• 영업부문의 반대<br>• 서비스 차별화에 한계<br>• 서비스 수준의 저하 우려<br>• 수 화주와의 의사소통 부족<br>• 상품특성을 살린 판매전략 제약 | • 외부 운송업체의 운임덤핑에 대처 곤란<br>• 배송순서의 조절이 어려움<br>• 출하시간 집중<br>• 물량파악이 어려움<br>• 제조업체의 산재에 따른 문제<br>• 종업원 교육, 훈련에 시간 및 경비 소요 |

## 5 화물운송정보시스템의 이해

### (1) 수·배송관리시스템 : 수송비용을 절감하려는 체제
① 주문상황에 대해 적기 수·배송체제의 확립과 최적의 수·배송계획을 수립함으로써, 수송비용을 절감하려는 체제이다. ② 따라서 출하계획의 작성, 출하서류의 전달, 화물 및 운임계산의 명확성 등 컴퓨터와 통신기기를 이용하여 기계적으로 처리하게 된다. ③ 수·배송관리시스템의 대표적인 것으로는 "터미널화물정보시스템"이 있다.

### (2) 화물정보시스템 : 화주에게 적기에 정보를 제공해 주는 것
화물이 터미널을 경유하여 수송될 때 수반되는 자료 및 정보를 신속하게 수집하여 이를 효율적으로 관리하는 동시에 화주에게 적기에 정보를 제공해주는 시스템을 의미한다.

### (3) 터미널화물정보시스템 : 전산으로 수집, 관리, 공급, 처리하는 정보
수출계약이 체결된 후 수출품이 트럭터미널을 경유하여 항만까지 수송되는 경우. 국내거래 시 한 터미널에서 다른 터미널까지 수송되어 수하인에게 이송될 때까지의 전 과정에서 발생하는 각종 정보를, 전산시스템으로 수집, 관리, 공급, 처리하는 종합정보관리체제이다.

### (4) 수·배송 활동의 각 단계(계획-실시-통제)에서의 물류정보처리 기능
① 계획 : 수송수단 선정, 수송경로 선정, 수송로트(lot) 결정, 다이어그램 시스템 설계, 배송센터의 수 및 위치 선정, 배송지역 결정 등
② 실시 : 배차 수배, 화물적재 지시, 배송지시, 발송정보 착하지에의 연락, 반송화물 정보관리, 화물의 추적 파악 등
③ 통제 : 운임계산, 차량적재효율 분석, 차량가동 분석, 반품운임 분석, 빈 용기운임 분석, 오송 분석, 교착수송 분석, 사고분석 등

# 제4편 운송서비스

## 제2장 물류의 이해 출제 예상 문제

**1** 물류(物流, 로지스틱스 : Logistics)의 개념에 대한 설명으로 틀린 것은?
① 공급자로부터 생산자, 유통업자를 거쳐 최종 소비자에 이르는 재화의 흐름을 의미한다
② 물류관리 : ①의 재화의 효율적인 "흐름"을 계획, 실행, 통제할 목적으로 행해지는 제반 활동을 의미한다
③ 생산자의 요구에 부응할 목적으로 생산지에서 소비지까지 원자재, 중간재, 완성품의 이동(운송) 및 보관에 소요되는 비용을 최소화하고 효율적으로 수행하기 위하여 이들을 계획, 수행, 통제하는 과정이다
④ 최근 물류는 단순히 장소적 이동을 의미하는 운송(physical disribution)의 개념에서 발전하여 자재 조달이나 폐기, 회수 등까지 총괄하는 경향이다

**해설** ③의 문장 중에 "생산자의 요구에"는 틀리고, "소비자의 요구에"가 맞아 정답은 ③이다.

**2** 물류의 기능에 대한 설명이 아닌 것은?
① 운송(수송)기능  ② 포장기능
③ 보관기능  ④ 상차기능

**해설** ④의 "상차기능"은 아니고, "하역기능"이 옳음으로 정답은 ④이며, 외에 "정보기능"이 있다.

**3** 물류시설에 대한 설명으로 틀린 것은?
① 물류에 필요한 화물의 운송·보관·하역을 위한 시설
② 화물의 운송·보관·하역 등에 부가되는 가공·조립·분류·수리·포장·상표부착·판매·정보통신 등을 위한 시설
③ 물류의 공동화·자동화 및 정보화를 위한 시설
④ 물류터미널 또는 물류단지시설은 물류시설에 포함되지 않는다

**해설** ④의 문장 중에 "물류시설에 포함되지 않는다"는 틀리고, "물류시설에 포함된다"가 맞는 문장으로 정답은 ④이다.

**4** 기업경영의 물류관리시스템 구성 요소에 대한 설명으로 틀린 것은?
① 원재료의 조달과 관리, 제품의 재고관리
② 제품능력과 입지적응 능력, 정보관리
③ 기계의 기능과 훈련
④ 창고 등의 물류거점, 수송과 배송수단

**해설** ③의 문장 "기계의 기능과 훈련"은 틀리고, "인간의 기능과 훈련"이 맞으므로 정답은 ③이다.

**5** 물류(로지스틱스 : Logistics)개념의 용어를 미국의 마케팅 학자인 클라크(F.E Clark) 교수가 처음 사용한 년도는?
① 1922년  ② 1950년
③ 1956년  ④ 1962년

**6** "물적유통"이란 용어가 미국으로 파견된 일본생산성본부의 유통기술전문시찰단에 의해서 일본에 소개된 해(年)와 이후 "물류(物流)"로 약칭하여 사용되기 시작한 년도에 해당되는 것은?
① 1922년과 1950년  ② 1956년과 1971년
③ 1962년과 1971년  ④ 1956년과 1970년

**해설** "1956년에 일본에 소개되었고, 1971년에 물류로 약칭하여 사용 시작하였음"으로 정답은 ②이다.

**7** 우리나라에 물류(로지스틱스)는 제2차 경제개발 5개년계획이 시작된 이후 소개되었는데 그 년도는?
① 1950년  ② 1956년
③ 1962년  ④ 1971년

**해설** "1962년 이후에 소개되었음으로" 정답은 ③이다.

**8** 기업경영에서 의사결정의 유효성을 높이기 위해 경영 내외의 관련 정보를 필요에 따라 즉각적으로 그리고 대량으로 수집, 전달, 처리, 저장, 이용할 수 있도록 편성한 인간과 컴퓨터와의 결합시스템의 용어에 해당하는 것은?
① 경영정보시스템(MIS)  ② 전사적 자원관리(ERP)
③ 공급망 관리(SCM)  ④ 공급계획시스템(APS)

**9** 기업활동을 위해 사용되는 기업 내의 모든 인적, 물적 자원을 효율적으로 관리하여 궁극적으로 기업의 경쟁력을 강화시켜주는 역할을 하는 통합정보시스템의 용어로 맞는 것은?
① 공급망 관리(SCM)  ② 전사적 자원관리(ERP)
③ 경영정보시스템(MIS)  ④ 효율적고객대응(ECR)

**10** 고객 및 투자자에게 부가가치를 창출할 수 있도록 최초의 공급업체로부터 최종 소비자에게 이르까지의 상품·서비스 및 정보의 흐름이 관련된 프로세스를 통합적으로 운영하는 경영 전략의 용어에 해당하는 것은?
① 공급망 관리(SCM)  ② 경영정보시스템(MIS)
③ 전사적 자원관리(ERP)  ④ 공급계획시스템(APS)

**11** 물류와 공급망 관리의 발전과정을 발전순서에 따라 정렬하였다. 옳은 것은?
① 경영정보시스템 → 전사적자원관리 → 공급망관리
② 경영정보시스템 → 공급망관리 → 전사적자원관리
③ 공급망관리 → 경영정보시스템 → 전사적자원관리
④ 전사적자원관리 → 경영정보시스템 → 공급망관리

**해설** 문제의 발전순서로 "① 1970년대 : 경영정보 시스템, ② 1980~90년대 : 전사적자원관리, ③ 1990년대 중반이후 : 공급망 관리"로 발전하여 정답은 ①이다.

**정답** 1③ 2④ 3④ 4③ 5① 6② 7③ 8① 9② 10① 11①

**12** 공급망관리의 기능에서 "제조업의 가치사슬 구성"의 순서로서 옳은 것은?
① 부품조달 → 조립·가공 → 판매유통
② 조립·가공 → 판매유통 → 부품조달
③ 판매유통 → 조립·가공 → 부품조달
④ 부품조달 → 판매유통 → 조립·가공

**해설** 문제의 구성 순서는 "부품조달 – 조립·가공 – 판매유통" 순서가 맞으므로 정답은 ①이다.

**13** 인터넷 비즈니스에서 물류가 중시됨에 따른 인터넷유통에서의 3대 물류원칙이 아닌 것은?
① 적정수요 예측
② 배송기간의 최소화
③ 반송과 환불시스템
④ 유통채널 관리

**해설** ④의 문장은 공급망 관리의 사항으로 정답은 ④이다.

**14** 물류에 대한 개념적 관점에서의 물류의 역할에 대한 설명이 아닌 것은?
① 국가경제적 관점
② 국민경제적 관점
③ 사회경제적 관점
④ 개별기업적 관점

**해설** "국민경제적 관점"이 맞으므로 정답은 ①이다.

**15** 판매기능 촉진에서 물류관리의 기본 7R 원칙에 대한 설명이 아닌 것은?
① Right Quality(적절한 품질)
② Right Safety(적절한 안전)
③ Right Time(적절한 시간)
④ Right Price(적절한가격)

**해설** ②의 문장 "Right Safety(적절한 안전)"은 해당 없어 정답은 ②이며, 이외에 "Right Quantity(적절한 양), Right Place(적절한 장소), Right Impression(좋은 인상), Right Commodity(적절한 상품)"이 있다.

**16** 물류관리의 기본원칙 중 "3S 1L 원칙"에 대한 설명으로 "3S"가 아닌 것은?
① 신속하게(Speedy)
② 안전하게(Safely)
③ 확실하게(Surely)
④ 공급망(Supply chain)

**해설** ④의 "공급망(Supply chain)"은 "3 S"에 포함되지 않아 정답은 ④이다. "1 L"은 "저렴하게(Low)"가 있다.

**17** 물류(物流)와 상류(商流)의 설명이 아닌 것은?
① 유통 : 물적유통(物流) + 상적유통(商流)
② 물류 : 발생지에서 소비지까지의 물자의 흐름을 계획, 실행, 통제하는 제반관리 및 경제활동
③ 상류 : 검색, 견적, 입찰, 가격조정, 계약, 지불, 인증, 보험, 회계처리, 서류발행, 기록 등(전산화)
④ 제3의 이익원천 : 매출증대, 원가절감에 이은 물류비절감은 이익을 높일 수 있는 세 번째 방법

**해설** ④의 문장은 "물류관리의 기본원칙" 중의 하나이므로 정답은 ④이다.

**18** 물류의 기능에 해당하지 않는 것은?
① 운송기능
② 단위포장
③ 보관기능
④ 하역기능

**해설** ②의 "단위포장"은 포장기능에서 포장의 구분 중의 하나로 정답은 ②이며, ①, ③, ④외에 "포장기능, 정보기능, 유통가공기능"이 있다.

**19** 물류의 기능 중 포장기능에서 "포장의 구분"이 아닌 것은?
① 단위포장(개별포장)
② 내부포장(속포장)
③ 외부포장(겉포장)
④ 일괄포장(전체포장)

**해설** ④의 "일괄포장(전체포장)" 명칭은 없음으로 정답은 ④이다.

**20** 물류의 기능에서 "생산과 소비와의 시간적 차이를 조정하여 시간적 효용을 창출하는 기능"의 명칭인 것은?
① 운송기능
② 포장기능
③ 보관기능
④ 유통가공기능

**해설** 문제의 기능의 명칭은 "보관기능"으로 정답은 ③이다.

**21** 물류의 각 기능은 서로 연계를 유지함에 따라 효율을 발휘하는데, 이것을 가능하게 하는 것에 해당하는 기능은?
① 하역기능
② 정보기능
③ 유통가공기능
④ 보관기능

**해설** 문제의 기능 명칭은 "정보기능"으로 정답은 ②이다.

**22** 물류효율을 향상시키기 위하여 가공하는 활동으로, 단순가공, 재포장, 또는 조립 등 제품이나 상품의 부가가치를 높이기 위한 물류활동의 기능에 해당되는 것은?
① 보관기능
② 하역기능
③ 정보기능
④ 유통가공기능

**23** 기업물류의 범위 중 물류활동의 범위에서 "원재료, 부품, 반제품, 중간재를 조달·생산하는 과정"의 용어인 것은?
① 물적공급과정
② 물적유통과정
③ 주활동
④ 지원활동

**24** 기업물류의 범위에서 "생산된 재화가 최종고객이나 소비자에게까지 전달되는 과정"의 용어인 것은?
① 물적공급과정
② 주활동
③ 물적유통과정
④ 지원활동

**25** 기업물류의 발전방향의 주된 문제에 대한 설명이 아닌 것은?
① 주문처리의 중요성
② 비용절감
③ 요구되는 수준의 서비스 제공
④ 기업의 성장을 위한 물류전략의 개발

**해설** ①의 문장은 "물류체계의 수준을 결정"사항의 하나로 정답은 ①이다.

**26** 물류전략과 계획에서 "의사결정 사항"에 대한 설명이 아닌 것은?
① 창고의 입지선정
② 재고정책의 설정
③ 주문접수
④ 투자수단의 선택

**해설** ④의 문장 중에 "투자수단의"가 아니고, "수송수단의"가 옳으므로 정답은 ④이며, 외에 "주문 접수 시스템 설계"가 있다.

**27** 기업전략의 훌륭한 전략수립을 위하여는 4가지 요소를 고려해야 한다. 해당하지 않는 것은?
① 소비자
② 공급자
③ 경쟁사
④ 기업운영

**해설** ④의 문장은 "기업운영"이 아니고, "기업자체"가 맞으므로 정답은 ④이며, ※ "세부계획 수립 고려 사항 : 기업의 비용, 재무구조, 시장점유율 수준, 자산기준과 배치, 외부환경, 경쟁력, 고용자의 기술 등을 이해, 기업의 위험과 가능성을 고려"가 있다.

**28** 물류전략과 계획에서 "물류전략"에 대한 설명이 아닌 것은?
① 비용절감 : 운반 및 보관과 관련된 가변비용을 최소화하는 전략
② 자본절감 : 물류시스템에 대한 투자를 최소화하는 전략

**정답** 12 ① 13 ④ 14 ① 15 ② 16 ④ 17 ④ 18 ② 19 ④ 20 ③ 21 ② 22 ④ 23 ① 24 ③ 25 ① 26 ④ 27 ④ 28 ④

③ 서비스개선전략 : 제공되는 서비스수준에 비례하여 수익이 증가한다는 데 근거를 둔다는 전략
④ 물류비용의 변화 : 제품의 판매가격에 대해 물류비용이 차지하는 비율

⊙해설 ④의 문장은 "물류의 발전방향" 사항의 하나가 아니므로 정답은 ④이다.

**29** 물류전략은 사업목표와 소비자 서비스 요구사항에서부터 시작되며, 경쟁업체에 대항하는 공격적인 전략의 용어에 해당한 것은?
① 프로액티브(proactive) 물류전략
② 기업전략
③ 크래프팅(crafting) 물류전략
④ 물류관리

**30** 특정한 프로그램이나 기법을 필요로 하지 않으며, 뛰어난 통찰력이나 영감에 바탕을 둔다는 용어에 해당한 것은?
① 기업의 물류전략
② 크래프팅(crafting) 중심의 물류전략
③ 물류관리의 목표
④ 프로액티브(proactive) 물류전략

**31** 물류계획수립의 주요 영역으로 틀린 것은?
① 고객서비스 수준 : 적절한 고객서비스 수준을 설정하는 것이다
② 설비(보관 및 공급시설) : 비용이 최소가 되는 경로를 발견함으로써 이윤을 최소화하는 것이다
③ 재고의사결정 : 재고 보충규칙에 따라 보관지점에 재고를 할당하는 전략과, 보관지점에서 재고를 인출하는 전략 두가지가 있다
④ 수송의사결정 : 수송수단 선택, 적재규모, 차량 운행경로 결정, 일정계획

⊙해설 ②의 문장 중에 "이윤을 최소화하는"은 틀리고, "이윤을 최대화하는"이 맞는 문장으로 정답은 ②이다.※계획수립의 주요 영역들은 서로 관련이 있으므로 이들 간의 트레이드 오프를 고려할 필요가 있다.

**32** 물류계획수립문제를 해결하는 방법의 용어 설명으로 틀린 것은?
① 링크(link) : 재고 보관지점들 간에 이루어지는 제품의 이동경로를 나타낸다
② 노드(node) : 재고의 흐름이 영구적으로 정지하는 지점이다
③ 정보 : 판매수익, 생산비용, 재고수준, 창고의 효용, 예측, 수송요율 등
④ 물류시스템 구성 : 제품이동 네트워크와 정보 네트워크가 결합되어 구성된다

⊙해설 ②의 문장 중에 "영구적으로 정지하는"는 틀리고, "일시적으로 정지하는"이 맞으므로 정답은 ②이다.

**33** 물류계획수립 시점에서 "물류네트워크의 평가와 감사를 위한 일반적 지침"에 대한 설명으로 틀린 것은?
① 수요 : 소요량, 수요의 지리적 분포
② 고객서비스 : 재고의 이용가능성, 배달속도, 주문처리 속도 및 정확도
③ 제품특성 : 물류비용은 제품의 무게, 부피, 가치, 정밀성 등의 특성에 민감하다
④ 물류비용 : 물적공급과 물적유통에서 발생하는 비용은 기업의 물류시스템을 얼마나 자주 재구축해야 하는지를 결정한다

⊙해설 ③의 문장 중 "정밀성 등의 특성에"는 틀리고, "위험성 등의 특성"이 맞으므로 정답은 ③이다. 또한 ①, ②, ④ 외에 "가격결정정책 : 상품의 매매에 있어서 가격결정정책을 변경하는 것은 물류활동을 좌우하므로 물류전략에 많은 영향을 끼친다"가 있다.

**34** 물류관리 전략의 필요성과 중요성에서 "전략적 물류"에 대한 설명으로 틀린 것은?
① 코스트 중심
② 제품효과 중심
③ 기능별 독립 수행
④ 전체 최적화 지향

⊙해설 ④의 문장 중 "전체"는 틀리고, "부분"이 맞으므로 정답은 ④이며, 외에 "효율 중심의 개념"이 있다.

**35** 물류관리 전략의 필요성과 중요성에서 "로지스틱스"에 대한 설명으로 틀린 것은?
① 가치창출 중심
② 시장진출 중심(고객 중심)
③ 기능의 합리화 수행
④ 전체 최적화 지향

⊙해설 ③의 문장 "기능의 합리화 수행"이 아니라, "기능의 통합화 수행"이 옳은 문장으로 정답은 ③이며, 외에 "효과(성과) 중심의 개념"이 있다.

**36** 로지스틱스 전략관리의 기본요건 중 "전문가의 자질"에 대한 설명으로 틀린 것은?
① 행정력·기획력
② 창조력·판단력
③ 기술력·행동력
④ 관리력·이해력

⊙해설 ①의 문장 중 "행정력"이 아니고, "분석력"이 옳으므로 정답은 ①이다.

**37** 로지스틱스 전략관리의 기본요건에서 "전문가의 자질"에 대한 설명으로 틀린 것은?
① 분석력 : 최적의 물류업무 흐름 구현을 위한 분석능력
② 판단력 : 물류관련 품질동향을 파악하여 선택하는 능력
③ 기술력 : 정보기술을 물류시스템 구축에 활용하는 능력
④ 관리력 : 신규 및 개발 프로젝트를 원만히 수행하는 능력

⊙해설 ②의 문장 중에서 "품질동향"이 아니고, "기술동향"이 맞는 문장으로 정답은 ②이다. 또한 이 외에 **기획력** : 경험과 관리기술을 바탕으로 물류전략을 입안하는 능력, **창조력** : 지식이나 노하우를 바탕으로 시스템모델을 표현하는 능력, **행동력** : 이상적인 물류인프라 구축을 위하여 실행하는 능력, **이해력** : 시스템 사용자의 요구(needs)를 명확히 파악하는 능력"이 있다.

**38** 물류전략의 실행구조(과정순환)에 대한 설명으로 맞는 것은?
① 구조설계 → 기능정립 → 실행 → 전략수립
② 전략수립 → 구조설계 → 기능정립 → 실행
③ 기능정립 → 실행 → 전략수립 → 구조설계
④ 실행 → 기능정립 → 구조설계 → 전략수립

⊙해설 ②와 같은 실행구조(과정순환)로 되므로 정답은 ②이다.

**39** 물류전략의 8가지 핵심영역사항에 대한 설명으로 틀린 것은?
① 전략수립 : 고객서비스수준 결정
② 구조설계 : 공급망 설계, 로지스틱스 네트워크전략 구축
③ 기능정립 : 창고설계·운영, 수송관리, 자재관리
④ 실행 : 정보·기술관리, 인력·변화관리

⊙해설 ④의 문장 중 "인력·변화관리"는 틀리고, "조직·변화관리"가 맞아 정답은 ④이다.

**40** 화주기업이 고객서비스 향상, 물류비 절감 등 물류활동을 효율화할 수 있도록 공급망(Supply Chain)상의 기능 전체 혹은 일부를 대행하는 업종의 용어인 것은?
① 제1자 물류업
② 제2자 물류업
③ 제3자 물류업
④ 자사 물류업

✎ 정답  29 ①  30 ②  31 ②  32 ②  33 ③  34 ④  35 ③  36 ①  37 ②  38 ②  39 ④  40 ③

**41** 각 물류에 대한 설명으로 틀린 것은?
① 자사물류 : 기업이 사내에 물류조직을 두고 물류업무를 직접 수행하는 경우
② 제1자 물류 : 화주기업이 직접 물류활동을 처리하는 자사물류
③ 제2자 물류(물류 자회사) : 기업이 사내의 물류조직을 별도로 분리하여 타 회사로 독립시키는 경우
④ 제3자 물류 : 외부의 전문 물류업체에게 물류업무를 아웃소싱 하는 경우

> 해설 ③에서 "분리하여 타 회사"가 아닌, "자 회사"가 맞으므로 정답은 ③이다.

**42** 제3자 물류의 발전동향에 대한 설명이 아닌 것은?
① 국내 물류시장은 최근 공급자와 수요자의 양측면 모두에서 제3자 물류가 활성화될 수 있는 기본적인 여건을 형성하고 있는 중이다
② 기존의 단순 운송 보관서비스에서 차별화된 저가격-고품질 물류서비스가 확산될 전망이다
③ 각종 행정규제가 크게 완화됨에 따라 경쟁이 치열해지고 있다
④ 물류 효율화를 추진하는 화주기업이 점진적으로 감소하고 있다

> 해설 ④에서 "감소"가 아닌, "증가"가 맞으므로 정답은 ④이다.

**43** 제3자 물류의 도입 이유에 대한 설명으로 틀린 것은?
① 자가물류활동에 의한 물류효율화의 한계
② 물류자회사에 의한 물류효율화의 한계
③ 제3자 물류·물류산업고도화를 위한 돌파구
④ 세계적인 조류로서 제3자 물류의 비중 축소

> 해설 ④의 문장 중에 "비중 축소"는 틀리고, "비중 확대"가 맞는 문장으로 정답은 ④이다.

**44** 화주기업이 제3자 물류를 사용하지 않는 주된 이유로서 틀린 것은?
① 물류활동을 직접 통제하기를 원하기 때문에
② 자사물류이용과 제3자 물류서비스 이용에 따른 비용을 일대일로 직접 비교하기가 곤란하다
③ 운영시스템의 규모와 복잡성으로 인해 자체 운영이 효율적이라 판단한다
④ 자사물류 서비스에 대해 더 만족하기 때문이다

> 해설 ④의 문장 중에 "서비스에 대해"는 틀리고, "인력에 대해"가 맞으므로 정답은 ④이다.

**45** 제4자 물류의 개념에 대한 설명으로 맞는 것은?
① 제3자 물류기능에 컨설팅 업무를 수행하는 것이다
② 공급망의 모든 활동과 계획관리를 분담하는 것이다
③ 제4자 물류 공급자는 공급망의 분산자이다
④ 고객에게 제공되는 서비스를 최소화하는 것이다

> 해설 ②에서 "분담"은 "전담", ③의 "분산자"는 "통합자", ④의 "최소화"는 "극대화"가 맞다. 정답은 ①이다.

**46** 제4자 물류의 4단계 중 판매, 운영계획, 유통관리, 구매전략, 고객서비스, 공급망 기술을 포함한 특정한 공급망에 초점을 맞추며, 전략적 사고, 조직변화관리, 고객의 공급망 활동과 프로세스를 통합하기 위한 기술을 강화하는 것에 해당하는 단계 용어는?
① 1단계 – 재창조
② 2단계 – 전환
③ 3단계 – 이행
④ 4단계 – 실행

**47** 제4자 물류의 4단계 중 제4자 물류(4PL)는 비즈니스 프로세스 제휴, 조직과 서비스의 경계를 넘은 기술의 통합과 배송운영까지를 포함하여 실행하며, 인적자원관리가 성공의 중요한 요소로 인식되는 것에 해당하는 단계의 용어는?
① 1단계 – 재창조
② 2단계 – 전환
③ 3단계 – 이행
④ 4단계 – 실행

**48** 제4자 물류의 4단계 중 제4자 물류(4PL) 제공자는 다양한 공급망 기능과 프로세스를 위한 운영상의 책임을 지고, 그 범위는 전통적인 운송관리와 물류 아웃소싱보다 범위가 크며, 조직은 공급망 활동에 대한 전체적인 범위를 제4자 물류(4PL) 공급자에게 아웃소싱할 수 있는 것에 해당하는 단계의 용어는?
① 1단계 – 재창조
② 2단계 – 전환
③ 3단계 – 이행
④ 4단계 – 실행

**49** 물류시스템의 구성에서 수·배송의 개념 중 "수송"에 대한 설명으로 틀린 것은?
① 장거리 대량 화물의 이동
② 거점 ↔ 거점 간 이동
③ 지역 간 화물의 이동
④ 1개소의 목적지에 2회에 직송

> 해설 ④의 문장 중 "2회에 직송"은 틀리고, "1회에 직송"이 옳으므로 정답은 ④이다.

**50** 물류시스템 구성에서 수·배송의 개념 중 "배송"에 대한 설명으로 틀린 것은?
① 단거리 소량 화물의 이동
② 고객↔고객 간 이동
③ 지역 내 화물의 이동
④ 다수의 목적지를 순회하면서 소량 운송

> 해설 "고객→고객 간 이동"이 아니고, "기업↔고객 간 이동"이 맞으므로 정답은 ②이다.

**51** 물류시스템의 구성에서 운송 관련 용어(유사용어)의 의미에 대한 설명으로 틀린 것은?
① 교통 : 현상적인 시각에서의 재화의 이동
② 운송 : 서비스 공급측면에서의 재화의 이동
③ 운수 : 교통상 또는 법률상의 운송
④ 운반 : 한정된 공간과 범위 내에서의 재화의 이동

> 해설 ③의 문장 중 "교통상"은 틀리고, "행정상"이 옳은 문장으로 정답은 ③이며, 외에 "통운 : 소화물 운송", "간선수송 : 제조공장과 물류거점 간의 장거리 수송"이 있다.

**52** 제조공장과 물류거점(물류센터 등)간의 장거리 수송으로 컨테이너 또는 파렛트(pallet)를 이용, 유닛화(unitization)되어 일정 단위로 취합하여 수송하는 것의 용어는?
① 배송
② 교통
③ 간선수송
④ 통운

> 해설 "간선수송"에 해당되므로 정답은 ③이다.

**53** 철도 운송과 비교한 화물자동차 운송의 특징으로 틀린 것은?
① 원활한 기동성과 신속한 수·배송
② 신속하고 정확한 화물운송
③ 다양한 고객요구 수용
④ 운송단가 소량

> 해설 ②의 문장 중 "화물운송"은 틀리고, "문전운송"이 맞으므로 정답은 ②이다.

정답 41 ③  42 ④  43 ④  44 ④  45 ①  46 ②  47 ③  48 ④  49 ④  50 ②  51 ③  52 ③  53 ②

**54** 수요와 공급의 시간적 간격을 조정함으로써 시간·가격조정에 관한 기능을 수행하여, 경제활동의 안정과 촉진을 도모하는 용어는?
① 보관  ② 정보
③ 하역  ④ 유통가공

**55** 보관을 위한 가공 및 동일 기능의 형태 전환을 위한 가공 등 유통단계에서 상품에 가공이 더해지는 것을 의미하는 용어는?
① 유통단계  ② 유통가공
③ 포장  ④ 보관

**56** 물품의 운송, 보관 등에 있어서 물품의 가치와 상태를 보호하는 기능의 용어는?
① 유통가공  ② 보관
③ 포장  ④ 정보

**57** 운송, 보관, 포장의 전후에 부수하는 물품의 취급(적입, 적출, 분류, 피킹 등)으로 교통기관과 물류시설에 걸쳐 행해지는 것의 용어는?
① 하역  ② 정보
③ 포장  ④ 유통가공

**58** 물류 시스템의 기능 중 "작업 서브시스템"의 분류방법에 해당하지 않는 것은?
① 운송  ② 하역
③ 보관  ④ 수·발주

◎ 해설  "④ 수·발주"는 정보 서브시스템의 분류사항으로 정답은 ④이며, 외에 "재고, 출하"가 있으며, ①, ②, ③ 외에도 "유통가공, 포장"이 있다.

**59** 물류시스템의 목적은 최소의 비용으로 최대의 물류서비스를 산출하기 위하여 3S1L의 원칙(신속하게, 안전하게, 확실하게, 저렴하게)으로 행하는 것을 구체화한 설명으로 틀린 것은?
① 고객에게 상품을 적절한 납기에 맞추어 정확하게 배달하는 것
② 물류거점을 적절하게 배치하여 업무효율을 향상시키고 상품의 적정재고량을 유지하는 것
③ 운송, 보관, 하역, 포장, 유통가공의 작업을 합리화하는 것
④ 물류비용의 적절화·최소화

◎ 해설  ②의 문장 중에 "업무효율을"은 틀리고, "배송 효율을"이 맞는 문장으로 정답은 ②이며, 이외에 "고객의 주문에 대해 상품의 품절을 가능한 한 적게 하는 것"이 있다.

**60** 운송 합리화 방안에서 "화물자동차운송의 효율성 지표"에 대한 설명으로 틀린 것은?
① 가동율 : 화물자동차가 일정기간에 걸쳐 실제로 가동한 일수
② 실차율 : 주행거리에 대해 실제로 화물을 싣고 운행한 거리의 비율
③ 적재율 : 최소 적재톤수 대비 적재된 화물의 비율
④ 공차거리율 : 주행거리에 대해 화물을 싣지 않고 운행한 거리의 비율

◎ 해설  ③의 문장 설명 중 "최소 적재톤수 대비"는 틀리고, "최대적재량 대비"가 맞으므로 정답은 ③이며, 이외에 "적재율이 높은 상태로 가동율을 높이는 것이 트럭운송의 효율성을 최대로 하는 것이다"가 있다.

**61** "공동 수송의 장점"에 대한 설명이 아닌 것은?
① 물류시설 및 인원의 축소
② 영업용 트럭의 이용증대
③ 소량 부정기화물도 공동수송가능
④ 기업비밀 누출에 대한 우려

◎ 해설  ④의 문장은 "단점"에 해당되어 정답은 ④이며, ①, ②, ③ 외에 "발송작업의 간소화, 입출하 활동의 계획화, 여러 운송업체와의 복잡한 거래교섭의 감소, 운임요금의 적정화"가 있고, 단점은 "영업부분의 반대, 서비스 차별화에 한계, 서비스 수준의 저하 우려, 수·화주와의 의사소통 부족, 상품특성을 살린 판매전략 제약"이 있다.

**62** 화물운송정보시스템의 이해의 구분으로 해당되지 않는 것은?
① 수·배송 관리시스템  ② 화물 정보시스템
③ 터미널화물 정보시스템  ④ 전산 시스템

◎ 해설  ④의 "전산 시스템"은 본 문제의 구분으로 해당이 없어 정답은 ④이다.

**63** 주문상황에 대해 적기 수·배송체제의 확립과 최적의 수·배송계획을 수립함으로써 수송비용을 절감하려는 체제의 용어인 것은?
① 수·배송 관리시스템
② 화물 정보시스템
③ 터미널화물 정보시스템
④ 전산 시스템

◎ 해설  "수·배송관리시스템"이므로 정답은 ①이다.

**64** 화물이 터미널을 경유하여 수송될 때 수반되는 자료 및 정보를 신속하게 수집하여 이를 효율적으로 관리하는 동시에 화주에게 적기에 정보를 제공해주는 시스템의 용어에 해당한 것은?
① 수·배송 관리시스템  ② 화물 정보시스템
③ 터미널화물 정보시스템  ④ 전산 시스템

**65** 수·배송활동의 각 단계에서의 물류정보처리 기능이 아닌 것은?
① 계획  ② 실시
③ 통제  ④ 정보

◎ 해설  ④의 "정보"는 해당 없어 정답은 ④이다.

**66** 물류정보처리 기능에서 "수송수단 선정, 수송 경로 선정, 수송로트(lot) 결정, 다이어그램 시스템 설계, 배송센터의 수 및 위치 선정, 배송지역 결정 등"의 용어에 해당하는 것은?
① 계획  ② 실시
③ 통제  ④ 정보

**67** 물류정보처리 기능에서 "배차 수배, 화물적재 지시, 배송지시, 발송정보 착하지에의 연락, 반송화물 정보관리, 화물의 추적 파악 등"의 용어에 해당한 것은?
① 계획  ② 실시
③ 통제  ④ 정보

**68** 물류정보처리 기능에서 "운임계산, 차량적재효율 분석, 차량가동률 분석, 반품운임 분석, 빈 용기 운임 분석, 오송 분석, 교착 수송 분석, 사고 분석 등"의 용어에 해당한 것은?
① 계획  ② 실시
③ 통제  ④ 정보

**정답** 54 ①  55 ②  56 ③  57 ①  58 ④  59 ②  60 ③  61 ④  62 ④  63 ①  64 ②  65 ④  66 ①  67 ②  68 ③

# 제3장
# 화물 운송서비스의 이해 요약정리

## 1 물류의 신시대와 트럭수송의 역할

### 1 물류없이는 생활할 수 없다.

(1) '물류가 기업경영의 열쇠'라고 생각하고 '물류부문으로 이동되었으면 좋겠다'고 배속을 희망하는 사람도 있다. 이런 사람은 재미 뿐 아니라 지금까지의 물류의 중요성을 알고 있는 사람이기 때문이다.

(2) 물류는 개선의 여지가 많고 개선하면 할수록 효과가 눈에 보일 정도로 나타나기 때문에 물류는 범위가 넓고 실생활에 없어서는 안 되는 것이다(물류를 산업공학으로 간주하면 즐거움이 증가한다).

(3) "아직도 비용을 절감할 수 있는 엄청난 미개척 영역이 남아 있다." 세계적인 미래학자이자 경영학자인 피터 드러커(P. Drucker)의 말이다. 미개척 영역은 다름 아닌 "(기업)물류"이다.

### 2 물류를 경쟁력의 무기로

(1) 물류는 합리화 시대를 거쳐, 혁신(현상의 부정을 기반)이 요구된다.

(2) 물류는 경영합리화에 필요한 코스트를 절감하는 영역 뿐 아니라 경쟁자와의 격차를 벌리려고 하는 중요한 경쟁수단이 되고 있다.

(3) 트럭운송산업의 종사자로서 해야 하는 것은 고객의 절실한 요망에 대응하여 화주에게 경쟁력있는 물류를 무기로 제공할 의무가 있다고 하는 것이다. 이 생각은 트럭운송 종사자에게는 어렵고, 또한 운송기업이나 종사자가 고객의 파트너로서의 지위를 확보하기는 어렵다.

### 3 총 물류비의 절감

(1) 고빈도 소량의 수송체계는 필연적으로 물류 코스트의 상승을 가져온다.(물류코스트가 과대하게 되고 코스트면에서 경쟁력저하요인임)

(2) 물류가 시스템이고 수송과 보관은 물류시스템의 한 요소이지만, 수송과 보관 등 물류를 구성하는 요소에서 아무리 비용을 절감한다고 하더라도 10% 미만에 지나지 않는다.(물류의 세일즈는 컨설팅세일즈임)

(3) 물류전문업자가 고객에 대해 코스트의 면에서 공헌할 수 있는 것은, 총물류비의 억제나 절감에 있다.(경영관리자와 참모나 기획부 사장실의 물류담당자와의 접촉을 도모하는 것이다)

### 4 적정요금을 품질(서비스)로 환원

(1) 물류의 구성요소의 하나인 수송, 보관 등의 요금을 절감한다는 필연성 이전에, 총비용에서 물류비를 절감할 수 있는 요인이 화주 측에 많이 존재하고 있다는 것은 이미 화주의 물류개선의 많은 실적에서 증명되었다는 것이다. 물류개선의 참모가 없는 다수의 화주기업은 물류에 대한 전문적 지식이 부족하기 때문에 운임, 보관료 등의 억제·삭감이라는 단편적 발상으로 끝나 버리지 않을 수가 있다.

(2) 자본이익률로 대표되고 있는 수익률의 상승이 서비스의 향상으로 이어지며 생산성(노동생산성과 자본생산성)을 높여야 한다는 것은 상위를 차지하고 있는 택배업자에게서 이미 입증되고 있다.

(3) 신고 또는 표준운임제도의 시행유무에 관계없이 물류업무의 적정한 대가를 받고 정당한 이익을 계상함과 동시에, 노동조건의 개선에 힘쓰면서 서비스의 향상 운송기술의 개발, 원가절감 등의 성과를 일을 통해 화주(고객)에게 환원한다고 하는 격조 높은 이념을 갖는 트럭운송산업의 자세야말로, 물류혁신시대의 화주기업과 물류전문업체 및 종사자의 새로운 파트너쉽이라고 할 것이다.

### 5 혁신과 트럭운송

(1) 기업존속 결정의 조건

매우 단순한 것이지만 사업의 존속을 결정하는 조건은 매상을 올릴 수 있는가, 코스트(비용)를 내릴 수 있는가? 라는 2가지이다. 이 중에 어느 한 가지라도 실현시킬 수 있다면 사업의 존속이 가능하지만, 어느 쪽도 달성할 수 없다면 살아남기 힘들 것이다[코스트(비용)를 줄이는 것도 이익의 원천이 되는 것을 잊지 말 것].

(2) 기업의 유지관리와 혁신

① 경영의 두 가지 측면 : 하나는 기업고유의 전통과 실적을 계승하여 유지·관리하는 것이고 다른 하나는 기업의 전통과 현상을 부정(현상 부정의 연속에 의해 기업의 생명력을 축적한다는 사상)하여 새로운 기업체질을 창조하는 것이다. '혁신'이란 생산영역의 기술개발이라는 개념이지만 원래 경제적인 개념이었다.

② 경영혁신 : 시장경제의 격화에 의해 수익성이 낮아서 결국 제로(0)가 되면, 경영자는 항상 새로운 이익원천을 추구하지 않으면 안 된다(새로운 이익의 원천을 구하는 일을 말함).

(3) 기술혁신과 트럭운송사업

① 현재의 서비스에 안주하지 않고 끊임없는 새로운 서비스를 개발 제공을 하게 된다. 즉, 운송서비스의 혁신만이 생명력을 보장해 주는 것이다(끊임없는 새로운 서비스의 개발, 도입운송서비스의 혁신).

② 일반적으로 경영혁신의 분야에서는 새로운 시장의 개척, 새로운 상품이나 서비스의 개발에 의한 수요의 창조, 경영의 다각화, 기업의 합병·계열화, 경영효과·생산성의 향상, 기업체질의 개선 등이 공통적 사항이다.

> 참고
>
> 트럭운송업계가 당면하고 있는 영역
> ① 고객인 화주기업의 시장개척의 일부를 담당할 수 있는가
> ② 소비자가 참가하는 물류의 신 경쟁시대에 무엇을 무기로 하여 싸울(경쟁할) 것인가
> ③ 고도정보화시대에 살아남기 위한 진정한 협업화에 참가할 수 있는가
> ④ 트럭이 새로운 운송기술을 개발할 수 있는가
> ⑤ 의사결정에 필요한 정보를 적시에 수집할 수 있는가 등이다.

(4) 수입확대와 원가절감

① 수입의 확대 : 마케팅과 같은 의미로 이해할 수 있고 "사업을 번창하게 하는 방법을 찾는 것"이라고 할 수 있다. 마케팅의 출발점은 자신이 가지고 있는 상품을 손님에게 팔려고 노력하기보다는, 팔리는 것, 손님이 찾고 있는 것, 찾고는 있지만 느끼지 못하고 있는 것을 손님에게 제공하는 것이다. 이것이 소위 "생산자 지향"에서 "소비자 지향"으로 라는 것이다.

② 원가의 절감(연료의 리터당 주행거리, 차량수리비 등)
  ㉠ 원가의 절감은 원가의 재생산이라고 하는 것이 보다 더 적합하다고 할 수 있으며, 원가의 인하활동이라고 하거나 다른 표현으로 돈을 벌기 위해 묘안을 짜내는 것이다.

ⓒ 원가절감은 지출을 억제한다고 하는 방어적인 수법만이 아니라 운행효율의 향상, 생산성의 향상이라고 하는 적극적·공격적인 수법이 필요하다(충실한 차량관리로 원가절감은 기본임).

### (5) 운송사업의 존속과 번영을 위한 변혁의 외부적 요인과 내부적 요인

① 운송사업의 존속과 번영을 위한 명심해야 할 사항
  ㉠ 경쟁에 이겨 살아남지 않으면 안 된다. 살아남기 위해서는 조직은 물론 자신의 문제점을 정확히 파악할 필요가 있다.
  ㉡ 문제를 알았으면 그 해결방법을 발견해야 하고 문제의 해결은 현상을 타파하고 변화를 불러 일으키는 것이다.
  ㉢ 새로운 과제, 새로운 변화, 새로운 위험, 새로운 선택과 결정을 맞이하여 최선의 방법을 결정 선택하여 끊임없이 전진해 나가는 것이다(모든 방책 중 최선의 방법을 선택결정하여 전진).

② 조직이든 개인이든 변혁을 일으키지 않으면 안되는 이유
  ㉠ 외부적 요인 : 조직이나 개인을 둘러싼 환경의 변화, 특히 고객의 욕구행동의 변화에 대응하지 못하는 조직이나 개인은 언젠가는 붕괴하게 된다(화주와 물류담당자간의 상반).
  ㉡ 내부적 요인 : 조직이나 개인의 변화를 말한다. 조직이든 개인이든 환경에 대한 오픈시스템으로 부단히 변화하는 것이다(예 : 가치관이나 의식 또는 행동패턴 등이 변화 → 내부적 변혁이 필요).

③ 현상의 부정, 타파, 변혁이라는 추상적인 용어를 이해하기 어려움으로 현상의 변혁에 필요한 4가지 요소
  ㉠ 조직이나 개인의 전통, 실적의 연장선상에 존재하는 타성을 버리고 새로운 질서를 이룩하는 것이다. 현재의 상태에 만족하거나 안주하지 않는다(새로운 방법이나 사상 등은 거부반응을 보임).
  ㉡ 유행에 휩쓸리지 않고 독자적이고 창조적인 발상을 가지고 새로운 체질을 만드는 것이다(독자적인 창조 : 독창성으로 개발 연구).
  ㉢ 형식적인 변혁이 아니라 실제로 생산성 향상에 공헌할 수 있도록, 일의 본질에서부터 변혁이 이루어져야 한다(본질적이고 구체적인 변혁실시, 명칭은 바뀌고 내용은 그대로면 : 형식적인 변혁임).
  ㉣ 전통적인 체질은 좋든 나쁘든 견고하다. 과거의 체질에서 새로운 체질로 바꾸는 것이 목적이라면, 변혁에 대한 노력은 계속적인 것이어야 성과가 확실해진다.

### (6) 현상의 변혁에 성공하는 비결

① 현상의 변혁에 성공하는 비결은 개혁을 적시에 착수하는 것이다.
  ㉠ 회사 창립기념일이나 종사기념일, ㉡ 실적이 호조를 보일 때, ㉢ 위기에 직면했을 때, ㉣ 새 건물이나 새 차량을 구입했을 때, ㉤ 신규노선이나 신지역에 진출하였을 때 등

② 현상의 변혁에 성공하는 비결의 문제는 업종에 있는 것이 아니라 운송기술의 개발이나 새로운 서비스방식의 개발에 의해, 이익을 올릴 여지는 충분히 있다(더욱 좋게 하기 위해 끊임없이 연구).

③ 현상의 부정, 타파, 창조변혁을 이룬다고 하는 변혁의 철학이 '더욱 좋게 한다'고 하는 말 속에 전부 포함되어 있다고 하겠다.

### (7) 트럭운송을 통한 새로운 가치 창출

① 트럭운송은 사회의 공유물이다. 트럭운송은 사회와 깊은 관계를 가지고 있다. 물자의 운송 없이 사회는 존재할 수 없으므로, 즉 사람이 사는 곳이라면, 어디든지 물자의 운송이 이루어져야 하므로, 트럭은 사회의 공기(公器)라 할 수 있다.

② 트럭이 해야만 하는 제1의 원칙은, 사회에 대하여 운송활동을 통해, 새로운 가치를 창출해 낸다고 하는 것이다.

③ 화물운송종사업무는 새로운 가치를 창출하고 사회에 무엇인가 공헌을 하고 있다는 데에 존재의의가 있으며 운송행위와 관련 있는 모든 사람들의 다면적인 욕구를 충족시킨다는 사회로서의 사명을 가지고 있다.

## 2 신 물류서비스 기법의 이해

### 1 공급망 관리(SCM : Supply Chain Management)

(1) 공급망 관리 개념
  ① 최종고객의 욕구를 충족시키기 위하여 원료공급자로부터 최종 소비자에 이르기까지, 공급망 내의 각 기업 간에 긴밀한 협력을 통해 공급업망 전체의 물자를 흐름을 원활하게 하는 공동전략을 말한다.
  ② 즉, 공급망 내의 각 기업은 상호 협력하여 공급망 프로세스를 재구축하고 업무협약을 맺으며 공동 전략을 구사하게 된다.

(2) 공급망은 상류(商流)와 하류(荷流)를 연결시키는, 즉 최종 소비자의 손에 상품과 서비스 형태의 가치를 가져다주는 여러 가지 다른 과정과 활동을 포함하는 조직의 네트워크를 말한다. 공급망 관리에 있어서 각 조직은 긴밀한 협조관계를 형성하게 된다. 즉, 공급망 관리는 기업 간 협력을 기본 배경으로 하는 것이다.

(3) 공급망 관리는 '수직계열화'와는 다르다. 수직계열화는 보통 상류의 공급자와 하류(荷流)의 고객을 소유하는 것을 의미한다.

### 2 물류 → 로지스틱스(Logistics) → 공급망 관리(SCM)로의 발전

| 구분 | 물류 | Logistics | SCM |
| --- | --- | --- | --- |
| 시기 | 1970~1985년 | 1986~1997년 | 1998년 |
| 목적 | 물류부문 내 효율화 | 기업 내 물류 효율화 | 공급망 전체 효율화 |
| 대상 | 수송, 보관, 하역, 포장 | 생산, 물류, 판매 | 공급자, 메이커, 도소매, 고객 |
| 수단 | 물류부문 내 시스템 기계화, 자동화 | 기업 내 정보시스템 POS, VAN, EDI | 기업 간 정보시스템 파트너 관계, ERP, SCM |
| 주제 | 효율화 (전문화, 분업화) | 물류코스트+서비스 대행 다품종수량, JIT, MRP | ECR, ERP, 3PL, APS 재고소멸 |
| 표방 | 무인 도전 | 토탈물류 | 종합물류 |

### 3 전사적 품질관리(TQC ; Total Quality Control)

(1) 기업경영에 있어서 전사적 품질관리란 제품이나 서비스를 만드는 모든 작업자가 품질에 대한 책임을 나누어 갖는다는 개념이다. 즉, 불량품을 원천에서 찾아내고 바로잡기 위한 방안이며, 작업자가 품질에 문제가 있는 것을 발견하면, 생산라인 전체를 중단시킬 수도 있다.

(2) 전사적 품질관리(TQC)는 물류활동에 관련되는 모든 사람들이 물류서비스 품질에 대하여 책임을 나누어 가지고 문제점을 개선하는 것이며, 물류서비스 품질관리 담당자 모두가 물류서비스 품질의 실천자가 된다는 내용이다.

(3) 물류서비스의 품질관리를 보다 효율적으로 하기 위해서는 물류현상을 정량화하는 것이 중요하다. 즉, 물류서비스의 문제점을 파악하여 그 데이터를 정량화하는 것이 중요하다.

(4) 원래 전사적 품질관리(TQC)는 통계적인 기법이 주요 근간을 이루나, 조직 부문 또는 개인 간 협력, 소비자 만족, 원가절감, 납기, 보다 나은 개선이라는 "정신"의 문제가 핵이 되고 있다.

## 4 제3자 물류(TPL 또는 3PL : Third-Party Logistics)

### (1) 물류관리 개념의 변천과정
① 1980년대 : 기업 내 물류기능 간 통합관리를 강조한 통합물류관리(Intergrated logistics management)가 중시되었고
② 1990년대 이후 : 기업 간 물류기능의 외연적 통합을 통해, 물류의 효율성을 제고하기 위한, 공급망 관리(Supply Chain Management : SCM)의 개념이 본격적으로 확산된 시기라고 볼 수 있다.
③ 1990년대부터 : ㉠ 경쟁관계의 설정과 보다 효율적인 물류시스템의 구축노력이 개별기업 차원에서 벗어나 공급망(Supply chain)의 차원으로 확대되기 시작하였고, ㉡ 이에 따라 공급망 전체의 물류효율성 증대를 위한 관련주체간의 파트너쉽(Partnership) 또는 제휴(Alliance)의 형성이 매우 중요하게 되었다.

> **참고**
> ① 파트너쉽(Partnership) : 상호 합의한 일정기간 동안 편익과 부담을 함께 공유하는 물류채널 내, 두 주체간의 관계를 의미한다.
> ② 제휴(Alliance) : 특정 목적과 편익을 달성하기 위한, 물류 채널 내의 독립적인 두 주체 간의 계약적인 관계를 의미한다.
> ③ 전략적 파트너쉽 또는 제휴 : 참여 주체들이 중·장기적인 상호편익을 추구하는 물류 채널관계의 한 형태를 의미한다.

### (2) 물류관리 개념의 발전단계
① 공급망 내 관련주체 간의 파트너쉽 또는 제휴의 형성이, 제조업체와 유통업체간의 전략적 제휴라는 형태로 나타난 것이 신속대응(QR : Quick Response), 효율적 고객대응(ECR : Efficient Customer Response)이라면,
② 제조업체, 유통업체 등의 화주와 물류서비스 제공업체 간의 제휴라는 형태로 나타난 것이, 제3자 물류(Third-Party Logistics)이다.

### (3) 제3자(Third-Party)
물류채널 내의 다른 주체와의 일시적이거나 장기적인 관계를 가지고 있는 물류채널 내의 대행자 또는 매개자를 의미하여, 화주와 단일 혹은 복수의 제3자 물류 또는 계약물류(Contract logistics)이다(기업이 사내에서 수행하는 물류기능을 아웃소싱한다는 의미 사용).

### (4) 기업이 물류 아웃소싱을 도입하는 이유
① 물류관련 자산비용의 부담을 줄임으로써, 비용절감을 기대할 수 있다. ② 전문 물류서비스의 활용을 통해, 고객서비스를 향상시킬 수 있다. ③ 자사의 핵심사업 분야에 더욱 집중할 수 있다. ④ 전체적인 경쟁력을 제고할 수 있다는 기대에서 출발한다.

> **참고**
> "제3자 물류" 호칭 : 물류 아웃소싱을 특수관계가 없는 물류서비스 제공업체에게 위탁할 때 이를 "제3자 물류"라고 할 수 있다.

### (5) 기업의 물류활동을 수행자에 의한 분류방법
① 자사물류(First-Party Logistics, 1PL) : 기업이 사내에 물류조직을 두고 물류업무를 직접 수행하는 경우
② 자회사물류(Second-Party Logistics, 2PL) : 기업이 사내의 물류조직을 별도로 분류하여 자회사로 독립시키는 경우
③ 제3자 물류 : 외부의 전문물류업체에게 물류업무를 아웃소싱하는 경우

### (6) 제3자 물류 개념의 두 가지 관점과 방향전환
① 기업이 사내에서 직접 수행하던 물류업무를 외부의 전문물류업체에게 아웃소싱한다는 관점이다.
② 전문물류업체와의 전략적 제휴를 통해, 물류시스템의 전체의 효율성을 제고하려는 전략의 일환으로 보는 관점이다.

③ 기존의 단기적인 거래기반관계에서 중장기적인 파트너쉽 관계로 발전 된다는 것을 의미한다.

## 5 신속대응(QR;Quick Response)

### (1) 개념
신속대응(QR) 전략→생산·유통기간의 단축, 재고의 감소, 반품손실감소 등 생산·유통 각 단계에서 효율화를 실현하고 그 성과는 생산자, 유통관계자, 소비자에게 골고루 돌아가게 하는 기법을 말한다.

### (2) 원칙
신속대응(QR)→생산·유통관련업자가 전략적으로 제휴하여 소비자의 선호 등을 즉시 파악하여 시장변화에 신속하게 대응함으로써, 시장에 적합한 상품을 적시에, 적소로, 적당한 가격으로 제공하는 것을 원칙으로 하고 있다.

### (3) 효과
신속대응(QR)을 활용함으로서의 혜택은
① 소매업자 : 유지비용의 절감, 고객서비스의 제고, 높은 상품회전율, 매출과 이익증대 등의 혜택을 볼 수 있다.
② 제조업자 : 정확한 수요예측, 주문량에 따른 생산의 유연성 확보, 높은 자산회전율 등의 혜택을 볼 수 있다.
③ 소비자 : 상품의 다양화, 낮은 소비자가격, 품질개선, 소비패턴 변화에 대응한 상품구매 등의 혜택을 볼 수 있다.

## 6 효율적 고객대응(ECR ; Efficient Consumer Response)

### (1) 개념
효율적 고객대응(ECR) 전략→소비자 만족에 초점을 둔 공급망 관리의 효율성을 극대화하기 위한 모델로서 제품의 생산단계에서부터 도매·소매에 이르기까지 전 과정을 하나의 프로세스로 보아 관련기업들의 긴밀한 협력을 통해, 전체로서의 효율 극대화를 추구하는 효율적 고객대응기법이다.

### (2) 목적
효율적 고객대응(ECR)→제조업체와 유통업체가 상호 밀접하게 협력하여 기존의 상호기업간의 존재하던 비효율적이고 비생산적인 요소들을 제거하여 보다 효용이 큰 서비스를 소비자에게 제공하자는 것이다.

### (3) ECR(효율적 고객대응)과 QR(신속대응)의 다른 점
① 효율적 고객대응(ECR)이 단순한 공급망 통합전략과 다른 점 : 산업체와 산업체 간에도 통합을 통하여 표준화와 최적화를 도모할 수 있다. ② 신속대응(QR)과의 차이점 : 섬유산업뿐만이 아니라 식품 등 다른 산업부문에도 활용할 수 있다는 것이다.

## 7 주파수 공용통신(TRS ; Trunked Radio System)

### (1) 주파수 공용통신(TRS)의 개념
중계국에 할당된 여러 개의 채널을 공동으로 사용하는 무전기 시스템으로서 이동차량이나 선박 등 운송수단에 탑재하여 이동간의 정보를 리얼타임(Real-time)으로 송수신할 수 있는 통신서비스이다(혁신적인 화물추적통신망임).

### (2) 주파수 공용통신(TRS)의 서비스 종류
① 음성통화(Voice dispatch), ② 공중망접속통화(PSTN I/L), ③ TRS데이터통신(TRS data communication), ④ 첨단차량군 관리(Advanced Fleet Management) 등

### (3) 주파수 공용통신(TRS) 기능
① 주파수 공용통신(TRS)과 공중망접속통화로, 물류의 3대 축인 운송회사·차량·화주의 통신망을 연결하면, 화주가 화물의 소재와 도착시간 등을 즉각 파악할 수 있다.
② 운송회사에서도 차량의 위치추적에 의해 사전 회귀배차(廻歸配車)가 가능해지고 단말기 화면을 통한 작업지시가 가능해진다.
※ 이점(利點) : 화물추적기능, 화주요구에 신속대응, 서류처리축소 등

### (4) 주파수 공용통신(TRS)의 도입 효과
① 업무분야별 효과
- ㉠ 차량운행 측면 : 사전배차계획 수립과 배차계획 수정이 가능해지며, 차량의 위치추적 기능의 활용으로 도착시간의 정확한 추정이 가능해진다.
- ㉡ 집배송 측면 : 음성 혹은 데이터통신을 통한 메시지 전달로, 수작업과 수배송 지연사유 등 원인분석이 곤란했던 점을 체크아웃 포인트의 설치나 화물추적기능 활용으로 지연사유 분석이 가능해져, 표준운행시간 작성에 도움을 줄 수 있게 되었다.
- ㉢ 자동차 및 운전자관리 측면 : 그 동안 수송 중 고장이나 운전자 태만 등에 신속대응이 곤란하였으나 TRS를 통해 고장차량에 대응한 차량 재배치나 지연사유 분석이 가능해지고 이외에도 데이터통신에 의한 실시간 처리가 가능해져 관리업무가 축소되며 대고객에 대한 정확한 도착시간 통보로 JIT(卽納)가 가능해지고 분실화물의 추적과 책임자 파악이 용이하게 되었다.

② 기능별 효과 : ㉠ 자동차의 운행정보 입수와, 본부에서 차량으로 정보전달이 용이해지고 ㉡ 차로 접수한 정보의 실시간 처리가 가능해지며 ㉢ 화주의 수요에 신속히 대응할 수 있다는 점이며 ㉣ 화주의 화물추적이 용이해진다.

### 8 범지구측위시스템(GPS ; Global Positioning System)

#### (1) GPS 통신망의 개념
관성항법(慣性航法)과 더불어 어두운 밤에도 목적지에 유도하는 측위(側衛)통신망으로서 그 유도기술의 핵심이 되는 것은 인공위성을 이용한 범 지구측위시스템(GPS)이며, 주로 차량위치추적을 통한 물류관리에 이용되는 통신망이다.

#### (2) GPS통신망의 기능
① 인공위성을 이용한 지구의 어느 곳이든 실시간으로, 자기 또는 타인의 위치를 확인할 수 있다.
② GPS는 미국방성이 관리하는 새로운 시스템으로, 고도 2만km 또는 24개의 위성으로부터 전파를 수신하여 그 소요시간으로 이동체의 거리를 산출한다(GPS 사용 시 측정오차는 10/100m 정도로서 지상에서의 고정점 측정오차를 2~3m로 줄일 수 있다.)

#### (3) GPS의 도입 효과
① 각종 자연재해로부터 사전에 대비해, 재해를 회피할 수 있다.
② 토지조성공사에도 작업자가 건설용지를 돌면서 지반침하와 침하량을 측정해, 리얼 타임으로 신속하게 대응할 수 있다.
③ 대도시의 교통혼잡 시에 차량에서 행선지 지도와 도로 사정(교통정체현상) 등을 파악할 수 있으며, 공중에서 온천탐사도 할 수 있다.
④ 밤낮으로 운행하는 운송차량추적시스템을 GPS를 통해 완벽하게 관리 및 통제할 수 있다.

### 9 통합판매 · 물류 · 생산시스템
### (CALS ; Computer Aided Logistics Support)

#### (1) CALS의 개념
1982년 미군의 병참지원체계로 개발된 것으로 최근에는 민간에서까지 급속도로 확대되어, 산업정보화의 마지막 무기이자 제조·유통·물류산업의 인터넷이라고 평가 받고 있다.

> **참고**
> 통합판매 · 물류 · 생산시스템(CALS)이란 것은
> **첫째,** 무기체제의 설계·제작·군수 유통체계지원을 위해, 디지털기술의 통합과 정보공유를 통한, 신속한 자료처리 환경을 구축
> **둘째,** 제품설계에서 폐기에 이르는 모든 활동을, 디지털정보기술의 통합을 통해 구현하는 산업화전략
> **셋째,** 컴퓨터에 의한 통합생산이나 경영과 유통의 재설계 등의 총칭(기업으로서는 품질향상, 비용절감 및 신속처리에 큰 효과를 거둠)

#### (2) CALS의 목표
설계, 제조 및 유통과정과 보급, 조달 등 물류지원 과정을 첫째는 비즈니스 리엔지니어링을 통해 조정하고, 둘째는 동시공학(同時工學, Concurrent Engineering)적 업무처리과정으로 연계하며, 셋째는 다양한 정보를 디지털화하여 통합 데이터베이스(Database)에 저장하고 활용하는 것이다.

> **참고**
> 위의 3개 사항을 통해 ① 업무의 과학적, 효율적 수행이 가능하고 ② 신속한 정보공유 및 종합적 품질관리 제고가 가능하게 되었다.

#### (3) 통합판매 · 물류 · 생산시스템(CALS)의 중요성과 적용 범주
① 정보화 시대의 기업경영에 필요한 필수적인 산업정보화
② 방위산업뿐 아니라 중공업, 조선, 항공, 섬유, 전자, 물류 등 제조업과, 정보통신 산업에서 중요한 정보전략화
③ 과다서류와 기술자료의 중복 축소, 업무처리절차 축소, 소요시간 단축, 비용절감
④ 기존의 전자데이타정보(EDI)에서 영상, 이미지 등 전자상거래(Electronic Commerce)로 그 범위를 확대하고 궁극적으로 멀티미디어 환경을 지원하는 시스템으로 발전
⑤ 동시공정, 에러검출, 순환관리 자동활용을 포함한, 품질관리와 경영혁신 구현 등

#### (4) 통합판매 · 물류 · 생산시스템(CALS)의 도입 효과
① CALS/EC → 새로운 생산 · 유통 · 물류의 패러다임으로 등장하고 있다. 이는 민첩생산시스템으로써 패러다임의 변화에 따른, 새로운 생산시스템, 첨단생산시스템, 고객요구에 신속하게 대응하는 고객만족시스템, 규모경제를 시간경제로 변화, 정보인프라로 광대역 ISDN(B-ISDN)으로써 그 효과를 나타내고 있다.
② CALS의 추진전략 → 정보화시대를 맞이하여 기업경영에 필수적인 산업정보화전략이라고 요약할 수 있다.
- ㉠ 모든 정보기술과 통신기술의 통합화전략이며 정보화 사회의 새로운 생산모델 및 경영혁신수단이다.
- ㉡ 정보의 공유와 활용으로, 기업을 수평적이고 동시공학적(同時工學的) 체제로 전환함으로써, 고객만족에 기반을 두게 되었다.
- ㉢ 시장의 개방화와 전자상거래의 확산에 따른 정보의 글로벌화와 함께, 21세기 정보화 사회의 핵심전략으로서 부각되고 있다.
③ 특이한 CALS/EC의 도입효과 → CALS/EC가 기업통합과 가상기업을 실현할 수 있을 것이란 점이다. 이는 기술정보를 통합 및 공유한 세계화된 실시간 경영실현을 통해, 기업통합이 가능할 것이란 점이며 또한 정보시스템의 연계는 조직의 벽을 허물어, 가상기업(Virtual Enterprise, VE)의 출현을 낳게 하고 이는 기업 내 또는 기업 간 장벽을 허물 것이란 점이다.

#### (5) 가상기업(Virtual Enterprise)이란
① 개념 : 급변하는 상황에 민첩하게 대응하기 위한 전략적 기업제휴를 의미한다. 여기서는 정보시스템으로 동시공학체제를 갖춘 생산·판매·물류시스템과 경영시스템을 확립한 기업, 시장의 급속한 변화에 대응하기 위해, 수익성 낮은 사업은 과감히 버리고 리엔지니어링을 통해 경쟁력 있는 사업에 경영자원을 집중투입, 필요한 정보를 공유하면서 상품의 공동개발을 실현, 제품단위 또는 프로젝트 단위별로, 기동적인 기업 간 제휴를 할 수 있는 수평적 네트워크형 기업관계 형성을 의미한다.
② 한국무역정보통신(KTNET)은 KT·EDI(전자문서교환)를 개발한 이후 1996년 4월 국토교통부의 종합물류사업권을 획득하고 종합물류망에 지능형수송시스템(ITS)을 결합하는 무선데이터사업의 추진과 함께 지리정보시스템(GIS)을 겸한 서비스를 시작하여 향후 가상기업의 출현을 가능하게 하는 서비스를 제공할 것이다.

# 제4편 운송서비스

## 제3장 화물 운송서비스의 이해 출제 예상 문제

**1** 다음 중 물류에 대한 설명으로 잘못된 것은?
① 물류는 기업경영의 열쇠이다
② 물류는 개선의 여지가 많다
③ 물류의 개선 효과는 눈에 잘 띄지 않는 편이다
④ 물류의 범위는 넓고 실생활에 없어서는 안 된다

**해설** 물류는 개선의 여지가 많고, 개선하면 할수록 그 효과가 눈에 보일 정도로 나타나게 된다. 그러므로 정답은 ③이다.

**2** "총 물류비 절감"에 대한 설명으로 틀린 것은?
① 고빈도·소량의 수송체계는 필연적으로 물류 코스트의 상승을 가져온다
② 물류가 기업간 경쟁의 중요한 수단으로 되면, 자연히 물류의 서비스체제에 비중을 두게 된다
③ 물류코스트가 과대하게 되면 코스트면에서 경쟁력을 상승시키는 요인으로 된다
④ 물류의 세일즈는 컨설팅 세일즈이다

**해설** ③의 문장 중에 "상승시키는"은 틀리고, "저하시키는"이 맞으므로 정답은 ③이다.

**3** "적정요금을 품질(서비스)로 환원"에 대한 설명으로 틀린 것은?
① 물류의 구성요소의 하나인 수송, 보관 등의 요금을 절감한다는 필연성 이전에, 총비용에서 물류비를 절감할 수 있는 요인이 화주측에 많이 존재하고 있다
② 트럭업계의 빈곤함이 고객인 산업계에 가져다 준것은 서비스를 포함한 품질향상에 대한 노력의 결여라기보다는 수익률이 높은데에서 온다
③ 자본이익률로 대표되고 있는 수익률의 상승이 서비스의 향상으로 이어지며, 생산성(노동 생산성과 자본 생산성)을 높여야 한다는 것은 상위를 차지하고 있는 택배업자에게서 이미 입증되고 있다
④ 신고 또는 표준운임제도의 시행유무에 관계없이, 물류업무의 적정한 대가를 받고, 정당한 이익을 계상함과 동시에 노동조건의 개선 (서비스의 향상 등)에 힘을 쓴다

**해설** ②의 문장 중에 "수익률이 높은 데에서 온다"는 틀리고, "수익률이 낮은 데에서 온다"가 맞으므로 정답은 ②이다.

**4** 기업존속 결정의 조건에 대한 설명으로 틀린 것은?
① 사업의 존속을 결정하는 조건은 "매상을 올릴 수 있는가?" "코스트(비용)를 내릴 수 있는가?"라는 2가지이다.
② ①의 사항 2가지 중에 어느 한가지라도 실현시킬 수 있다면 사업의 존속이 가능하지만, 어느 쪽도 달성할 수 없다면 살아남기 힘들 것이다
③ 기업은 매상만이 이익의 원천이 아니라는 것을 알고 있어도, 대부분의 사람들은 매상액을 제일 중시하는 습성을 갖고 있다
④ 코스트를 높이는 것도 이익의 원천이 된다고 하는 것이다

**해설** ④의 문장 중에 "코스트를 높이는 것도"는 틀리고, "코스트를 줄이는 것도"가 맞는 문장으로 정답은 ④이다.

**5** 성숙기의 포화된 경제환경 하에서 거시적 시각의 새로운 이익원천이 아닌 것은?
① 경영혁신
② 인구의 증가
③ 영토의 확대
④ 기술의 혁신

**해설** "경영혁신"은 해당없는 문장으로 정답은 ①이다.

**6** 기술혁신과 트럭운송사업과 관련하여 "트럭운송업계가 당면하고 있는 영역에 대한 사항"에 대한 설명으로 틀린 것은?
① 고객인 화주기업의 시장개척의 일부를 담당할 수 있는가
② 고도물류화시대, 그리고 살아남기 위한 진정한 협업화에 참가할 수 있는가
③ 트럭이 새로운 운송기술을 개발할 수 있는가
④ 의사결정에 필요한 정보를 적시에 수집할 수 있는가

**해설** ②의 문장 "고도물류화시대"는 아니고, "고도정보화시대"가 옳으므로 정답은 ②이며, 외에 "소비자가 참가하는 물류의 신경쟁시대에 무엇을 무기로하여 싸울 것인가"가 있다.

**7** 트럭업계가 원가절감이라고 하는 용어에 대해 반응을 보이고 있는 사항들에 해당하지 않는 것은?
① 연료의 리터당 주행거리나 연료구입단가
② 차량 수리비
③ 타이어가 견딜 수 있는 킬로수
④ 원가의 무한한 절감추구

**해설** ④의 문장은 해당 없어 정답은 ④이다.

**8** 운송사업의 존속과 번영을 위해서 명심해야 할 사항으로 틀린 것은?
① 경쟁에 이겨 살아남지 않으면 안 된다
② 살아남기 위해서는 조직은 물론 타인의 문제점을 정확히 파악할 필요가 있다
③ 문제를 알았으면 그 해결방법을 발견해야만 한다
④ 문제를 해결한다고 하는것은 현상을 타파하고 변화를 불러일으키는 것이다

**해설** ②의 문장 중에 "타인의 문제점"은 틀리고, "자신의 문제점"이 맞으므로 정답은 ②이며, 외에 "모든 방책 중에 최선의 방법을 선택하여 결정해야 한다", "새로운 과제, 새로운 변화, 새로운 위험, 새로운 선택과 결정을 맞이하여 끊 임없이 전진해 나가는 것이다"가 있다.

**정답** 1③ 2③ 3② 4④ 5① 6② 7④ 8②

**9** 조직이든 개인이든 변혁을 일으키지 않으면 안 되는 이유로서 틀린 것은?

① 외부적 요인 : 조직이나 개인을 둘러싼 환경의 변화, 특히 고객의 욕구행동의 변화에 대응하지 못하는 조직이나 개인은 언젠가는 붕괴하게 된다
② 외부적 요인 : 물류관련조직이나 개인은 어지러운 시장동향에 대해 화주를 거쳐 직접적으로 영향을 받게 되는 경우가 많기 때문에 감도가 둔해지는 경우가 있다
③ 내부적 요인 : 조직이나 개인의 변화를 말한다
④ 내부적 요인 : 조직이든 개인이든 환경에 대한 오픈시스템으로 부단히 변화하는 것이다

⊙ 해설 ②의 문장 중에 "직접적으로 영향을"은 틀리고, "간접적으로 영향을"이 맞으므로 정답은 ②이다.

**10** 현상의 변혁에 성공하는 비결에 대한 설명으로 틀린 것은?

① 현상의 변혁에 성공하는 비결은 개혁을 적시에 착수하는 것이다(회사 창립기념일이나 종사기념일, 실적이 호조를 보일 때 등)
② 문제는 업종에 있는 것이 아니라 운송기술의 개발이나 새로운 서비스방식의 개발에 의해 이익을 올릴 여지는 충분히 있다는 것이다
③ 천하의 대기업이라 할지라도 더욱 좋게 하기 위한 방법을 끊임없이 연구하지 않으면 안 된다
④ 현상의 부정, 타파, 창조변혁을 이룬다고 하는 변혁의 행동이 "더욱 좋게 한다"고 하는 말 속에 전부 포함되어 있다

⊙ 해설 ④의 문장 중에 "변혁의 행동이"는 틀리고, "변혁의 철학이"가 맞으므로 정답은 ④이다.

**11** 공급망관리(SCM)의 개념에 대한 설명으로 틀린 것은?

① 공급망 내의 각 기업은 상호협력하여 공급망 프로세스를 재구축하고, 업무협약을 맺으며, 공동전략을 구사하게 된다
② 공급망은 상류(商流)와 하류(荷流)를 연결시키는 조직의 네트워크를 말한다
③ 공급망관리는 기업간 협력을 기본 배경으로 하는 것이다
④ 수직계열화는 보통 상류의 공급자와 하류의 고객을 소유하는 것을 의미하는데 공급망 관리는 '수직계열화'와 같다

⊙ 해설 ④의 문장 중에 "수직계열화와 같다"는 틀리고, "수직계열화와 다르다"가 맞으므로 정답은 ④이다.

**12** 물류서비스기법의 발전단계에서 "로지스틱스(Logistics)"에 대한 설명으로 맞지 않는 것은?

① 시기 : 1986~1997년
② 목적 : 공급망 전체 효율화
③ 대상 : 생산, 물류, 판매
④ 수단 : 기업 내 정보시스템, POS, VAN, EDI

⊙ 해설 ②의 "공급망 전체 효율화"는 SCM의 목적이고, 맞는 것은 "로지스틱스의 목적 : 기업 내 물류 효율화"로 정답은 ②이다. 이외에 "주제 : 물류코스트+서비스대행 다품종소량, JIT, MRP," "표방 : 토탈물류"가 있다.

**13** 전사적 품질관리(TQC : Total Quality Control)에 대한 설명으로 틀린 것은?

① 제품이나 서비스를 만드는 모든 작업자가 품질에 대한 책임을 나누어 갖는다는 개념이다
② 물류서비스의 품질관리를 보다 효율적으로 하기 위해서는 물류현상을 다량화하는 것이 중요하다
③ 물류서비스의 문제점을 파악하여 그 데이터를 정량화하는 것이 중요하다
④ 통계적인 기법이 주요 근간을 이루나 조직 부문 또는 개인간 협력, 소비자 만족, 원가 절감, 납기, 보다 나은 개선이라는 "정신"의 문제가 핵이 되고 있다

⊙ 해설 ②의 문장 중에 "물류현상을 다량화하는"은 틀리고, "물류현상을 정량화하는"이 맞는 문장으로 정답은 ②이다.

**14** 기업이 물류아웃소싱을 도입하는 이유에 대한 설명으로 틀린 것은?

① 물류관련 자산비용의 부담을 줄임으로써 비용절감을 기대할 수 있다
② 전문물류서비스의 활동을 통해 고객서비스를 향상시킬 수 없다
③ 자사의 핵심사업 분야에 더욱 집중할 수 있다
④ 전체적인 경쟁력을 제고할 수 있다는 기대에서 출발한다

⊙ 해설 ②의 문장 중에 "고객서비스를 향상시킬 수 없다"는 틀리고, "고객서비스를 향상시킬 수 있다"가 맞으므로 정답은 ②이다. ※물류아웃소싱 : 기업이 사내에서 수행하던 물류업무를 전문업체에 위탁하는 것을 의미한다.

**15** 신속대응(QR : Quick Response)에 대한 설명으로 옳지 않는 것은?

① 생산·유통기간의 단축, 재고의 감소, 반품손실 감소 등 생산·유통의 각 단계에서 효율화를 실현하고 그 성과를 생산자, 유통관계자, 소비자에게 골고루 돌아가게 하는 기법을 말한다
② 생산·유통관련업자가 전략적으로 제휴하여 소비자의 선호 등을 즉시 파악하여 시장변화에 신속하게 대응함으로써 시장에 적합한 상품을 적시에, 적소로, 적당한 가격으로 제공하는 것을 원칙으로 하고 있다
③ 소매업자는 유지비용의 절감, 고객서비스 제고, 높은 상품회전율, 매출과 이익증대 등의 혜택을 볼 수 없다
④ 제조업자는 정확한 수요예측, 주문량에 따른 생산의 유연성 확보, 높은 자산회전율 등의 혜택을 볼 수 있다

⊙ 해설 ③의 문장 말미에 "혜택을 볼 수 없다"는 틀리고, "혜택을 볼 수 있다"가 맞음으로 정답은 ③이며, "소비자는 상품의 다양화, 낮은 소비자가격, 품질개선, 소비패턴 변화에 대응한 상품구매 등의 혜택을 볼 수 있다"가 있다.

**16** 효율적고객대응(ECR) 전략에 대한 설명으로 틀린 것은?

① 제조업자 만족에 초점을 둔 공급망 관리의 효율성을 극대화하기 위한 모델이다
② 제품의 생산단계에서부터 도매·소매에 이르기까지 전 과정을 하나의 프로세스로 보아 관련기업들의 긴밀한 협력을 통해 전체로서의 효율극대화를 추구하는 효율적 고객대응기법이다
③ 제조업체와 유통업체가 상호 밀접하게 협력하여 기존의 상호 기업간에 존재하던 비효율적이고 비생산적인 요소들을 제거하여 보다 효용이 큰 서비스를 소비자에게 제공하자는 것이다
④ 효율적고객대응(ECR)이 단순한 공급망 통합전략과 다른 점은 산업체와 산업체간에도 통합을 통하여 표준화와 최적화를 도모할 수 있다

⊙ 해설 ①의 문장에 "제조업자 만족에"는 틀리고, "소비자 만족에"가 맞아 정답은 ①이다.

**17** 주파수 공용통신(TRS)에서 여러가지 서비스를 행할 수 있는데 그 대표적인 서비스로 틀린 것은?

① 음성통화  ② 공중망접속통화
③ TRS 데이터통신  ④ TAS 데이터통신

⊙ 해설 ④의 문장 중 "TAS"가 아니고, "TRS"가 맞는 문장으로 정답은 ④이며, 외에 "첨단차량군 관리"가 있다.

**정답** 9 ②  10 ④  11 ④  12 ②  13 ②  14 ②  15 ③  16 ①  17 ④

**18** 주파수 공용통신(TRS)의 업무분야별 및 기능별 도입 효과에 대한 설명 중 틀린 것은?

① 자동차 운행 측면 : 사전배차계획 수립과 배치 계획 수정이 가능해지며, 차량의 위치추적 기능의 활용으로 도착시간의 정확한 추정이 가능해진다
② 집배송 측면 : 체크아웃 포인트의 설치나 화물추적기능 활용으로 지연사유 분석이 가능해져 표준운행시간 작성에 도움을 줄 수 있다
③ 자동차 및 운전자 관리 측면 : 그동안 수송 중 고장이나 운전자의 업무 등에 신속대응이 곤란했으나 TRS를 통해 고장차량에 대응한 차량 재배치나 지연사유 분석이 가능해진다
④ 기능별 효과 : 자동차의 운행정보 입수와 본부에서 차량으로 정보전달이 용이해지고 자동차로 접수한 정보의 실시간 처리가가능해지며, 화주의 수요에 신속히 대응할 수 있다

**해설** ③의 문장 중에 "운전자의 업무 등에"는 틀리고, "운전자의 태만 등에"가 맞는 문장으로 정답은 ③이다.

**19** 범지구측위시스템(GPS)에 대한 설명으로 틀린 것은?

① 관성항법과 더불어 어두운 밤에도 목적지에 유도하는 측위통신망으로서 주로 차량위치추적을 통한 차량관리에 이용되는 통신망이다
② 인공위성을 이용한 범지구측위시스템은 지구의 어느 곳이든 실시간으로 자기 위치와 타인의 위치를 확인할 수 있다
③ 미국방성이 관리하는 새로운 시스템으로 고도 2만km 또는 24개의 위성으로부터 전파를 수신하여 그 소요시간으로 이동체의 거리를 산출한다
④ 미국의 페덱스사는 항공화물서비스로 국내 30분, 해외 72시간 내에 도달하는 것을 서비스 포인트로 삼고 있다

**해설** ①의 문장 중에 "차량관리에 이용"이 아닌, "물류관리에 이용"이 맞으므로 정답은 ①이다.

**20** 이동체의 운항에 범지구측위시스템(GPS)을 사용할 경우 측정오차를 줄일 수 있는 설명으로 맞는 것은?

① 측정오차는 10~100m 정도, 고정점 측정에서는 2~3m까지 줄일 수 있다
② 측정오차는 10~110m 정도, 고정점 측정에서는 2~4m까지 줄일 수 있다
③ 측정오차는 10~120m 정도, 고정점 측정에서는 2~5m까지 줄일 수 있다
④ 측정오차는 10~130m 정도, 고정점 측정에서는 2~6m까지 줄일 수 있다

**해설** 측정오차 또는 고정점 측정에서 줄일 수 있는 미터는 ①이므로 정답은 ①이다.

**21** GPS의 도입효과가 아닌 것은?

① 각종 자연재해로부터 사후대비를 위해 재해를 회피할 수 있다
② 토지조성공사에도 작업자가 건설용지를 돌면서 지반침하와 침하량을 측정하여 리얼타임으로 신속하게 대응할 수 있다
③ 대도시의 교통혼잡시에 차량에서 행선지 지도와 도로 사정을 파악할 수 있다
④ 공중에서 온천탐사도 할 수 있다

**해설** ①의 문장 중에 "사후대비를 위해"는 틀리고, "사전대비를 통해"가 맞으므로 정답은 ①이다

**22** 제품의 생산에서 유통 그리고 로지스틱스의 마지막 단계인 폐기까지 전 과정에 대한 정보를 한 곳에 모은다는 의미의 용어인 것은?

① 통합판매·물류·생산시스템(CALS)
② 신속 대응(QR)
③ 효율적고객대응(ECR)
④ 제3자 물류(3PL)

**23** 통합판매·물류·생산시스템(CALS)를 도입하는 이유로서 틀린 것은?

① 특정 시스템의 개발기간 단축
② 유통비와 물류비 절감
③ 상품의 품질향상
④ 산업전반의 생산성과 경쟁력을 저하

**해설** ④의 문장 중에 "경쟁력 저하"는 틀리고, "경쟁력 향상"이 옳으므로 정답은 ④이다.

**24** CALS/EC는 새로운 생산·유통·물류의 패러다임으로 등장하고 있다. 그 이유가 다른 것은?

① 민첩 생산 시스템으로서 패러다임의 변화에 따른 새로운 시스템이다.
② 첨단 생산 시스템으로서 요구에 신속하게 대응하는 고객 만족 시스템이다.
③ 규모 경제를 시장 경제로 변화시키고, 정보인프라를 통해 광역대 ISDN(B-ISDN)으로써 효과를 나타내고 있다.
④ 정보화 시대를 맞이하여 기업 경영에 필수적인 산업정보화 전략이라고 할 수 있다.

**해설** ④는 패러다임으로 등장한 이유가 아닌, 추진 전략에 해당되므로 정답은 ④이다.

**25** 다음은 통합 판매·물류·생산 시스템(CALS)의 추진 전략(산업정보화 전략)에 관한 설명이다. 옳지 않은 것은?

① 모든 정보 기술과 통신 기술의 통합화 전략이다.
② 정보화 사회의 새로운 생산 모델 및 경영 혁신 수단이다.
③ 정보의 공유와 활용으로 기업을 수평적이고 동시공학적 체계로 전환함으로써 고객 만족에 기반을 두게 되었다.
④ 시장의 개방화와 전자 상거래의 확산에 따른 정보의 신속화와 함께 21세기 정보화 사회의 핵심 전략으로서 부각되고 있다.

**해설** ④의 '정보의 신속화'가 아닌 '정보의 글로벌화'가 맞으므로 정답은 ④이다.

**26** CALS의 도입에서 "급변하는 상황에 민첩하게 대응하기 위한 전략적 기업제휴"를 의미하는 용어는?

① 벤처기업
② 상장기업
③ 가상기업
④ 한계기업

**정답** 18 ③  19 ①  20 ①  21 ①  22 ①  23 ④  24 ④  25 ④  26 ③

# 제4장 화물 운송서비스와 문제점 요약정리

## 1 물류고객서비스

### 1 물류부문 고객서비스의 개념

(1) 어떤 기업이 제공하는 고객서비스의 수준은 기존의 고객이 고객으로서 계속적으로 남을 것인가 말 것인가를 결정할 뿐만 아니라 얼마만큼의 잠재고객이 고객으로 바뀔 것인가를 결정하게 된다.

(2) 어떠한 고객서비스의 주요 목적도, 고객 유치를 증대시키지 않으면 안 된다. 고객서비스는 또 명백하게 신규고객을 획득하는데 일정한 역할을 하지만 이는 고객 유치를 위한 마케팅자원 중에서 가장 유효한 무기이다.

(3) 물류부문의 고객서비스에는 먼저 기존 고객과의 계속적인 거래관계를 유지·확보하는 수단으로서의 의의가 있다. 즉, 제품에 관한 물류활동을 수행할 때에 제조업자가 고객에 대해 보다 수준 높은 고객서비스를 제공하여 고객만족도를 높임으로써, 고객과 계속적인 거래관계를 유지 내지는 확보할 수 있기 때문이다.

(4) **물류부문의 고객서비스에는** 잠재적 고객이나 신규고객을 획득하는 수단이라는 의의도 존재한다. 즉, 기존의 고객에게 보다 만족도가 높은 수준의 서비스를 제공함으로써, 간접적으로 그러한 서비스를 요구하고 있는 잠재적 고객이나 신규고객에게 영향을 미침으로써, 잠재적 고객 내지는 신규고객을 획득할 수 있다.

(5) 위의 (1)~(4)항까지를 종합해보면, 물류 부문의 고객서비스에는 기존 고객의 유지 확보를 도모하고 잠재적 고객이나 신규고객의 획득을 도모하기 위한 수단이라는 의의가 있다.

(6) 물류부문의 고객서비스란 **물류시스템의 산출(output)**이라고 할 수 있다.

(7) 물류고객서비스의 정의 3가지
   ① 주문처리, 송장작성 내지는 고객의 고충처리와 같은 것을 관리해야 하는 활동이다.
   ② 수취한 주문을 48시간 이내에 배송할 수 있는 능력과 같은 성과척도이다
   ③ 하나의 활동 내지는 일련의 성과척도라기 보다는 전체적인 기업철학의 한 요소이다. 즉, 이를 요약하면 **물류고객서비스는** "장기적으로 고객수요를 만족시킬 것을 목적으로 주문이 제시된 시점과 재화를 수취한 시점과의 사이에 계속적인 연계성을 제공하려고 조직된 시스템"이라고 말할 수 있다.

(8) **물류부문의 고객서비스** : 제조업자나 유통업자가 그 물류활동의 수행을 통하여 고객에게 발주 구매한 제품에 관하여 단순하게 물류서비스를 제공하는 것이 아니라 그 물류활동을 보다 확실하게 효율적으로, 보다 정확하게 수행함으로써 보다 나은 물류서비스를 제공하여 고객만족을 향상시켜 나갈 때의 문제가 되는 것이다. 즉, 물류서비스를 고객에 대한 서비스 향상을 도모하여 고객만족도를 높이는 것이라는 의미로 사용할 경우에 이를 고객서비스라고 할 수 있다.

### 2 물류고객서비스의 요소

(1) 아이템의 이용가능성, A/S와 백업, 발주와 문의에 대한 **효율적인 전화처리**, 발주의 편의성, 유능한 기술담당자, 배송시간, 신뢰성, 기기 성능 시범, 출판물의 이용가능성 등

(2) 발주 사이클 시간, 재고의 이용가능성, 발주 사이즈의 제한, 발주의 편리성, 배송빈도, 배송의 신뢰성, 서류의 품질, 클레임 처리, 주문의 달성, 기술지원, 발주상황 정보

(3) 물류고객서비스의 요소 중 주문처리내용에 대한 구분
   ① **주문처리시간** : 고객주문의 수취에서 상품 구색의 준비를 마칠 때까지의 경과시간, 즉 주문을 받아서 출하까지 소요되는 시간
   ② **주문품의 상품 구색시간** : 출하에 대비해서 주문품 준비에 걸리는 시간, 즉 모든 주문품을 준비하여 포장하는데 소요되는 시간
   ③ **납기** : 고객에게로의 배송시간, 즉 상품구색을 갖춘 시점에서 고객에게 주문품을 배송하는데 소요되는 시간
   ④ **주문량의 제약** : 허용된 최소주문량과 최소주문금액, 즉 주문량과 주문금액의 하한선
   ⑤ **혼재** : 수 개소로부터 납품되는 상품을, 단일의 발송화물인 혼재화물로 종합하는 능력, 즉 다품종 주문품의 배달방법
   ⑥ **재고 신뢰성** : 품절, 백오더, 주문충족률, 납품률 등 즉 재고품으로 주문품을 공급할 수 있는 정도
   ⑦ **일관성** : 전술한 요소들의 각각의 변화폭, 즉 각각의 서비스 표준이 허용하는 변동폭

(4) 물품고객서비스의 거래 전·거래 시·거래 후 요소
   ① **거래 전 요소** : 문서화된 고객서비스 정책 및 고객에 대한 제공, 접근 가능성, 조직구조, 시스템의 유연성, 매니지먼트 서비스
   ② **거래 시 요소** : 재고 품절 수준, 발주정보, 주문사이클, 배송촉진, 환적(還積, transhipment), 시스템의 정확성, 발주의 편리성, 대체 제품, 주문상황 정보
   ③ **거래 후 요소** : 설치, 보증, 변경, 수리, 부품, 제품의 추적, 고객의 클레임, 고충·반품처리, 제품의 일시적 교체, 예비품의 이용가능성

### 3 고객서비스전략의 구축(필요성, 서비스반응도, 기준설정)

(1) 수익의 관점에서 고객서비스의 내용이 물류기업의 매출에 미치는 영향의 크기가 많다는 것은 상식인 것이다.

(2) 제공하고 있는 서비스에 대한 고객의 반응은 단순히 제품의 품절만이 아니라, 보다 많은 요인의 영향을 받고 있다는 점을 고려할 필요가 있다. 또한 **물류클레임으로 품절만큼 중요한 것으로는 오손, 파손, 오품, 수량오류, 오량, 오출하, 전표오류, 지연** 등이 있다.

(3) (2)의 이러한 것들과 표리일체의 관계에 있는 물류서비스로는
   ① 리드타임의 단축      ② 체류시간의 단축
   ③ 납품시간 및 시간대지정  ④ 24시간 수주
   ⑤ 상품신선도           ⑥ 유통가공
   ⑦ 부대서비스           ⑧ 다양한 정보서비스
   등 수없이 많다.

(4) 운송종사자가 중요하다고 생각하는 서비스와 고객이 중요하다고 생각하는 것에는 종종 차이가 있다. "고객이 만족하여야만 하는 서비스정책은 무엇인가?"라는 것에, 초점을 맞추는 적극적인 자세가 중요하다.

(5) 최근 들어 물류코스트(비용)에 주안을 두어 개혁을 하는 기업은 적어

졌다. 성공한 조직은 서비스 수준 향상 또는 재고 축소에 주안을 두고 있는 추세이다. 서비스 수준의 향상은, 수주부터 도착까지의 리드타임 단축, 소량출하체제, 긴급출하 대응실시, 수주마감시간 연장 등을 목표로 정하고 있다.

※ 물류기능의 코스트(비용)절감보다는 비즈니스 프로세스를 고려한 코스트(비용)절감을 추구하는 것이 바람직하다.

## 2 택배운송서비스

택배운송은 소형이거나 소량화물에 대한 운송 사업임. 취급물품은 다품종으로 화물의 중량 30kg 이하, 사방 1.5m 이내의 소량화물이다.

### 1 고객의 불만사항

(1) 약속시간을 지키지 않는다(특히, 집하 요청 시).
(2) 전화도 없이 불쑥 나타난다.
(3) 임의로 다른 사람에게 맡기고 간다.
(4) 너무 바빠서 질문을 해도 도망치듯 가버린다.
(5) 불친절하다.
　① 인사를 잘 하지 않는다.　② 용모가 단정치 못하다.
　③ 빨리 사인(배달확인)이나 해달라고 윽박지르듯 한다.
(6) 사람이 있는데도 경비실에 맡기고 간다.
(7) 화물을 함부로 다룬다.
　① 담장 안으로 던져놓는다.　② 화물을 발로 밟고 작업한다.
　③ 화물을 발로 차면서 들어온다.　④ 적재상태가 뒤죽박죽이다.
　⑤ 화물이 파손되어 배달된다.
(8) 화물을 무단으로 방치해 놓고 간다.
(9) 전화로 불러낸다.
(10) 배달이 지연된다.
(11) 길거리에서 화물을 건네준다.
(12) 기타
　① 잔돈이 준비되어 있지 않다.
　② 포장이 되지 않았다고 그냥 간다.
　③ 운송장을 고객에게 작성하라고 한다.
　④ 전화 응대가 불친절(통화중, 여러 사람 연결)하다.
　⑤ 사고배상이 지연되었다.

### 2 고객요구사항

(1) 할인 요구
(2) 포장불비로 화물 포장 요구
(3) 착불요구(확실한 배달을 위해)
(4) 냉동화물 우선 배달
(5) 판매용 화물 오전 배달
(6) 규격 초과 화물, 박스화 되지 않은 화물 인수 요구
　※ 고객들은 화물의 성질, 포장상태에 따라 각각 다른 형태의 취급절차와 방법을 사용하는 것으로 생각

### 3 택배종사자의 서비스 자세

(1) 애로사항이 있더라도 극복하고 고객만족을 위하여 최선을 다한다.
　① 송하인, 수하인, 화물의 종류, 집하시간, 배달시간 등이 모두 달라, 서비스의 표준화가 어렵다. 그럼에도 불구하고 수많은 고객을 만족시켜야 한다.
　② 특히 개인고객의 경우 고객 부재, 지나치게 까다로운 고객, 주소불명, 산간오지·고지대 등으로 어려움이 많다.

(2) 진정한 택배종사자로서 대접받을 수 있도록 행동한다.
　단정한 용모, 반듯한 언행, 대고객 약속 준수 등

(3) 상품을 판매하고 있다고 생각한다.
　① 내가 판매한 상품을 배달하고 있다고 생각하면서 배달한다.
　② 배달이 불량하면, 판매에 영향을 준다.
　③ 많은 화물이 통신판매나 기타 판매된 상품을 배달하는 경우가 많다.

(4) 택배종사자의 용모와 복장
　① 복장과 용모는 언행을 통제한다.
　② 고객도 복장과 용모에 따라 대한다.
　③ 명찰은 신분확인증이다.
　④ 선글라스는 강도, 깡패로 오인할 수 있다.
　⑤ 슬리퍼는 혐오감을 준다.
　⑥ 항상 웃는 얼굴로 서비스한다.

(5) 택배차량의 안전운행과 자동차 관리
　① 사고와 난폭운전은 회사와 자신의 이미지 실추→이용기피
　② 어린이, 노인 주의, 후진주의(반드시 뒤로 돌아갈 것), 후문은 확실히 잠그고 출발(과속 방지턱 통과 시 뒷문이 열려 사고발생)
　③ 골목길 난폭운전은 고객들의 이미지 손상(골목길 처마 등 주의)
　④ 자동차의 외관은 항상 청결하게 관리 및 골목길 네거리 주의통과

(6) 택배화물의 배달방법
　① 배달순서 계획(배달의 개념 : 가정이나 사무실에 배달)
　　㉠ 관내 상세지도를 보유하여(비닐코팅). 배달, 집하 등의 정리
　　㉡ 우선적으로 배달해야 할 고객의 위치 표시(주소대로 표시)
　　㉢ 배달과 집하 순서표시(루트 표시)
　② 개인고객에 대한 전화
　　㉠ 전화를 100%하고 배달할 의무는 없으나, 전화를 아니하면 불만을 초래할 수 있다. 그러나 상황에 따라 전화를 하는 것이 더 좋으며(약속은 변경 가능), 전화를 받지 아니해도 화물은 가져간다.
　　㉡ 방문예정시간에 수하인 부재중일 경우, 반드시 대리 인수자를 지명받아, 그 사람에게 인계해야 한다(인계 용이, 착불요금, 화물 안전확보). ※ 위치파악, 방문예정시간 통보, 착불요금준비
　　㉢ 약속시간을 지키지 못할 경우에는 재차 전화하여 예정시간을 정정한다(방문예정시간은 2시간 정도의 여유를 갖고 약속함이 좋다).

> **참고**
> 
> **전화통화시 주의할 점**
> ① 본인이 아닌 경우 화물명을 말하지 않아야 할 경우가 있다(보약, 다이어트용 상품, 보석, 성인용품 등).
> ② 전화하면 수취거부로 반품률이 높은 품목이 있다[족보, 명감(동문록) 등(전화시 반품률 30% 이상)]
> 　③ 수하인 문전 행동 방법
> 　　㉠ 배달의 개념 : 가정, 사무실에 배달(동(번지), 호수, 성명 확인)
> 　　㉡ 인사방법 : 초인종을 누른후 인사한다.(사람이 안 나온다고 문을 쾅쾅 두드리거나 발로 차지 않는다)(용변중·샤워중 등)
> 　　㉢ 화물인계방법 : "○○○한테서 소포 또는 상품을 배달왔습니다"하며 겉포장의 이상유무를 확인 후 인계한다.
> 　　㉣ 배달표 수령인 날인 확보 : 정자이름과 날인(또는 사인)을 동시에 받는다.(가족, 대리인이 인수 시 관계를 반드시 확인)
> 　　㉤ 고객의 문의사항이 있을 시 : ① 집하이용, 반품 등을 문의할 때는 성실하게 답변한다. ② 조립요령 사용방법, 입어보기, 설치요구, 방안까지 운반 등은 정중히 거절한다.

ⓗ 불필요한 말과 행동은 하지 말 것(오해소지) : ① 배달과 관계 없는 말은 하지 않는다(예 : 여자만 있는 가정방문 시 눈길주의 (잠옷, 샤워복 차림). ② 많은 선물, 외제품 사용, 배달되는 상품의 품질 등에 대한 잡담 등의 말은 하지 말 것

(7) **화물에 이상이 있을 시 인계 방법**
① 약간의 문제가 있을 시는 잘 설명하여 이용하도록 한다.
② 완전히 파손, 변질 시에는 진심으로 사과하고 회수 후 변상, 내품에 이상이 있을 시는 전화할 곳과 절차를 알려준다.
③ 배달완료 후 파손, 기타 이상이 있다는 배상 요청 시, 반드시 현장 확인을 해야 한다(책임을 전가받는 경우 발생).

(8) **반드시 약속시간 (기간)내에 배달해야 할 화물**
① 모든 배달품은 약속시간(기간) 내에 배달되어야 한다.
② 신속 배달품 : 한약, 병원조제약, 식품, 학생들 기숙사용품, 채소류, 과일, 생선, 판매용식품(특히, 명절 전 식품), 서류 등

(9) **대리 인계 시 방법**
① 인수자 지정
ⓐ 전화로 사전에 대리 인수자를 지정받는다(원활한 인수, 파손·분실 문제 책임, 요금수수).
ⓑ 반드시 이름과 서명을 받고 관계를 기록한다.
ⓒ 서명을 거부할 때는 시간, 상호 기타 특징을 기록한다.
② 임의 대리 인계
ⓐ 수하인이 부재중인 경우 외에는 대리인(임의 대리인)에게 인계를 절대로 해서는 안 된다.
ⓑ 불가피하게 대리인에게 인계를 할 때는 확실한 곳에 인계해야 한다(옆집, 경비실, 친척집 등).
ⓒ 대리 인수 기피 인물 : 노인, 어린이, 가게 등
ⓓ 화물의 인계 장소 : 아파트는 현관문 안, 단독주택은 집에 딸린 문 안에 넣어둔다.
ⓔ 사후확인 전화 : 대리 인계 시는 반드시 귀점(귀사) 후 통보 확인한다.

(10) **고객부재시 방법**
① 부재 안내표의 작성 및 투입
ⓐ 반드시 방문시간, 송하인, 화물명, 연락처 등을 기록하여 문 안에 투입(문밖에 부착은 절대 금지)한다.
ⓑ 대리인 인수 시는 인수처 명기하여 찾도록 해야 한다.
② 대리인 인계가 되었을 때는 귀점(귀사) 중 다시 전화로 확인 및 귀점 후 재확인하여 인수사실을 확인한다.
③ 밖으로 불러냈을 때의 방법
ⓐ 반드시 죄송하다는 인사를 한다.
ⓑ 소형화물 외에는 집까지 배달한다(길거리에서 인계는 안 됨).

(11) **미배달 화물에 대한 조치** : 미배달 사유(주소불명, 전화불통, 장기부재, 인수거부, 수하인 불명)를 기록하여 관리자에게 제출하고 화물을 재입고 한다.

(12) **택배 집하방법**
① 집하의 중요성
ⓐ 집하는 택배사업의 기본이다.
ⓑ 집하가 배달보다, 우선되어야 한다.
ⓒ 배달있는 곳에, 집하가 있다.
ⓓ 집하를 잘 해야, 고객불만이 감소한다.
② 방문 집하방법
ⓐ 방문 약속시간의 준수 : 고객 부재 상태에서는 집하가 곤란하고 약속시간이 늦으면 불만이 가중(사전에 전화)된다.
ⓑ 기업화물 집하 시 행동 : 화물이 준비되지 않았다고 운전석에 앉아 있거나 빈둥거리지 말 것(작업을 도와주어야 함). 출하 담당자와 친구가 되도록 할 것
ⓒ 운송장 기록의 중요성 : 운송장 기록을 정확하게 기재하지 않고 부실하게 기재하면 오도착, 배달불가, 배상금액 확대, 화물파손 등의 문제점이 발생한다.

> **참고**
> **정확히 기재해야 할 사항**
> ① 수하인 전화번호 : 주소는 정확해도 전화번호가 부정확하면, 배달이 곤란함.
> ② 정확한 화물명 : 포장의 안전성 판단기준, 사고시 배상기준, 화물수탁 여부 판단기준, 화물취급 요령
> ③ 화물 가격 : 사고 시 배상기준, 화물수탁 여부 판단기준, 할증여부 판단기준

ⓓ 포장의 확인 : 화물종류에 따른 포장의 안전성을 판단하여 안전하지 못할 경우에는 보완을 요구하여 보완 후 발송한다. 포장에 대한 사항은 미리 전화하여 부탁해야 한다.

## 3 운송서비스의 사업용 · 자가용 특징비교

### 1 철도와 선박과 비교한 트럭 수송의 장 · 단점

| 장 점 | 단 점 |
|---|---|
| ① 문전에서 문전 배송서비스를 탄력적으로 수행할 수 있다. | ① 수송단위가 작고 연료비나 인건비(장거리 경우) 등 수송단가가 높다. |
| ② 중간 하역이 불필요하고 포장의 간소화, 간략화가 가능하다. | ② 진동, 소음, 광학스모크 등 공해 문제 해결이 공존해 있다. |
| ③ 다른 수송기관과 연동하지 않고서도 일관된 서비스를 할 수 있다. | ③ 유류의 다량소비에서 오는 자원 및 에너지 절약 문제 등 편의성 이면에는 해결해야 할 문제도 많이 남겨져 있다. |
| ④ 싣고 부리는 횟수가 적어도 된다. | |

※ 기타 : 도로망의 정비·유지, 트럭 터미널, 정보를 비롯한 트럭수송 관계의 공공투자를 계속적으로 수행하고 전국 트레일러 네트워크의 확립을 축으로, 수송기관 상호의 인터페이스의 원활화를 급속히 실현하여야 할 것이다(트럭수송 분담률이 가일층 커지며, 상대적으로 트럭의존도가 높아지고 있다).

### 2 사업용(영업용) 트럭운송의 장 · 단점

| 장 점 | 단 점 |
|---|---|
| ① 수송비가 저렴하다. | ① 운임의 안정화가 곤란하다. |
| ② 수송능력 및 융통성이 높다. | ② 관리기능이 저해된다. |
| ③ 변동비 처리가 가능하다. | ③ 마케팅 사고가 희박하다. |
| ④ 설비투자가 필요없다. | ④ 인터페이스가 약하다. |
| ⑤ 인적투자가 필요없다. | ⑤ 기동성이 부족하다. |
| ⑥ 물동량의 변동에 대응한 안정수송이 가능하다. | ⑥ 시스템의 일관성이 없다. |

### 3 자가용 트럭운송의 장 · 단점

| 장 점 | 단 점 |
|---|---|
| ① 작업의 기동성이 높다. | ① 인적 투자가 필요하다. |
| ② 안정적 공급이 가능하다. | ② 비용이 고정비화된다. |
| ③ 상거래에 기여한다. | ③ 수송능력에 한계가 있다. |
| ④ 시스템의 일관성이 유지된다. | ④ 설비투자가 필요하다. |
| ⑤ 높은 신뢰성이 확보된다. | ⑤ 사용하는 차종·차량에 한계가 있다. |
| ⑥ 리스크가 낮다(위험부담도가 낮다). | ⑥ 수송량의 변동에 대응하기가 어렵다. |
| ⑦ 인적 교육이 가능하다. | |

※ 사업용(영업용), 자가용 모두 장·단점은 있으나 코스트와 서비스 면에서 자가용이 아니어서는 안 될 점만을 자가용으로 하고, 여타는 가능한 한 영업용의 선택적 유효이용을 도모하는 것이 타당하다.

### 4 트럭 운송의 전망

**첫째**, 트럭 수송의 기동성이 산업계의 요청에 적합하기 때문이다.
**둘째**, 트럭 수송의 경쟁자인 철도수송에서는 국철의 화물수송이 독립적으로 시장을 지배해 왔던 관계로, 경쟁원리가 작용하지 않게 되고 그 지위가 낮기 때문이다.

셋째, 고속도로의 건설 등과 같은 도로시설에 대한 공공투자가, 철도시설에 비해 적극적으로 이루어져 왔다는 사실에 기인하고 있다.

넷째, 오늘날에는 소비의 다양화, 소량화가 현저해지고, 종래의 제2차 산업 의존형에서 제3차 산업으로의 전환이 강해지고, 그 결과 가 일층 트럭 수송이 중요한 위치를 차지하게 되었다는 사실을 지적할 수가 있을 것이다.

### (1) 고효율화
트럭수송은 전국화, 대형화, 고속화, 전용화 등 에너지 효율과 운전에 의존하는 노동집약적 업무로서 차종, 차량, 하역, 주행의 최적화를 도모하고 낭비를 배제하도록 항상 유의하여야 할 것이다.

### (2) 왕복 실차율을 높인다.
지역간 수·배송의 경우 교착 등 운행의 시스템이 이루어져 있지 않아 공차로 운행하지 않도록 수송을 조정하고 효율적인 운송시스템을 확립하는 것이 바람직스럽다(낭비운행(공차) 방지대책 강구).

### (3) 트레일러 수송과 도킹시스템화
트레일러의 활용과 시스템화를 도모함으로써, 대규모 수송을 실현함과 동시에 중간지점에서 트랙터와 운전자가 양방향으로 되돌아오는 도킹시스템에 의해 차량 진행 관리나 노무관리를 철저히 하고 전체로서의 합리화를 추진하여야 한다.

### (4) 바꿔 태우기 수송과 이어타기 수송
트럭의 보디를 바꿔 실음으로써 합리화를 추진하는 것을 바꿔 태우기 수송이라 하고 도킹수송과 유사한 것이 이어타기 수송이며 중간지점에서 운전자만 교체하는 수송방법을 말한다.

### (5) 컨테이너 및 파렛트 수송의 강화
① 컨테이너를 내릴 수 있는 장치를 트럭에 장비함으로써, 컨테이너 단위의 짐을 내리는 작업이 쉽게 이루어질 수 있는 시스템을 실현하는 것이 필요하다.
② 파렛트 화물취급에 대해서도 **파렛트를 측면으로부터 상·하 하역**할 수 있는 측면개폐유개차, 후방으로부터 화물을 상·하 하역할 때에 가드레일이나 롤러를 장치한, **파렛트 로더용 가드레일차나 롤러 장착차**, 짐이 무너지는 것을 방지하는 **스테빌라이저 장치차** 등 용도에 맞는 차량을 활용할 필요가 있다.

### (6) 집배 수송용차의 개발과 이용
다품종소량화 시대를 맞아 택배운송 등 소량화물운송용의 집배차량은 적재능력, 주행성, 하역의 효율성, 승강의 용이성 등의 각종 요건을 충족시켜야 하는데, 이에 출현한 것이 델리베리카(워크트럭차)이다.

### (7) 트럭터미널
간선수송차량은 대형화 경향이고, 집배차량은 가일층 소형화되는 추세이다. 양자의 결절점에 해당하는 모순된 2개의 시스템의 해결은 트럭 터미널의 복합화, 시스템화는 필요조건이다.

## ④ 국내 화주기업 물류의 문제점

### 1 각 업체의 독자적 물류기능 보유(합리화 장애)

(1) 대기업은 대기업대로, 중소기업은 중소기업대로 진행해온 물류시스템에 대해 개선이 더디고 자체적으로 또는 주선이나 운송업체를 대상으로 **일부분만 아웃소싱되는 물류체계가 아직도 많다.**

(2) 이 경우 물류개선이 어렵고 전체를 하나의 규모로 하는 경제적인 물류를 달성하기 어렵다.

### 2 제3자 물류(3PL)기능의 약화(제한적·변형적 형태)

(1) 제3자 물류가 부분적 또는 제한적으로 이루어진다는 것은, 화주기업이 물류 아웃소싱을 한다고는 하나 자회사 형태로 운영하면서 기존의 물류시스템과 크게 다르지 않게 운영하면서 **아웃소싱만을 내세우는 변형적인 것을 말한다.**

(2) 전문 업체에 의뢰하는 경향이 늘고 있으나 전체적으로는 아직도 적고, 사실상 문제(개선을 위한 다른 시스템을 접목하는 비용이 들어야만 하는 문제)만 복잡하게 하는 것으로 나타난다.

### 3 시설 간·업체 간 표준화 미약

(1) 표준화, 정보화가 이뤄져야만 물류절감을 도모할 수 있는 기본적인 체계를 갖추게 되나 단일물량(소수물량)을 처리하면서 **막대한 비용이 들어가는 시스템을 설치하는데 한계가 있다.**

(2) 물론 업종별, 상품별로 별도의 시스템을 갖추는 것은 당연하지만, 비슷한 상품을 처리하는데에도 새로운 시스템이나 시설, 장비를 들여야 하는 문제가 있어, 물류업체를 어렵게 한다.

### 4 제조·물류업체간 협조성이 미비한 이유

첫 번째는 신뢰성의 문제이며 두 번째는 물류에 대한 통제력, 세 번째가 비용부문인 것으로 나타나고 있다.

(1) 제조업체의 입장에서는 세무, 이익에 대한 배분 등 물류관리를 아웃소싱하면서 나타나는 문제에 대해 민감할 수밖에 없으나 이러한 문제들은 물류현장에 별다른 문제없이 진행된다. 유통, 관리와 회사내부의 경영, 경리문제는 큰 문제없이 진행할 수 있기 때문이다.

(2) 오히려 일부 제조업체들은, 물류업체가 상품의 배송이나 보관은 물론, 환불이나 수금 등 경리 문제까지 병행해주기를 요구하는 사례도 있다.

(3) 반대로 물류업체가 제조업체의 요구사항을 제대로 수용하지 못하거나 처리단계별로 문제가 발생하는 경우, 제조업체의 고객에 대한 응답을 제대로 처리하지 못해, 그 때 그 때 불만족을 해결하지 못하도록 하는 결과를 초래하는 등, 물류업체 스스로 문제점을 안고 있는 경우가 있다.

### 5 물류 전문업체의 물류인프라 활용도 미약

(1) 자사차량에, 자사물류시스템에, 자사관리인력에 물류인프라가 부족한 것이 원인이 되기도 하지만, 과당경쟁이나 물류처리에 대한 이해부족, 과대한 욕심 등으로, 물류시스템의 흐름에 역행하는 사례가 있다.

(2) 물류인프라를 활용하는 것은, 물류업체가 초기 자본투자를 그만큼 줄이고 유동성(현금 및 시스템) 확보를 통한 물류효율화에 매진할 수 있기 때문이다.

(3) 운송에 차질이 없도록 기존 운송체계를 개선, 최적화를 이루도록 하고 지역별 보관시스템을 활용, 화주의 요구(Needs)에 즉각 대응할 수 있도록 하는 한편, 전문화된 관리인력을 배치해, 고객불만 처리나 물류장애 요인을 제거하는 등, **제조업체와 물류업체가 공생할 수 있는 방안을 만들어야 한다.**

# 제4편

# 운송서비스

## 제4장 화물 운송서비스와 문제점 출제 예상 문제

**1** 물류부분고객서비스의 개념에 대한 설명으로 틀린 것은?
① 어떤 기업이 제공하는 고객서비스의 수준은 기존의 고객이 고객으로서 계속 남을 것인가 말 것인가를 결정할 뿐만 아니라 얼마만큼의 잠재고객이 고객으로 바뀔 것인가를 결정하게 된다
② 어떠한 고객서비스의 주요 목적도 고객 유치를 증대시키지 않으면 안 된다
③ 물류부분의 고객서비스에는 먼저 기존고객과의 계속적인 거래 관계를 유지, 확보하는 수단으로서의 의의가 있다
④ 물류부분의 고객서비스란 물류시스템의 투입(in-put)이라고 할 수 있다
◉해설 ④의 문장 중에 "물류시스템의 투입(in-put)이라고"는 틀리고, "물류시스템의 산출(out-put)이라고"가 맞으므로 정답은 ④이다.

**2** 물류고객서비스의 정의에 대한 설명으로 틀린 것은?
① 주문처리, 송장작성 내지는 고객의 고충처리와 같은 것을 관리해야 하는 활동이다
② 수취한 주문을 48시간 이내에 배송할 수 있는 능력과 같은 성과척도이다
③ 하나의 활동 내지는 일련의 성과척도라기보다는 전체적인 기업철학의 한 요소이다
④ 물류고객서비스는 "장기적으로 고객수요를 만족시킬 것을 목적으로 주문이 제시된 시점과 재화를 수취한 시점과의 사이에 계속적인 서비스를 제공하려고 조직된 시스템"이라고 말할 수 있다
◉해설 ④의 문장 중에 "계속적인 서비스를"은 틀리고 "계속적인 연계성을"이 맞아 정답은 ④이다.

**3** 물류고객서비스의 요소에 대한 설명이 잘못된 것은?
① 주문처리 시간 : 고객주문의 수취에서 상품 구색의 준비를 마칠 때까지의 경과시간(주문을 받아서 출하까지 소요되는 시간)
② 주문품의 상품구색시간 : 출하에 대비해서 주문품 준비에 걸리는 시간(모든 주문품을 준비하여 포장하는데 소용되는 시간)
③ 납기 : 고객에게로의 배송시간(상품구색을 갖춘 시점에서 고객에게 주문품을 납품하는데 소요되는 시간)
④ 재고 신뢰성 : 품절, 백오더, 주문충족률, 납품률 등(재고품으로 주문품을 공급할 수 있는 정도)
◉해설 ③의 문장 중에 "납품하는데 소요되는 시간"은 틀리고, "배송하는데 소요되는 시간"이 맞으므로 정답은 ③이며, 이외에 "주문량의 제약:허용된 최소주문량과 최소주문금액(주문량과 주문금액의 하한선), 혼재:수 개소로부터 납품되는 상품을 단일의 발송화물인 혼재화물로 종합하는 능력(다품 종 주문품의 배달방법), 일관성:전술한 요소들의 각각의 변화 폭,(각각의 서비스 표준이 허용하는 변동 폭)"이 있다.

**4** 거래 전 요소의 사항에 해당되지 않는 것은?
① 문서화된 고객서비스 정책, 접근가능성
② 고객에 대한 제공, 조직구조
③ 시스템의 유연성, 매니지먼트 서비스
④ 재고품절 수준, 발주정보, 주문사이클 등
◉해설 ④의 요소 들은 "거래 시 요소"에 해당되어 정답은 ④이다.

**5** 거래 시 요소에 대한 설명이 아닌 것은?
① 재고품절 수준, 발주 정보, 주문사이클
② 배송촉진, 환적(還積), 시스템의 정확성
③ 발주의 편리성, 대체 제품, 주문상황 정보
④ 설치, 보증, 변경, 수리, 부품, 제품의 추적
◉해설 ④의 문장은 "거래 후 요소"에 해당되어 정답은 ④이다.

**6** 거래 후 요소에 대한 설명이 아닌 것은?
① 설치, 보증, 변경, 고객의 클레임
② 부품, 제품의 추적, 예비품의 이용가능성
③ 수리, 고충·반품처리, 제품의 일시적 교체
④ 주문상황 정보, 대체 제품, 발주의 편리성
◉해설 ④의 문장은 "거래 시 요소"에 해당되어 정답은 ④이다.

**7** 택배운송서비스에서 "고객의 불만사항"이 아닌 것은?
① 약속시간을 지키지 않는다
② 임의로 다른 사람에게 맡기고 간다
③ 불친절하다
④ 고객의 질문에 일일이 대답한다
◉해설 ④의 문항은 해당이 없으므로 정답은 ④이다.

**8** 택배종사자의 서비스 자세로서 틀린 것은?
① 애로사항이 있더라도 극복하고 고객만족을 위하여 최선을 다한다
② 진정한 택배종사자로서 대접받을 수 있도록 행동한다
③ 회사가 판매한 상품을 판매하고 있다고 생각한다
④ 고객도 택배종사자의 복장과 용모에 따라 대할 수 있음을 명심한다
◉해설 ③에서 "회사가 판매한 상품"이 아닌, "내가 판매한 상품"이 맞으므로 정답은 ③이다.

**정답** 1 ④  2 ④  3 ③  4 ④  5 ④  6 ④  7 ④  8 ③

## 9 택배종사자의 용모와 복장으로 틀린 것은?
① 복장과 용모, 언행을 통제한다
② 고객도 복장과 용모에 따라 대하지는 않는다
③ 신분확인을 위해 명찰을 패용한다
④ 항상 웃는 얼굴로 서비스 한다

**해설** ②의 문장 중에 "따라 대하지는 않는다"는 틀리고, "따라 대한다"가 맞는 문장으로 정답은 ②이다.

## 10 택배차량 안전운행과 자동차 관리에 대한 설명으로 틀린 것은?
① 난폭운전은 회사와 자신의 이미지 실추시켜 고객이 이용을 기피하게 만든다
② 운행 중 골목길 처마나 간판을 주의한다
③ 차량과 외관은 반드시 청결히 관리할 필요는 없다
④ 후진 시 주의한다

**해설** 차량과 외관은 청결하게 관리하도록 한다. 정답은 ③이다.

## 11 택배화물의 배달방법에서 "개인고객에 대한 전화방법"으로 틀린 것은?
① 전화는 100% 하고 배달할 의무가 있다
② 전화는 해도 불만, 안 해도 불만을 초래할 수 있다. 그러나 전화를 하는 것이 더 좋다(약속은 변경가능)
③ 위치 파악, 방문예정 시간 통보, 착불요금 준비를 위해 방문예정시간은 2시간 정도의 여유를 갖고 약속한다
④ 전화를 안 받는다고 화물을 안 가지고 가면 안 된다

**해설** ①의 문장 중에 "의무가 있다"는 틀리고, "의무는 없다"가 맞으므로 정답은 ①이며, 이외에 "방문예정시간에 수하인 부재중일 경우 반드시 대리 인수자를 지명받아 그 사람에게 인계해야 한다(인계용이, 착불요금, 화물안전 확보)"가 있다.

## 12 택배화물의 배달방법에서 "수하인 문전 행동방법"으로 틀린 것은?
① 인사방법 : 초인종을 누른 후 인사한다. 그러나 사람이 안 나온다(용변중, 통화중, 샤워중, 장애인 등)고 문을 쾅쾅 두드리거나 발로 차지 않는다
② 화물인계방법 : ○○○한테서 또는 ○○에서 소포(상품을 배달하러)가 왔습니다 등 겉포장 이상 유무를 확인한 후 인계한다
③ 배달표 수령인 날인 확보 : 반드시 정자 이름과 사인(또는 날인)의 둘 중 하나만 받는다(가족, 대리인이 인수 시는 관계 확인)
④ 불필요한 말과 행동을 하지 말 것(오해소지) : 배달과 관계없는 말(잠옷 차림 등 여자 혼자 있는 가정 방문 시 눈길 주의, 상품의 품질에 대한 말 등)과 행동을 하지 말 것

**해설** ③의 문장 중에 "이름과 사인(또는 날인) 둘 중 하나만 받는다"는 틀리고, "이름과 사인(또는 날인)을 동시에 받는다"가 맞으므로 정답은 ③이다.

## 13 택배화물의 배달방법에서 "화물에 이상이 있을 시 인계방법"으로 틀린 것은?
① 약간의 문제가 있을 시는 수선하여 이용하도록 한다
② 완전히 파손, 변질 시에는 사과하고 회수 후 변상한다
③ 내품에 이상이 있을 시는 전화할 곳과 절차를 알려준다
④ 배달완료 후 파손, 기타 이상이 있다는 배상 요청 시 반드시 현장 확인을 해야 한다(책임을 전가받는 경우 발생)

**해설** ①의 문장 중에 "수선하여 이용하도록 한다"는 틀리고, "잘 설명하여 이용하도록 한다"가 맞으므로 정답은 ①이다.

## 14 택배화물의 배달방법에서 "대리 인계 시 방법"으로 틀린 것은?
① 인수자 지정 : "전화로 사전에 대리 인수자를 지정(원활한 인수, 파손·분실 문제 책임, 요금수수)를 받는다
② 인수자 지정 : 반드시 이름과 서명을 받고 관계를 기록한다. 그러나 서명을 거부할 때는 대리 인수인의 인상 특징만을 기록한다
③ 임의 대리 인계 : 수하인이 부재중인 경우 외에는 대리인계를 절대해서는 아니되고, 불가피하게 대리인계를 할 때는 확실한 곳(옆집, 경비실, 친척집 등)에 인계해야 한다
④ 대리 인수 기피 인물 : 노인, 어린이, 가게 등

**해설** ②의 문장 중에 "대리 인수인의 인상특징만을 기록한다"는 틀리고, "시간, 상호, 기타 특징을 기록한다"가 맞으므로 정답은 ②이며, 이외에 "화물의 인계 장소 : 아파트는 현관문 안, 단독주택은 집에 딸린 문안" "사후확인 전화 : 대리 인계시는 반드시 귀점 후 통보한다"가 있다.

## 15 택배화물의 배달방법에서 "고객부재 시 방법"으로 틀린 것은?
① 부재안내표의 작성 및 투입 : 방문시간, 송하인, 화물명, 연락처 등을 기록하여 문에 부착한다
② 대리인 인수 시는 인수처를 명기하여 찾도록 해야 한다
③ 대리인 인계가 되었을 때는 귀점 중 다시 전화로 확인 및 귀점 후 재확인한다
④ 밖으로 불러냈을 때의 방법 : 반드시 죄송하다는 인사를 하며, 소형화물 외에는 집까지 배달한다(길거리 인계는 안됨)

**해설** ①의 문장 중에 "문에 부착한다"는 틀리고, "문안에 투입(문밖에 부착은 절대금지)한다"가 맞으므로 정답은 ①이다.

## 16 택배화물의 배달방법에서 "미배달 화물에 대한 조치"로 옳은 것은?
① 불가피한 경우가 아님에도 불구하고, 옆집에 맡겨 놓고 수하인에게 전화하여 찾아가도록 조치한다
② 미 배달 사유(주소불명, 전화불통, 장기부재, 인수거부, 수하인 불명 등)를 기록하여 관리자에게 제출하고, 화물은 재입고 한다
③ 배달 화물차에 실어 놓았다가 다음날 배달한다
④ 인수자가 장기부재 시 계속 싣고 다닌다

## 17 택배 집하 방법에서 "방문 집하 방법"에 대한 설명으로 틀린 것은?
① 방문 약속시간의 준수 : 고객 부재 상태에서는 집하 곤란, 약속 시간이 늦으면 불만이 가중된다(사전 전화)
② 기업화물 집하 시 행동 : 화물이 준비되지 않았다고 운전석에 앉아있거나 빈둥거리지 말 것(작업을 도와 주어야 함), 출하담당자와 친구가 되도록 할 것
③ 운송장 기록의 중요성 : 운송장 기록을 정확하게 기재하지 않고 부실하게 기재하면 오도착, 배달 불가, 배상금액 확대, 화물파손 등의 문제점이 발생한다
④ 포장의 확인 : 화물종류에 따른 포장의 안전성 판단, 안전하지 못할 경우에는 보완 요구 또는 귀점 후 보완하여 발송, 포장에 대한 사항은 미리 전화하여 부탁할 필요가 없다

**해설** ④의 문장 끝에 "미리 전화하여 부탁할 필요가 없다"는 틀리고, "미리 전화하여 부탁할 필요가 있다"가 맞으므로 정답은 ④이다.

**정답** 9 ② 10 ③ 11 ① 12 ③ 13 ① 14 ② 15 ① 16 ② 17 ④

**18** 택배화물 방문 집하 방법에서 "화물에 대해 정확히 기재해야 할 사항"이 아닌 것은?
① 수하인 전화번호 : 주소는 정확해도 전화번호가 부정확하면 배달이 곤란하다
② 정확한 화물명 : 포장의 안전성 판단기준, 사고 시 배상기준, 화물수탁 여부 판단기준, 화물취급요령
③ 화물가격 : 사고 시 배상기준, 화물수탁 여부 판단기준, 할증 여부 판단기준
④ 집하인 : 성명, 전화번호 등

**19** 철도와 선박과 비교한 "트럭 수송의 장점"의 설명이 아닌 것은?
① 문전에서 문전으로 배송서비스를 탄력적으로 행할 수 있고 중간 하역이 불필요하다
② 포장의 간소화·간략화가 가능할 뿐만 아니라 다른 수송기관과 연동하지 않고서도 일괄된 서비스를 할 수가 있다
③ 화물을 싣고 부리는 횟수가 적어도 된다는 점이 있다
④ 수송 단위가 작고 연료비나 인건비(장거리의 경우) 등 수송단가가 높다는 점이 있다
🔍해설 ④의 문장은 단점에 해당되어 정답은 ④이며, ④의 단점 외에 "진동, 소음, 광화학 스모그 등의 공해 문제, 유류의 다량소비에서 오는 자원 및 에너지절약 문제 등, 편익성의 이면에는 해결해야 할 문제도 많이 남겨져 있다"가 있다.

**20** 사업용(영업용) 트럭운송의 "장점"에 대한 설명이 아닌 것은?
① 수송비가 저렴하다, 수송능력이 높다
② 물동량의 변동에 대응한 안정수송이 가능하다
③ 인적투자는 필요하나, 설비투자가 필요 없다
④ 융통성이 높고, 변동비 처리가 가능하다
🔍해설 ③의 문장 중에 "인적투자는 필요하나"는 틀리고, "인적투자가 필요 없다"가 옳은 문장으로 정답은 ③이다.

**21** 사업용(영업용) 트럭운송의 "단점"에 대한 설명이 아닌 것은?
① 운임의 안정화가 곤란하다
② 관리기능이 저해된다
③ 기동성이 부족하다
④ 인적(설비)투자가 필요 없다
🔍해설 ④의 문장은 본 문장의 "장점"에 해당되어 정답은 ④이며, ①·②·③ 단점 외에 "시스템에 일관성이 없다, 인터페이스가 약하다, 마케팅 사고가 희박하다"가 있다.

**22** 자가용 트럭운송의 "단점"에 대한 설명이 아닌 것은?
① 수송량의 변동에 대응하기가 어렵다
② 설비(인적)투자가 필요하다
③ 사용하는 차종, 차량에 한계가 있다
④ 상거래에 기여한다, 작업의 기동성이 높다
🔍해설 ④의 문장은 본 문제의 "장점"에 해당되므로 정답은 ④이며, ①, ②, ③ 단점 외에 "비용의 고정비화, 수송력에 한계가 있다"가 있다

**23** 트럭운송의 전망에서 "트럭운송은 국내 운송의 대부분을 차지하고 있는 사실에 대한 지적 사항"으로 옳지 않는 것은?
① 트럭 수송의 기동성이 산업계의 요청에 부적합 하기 때문이다
② 트럭수송의 경쟁자인 철도수송에서는 국철의 화물수송이 독립적으로 시장을 지배해 왔던 관계로 경쟁원리가 작용하지 않게 되고 그 지위가 낮은 때문이다
③ 고속도로의 건설 등과 같은 도로시설에 대한 공공투자가 철도시설에 비해 적극적으로 이루어져 왔다는 사실에 기인하고 있다

④ 오늘날에는 소비의 다양화, 소량화가 현저해지고, 종래의 제2차 산업 의존형에서 제3차 산업으로 전환이 강해지고, 그 결과 가일층 트럭 수송이 중요한 위치를 차지하게 되었다는 사실이다
🔍해설 ①의 문장 중에 "산업계의 요청에 부적합 하기 때문이다"는 틀리고, "산업계의 요청에 적합한 때문이다"가 맞음으로 정답은 ①이다.

**24** 트럭운송의 전망에서 운전자 교체 수송 방법으로 맞는 것은?
① 고효율화 : 트럭수송의 전국화, 고속화, 대형화, 전용화 등 차종, 차량, 하역, 주행의 최적화를 도모하고 낭비를 배제하도록 항상 유의하지 않아도 된다
② 왕복실차율을 높인다 : 공차로 운행하지 않도록 수송을 조정하고 효율적인 운송시스템을 확립하는 것이 바람직스럽다
③ 트럭터미널 : 간선 수송에 사용되는 차량과 집배차량은 대형화하는 추세이다. 또한 트럭터미널의 복합화, 시스템화는 필요조건이라 하겠다
④ 바꿔 태우기 수송과 이어타기 수송 : 중간 지점에서 운전자만 교체하는 수송방법을 말한다

**25** 택배운송 등 소형화물운송용의 집배차량은 적재능력, 주행성, 하역의 효율성, 승강의 용이성 등의 각종 요건을 충족시키지 않으면 아니 된다. 이 요청에 응해서 출현한 차량의 명칭은?
① 트레일러
② 델리베리카(워크트럭차)
③ 덤프트럭
④ 합리화 특장차

**26** 국내 화주기업 물류의 문제점이 아닌 것은?
① 각 업체의 독자적 물류기능 보유(합리화 장애)
② 제3자 물류기능의 약화(제한적·변형적 형태)
③ 시설간·업체간 표준화 미약
④ 트레일러 수송과 도킹시스템화
🔍해설 ④의 문장은 "트럭운송의 전망"의 세부사항 중 하나로 다르며, 정답은 ④이다. 또한 외에 "① 제조·물류업체간 협조성 미비, ② 물류 전문업체의 물류 인프라 활용도 미약"이 있다.

**27** 국내 화주기업 물류의 문제점에 대한 설명이 아닌 것은?
① 각 업체의 협조적 물류기능 보유 : 합리화 장애(전체를 하나의 규모로하는 경제적인 물류를 달성하기 어렵다)
② 제3자 물류기능의 약화 : 제한적·변형적 형태(전문 업체에 의뢰하는 경향이 늘고 있으나 전체적으로는 아직도 적다)
③ 시설간·업체간 표준화 미약 : 새로운 시스템이나 시설, 장비를 들여야하는 문제가 있어 물류업체를 어렵게 한다
④ 물류 전문업체의 물류인프라 활용도 미약 ; 전문화된 관리인력을 배치해 고객불만처리나 물류장애 요인을 제거하는 등 제조업체와 물류업체가 공생할 수 있는 방안을 만들어야 한다
🔍해설 ①의 문장 중에 "협조적 물류기능 보유"은 틀리고, "독자적 물류기능 보유"가 맞음으로 정답은 ①이며, 외에"제조·물류업체간 협조성 미비"가 있다.

**28** 국내 화주기업 물류의 문제점에서 "제조업체와 물류업체가 상호 협력을 하지 못하는 가장 큰 이유"들에 해당하지 않는 것은?
① 신뢰성의 문제
② 물류에 대한 통제력
③ 비용부분
④ 물류 아웃소싱 미약
🔍해설 "물류 아웃소싱 미약"은 이유에 들지 아니하므로 정답은 ④이다.

정답 18 ④  19 ④  20 ③  21 ④  22 ④  23 ①  24 ④  25 ②  26 ④  27 ①  28 ④

# 제1회 실전 모의고사

## 제1교시 교통 및 화물자동차 운수사업 관련법규, 화물취급요령

**1** 다음 중 「도로교통법」의 제정 목적이 아닌 것은?
① 도로교통상의 모든 위험과 장해의 방지 제거
② 공공복리 증진과 여객의 원활한 운송
③ 도로운송차량의 안정성 확보와 공공복리 증진
④ 안전하고 원활한 교통의 확보

**2** 다음 중 「도로교통법」상 도로가 아닌 것은?
① 「도로법」에 따른 도로 : 고속국도, 일반국도 등
② 「유료도로법」에 따른 유료도로 : 사용료 받는 도로
③ 아파트 단지 내의 도로 : 단지 내 주민설치
④ 「농어촌도로 정비법」에 따른 농어촌 도로 : 면도, 이도, 농도

**3** 다음 중 보행자 신호등에 대한 설명으로 틀린 것은?
① 녹색의 등화 : 보행자는 횡단보도를 횡단할 수 있다
② 녹색등화의 점멸 : 보행자는 횡단을 시작하여서는 아니 되고, 횡단하고 있는 보행자는 신속하게 횡단을 완료 또는 횡단을 중지하고 보도로 되돌아 와야 한다
③ 적색의 등화 : 보행자는 횡단보도를 횡단하여서는 아니된다
④ 녹색의 등화 : 차마는 직진 또는 우회전할 수 있다

**4** 도로교통의 안전을 위하여 각종 주의·규제·지시 등의 내용을 노면에 기호·문자 또는 선으로 도로사용자에게 알리는 표지의 명칭는?
① 노면표시   ② 보조표지
③ 규제표지   ④ 지시표지

**5** 차로에 따른 통행차 기준에서 위험물 등을 운반하는 자동차가 통행할 수 있는 차로로 맞는 것은?
① 통행하고 있는 도로의 오른쪽 가장자리 차로
② 통행하고 있는 도로의 1차로
③ 통행하고 있는 도로의 2차로
④ 통행하고 있는 도로의 3차로

**6** 편도 2차로 이상 모든 고속도로에서 승용자동차, 적재중량 1.5톤 이하 화물자동차의 최고속도와 최저속도는?
① 최고속도: 매시 100km, 최저속도: 매시 50km
② 최고속도: 매시 90km,  최저속도: 매시 40km
③ 최고속도: 매시 80km,  최저속도: 매시 30km
④ 최고속도: 매시 70km,  최저속도: 매시 30km

**7** 정비불량차에 해당한다고 인정하는 차가 운행되고 있는 경우 그 차를 정지시켜 점검할 수 있는 공무원에 해당하는 사람은?
① 경찰공무원
② 구청 단속공무원
③ 정비책임자
④ 정비사 자격증소지자

**8** 술에 취한 상태에서 운전하다가 2회 이상 교통사고를 일으켜 벌금 이상의 형이 확정된 경우의 운전면허 취득 응시기간 제한으로 맞는 것은?
① 운전면허가 취소된 날부터 1년
② 운전면허가 취소된 날부터 2년
③ 운전면허가 취소된 날부터 3년
④ 운전면허가 취소된 날부터 4년

**9** 교통법규 위반 시 "벌점 15점"에 해당하는 위반사항이 아닌 것은?
① 신호·지시위반, 운전 중 휴대용 전화 사용
② 규정속도 20km/h 초과 40km/h 이하 속도위반
③ 운전 중 영상표시 장치 조작
④ 앞지르기 방법위반, 안전운전 의무 위반

**10** "차의 교통으로 인하여 사람을 사상하거나 물건을 손괴하는 것"의 교특법상의 용어는?
① 안전사고
② 교통사고
③ 전복사고
④ 추락사고

**11** 다음 중 황색주의신호의 기본 시간으로 옳은 것은?
① 기본 3초
② 기본 4초
③ 기본 5초
④ 기본 6초

**12** 철길 건널목의 종류에 대한 설명이 틀린 것은?
① 1종 건널목 : 차단기, 건널목경보기 및 교통안전표지가 설치되어 있는 건널목
② 2종 건널목 : 경보기와 건널목 교통 안전표지만 설치하는 건널목
③ 3종 건널목 : 건널목 교통안전표지만 설치하는 건널목
④ 4종 건널목 : 역구내 철길 건널목

**13** 다음 중 「화물자동차 운수사업법」의 제정 목적이 아닌 것은?
① 화물자동차 운수사업을 효율적 관리하고 건전하게 육성
② 화물의 원활한 운송을 도모
③ 공공복리의 증진에 기여
④ 화물자동차의 효율적 관리

**14** 화물자동차 운송사업 허가의 결격사유로 틀린 것은?
① 피성년후견인 또는 피한정후견인
② 파산선고를 받고 복권되지 아니한 자
③ 「화물자동차 운수사업법」을 위반하여 징역 이상의 실형을 받고 그 집행이 끝나거나 집행이 면제된 날부터 2년이 지나지 아니한 자
④ 「도로교통법」을 위반하여 징역 이상의 형의 집행유예를 선고받고 그 유예기간 중에 있는 자

**정답**  1② 2③ 3④ 4① 5① 6① 7① 8③ 9④ 10② 11① 12④ 13④ 14④

**15** 보험회사 등은 자기와 책임보험계약등을 체결하고 있는 보험 등 의무가입자에게 그 계약이 끝난다는 사실을 통지하는 기간에 대한 설명으로 옳은 것은?
① 계약종료일 30일 전까지 통지한다
② 계약종료일 35일 전까지 통지한다
③ 계약종료일 40일 전까지 통지한다
④ 계약종료일 45일 전까지 통지한다

**16** 화물운송종사자격을 취득한 자가 화물운송 중에 고의나 과실로 교통사고를 일으켜 사람을 사망하게 하거나 다치게 한 경우 화물운송 종사자격의 취소 및 효력정지의 처분기준으로 틀린 것은?
① 사망자 2명 이상 : 자격 취소
② 사망자 3명 이상 : 자격 취소
③ 사망자 1명 및 중상자 3명 이상 : 자격정지 90일
④ 사망자 1명 또는 중상자 6명이상 : 자격정지 60일

**17** 시·도지사 가 화물자동차 운송사업의 허가를 반드시 취소하여야 하는 위반사항이 아닌 것은?
① 부정한 방법으로 화물자동차 운송사업허가를 받은 경우
② 화물자동차 운수사업법을 위반하여 징역 이상의 형의 집행유예를 선고받고 그 유예기간 중에 있는 자
③ 화물자동차 소유 대수가 2대 이상인 운송사업자가 영업소 설치 허가를 받지 아니하고 주사무소 외의 장소에서 상주하여 영업한 경우
④ 화물자동차 교통사고와 관련하여 거짓이나 그 밖의 부정한 방법으로 보험금을 청구하여 금고 이상의 형을 선고받고 그 형이 확정된 경우

**18** 화물자동차 운전자는 화물운송 종사자격증명을 항상 게시하고 운전을 해야 한다. 그 위치는?
① 화물자동차 안 앞면 왼쪽 위에 항상 게시하고 운행
② 화물자동차 안 앞면 중간 위에 항상 게시하고 운행
③ 화물자동차 운전석 앞 창의 오른쪽 위에 항상 게시하고 운행
④ 화물자동차 안 앞면 오른쪽 밑에 항상 게시하고 운행

**19** 차령이 2년이 넘는 사업용 대형화물자동차의 검사 유효기간은 어떻게 되는가?
① 1개월
② 1년
③ 3년
④ 6개월

**20** 「자동차관리법」의 제정 목적이 아닌 것은?
① 자동차를 효율적으로 관리함에 있다
② 자동차의 등록, 안전기준 등을 정하여 성능 및 안전을 확보함에 있다
③ 공공복리를 증진함에 있다
④ 도로교통의 안전을 확보함에 있다

**21** 자동차등록번호판을 부착하지 아니한 자동차 또는 자동차등록번호판의 봉인을 하지 아니한 자동차를 운행한 경우의 부과되는 과태료는?
① 과태료 20만 원   ② 과태료 30만 원
③ 과태료 40만 원   ④ 과태료 50만 원

**22** 자동차 소유자가 종합검사를 받아야 하는 기간은 검사 유효기간의 마지막 날 전후 각각 며칠 이내로 받아야 하는가?(검사 연장 또는 유예한 자동차 소유자 포함)
① 검사 유효 마지막 날 전후 각각 31일 이내
② 검사 유효 마지막 날 전후 각각 30일 이내
③ 검사 유효 마지막 날 전 31일 이내
④ 검사 유효 마지막 날 후 31일 이내

**23** 「도로법」의 제정목적에 대한 설명이 아닌 것은?
① 도로망의 계획수립, 도로노선의 지정, 도로공사의 시행으로
② 도로의 시설 기준, 도로의 관리·보전 및 비용 부담 등에 관한 사항을 규정하여
③ 국민이 안전하고 편리하게 이용할 수 있는 도로를 건설하여
④ 도로 이용자들의 편리를 도모함에 있다

**24** 도로관리청이 운행을 제한할 수 있는 차량으로 틀린 것은?
① 축하중(軸荷重)이 10톤을 초과하거나 총중량이 40톤을 초과하는 차량
② 차량의 폭이 2.5m, 높이가 4.0m, 길이가 16.7m를 초과하는 차량(고시한 도로 노선의 경우 4.2m)
③ 도로구조의 보전과 통행의 안전에 지장이 없다고 도로 관리청이 인정하여 고시한 도로의 경우는 높이 5m를 초과하는 차량
④ 도로관리청이 특히 도로구조의 보전과 통행의 안전에 지장이 있다고 인정하는 차량

**25** 「대기환경보전법」에서 사용하는 용어의 정의에 대한 설명으로 틀린 것은?
① 대기오염물질 : 대기오염의 원인이 되는 가스·입자상물질로서 환경부령이 정한 것
② 온실가스 : 적외선 복사열을 흡수하거나 다시 방출하여 온실효과를 유발하는 대기 중의 가스상태 물질
③ 가스 : 물질이 연소·합성·분해될 때에 발생하거나 물리적성질로 인하여 발생하는 입체상 물질
④ 입자상물질 : 물질이 파쇄·선별·퇴적·이적될 때, 그 밖에 기계적으로 처리되거나 연소·합성·분해될 때에 발생하는 고체상 또는 액체상의 미세한 물질

**26** 화물자동차 운전자가 불안전하게 화물을 취급할 경우 야기될 수 있는 위험상황이 아닌 것은?
① 본인뿐만 아니라 다른 사람의 안전까지 위험하게 된다
② 결박상태가 느슨한 화물은 다른 운전자의 긴장감을 고조시키고 차로변경 또는 서행 등의 행동을 유발시킨다
③ 다른 사람들을 다치게 하거나 사망하게 하는 교통사고의 주요한 요인이 될 수 있다
④ 결박상태가 불완전한 화물차는 다른 운전자의 긴장감을 고조시키지 않는다

**27** 개인고객의 경우 운송장이 작성되면 운송장에 기록된 내용과 약관에 기준한 계약이 성립된 것을 뜻하는 기능은?
① 계약서 기능
② 운송요금 영수증 기능
③ 화물인수증 기능
④ 수입금 관리자료 기능

**정답**  15 ①  16 ②  17 ③  18 ③  19 ④  20 ④  21 ④  22 ①  23 ④  24 ③  25 ③  26 ④  27 ①

28  물품의 수송, 보관, 취급, 사용 등에 있어 물품의 가치 및 상태를 보호하기 위해 적절한 재료, 용기 등을 물품에 사용하는 기술 또는 그 상태를 뜻하는 용어는?
① 개장
② 내장
③ 포장
④ 외장

29  일반 화물 표지 중 "굴림 방지" 표지의 호칭에 해당되는 것은?
①
②
③ 🚛
④ ▸▐◂

30  화물을 취급하기 전에 준비, 확인할 사항으로 틀린 것은?
① 위험물, 유해물을 취급할 때에는 반드시 보호구를 착용하고, 안전모는 턱끈을 매어 착용한다
② 보호구의 자체결함은 없는지 또는 사용방법은 알고 있는지 확인한다
③ 화물의 포장이 거칠거나 미끄러움, 뽀족함 등은 없는지 확인한 후 작업에 착수한다
④ 작업도구는 항상 넉넉하게 준비한다

31  트랙터 차량의 캡과 적재물의 간격은 몇 센티미터 이상으로 유지해야 하는가?
① 100센티미터
② 110센티미터
③ 120센티미터
④ 130센티미터

32  나무상자를 파렛트에 쌓는 경우, 붕괴 방지에 많이 사용되는 방식은?
① 밴드걸기 방식
② 주연어프 방식
③ 슈링크 방식
④ 스트레치 방식

33  화물자동차 운행에 따른 일반적인 주의사항으로 틀린 것은?
① 비포장도로나 위험한 도로에서는 반드시 최저속도로 운행한다
② 화물을 편중되게 적재하지 않으며, 정량초과 적재를 절대로 하지 않는다
③ 후진할 때에는 반드시 뒤를 확인 후 후진 경고를 하면서 서서히 후진하며, 가능한 한 경사진 곳에 주차시키지 않는다
④ 화물을 적재하고 운행할 때에는 수시로 화물적재 상태를 확인하며, 운전은 절대 서두르지 말고 침착하게 해야 한다

34  다음 중 적재량 측정 방해 행위 및 재측정을 거부했을때의 벌칙으로 맞는 것은?
① 1년 이하의 징역 또는 1천만 원 이하 벌금
② 1년 이상의 징역 또는 1천만 원 이상 벌금
③ 2년 이하의 징역 또는 2천만 원 이하 벌금
④ 2년 이상의 징역 또는 2천만 원 이상 벌금

35  화물의 인수요령에 대한 설명으로 틀린 것은?
① 포장 및 운송장 기재 요령을 대강 숙지하고 인수에 임한다
② 집하 자제품목 및 집하 금지품목의 경우는 그 취지를 알리고 양해를 구한 후 정중히 거절한다
③ 집하물품의 도착지와 고객의 배달요청일이 당사의 소요 일수 내에 가능한지 필히 확인하고, 기간 내에 배송가능한 물품을 인수한다
④ 항공을 이용한 운송의 경우 항공기 탑재 불가 물품과 공항 유치품은 집하 시 고객에게 이해를 구한 다음 집하를 거절함으로써 고객과의 마찰을 방지한다

36  「자동차관리법」령상 특수자동차 유형별 세부기준에 대한 설명으로 맞지 않는 것은?
① 견인형 : 피견인차의 견인을 전용으로 하는 구조인 것
② 구난형 : 고장, 사고 등으로 운행이 곤란한 자동차를 구난·견인할 수 있는 구조인 것
③ 특수작업형 : 견인형, 구난형 어느 형에도 속하지 아니하는 특수작업용인 것
④ 특수장비형 : 특정한 용도를 위하여 특수한 장비를 장착한 형태인 것

37  트레일러(Trailer)의 장점이 아닌 것은?
① 장기보관기능의 실현
② 효과적인 적재량
③ 트랙터와 운전자의 효율적 운영
④ 중계지점에서의 탄력적인 이용

38  시멘트, 사료, 곡물, 화학제품, 식품 등 분립체를 자루에 담지 않고 실물상태로 운반하는 합리적인 차량의 명칭은?
① 덤프트럭
② 믹서차량
③ 벌크차량
④ 액체수송차

39  이사화물 표준약관의 규정에서 인수거절을 할 수 있는 화물이 아닌 것은?
① 현금, 유가증권, 귀금속, 예금통장, 신용카드, 인감 등 고객이 휴대할 수 있는 귀중품
② 위험물, 불결한 물품 등 다른 화물에 손해를 끼칠 염려가 있는 물건
③ 동식물, 미술품, 골동품 등 운송에 특수한 관리를 요하기 때문에 다른 화물과 동시 운송하기에 적합하지 않은 물건
④ 일반이사화물의 종류, 무게, 부피, 운송거리 등에 따라 적합하도록 포장할 것을 사업자가 요청하여 고객이 이를 수용한 물건

40  사업자 또는 그 사용인이 이사화물의 일부 멸실 또는 훼손의 사실을 알면서 이를 숨기고 이사화물을 인도한 경우 사업자의 손해배상책임 유효기간 존속기간은 인도받은 날로부터 몇 년인가?
① 3년간 존속한다
② 4년간 존속한다
③ 5년간 존속한다
④ 6년간 존속한다

정답  28 ③  29 ①  30 ④  31 ③  32 ①  33 ①  34 ①  35 ①  36 ④  37 ①  38 ③  39 ④  40 ③

## 제2교시　안전운행, 운송서비스

**1** 다음 중 도로교통체계를 구성하는 요소가 아닌 것은?
① 운전자 및 보행자를 비롯한 도로사용자
② 차량에 타고 있는 승차자들
③ 도로 및 교통신호등 등의 환경
④ 차량들

**2** 도로교통법령에서 정한 제1종 및 제2종 운전면허 시력기준으로 틀린 것은?
① 제1종 운전면허 : 두 눈을 동시에 뜨고 잰 시력이 0.8 이상, 양쪽 눈의 시력이 각각 0.5 이상이어야 한다
② 제2종 운전면허 : 두눈을 동시에 뜨고 잰 시력이 0.5 이상. 다만, 한쪽 눈을 보지 못하는 사람은 다른 쪽 눈의 시력이 0.6 이상이어야 한다
③ 붉은색, 녹색, 노랑색의 색채식별이 가능하여야 한다
④ 교정시력은 포함하지 않는다

**3** 움직이는 물체 또는 움직이면서 다른 자동차나 사람 등의 물체를 보는 시력을 뜻하는 용어는?
① 정지시력　② 동체시력
③ 운전특성　④ 시각특성

**4** 명순응에 대한 설명으로 틀린 것은?
① 일광 또는 조명이 어두운 조건에서 밝은 조건으로 변할 때 사람의 눈이 그 상황에 적응하여 시력을 회복하는 것을 말한다
② 암순응과는 반대로 어두운 터널을 벗어나 밝은 도로로 주행할 때 운전자가 일시적으로 주변의 눈부심으로 인해 물체가 보이지 않는 시각장애를 말한다
③ 상황에 따라 다르지만 명순응에 걸리는 시간은 암순응보다 빨라 수초~1분에 불과하다
④ 상황에 따라 다르지만 암순응에 걸리는 시간은 명순응보다 빨라 수초에 불과하다

**5** 다음 중 교통사고가 갖추어야 하는 요건에 해당하지 않는 것은?
① 도로에서 발생하여야 한다
② 차에 의한 사고여야 한다
③ 교통으로 인하여 발생하여야 한다
④ 반드시 인적 피해를 동반하여야 한다

**6** 운전피로가 발생하여 순환하는 과정으로 옳은 것은?
① 인지·판단 → 조작 → 신체적 피로 → 정신적 피로
② 인지·조작 → 판단 → 신체적 피로 → 정신적 피로
③ 판단·인지 → 조작 → 정신적 피로 → 신체적 피로
④ 정신적 피로 → 신체적 피로 → 인지·판단 → 조작

**7** 음주량과 체내 알콜 농도가 정점에 도달하는 남·여의 시간 차이로서 맞는 것은?
① 여자는 30분 후, 남자는 60분 후 정점 도달
② 여자는 40분 후, 남자는 70분 후 정점 도달
③ 여자는 50분 후, 남자는 80분 후 정점 도달
④ 여자는 60분 후, 남자는 90분 후 정점 도달

**8** 고령자의 교통안전 장애 요인에 해당하지 않는 것은?
① 동체 시력의 약화
② 청각 기능의 약화
③ 인지하고 반응하는 시간이 증가함
④ 주위 교통상황에 예민하게 반응함

**9** 자동차의 주요 안전장치 중 주행하는 자동차를 감속 또는 정지시킴과 동시에 주차상태를 유지하기 위해 필요한 장치는?
① 주행장치　② 제동장치
③ 현가장치　④ 조향장치

**10** 조향장치의 앞바퀴 정렬에서 캐스터(Caster)의 상태와 역할에 대한 설명이 잘못된 것은?
① 자동차를 옆에서 보았을 때 차축과 연결되는 킹핀의 중심선이 약간 뒤로 있는 것을 말한다
② 앞바퀴에 직진성을 부여하여 차의 롤링을 방지한다
③ 수직방향 하중에 의해 앞차축 휨을 방지한다
④ 조향을 하였을 때 직진 방향으로 되돌아오려는 복원력을 준다

**11** 타이어의 회전속도가 빨라지면 접지부에서 받은 타이어의 변형이 다음 접지 시점까지도 복원되지 않고 접지의 뒤쪽에 진동의 물결이 일어나는 현상은?
① 스탠딩 웨이브 현상
② 수막 현상
③ 페이드 현상
④ 모닝 록 현상

**12** 비가 자주 오거나 습도가 높은 날, 또는 오랜 시간 주차한 후에는 브레이크 드럼에 미세한 녹이 발생하는 현상은?
① 수막 현상
② 스탠딩 웨이브 현상
③ 모닝 록 현상
④ 워터 페이드 현상

**13** 자동차의 속도와 상관없이, 운전자가 긴급상황에서 차량을 정지시키는 데 영향을 미치는 요소로 가장 거리가 먼 것은?
① 운전자가 긴급 상황을 지각하는 시간
② 운전자의 운행 중 휴식 시간
③ 브레이크 혹은 타이어의 성능
④ 도로의 조건

**14** 다음 중 자동차에서 고장이 자주 일어나는 곳에 대한 설명 중 잘못된 것은?
① 가속 페달을 밟는 순간 "끼익"하는 소리는 "팬벨트 또는 기타의 V 벨트가 이완되어 풀리와의 미끄러짐"에 의해 일어난다
② 클러치를 밟고 있을 때 "달달달" 떨리는 소리와 함께 차체가 떨리고 있다면, "클러치 릴리스 베어링"의 고장이다
③ 브레이크 페달을 밟아 차를 세우려고 할 때 바퀴에서 "끼익!"하는 소리가 난 경우는 "브레이크 라이닝의 마모가 심하거나 라이닝의 결함이 있을 때 일어난다
④ 비포장도로의 울퉁불퉁한 험한 노면 상을 달릴 때 "딱각딱각"하는 소리나 "쿵쿵" 하는 소리가 날 때에는 현가 장치인 "비틀림 막대 스프링"의 고장으로 볼 수 있다

**정답**　1 ②　2 ④　3 ②　4 ④　5 ④　6 ①　7 ①　8 ④　9 ②　10 ③　11 ①　12 ③　13 ②　14 ④

**15** 주행 중 간헐적으로 ABS 경고등이 점등되다가 요철 부위 통과 후 경고등이 계속 점등되는 현상이 일어날 때 점검할 사항이 아닌 것은?
① 자기 진단 점검
② 브레이크 드럼 및 라이닝 점검
③ 휠 스피드 센서 단선 단락
④ 휠 센서 단품 점검 이상 발견

**16** 도로요인에는 도로구조와 안전시설이 있다. 이 중에 "도로구조"에 해당하지 않는 것은?
① 노면표시
② 도로의 선형
③ 노면, 차로수
④ 노폭, 구배

**17** 「도로법」에서 사용하는 "차로수"에 대한 설명으로 맞는 것은?
① 오르막, 회전, 변속, 양보차로를 제외한 양방향 차로의 수를 합한 것을 말한다
② 편도 방향의 차로의 수를 말한다
③ 오르막차로, 회전차로를 합한 차로이다
④ 변속차로, 양보차로를 합한 차로이다

**18** 운전자가 자동차를 그 본래의 목적에 따라 운행함에 있어서 운전자 자신이 위험한 운전을 하거나 교통사고를 유발하지 않도록 주의하여 운전하는 것을 뜻하는 용어는?
① 안전운전
② 방어운전
③ 상호운전
④ 주의운전

**19** 교차로에서의 사고 발생 원인으로 볼 수 없는 것은?
① 정지신호임에도 불구하고 정지선을 지나 교차로에 진입
② 앞쪽 상황에 소홀한 채 진행신호로 바뀌는 순간 급출발
③ 신호대기로 인한 졸음운전으로 전방 주시 태만
④ 교차로 진입 전 이미 황색신호임에도 무리하게 통과 시도

**20** 완만한 커브길에서의 올바른 주행방법으로 잘못된 것은?
① 커브길의 경사도나 도로의 폭을 확인한다
② 가속 페달에서 발을 떼어 엔진 브레이크나 풋 브레이크로 속도를 줄인다
③ 커브가 끝나는 조금 앞부터 핸들을 돌려 차량의 모양을 바르게 한다
④ 커브가 끝나면 더욱 속도를 줄인다

**21** 언덕길 교행방법에 대한 설명으로 틀린 것은?
① 올라가는 차량과 내려오는 차량의 교행 시에는 내려오는 차에 통행 우선권이 있다
② 양보의 이유는 내리막 가속에 의한 사고위험이 더 높다는 점을 고려한 것이다
③ 올라가는 차량의 차체 중량이 더 큰 경우에는 내려가는 차량이 양보한다
④ 올라가는 차량이 양보한다

**22** 고속도로의 운행방법에 대한 설명으로 틀린 것은?
① 속도의 흐름과 도로사정, 날씨 등에 따라 안전거리를 충분히 확보한다
② 주행 중 속도계를 수시로 확인하여 법정속도를 준수한다
③ 차로를 변경할 때에는 최소한 100m 전방으로부터 방향지시등을 켠다
④ 고속도로에 진입할 때에는 속도를 줄이면서 천천히 주행차로로 진입한다

**23** 다음 중 봄철 교통사고의 특징이 아닌 것은?
① 도로조건 : 도로의 균열이나 낙석의 위험이 크며, 노변의 붕괴 및 함몰로 대형사고 위험이 높다
② 운전자 : 기온 상승으로 긴장이 풀리고 몸도 나른해지며, 춘곤증에 의한 졸음운전으로 전방 주시태만과 관련된 사고 위험이 높다
③ 보행자 : 도로변에 보행자 급증으로 모든 운전자들은 때와 장소 구분없이 보행자 보호에 많은 주의를 기울어야 한다
④ 기상특성 : 본격적인 무더위가 계속되어 운전자들이 짜증을 느끼게 된다

**24** 심한 일교차로 안개가 집중적으로 발생하는 계절은?
① 봄철의 아침
② 여름철의 아침
③ 가을철의 아침
④ 겨울철의 아침

**25** 고속도로 2504 긴급견인 서비스(1588-2504)의 대상이 아닌 차량은?
① 4.5톤 이하 화물차
② 1.4톤 이하 화물차
③ 승용 자동차
④ 16인 이하 승합차

**26** 다음 중 고객이 거래를 중단하는 가장 큰 이유는?
① 종업원의 불친절
② 제품에 대한 불만
③ 경쟁사의 회유
④ 가격

**27** 고객만족 행동예절에서 올바른 악수방법에 대한 설명으로 틀린 것은?
① 상대와 적당한 거리에서 손을 잡는다
② 손이 더러울 땐 양해를 구한다
③ 손은 반드시 왼손을 내민다
④ 계속 손을 잡은 채로 말하지 않는다

**28** 호감 받는 표정관리에서 "고객 응대 마음가짐 10가지"에 대한 설명으로 틀린 것은?
① 사명감을 가지고, 고객 입장에서 생각한다
② 원만하게 대하며, 항상 긍정적인 생각한다
③ 고객이 호감을 갖도록 하며, 공사를 구분하고 공평하게 대한다
④ 적당한 서비스 정신을 가지며, 예의를 지켜 겸손하게 대한다

**정답** 15 ② 16 ① 17 ① 18 ① 19 ③ 20 ④ 21 ③ 22 ④ 23 ④ 24 ③ 25 ① 26 ① 27 ③ 28 ④

**29** 다음 중 화물차량 운전직업의 특성상 어려운 점에 해당하지 않는 것은?
① 화물의 특수수송에 따른 운임에 대한 안정감
② 차량의 장시간 운전으로 제한된 작업공간
③ 주·야간의 운행으로 생활리듬의 불규칙한 생활의 연속
④ 공로운행에 따른 타 차량과 교통사고에 대한 위기의식 잠재

**30** 물류의 개념에 대한 설명으로 틀린 것은?
① 공급자로부터 생산자, 유통업자를 거쳐 최종 소비자에 이르는 재화의 흐름을 의미한다
② 물류관리는 재화의 효율적인 흐름을 계획, 실행, 통제할 목적으로 행해지는 제반 활동을 의미한다
③ 물류의 기능에는 운송기능, 하역기능 등 두가지 기능이 있다
④ 최근에는 단순히 장소적 이동을 의미하는 운송의 개념에서 자재조달이나 폐기, 회수까지 총괄하는 경향으로 발전하고 있다

**31** 물류와 공급망 관리의 발전과정을 순서에 따라 바르게 정렬한 것은?
① 경영정보시스템 → 전사적자원관리 → 공급망관리
② 경영정보시스템 → 공급망관리 → 전사적자원관리
③ 공급망관리 → 경영정보시스템 → 전사적자원관리
④ 전사적자원관리 → 경영정보시스템 → 공급망관리

**32** 물류의 기능에서 "생산과 소비와의 시간적 차이를 조정하여 시간적 효용을 창출하는 기능"은?
① 운송기능
② 포장기능
③ 보관기능
④ 유통가공기능

**33** 기업물류의 발전방향에서 등장하는 주된 문제에 해당하지 않는 것은?
① 주문처리의 중요성
② 비용 절감
③ 요구되는 수준의 서비스 제공
④ 기업의 성장을 위한 물류전략의 개발

**34** 물류전략과 계획에서 "물류전략의 목표"에 해당하지 않는 것은?
① 비용절감 : 운반 및 보관과 관련된 가변비용을 최소화하는 전략
② 구조조정 전략 : 물류활동에 참여하는 인력의 구조조정을 통해 인건비용을 최소화하는 전략
③ 서비스개선 전략 : 제공되는 서비스수준에 비례하여 수익이 증가한다는데 근거를 둔다는 전략
④ 자본절감 : 물류시스템에 대한 투자를 최소화하는 전략

**35** 다음 중 화물운송정보시스템의 구분에 해당하지 않는 것은?
① 수배송관리시스템
② 화물정보시스템
③ 터미널화물정보시스템
④ 전산시스템

**36** 공급망관리에 있어서 제4자 물류의 4단계에 대한 설명으로 옳은 것은?
① 1단계-재창조, 2단계-전환, 3단계-이행, 4단계-실행
② 1단계-전환, 2단계-이행, 3단계-실행, 4단계-재창조
③ 1단계-이행, 2단계-실행, 3단계-재창조, 4단계-전환
④ 1단계-실행, 2단계-재창조, 3단계-전환, 4단계-이행

**37** 택배화물의 배달방법에서 "개인고객에 대한 전화"에 대한 설명으로 틀린 것은?
① 전화를 100% 하고 배달할 의무가 있다
② 전화는 해도 불만, 안 해도 불만을 초래할 수 있으나, 전화를 하는 것이 더 좋다
③ 위치 파악, 방문예정 시간 통보, 착불요금 준비를 위해 방문예정 시간은 2시간 정도의 여유를 갖고 약속한다
④ 전화를 안 받는다고 화물을 안 가지고 가면 안 된다

**38** CALS의 도입에서 "급변하는 상황에 민첩하게 대응하기 위한 전략적 기업제휴"를 의미하는 용어는?
① 벤처 기업
② 상장 기업
③ 가상 기업
④ 한계 기업

**39** 혁신과 트럭운송에서 수입확대에 대한 설명으로 틀린 것은?
① 마케팅과 같은 의미로 이해할 수 있다
② '사업을 번창하게 하는 방법을 찾는 것'이라고 말할 수 있다
③ 마케팅의 출발점은 자신이 가지고 있는 상품을 손님에게 팔려고 노력하는 것이다
④ 수입의 확대는 생산자 지향에서 소비자 지향으로 변화할 때 이뤄낼 수 있다

**40** 사업용(영업용) 트럭운송의 "장점"에 대한 설명으로 틀린 것은?
① 수송비가 저렴하고, 수송능력이 높다
② 물동량의 변동에 대응한 안전수송이 가능하다
③ 인적투자는 필요하나, 설비투자가 필요 없다
④ 융통성이 높고, 변동비 처리가 가능하다

**정답** 29 ① 30 ③ 31 ① 32 ③ 33 ① 34 ② 35 ④ 36 ① 37 ① 38 ③ 39 ③ 40 ③

# 크라운출판사 도서 안내

한번에 끝내주기 택시운전 자격시험
총정리문제(서울 경기 인천)

정가 13,000원

한번에 끝내주기 택시운전 자격시험
총정리문제(대구 경북 강원)

정가 13,000원

한번에 끝내주기 택시운전 자격시험
총정리문제(대전 충남 충북)

정가 13,000원

한번에 끝내주기 택시운전 자격시험
총정리문제(부산 울산 경남)

정가 13,000원

※ 가격은 변경될 수 있으며, 크라운출판사 홈페이지를 참고하시기 바랍니다.

# 크라운출판사 도서 안내

### 1일이면 합격! 끝내주는 화물운송종사 자격시험문제

정가 13,000원

### 완전합격 버스운전 자격시험문제

정가 13,000원

### 한권으로 합격하는 화물운송종사 자격시험문제

정가 15,000원

### 1일이면 끝내주는 버스운전 자격시험출제문제

정가 15,000원

※ 가격은 변경될 수 있으며, 크라운출판사 홈페이지를 참고하시기 바랍니다.

# 완전합격 화물운송종사 자격시험 총정리문제

**발 행 일** 2026년 1월 10일 개정26판 1쇄 발행
2026년 1월 20일 개정26판 2쇄 발행

**저 자** 대한교통안전연구회

**발 행 처** 크라운출판사
http://www.crownbook.co.kr

**발 행 인** 李尙原
**신고번호** 제 300-2007-143호
**주 소** 서울시 종로구 율곡로13길 21
**대표전화** 02) 745-0311~3
**팩 스** 02) 743-2688
**홈페이지** www.crownbook.com
**I S B N** 978-89-406-5013-4 / 13550

판권
본사
소유

**특별판매정가  16,000원**

이 도서의 판권은 크라운출판사에 있으며, 수록된 내용은
무단으로 복제, 변형하여 사용할 수 없습니다.
Copyright CROWN, ⓒ 2025 Printed in Korea

이 도서의 문의를 편집부(02-6430-7028)로 연락주시면
친절하게 응답해 드립니다.